普通高等学校土建类“十二五”应用型规划教材

房屋建筑学

（第2版）

主　编　林　深　付立彬
副主编　蔡海勇　王　蕾
　　　　樊　莹　沈丽虹
主　审　吕红医

黄河水利出版社
·郑州·

内 容 提 要

本书在我国普通高等教育"九五"国家级规划教材的基础上全面讲述了最新的建筑规范和规程对建筑构造和建筑设计的要求，增加了新设计、新材料、新技术、新工艺等诸多内容。本书内容主要分为建筑构造篇和建筑设计基础篇两部分。通过本书的学习以及课程实践过程，可以了解房屋建筑系统的构配件构造的基本设计原理和设计方法及施工要求。本书的最大特点就是增加了部分学科前沿的技术资料，供学生查阅参考，对学生课程设计和毕业设计有很大帮助。

本书可以作为高等院校土建类（房屋建筑）本、专科学生的教材，也可作为建筑设计、建筑施工、工程管理等专业工程技术人员的参考书。

图书在版编目（CIP）数据

房屋建筑学/林深，付立彬主编．—2版．—郑州：黄河水利出版社，2013.12

ISBN 978－7－5509－0685－3

Ⅰ.①房…　Ⅱ.①林…②付…　Ⅲ.①房屋建筑学－高等学校－教材　Ⅳ.①TU22

中国版本图书馆CIP数据核字（2013）第309586号

组稿编辑：简　群　　电话：0371－66026749　　E-mail：w_jq001@163.com

出 版 社：黄河水利出版社

地址：河南省郑州市顺河路黄委会综合楼14层　邮政编码：450003

发行单位：黄河水利出版社

发行部电话及传真：0371－66026940、66020550、66028024、66022620（传真）

E-mail：hhslcbs@126.com

承印单位：河南地质彩色印刷厂

开本：787 mm×1 092 mm　1/16

印张：27.75

字数：642千字　　印数：1—4 100

版次：2014年1月第1版　　印次：2014年1月第1次印刷

定价：48.00元

《房屋建筑学(第2版)》编委会

主　　编:林　深　付立彬

副 主 编:蔡海勇　王　蕾

樊　莹　沈丽虹

参编人员:任小兵(河南省建筑设计研究院)　张　颖

王永伟　丛　磊　郭艳芹　崔磊磊　董　颖

肖保辉　刘永超　朱利颖　董菲菲　晋　芳

高　睿　杨子生(中原工学院)　楚留声(郑州大学)

陈研祥(郑州航空工业管理学院)

第 2 版前言

《房屋建筑学》自 2011 年 2 月出版以来得到广大工程技术人员及大中专院校的师生的广泛使用。由于我国经济社会的高速发展及建筑工程技术的新材料、新设备、新工艺、新技术的不断涌现，各类技术标准、规范、规程的修订与更新，遵照普通高校土建类"十二五"应用型规划教材总体安排，结合任课教师及广大读者提出的宝贵意见，对本书的一些重点内容进行了修订，仍保留应用性强、专业面宽（适合本科、专科、职业院校多层面学生的使用，也适合土建类各专业同学的自学和知识拓展）、重点突出、知识新颖、资料丰富等特点。

建筑科学不断发展，教学改革日益深入，各院校在教学实践中都取得了丰富的教学科研成果，我们愿意诚恳接受同行专家的批评指导。修改后的《房屋建筑学》仍由郑州大学教授吕红医博士担任主审工作，河南工业大学刘存中教授也提出不少修改意见。本书的再版得到黄河水利出版社的大力支持与帮助，我们在此表示衷心的谢忱。

编　者

2013 年 9 月

前　言

依据全国高校土建类专业指导委员会的指导意见，各高校应结合本校自身的人才培养模式编写富有特色的教材。我们按照教学型大学培养应用型人才的原则，综合提炼多种《房屋建筑学》教材的优点，结合多位任课老师的教学经验，尤其是结合学科前沿的技术成果，遵循贯彻人居环境建筑绿色、节能、低碳、减排、智能、可持续发展的原则，编写了本教材。

本教材具有基础理论系统性强、内容新颖、资料丰富、知识面广等优点，其中有大量技术资料和理性数据可供学生参考选用，能引起学生浓厚的学习兴趣。

本教材兼顾土木工程、建筑学、城市规划多专业的特点，符合宽口径、厚基础的培养原则，为学生自学打下基础，并克服了建筑学、城市规划、土木工程专业房屋建筑学课程的重复冗杂内容。本教材适合本科、专科学生使用，任课老师可根据学生层面适当删减。

本教材在编写过程中，黄河科技学院工学院院长邹景超教授给予了很大支持，国家一级注册结构师河南工业大学刘存中教授提出了不少宝贵意见，郑州大学建筑学院教授吕红医博士担任了本书的主审工作，在此表示谢忱！

由于编者学术水平及教学经验有限，尚有不少缺点和不足，敬请各位专家学者、教师、学生提出宝贵意见。

编　者

2010 年 9 月

目　录

建筑设计基础篇

建筑物

一幢建筑物是遮蔽雨、太阳和风的场所,这就是说,一个屋顶和用来支承的墙壁。如果墙壁完全包围内部空间,就要有进出用的门、采光用的窗。屋顶、墙壁、门和窗都是建筑物的主要特征。

屋顶可能是平的、有坡度的或曲线的。一面坡的屋顶称为单坡顶。当两坡顶坐落在平行的墙上相互对靠时,它们在顶部相会而成为水平的脊,在每一端形成山墙。如果两面墙作出一个投射角,它们的屋顶就在一条斜线上相交称为斜脊。如果斜屋顶在墙的一个凹角上相会,相交的斜线称为天沟。圆墙会带来圆锥形顶或圆顶。

如果有多于两个的楼层,下层的平顶变为上层的楼板。如果屋顶伸出支承它的墙外,凸出的部分称为屋檐。如果还挑出来支承屋顶的伸出部分,这挑出部分称为檐口。檐口的主要挑出像一块搁板,而且覆盖着墙称为檐板。

墙一般只在底部做得宽一些,以便较好地支承在土地上。突出的部分就是墙基。在顶部相似的突出的部分称为压顶,或者如果它突出得更多,就称为上述所说的檐口。一段低墙称为女儿墙。大约长度和厚度一样的一块短墙称为支柱,而且如果它支承某些物件,就称为支座。它的头到基础之间的部分称为座身。高大的支柱如果是方形的,称为墩;如果是圆形的,称为圆柱。支柱和圆柱的头部称为柱头,由头部到基础之间的部分称为柱身。柱头的扁平的上部压件称为顶板。

在两根支柱或圆柱之间,或一根支柱或圆柱与墙之间跨越空间的梁称为额枋或柱顶过梁。在它的上面,在额枋和檐口之间一般有一小条墙,称为檐壁。额枋、檐壁和檐口组成檐部。一系列的圆柱称为柱廊。在支柱和圆柱之间的空间有时由拱跨越,一系列的拱称为拱廊。

两个平行墙之间的空间有时被一系列的连续拱覆盖,称为拱顶,以取代楼板或屋顶。

墙、墩和圆柱不论有否支座都构成主要的支承构件,檐壁和檐口及坐落在其上面的屋顶都构成它们所承担的荷载的主要部分。额枋、拱和窗肚墙与其下面的相比形成一部分荷载,而与其上面的相比却是支承构件。

一幢建筑物除作为一个宝贵的遮蔽场所外,其本身还可以是一幢壮丽的和令人愉快的实物,而且建筑师们就是建设者,他们通过赋予建筑物以良好的比例和精美的细部,并通过使用美观的材料,使它具有与其用途无关的自身价值。

——威廉·罗伯特·韦尔

美国的维尼奥拉

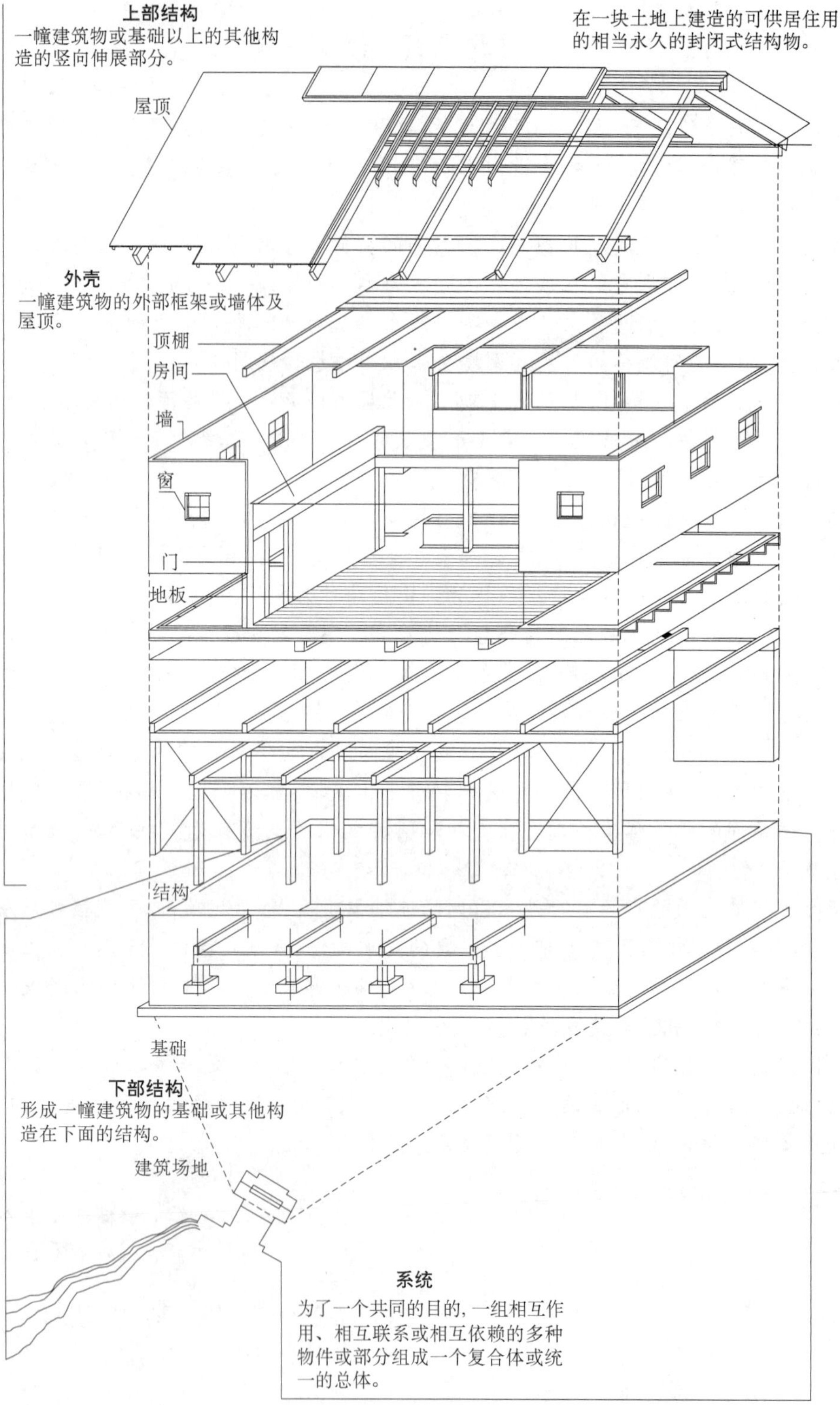
上部结构
一幢建筑物或基础以上的其他构造的竖向伸展部分。
在一块土地上建造的可供居住用的相当永久的封闭式结构物。
屋顶
外壳
一幢建筑物的外部框架或墙体及屋顶。
顶棚
房间
墙
窗
门
地板
结构
基础
下部结构
形成一幢建筑物的基础或其他构造在下面的结构。
建筑场地
系统
为了一个共同的目的，一组相互作用、相互联系或相互依赖的多种物件或部分组成一个复合体或统一的总体。

建筑物组成示意

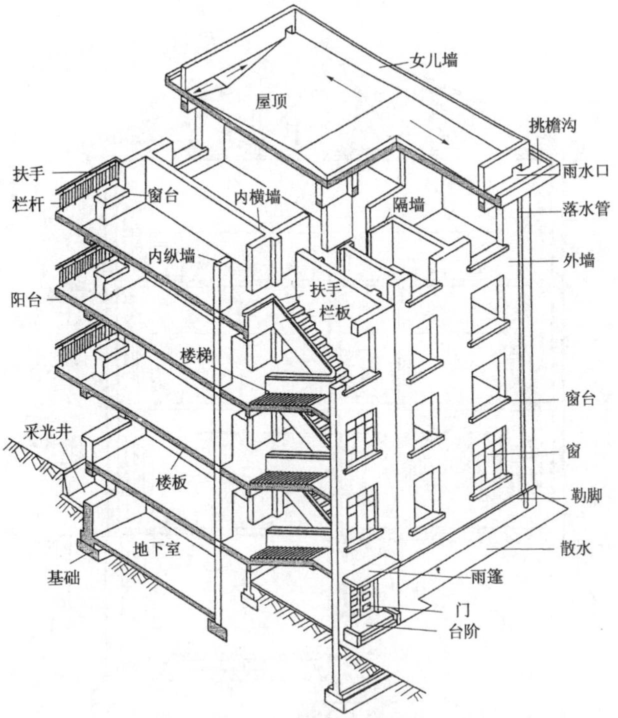

墙体承重结构的建筑构造组成

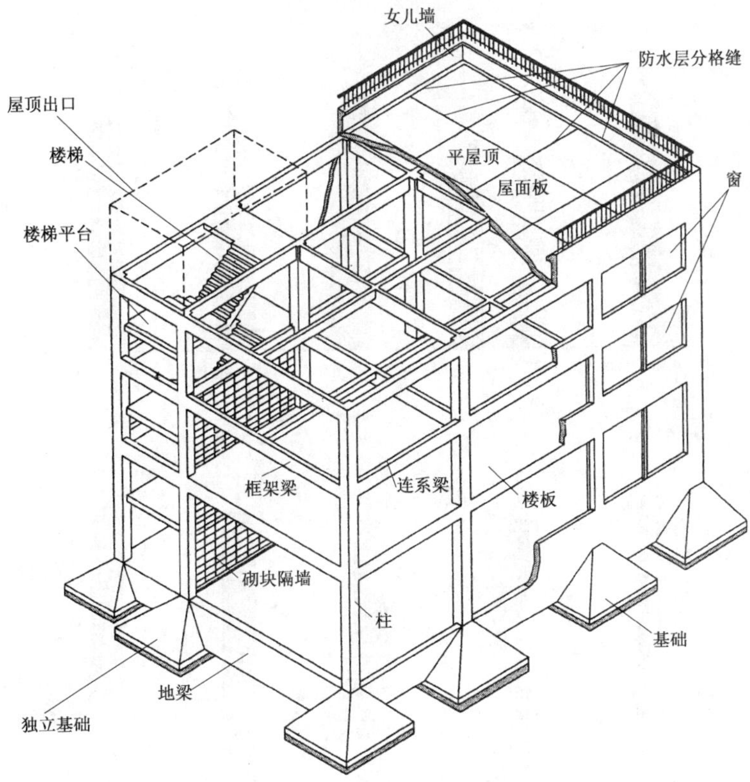

钢筋混凝土框架结构的建筑构造组成

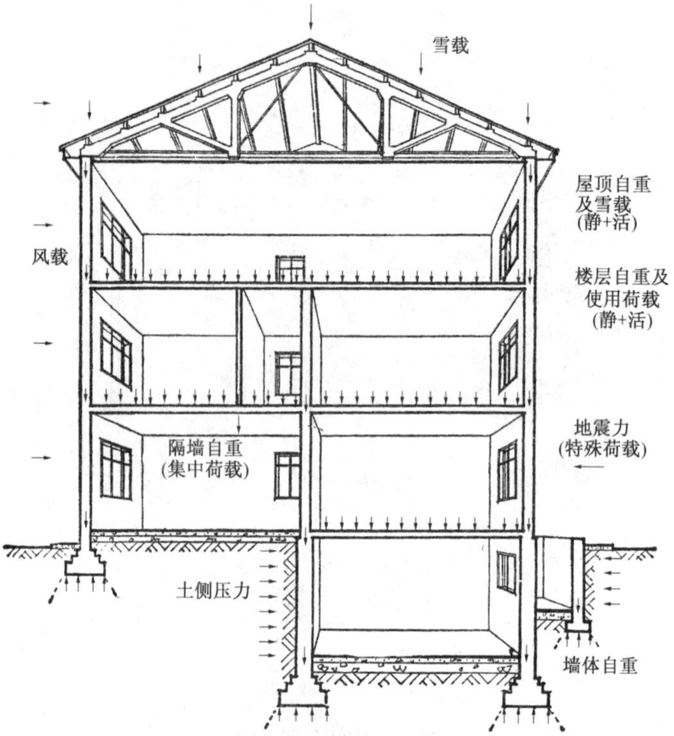

建筑物承受的外力示意

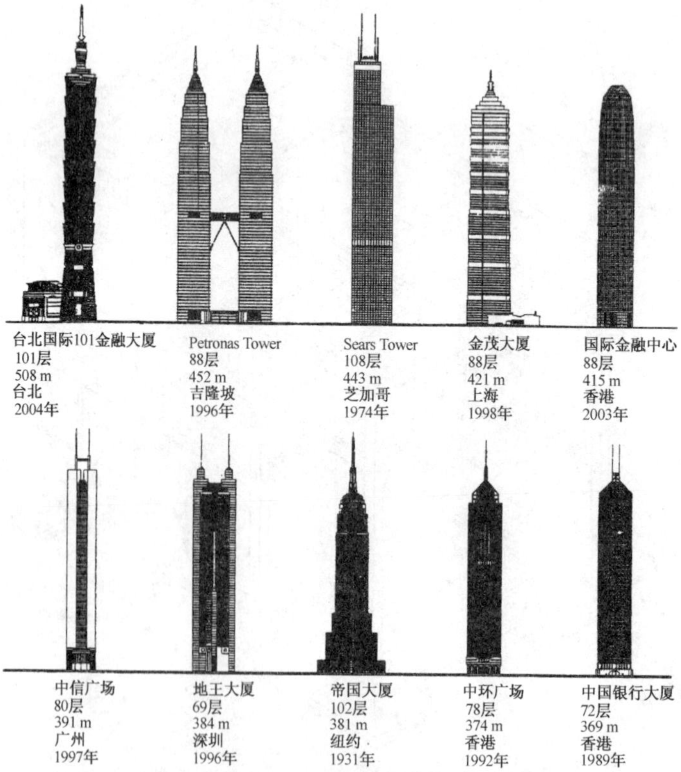

世界十大高层建筑

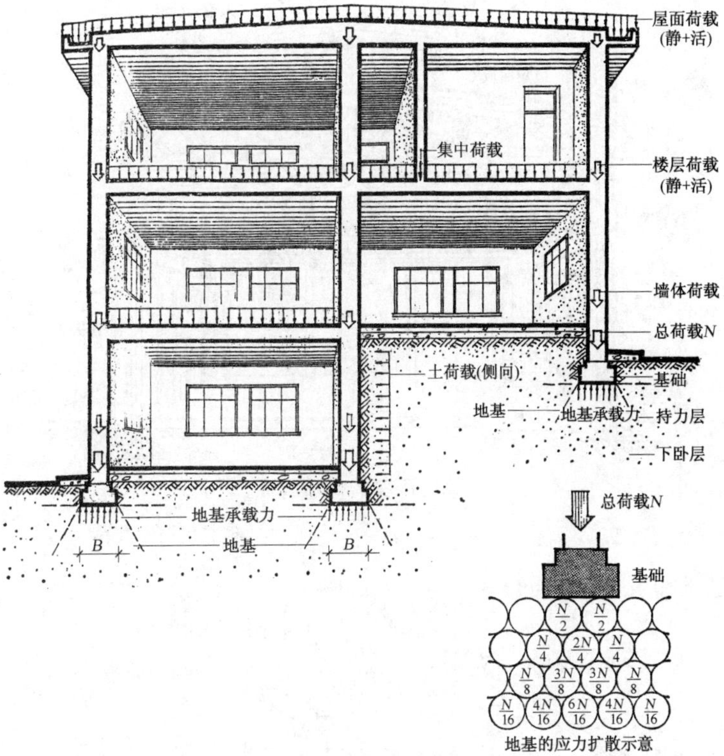

地基、基础与荷载关系

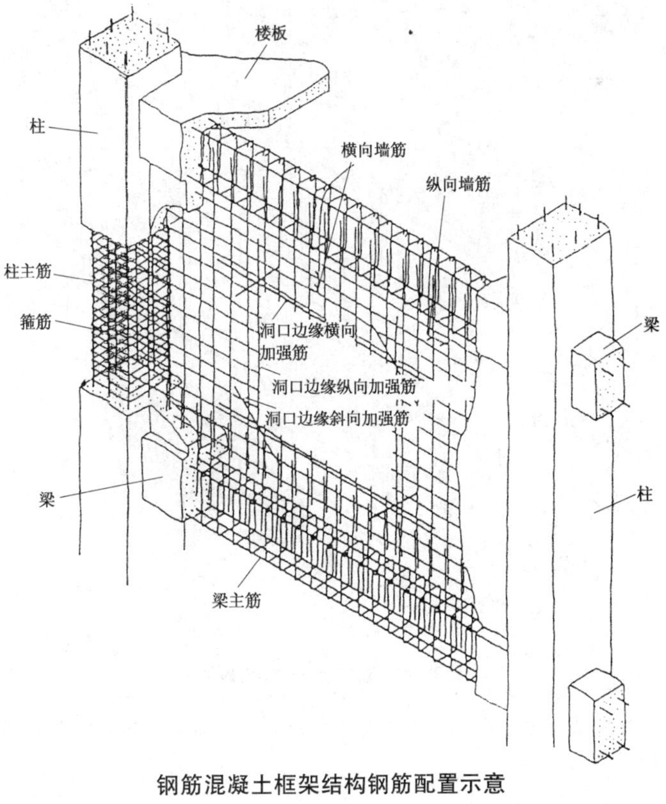

钢筋混凝土框架结构钢筋配置示意

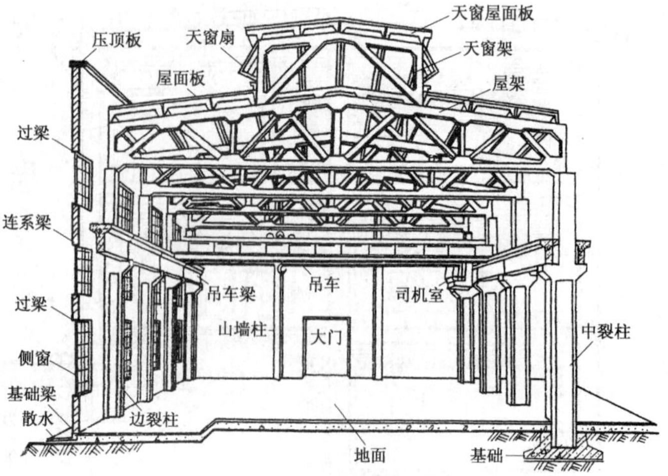

单层厂房的构造组成

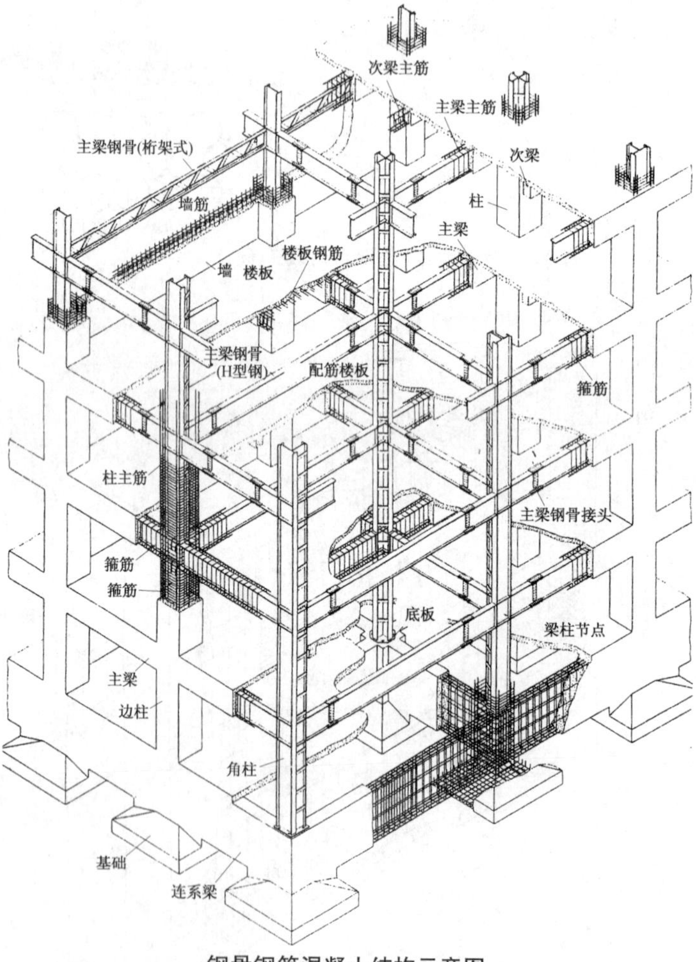

钢骨钢筋混凝土结构示意图

钢骨钢筋混凝土结构是钢结构和钢筋混凝土结构的组合。因其具有较高的刚性和承载能力，主要适用于大型建筑物的梁、柱构件。

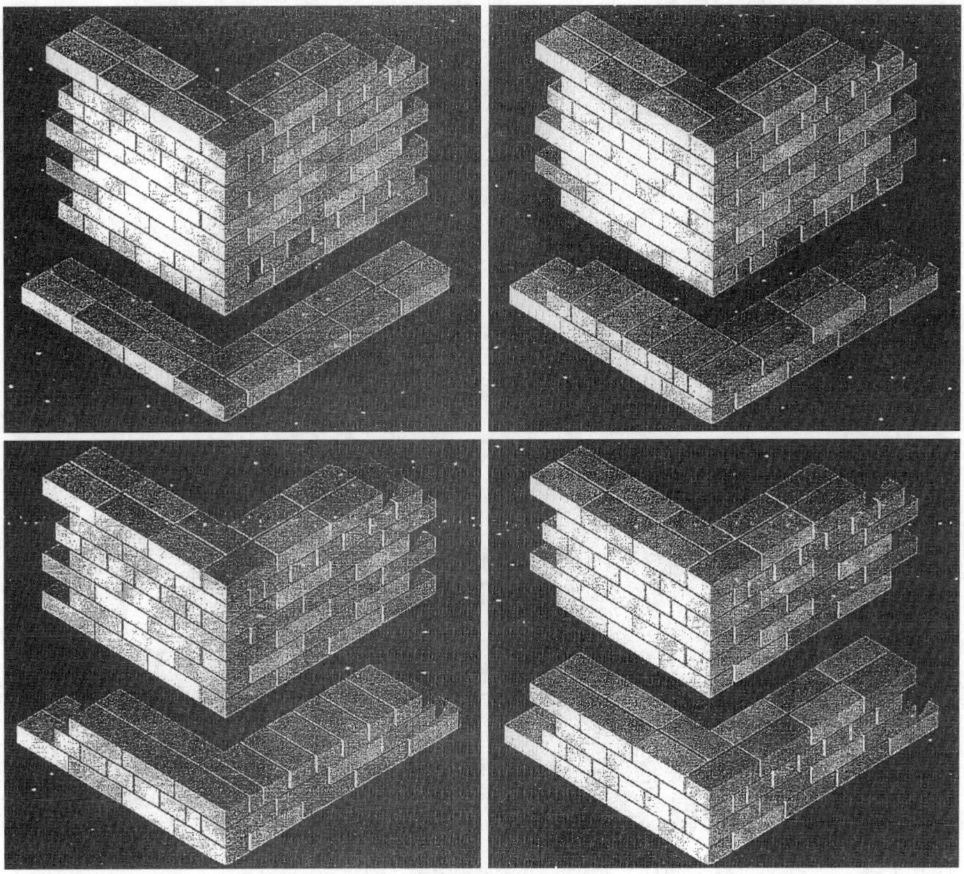

黏土砖的砌筑方法

这个剖面图显示了一堵普通的接合墙,属于在每六层高的地方由丁砖作为一层接合层列的那种层列挨着层列的构造。请注意利用拐角处半宽的次特大号尾砖来保持错列接合点的用法。

抬梁式构架是最常用的构架形式。其构造特点为柱上架梁，梁上立瓜柱，瓜柱上架较短的梁，如此重叠数层，最上层梁上立脊瓜柱，各层梁端架设檩条，钉铺望板，构成坡屋面。在角部可加用顺梁、扒梁、抹角梁、角梁等构件组成歇山、庑殿、攒尖及其他复杂形式屋顶。大型建筑的柱顶应用斗拱，作为柱、梁及檩枋间的联系构件。宋代与清代的抬梁式构架的构件名称各不相同，各地区亦有地方俗称。

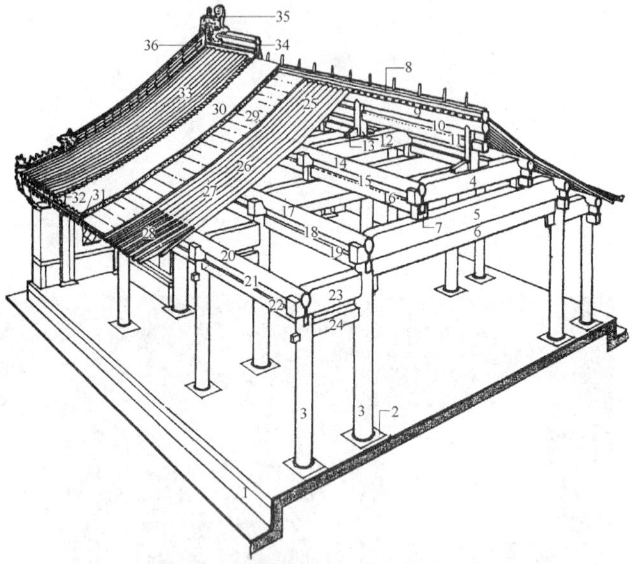

清式七檩硬山大木架示意图

1—台基；2—柱基础；3—柱；4—三架梁；5—五架梁；6—随梁枋；7—瓜柱；8—扶脊木；9—脊檩；10—脊垫板；11—脊枋；12—脊瓜柱；13—角背；14—上金檩；15—上金垫板；16—上金枋；17—老檐檩；18—老檐垫板；19—老檐枋；20—檐檩；21—檐垫板；22—檐枋；23—抱头梁；24—穿插枋；25—脑椽；26—花架椽；27—檐椽；28—飞椽；29—望板；30—苫背；31—连檐；32—瓦口；33—筒板瓦；34—正脊；35—吻兽；36—垂脊

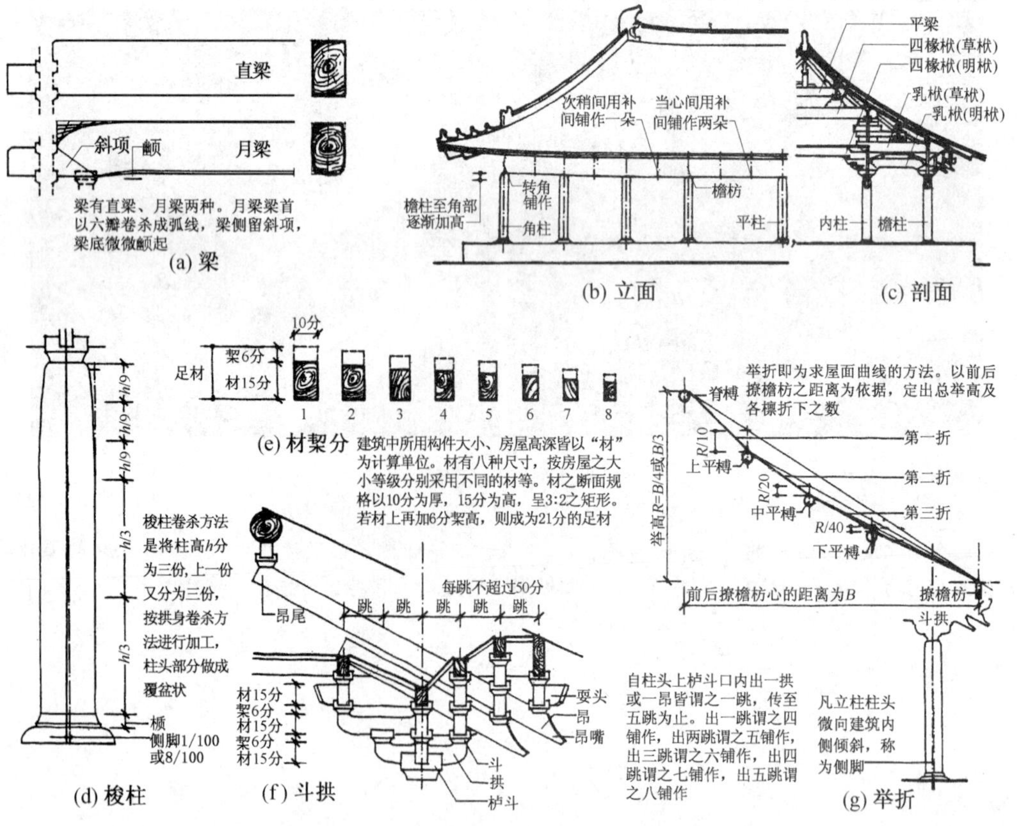

古建筑构造(一)

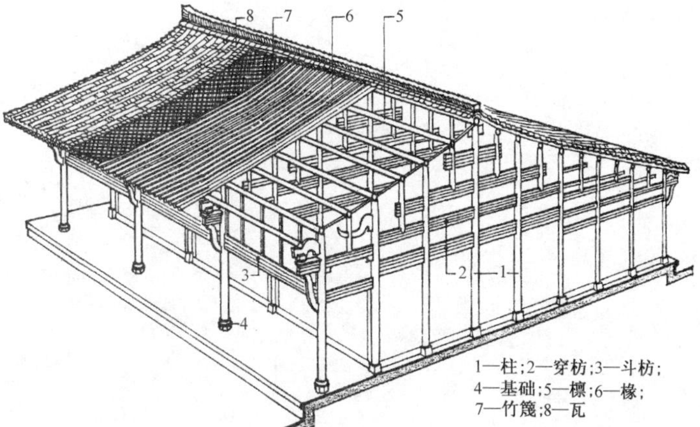

穿斗式构架构造示意图

穿斗式构架是由柱、穿枋、斗枋、纤子、檩子五种构件组成的,沿房屋进深方向立柱,一檩一柱,柱柱落地,或隔一檩有一柱落地。柱间以穿枋相互串联,组成屋架。各屋架间以斗枋及纤子相互拉结成整体构架。檩子直接架设在柱头上。穿斗架的用料较小,屋面荷载较小,是南方地区民居建筑普遍应用的构架形式。

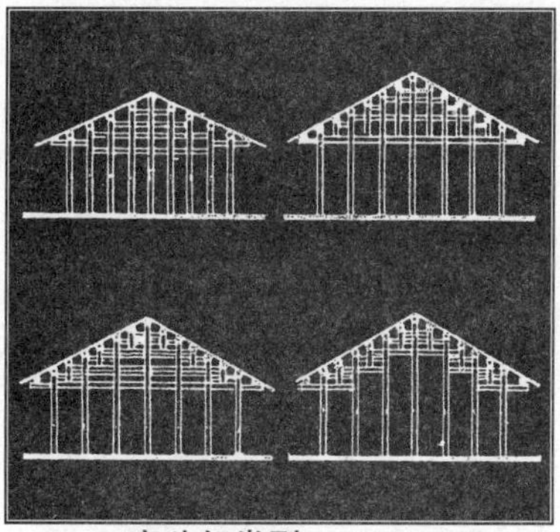

穿斗架类型

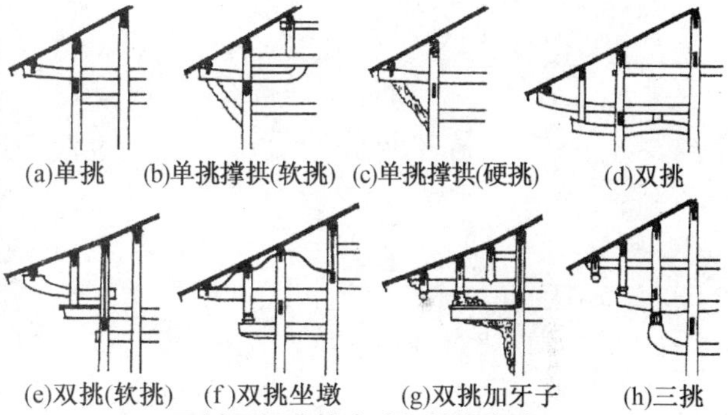

四川民间建筑穿斗架挑檐构造

干阑式构架

气候潮湿地区往往将房屋建于下部敞空的干阑架上,称为干阑式建筑。其上部构架可以是穿斗架,也可以是井干架。

贵州榕江侗族干阑式住宅

井干式构架

用天然的圆木,或方形、矩形、六角形断面的木料,层层累叠,构成房屋的壁体,其上架设坡屋顶。因其构造方式类似古代井口上的井干,故名井干式构架。此类构架常见于森林地区。

云南南华马鞍山井干式住宅

建筑构造篇

第一章 总 论

建筑构造是建筑设计、结构设计、建筑施工、工程概预算、工程管理及建筑装饰诸多专业技术人员必须掌握的重要的专业基础知识课程。

具体地说,建筑构造是研究建筑物的构成、各组成部分的组合原理和构造方法的学科,其主要任务是根据建筑物的使用功能、技术、经济和艺术造型要求提供合理的构造方案和构配件组成,以及进行细部节点构造处理。

在建筑设计时,不但要解决空间划分和组合、外观造型等问题,而且必须考虑建筑构造的可行性,为此就要研究能否满足建筑各组成部分的使用功能,在构造设计中综合考虑建筑结构造型、材料选用、施工方法、构配件制造工艺以及技术、经济、艺术处理等问题。对于建筑设计专业人员来说,建筑构造是为建筑设计提供可靠的技术保证,现代建筑工程如果没有技术依据,所做的设计只能是纸上的方案,没有实用经济可言,建筑构造作为建筑技术,自始至终贯穿于建筑设计的全过程,即方案设计、初步设计、技术设计、施工图设计的每个步骤。在方案设计和初步设计阶段,首先应根据该工程的社会、经济、文化传统、技术工艺条件等环境来选择合适的结构体系,使所设计的建筑空间和外部造型具有可行性和现实性。在技术设计阶段,要进一步落实设计方案的具体技术问题,并对结构和给水排水、供暖、供电、空调设备等工程进行统一规划,正确和提前解决各专业构造中的矛盾,处理好局部与整体的关系,才能为工程提供制作和安装的技术条件。

建筑结构是构成建筑物并为使用功能提供空间环境的支承体,承担建筑物的重力、风力、撞击、振动等作用下所产生的各种荷载,同时又是影响建筑构造、建筑经济和建筑整体造型的基本因素。因此,要研究建筑的结构体系及构造形式,影响建筑刚度、稳定性和耐久性的因素,结构各组成部分的构造关系等。

建筑构造研究建筑构配件的作用、位置、材料及制造工艺、施工工艺等,如屋顶、墙、楼板层是构成建筑使用空间的重要组成部件,它们既是建筑物的承重构件,又是建筑物的围护构件。其功能是防止风、雨、雪、冻、地下水、太阳辐射、气温变化、噪声以及内部空间的相互干扰等影响,为提供良好的空间环境创造条件。建筑配件一般是按建筑功能需要而设置的。建筑构件和设施一般指楼梯、台阶、阳台、雨篷、栏杆、隔断、门窗、天窗、防火墙及管道配件等,建筑配件除满足使用功能要求外,还有艺术造型方面的要求。

在传统习惯上,把中国古代建筑属于小木范围的如门窗、栏杆、隔断、固定家具、顶棚、地面、墙面及构件归入建筑装修，单纯为了满足视觉要求而进行艺术加工的则归入建筑装饰。不管是装修或装饰同为建筑的艺术表现，与使用功能有密切关系，为此就要研究构配件的功能、造型、尺度、质感、色彩等有关问题。建筑构造也要研究建筑防护等技术措施，为了防止建筑物在使用过程中受到人为因素和自然因素的影响与破坏，必须研究建筑防火、防震、防爆、防尘、防腐、防辐射、防水以及设置变形缝等问题。

建筑构造技术及理论有悠久的历史，中国先秦典籍《考工记》对当时营造宫室的屋顶、墙、基础和门窗的构造已有论述。唐代的《大唐六典》、北宋的《营造法式》、明代成书的《鲁班经》及清工部《工程做法》等都有关于建筑构造方面的内容。公元前 1 世纪古罗马工程师维特鲁威所著的《建筑十书》及文艺复兴时期的《建筑四书》等著作均有对当时建筑结构和构造的论述。19 世纪以后，由于科学技术的进步，建筑材料、建筑结构、建筑施工和建筑物理等学科的发展，建筑构造学科也得到充实和发展。

第一节　建筑构造组成

从外表看，建筑是物质实体，但是在其内部有供人活动的空间，一幢建筑物按其所处部位和功能不同可分为基础、墙和柱、楼盖层和地坪层、饰面装修、楼梯和电梯、屋盖、门窗等，如本书前面的附图所示。

一、基础

基础是建筑物的最下部分，是埋在地面以下地基之上的承重构件，其承受建筑物的全部荷载（包括自重），并将其传递到地基上。基础必须兼顾稳定且能抵抗冰冻、地下水与化学侵蚀。基础的大小、形式取决于荷载大小、土壤力学性能、材料性质和承重方式。

二、墙和柱

墙是建造物的承重及围护构件，按位置可分为外墙和内墙，按受力情况可分为非承重墙和承重墙。墙和柱把建筑上部荷载传给基础，在框架承重建筑中，柱和梁形成框架承重结构系统，而墙仅作为分隔空间的围护构件。其要求坚固、稳定、耐久且应充分利用其所具有的强度、保温隔热、隔声、防潮等物理特性。

三、楼盖层和地坪层

楼盖层通常包括楼板、梁、设备管道、顶棚等。楼板既是承重构件，又是分隔楼层空间的围护构件。楼板支承人和家具设备的荷载，并将这些荷载传递给承重墙或梁、柱，楼板应具有足够的承载力和刚度。楼盖层的性能应满足使用和围护要求。当建筑底层未用楼板架空时，地坪层作为底层空间与地基之间的分隔构件，支承着人和家具设备的荷载，并将这些荷载传递给地基。地坪层应具有足够的承载力和刚度，并应均匀传力及满足防潮要求。

四、饰面装修

饰面装修是依附于内外墙、柱、顶棚、楼板、地坪等之上的面层装饰或附加表皮，其主要作用是美化建筑表面、保护结构构件、提高建筑物理性能等。饰面装修应满足美观、坚固、热工、声学、光学、卫生等要求。

五、楼梯和电梯

楼梯是建筑中人们步行上下楼层的交通联系部件，并可根据需要满足紧急事故时的人员疏散。楼梯应具有足够的通行能力，并做到坚固耐久和满足消防疏散安全的要求。自动扶梯则是楼梯的机电化形式，用于传送人流但不能用于消防疏散。电梯是建筑的垂直运输工具，应有足够的运送能力和方便快捷的性能。消防电梯则用于紧急事故时消防扑救，需满足消防安全要求。

六、屋盖

屋盖通常包括防水层、屋面板、梁、设备管道、顶棚等。屋面板既是承重构件，又是分隔顶层空间与外部空间的界面。屋面板支承屋面设施及风霜雨雪荷载，并将这些荷载传递给承重墙或梁柱。屋面板应有足够的强度和刚度，其面层应满足抵御风霜雨雪的侵袭和太阳辐射热的影响。上人屋面还需满足使用的要求。

七、门窗

门主要用于开闭室内外空间并通行或阻隔人流，应满足交通、消防疏散、防盗、隔声、热工等要求。窗主要用于采光和通风，并应满足防水、隔声、防盗、热工等要求。

除上述七部分外，还有一些附属部分，如阳台、雨篷、台阶、坡道、烟囱等。所有组成建筑的各个部分起着不同的作用。在设计工作中，还把建筑的各组成部分划分为建筑构件和建筑配件。建筑构件主要指墙、柱、楼板、屋架等承重结构，而建筑配件则是指阳台、雨篷、栏杆、台阶等。

第二节　建筑体系

所谓建筑体系，一是指建筑的装配体系，如砌块建筑、板材建筑、盒子建筑等；二是指建筑的结构体系，如砖混结构、框架结构、排架结构、空间结构等。建筑的装配体系和结构体系密不可分，其中建筑的结构体系更为重要。

结构是建筑的承重骨架，结构体系承受并传递建筑荷载，直至地基。建筑材料和建筑技术的发展决定结构体系的发展，而建筑结构体系的选择对建筑的使用以及建筑形式又有着极大的影响。

民用建筑的结构体系依建筑的规模、构件所用材料及受力情况的不同而不同。依建筑物使用性质和规模的不同可分为单层建筑、多层建筑、大跨建筑和高层建筑，单层建筑和多层建筑的主要结构体系为砌体结构体系或框架结构体系。砌体结构体系是指由墙体作为建筑物承重构件的结构体系,而框架结构体系主要是指由梁柱作为承重构件的结构体系。

大跨建筑常见的有拱结构、网架结构以及薄壳、折板、悬索等空间结构体系。依建筑结构构件所用的材料不同,目前有木结构、混合结构、钢筋混凝土结构和钢结构之分。其中,混合结构是指在一座建筑物中,其主要承重构件分别采用多种材料制成,如砖与木、砖与钢筋混凝土、钢筋混凝土与钢等。习惯上称谓的砖混建筑,是指用砖和钢筋混凝土作为结构材料的建筑。

用钢筋混凝土、钢材作为主要结构材料的民用建筑多为框架结构体系,如钢筋混凝土框架、钢框架结构。由于钢筋混凝土构件既可现浇,又可预制,为构件生产的工厂化和安装机械化提供了条件,加之钢筋混凝土的防水、防火、耐久性能好,所以钢筋混凝土是运用较广的一种结构材料。

第三节 建筑构造图的表达

建筑构造设计用建筑构造详图表达。详图又称大样图或节点大样图,根据具体情况可选用1∶20、1∶10、1∶5,甚至1∶1的比例。详图是建筑剖面图、平面图或立面图的一部分,所以建筑详图要从其剖切部位引出。详图有明确的索引方法,详图要表明建筑材料、作用、厚度、做法等(见图1-1 ~ 图1-3)。详图符号的圆用粗实线绘制,直径14 mm,圆内横线用细实线绘制。

(a) 水平构造层次的标注 (b) 竖向构造层次的标注

图1-1 构造详图中构造层次与标注文字的对应关系

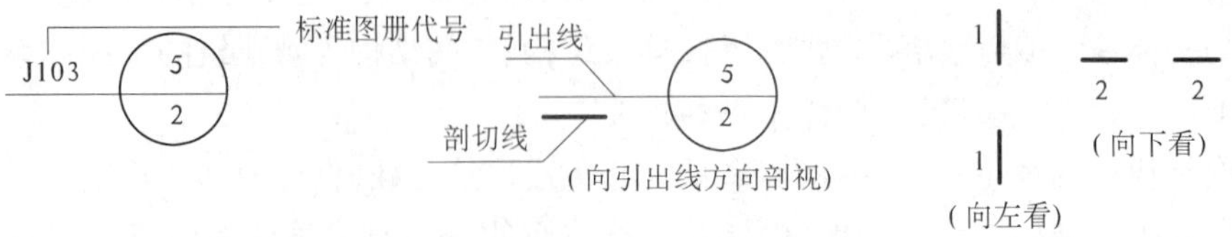

(a) 索引标准图 (b) 索引剖面详图 (c) 剖面详图

图1-2 详图引出部位的索引符号

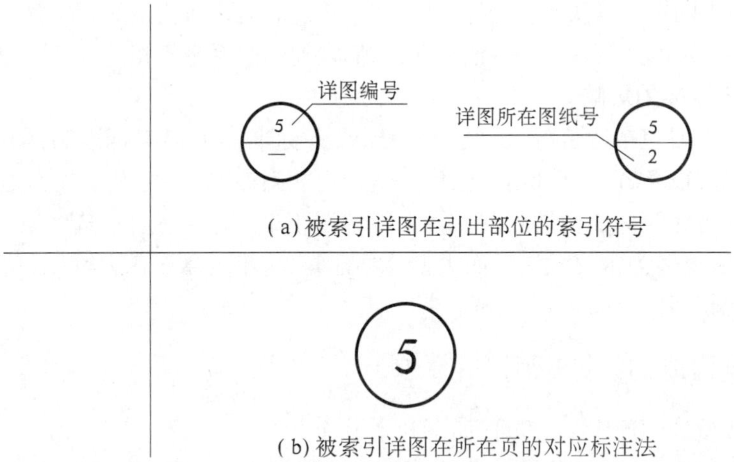

图 1-3　详图索引号的含义及对应的标注方法

第四节　建筑构造的影响因素和设计原则

一、建筑构造的影响因素

影响建筑构造的因素很多,大体有如下几个方面。

(一)荷载因素的影响

作用在建筑物上的荷载有恒荷载(如自重等)和活荷载(如使用荷载等)、垂直荷载和水平荷载(如风荷载、地震作用等)。在确定建筑物构造方案时,必须考虑荷载因素的影响。

(二)环境因素的影响

环境因素包括自然因素和人为因素。

自然因素的影响是指风吹、日晒、雨淋、积雪、冰冻、地下水、地震等因素给建筑物带来的影响。为了防止自然因素对建筑物的破坏,在构造设计时,必须采取相应的防潮、防水、保温、隔热、防温度变形、防震等构造措施。

人为因素的影响是指火灾、噪声、化学腐蚀、机械摩擦与振动等因素对建筑物的影响。在构造设计时,必须采取相应的防护措施。

(三)技术因素的影响

技术因素的影响是指建筑材料、建筑结构、建筑施工方法等技术条件对建筑物的设计与建造的影响。随着这些技术的发展与变化,建筑构造的做法也在改变。例如,随着建材工业的不断发展已经有越来越多的新型材料出现,而且带来新的构造做法和相应的施工方法。作为脆性材料的玻璃,经过加工工艺的改良并采用新型高分子材料作为胶合剂做成夹层玻璃,其安全性能、力学性能和机械性能等都得到大幅度的提高,不但使得可使用的单块块材面积有了较大增长,而且使得连接工艺也大大简化。如用玻璃来做楼梯栏板的做法,过去一定要先安装金属立杆再通过这些杆件来固定玻璃,现在可以先安装玻璃栏板,再用玻璃栏板来固定金属扶手。同样，结构体系的发展对建筑构造的影响更大。因此，建筑构造不能脱离一定的建筑技术条件而存在，它们之间的关系是互相促进、共同发展的。

（四）建筑标准的影响

建筑标准一般包括造价标准、装修标准、设备标准等方面。标准高的建筑耐久等级高，装修质量好，设备齐全，档次较高，但是造价也相对较高；反之则低。不难看出，建筑构造方案的选择与建筑标准密切相关。在一般情况下，大量性民用建筑多属于一般标准的建筑，构造做法也多为常规做法。而大型公共建筑，标准要求较高，构造做法复杂，对美观方面的考虑比较多。

二、建筑构造的设计原则

建筑构造设计的原则一般包括如下几个方面。

（1）坚固实用。建筑的构造做法要不影响结构安全，构件连接应坚固耐久，保证有足够的强度和刚度，且有足够的整体稳定性，安全可靠，经久耐用。

（2）技术先进。在确定建筑的构造做法时，应从材料、结构、施工等多方面引入先进技术，同时，也需要注意因地制宜、就地取材、结合实际。

（3）经济合理。在确定建筑的构造做法时，应该注意节约建筑材料，尤其是要注意节约钢材、水泥、木材三大材料，以在保证质量的前提下尽可能降低造价。

（4）美观大方。建筑构造设计是建筑设计的一个重要环节，建筑要做到美观大方，必须通过一定的技术手段来实现，也就是说，必须依赖建筑构造设计来实现。

建筑构造设计是建筑设计的重要组成部分，建筑构造设计应和建筑设计一样，遵循适用、安全、经济、美观的原则。

第五节　建筑模数协调

为了实现建筑工业化大规模生产，使不同材料、不同形状和不同制造方法的建筑构配件（或组合件）具有一定的通用性和互换性，在建筑业中必须共同遵守《建筑模数协调统一标准》（GBJ 2—86）。

一、模数

模数是选定的标准尺度单位，作为尺寸协调中的增值单位。所谓尺寸协调，是指在房屋构配件及其组合的建筑中，与协调尺寸有关的规则，供建筑设计、建筑施工、建筑材料与制品、建筑设备等采用，其目的是使构配件安装吻合，并有互换性。

二、基本模数

基本模数是模数协调中选用的基本尺寸单位，数值规定为 100 mm，符号为 M，即 1 M = 100 mm。建筑物和建筑部件以及建筑组合件的模数化尺寸应是基本模数的倍数，目前，世界上绝大部分国家均采用 100 mm 为基本模数值。

三、导出模数

导出模数分为扩大模数和分模数，其基数应符合下列规定。

(1)扩大模数是指基本模数的整倍数，扩大模数的基数为 3M、6M、12M、15M、30M、60M，共 6 个，其相应的尺寸为 300 mm、600 mm、1 200 mm、1 500 mm、3 000 mm、6 000 mm。

(2)分模数是指整数除以基本模数的数值，分模数的基数为 M/10、M/5、M/2，共 3 个，其相应的尺寸为 10 mm、20 mm、50 mm。

四、模数数列

模数数列是以基本模数、扩大模数、分模数为基础扩展成的一系列尺寸。模数数列在各类型建筑的应用中，其尺寸的统一与协调应减小尺寸的范围，但又应使尺寸的叠加和分割有较大的灵活性。模数数列的幅度应符合下列规定：

(1)水平基本模数的数列幅度为 1M ~ 20M。

(2)竖向基本模数的数列幅度为 1M ~ 36M。

(3)水平扩大模数数列的幅度：3M 为 3M ~ 75M，6M 为 6M ~ 96M，12M 为 12M ~ 120M，15M 为 15M ~ 120M，30M 为 30M ~ 360M，60M 为 60M ~ 360M，必要时幅度不限。

(4)竖向扩大模数数列的幅度不受限制。

(5)分模数数列的幅度：M/10 数列为 M/10 ~ 2M，M/5 数列为 M/5 ~ 4M，M/2 数列为 M/2 ~ 10M。

模数数据的适用范围如下：

(1)水平基本模数数列主要用于门窗洞口和构配件断面尺寸。

(2)竖向基本模数数列主要用于建筑的层高、门窗洞口、构配件等尺寸。

(3)水平扩大模数数列主要用于建筑物的开间或柱距、进深或跨度、构配件尺寸和门窗洞口尺寸。

(4)竖向扩大模数数列主要用于建筑物的高度、层高、门窗洞口尺寸。

(5)分模数数列主要用于缝隙、构造节点、构配件断面尺寸。

五、模数协调

为了使建筑在满足设计要求的前提下，尽可能减少构配件的类型，使其达到标准化、系统化和通用化，充分发挥投资效益，对大量性建筑中的尺寸关系进行模数协调是必要的。

(一)模数化空间网格

把建筑看做是三向直角坐标空间网格的连续系列，当三向均为模数尺寸时称为模数化空间网格，网格间距应等于基本模数或扩大模数，如图 1-4 所示。

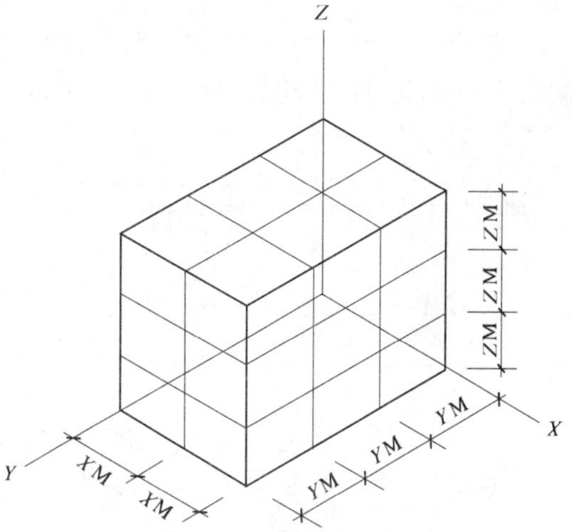

图 1-4　模数化空间网格

(二)定位轴线

在模数化空间网格中,确定主要结构位置关系的线(如确定开间或柱距、进深或跨度的线),称为定位轴线。除定位轴线外的网格线为定位线,定位线用于确定模数化构件尺寸,如图 1-5 所示。

定位轴线分为单轴线和双轴线,一般常用的连续的模数化网格采用单轴线定位,当模数化空间网格需加间隔而产生中间区时,可采用双轴线定位,须根据建筑设计、施工要求和构件生产等条件综合决定。不同的建筑结构类型(如墙承重结构、框架结构等)对定位轴线有不同的要求,目的都是使其尽可能达到标准化、系列化和通用化,充分发挥投资效益。

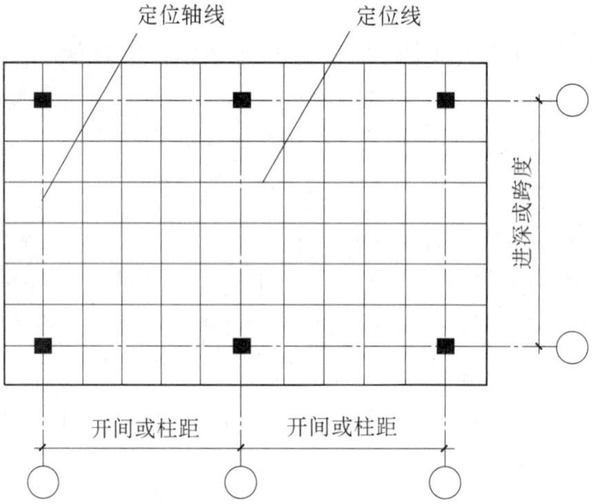

图 1-5　定位轴线和定位线

(三)标志尺寸与构造尺寸的关系

1. 标志尺寸

标志尺寸应符合模数数列的规定,用以标注建筑定位轴线、定位线之间的距离(如开间或柱距、进深或跨度、层高等),以及建筑构配件、建筑组合件、建筑制品、设备等界限之间的尺寸。

2. 构造尺寸

构造尺寸是指建筑构配件、建筑组合件、建筑制品等的设计尺寸。一般情况下,标志尺寸扣除预留缝隙即为构造尺寸,如图 1-6 所示。

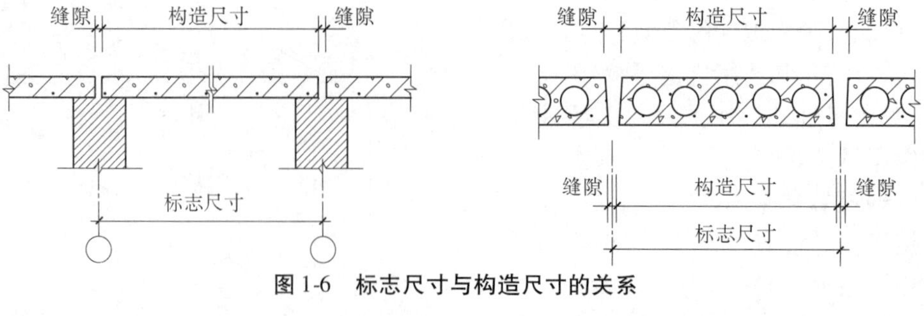

图 1-6　标志尺寸与构造尺寸的关系

3. 实际尺寸

实际尺寸是指建筑构配件、建筑组合件、建筑制品等生产制作后的尺寸。实际尺寸与构造尺寸间的差数应符合建筑公差的规定。

第六节　建筑的保温与隔热

建筑的保温与隔热是建筑设计的重要内容之一。寒冷地区的建筑要考虑保温，炎热地区的建筑则须考虑隔热。另外，在其他地区有空调要求的建筑（如宾馆、实验室、医院用房等）也要考虑建筑的保温与隔热问题。

一、建筑保温

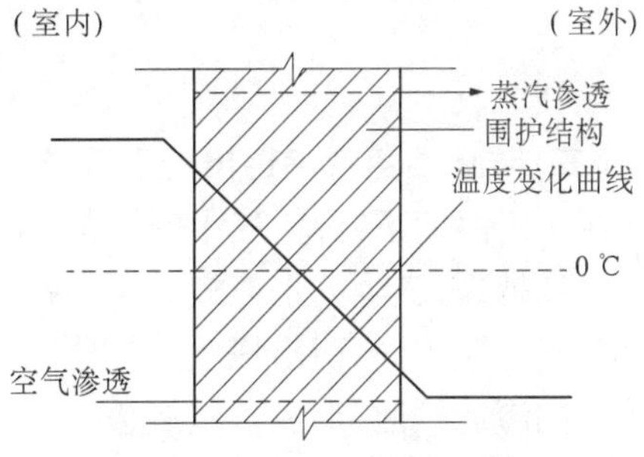

图 1-7　围护结构的传热过程

寒冷地区的冬季，室内温度高于室外，热量总是通过各种方式从高温一侧向低温一侧传递，使室内热量减少，温度降低（见图 1-7）。为保证室内有一个稳定、舒适的温度环境，就必须通过采暖或空调来补充热量，使供热和散热达到平衡。建筑保温构造设计是保证建筑保温质量和合理使用投资的重要环节。合理的构造设计，不仅能保证建筑物的使用质量和耐久性能，而且能节约能源，降低采暖、空调设备的投资，以及使用中的维修和管理费用。

热量通过围护构件从高温一侧向低温一侧传递过程中遇到的阻力，称为热阻，其单位是 $m^2 \cdot K/W$。单一材料的热阻（R）与材料的厚度（δ）和材料的导热系数（λ）有关。导热系数是指在稳态条件下，1 m 厚的物体，两侧表面温差为 1 K，在 1 s 内通过 1 m^2 面积传递的热量。它们之间的关系是：$R = \delta/\lambda$。由两种以上材料组成的围护结构，其总传热阻为各层材料的热阻之和，即 $R_0 = R_1 + R_2 + \cdots + R_n$。传热阻 R_0 越大，围护构件传出的热量就越少，保温能力就越好；反之，则传热阻越小，热量损失就越多，保温能力就越差。因此，对有保温要求的围护结构，必须提高其传热阻，减少热量损失，通常可采取以下措施。

（一）增加围护结构的厚度

由 $R = \delta/\lambda$ 可以看出，围护结构的热阻与其厚度成正比，则增加厚度，可以提高围护结构的热阻。但增加厚度会增加结构自身的重量，增加材料用量，增加结构占用的面积。

（二）选用导热系数小的材料

要增加围护结构的热阻，选用导热系数小的材料是行之有效的措施，如选用轻质混凝土、膨胀珍珠岩、膨胀蛭石、泡沫塑料、岩棉、玻璃棉等。工程中有单一材料保温构造和复合保温构造之分。单一材料保温构造比较简单，施工方便，如轻质混凝土等材料，它们具有密度轻、导热系数较小、有一定强度和耐久性等特点，是较为理想的保温材料。但是，大多数导热系数小的材料，自身强度低，承载能力差，难以同时完成保温和承重双重任务。因此，需要采用多层材料的复合保温构造，用导热系数小的轻质材料起保温作用，用强度高的材料负责承重，让不同性质的材料各自发挥其功能。复合保温墙构造示意如图 1-8 所示。

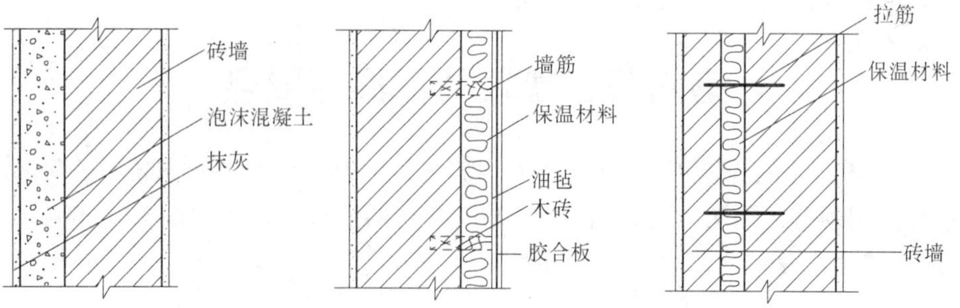

图 1-8　复合保温墙构造示意

（三）防止因蒸汽渗透出现的凝结水

在一定温度下，湿空气中的水蒸气产生的压力，称为水蒸气分压力。温度越高，水蒸气的含量越高，产生的水蒸气分压力就越大。在冬季，室内温度高于室外，围护结构两侧的水蒸气含量不同，而出现水蒸气分压力差。这时，水蒸气分子便从压力高的一侧向压力低的一侧渗透扩散，形成蒸汽渗透。

水蒸气在渗透过程中，遇到露点温度就会凝结成水，称为凝聚水，也称结露。当蒸汽凝结在围护结构表面时，称为表面凝结；当蒸汽凝结在围护结构内部时，则称为内部凝结。表面凝结会使室内装修变质破坏，严重时影响到人体健康。内部凝结会使保温材料的空隙中充水，从而降低保温能力和影响材料的使用寿命。因此，在设计中必须重视蒸汽渗透和内部凝结问题。

为防止内部凝结，常在保温层靠高温一侧，即蒸汽渗入的一侧，加设一道隔蒸汽层。隔蒸汽材料常用沥青、卷材、隔汽涂料等防水材料。隔蒸汽层做法如图 1-9 所示。

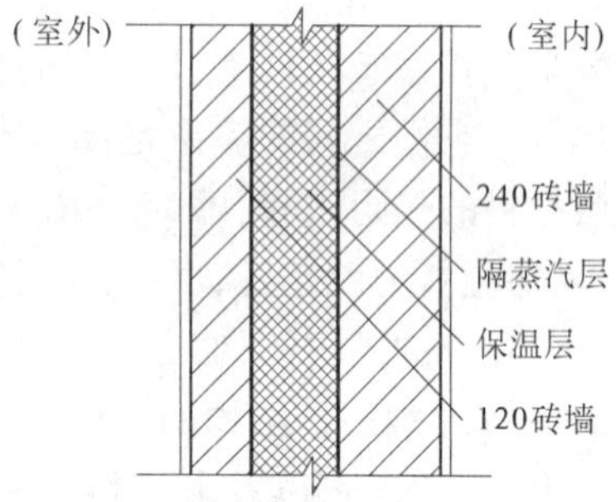

图 1-9　隔蒸汽层做法

（四）防止空气渗透

当围护结构两侧出现压力差时，空气便从高压一侧通过围护结构流向低压一侧，这种现象称为空气渗透。空气渗透可由室内外温差（热压）引起，也可由风压引起。热压使热空气由室内流向室外，造成热量损失；风压则使冷空气向室内渗透，使室内变冷。为避免因空气渗透引起的热量损失，应减少和密实围护结构中的缝隙，如砌墙的砂浆应饱满，门窗的制作和安装采取密实措施等。

（五）避免热桥造成的热损失

由于结构需要，外围护结构中常存在一些导热系数大的构件，如在砖墙中存在的钢筋混凝土柱、梁等，这些部分的保温能力差，热量损失严重，其内表面温度要比主体部分低，这些保温性能差的部分，通常称为“热桥”。

在严寒地区，为防止热桥部位散热过多或内表面出现凝聚水，应采取局部保温措施，如图 1-10 所示。

二、建筑隔热

炎热地区的夏季，太阳热辐射强烈，围护结构的隔热能力直接影响室内的气候条件，室内过热，将影响人们正常的工作、生活以及人体健康。在设计中，除加强自然通风外，往往对围护结构作隔热处理，一般采取以下措施：

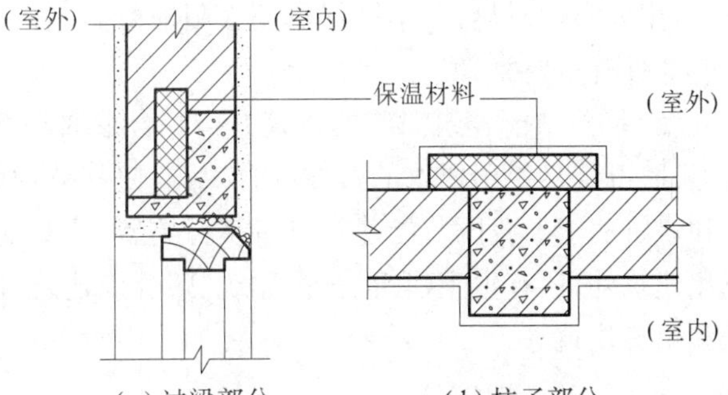

图 1-10　热桥部位保温处理

(1)做浅色且平滑的外表面，增加反射，减少围护结构对太阳辐射热的吸收。

(2)外围护结构内部设置通风间层，利用风压和热压的作用，间层内空气不停地进行热交换，从而降低室内温度。

(3)窗洞口上部加设遮阳设施，避免太阳光直接射入室内。

第七节　建筑节能

一、建筑节能的意义

能源是社会发展和提高人民生活水平的重要物质基础。在我国，长期以来能源供应十分紧张，严重制约了经济的发展。要保证国民经济持续、稳定、协调地发展，必须超前发展能源工业，并长期坚持开源节流并重的能源建设方针。开源即开发利用新能源，节流即节约能源。但在近期，应把节能放在优先地位，大力开展以节能为中心的技术改造和结构改革。

建筑能耗包括直接能耗(即日常使用能耗)和间接能耗(即建筑制品的生产、运输、施工安装过程的能耗)。我国建筑的能耗量大，占全国总能耗的 30% ~40%，是耗能大户，而且随着城乡建设的不断发展及人民生活水平的提高，建筑能耗将日益增加。因此，建筑节能是整体节能工作的重点。

二、节能措施

建筑设计对建筑节能起着重要作用，合理的设计会带来十分可观的节能效益。节能措施主要有以下几个方面：

(1)选择有利于节能的朝向，充分利用太阳能这个取之不尽、用之不竭且无污染的可再生能源。

(2)采用有利于节能的平面布局和体型。在相同体积的情况下，建筑物外围护结构的面积越大，采暖、制冷的负荷就越大。因此，为了节能，应尽可能减小建筑物的外表面积。

(3)改善围护结构的保温性能，改进门和窗的设计。

(4)重视日照调节和自然通风。理想的日照调节是：夏季在确保采光和通风的条件下，防止太阳辐射热；冬季则尽量使太阳辐射热进入室内，提高室内温度。自然通风对节约能源具有重要意义。

(5)推广节能建筑。节能建筑是指综合采取经济、适用的建筑节能技术措施，用于建筑上，取得满足使用要求的整体综合效益，使其节约能源、冬暖夏凉且具有良好的空间环境和建筑功能。我国节能建筑已有多种类型，除对现行传统建筑增加保温隔热措施的保温化建筑外，还有生土建筑、窑洞建筑、四合院建筑，以及正在兴起的太阳能建筑、掩土建筑和生态建筑等。

第八节 民用建筑的结构选型

结构对于建筑就如同骨骼之于人体，因此结构的合理、稳定、安全、适用、耐久与否，就是建筑能否“长命百岁”的关键。建筑设计在初步完成了总体规划布局后，单体设计方案的可行性可以说在很大程度上取决于结构在技术上的合理性及在经济上的现实性。一般来讲，结构在规定的设计基准期内必须满足下述三项基本要求：

第一，能承受在正常施工和正常使用时可能出现的各种作用(安全性)；

第二，在正常使用时应具有良好的工作性能(适用性)；

第三，在正常维护下应具有足够的耐久性能(耐久性)。

安全、适用、耐久是结构可靠的标志。结构在规定的设计基准期(通常为50年，重要建筑为100年)内，在正常设计、正常施工和正常使用的条件下，即排除了错误设计、错误施工和违反原规定的使用情况，所完成预定功能(即安全性、适用性、耐久性)的能力，称为结构的可靠性(见图1-11)。

图1-11 安全、适用、耐久是结构可靠的标志

结构设计的基本目的就是在一定的经济条件下赋予结构以有保障的可靠性。

一、砌体结构

(一)砌体结构的定义

砌体结构是砖砌体、砌块砌体、石材砌体等材料用砂浆砌筑成建筑的内、外墙并用以承重的结构。

砌体结构的材料包括有块材、砌块及石材，如图1-12所示。块材通常是指普通的黏土砖(俗称红砖)、空心(多孔或大孔)黏土砖、实心硅酸盐砖等。当块材尺寸比较大时称为砌块，一般高度为180~350 mm的块体通称为小型砌块，高度为360~900 mm的块体通称为中型砌块，而高度大于900 mm的块体通称为大型砌块。石材则常指毛石。

（a）砖砌体

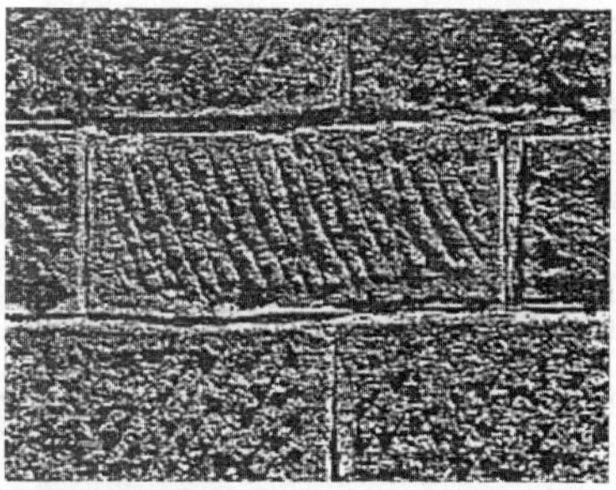

（b）砌块砌体

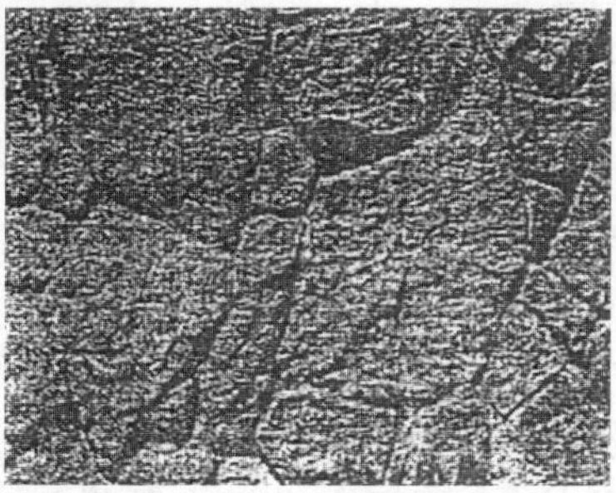

（c）石材砌体

图 1-12　砌体结构的种类

（二）砌体结构的特点

砌体结构材料多以砖石等为主，这是因为砖石是古老而又传统的建筑材料，易于就地取材，并能节约钢材、水泥和木材。砌体结构耐火性优，化学稳定性高，大气稳定性好。砌体结构中常用的除砖石材料外，还有砌块材料，砌块可充分利用工业废料，制作方便，便于工业化、机械化与装配化，避免取用黏土，节约土地资源。此外，砌体结构还具有隔热、隔声性能好且抗压强度高等优点。

但是，砌体结构虽抗压性能较好，但抗拉、抗弯及抗剪性能差，抗震性能也不强。另外，砌体结构材料用量多，结构自重大，砌筑工作繁重，施工进度相对较慢。

由于砌体结构的主要材料之一——实心黏土砖（俗称红砖）耗用大量的土地资源甚至农田，因此国家建设部、国家建材局于 1991 年发出了《〈在框架结构建筑中限制使用实心黏土砖的规定〉的通知》。

砌体结构根据在砌体内设置钢筋或加强构件与否，又分为配筋砌体和无筋砌体。我国属于发展中国家，用于地震区和非地震区的多层砌体房屋基本上属于无筋砌体。根据多次试验研究，我国在建筑结构抗震规范中提出了在不同地震设防烈度下多层砌体房屋的层数和高度限值，如表 1-1 所示。

表 1-1　不同地震设防烈度下多层砌体房屋的层数和高度限值

地震烈度	层数	高度（m）	地震烈度	层数	高度（m）
6 度区	不大于 8 层	24	8 度区	不大于 6 层	18
7 度区	不大于 7 层	21	9 度区	不大于 4 层	12

欧美等发达国家多数采用配筋砌体。配筋砌体具有很高的强度和变形能力，是一种能和钢筋混凝土结构相媲美的结构体系。在地震频发地区，若采用砌体结构，则配筋砌体结构应是首选。

(三)砌体结构的承重体系

砌体结构房屋一般由墙体(纵墙、横墙及山墙)、屋盖、楼盖和基础等部分组成。砌体结构房屋的墙体既是主要承重结构，又是围护结构。在墙体布置时，既须考虑建筑功能的要求，又要满足结构受力合理的要求。从砌体结构房屋的承重体系来看，按其受力情况及荷载传递路线的不同，可将其分为以下几种类型。

1. 纵墙承重体系

纵墙承重体系是由纵墙直接承受屋盖、楼盖等竖向荷载的结构方案，如图 1-13(a)所示。其荷载主要传递路线是:屋面荷载→屋面板→屋面梁(或屋架)→纵墙→基础→地基。纵墙承重体系的主要特点有以下几个方面:

(1)纵墙是主要承重墙，横墙则是为了满足房屋使用功能以及空间刚度和整体性要求而布置的。横墙之间的间距可能很大，能形成较大的室内空间，因此室内平面布置较灵活，有利于满足使用上的不同要求。

(2)由于纵墙上承受荷载较大，所以在纵墙上开设门窗的大小和位置受到一定的限制。

(3)与横墙承重体系相比，纵墙承重体系房屋的屋盖、楼盖材料用量较多，而墙体材料用量较少。

(4)由于横墙数量少，纵墙承重体系房屋的横向刚度较差。

2. 横墙承重体系

由横墙直接承受屋盖、楼盖等竖向荷载的结构布置方案称为横墙承重体系，如图 1-13(b)所示。其荷载的主要传递路线是:屋(楼)面荷载→屋面板→横墙→基础→地基。横墙承重体系的主要特点有以下几个方面:

(1)横墙是承重墙，纵墙主要起围护、隔断和将围墙连成整体的作用，纵墙上可以开设较大的门窗洞口，洞口布置也较为灵活。

(2)由于横墙间距较小，一般为 2.7～4.8 m，每一开间就有一道横墙，又有纵墙拉结，因此房屋的横向刚度大，整体性好，对抵抗风力、地震作用及调整地基的不均匀沉降均比纵向承重体系有利。

(3)由于外纵墙保温、隔热及隔声等要求其不能太薄，故纵墙的承载力得不到利用。横墙数量较多，则房间内部布置势必受到一定限制。一般横墙承重体系比较适宜于开间尺寸较规则的住宅、公寓、招待所等。

3. 纵横墙承重体系

由纵墙和横墙混合承受屋(楼)盖竖向荷载的结构布置方案称为纵横墙承重体系，如图 1-13(c)所示。该体系是前述两种结构布置方案的结合，其荷载的主要传递路线是:屋(楼)面荷载→梁板结构→纵墙或横墙→基础→地基。纵横墙承重体系的主要特点有以下几个方面:

(1)可以满足建筑上较灵活的墙体布置需要，平面布局较随意;

(2)房屋纵横两个方向的刚度均较好,抗震性能较好;

(3)墙体材料用量较多,施工较麻烦。

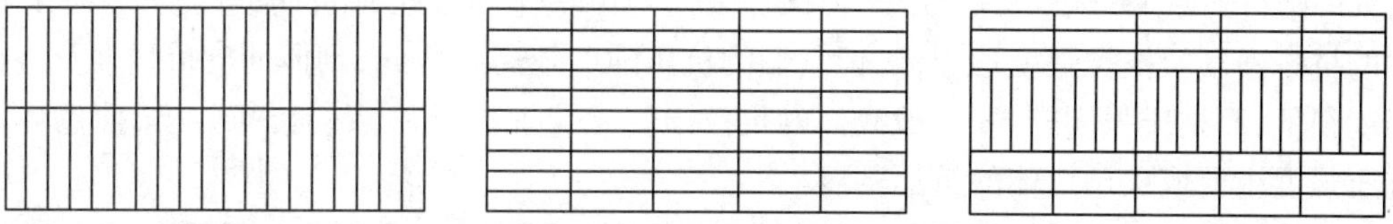

(a)纵墙承重布置方案　　(b)横墙承重布置方案　　(c)纵横墙承重布置方案

图 1-13　砌体结构的承重体系类型(一)

4. 内框架承重体系

房屋内部由钢筋混凝土柱,房屋外部由砖墙(或带壁柱砖墙)共同承重,与钢筋混凝土屋(楼)盖构成的结构布置方案称为内框架承重体系,如图 1-14(a)所示。该体系主要用于层数不多及楼面荷载不大的多层厂房、仓库和商店等需有较大空间的房屋中。

内框架承重体系荷载的主要传递路线是:屋(楼)面荷载→板→梁→柱或外墙→柱基础或墙基础→地基。内框架承重体系的主要特点有以下几个方面:

(1)外墙和内柱都是主要承重构件。由于取消了承重内墙而由柱代替,内框架承重房屋在使用上可以获得较大的内部空间。

(2)由于墙和柱竖向承重构件的材料不同,基础形式也不同,有时会因结构出现不均匀的变形而引起附加内应力。

(3)由于横墙较少或无内横墙,房屋的空间刚度较差。墙与柱的刚度也不均匀,故在有抗震设防要求时,须满足《建筑抗震设计规范》(GB 50011—2010)中的有关规定。

此外,还有砖柱承重体系(见图 1-14(b))及底层全框架承重体系等(见图 1-14(c))。

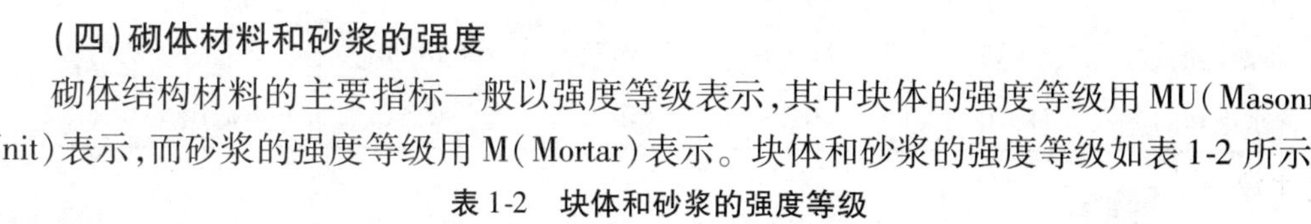

(a)内框架承重布置方案　　(b)砖柱承重布置方案　　(c)底层全框架承重布置方案

图 1-14　砌体结构的承重体系类型(二)

(四)砌体材料和砂浆的强度

砌体结构材料的主要指标一般以强度等级表示,其中块体的强度等级用 MU(Masonry Unit)表示,而砂浆的强度等级用 M(Mortar)表示。块体和砂浆的强度等级如表 1-2 所示。

表 1-2　块体和砂浆的强度等级

黏土砖	MU7.5	MU10	MU15	MU20	MU25	MU30	
砌块	MU3.5	MU5	MU7.5		MU10	MU15	
石材	MU10	MU15	MU20 ~ MU60		MU80	MU100	
砂浆	M0.4	M1	M2.5	M5	M7.5	M10	M15

表 1-2 中黏土砖的强度等级 MU10，代表砖的强度为 10 N/mm^2（即 10 MPa），相当于过去所称的 100 号砖。砂浆的强度等级为 M7.5，代表砂浆的强度是 7.5 N/mm^2（即 7.5 MPa），相当于原 75 号砂浆等，依此类推。砌体是由块体和砂浆砌筑而成的，而块体和砂浆的抗折强度及抗拉强度均很低，但它们的抗压强度较高。因此，砌体的抗折强度及抗拉强度很低，而抗压强度较高，一般砌体的抗拉强度主要取决于砂浆的抗拉强度，而砌体的抗压强度主要取决于块体的抗压强度。

砌体的抗压强度是根据标准试件（长×宽×高＝240 mm×370 mm×720 mm）的极限抗压强度平均值来确定的，称为砌体抗压强度平均值。

（五）砌体结构的主要构造措施

砌体结构的构造措施是人们长期以来工程实践的总结，它与结构的计算分析一样，是确保砌体结构安全可靠的必要手段，同时也是工程结构设计的组成部分。砌体结构的主要构造措施有以下几个方面。

1. 墙、柱的高厚比必须满足要求

因为当墙、柱的高厚比太大时，其结构的稳定性将很差，这样常会因施工砌筑中墙、柱的歪斜，偶然的撞击、振动等因素的影响而产生墙体倒塌的事故。

2. 材料最低强度要求应保证

当材料的强度等级低时，耐久性差，容易腐蚀风化，特别是在潮湿环境中或具有侵蚀介质时，对材料的破坏就更明显。所以，在潮湿环境中房屋的墙、六层及六层以上房屋的外墙以及受振动或层高大于 6 m 的墙、柱所用材料的最低强度等级，应符合黏土砖不小于 MU10、砖块不小于 MU5、石材不小于 MU20、砂浆不小于 M2.5 的要求。

在室内地面以下、室外散水坡顶面以上的砌体，应铺设防潮（防水）层，防潮层材料一般宜采用防水水泥砂浆，勒脚部位应采用水泥砂浆粉刷。

地面以下或防潮层以下的砌体所用材料的最低强度等级应符合表 1-3 的要求。

表 1-3　地面以下或防潮层以下的砌体所用材料的最低强度等级

基土的潮湿程度	黏土砖		混凝土砌块	石材	混合砂浆	水泥砂浆
	严寒地区	一般地区				
稍潮湿的	MU10	MU10	MU5	MU20	M5	M5
很潮湿的	MU15	MU10	MU7.5	MU20	不适用	M5
含水饱和的	MU20	MU15	MU7.5	MU30	不适用	MU7.5

3. 应满足墙、柱的最小截面要求

墙、柱的最小截面应满足以下要求：

（1）承重独立砖柱的截面尺寸应不小于 370 mm×370 mm，当设有非承重的钢筋混凝土构造柱时，其构造柱尺寸应不小于 240 mm×180 mm。

（2）承重墙厚、砖及砌块墙厚应不小于 180 mm，毛石墙厚应不小于 350 mm，承重砖窗间墙厚应不小于 370 mm，承重毛石砌体窗间墙厚应不小于 400 mm。

4. 应满足垫块的设置要求

当梁的跨度较大时,梁的集中荷载较大,对梁下砌体的局部压应力也较大。同时,当梁的跨度较大时,梁自身的变形相应增大,易使砌体产生非均匀的局部压应力,导致梁下砌体被压碎。设置垫块或垫梁可使梁下的压力得到均匀扩散,使局部压力得以缓解,同时也可通过垫块或垫梁的整体作用减小对墙体构件的偏心影响,这对于墙体的承载力分布和安全性都大有好处。

跨度大于 6 m 的屋架以及跨度大于下列数值的梁,其支承下的砌体应设置混凝土或钢筋混凝土垫块:砖砌体为 4.8 m,砌块和料石砌体为 4.2 m,毛石砌体为 3.9 m。

此外,当墙体设有圈梁时,垫块应与圈梁浇成整体,如图 1-15 所示。

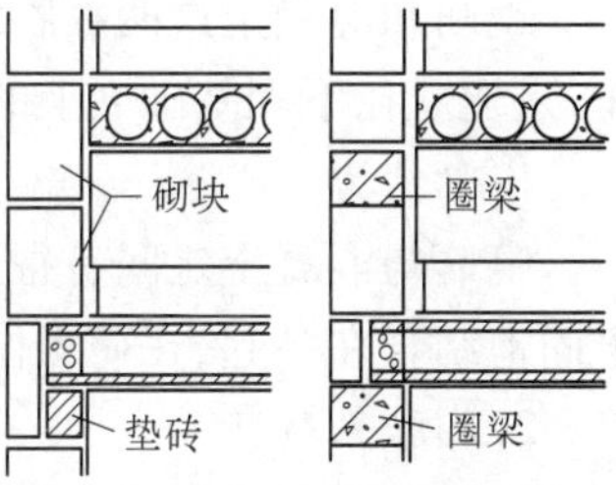

图 1-15　楼板与砌块墙的连接

5. 应满足墙体壁柱的设置要求

对于厚度不大于 240 mm 的墙体,当黏土砖墙跨度不小于 6 m,砌块和料石墙跨度不小于 4.8 m 时,其梁下支承处应加设壁柱或采取其他加强构造措施。这是因为当超过一定跨度时,梁的变形较大,而梁的变形会造成两端墙体在水平方向一定的倾斜,这无形中增加了墙体附加偏心引起的弯矩,造成对墙体承载力的降低。我国曾出现因墙壁较薄和梁跨度较大所引起的工程事故。这是在总结工程实践经验和基于安全性考虑而提出的构造措施。而梁的支承处采用壁柱来加强墙体,耗材不多,所占空间也不大,但却能大大提高墙体的抗压和抗弯承载能力。

6. 应满足墙体(柱)与楼(屋)盖构件的连接构造

跨度不小于 9 m,支承在墙、柱上的吊车梁、屋架,及跨度不小于 7.2 m 支承在砌块和料石砌体上的预制梁,其端部应用锚件与墙、柱上的垫块锚固;填充墙与骨架的柱或梁应采用拉结条或其他措施与骨架和横梁连接;山墙的壁柱应砌至山墙顶部。在风压较大的地区,檩条应与山墙锚固,屋盖不宜挑出山墙;独立砖柱的柱顶,在纵横两个方向都必须有可靠的拉结措施;预制钢筋混凝土板的支承长度,在墙体上不宜小于 100 mm,在钢筋混凝土圈梁上不宜小于 80 mm;当预制板跨度大于 4 m 时,板与板跨平行的墙宜设锚固设施。

7. 应满足墙体间的连接要求

砌体结构是由脆性材料组成的墙体与楼(屋)盖组成的,而加强墙体之间的相互连接是改善结构整体性的关键措施之一,这些措施包括以下几方面:

(1)在纵横墙交接处的砌体应搭接咬砌,搭接咬砌的数量一般宜不小于 50%,或用拉结钢筋拉结。

(2)在有振动设备或在地震区,应根据房屋的使用要求、地震烈度的大小、地基土的性质、房屋的层数及层高等条件,在房屋墙体的适当位置(如在楼层处、屋顶处、门窗洞口上部等部位)设置闭合的钢筋混凝土现浇圈梁;在地基土比较复杂或软土地基的条件下,增设地基圈梁以增加房屋的整体变形能力,在房屋墙体的交接处(如内、外墙交接处,大房间和楼梯间的四角)设置从下至上的钢筋混凝土构造柱。构造柱应在楼层处与钢筋混凝土圈梁有可靠的连接,当设构造柱时,应先砌筑墙体,后浇筑构造柱。

二、钢筋混凝土结构

(一)钢筋混凝土结构的定义

我们知道,钢筋的抗拉强度和抗压强度均较高,特别是抗拉强度高,而混凝土则具有很强的抗压能力,但抗拉能力却较差,充分利用钢筋和混凝土的各自特点,把它们结合在一起共同工作,应用于工程实践中,这就形成了钢筋混凝土结构。

钢筋和混凝土这两种物理力学性能不同的材料之所以能有机地结合在一起共同工作,是建立在下列基础之上的。

1. 黏结力

钢筋与混凝土之间有很强的黏结力,混凝土对钢筋有种较强的"握裹"作用,两者能牢固地结合在一起,在荷载作用下两者之间不会产生相对滑动,而能很好地整体工作。

2. 膨胀系数

钢筋与混凝土的温度线膨胀系数相近。钢筋的温度线膨胀系数为 $1.2\times10^{-5}/℃$,而混凝土的温度线膨胀系数为 $(1.0\sim1.4)\times10^{-5}/℃$,在温度发生变化时不致因线性胀缩不同而破坏两者的整体性。

3. 耐久性

混凝土能很好地保护钢筋免予锈蚀,增加了结构的耐久性。混凝土因抗压性能好,故多承受压力,而钢筋抗拉性能好,故钢筋多布置于受拉、受弯一边,以保证两者共同工作。

(二)钢筋混凝土结构的特点

1. 钢筋混凝土的优点

钢筋混凝土结构是我国目前房屋建筑中应用最为广泛的一种结构形式,其主要原因是钢筋混凝土结构具有以下优点。

1)就地取材,节约钢材

混凝土是由大量的石子和砂组成的,容易就地取材,降低造价。一般情况下,钢筋混凝土结构可以替代钢结构,节约钢材。

2)耐火性与耐久性好

混凝土属非易燃材料,又是不良热导体,即混凝土的阻燃、抗热性能好,当建筑遭受火灾时,外部的混凝土可起隔热阻燃作用,保护内部的钢筋不致因温度过高而强度迅速降低或软化。混凝土的强度是随龄期增长而加强的,钢筋被混凝土保护不致锈蚀,所以耐久性好。

3)整体性与可模性好

钢筋混凝土所用材料的特性(如钢筋的抗拉、抗弯及混凝土的抗压性能)均能得到充分利用,抗震性能好。其因所制作的模板形状不同而可浇制成各种形状,可以满足建筑多样化要求。此外,钢筋混凝土维护保修费用相对较少。

2. 钢筋混凝土的缺点

钢筋混凝土结构也存在一些不足,如结构体系自重大,抗裂性差,大多数钢筋混凝土结构是在带裂缝状态下(当然是在允许范围内)工作的。钢筋混凝土结构费工多,费模板,现场施工周期长,施工期受季节气候影响大,施工模板的加固和拆修均较费时等。

钢筋混凝土结构的上述缺点随着设计、施工技术水平的不断改进是可以逐步得以克服的。预应力技术的发展、轻质高强混凝土的应用、施工工艺的改进等必将促进钢筋混凝土结构的进一步发展。

(三)构件设计的基本规定

我国的《混凝土结构设计规范》(GB 50010—2010)规定,钢筋混凝土结构采用以概率理论为基础的极限状态设计方法。结构构件应根据承载能力极限状态及正常使用极限状态的要求分别进行计算和验算,以确保结构的安全性、适用性和耐久性。

(四)材料的力学性能

1. 钢筋

1)钢筋的种类

用于建筑的钢筋可分为两大类:碳素钢和普通低合金钢。碳素钢按碳的含量多少可分为低碳钢、中碳钢和高碳钢。普通低合金钢(合金元素的总含量小于3.5%)一般按主要合金元素命名,如20锰硅(20MnSi),表示其含碳量为0.20%,主要合金元素为锰、硅。建筑用钢筋通常要求具有较高的强度和较好的塑性,以便于加工和焊接。

在实际应用中,按钢筋的直径可分为钢筋和钢丝,一般来讲,直径 $d \geqslant 6$ mm 的为钢筋,直径 $d < 6$ mm 的为钢丝。按钢筋的力学性能可分为软钢和硬钢。软钢是具有明显的屈服点和明显流幅的钢筋,软钢的强度较低,但伸长率较大。硬钢是没有明显的屈服点和无明显流幅的钢筋,硬钢的强度较高但伸长率较小。按钢筋的加工生产的方法不同可分为热轧钢筋、冷拉钢筋和热处理钢筋,其中热轧钢筋和冷拉钢筋属于软钢,热处理钢筋属于硬钢。

普通钢筋混凝土结构一般采用热轧Ⅰ级、Ⅱ级、Ⅲ级钢筋和Ⅰ级冷拔低碳钢丝。预应力钢筋混凝土结构一般用碳素钢丝、钢绞线、热处理钢筋和冷拉Ⅱ、Ⅲ、Ⅳ级钢筋。为了便于在外观上加以区别,我国冶金部规定,Ⅰ级钢筋轧成光面,Ⅱ、Ⅲ级钢筋轧成人字纹或月牙纹,Ⅳ级钢筋轧成螺旋纹。人字纹、月牙纹、螺旋纹钢筋统称为变形钢筋。

2)钢筋强度极限值

钢筋的力学性能在钢筋混凝土结构计算中,对于具有屈服点的钢筋,均取屈服点作为钢筋强度极限值。对于无屈服点的钢筋,取残余变形为0.2%的应力作为条件屈服点。

3)钢筋强度标准值的规范规定

钢筋的强度标准值应具有不小于95%的保证率。热轧钢筋和冷拉钢筋的强度标准值根据屈服强度确定,热处理钢筋和钢丝、钢绞线的强度标准根据抗拉强度确定。

2. 混凝土

1)混凝土的强度等级

混凝土强度等级是指混凝土立方体的抗压强度。混凝土立方体抗压强度标准值($f_{cu,k}$)是指按照标准方法制作养护的边长为150 mm的立方体试件,在28 d龄期用标准试验方法测得的具有95%保证率的抗压强度。

混凝土强度等级通常分为12级:C7.5、C10、C15、C20、C25、C30、C35、C40、C45、C50、C55、C60。其中符号C表示混凝土(Concrete),数字部分表示立方体抗压强度标准值,其单位为 N/mm^2,如C30表示混凝土立方体抗压强度标准值为30 N/mm^2。原称多少标号混凝土，现已不再采用，如现 C10 替代原称 100 号混凝土，现 C20 替代原称 200 号混凝土等。

混凝土强度等级的选用主要取决于结构种类、配筋情况和受力性质。如表 1-4 所示为我国规范对混凝土强度等级选用的规定。

表 1-4　国家混凝土强度等级选用规定

结构种类	配筋情况	混凝土强度等级
钢筋混凝土结构	一般情况	≥C15
	当采用Ⅱ级钢筋或Ⅲ级钢筋时，以及承受重复荷载的构件	≥C20
预应力混凝土结构	一般情况	≥C30
	当采用碳素钢丝、钢绞线及热处理钢筋作预应力钢筋时	≥C40

我国规范对混凝土最低强度等级的规定主要考虑混凝土强度等级应与钢筋强度相匹配，以充分发挥两种材料的作用，同时为保证预应力混凝土结构中预应力钢筋锚固的可靠性，以及承受多项重复荷载作用的结构中钢筋锚固的可靠性，应对混凝土最低强度等级加以限制。对于较低强度等级的混凝土，如 C7.5、C10 混凝土等，则仅用于素混凝土结构，如刚性基础及垫层等。

2）混凝土轴心抗压强度标准值 f_{ck}

为反映混凝土的实际抗压能力，在计算中常采用棱柱体抗压强度即轴心抗压强度，它与立方体抗压强度标准值 $f_{cu,k}$ 的关系为：$f_{ck}=0.67f_{cu,k}$。

3）混凝土弯曲抗压强度标准值 $f_{cm,k}$

混凝土弯曲抗压强度是结构构件发生弯曲破坏时的条件强度指标。经过对偏心受压、受弯构件及其他构件的承载力试验结果的结合研究分析后，我国的规范采用下列关系式：$f_{cm,k}=1.1f_{ck}$。

4）混凝土轴心抗拉强度 f_t

混凝土轴心抗拉强度是取棱柱体（100 mm × 100 mm × 500 mm，两端预埋直径为 20 mm 的变形钢筋），经 28 d 龄期，用标准方法测得的抗拉强度。

我们知道，混凝土的抗拉强度远远小于其抗压强度，一般只有抗压强度的 1/8 ~ 1/9，因此在钢筋混凝土结构中，一般不采用混凝土承受拉力。但是在钢筋混凝土结构构件中，处于受拉状态下的混凝土在未开裂之前确实承受了一部分拉力。在计算钢筋混凝土和预应力混凝土构件的抗裂和裂缝宽度时，需要应用混凝土轴心抗拉强度。

5）混凝土的弹性模量 E_c

混凝土是非弹性材料，其应力应变关系是非线性的。混凝土的弹性模量是计算钢筋混凝土构件变形的常用指标。弹性模量 E_c 的单位是 N/mm^2。

6）混凝土的徐变和收缩

（1）混凝土的徐变。在长期不变荷载作用下，混凝土的变形随时间的延长而增长的现象称为混凝土的徐变。混凝土的徐变是一种在荷载作用下与时间长短有关系的变形。

（2）混凝土的收缩。混凝土在空气中结硬时体积缩小的现象称为混凝土的收缩，其包括由混凝土硬化过程中化学反应产生的凝结收缩和混凝土内自由水蒸发引起的干缩。

混凝土的收缩对钢筋混凝土和预应力混凝土构件会产生十分有害的影响。如当构件受到约束时，混凝土的收缩会使构件中产生收缩应力。收缩应力很大时会使混凝土受拉而开裂，以致影响结构的正常工作。在预应力混凝土构件中，混凝土的收缩还会引起钢筋预应力值的损失。目前，减小混凝土收缩的一些措施主要是：控制水泥用量及水灰比，浇灌混凝土时应振捣密实，加强混凝土的养护，选用具较大弹性模量的骨料及设置必要的构造伸缩缝等。

（五）多层与高层建筑常用结构体系

我国目前对于多层和高层房屋各专业之间的定义有所不同。建筑专业对于住宅划分的定义为：低层住宅为 1 ~ 3 层，多层住宅为 4 ~ 6 层，中高层住宅为 7 ~ 9 层，高层住宅为 10 ~ 30 层，30 层以上则为超高层住宅。而结构专业的定义，按《钢筋混凝土高层建筑结构设计与施工规程》（JGJ 3—2002）的规定把 8 层及 8 层以上的房屋定义为高层建筑。

多层与高层建筑常用的结构体系有框架、框架 - 剪力墙及剪力墙体系，高层与超高层则多用剪力墙和筒体体系。此外，还有盒子结构、板柱体系以及悬挂结构体系等。各种结构体系的适用层数如图 1-16 所示，高层建筑结构体系如图 1-17 所示。本书仅介绍框架结构、框架 - 剪力墙结构及剪力墙结构。

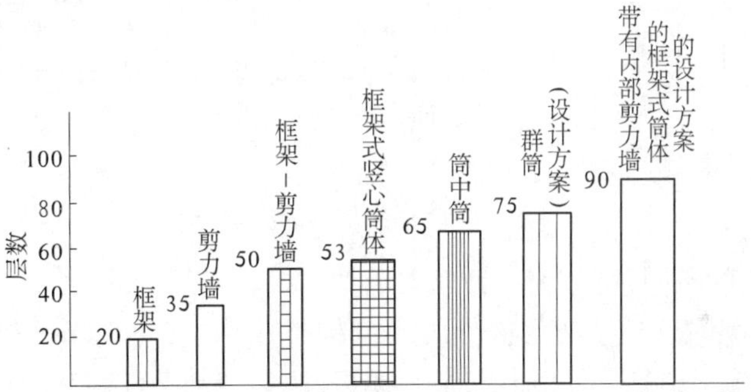

图 1-16　各种结构体系适用层数（美国著名工程师坎恩建议的图表）

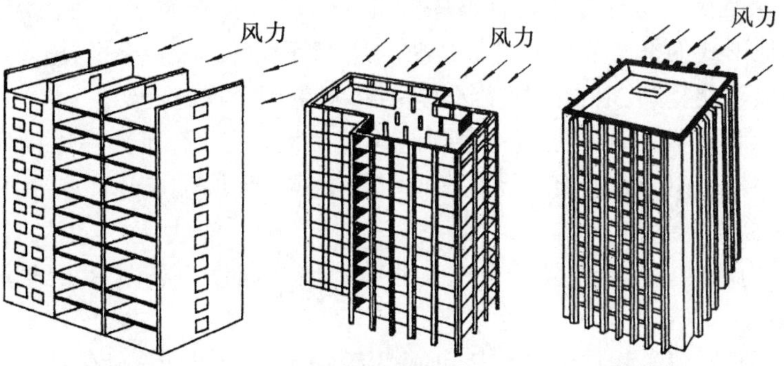

(a)剪力墙　　(b)框架-剪力墙　　(c)筒结构

图 1-17　高层建筑结构体系

1. 框架结构的类型

框架结构是指由横梁、纵梁和柱等构件所组成的结构。

框架结构平面布置灵活，可任意分割房间，容易满足生产工艺和使用上的要求，易于定型化和工业化，但由于水平荷载产生的截面弯矩是随着房屋的高度增加而迅速增加的，因此当房屋达到一定的高度时，为满足强度和刚度要求，框架结构下面几层的梁、柱截面尺寸将不得不做得比较大。

若按框架承重方向的不同，可分为三种承重方案。

(1)横向框架承重(见图 1-18(a))。此情形下，主梁沿房屋横向设置，板和次梁沿纵向布置。这种布置方案有利于增加房屋的横向刚度，因房屋的横向刚度一般都较弱，所以此种方案应用较多。

(2)纵向框架承重(见图 1-18(b))。主梁沿纵向设置，板和次梁沿横向布置。这种布置方案有利于楼层净高的有效利用，通风及采光条件较好，但它的横向刚度较差，一般常用于层数不多且无抗震设防要求的厂房。

(3)纵横向框架承重(见图 1-18(c))。沿房屋的纵向、横向都设置承重框架。这种布置方案对于生产工艺比较复杂、楼板荷载较大、开洞较多的多层工业厂房比较适用。

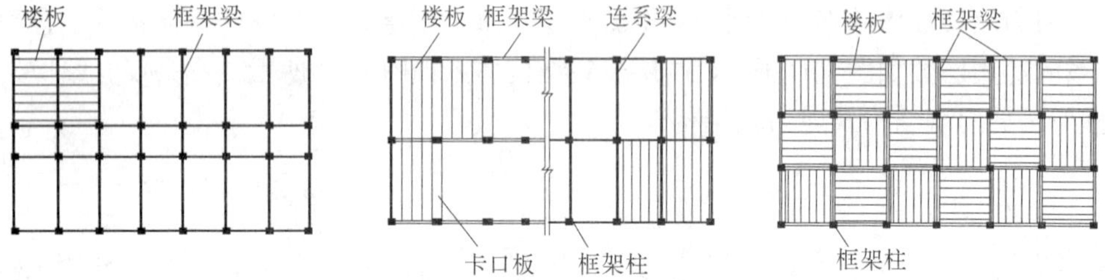

(a)横向框架承重　(b)纵向框架承重　(c)纵横向框架承重

图 1-18　框架结构的类型

若按施工方法的不同，可分为三种框架结构。

(1)装配式框架。这种框架的构件由预制构件厂制造，在现场进行焊接装配。其优点是：便于机械化施工，施工进度加快，节约模板，改善劳动条件。其缺点是：预埋件多，造价高，用钢量、吊装量大，整体性差。因此，这种方法不应在地震高烈度区采用。

(2)全现浇框架。这种方法具有整体性好、抗震性好、布置灵活性大、预埋件少等优点，因而较其他形式的框架节约钢材。其缺点是：工程量较大，费模板，施工周期较长。对于使用要求高、功能复杂、地震高烈度区的建筑，多采用全现浇框架。

(3)装配整体框架。这种框架是将预制构件吊装就位后，在构件连接处再现浇混凝土，使之形成整体。由于它兼有现浇式框架和装配式框架的优点，所以应用比较广泛。

2. 框架－剪力墙结构

框架－剪力墙结构是指由若干个框架和剪力墙共同作为竖向承重结构的多(高)层房屋结构体系。

根据理论分析，建筑物在水平荷载和地震力作用下，靠近底层的结构构件的内力及结构的侧移是随着层数和高度的增加而增大的。如果水平荷载全部由框架承受，则明显不合理、不经济，而剪力墙结构又难以满足使用上大开间的要求。框架－剪力墙结构体系兼有框架体系和剪力墙体系两者的优点，建筑平面布置灵活，也能满足结构承载力和侧向刚度上的要求。

在框架－剪力墙结构体系中，竖向荷载主要由框架承受，而水平荷载主要由剪力墙承受。在一般情况下,剪力墙可承受70% ~90%的水平荷载。

框架梁、柱的轴线与剪力墙的轴线宜重合在同一平面内,梁距轴线间偏心距不宜大于柱截面在该方向边长的1/5,砌体填充墙宜与梁、柱轴线位于同一平面内,以防止梁产生附加扭矩。框架－剪力墙结构体系的类型如图1-19所示,工程实例如图1-20所示。

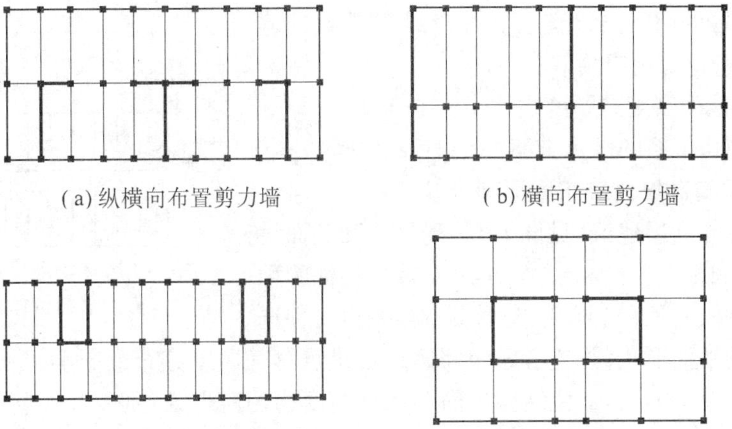

(a)纵横向布置剪力墙　(b)横向布置剪力墙

(c)利用电梯间布置剪力墙　(d)利用楼梯、电梯布置剪力墙

图1-19　框架－剪力墙结构体系的类型

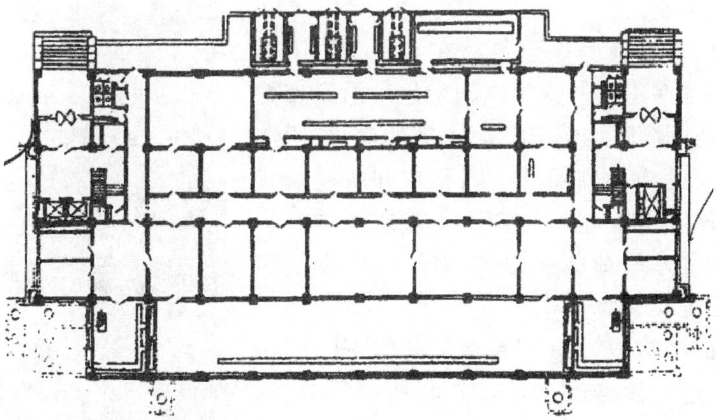

图1-20　北京东单电话局首层平面,采用现浇钢筋混凝土框架－剪力墙结构

3. 剪力墙结构

剪力墙结构是指竖向承重结构全部由剪力墙组成的房屋结构体系。剪力墙结构又分框架－剪力墙、全剪力墙及框支剪力墙结构。剪力墙既承受竖向荷载又承受水平荷载,因它能承受较大的水平荷载——剪力,故称为剪力墙。剪力墙是一片片较为高大的钢筋混凝土墙体,其体系的结构布置应注意以下几点:

(1)房屋平面和立面应规则、简单,不应有过多的凹凸;

(2)结构平面布置宜对称均匀,应使结构的刚度中心与水平荷载的合力作用线接近或重合;

(3)剪力墙宜双向或多向布置,宜拉通对直,沿建筑高度方向刚度不宜突变;

(4)较长的剪力墙可用楼板或弱的连系梁分成若干独立墙段;

(5)剪力墙的门窗洞口宜上下对齐,形成明确的墙肢或连系梁,避免采用错洞墙;

(6)墙肢截面高度与厚度之比不宜小于2。

剪力墙结构体系的承重方案如图1-21所示。

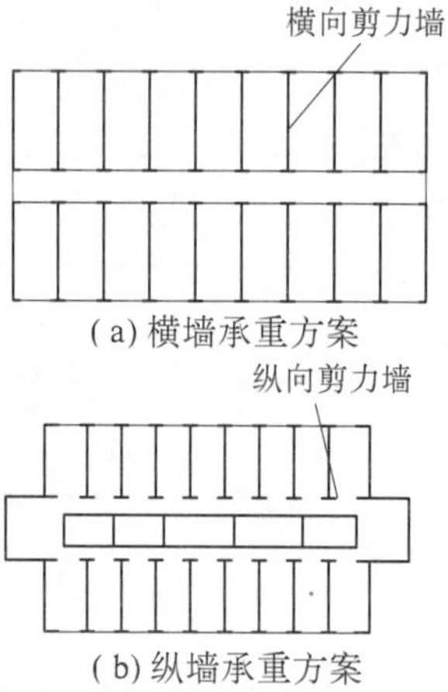

图1-21 剪力墙结构体系的承重方案

(六)多层与高层建筑布置原则

进行多层与高层建筑(见图1-22)的平面和剖面设计时,应尽可能统一柱网和层高,尽可能减少构件的种类和规格。平面宜简单、规则、对称及减少偏心,宜选用风压较小的平面形状,并应考虑相邻的高层建筑对其风压分布的影响。在高层建筑的一个独立结构单元内,尽量使结构平面形状和刚度均匀对称,特别要注意楼梯、电梯间这种刚度很大的井筒的布置。明显不对称的结构应考虑扭转对结构受力的不利影响。筒体结构宜采用正多边形、圆形、矩形和等边三角形,当采用矩形平面时,长宽比不宜大于2。平面、剖面设计应利于结构设计、构件制作和现场施工,有利于建筑工业化。

图1-22 美国的高层建筑

结构的竖向布置应确保建筑物在水平力作用下不发生倾覆,并确保建筑物的整体稳定性。沿垂直方向结构的强度与刚度宜均匀、连续、无突然变化,所选结构体系应考虑建筑物内部的空间要求和所受荷载的大小及其性质。受竖向荷载作用时,要求结构有足够的抗压强度;受水平荷载作用时,要求结构有足够的抗弯、抗剪强度及刚度。

高层建筑的结构设计应控制水平荷载下的侧向变形,防止变形过大,影响建筑物的正常使用(如损坏装修、影响美观和使人有不舒适感等),以及造成人身与设备的安全事故,甚至引起主体结构开裂和损坏。

在建筑物高层与低层部分之间,当采取下列措施之一后,可将两部分连接成整体而不设沉降缝:其一是采用桩基,且桩支承在基岩上,或采取减少沉降的有效措施并经计算,建筑物的沉降差控制在允许范围内;其二是主楼与裙房采用不同的基础形式,调整基底压力使后期沉降基本接近;其三是地基承载力较高,沉降计算较为可靠时,预留沉降差,先施工高层主楼,后施工低(多)层裙楼,使最终沉降量接近。在上述后两种情况下,均应在主楼与裙房之间预留施工后浇带。待沉降基本稳定后,再连成整体。设计时应考虑后期沉降差的不利影响。

伸缩缝的最大间距如表1-5所示。

表 1-5　伸缩缝的最大间距

结构类型	施工方法		最大间距(m)
框架	装配		75
框架 - 剪力墙	现浇	外墙装配	65
	现浇	外墙现浇	55
剪力墙	外墙装配		60
	外墙现浇		45

建筑设计时,应注意高层建筑的体型。不良的体型在水平荷载作用下,会对建筑结构产生偏心扭矩的不利影响,导致结构损坏。所以,建筑物的平面与立面应简单、规则,尽量不设缝或少设缝。若不设缝,就必须采取构造和施工措施,将结构牢固地连成整体;若设缝,就应分得彻底,将结构划分为相对独立的单元。

框架结构的合理层数是 6 ~ 15 层,较经济的层数是 10 层左右;框架 - 剪力墙结构比较适用于 25 层以下;全剪力墙结构可达 40 层左右。

此外,当将剪力墙集中在房屋的内部或外部形成封闭的筒体时,即通称的筒体结构。筒体在水平荷载作用下,似一个竖向的悬臂封闭箱。筒体结构空间结构体系刚度极大,抗扭性能较好,适用于高层公共或商业建筑,可达 80 层。

三、钢结构

(一)钢结构的特点

钢结构是用钢板、角钢、工字钢、槽钢、钢管和圆钢等热轧钢材或冷加工成型的薄壁型钢制造而成的结构。

1. 钢结构的优点

(1)强度高,塑性和韧性好。钢材与混凝土、砖石、木材等材料相比,强度要高得多,因此特别适用于大跨度或荷载较大的结构。钢结构的塑性好,结构在一般条件下不会因超载而突然断裂。此外,钢结构的韧性也很好,对动荷载的适应性强。

(2)截面小,制造简便,施工周期短。钢结构所用的材料单一而且是成材,加工比较简便,并能使用机械操作,运输和装拆均较方便,对已建成的钢结构也较容易进行改建和加固,用螺栓连接的结构还可根据需要进行拆迁。

(3)材料的匀质性和同向性好,与力学计算的假定比较符合。钢材在一定的应力幅度内几乎是完全弹性体,同时它又是很好的弹塑性体,因此钢结构的实际受力情况与工程力学的计算结构比较吻合。

(4)材料的可焊性好。钢材的可焊性好,因而可简化制造工艺,提高钢结构的工业化生产程度。

(5)钢结构的重量轻。钢材密度虽比混凝土等建筑材料的密度大,但钢结构却比钢筋混凝土结构轻,这是因为钢材的强度与密度之比要比混凝土的强度与密度之比大得多。当同样跨度的建筑物承受同样荷载时,钢屋架的重量最多不超过钢筋混凝土屋架重量的 1/3 ~ 1/4,对于薄壁型钢屋架,甚至接近 1/10。钢结构的这一特性决定了其便于吊装。

2. 钢结构的缺点

(1)耐火性差。钢材虽然耐热,但不耐火,钢材长期经受 100 ℃辐射热时,强度没有多大变化，因此具有一定的耐热性能。但温度达 150 ℃以上时，钢材须用隔热层加以保护。钢材不能耐火，需要采用钢材的结构必须注意采取防火措施，如利用蛭石板、蛭石喷涂层或石膏板等加以防护钢结构构件。

(2)耐腐蚀性差。钢材耐腐蚀性能比较差，特别是在南方湿热地区，因此在有侵蚀性介质环境中须对钢结构构件加强防护。

(3)维护费用较高。与钢筋混凝土结构相比，钢结构用于维护(如防腐蚀)的措施较繁杂，因而费用也相对较高。

(二)钢结构的应用范围

钢结构主要应用于重型工业厂房和车间的承重骨架、板结构、塔桅结构与桥梁结构及可拆卸、移动的结构中。轻型钢结构主要应用于飞机库、大会堂、剧场、体育馆和展览馆等大跨度建筑的屋盖结构中。在高层及超高层建筑中，钢结构也占有一定的比重，国内外一些著名的超高层建筑较多采用钢结构。目前，我国用于超高层建筑的钢产量和质量尚不能充分满足需要，加上经济因素等，钢结构的应用仍受到一定的限制。

(三)钢结构材料

国民经济各部门几乎都需要钢材，但由于各自用途不同，所需钢材性能各异。如有的机器零件需要钢材有较高的强度、耐磨性和中等的韧性；有的石油化工设备需要钢材有耐高温性能；对于机械加工的切削工具，需要钢材具有很高的强度和硬度等。虽然碳素钢有 100 多种，合金钢有 300 多种，但适用于建筑钢结构的钢材只有碳素钢及合金钢中的少数几种。

1. 钢结构材料应具有的性能

(1)较高的强度。钢材的抗拉强度和屈服点比较高。屈服点高可以减小截面，从而减轻自重，节约钢材，降低造价。当抗拉强度高于屈服点时，可以增加结构的安全保障。

(2)足够的变形能力。钢材须有很好的塑性和韧性，钢材的塑性好，则结构被破坏前变形比较明显，从而可减小脆性破坏的危险性。同时，塑性变形还能调整局部高峰应力，使之趋于平缓。钢材的韧性好，在动力荷载作用下破坏时要吸收比较多的能量，同样也降低脆性破坏的危险程度。

(3)良好的加工性能。钢材适合冷热加工，同时具有良好的可焊性。钢材不因这些加工而给强度、塑性及韧性带来较大的有害影响。

此外，根据结构的具体工作条件，在必要时还应该具有适应低温、有害介质侵蚀(包括大气锈蚀)以及疲劳荷载作用等的性能。多年的实践经验证明，3 号钢、16 锰钢及 16 锰钒钢等能基本符合上述要求。当选用《钢结构设计规范》(GB 50017—2012)中未推荐的钢材时，须有可靠的试验数据或依据以确保钢结构的质量。

2. 种类

一般碳素结构钢分 Q195、Q215、Q235、Q255、Q275 五种。低合金结构钢是在冶炼碳素结构钢时，加入一种或几种适量合金元素(如锰、钒等)而成的钢，目的是提高强度、韧性和耐腐蚀性，又不致降低其塑性。低合金结构钢的含碳量一般较低，但增加了合金元素，因而对焊接有更高要求。低合金结构钢一般有 16Mn(16 锰)、15MnV(15 锰钒)等，其中数字表示其含碳量的万分数，Mn、V 为元素符号。

第二章　基础与地下室

在建筑工程中，位于建筑物的最下部位，直接作用于土层上并埋入地下的承重构件称为基础。基础下面支承建筑物总荷载的那部分土层称为地基。

第一节　地基与基础概述

一、地基与基础的关系

基础是建筑物的重要组成部分，它承受建筑物的全部荷载，并将它们传给地基。而地基则不是建筑物的组成部分，它只是承受建筑物荷载的土壤层。

建筑物的全部荷载是通过基础传给地基的，地基承受荷载的能力有一定的限度，地基每平方米所能承受的最大压力，称为地基的允许承载力（也叫地耐力）。地基的允许承载力主要应根据地基本身土的特性确定，同时也与建筑物的结构构造和使用要求等因素有一定的关系。当基础对地基的压力超过允许承载力时，地基将出现较大的沉降变形，甚至地基土层会滑动挤出而破坏。为了保证房屋的稳定和安全，必须满足基础底面的平均压力不超过地基承载力。地基承受由基础传来的压力是由上部结构至基础顶面的竖向力和基础自重及基础上部土层荷载组成的，而全部荷载是通过基础的底面传给地基的。因此，当荷载一定时，加大基础底面面积可以减小单位面积地基上所受到的压力。如以 f 表示地基承载力，N 代表建筑物的总荷载，A 代表基础底面面积，则可列出如下关系式

$$A \geq \frac{N}{f} \tag{2-1}$$

从式(2-1)可以看出：当地基承载力不变时，建筑总荷载愈大，基础底面面积也要求愈大；也可以说，当建筑总荷载不变时，地基承载力愈小，基础底面面积将愈大。在建筑设计中，要根据总荷载和建筑地点的地基承载力确定基础底面面积。

二、地基的分类

地基分为天然地基和人工地基两大类。

天然地基是指具有足够承载能力的天然土层，可以直接在天然土层上建造基础。岩石、碎石、砂石、黏性土等一般均可作为天然地基。当天然土层的承载力不能满足荷载要求，即不能在这样的土层上直接建造基础时，必须对这种土层进行人工加固以提高其承载力。进行人工加固的地基叫做人工地基。人工地基较天然地基费工费料，造价较高，只有在天然土层承载力差、建筑总荷载大的情况下方可采用。

三、地基与基础的设计要求

（一）地基承载能力和均匀程度的要求

建筑物的建造地址应尽可能选在地基土的地耐力较高且分布均匀的地段，如岩石类、

碎石类等。若地基土质不均匀,则会给基础设计增加困难。若处理不当将会使建筑物发生不均匀沉降,而引起墙身开裂,甚至影响建筑物的使用。

(二)地基强度和耐久性的要求

基础是建筑物的重要承受构件,它对整个建筑物的安全起着保证作用。因此,基础所用的材料必须具有足够的强度,才能保证基础能够承担建筑物的荷载并传递给地基。

基础是埋在地下的隐蔽工程,由于它在土中经常受潮,而且建成后检查和加固也很困难,所以在选择基础的材料和构造形式等时,应与上部结构的耐久性相适应。

(三)基础工程应注意经济问题

基础工程一般占建筑总造价的10% ~40%,降低基础工程的投资是降低工程总投资的重要一环。因此,在设计中应选择较好的土质地段,对需要特殊处理的地基和基础,应尽量使用地方材料,并采用恰当的形式及构造方法,从而节省工程投资。

四、基础的埋置深度

(一)基础埋置深度的定义

基础的埋置深度简称埋深,是从室外地坪算起的。室外地坪分为自然地坪和设计地坪,自然地坪是指施工地段的现有地坪,而设计地坪是指按设计要求工程竣工后室外场地经垫起或干挖后的地坪。基础埋置深度是指设计室外地坪到基础底面的距离(见图2-1)。

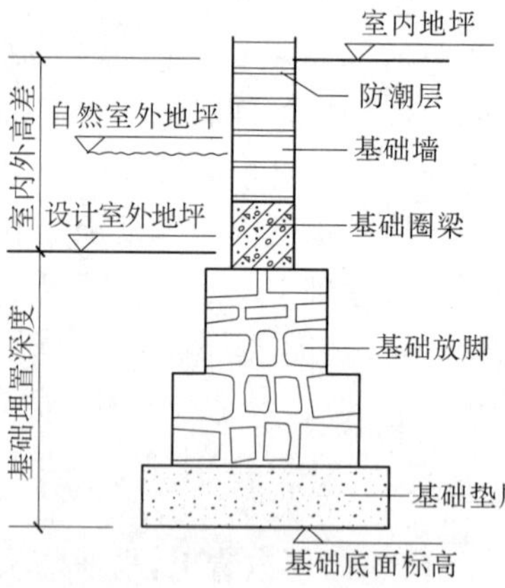

图2-1　基础埋置深度

根据基础埋置深度的不同,基础分为浅基础和深基础。一般情况下,基础埋置深度不超过5 m的叫浅基础,基础埋置深度超过5 m的叫深基础。在确定基础的埋深时,应优先选用浅基础,其具有构造简单、施工方便、造价低廉且不需要特殊施工设备等优点。只有在表层土质极弱或总荷载较大或其他特殊情况下,才选用深基础。基础的埋置深度也不能过小,至少不能小于500 mm,因为地基受到建筑物荷载作用后可能将四周土挤走,使基础失稳,或地面受到雨水冲刷、机械破坏而导致基础暴露,从而影响建筑物的安全。

(二)基础埋置深度的选择

基础埋置深度的决定因素很多,主要应根据三个方面综合考虑确定,即地基土层构造、地下水位和土的冻结深度。

1. 地基土层构造的影响

建筑物必须建造在坚实可靠的地基土层上。根据地基土层分布不同,基础埋深一般有6种典型情况(见图2-2):

(1)地基土质分布均匀时,基础应尽量浅埋,但也不得低于500 mm(见图2-2(a))。

(2)地基土层的上层为软土,厚度在2 m以内,下层为好土时,基础应埋在好土层内,此时土方开挖量不大,既可靠又经济(见图2-2(b))。

(3)地基土层的上层为软土,且高度在 2 ~5 m 时,荷载小的建筑(低层、轻型)仍可将基础埋在软土内,但应加强上部结构的整体性,并增大基础底面面积。若建筑物总荷载较大(高层、重型建筑),则应将基础埋在好土上(见图 2-2(c))。

(4)地基土层的上层软土厚度大于 5 m 时,对于建筑总荷载较小的建筑,应尽量利用表层的软弱土层为地基,将基础埋在软土内。必要时,应加强上部结构,增大基础底面面积或进行人工加固。否则,是采用人工地基还是把基础埋至好土层内,应进行经济比较后确定(见图 2-2(d))。

(5)地基土层的上层为好土、下层为软土时,应力争把基础埋在好土里,适当提高基础底面,应有足够厚度的持力层,并验算下卧层的应力和应变,确保建筑的安全(见图 2-2(e))。

(6)地基土层由好土和软土交替组成时,低层轻型建筑应尽可能将基础埋在好土内;总荷载大的建筑可采用使端承桩穿过软土层,也可将基础深埋到下层好土中,两方案可经技术经济比较后选定(见图 2-2(f))。

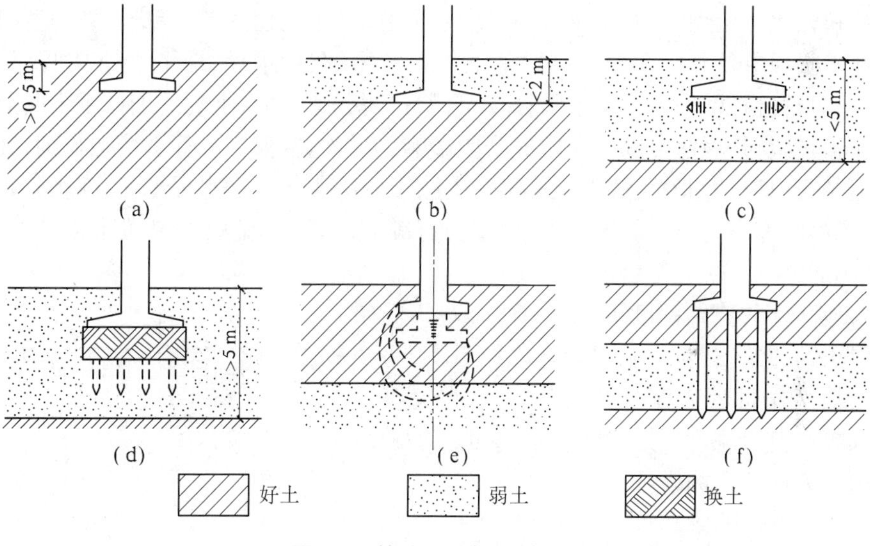

图 2-2　基础埋深与土质关系

2. 地下水位的影响

地基土含水量的大小对承载力影响很大,所以地下水位高低直接影响地基承载力。如黏性土遇水后,因含水量增加,体积膨胀,使土的承载力下降。而含有侵蚀性物质的地下水,对基础会产生腐蚀。因此,建筑物的基础应争取埋置在地下水位以上(见图 2-3(a))。

当地下水位很高,基础不能埋置在地下水位以上时,应将基础底面埋置在最低地下水位 200 mm 以下,不应使基础底面处于地下水位变化的范围之内,从而减少和避免地下水的浮力影响等(见图 2-3(b))。

埋置在地下水位以下的基础,其所用材料应具有良好的耐水性能,如选用石材、混凝土等。当地下水含腐蚀性物质时,基础应采取防腐蚀措施。

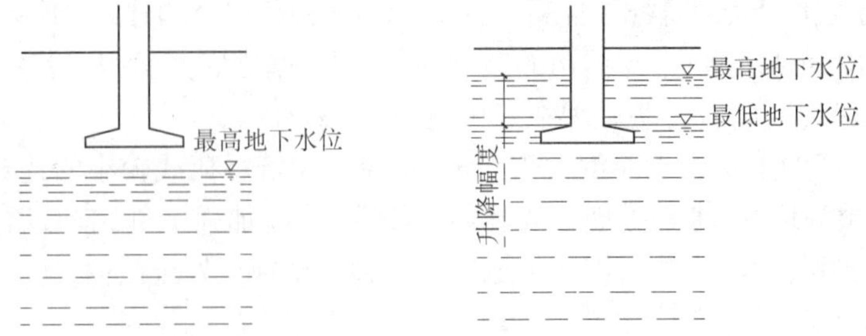

(a) 地下水位较低时的基础埋置位置　　(b) 地下水位较高时的基础埋置位置

图 2-3　地下水位对基础埋深的影响

3. 土的冻结深度的影响

地面以下的冻结土与非冻结土的分界线称为冰冻线。土的冻结深度取决于当地的气候条件。气温越低，低温持续时间越长，冻结深度就越大。冬季，土的冻胀会把基础抬起；春天，气温回升，土层解冻，基础就会下沉，使建筑物同期性地处于不稳定状态。由于土中各处冻结和融化并不均匀，故使建筑物产生变形，如发生门窗变形、墙身开裂的情况等。

土壤冻胀现象及其严重程度与地基土的颗粒粗细、含水量、地下水位高低等因素有关。碎石、卵石、粗砂、中砂等土壤颗粒较粗，颗粒间孔隙较大，水的毛细作用不明显，冻而不胀或冻胀轻微，其埋深可以不考虑冻胀的影响。粉砂、轻亚黏土等土壤颗粒细，孔隙小，毛细作用显著，具有冻胀性，此类土壤称为冻胀土。冻胀土中含水量越大，冻胀就越严重；地下水位越高，冻胀越强烈。因此，若地基土有冻胀现象，基础应埋置在冰冻线以下不小于 200 mm 的地方（见图 2-4）。

严寒地区土的冻结深度可达 2 ~ 3 m，对于低层和荷载较小的建筑，若将基础埋置在冻层以下，势必大幅度增加工作量和工程造价。因此，这类建筑若室内有采暖和自身刚度较好，体量较小，可将基础埋于冻层内并采取相应的措施。

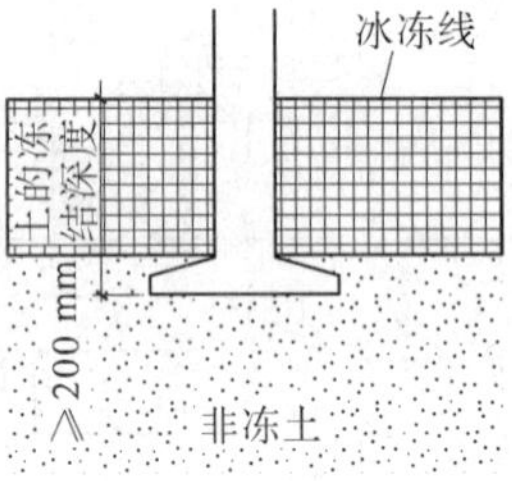

图 2-4　冻土深度对基础埋深的影响

4. 其他因素对基础埋深的影响

基础的埋深除与地基构造、地下水位、冻结深度等因素有关外，还须考虑周围环境与具体工程特点，如相邻基础的深度以及拟建建筑物是否有地下室、设备基础、地下管沟等。

第二节　基础构造

一、基础的类型

基础的类型很多，主要根据建筑物的结构类型、体量高度、荷载大小、水文地质和地方材料供应等因素来确定。

(一) 按所用材料及受力特点分类

1. 刚性基础

由于地基承载力在一般情况下低于墙或柱等上部结构的抗压强度，故基础底面宽度要大于墙或柱的宽度（见图 2-5），即 $B > B_0$，地基承载力愈小，基础底面宽度愈大。当 B 很大时，挑出部分也将很大。从基础受力方面分析，挑出的基础相当于一个悬臂梁，它的底面将受拉。当拉应力超过材料的抗拉强度时，基础底面将出现裂缝以至破坏。有些材料（如砖、石、混凝土等）的抗压强度高，但抗拉强度和抗剪强度却很低，用这些材料建造基础时，为保证基础不被拉力或冲切破坏，基础就必须具有足够的高度。也就是说，对基础的挑出长度 B_2 与高度 H_0 之比（通称宽高比）进行限制，即一般不能超过允许宽高比，详见表 2-1。在此情况下，宽 B_2 与高 H_0 所夹的角称为刚性角。

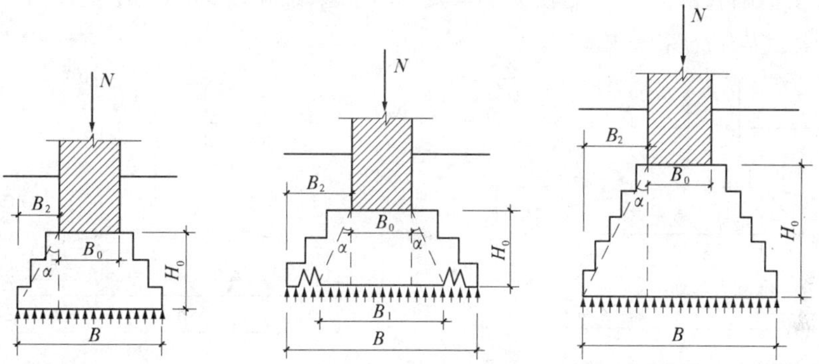

（a）基础的 B_2/H_0 值在允许范围内，基础底面不受拉

（b）基础宽度加大，B_2/H_0 超出允许范围，基础因受拉开裂而破坏

（c）在基础宽度加大的同时，增加基础高度，使 B_2/H_0 值在允许范围内

图 2-5　刚性基础的受力特点

表 2-1　刚性基础台阶宽高比的允许值

基础材料	质量要求		台阶宽高比的允许值		
			$P \leqslant 100$	$100 < P \leqslant 200$	$200 < P \leqslant 300$
混凝土基础	C10 混凝土		1∶1.00	1∶1.00	1∶1.00
	C7.5 混凝土		1∶1.00	1∶1.25	1∶1.50
毛石混凝土基础	C7.5 ~ C10 混凝土		1∶1.00	1∶1.25	1∶1.50
砖基础	砖不低于 MU7.5	M5 砂浆	1∶1.50	1∶1.50	1∶1.50
		M2.5 砂浆	1∶1.50	1∶1.50	
毛石基础	M2.5 ~ M5 砂浆		1∶1.25	1∶1.50	
	M1 砂浆		1∶1.50		
灰土基础	体积比为 3∶7 或 2∶8 的灰土，其最小干密度：粉土 1.55 t/m^3，粉质黏土 1.50 t/m^3，黏土 1.45 t/m^3		1∶1.25	1∶1.50	
三合土基础	体积比 1∶2∶4 或 1∶3∶6（石灰∶砂∶骨料），每层约虚铺 220 mm，夯至 150 mm		1∶1.50	1∶2.00	

注：1. P 为基础底面处的平均压力，kPa。

2. 阶梯形毛石基础的每阶伸出宽度不宜大于 200 mm。

3. 当基础由不同材料叠合组成时，应对接触部分作抗压验算。

4. 对于混凝土基础，当基础底面处的平均压力超过 300 kPa 时，尚应按 $V \leqslant 0.07 f_c A$ 进行抗剪验算，其中，V 为剪力设计值，f_c 为混凝土轴心抗压强度设计值，A 为台阶高度变化处的剪切断面面积。

凡受刚性角限制的基础称为刚性基础。刚性基础常用于建筑物荷载较小、地基承载能力较好、压缩性较小的地基上，一般用于建造中小型民用建筑以及墙承重的轻型厂房等。

2. 柔性基础

当建筑物的荷载较大、地基承载力较小时，基础底面 B 必须加宽。若仍采用砖、石、混凝土材料做基础，势必加大基础的深度，这样既增加了土方工作量，又使材料的用量增加，对工期和造价都十分不利。若在混凝土基础的底部配以钢筋，利用钢筋来承受拉应力（见图 2-6），使基础底部能够承受较大的弯矩，这时，基础宽度的加大不受刚性角的限制，故称钢筋混凝土基础为柔性基础。

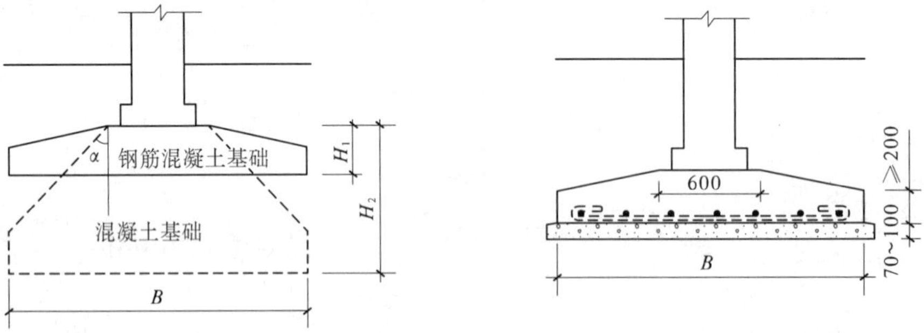

（a）混凝土基础与钢筋混凝土基础的比较　　（b）钢筋混凝土基础

图 2-6　钢筋混凝土基础

（二）按构造形式分类

1. 独立基础

当建筑物上部采用框架结构或单层排架结构承重，且柱距较大时，基础常采用方形或矩形的单独基础，这种基础称独立基础或柱下基础（见图 2-7）。独立基础是柱下基础的基本形式，常用的断面形式有阶梯形、锥形、杯形等。其优点是减少土方工程量，便于管道穿过，节约基础材料，但基础与基础之间无构件连接件，整体刚度较差，因此适用于土质均匀、荷载均匀的骨架结构建筑中。

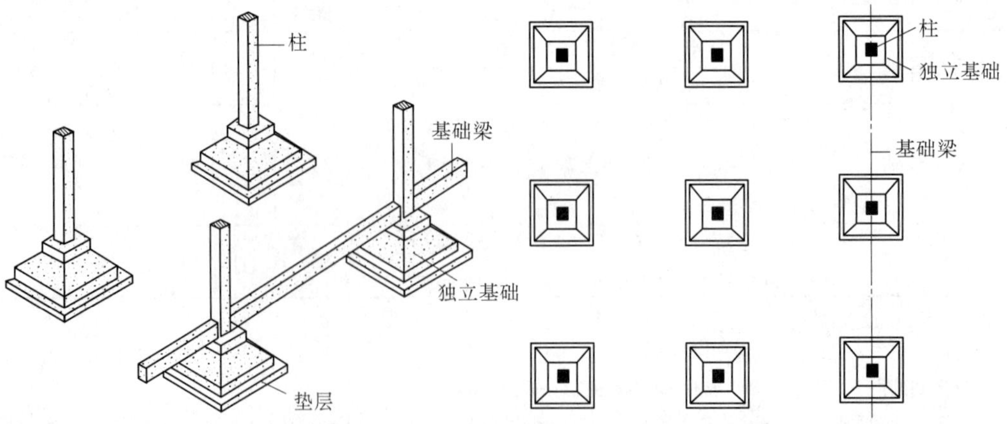

（a）示意　　（b）平面

图 2-7　柱下独立基础

当建筑物上部为承重墙结构，基础要求埋深较大时，也可采用独立基础。其构造方法是墙下设承台梁，梁下每隔 3 ~4 m 设一柱墩。

2. 条形基础

当建筑物为墙承重结构时，沿墙身设置成长条形的基础称为条形基础（见图 2-8）。这种基础纵向整体性好，可减缓局部不均匀下沉，多用于砖混结构。条形基础常选用砖、石、灰土、三合土等材料。

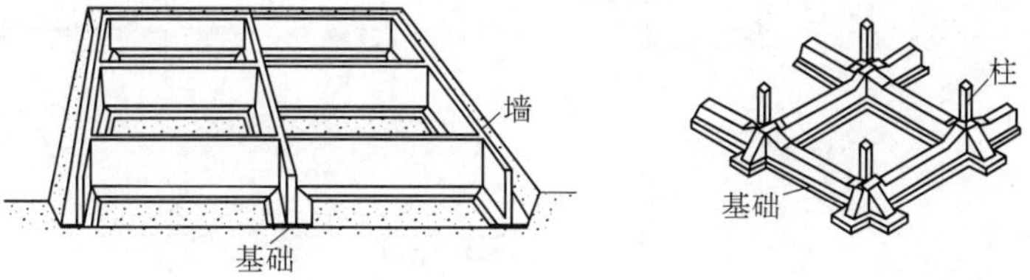

(a) 墙下条形基础　　(b) 柱下条形基础

图 2-8　条形基础

当建筑物为骨架结构，以柱承重时，若柱子较密或地基较弱，也可选用条形基础，将各柱下的基础连接在一起，使整个建筑物具有良好的整体性。柱下条形基础还可以有效地防止不均匀沉降。

3. 井格基础

当地基条件较差或上部荷载较大时，为提高建筑物的整体刚度，避免不均匀沉降，常将独立基础沿纵向和横向连接起来，形成十字交叉的井格基础（见图 2-9）。

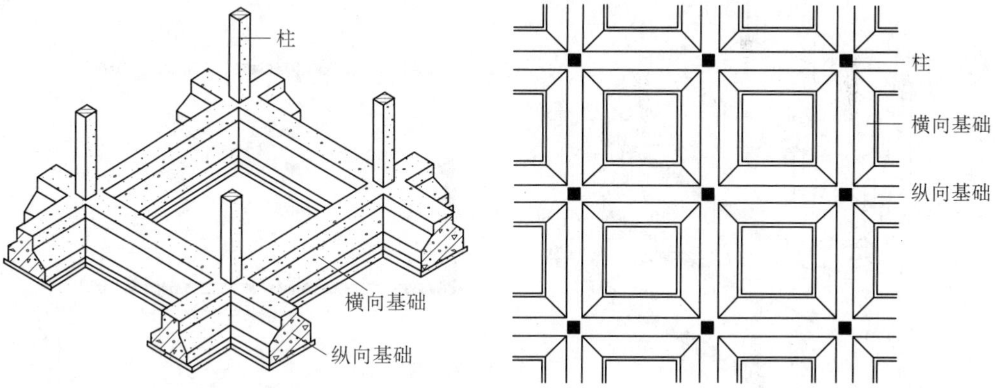

(a) 示意　　(b) 平面

图 2-9　井格基础

4. 满堂基础

满堂基础包括筏式基础和箱形基础。

1) 筏式基础

当上部荷载较大，地基承载力较低，柱下交叉条形基础或墙下条形基础的底面面积占建筑物平面面积的比例较大时，可考虑选用整片的筏板承受建筑物的荷载并传给地基，这种基础形似筏子，称为筏式基础（见图 2-10）。

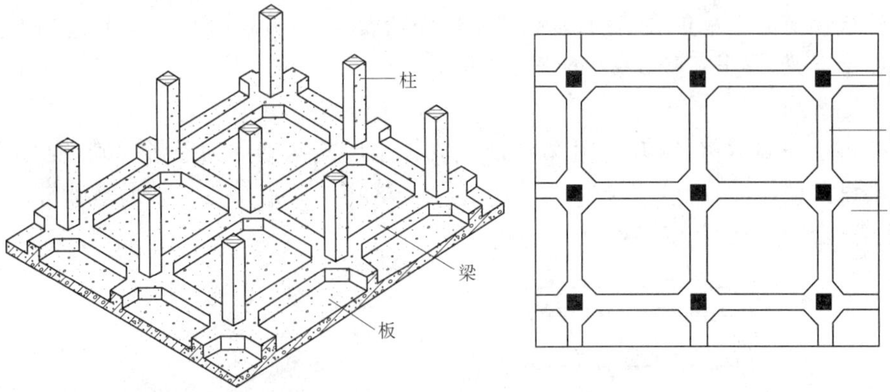

(a) 示意　　　　(b) 平面

图 2-10　筏式基础

筏式基础按结构形式分为板式结构和梁板式结构两类。板式结构板的厚度较大，构造简单；梁板式结构板的厚度较小，但增加了双向梁，构造较复杂。

筏式基础具有减少基底压力、提高地基承载力和调整地基不均匀沉降的能力，广泛应用于地基承载能力较差或上部荷载较大的建筑中。

2) 箱形基础

当建筑物荷载很大，或浅层地质情况较差，基础需埋深，为增加建筑物的整体刚度，不致因地基的局部变形而影响上部结构时，常采用钢筋混凝土将基础四周的墙、顶板、底板整浇成刚度很大的盒状基础，称为箱形基础(见图 2-11)。

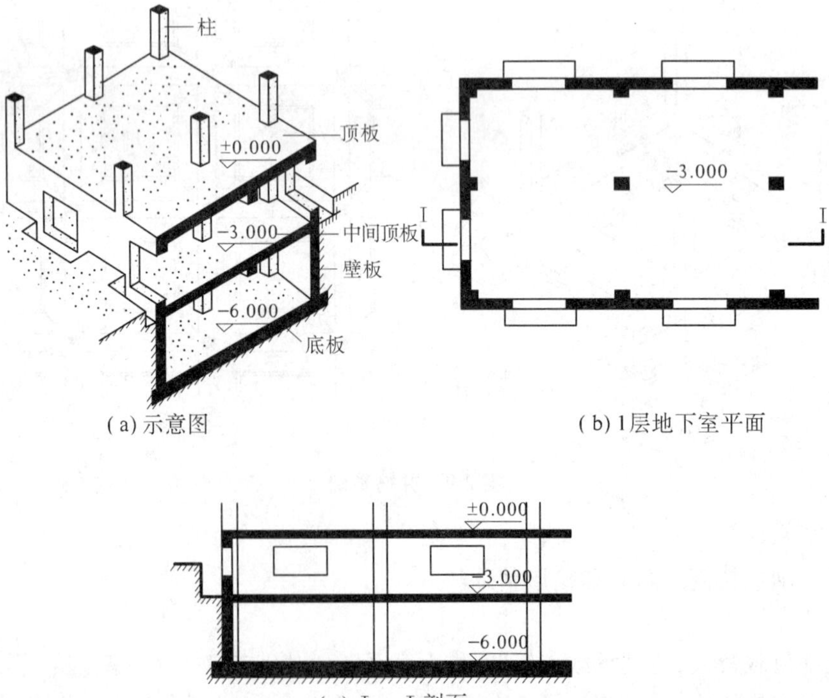

(a) 示意图　　　　(b) 1层地下室平面

(c) Ⅰ—Ⅰ剖面

图 2-11　箱形基础

箱形基础具有刚度大、整体性好且内部空间可用作地下室等特点。因此,常用于高层公共建筑、住宅建筑以及需设 1 层或多层地下室的建筑中。

5. 桩基础

当建筑物荷载较大,地基的软弱土层厚度在 5 m 以上,基础不能埋在软弱土层内,或对软弱土层进行人工处理困难和不经济时,常采用桩基础(简称桩基)。

采用桩基础能节省材料,减少挖填土方工程量,改善工人的劳动条件,缩短工期。因此,近年来桩基础采用量逐年增加。

1)桩基的类型

桩基的种类很多,根据材料不同,一般分为木桩、钢筋混凝土桩和钢桩等;根据断面形式不同,分为圆形、方形、环形、六角形及工字形等;根据施工方法不同,分为打入桩、压入桩、振入桩及灌入桩等;根据受力性能不同,又可以分为摩擦桩(见图 2-12(a))和端承桩(见图 2-12(b))等。

摩擦桩则是用桩挤实软弱土层,靠桩壁与土壤的摩擦力承担总荷载。这种桩适用于坚硬土层较深、总荷载较小的工程。

端承桩是将桩尖直接支承在岩石或硬土层上,用桩尖支承建筑物的总荷载并通过桩尖将荷载传给地基。这种桩适用于坚硬土层较浅、荷载较大的工程。

2)桩基的组成

桩基是由桩身和承台梁(或板)组成的,如图 2-13 所示。桩基是按设计的点位将桩身置入土中的,桩的上端灌注钢筋混凝土承台梁,承台梁上接柱或墙体,以便使建筑荷载均匀地传递给桩基。在寒冷地区,承台梁下一般铺设 100 ~ 200 mm 厚的粗砂或焦渣,以防止土壤冻胀引起承台梁的反拱破坏。

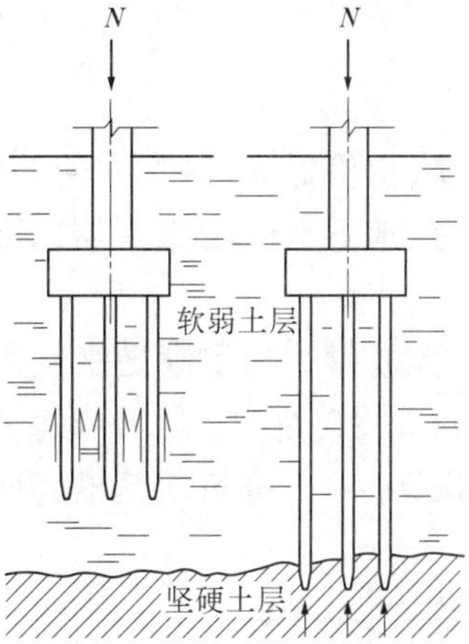

(a) 摩擦桩　(b) 端承桩

图 2-12　桩基受力类型

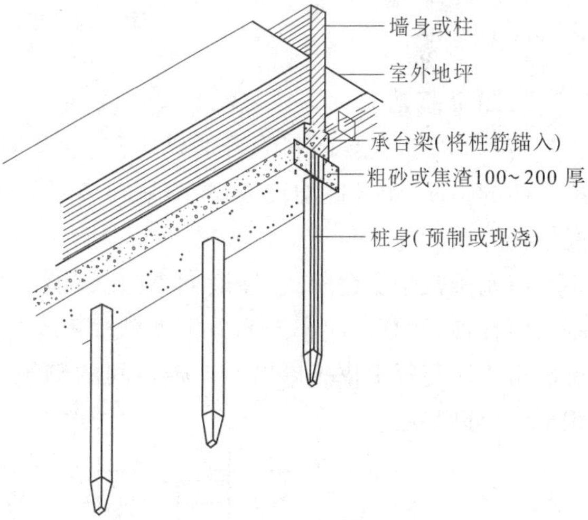

图 2-13　桩基的组成

二、刚性基础构造

刚性基础常采用砖、石、灰土、三合土、混凝土等材料,根据这些材料的力学性质要求,在基础设计时，应严格控制基础的挑出宽度 b 与高度 h 之比，以确保基础底面不产生较大的拉应力。

(一) 毛石基础

我国石材产量丰富，毛石基础是由石材和砂浆砌筑而成的，由于石材抗压强度高，抗冻、抗水、抗腐蚀性能均较好，同时由于石材之间的联结砂浆也是耐水材料，所以毛石基础可以用于地下水位较高、冻结深度较深的低层或多层民用建筑中。

毛石基础的剖面形式多为阶梯形（见图 2-14）。基础顶面要比墙或柱每边宽出 100 mm，基础的宽度、每个台阶的高度均不宜小于400 mm，每个台阶挑出的宽度不应大于200 mm，以确保符合宽度比不大于 1∶1.5 或 1∶1.25（见表 2-1）的限制。当基础底面宽度小于 700 mm 时，毛石基础应做成矩形截面。

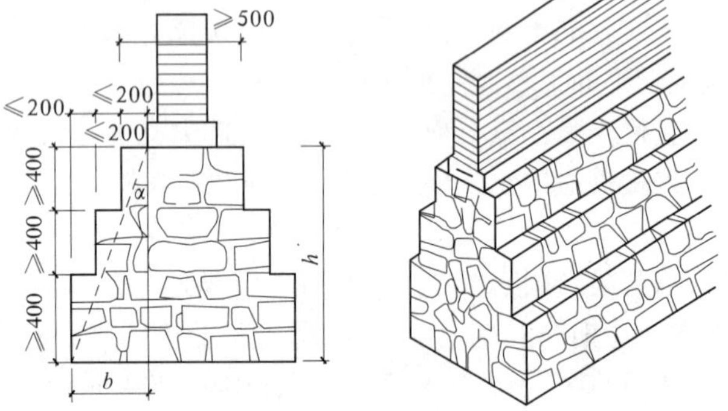

(a) 毛石基础构造　(b) 毛石基础示意

图 2-14　毛石基础

(二) 砖基础

砖基础中的主要材料为普通黏土砖，它具有取材容易、价格低廉、制作方便等特点。由于砖的强度、耐久性均较差，故砖基础多用于地基土质好、地下水位较低、5 层以下的砖混结构建筑中。

砖基础常采用台阶式、逐渐向下放大的做法，称之为大放脚。为了满足刚性角的限制，其台阶的宽高比应小于 1∶1.5（见表 2-1）。一般采用每 2 皮砖挑出 1/4 砖或每 2 皮砖挑出 1/4 砖与每 1 皮砖挑出 1/4 砖相间的砌筑方法（见图 2-15）。砌筑前基槽底面要铺 20 mm 厚砂垫层。

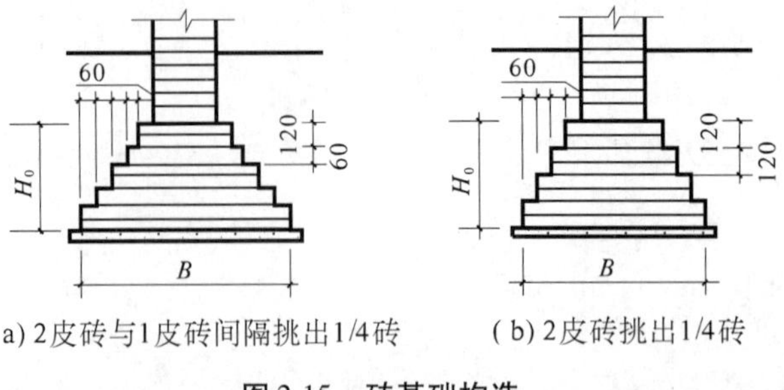

(a) 2皮砖与1皮砖间隔挑出1/4砖　(b) 2皮砖挑出1/4砖

图 2-15　砖基础构造

（三）灰土与三合土基础

为了节约材料，在地下水位比较低的地区，常在砖基础下做灰土垫层，以提高基础的整体性。该灰土层的厚度不小于 100 mm。

灰土基础（见图 2-16（a））是由粉状的石灰与松散的粉土加适量水拌和而成的，用于灰土基础的石灰与粉土的体积比为 3∶7 或 4∶6，灰土每层均需铺 220 mm，夯实后厚度为 150 mm。由于灰土的抗冻、耐水性很差，故灰土基础只适用于地下水位较低的低层建筑中。

三合土基础是指石灰、砂、骨料（碎砖、碎石或矿渣）按体积比 1∶3∶6 或 1∶2∶4 加水拌和夯实而成的基础。三合土基础的总厚度 H_0 大于 300 mm，宽度 B 大于 600 mm。三合土基础在我国南方地区应用广泛，适用于 4 层以下的建筑。与灰土基础一样，三合土基础应埋在地下水位以上，顶面应在冰冻线以下。

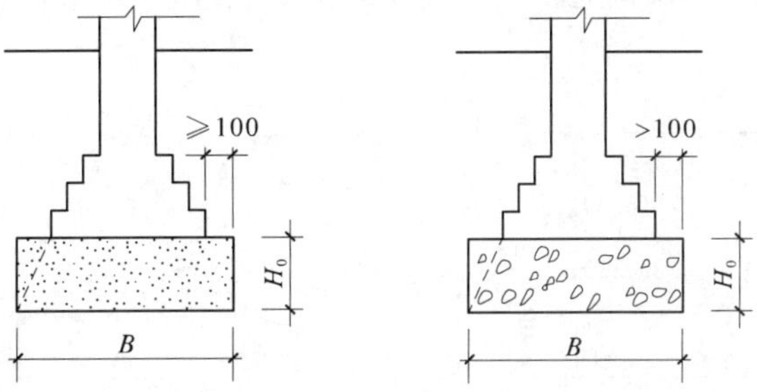

（a）灰土基础　（b）三合土基础

图 2-16　灰土与三合土基础

（四）混凝土基础

混凝土基础（见图 2-17）具有坚固、耐久、耐腐蚀、耐水等特点，与前面所讲的几种基础相比刚性角较大，可用于地下水位较高和有冰冻作用的地方。由于混凝土可塑性强，基础的断面形式可以做成矩形、阶梯形和锥形。为方便施工，当基础宽度小于 350 mm 时，多做成矩形；当基础宽度大于 350 mm 时，多做成阶梯形；当基础底面宽度大于 2 000 mm 时，还可以做成锥形，锥形断面能节省混凝土，从而减轻基础自重。

混凝土的刚性角 α 为 45°，阶梯形断面台阶宽高比应小于 1∶1 或 1∶1.5，使得锥形断面的斜面与水平面夹角 β 应大于 45°。

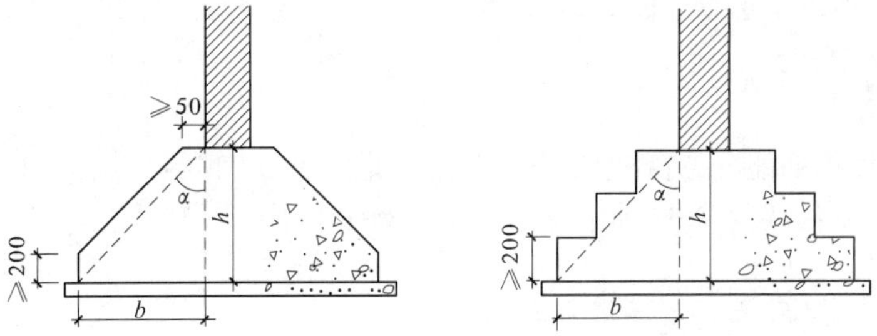

（a）梯形　（b）台阶形

图 2-17　混凝土基础

为了节约混凝土，常在混凝土中加入粒径不超过 300 mm 的毛石，这种混凝土称为毛石混凝土。毛石混凝土基础所用毛石的尺寸不得大于基础宽度的 1/3，毛石的体积一般为总体积的 20% ~30% 。毛石在混凝土中应均匀分布。

三、柔性基础构造

钢筋混凝土柔性基础由于不受刚性角的限制，所以基础可尽量浅埋，这种基础相当于一个受均布荷载的悬臂梁，所以它的截面高度向外逐渐减小，但最薄处的厚度不应小于 200 mm。截面若做成阶梯形，每步高度为 300 ~ 500 mm。基础中受力钢筋的数量应通过计算确定，但钢筋直径不宜小于 8 mm。混凝土的强度等级不宜低于 C15。

为了使基础底面均匀传递对地基的压力，常在基础下部用强度等级为 C7.5 或 C10 的混凝土做垫层，其厚度宜为 60 ~ 100 mm。设垫层时，钢筋距基础底面的保护层厚度不宜小于 35 mm；不设垫层时，钢筋距基础底面的保护层厚度不宜小于 70 mm，以保护钢筋免遭锈蚀（见图 2-18）。

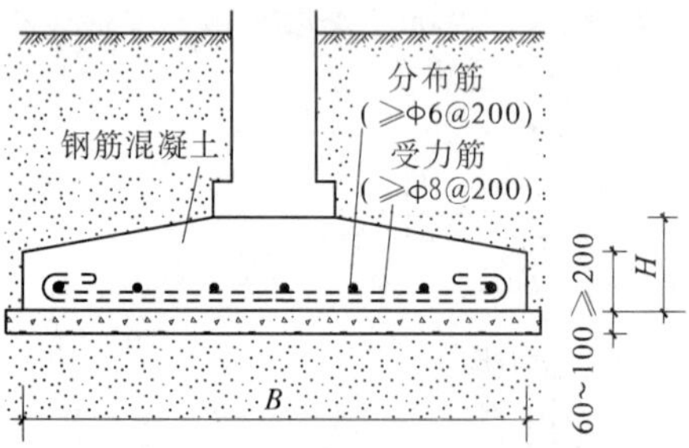

(a) 板式基础

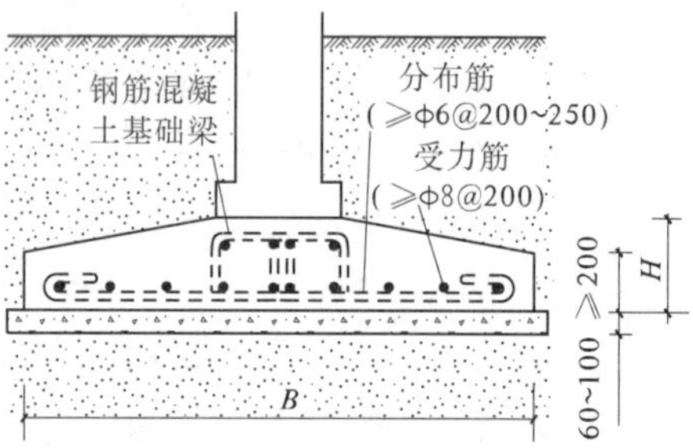

(b) 梁板式基础

图 2-18　钢筋混凝土基础

第三节　地下室的防潮与防水

在建筑物底层以下的房间叫做地下室，它是在限定的占地面积中争取到的使用空间。高层建筑的基础很深，利用这个深度建造 1 层或多层地下室，既可提高建设用地的利用率，又不需要增加太多投资。地下室可用作设备用房、储藏库房、地下商场、餐厅、车库以及战备防空等，地下室示意如图 2-19 所示。

一、地下室的类型

地下室按使用功能分，有普通地下室和防空地下室；按顶板标高分，有半地下室和全地下室；按结构材料分，有砖墙地下室和混凝土墙地下室。

二、地下室的防潮与防水构造

由于地下室的墙身、底板长期受到地潮或地下水的侵蚀，由于水的作用，轻则引起室内墙面灰皮脱落、墙面上生霉，影响人体健康，重则进水，使地下室不能使用或影响建筑物的耐久性。因此,如何保证地下室在使用时不受潮、不渗漏,是地下室构造设计的主要任务。设计人员必须根据地下水的情况和工程的要求,对地下室设计采取相应的防潮、防水措施。

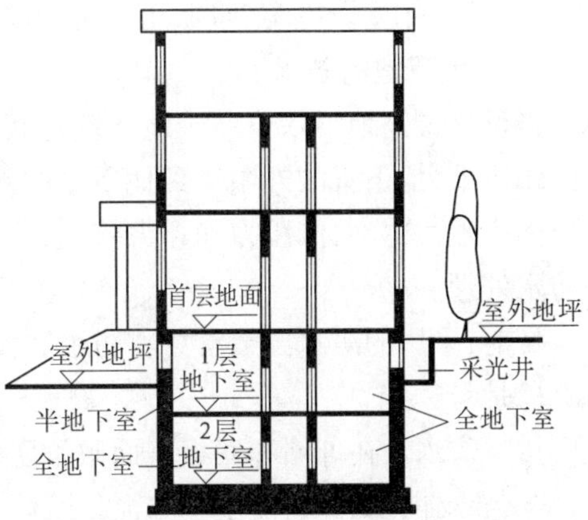

图 2-19 地下室示意

(一)地下室的防潮

当地下水的常年水位和最高水位都在地下室地面标高以下时,仅受到土层中地潮的影响,这时只需作防潮处理,如图 2-20(a)所示。对于砖墙,其构造要求是:墙体必须采用水泥砂浆砌筑,灰缝要饱满;在墙面外侧设垂直防潮层。其做法是:在墙体外表面先抹一层 20 mm 厚的水泥砂浆找平层,再涂一道冷底子油和两道热沥青,然后在防潮层外侧回填低渗透土壤,如黏土、灰土等,并逐层夯实。土层宽 500 mm 左右,以防地面雨水或其他地表水的影响。

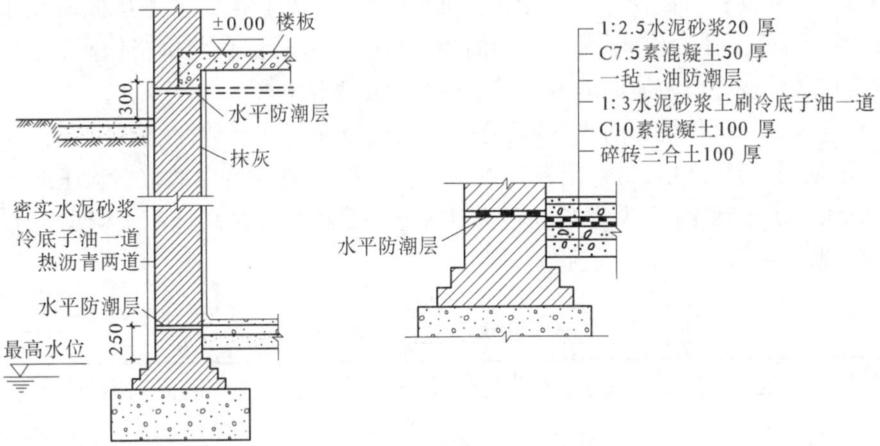

(a) 墙身防潮　　(b) 地坪防潮

图 2-20 地下室防潮处理

另外,地下室的所有墙体都必须设两道水平防潮层:一道设在地下室地坪附近(具体位置视地坪构造而定,见图 2-20(b));另一道设置在室外地面散水以上 150 ~ 200 mm 的位置,以防地下潮气沿地下墙身或勒角处侵入室内。凡在外墙穿管、接缝等处,均应嵌入油缝防潮。

对于地下室地面,一般主要借助混凝土材料的憎水性能来防潮,但当地下室的防潮要求较高时,其地层也应作防潮处理。防潮层一般设在垫层与地面面层之间,且与墙身水平防潮层在同一水平地面上。

当地下室使用要求较高时，可在围护结构内侧加涂防潮涂料，以消除或减少潮气渗入。

（二）地下室的防水

当设计最高地下水位高于地下室地面时，地下室的底板和部分外墙将浸在水中。在水的作用下，地下室的外墙受到地下水的侧压力，底板则受到浮力作用，而且地下水位高出地下室地面越高，侧压力和浮力就越大，渗水也越严重。因此，地下室外墙与底板应做好防水处理。

目前，采用的防水方案有材料防水和混凝土自身防水两大类。

1. 材料防水

材料防水是在外墙和底板表面敷设防水材料，借助材料的高效防水特性阻止水的渗入，常用卷材防水、涂料防水和水泥砂浆防水等。

1）卷材防水

卷材防水能适应结构的微量变形和抵抗地下水的一般化学侵蚀，比较可靠，是一种传统的防水做法。防水卷材一般用高分子卷材（如三元乙丙－丁基橡胶防水卷材、氯化聚乙烯－橡塑共混防水卷材等）和沥青卷材（石油沥青卷材、焦油沥青卷材），各自采用与卷材相适应的胶结材料胶合而成防水层。

高分子卷材具有质量轻、使用范围广、抗拉强度高、延伸率大、对基层伸缩或开裂的适用性强等特点，而且是冷作业，施工操作简单，不污染环境，但目前价格偏高，且不宜用于地下水含矿物油或有机溶液的地方。其一般为单层做法。

沥青卷材是一种传统的防水材料，有一定的抗拉强度和延伸性，价格较低，但属热作业，操作不便，并污染环境，易老化。其一般为多层做法，卷材的层数根据水压即地下水的最大计算水头大小而定（见表2-2）。最大计算水头是指设计最高地下水位高于地下室底板下皮的高度。

表2-2　防水层的卷材层数

最大计算水头（m）	卷材所受经常压力（MPa）	卷材层数
<3	0.01～0.05	3
3～6	0.05～0.1	4
6～12	0.1～0.2	5
>12	0.2～0.5	6

按防水材料的铺贴位置不同，分外包防水和内包防水两类（见图2-21）。外包防水是将防水材料贴在迎水面，即外墙的外侧和底板的下面，防水效果好，采用较多，但维修困难，缺陷处难以查找。内包防水是将防水材料贴于背水一面，其优点是施工简便，便于维修，但防水效果较差，多用于修缮工程。

沥青油毡外包防水构造对地下室地坪的防水处理：先在混凝土垫层上将油毡铺满整个地下室，在其上浇筑细石混凝土或水泥砂浆保护层，以便浇筑钢筋混凝土底板。地坪防水油毡须留出足够的长度，以便与墙面垂直防水油毡搭接。对墙体的防水处理：先在外墙外面抹20 mm厚的1∶2.5水泥砂浆找平层，涂刷冷底子油一道，再按一层油毡一层沥青

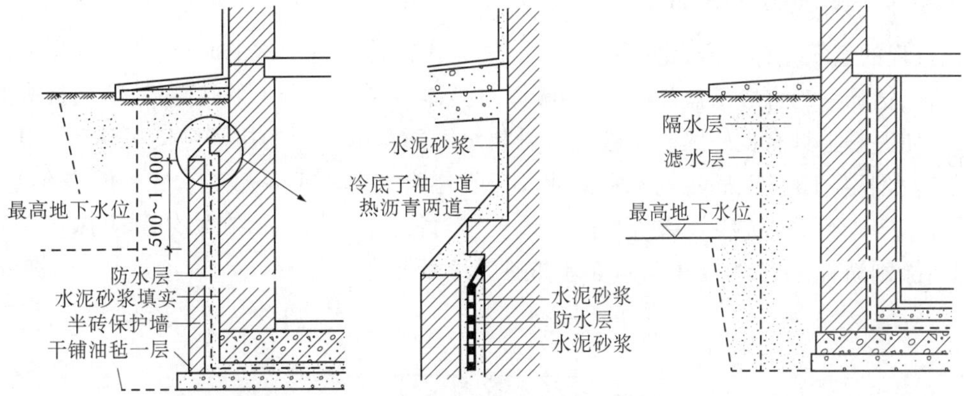

图 2-21 地下室防水处理

胶的顺序粘贴好防水层。油毡须从底板上包上来,沿墙身由下而上连续密封粘贴,在设计水位以上 500 ~1 000 mm 处收头。然后,在防水层外侧砌厚为 120 mm 的保护墙,以保护防水层均匀受压,在保护墙与防水层之间的缝隙中灌以水泥砂浆。保护墙下干铺油毡一层,并沿其长度方向每隔 3 ~5 m 设一通高竖向断缝,以保证紧压防水层。

2)涂料防水

涂料防水是指在施工现场以刷涂、刮涂、滚涂等方法将无定型液态冷涂料在常温下涂敷于地下室结构表面的一种防水做法。目前,涂料以经乳化或改性的沥青材料为主,也有用高分子合成材料制成的,固化后的涂料薄膜能防止地下无压水(渗流水、毛细水)及压力不大(水头小于 1.5 m)的有压水侵入。一般为多层敷设。为增强防水效果,可夹铺 1 ~2层纤维制品(玻璃纤维、玻璃丝网格布)。涂料的防水质量、耐老化性能均较油毡防水层好,故目前在地下室防水工程中应用广泛。

3)水泥砂浆防水

水泥砂浆防水是采用合格材料,通过严格多层次交替操作形成的多防线整体防水层,或掺入适量的防水剂,以提高砂浆的密实性。但是,由于目前水泥砂浆防水以手工操作为主,质量难以控制,加之砂浆干缩性大,故仅适用于结构刚度大、建筑物变形小、面积小的工程。

2. 混凝土自身防水

为满足结构和防水的需要,地下室的地坪与墙体材料一般多采用钢筋混凝土。这时,以采用防水混凝土材料为佳。防水混凝土的配制和施工与普通混凝土相同,所不同的是,借不同的骨料级配,以提高混凝土的密实性,或在混凝土内掺入一定量的外加剂,以提高混凝土自身的防水性能。骨料级配主要是采用不同粒径的骨料进行配料,同时提高混凝土中水泥砂浆的含量,使砂浆充满于骨料之间,从而堵塞因骨料间直接接触而出现的渗水通道,达到防水的目的。

掺外加剂是在混凝土中掺入加气剂或密实剂,以提高其抗渗性能。目前,常采用的外加防水剂的主要成分有氯化铝、氯化钙及氯化铁,系淡黄色液体。其掺入混凝土中能与水泥水化过程的氢氧化钙反应,生成氢氧化铝、氢氧化铁等不溶于水的胶体,并与水泥中的硅酸二钙、铝酸三钙合成复盐晶体,这些胶体与晶体填充于混凝土的孔隙内,从而提高其密实性,使混凝土具有良好的防水性能。骨料级配防水混凝土的抗渗强度可达 35 MPa,外加剂防水混凝土外墙、底板均不宜太薄。一般外墙厚为 200 mm 以上,底板厚应在 150 mm 以上,否则会影响抗渗效果。为防止地下水对混凝土的侵蚀,在墙外侧应抹水泥砂浆,然后涂刷沥青,防水混凝土防水处理如图 2-22 所示。

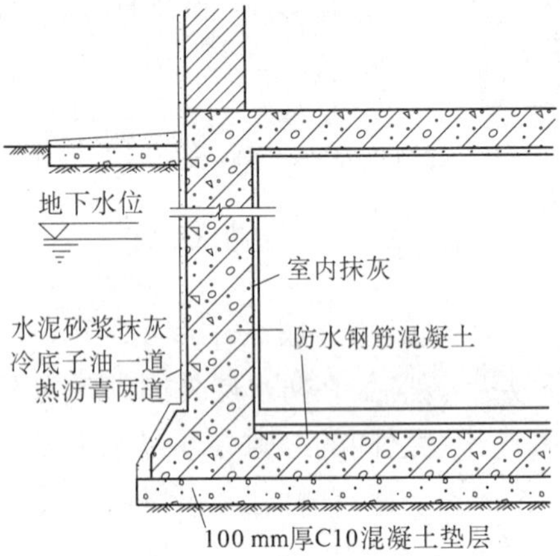

图 2-22　防水混凝土防水处理

第三章　墙　体

第一节　墙体的类型及设计要求

一、墙体的类型

根据墙体在建筑物中的位置、受力情况、墙体所用材料、构造形式、施工方法的不同，可将墙体分为不同类型。

(一)按在建筑物中的位置分类

墙体按在建筑物中所处的位置不同分为外墙和内墙。外墙作为建筑的围护构件，起着挡风、遮雨、保温、隔热等作用；内墙可以分隔室内空间，同时也起一定的隔声、防火等作用。

墙体按布置方向又可以分为纵墙和横墙。沿建筑物长轴方向布置的墙称为纵墙，沿建筑物短轴方向布置的墙称为横墙，外横墙又称为山墙。另外，窗与窗、窗与门之间的墙称为窗间墙，窗洞下部的墙称为窗下墙，屋顶上部的墙称为女儿墙等(见图3-1)。

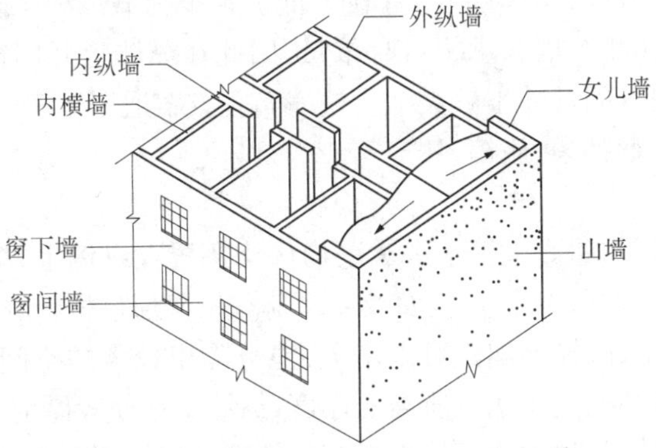

图3-1　墙体名称

(二)按受力情况分类

根据受力情况不同，墙体可分为承重墙和非承重墙。直接承受楼板、屋顶等传来荷载的墙称为承重墙，不承受这些外来荷载的墙称为非承重墙。

在非承重墙中，不承受外来荷载，仅承受自身重量并将其传至基础的墙称为自承重墙；仅起分隔空间作用，自身重量由楼板或梁来承担的墙称为隔墙。在框架结构中，填充在柱子之间的墙称为填充墙，内填充墙是隔墙的一种；悬挂在建筑物外部的轻质墙称为幕墙，有金属幕墙、玻璃幕墙等。幕墙和外填充墙虽不能承受楼板和屋顶的荷载，但承受着风荷载，并把风荷载传给骨架结构。

（三）按墙体所用材料分类

按所用材料的不同，墙体有砖和砂浆砌筑的砖墙、利用工业废料制作的各种砌块砌筑的砌块墙、现浇或预制的钢筋混凝土墙、石块和砂浆砌筑的石墙等。

（四）按墙的构造形式分类

按构造形式不同，墙体可分为实体墙、空体墙和复合墙三种。实体墙是由普通黏土砖及其他实体砌块砌筑而成的墙；空体墙内部的空腔可以由组砌形成，如空斗墙，也可用本身带孔的材料组合而成，如空心砌块墙等；复合墙由两种以上材料组合而成，如加气混凝土复合板材墙，其中混凝土起承重作用，加气混凝土起保温、隔热作用。

（五）按施工方法分类

根据施工方法不同，墙体可分为块材墙、板筑墙和板材墙三种。块材墙是用砂浆等胶结材料将砖、石、砌块等组砌而成的，如实砌砖墙；板筑墙是在施工现场立模板现浇而成的墙体，如现浇混凝土墙；板材墙是预先制成墙板，在施工现场安装、拼接而成的墙体，如预制混凝土大板墙。

二、墙体的承重方案

墙体有横墙承重、纵墙承重、纵横墙承重和墙与柱混合承重四种承重方案。

（一）横墙承重

横墙承重是将楼板及屋面板等水平承重构件搁置在横墙上，如图 3-2（a）所示，楼面及屋面荷载依次通过楼板、横墙、基础传递给地基。由于横墙起主要承重作用且间距较密，建筑物的横向刚度较强，整体性好，有利于抵抗水平荷载（风荷载、地震作用等）和调整地基不均匀沉降。由于纵墙只承担自身重量，因此在纵墙上开门窗限制较少。但是横墙间距受到限制，建筑开间尺寸不够灵活。这一布置方案适用于房间开间尺寸不大、墙体位置比较固定的建筑，如宿舍、旅馆、住宅等。

（二）纵墙承重

纵墙承重是将楼板及屋面板等水平承重构件均搁置在纵墙上，横墙只起分隔空间和连接纵墙的作用，如图 3-2（b）所示，楼面及屋面荷载依次通过楼板、（梁）、纵墙、基础传递给地基。由于纵墙承重，故横墙间距可以增大，能分隔出较大的空间。在北方地区，外纵墙因保温需要，其厚度往往大于承重所需的厚度，纵墙承重使较厚的外纵墙充分发挥了作用。但由于横墙不承重，这种方案抵抗水平荷载的能力比横墙承重差，故这种方案纵向刚度强而横向刚度弱，而且在承重纵墙上开设门窗洞口有时受到限制。这一布置方案适用于使用上要求有较大空间的建筑，如办公楼、商店、教学楼中的教室和阅览室等。

（三）纵横墙承重

纵横墙承重方案的承重墙体由纵横两个方向的墙体组成，如图 3-2（c）所示。纵横墙承重方式平面布置灵活，两个方向的抗侧力都较好。这种方案适用于房间开间、进深变化较多的建筑，如医院、幼儿园等。

（四）墙与柱混合承重

房屋内部采用柱、梁组成的内框架承重，四周采用墙承重，由墙和柱共同承受水平承重构件传来的荷载，称为墙与柱混合承重，如图 3-2（d）所示。房屋的刚度主要由框架保证，因此水泥及钢材用量较多。这种方案适用于室内需要大空间的建筑,如大型商店、餐厅等。

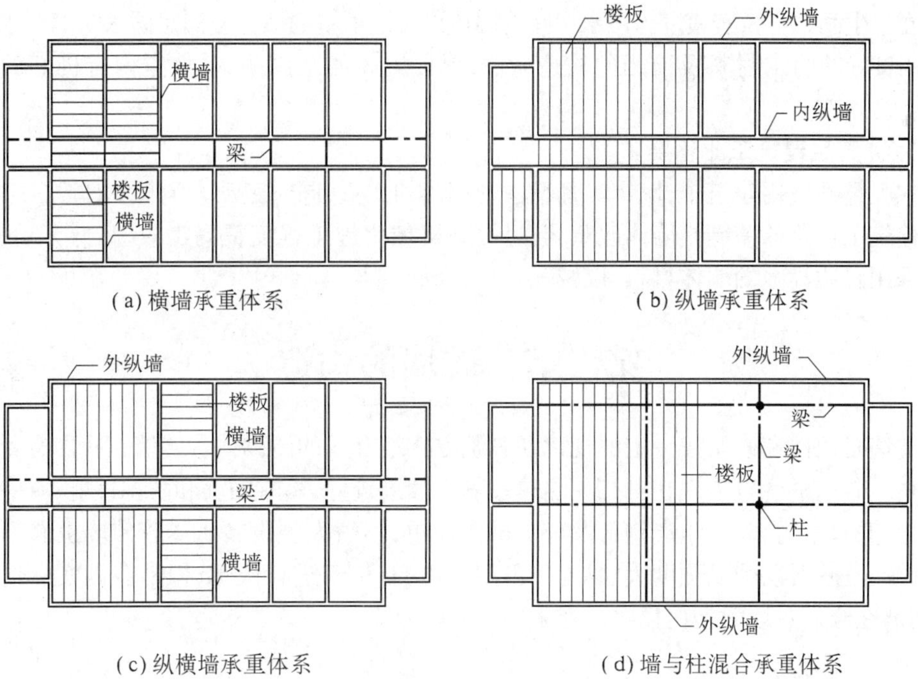

图 3-2　墙体承重方案

三、墙体的设计要求

(一)具有足够的强度和稳定性

强度是指墙体承受荷载的能力,它与所采用的材料、材料强度等级、墙体的截面面积、构造和施工方式有关。作为承重墙的墙体,必须具有足够的强度,以保证结构的安全。

稳定性与墙的高度、长度和厚度及纵横向墙体间的距离有关。墙的稳定性可通过验算确定。提高墙体稳定性的措施有:增加墙厚,提高砌筑砂浆的强度等级,增加墙垛、构造柱、圈梁、墙内加筋等。

(二)满足保温、隔热等热工方面的要求

我国北方地区,气候寒冷,要求外墙具有较好的保温能力,以减少室内热损失。墙厚应根据热工计算确定,同时应防止外墙内表面与保温材料内部出现凝结水现象,构造上要防止冷桥的产生。

我国南方地区气候炎热,除设计中考虑朝向、通风外,外墙应具有一定的隔热性能。

(三)满足隔声要求

为保证建筑的室内有一个良好的声学环境,墙体必须具有一定的隔声能力。设计中可通过选用密度大的材料、加大墙厚、在墙中设空气间层等措施提高墙体的隔声能力。

(四)满足防火要求

在防火方面,应符合防火规范中相应的燃烧性能和耐火极限的规定。当建筑的占地面积或长度较大时,还应按防火规范要求设置防火墙,防止火灾蔓延。

（五）满足防水防潮要求

在卫生间、厨房、实验室等用水房间的墙体以及地下室的墙体应满足防水防潮要求。通过选用良好的防水材料及恰当的构造做法，保证墙体的坚固耐久，使室内有良好的卫生环境。

（六）满足建筑工业化要求

在大量性民用建筑中，墙体工程量占着相当的比重，同时劳动力消耗大，施工工期长，因此建筑工业化的关键是墙体改革，通过提高机械化施工程度提高工效，降低劳动强度，并应采用轻质高强的墙体材料，以减轻自重、降低成本。

第二节　砖墙的构造

砖墙是由砖和砂浆按一定的规律和砌筑方式组合成的砖砌体。砖墙在我国有着悠久的历史。砖墙的优点表现在：保温、隔热及隔声效果较好，具有防火和防冻性能，有一定的承载力，并且取材容易，生产制造及施工操作简单，不需大型设备。尽管砖墙也有不少缺点，如施工速度慢、劳动强度大、黏土砖占用农田，有待于进行改革，但从我国实际情况出发，砖墙在今后一段时期内仍将广泛采用。

一、砖墙的组砌方式

组砌是指砌块在砌体中的排列。为了保证墙体的强度，以及保温、隔声等要求，砌筑时砖缝砂浆应饱满、厚薄均匀，并且应保证砖缝横平竖直、上下错缝、内外搭接，避免形成竖向通缝，影响砖砌体的强度和稳定性。当外墙面做清水墙时，组砌还应考虑墙面图案美观。

在砖墙的组砌中，长边平行于墙面砌筑的砖称为顺砖，长边垂直于墙面砌筑的砖称为丁砖。实体砖墙通常采用一顺一丁式、多顺一丁式、十字式（也称梅花丁）等砌筑方式，如图 3-3 所示。

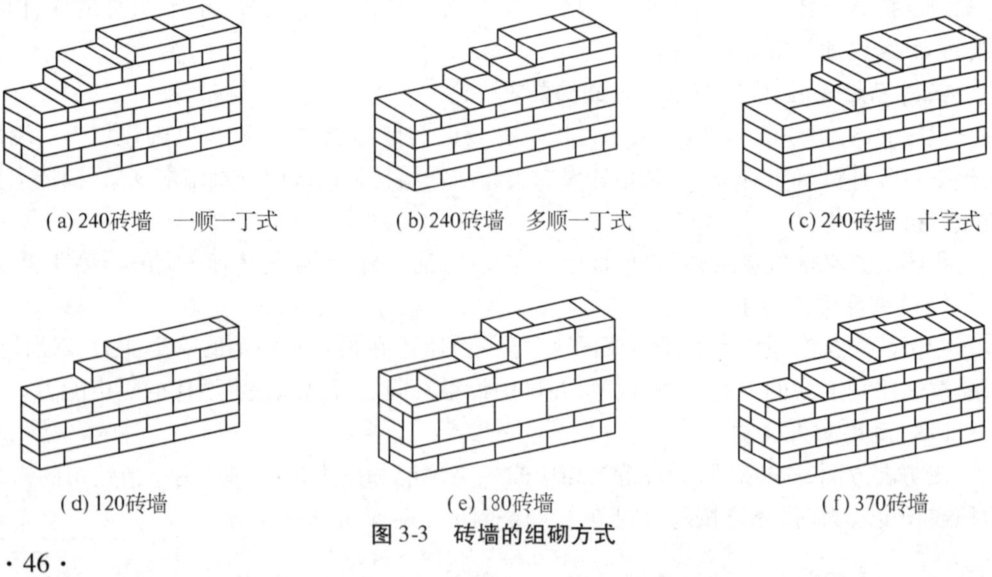

（a）240砖墙　一顺一丁式　（b）240砖墙　多顺一丁式　（c）240砖墙　十字式

（d）120砖墙　（e）180砖墙　（f）370砖墙

图 3-3　砖墙的组砌方式

二、实心砖墙的尺度

普通黏土实心砖是使用最普遍的砖，其规格全国统一，尺寸为 240 mm×115 mm×53 mm，即长：宽：厚为 4：2：1（包括 10 mm 灰缝）。用标准砖砌筑墙体时以砖宽度的倍数（115 + 10 = 125（mm））为模数，这与我国现行《建筑模数协调统一标准》（GBJ 2—86）中的基本模数 M = 100 mm 不协调，因此在使用中须注意标准砖的这一特征。

砖墙的尺度包括砖墙的厚度、墙段长度和洞口尺寸、砖墙高度等。

（一）砖墙的厚度

砖墙的厚度习惯上以砖长为基数来称呼，如半砖墙、一砖墙、一砖半墙等。工程上以它们的标志尺寸来称呼，如一二墙、二四墙、三七墙等。常用墙厚的尺寸规律如表 3-1 所示。

表 3-1　砖墙厚度的组成

砖墙断面	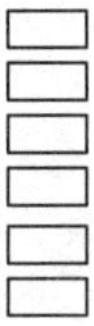	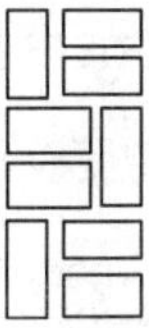	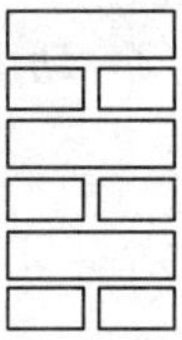	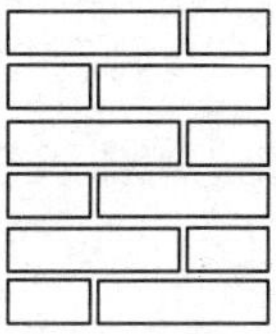	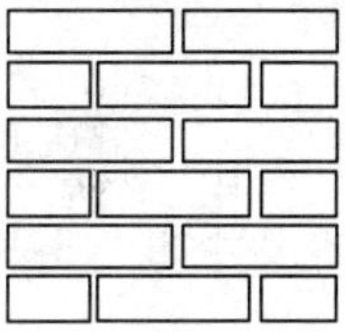
尺寸组成	115×1	115×1 + 53 + 10	115×2 + 10	115×3 + 20	115×4 + 30
构造尺寸（mm）	115	178	240	365	490
标志尺寸（mm）	120	180	240	370	490
工程称谓	一二墙	一八墙	二四墙	三七墙	四九墙
习惯称谓	半砖墙	3/4 砖墙	一砖墙	一砖半墙	两砖墙

（二）墙段长度和洞口尺寸

由于普通黏土砖墙的砖模数为 125 mm，所以墙段长度和洞口宽度都应以此为递增基数，即墙段长度为（125n − 10）mm，洞口宽度为（125n + 10）mm。这样，符合砖模数的墙段长度系列为 115 mm、240 mm、365 mm、490 mm、615 mm、740 mm、865 mm、990 mm、1 115 mm、1 240 mm、1 365 mm、1 490 mm 等，符合砖模数的洞口宽度系列为 135 mm、260 mm、385 mm、510 mm、635 mm、760 mm、885 mm、1 010 mm 等。我国现行的《建筑模数协调统一标准》（GBJ 2—86）的基本模数为 100 mm，房屋的开间、进深采用了扩大模数 3M 的倍数，门窗洞口亦采用 3M 的倍数，1 m 内的小洞口可采用 100 mm 的倍数。这样，在一幢房屋中采用两种模数，必然会在设计和施工中出现不协调现象，而砍砖过多会影响砌体强度，也给施工带来麻烦，如图 3-4 所示。解决这一矛盾的另一办法是调整灰缝大小。由于施工规范允许竖缝宽度为 8～12 mm，使墙段有少许的调整余地。但是，墙段短时，灰缝数量少，调整范围小，故墙段长度小于 1.5 m 时，设计时宜使其符合砖模数；墙段长度超过 1.5 m 时，可不再考虑砖模数。

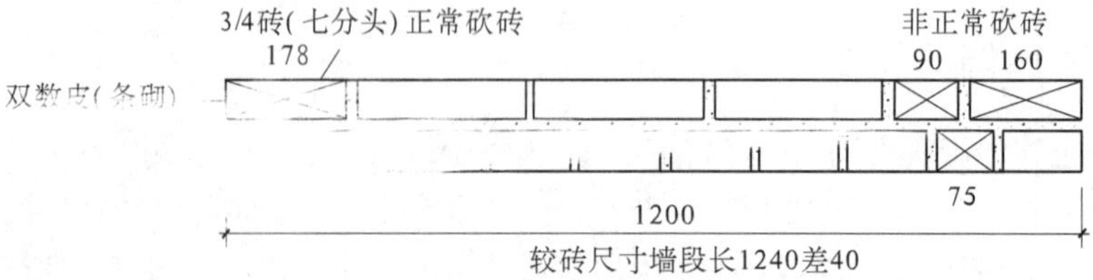

图 3-4　1200 窗间墙砌法实例

另外,墙段长度尺寸尚应满足结构需要的最小尺寸,以避免应力集中在小墙段上而导致墙体的破坏,对转角处的墙段和承重窗间墙尤其应注意。图 3-5 为多层房屋窗间墙宽度限值,供设计参考。

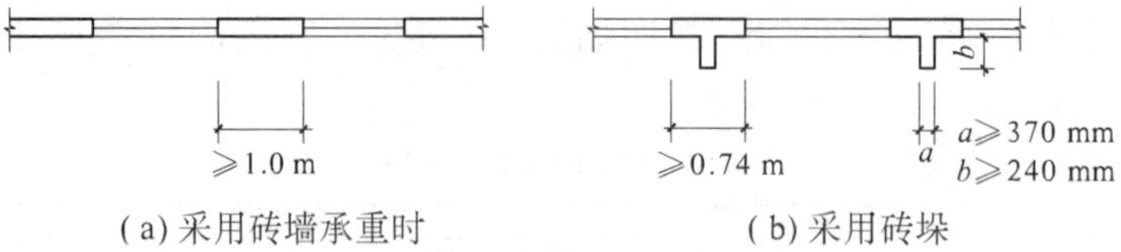

图 3-5　多层房屋窗间墙宽度限值

在抗震设防地区,墙段长度应符合现行《建筑抗震设计规范》(GB 50011—2010),具体尺寸如表 3-2 所示。

表 3-2　抗震设计规范的最小墙段长度　（单位:mm）

构造类别	设计烈度			备注
	6、7 度	8 度	9 度	
承重窗间墙	1 000	1 200	1 500	在墙角设钢筋混凝土构造柱时,不受此限制
承重外墙尽端墙段	1 000	1 500	2 000	
内墙阳角至门洞边	1 000	1 500	2 000	

(三)砖墙高度

按砖模数要求,砖墙的高度应为 53 + 10 = 63 (mm)的整倍数,但现行统一模数协调系列多为 3M,如 2 700 mm、3 000 mm、3 300 mm 等,住宅建筑中层高尺寸则按 1M 递增,如 2 700 mm、2 800 mm、2 900 mm 等,均无法与砖墙皮数相适应。为此,砌筑前必须事先按设计尺寸反复推敲砌筑皮数,适当调整灰缝厚度,并制作若干根皮数杆,以作为砌筑的依据,如图 3-6 所示。

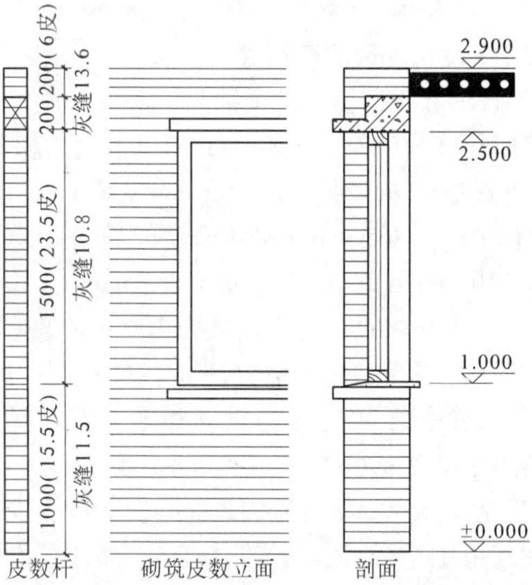

图 3-6　砖墙高度与砖皮数协调实例

三、砖墙的细部构造

砖墙的细部构造包括墙脚(墙身防潮层、勒脚、散水、明沟)、门窗洞口(门窗过梁、窗台)、窗套与腰线、墙身加固措施、变形缝等,如图3-7所示。

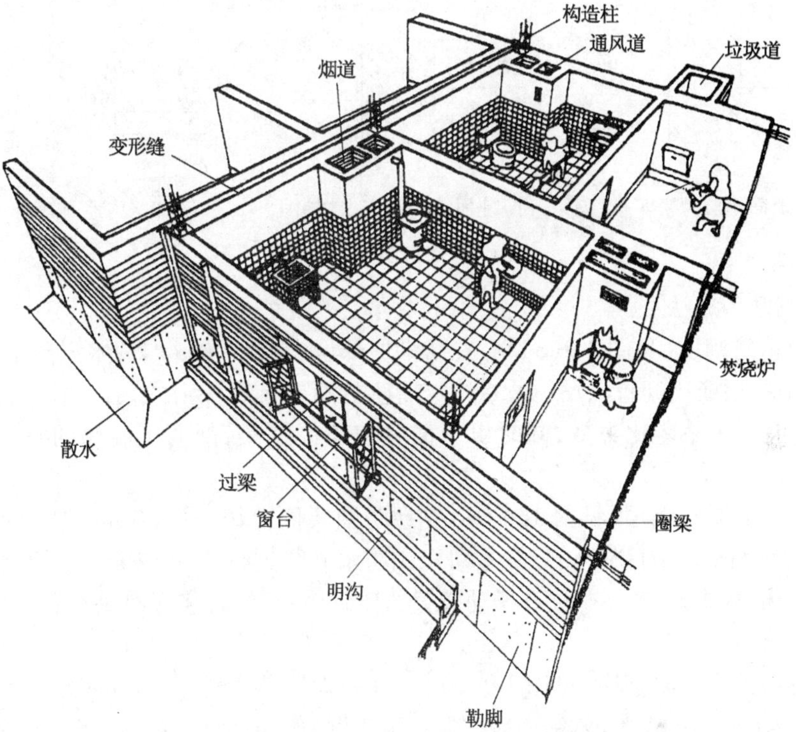

图3-7　砖墙的细部构造

(一)墙脚

墙脚一般是指基础以上、室内地面以下的这段墙体。外墙的墙脚又称为勒脚。由于墙脚所处的位置常受到地表水和土壤中水的侵蚀,致使墙身受潮,饰面层发霉脱落,影响室内卫生环境和人体健康。因此,在构造上应采取必要的防护措施。

1. 墙身防潮层

在墙身中设置防潮层的目的是防止土壤中的水分沿基础墙上升,使位于勒脚处的地面水渗入墙内,而导致墙身受潮。因此,必须在内、外墙脚部位连续设置防潮层。其在构造形式上有水平防潮层和垂直防潮层。

1)防潮层的位置

水平防潮层一般应在室内地面不透水垫层(如混凝土)范围以内,通常在-0.060 m标高处设置,而且至少要高于室外地坪150 mm,以防止雨水溅湿墙身。当地面垫层为透水材料(如碎石、炉渣等)时,水平防潮层的位置应平齐或高于室内地面60 mm,即在+0.060 m处。当两相邻房间之间室内地面有高差时,应在墙身内设置高低两道水平防潮层,并在靠土壤一侧设置垂直防潮层,以避免回填土中的潮气侵入墙身。墙身防潮层位置如图3-8所示。

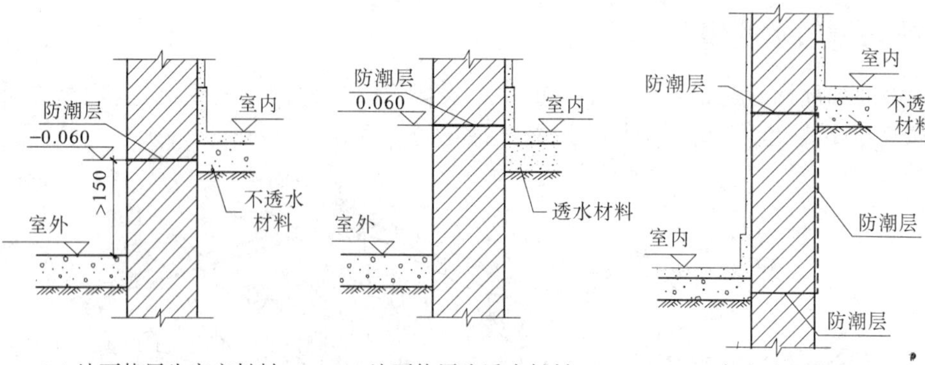

(a)地面垫层为密实材料　(b)地面垫层为透水材料　(c)室内地面有高差

图 3-8　墙身防潮层的位置

2)防潮层的做法

(1)油毡防潮层(见图 3-9(a))。在防潮层部位先抹 20 mm 厚的水泥砂浆找平层,然后干铺油毡一层或用沥青粘贴一毡二油。油毡防潮层具有一定的韧性、延伸性和良好的防潮性能,但日久易老化失效,同时由于油毡使墙体隔离,削弱了砖墙的整体性和抗震能力。

(2)水泥砂浆防潮层(见图 3-9(b))。在防潮层位置抹一层 20 mm 厚 1∶3 水泥砂浆加 5%的防水剂配制成的防水砂浆,也可以用防水砂浆砌筑 4～6 皮砖。用防水砂浆做防潮层适用于抗震地区、独立砖柱和振动较大的砖砌体中,但砂浆开裂或不饱满时会影响防潮效果。

(3)细石混凝土防潮层(见图 3-9(c))。在防潮层位置铺设 60 mm 厚 C15 或 C20 细石混凝土,内配 3 φ6 或 3 φ8 钢筋以抗裂。由于混凝土密实性好,有一定的防水性能,并与砌体结合紧密,故适用于整体刚度要求较高的建筑中。

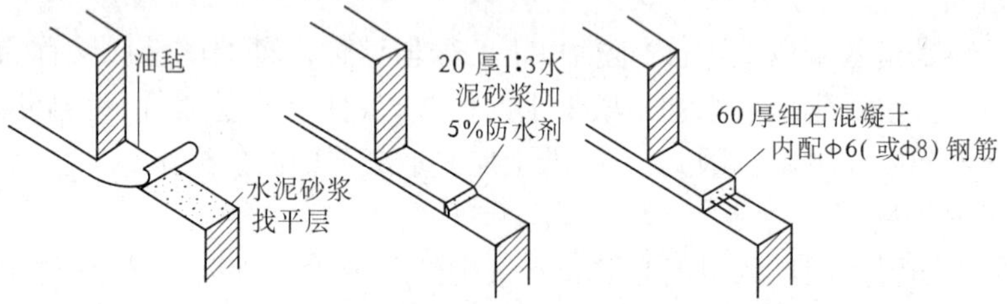

(a)油毡防潮　(b)水泥砂浆防潮　(c)细石混凝土防潮

图 3-9　墙身水平防潮层构造

(4)垂直防潮层。在需设垂直防潮层的墙面(靠回填土一侧)先用 1∶3 水泥砂浆抹面,刷上冷底子油一道,再刷热沥青两道,也可以采用掺有防水剂的砂浆抹面的做法。

2. 勒脚

勒脚是墙身接近室外地面的部分,高度一般位于室内地坪与室外地面的高差部分。勒脚的作用是防止外界碰撞,防止地表水对墙脚的侵蚀,增强建筑物立面美观。所以,要求勒脚坚固、防水和美观。一般采用如图 3-10 所示的几种构造做法。

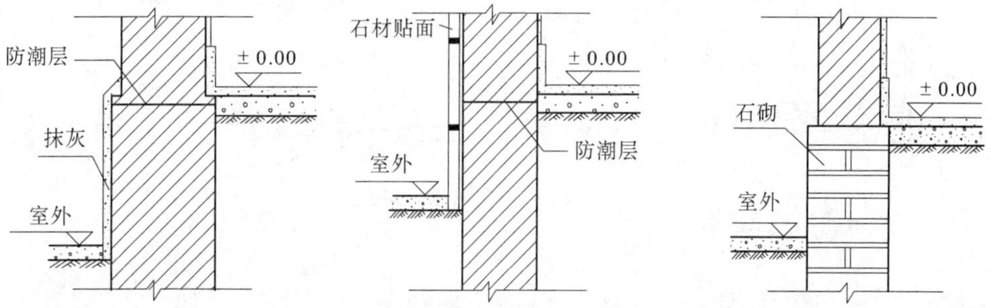

(a) 抹面　　(b) 贴面　　(c) 石材

图 3-10　勒脚的构造做法

(1) 对于一般建筑，可采用 20 mm 厚 1∶3 水泥砂浆抹面，1∶2 水泥白石子水刷石或斩假石抹面。

(2) 对于标准较高的建筑，可用天然石材或人工石材贴面，如花岗石、水磨石等。

(3) 整个墙脚采用强度高、耐久性和防水性好的材料砌筑，如条石、混凝土等。

3. 明沟与散水

为了防止屋顶落水或地表水侵入勒脚，危害基础，必须沿外墙四周设置明沟或散水，将积水及时排离。

明沟是设置在外墙四周的排水沟，它将水有组织地导向集水井，然后流入排水系统。明沟一般用素混凝土现浇，或用砖石铺砌成 180 mm 宽、150 mm 深的沟槽，然后用水泥砂浆抹面。沟底应有不小于 1% 的坡度，以保证排水通畅。明沟适用于降雨量较大的南方地区，其构造做法如图 3-11 所示。

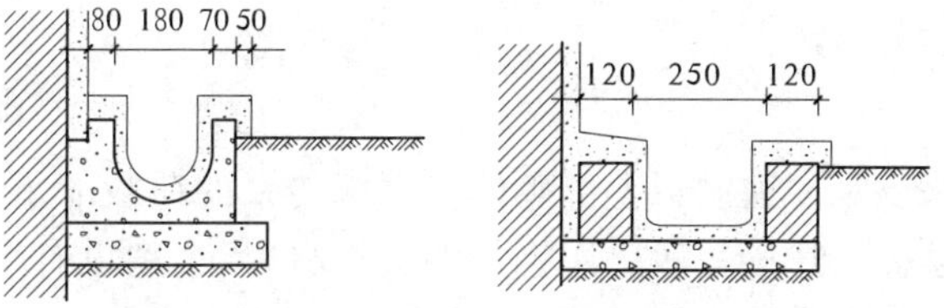

(a) 混凝土明沟　　(b) 砖砌明沟

图 3-11　明沟的构造做法

为了将积水排离建筑物，在建筑物外墙四周地面做成 3% ~5% 的倾斜坡面，即为散水。散水又称为排水坡或护坡。散水可用水泥砂浆、混凝土、砖、块石等材料做面层，其宽度一般为 600 ~1 000 mm，当屋面为自由落水时，其宽度应比屋檐挑出宽度大 150 ~200 mm。由于建筑物的沉降及勒脚与散水施工时间的差异，在勒脚与散水交接处应留有缝隙，缝内填粗砂或米石子，上嵌沥青胶盖缝，以防渗水。散水整体面层纵向距离宜每隔 20 ~30 m做一道伸缩缝，缝宽可为 20 ~30 mm，缝内处理同勒脚与散水相交处。散水的构造做法如图 3-12 所示。

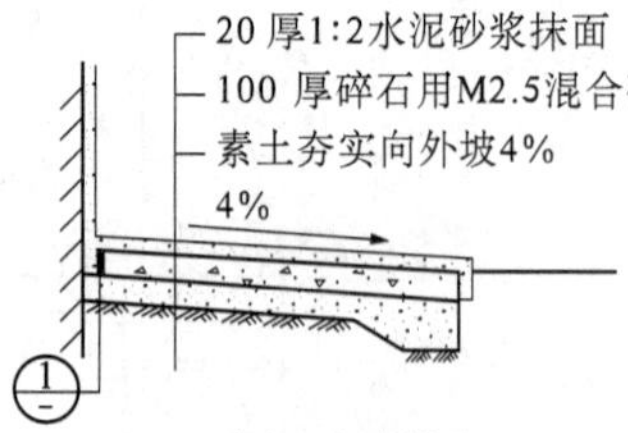

(a)水泥砂浆散水

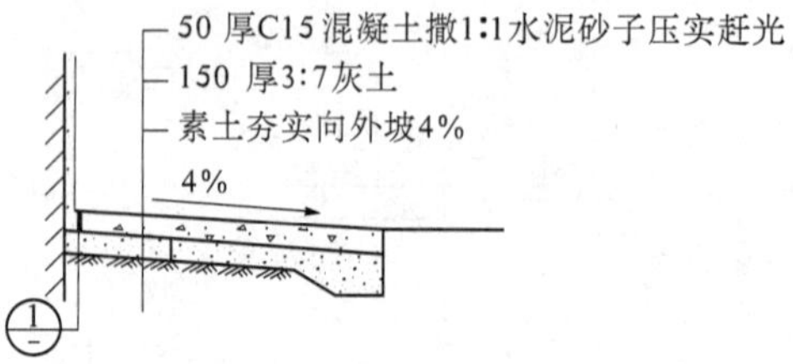

(b)混凝土散水

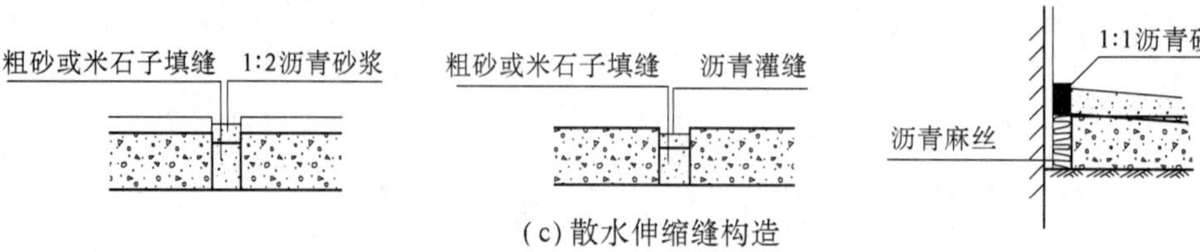

(c)散水伸缩缝构造

图 3-12　散水的构造做法

散水适用于降雨量较小的北方地区。季节性冰冻地区的散水还需在垫层下加设防冻胀层。防冻胀层应选用砂石、炉渣石灰土等非冻胀材料，其厚度可结合当地经验按表 3-3 采用。

表 3-3　防冻胀层厚度

序号	土壤标准冻深(mm)	防冻胀层厚度(mm)	
		土壤为冻胀土	土壤为强冻胀土
1	600～800	100	150
2	1 200	200	300
3	1 800	350	450
4	2 200	500	600

(二)门窗洞口

1. 门窗过梁

门窗过梁是用来支承门窗洞口上部砌体和楼板传来的荷载的承重构件，并把这些荷载传给洞口两侧的墙体。过梁一般采用钢筋混凝土材料，个别也有采用砖砌平拱过梁和钢筋砖过梁的形式。但在有较大振动荷载，或可能产生不均匀沉降，或有抗震设防要求的建筑中，不宜采用砖砌平拱过梁和钢筋砖过梁。

1)钢筋混凝土过梁

钢筋混凝土过梁承载力强，一般不受跨度的限制，预制装配施工速度快，是最常用的一种过梁。过梁宽度同墙厚、高度及配筋应由计算确定，但为了施工方便，梁高应与砖的皮数相适应，如 60 mm、120 mm、180 mm、240 mm 等。过梁在洞口两侧伸入墙内的长度应不小于 240 mm。为了防止雨水沿门窗过梁向外墙内侧流淌，过梁底部的外侧抹灰时要做滴水。

过梁的断面形式有矩形和 L 形，矩形多用于内墙和混水墙，L 形多用于外墙和清水墙。在寒冷地区，为防止钢筋混凝土过梁产生冷桥问题，也可将外墙洞口的过梁断面做成 L 形。钢筋混凝土过梁形式如图 3-13 所示。

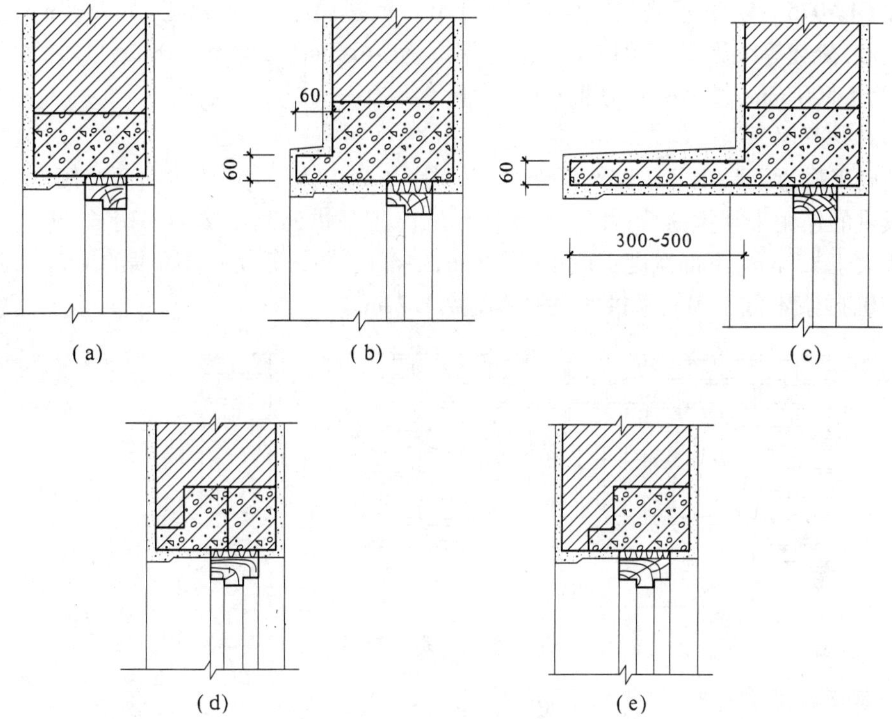

图 3-13　钢筋混凝土过梁形式

各地区预制过梁形式和编号以及选用方法不同。以华北地区为例，过梁截面分 6 种形式（见图 3-14），适用于 120 mm、240 mm、360 mm 三种墙厚，净跨 L_n 有 600 mm、750 mm、900 mm、1 000 mm、1 200 mm、1 500 mm、1 800 mm、2 100 mm、2 400 mm、2 700 mm、3 000 mm等 11 种尺寸，过梁实际长 $L = L_n + 2 \times 240$，如 900 mm 净跨的过梁实长为 1 380 mm。荷载等级分为 5 级。

过梁编号格式为

GL ×　××　－　×　×

墙厚代号　净跨缩写　截面代号　荷载等级

其中：墙厚代号有 A、B、C 三种，分别代表 120 mm、240 mm、360 mm；净跨缩写 06 代表 L_n =600 mm，075 代表 L_n =750 mm，09 代表 L_n =900 mm，10 代表 L_n =1 000 mm，依次类推；截面代号 1、2、3、4、5、6 分别代表图 3-14 所示中的 6 种截面形式；荷载等级分别用 1、2、3、4、5 表示。

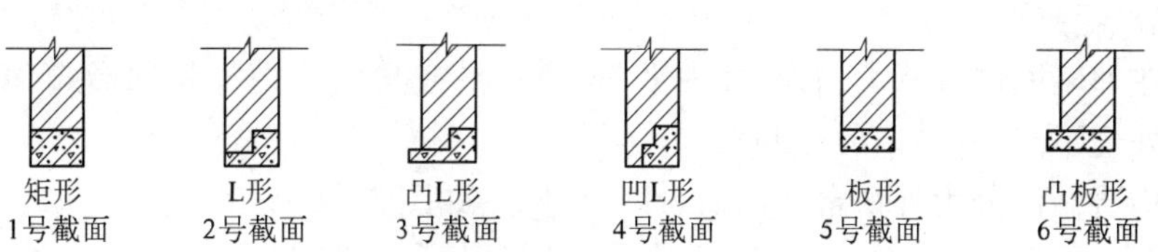

图 3-14　河北等地区预制过梁截面形式

如 GLA075 -12 表示墙厚(过梁宽)为 120 mm,过梁净跨(洞口宽)为 750 mm,过梁截面为矩形,荷载等级为 2;GLB15 -43 表示墙厚为 240 mm(过梁宽 120 mm),过梁净跨(洞口宽)为 1 500 mm,过梁截面为凹 L 形,荷载等级为 3。

2)砖砌平拱过梁

砖砌平拱过梁是由竖砖砌筑而成的,它利用灰缝上大下小,使砖向两边倾斜,相互挤压形成拱的作用来承担荷载,如图 3-15 所示。砖砌平拱的高度多为一砖长,灰缝上部宽度不宜大于 15 mm,下部宽度不应小于 5 mm,中部起拱高度为洞口跨度的 1/50。砖不低于 MU10,砂浆不低于 M5,平拱的最大跨度为 1.2 m。

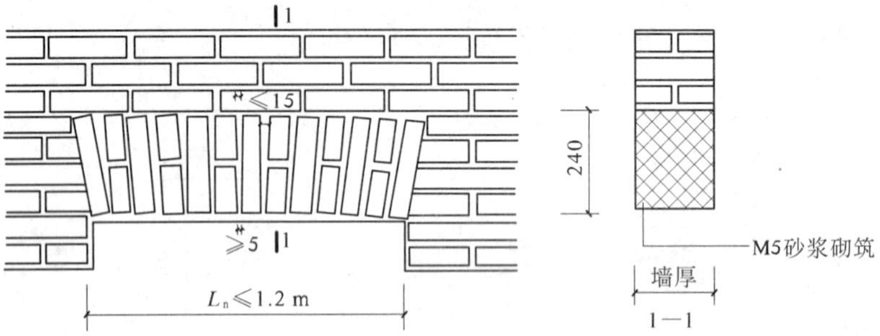

图 3-15　砖砌平拱过梁

3)钢筋砖过梁

钢筋砖过梁是配置了钢筋的平砌砖过梁。通常,将间距小于 120 mm 的Φ6 钢筋埋在梁底部厚度为 30 mm 的水泥砂浆层内,钢筋伸入洞口两侧墙内的长度不应小于 240 mm,并设 90°直弯钩,埋在墙体的竖缝内。在洞口上部不小于 1/4 洞口跨度的高度范围内(且不应小于 5 皮砖),用不低于 MU10 的砖和不低于 M5 的砂浆砌筑。钢筋砖过梁最大跨度为 1.5 m(见图 3-16)。

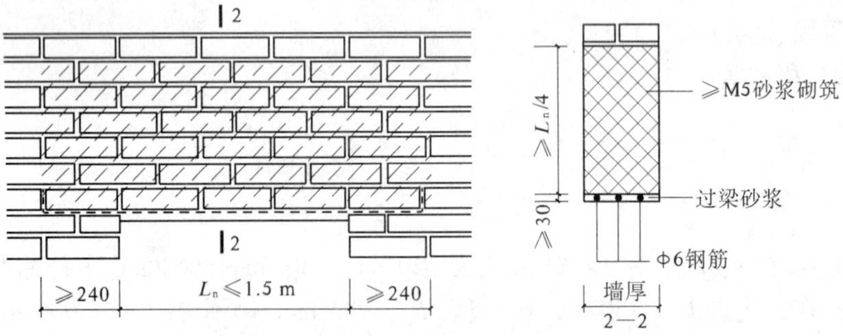

图 3-16　钢筋砖过梁

2. 窗台

按窗在外墙的位置分类,有与墙内平、与墙外平或与墙居中等几种形式,窗与墙外平形式构造处理不当,容易造成渗漏水,应尽量少用。

窗台构造做法分为外窗台和内窗台两个部分,如图 3-17 所示。

外窗台应设置排水构造。其目的是防止雨水积聚在窗下,侵入墙身和向室内渗透。因此,外窗台应有不透水的面层,并向外形成 10% 左右的坡度,以利于排水。外窗台有悬

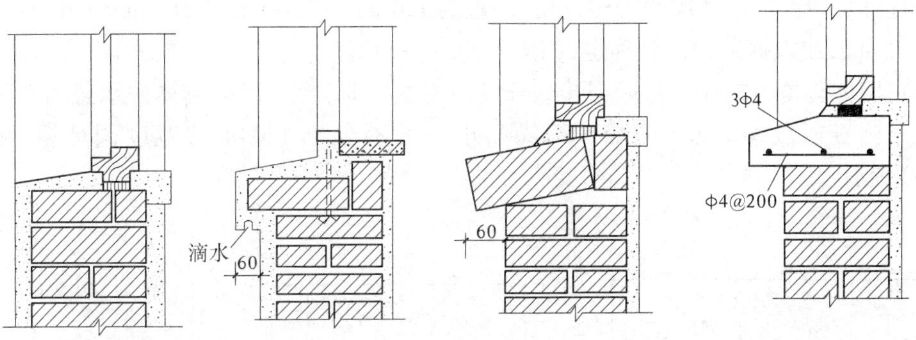

(a) 不悬挑窗台　(b) 粉滴水窗台　(c) 侧砌砖窗台　(d) 预制钢筋混凝土窗台

图 3-17　窗台构造

挑窗台和不悬挑窗台两种。处于阳台等处的窗不受雨水冲刷，可不必设悬挑窗台；外墙面材料为贴面砖时，也可不设悬挑窗台。悬挑窗台常采用顶砌一皮砖出挑 60 mm 或将一砖侧砌并出挑 60 mm，也可采用钢筋混凝土窗台。悬挑窗台底部边缘处抹灰时应做宽度和深度均不小于 10 mm 的滴水线或滴水槽。

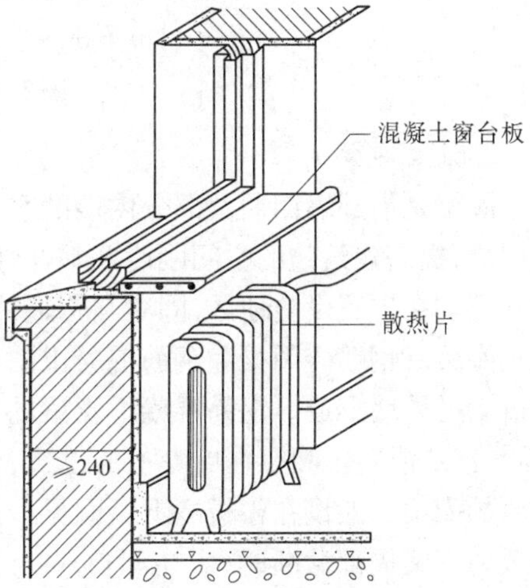

图 3-18　暖气槽与内窗台

内窗台一般为水平放置，通常结合室内装修做成水泥砂浆抹灰、木板或贴面砖等多种饰面形式。在寒冷地区，室内为暖气采暖时，为便于安装暖气片，窗台下应预留凹龛。此时，应采用预制水磨石板或预制钢筋混凝土窗台板形成内窗台（见图 3-18）。

3. 窗套与腰线

窗套与腰线都是立面装修的做法。窗套由带挑檐的过梁、窗台和窗边挑出的立砖形成，外抹水泥砂浆后，再做其他装饰。腰线是指过梁和窗台形成的水平线条，外抹水泥砂浆后，再做其他装饰（图 3-19）。

（三）墙身加固措施

对于多层砖混结构的承重墙，由于可能承受上部集中荷载、开洞以及其他因素，会造成墙体的强度及稳定性有所降低，因此要考虑对墙身采取加固措施。

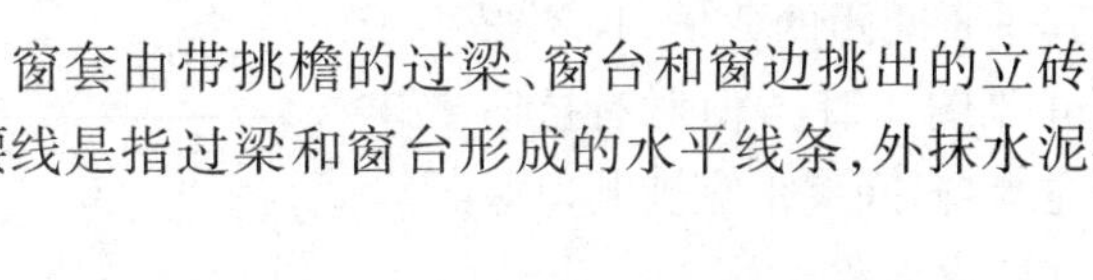

图 3-19　窗套与腰线

1. 增加壁柱和门垛

当墙体承受集中荷载，强度不能满足要求，或由于墙体长度和高度超过一定限度而影响墙体稳定性时，常在墙身局部适当位置增设壁柱，使之和墙体共同承担荷载并稳定墙身。壁柱突出墙面的尺寸应符合砖规格,一般为 120 mm×370 mm、240 mm×370 mm、240 mm×490 mm,或根据结构计算确定,如图 3-20(a)所示。

当在墙体转角处或在丁字墙交接处开设门窗洞口时,为了保证墙体的承载力及稳定性和便于门窗板安装,应设门垛。门垛凸出墙面不少于 120 mm,宽度同墙厚,如图 3-20(b)所示。

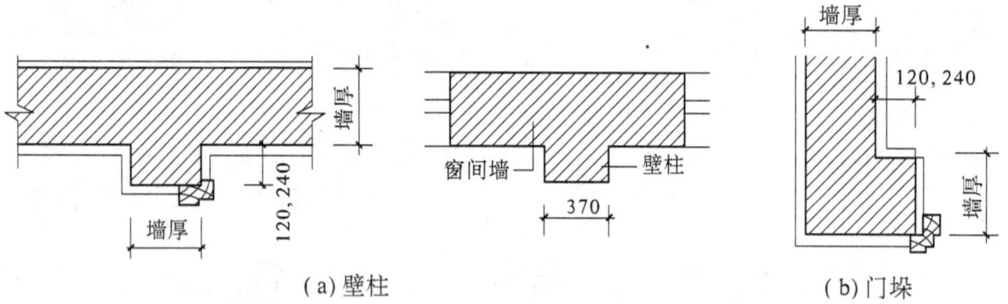

图 3-20　壁柱与门垛

2. 设置圈梁

圈梁是沿外墙四周及部分内墙的水平方向设置的连续闭合的梁。圈梁配合楼板共同作用,可提高建筑物的空间刚度及整体性,增加墙体的稳定性,减少不均匀沉降引起的墙身开裂。在抗震设防地区,圈梁与构造柱一起形成骨架,可提高抗震能力。

圈梁有钢筋砖圈梁和钢筋混凝土圈梁两种。钢筋砖圈梁多用于非抗震区,结合钢筋砖过梁沿外墙形成。钢筋混凝土圈梁的宽度同墙厚且不小于 180 mm,高度不应小于 120 mm。钢筋混凝土圈梁在墙身上的位置,外墙圈梁顶一般与楼板持平,铺预制楼板的内承重墙的圈梁一般设在楼板之下。圈梁最好与门窗过梁合一,在特殊情况下,当遇到门窗洞口致使圈梁局部截断时,应在洞口上部增设相应截面的附加圈梁。附加圈梁与圈梁搭接长度不应小于其垂直间距的 2 倍,且不得小于 1 m(见图 3-21),但对有抗震要求的建筑物,圈梁不宜被洞口截断。

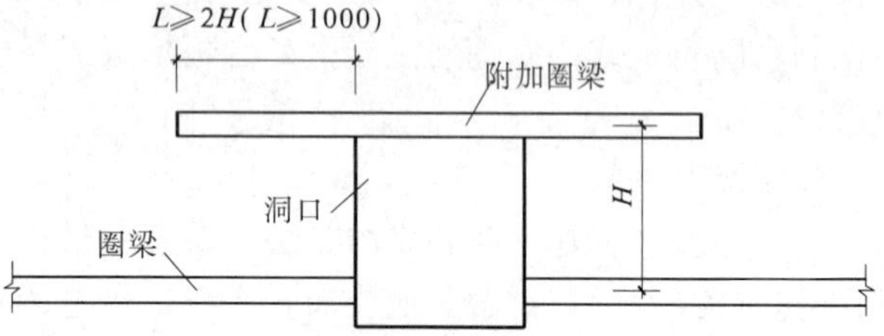

图 3-21　附加圈梁

3. 设置构造柱

钢筋混凝土构造柱是从抗震角度考虑设置的,一般设在外墙转角、内外墙交接处、较大洞口两侧及楼梯、电梯四角等。由于房屋的层数和地震烈度不同,构造柱的设置要求也有所不同。构造柱必须与圈梁紧密连接,形成空间骨架,以增强房屋的整体刚度,提高墙体抵抗变形的能力,并使砖墙在受震开裂后,也能裂而不倒。

构造柱的最小截面尺寸为 240 mm×180 mm。构造柱的最小配筋量是:纵向钢筋 4 ф 12,箍筋ф 6,间距不宜大于 250 mm。7 度时超过 6 层、8 度时超过 5 层和 9 度时,主筋采用 4 ф 14,箍筋ф 6@ 200。构造柱下端应伸入地梁内,无地梁时应伸入底层地坪下 500 mm 处。为加强构造柱与墙体的连接,该处墙体宜砌成马牙槎,并应沿墙高每隔 500 mm 设2 ф 6拉结钢筋,每边伸入墙内不少于 1 m。施工时应先放置构造柱钢筋骨架后砌墙,随着墙体的升高而逐段现浇混凝土构造柱身(见图 3-22)。

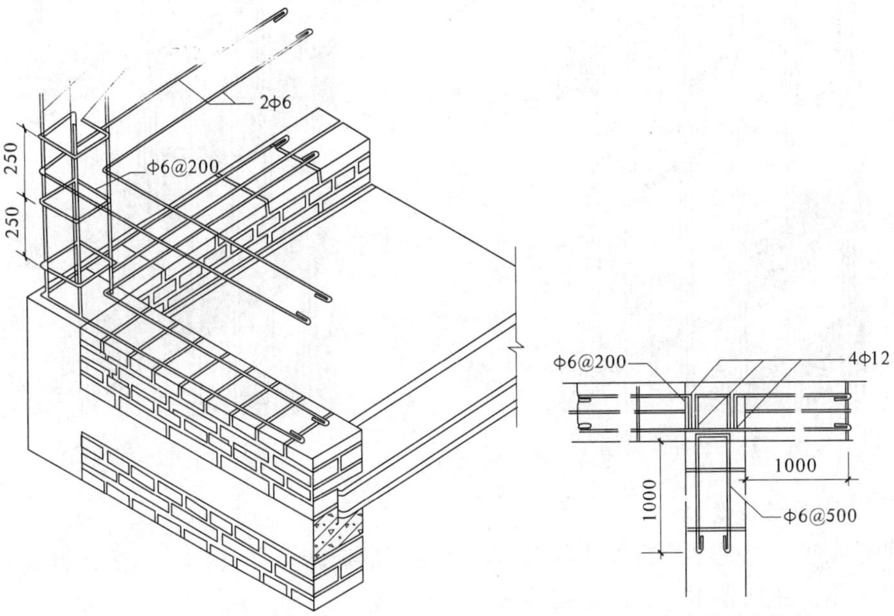

(a) 外墙转角处　　　　(b) 内外墙交接处

图 3-22　砖砌体中的构造柱

第三节　幕　墙

幕墙是现代公共建筑外墙的一种常见形式。幕墙的特点是装饰效果好、质量轻、安装速度快,是外墙轻型化、装配化比较理想的形式,被广泛采用。但玻璃幕墙产生光反射,在建筑密集区造成光污染,带来诸多不便,在设计时应考虑环境条件。

幕墙悬挂于骨架结构上,承受着风荷载,并通过连接固定体系将其自重和风荷载传递给骨架结构;同时,幕墙还控制着光线、空气、热量等的内外交流。

幕墙按材料可分为玻璃幕墙、金属幕墙和石材幕墙等类型。

一、玻璃幕墙

玻璃幕墙是由金属构件与玻璃板组成的建筑外围护结构。按施工方法的不同可分为元件式幕墙和单元式幕墙两种。按其组合方式和构造做法的不同,有明框玻璃幕墙、隐框玻璃幕墙、全玻幕墙和点式玻璃幕墙等。

元件式幕墙(见图 3-23)是用一根根元件(立柱、横梁等)连接并安装在建筑物主体结构上形成框格体系,再镶嵌或安装玻璃而成的;单元式幕墙(见图 3-24)是在工厂中预制并拼装成单元组件,安装时将单元组件固定在楼层梁或板上,组件的竖边对扣连接,下一层组件的顶与上一层组件的底对齐连接而成。组件一般为一个楼层高度,也可以为 2 ~ 3 层楼高。

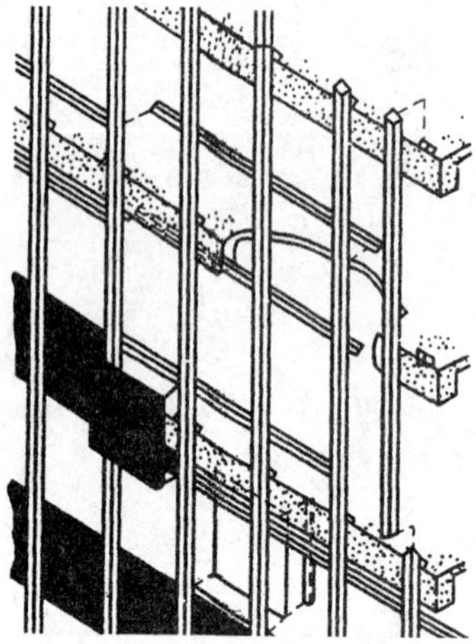

图 3-23　元件式幕墙

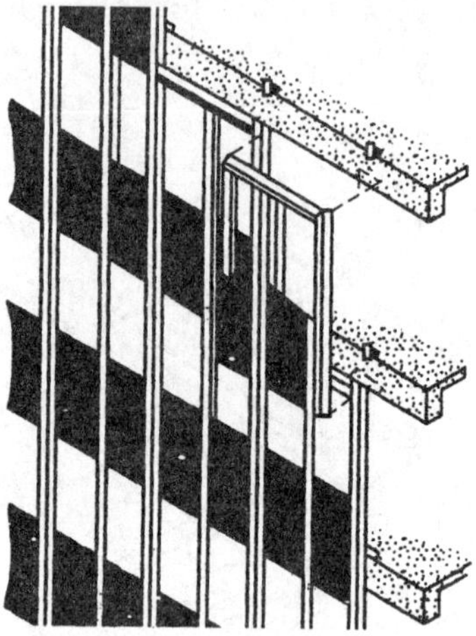

图 3-24　单元式幕墙

(一)明框玻璃幕墙

明框玻璃幕墙是金属框架构件显露在外表面的玻璃幕墙,由立柱、横梁组成框格,并在幕墙框格的镶嵌槽中安装固定玻璃。

1. 金属框的构成及连接

金属框可用铝合金及不锈钢型材构成。其中,铝合金型材易加工,耐久性好,质量轻,外表美观,是玻璃幕墙理想的框格用料。

金属框由立柱(竖梃)、横梁(横档)构成。立柱采用连接件连接于主体结构的楼板或梁上。连接件上的螺栓孔一般为长圆孔,以便于立柱安装时调整定位。上、下立柱采用内衬套管用螺栓连接,横梁采用连接角码与立柱连接,如图 3-25 所示。

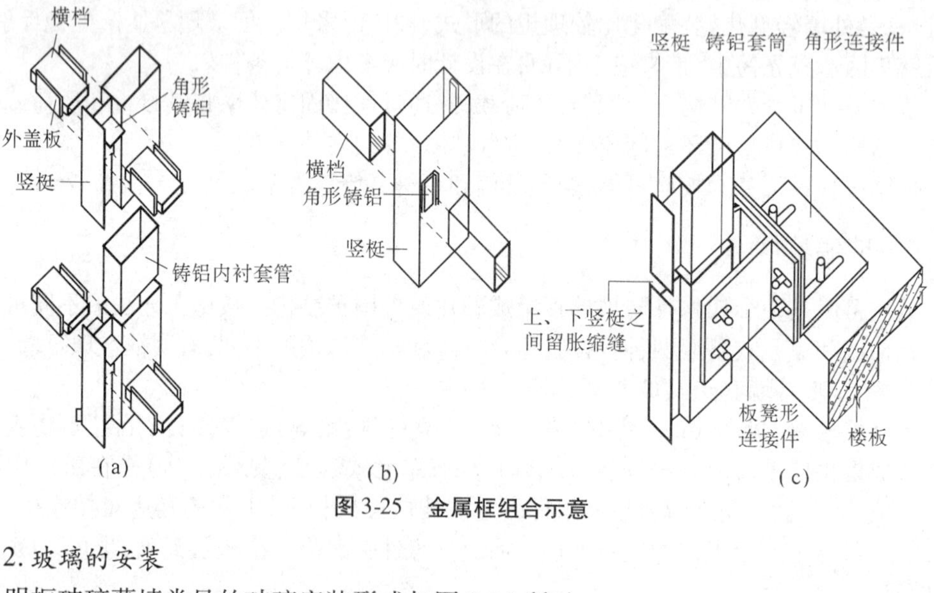

图 3-25　金属框组合示意

2. 玻璃的安装

明框玻璃幕墙常见的玻璃安装形式如图 3-26 所示。

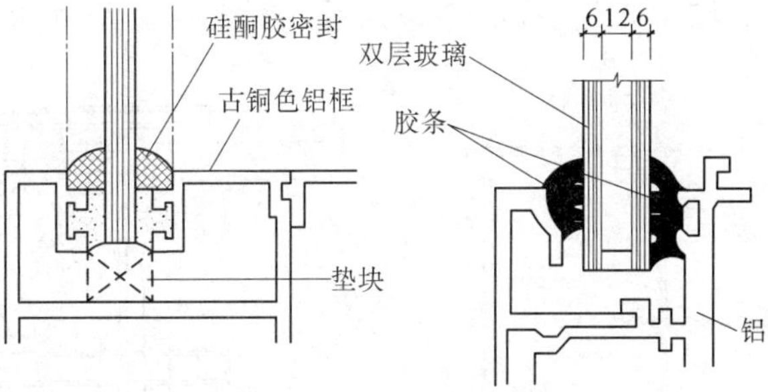

图 3-26　玻璃安装示意

3. *玻璃幕墙的内衬墙和细部构造*

玻璃幕墙的面积较大,考虑保温、隔热、防火、隔声及室内功能等要求,在玻璃幕墙背面一般要另设一道内衬墙,内衬墙可按隔墙构造方式设置,一般搁置在楼板上,并与玻璃幕墙之间形成一道空气间层。考虑幕墙的保暖隔热问题,可用玻璃棉、矿棉一类轻质保暖材料填充在内衬墙与幕墙之间,如果再加铺一层铝箔则隔热效果更佳。为了防火和隔声,必须用耐火极限不低于 1 h 的绝缘材料将幕墙与楼板、幕墙与立柱之间的间隙堵严,如图 3-27(a)所示。当建筑设计不考虑设衬墙时,可在每层楼板边缘设置耐火极限不低于 1 h,高度(含楼层梁板厚度)不小于 0. 8 m 的实体构件。对于在玻璃、铝框、内衬墙和楼板外侧等处,出现凝结水(寒冷天气时),可将幕墙的横档做成排水沟槽,并设滴水孔予以排走。此外,还应在楼板侧壁设一道铝制披水板,把凝结水引导至横档中排走,如图 3-27(b)所示。

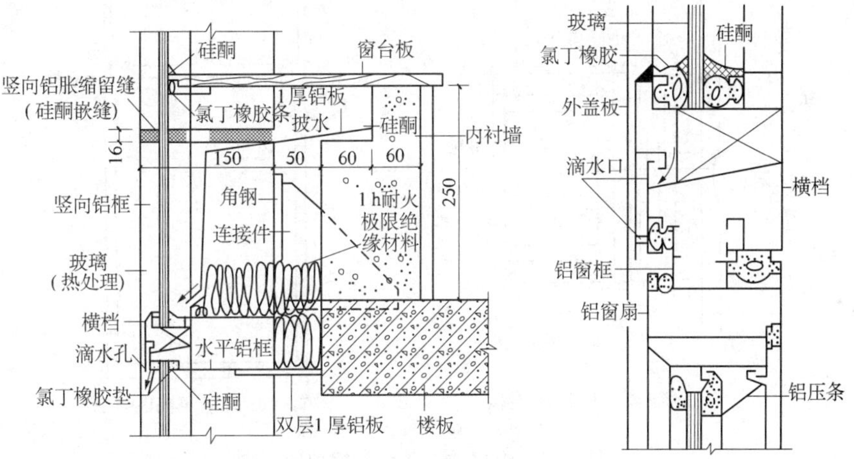

(a) 幕墙内衬墙和防火、排水构造　　(b) 幕墙排水孔

图 3-27　玻璃幕墙细部构造

(二) 隐框玻璃幕墙

隐框玻璃幕墙是将玻璃用硅酮结构胶黏结于金属附框上,以连接件将金属附框固定于幕墙立柱和横梁所形成的框格上的幕墙形式。因其外表看不见框料,故称为隐框玻璃幕墙。全隐框玻璃幕墙立面如图 3-28 所示。

隐框玻璃幕墙立柱与主体的连接如图 3-29 所示，玻璃与横梁、立柱的连接如图 3-30 所示。

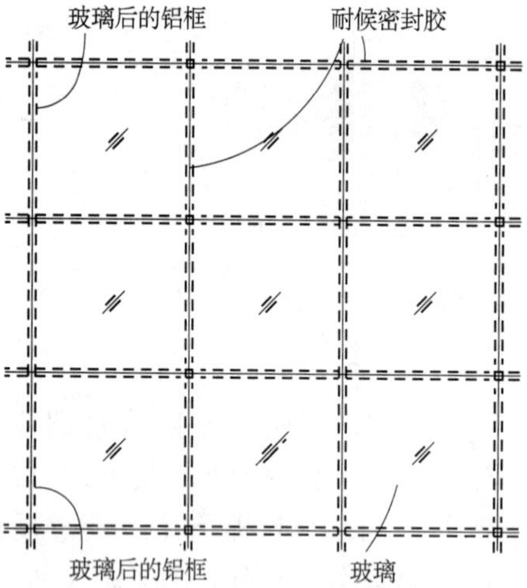

图 3-28　全隐框玻璃幕墙立面

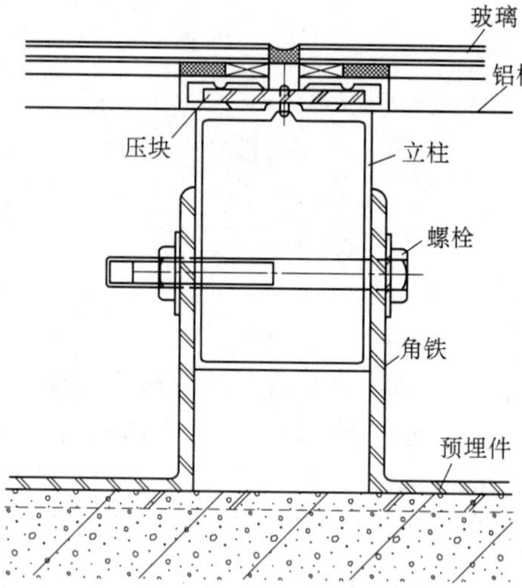

图 3-29　幕墙立柱与主体连接

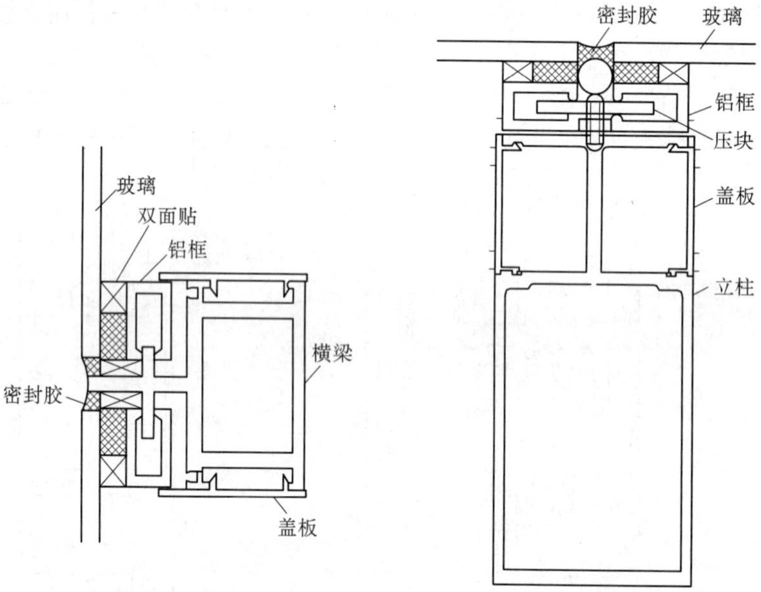

(a) 玻璃与横档的连接　　(b) 玻璃与立柱的连接

图 3-30　隐框玻璃幕墙与框架的固定

(三) 全玻幕墙

全玻幕墙是由玻璃板和玻璃肋制作的玻璃幕墙。

全玻幕墙的支承系统分为悬挂式、支承式和混合式三种，如图 3-31 所示。全玻幕墙的玻璃在 6 m 以上时，应采用悬挂式支承系统。

全玻幕墙面玻璃与肋玻璃相交部位处理构造如图 3-32 所示。悬挂式全玻幕墙吊夹固定构造节点如图 3-33 所示。

面玻璃和肋玻璃都由上部结构悬挂	面玻璃由上部结构悬挂	不采用悬挂设备,肋玻璃 和面玻璃均在底部支承
肋为玻璃	金属立柱	肋为玻璃
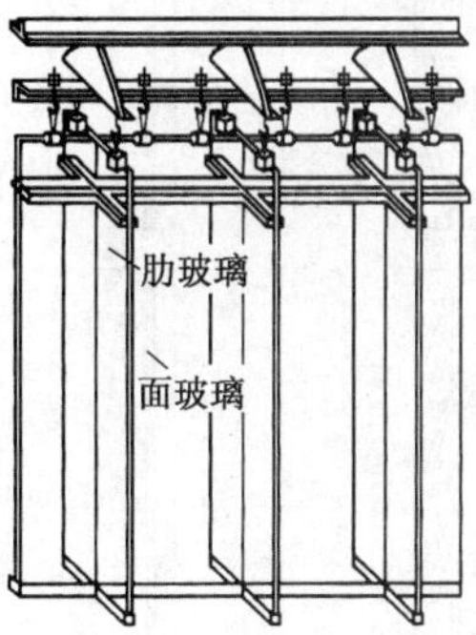	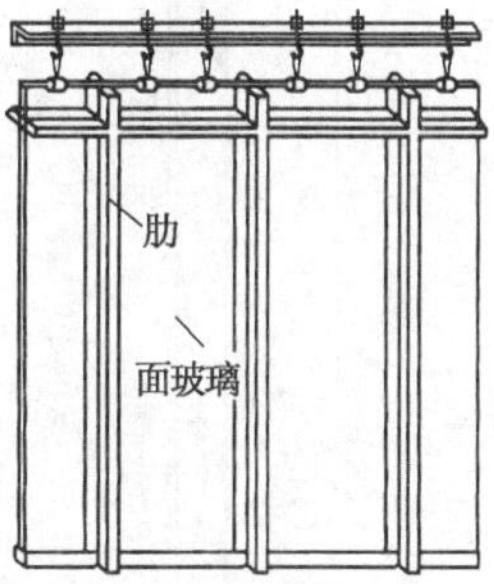	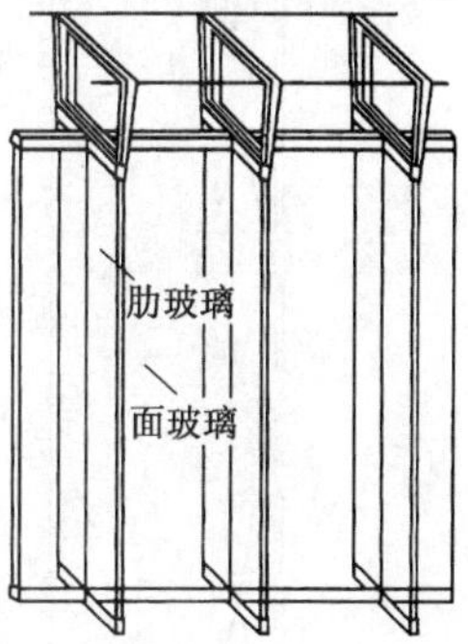

图 3-31　全玻幕墙的支撑系统

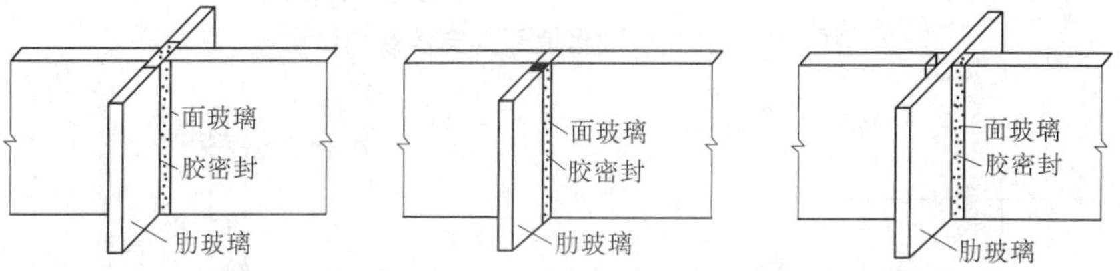

图 3-32　全玻幕墙面玻璃与肋玻璃相交部位处理构造

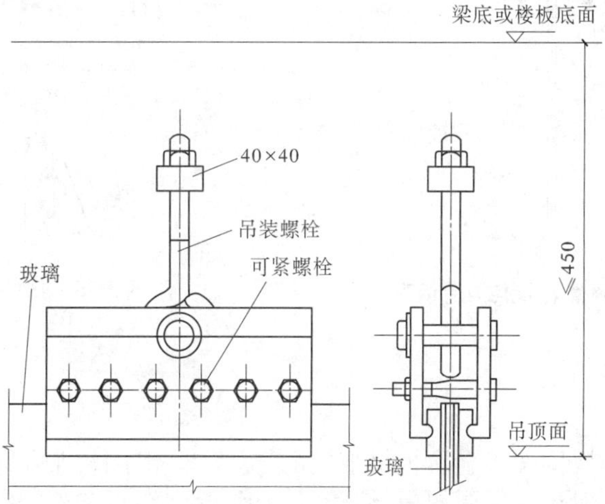

图 3-33　悬挂式全玻幕墙吊夹固定构造节点

(四)点式玻璃幕墙

点式玻璃幕墙是用金属骨架或玻璃肋形成支承受力体系,安装连接板或钢爪,并将四角开圆孔的玻璃用螺栓安装于连接板或钢爪的幕墙形式。其支承结构示意如图 3-34 所示,点式玻璃幕墙节点构造如图 3-35 所示,层间垂直节点如图 3-36 所示。

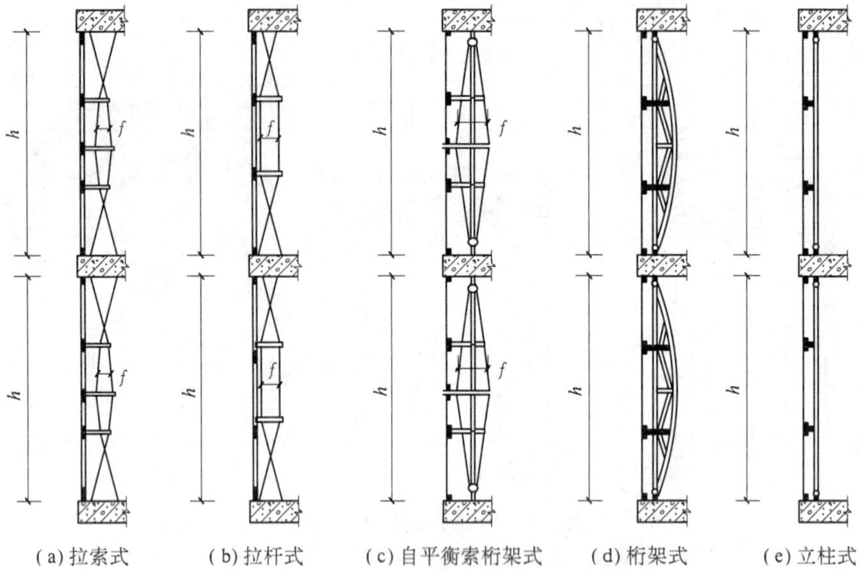

图 3-34　点式玻璃幕墙五种支承结构示意

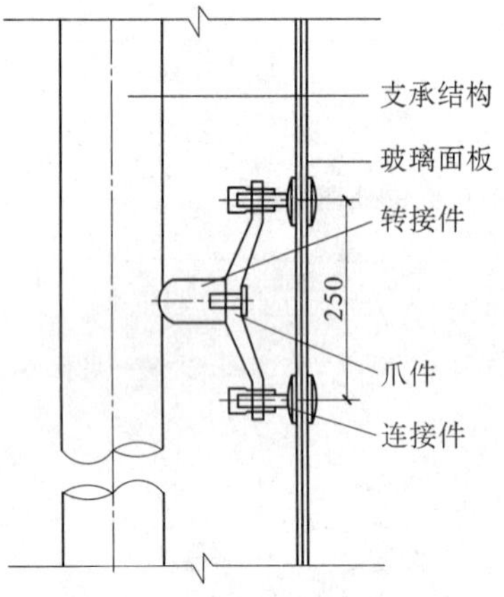

图 3-35　点式玻璃幕墙节点构造示意

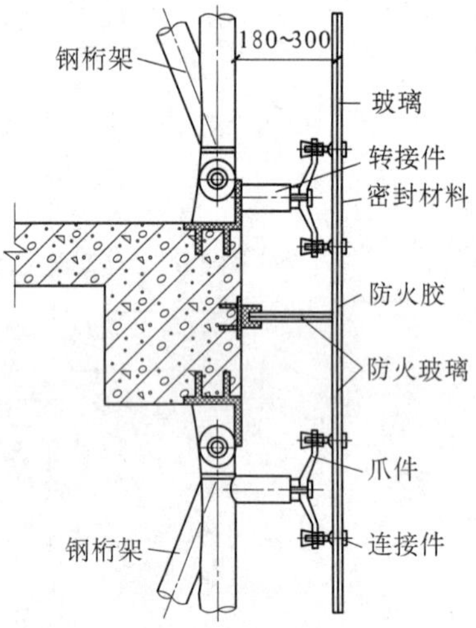

图 3-36　层间垂直节点

二、金属幕墙

金属幕墙是由金属构架与金属板材组成的,是不承担主体结构荷载与作用的建筑外围护结构。金属板一般包括单层铝板、铝塑复合板、蜂窝铝板和不锈钢板等。

金属幕墙构造与隐框玻璃幕墙构造基本一致。如图 3-37 所示为饰面铝板与框架连接构造。

三、石材幕墙

石材幕墙是由金属构造架与建筑石板组成的,是不承担主体结构荷载与作用的建筑外围护结构。

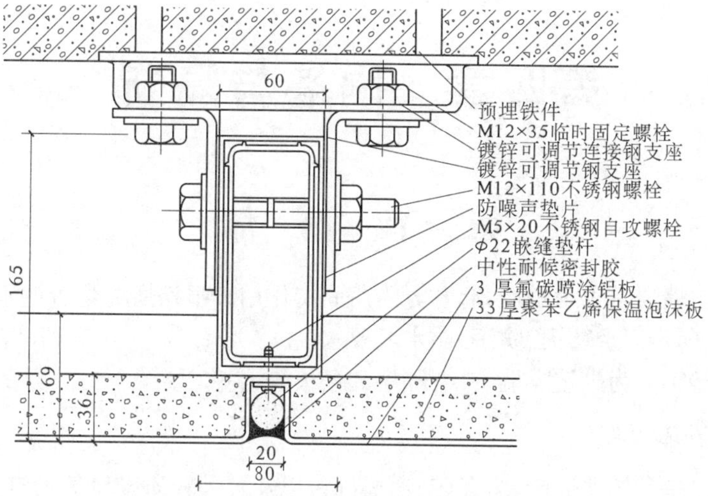

图 3-37　饰面铝板与框架的连接

石材幕墙由于石柱(多为花岗石)较重,金属构架的立柱常用镀锌方钢、槽钢或角钢,横梁常采用角钢。立体和横梁与主体的连接固定与玻璃幕墙的连接方法基本一致。

如图 3-38 所示为石材幕墙立面,如图 3-39 所示为石材与横梁采用连接件连接构造,如图 3-40 所示为石材用钢销与横梁连接构造。

图 3-38　石材幕墙立面

图 3-39　石材与横梁采用连接件连接构造

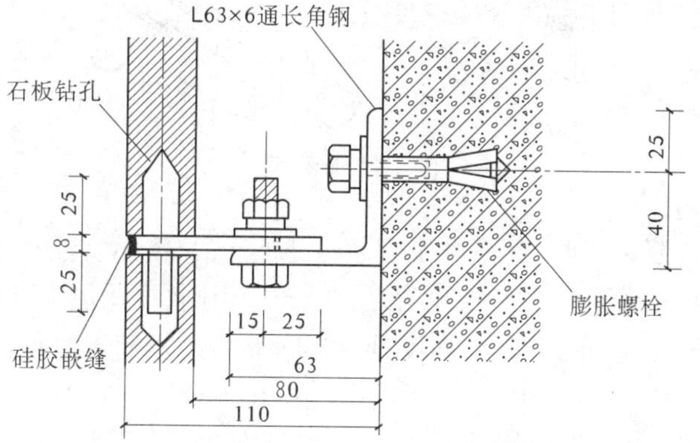

图 3-40　石材用钢销与横梁连接构造

第四章　隔墙与隔断

第一节　隔　墙

非承重的内墙通常称为隔墙，起着分隔房间的作用。根据所处位置的不同，隔墙应分别具有自重轻、隔声以及防火、防潮、防水等要求。

常见的隔墙可分为砌筑隔墙、骨架隔墙和条板隔墙等。

一、砌筑隔墙

砌筑隔墙是指利用普通砖、多孔砖、空心砌块以及各种轻质砌块等砌筑的墙体。

(一)砖隔墙

砖隔墙有半砖隔墙和1/4砖隔墙，其构造如图4-1所示。

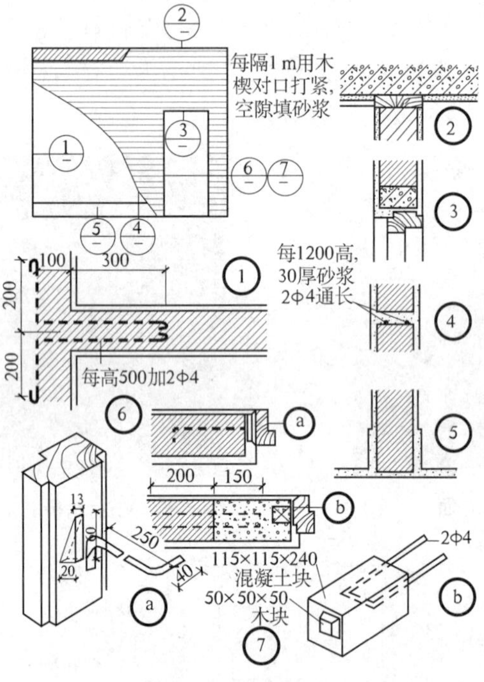

图4-1　砖隔墙

1. 半砖隔墙

当采用M2.5砂浆砌筑时，其高度不宜超过3.6 m，长度不宜超过5 m；当采用M5砂浆砌筑时，其高度不宜超过4 m，长度不宜超过6 m。否则，在构造上除砌筑时应与承重墙或柱固结外，还应在墙身每隔1.2 m高度处，加2 Φ6拉结钢筋予以加固。

2. 1/4砖隔墙

利用标准砖侧砌，其高度一般不应超过2.8 m，长度不超过3.0 m，须用M5砂浆砌筑，多用于住宅厨房与卫生间之间的分隔。

(二)多孔砖或空心砖隔墙

多孔砖或空心砖隔墙多采用立砌,厚度为 90 mm,在 1/4 砖和半砖墙之间。其加固措施可以参照半砖隔墙的构造进行。在接合处设半砖时,可用普通砖填嵌空隙。

此外,砖隔墙的上部与楼板或梁交接处,不宜过于填实或使砖砌体直接顶住楼板或梁,应留有约 30 mm 的空隙或将上 2 皮砖斜砌,以预防楼板结构产生挠度,致使隔墙被压坏。

(三)砌块隔墙

砌块隔墙常采用粉煤灰硅酸盐、加气混凝土、水泥、煤渣等制成的实心或空心砌块砌筑而成。墙厚由砌块尺寸确定,一般为 90 ~ 120 mm。由于墙体稳定性较差,需对墙身进行加固处理。通常是沿墙身横向配置钢筋,如图 4-2 所示。对空心砌块墙有时也可在竖向配筋。

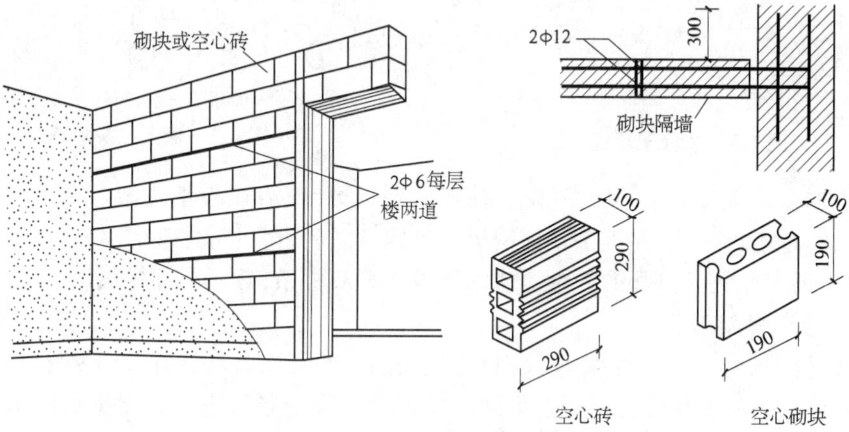

图 4-2　砌块隔墙

二、骨架隔墙

骨架隔墙有木骨架隔墙和金属骨架隔墙。

(一)木骨架隔墙

木骨架隔墙根据饰面材料的不同有板条抹灰隔墙、装饰板隔墙和镶板隔墙等多种。木骨架隔墙由于自重轻、构造简单,在过去应用较广。

木骨架由上槛、下槛、墙筋、斜撑及横撑等构成,如图 4-3 所示。墙筋靠上槛、下槛固定。上槛、下槛及墙筋断面通常为 50 mm × 70 mm 或 50 mm × 100 mm。墙筋之间沿高度方向每隔 1.5 m 左右设斜撑一道。当表面系铺钉面板时,则斜撑改为水平的横撑。斜撑或横撑的断面与墙筋相同或略小于墙筋。墙筋与横撑的间距由饰面材料规格而定,通常取 400 mm、450 mm、500 mm 及 600 mm。一般灰板条抹灰饰面取 400 mm,饰面板取 500 mm,胶合板、纤维板取 600 mm 或 450 mm。

隔墙饰面是在木骨架上铺设的各种饰面材料,常用板条抹灰、装饰吸声板、钙塑板、纸面石膏板、水泥刨花板、水泥石膏板以及各种胶合板、纤维板等。板条抹灰隔墙是在墙筋上钉木板条,然后抹灰。木板条一般为 6 mm × 30 mm × 1 200 mm,钉在骨架上,其间隙为 9 mm 左右,以便让底灰挤入板条间隙的背面,“咬”住灰板条。钉板条时,一根板条搭接 3

个墙筋间距。为避免因板条搭接接缝在一根墙筋上过长,导致外部抹灰开裂、脱落,当板条搭接接缝长达600 mm时,必须使接缝位置错开。板条抹灰隔墙如图4-4所示。

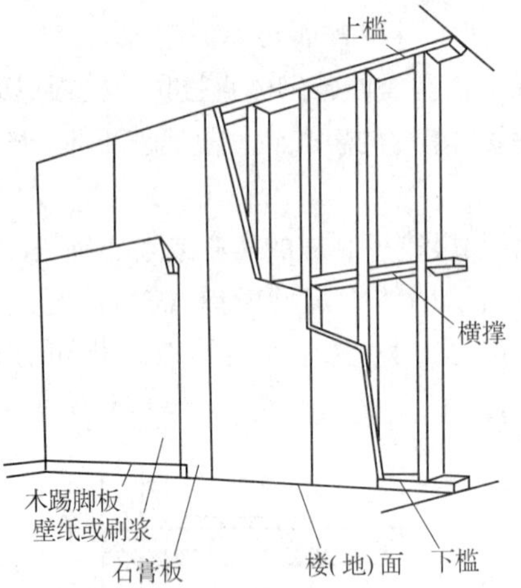

图4-3　木骨架隔墙

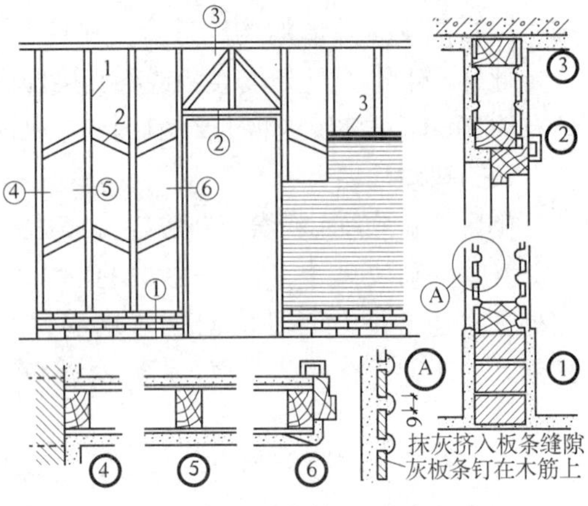

1—墙筋;2—斜撑;3—板条

图4-4　板条抹灰隔墙

为了加强抹灰与板条的联系,防止抹灰面层开裂,或需在板条外做水泥砂浆抹灰时,常将板条间距增大,然后在板条外铺钢板网或钢丝网后,再进行抹灰。

此外,还有些是以打孔的纤维板或木丝板代替灰板条,然后在外抹灰。

(二)金属骨架隔墙

金属骨架隔墙是在金属骨架外铺钉面板而制成的隔墙。其具有节约木材、质量轻、强度高、刚度大、结构整体性强及拆装方便等特点。骨架由各种形式的薄壁型刚加工而成,如图4-5所示。

骨架用板厚0.6～1.5 mm,经冷轧成型为槽形截面,其尺寸为100 mm×50 mm或75 mm×45 mm。骨架包括上槛、下槛、墙筋和横档。骨架和楼板、墙或柱等构件相接时,多用膨胀螺栓或射钉来固接,螺钉间距600～1 000 mm。墙筋、横档之间靠各种配件相互连接。墙筋间距由面板尺寸确定,一般为400～600 mm。

面板多为胶合板、纤维板、石膏板和纤维水泥板等,面板用镀锌螺钉、自攻螺钉固牢在金属骨架上。采用后两种面板者,可作为不燃烧材料隔墙。若要达到耐火极限1 h以上,则须采用多层岩棉或矿棉填充,可查阅防火规范有关规定。

三、条板隔墙

条板隔墙是指采用各种轻质材料制成的各种预制轻型板材安装而成的隔墙。常见的板材有加气混凝土条板、石膏条板、钢丝网夹芯水泥条板等。其特点是自重轻,安装方便。

普通条板的安装、固定主要靠各种黏结砂浆或黏结剂进行黏结,待安装完毕,再在表面进行装修,如图4-6所示。

钢丝网架水泥聚苯乙烯夹芯板(简称GSJ板)是三维空间焊接的钢丝网架和内填阻燃型聚苯乙烯泡沫塑料板整板(或条板)构造的网架芯板,经现场安装并双面抹灰形成的墙体构件。

钢丝网架的钢丝采用低碳钢丝或镀锌低碳钢丝。

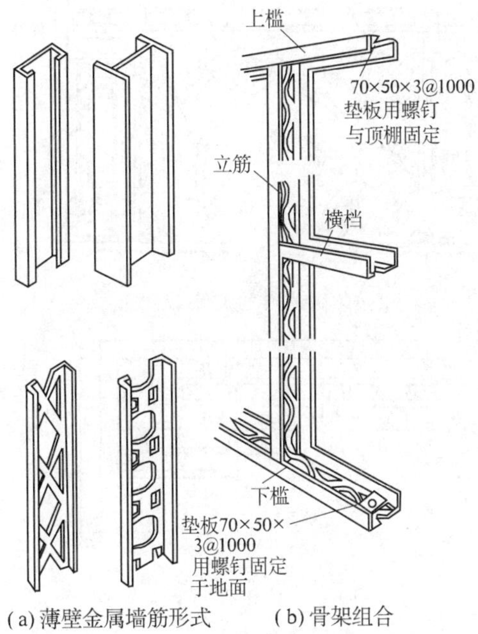

图4-5　金属骨架隔墙

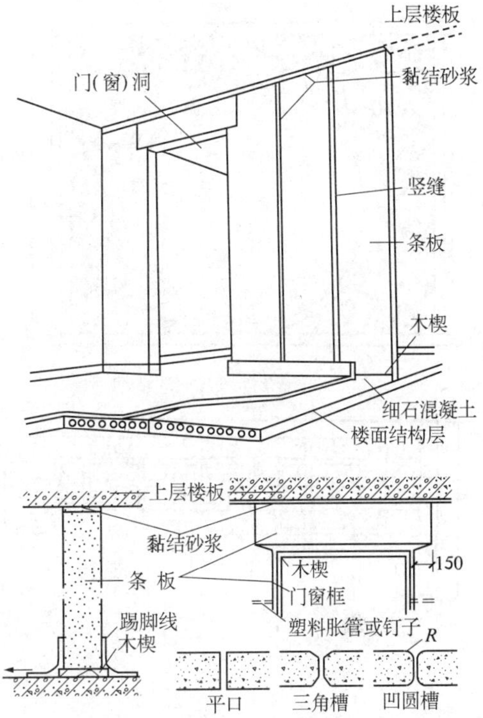

图4-6　条板隔墙

第二节　隔　断

一、传统建筑隔断的类型及构造

(一)隔扇

隔扇又称碧纱橱，多数是用硬木精工制作骨架，隔心镶嵌玻璃或裱糊砂纸。裙板多数镂雕图案或以螺甸、玉石、贝壳等作装饰，如图4-7所示。

(二)罩

罩是一种附着于柱和梁的空间分隔物，常用细木制作。两侧落地的称为落地罩，两侧不落地的称为飞罩，如图4-8所示。用罩分隔空间能增加空间的层次，造成一种有分有合、似分似合的空间环境。

(三)博古架

博古架是一种既有实用价值又有装饰价值的空间分隔物。其实用价值表现在它能陈放各种古玩和器皿，其装饰价值来源于它的分格形式和做工的精巧。博古架常以硬木制作，多用于客厅、书房的空间

图4-7　隔扇

(a) 梅花冰纹月洞式落地罩

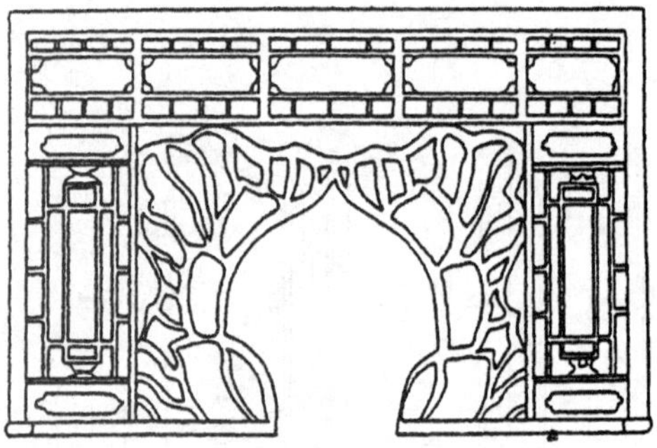

(b) 灯笼框莲叶莲瓣洞式落地罩

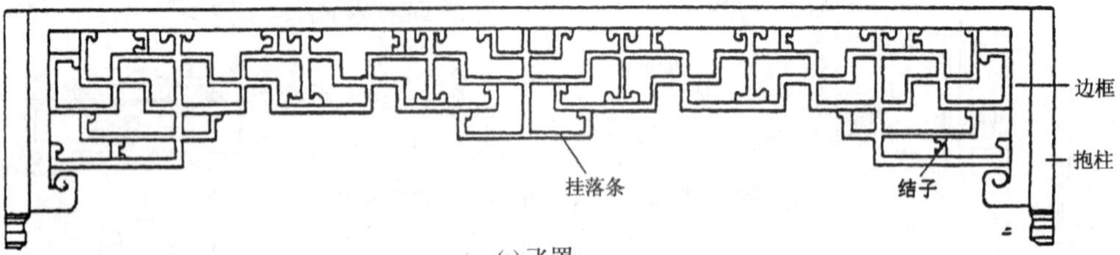

(c) 飞罩

图 4-8　罩

分隔，如图 4-9 所示。

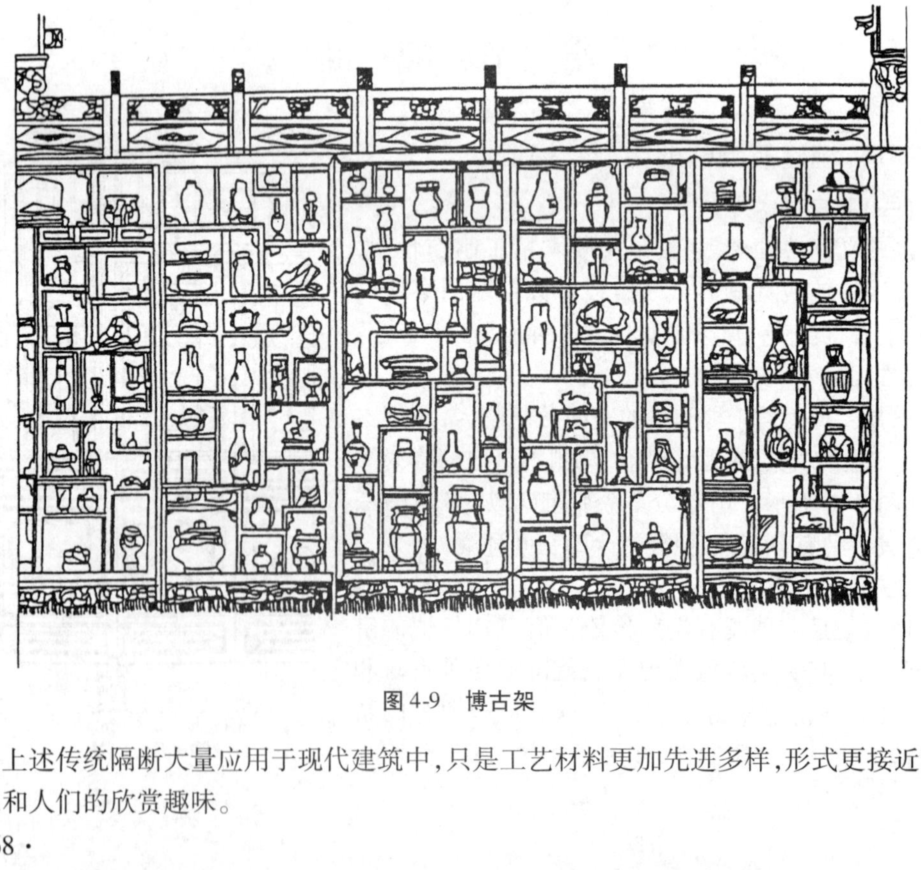

图 4-9　博古架

上述传统隔断大量应用于现代建筑中，只是工艺材料更加先进多样，形式更接近功能要求和人们的欣赏趣味。

二、现代建筑隔断的类型及构造

现代建筑隔断的类型很多:按隔断的固定方式分,有固定式隔断和活动式隔断;按隔断的开启方式分,有推拉式隔断、折叠式隔断、直滑式隔断、拼装式隔断;按隔断的材料分,有木隔断、竹隔断、玻璃隔断、金属隔断等。另外,还有硬质隔断、软质隔断、家具式隔断、屏风式隔断等,下面按固定方式介绍隔断构造。

(一)固定式隔断

固定式隔断所用材料有木制品、竹制品、玻璃、金属及水泥制品等,可做成花格、落地罩、飞罩、博古架等各种形式,俗称空透式隔断。下面介绍几种常见固定式隔断。

1. 木隔断

木隔断通常有两种:一种是木饰面隔断,另一种是硬木花格隔断。

1)木饰面隔断

木饰面隔断一般采用木龙骨上固定木板条、胶合板、纤维板等面板,做成不到顶的隔断。木龙骨与楼板、墙应有可靠的连接,面板固定在木龙骨上后,用木压条盖缝,最后按设计要求罩面或贴面。

另外,还有一种开放式办公室木隔断,高度为 1.3 ~ 1.6 m,用高密度板做骨架,防火装饰板做罩面,用金属(镀铬铁质、铜质、不锈钢等)连接件组装而成,如图 4-10 所示。这种隔断便于工业化生产,壁薄体轻,面板色泽淡雅、易擦洗、防火性好,并且能节约办公用房面积,便于内部业务沟通,是一种流行的办公室隔断。

图 4-10　开放式办公室木隔断

2)硬木花格隔断

硬木花格隔断常用的木材多为硬质杂木,具有自重轻、加工方便、制作简单等优点,可以雕刻成各种花纹,做工精巧、纤细。

硬木花格隔断一般用板条和花饰组合,花饰镶嵌在木质板条的裁口中,采用榫接、销接、钉接和胶接,外边钉有木压条。为保证整个隔断具有足够的刚度,隔断中立有一定数量的板条贯穿隔断的全高和全长,其两端与上下梁墙应有牢固的连接。硬木花格隔断构造如图 4-11 所示。

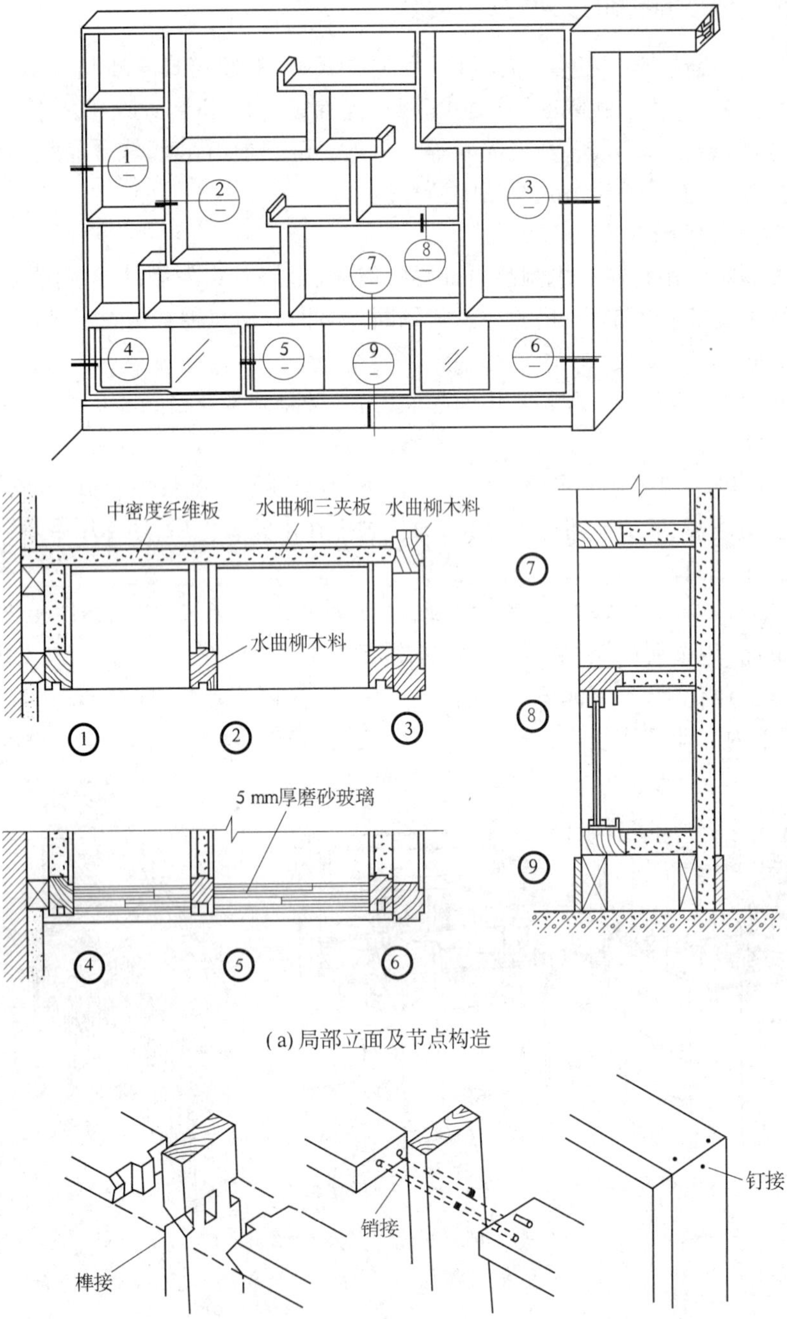

(a) 局部立面及节点构造

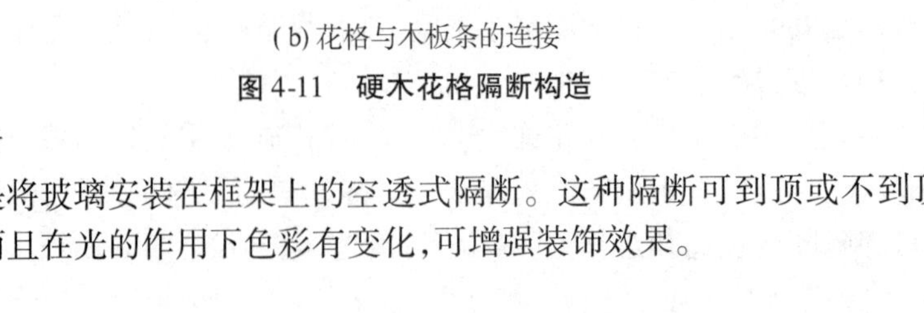

(b) 花格与木板条的连接

图 4-11　硬木花格隔断构造

2. 玻璃隔断

玻璃隔断是将玻璃安装在框架上的空透式隔断。这种隔断可到顶或不到顶，其特点是空透、明快，而且在光的作用下色彩有变化，可增强装饰效果。

玻璃隔断按框架的材质不同有带裙板玻璃木隔断、落地玻璃木隔断、铝合金框架玻璃隔断、不锈钢柱框玻璃隔断。

1)带裙板玻璃木隔断

带裙板玻璃木隔断由上部的玻璃和下部的木墙裙组合而成。其具体做法是:根据隔断的位置按照设计要求先做下部的木墙裙,即用预埋木楔固定墙筋,然后固定上槛、下槛及中部横档,最后固定玻璃,如图 4-12 所示。玻璃可选择平板玻璃、夹层玻璃、磨砂玻璃、压花玻璃和彩色玻璃等。

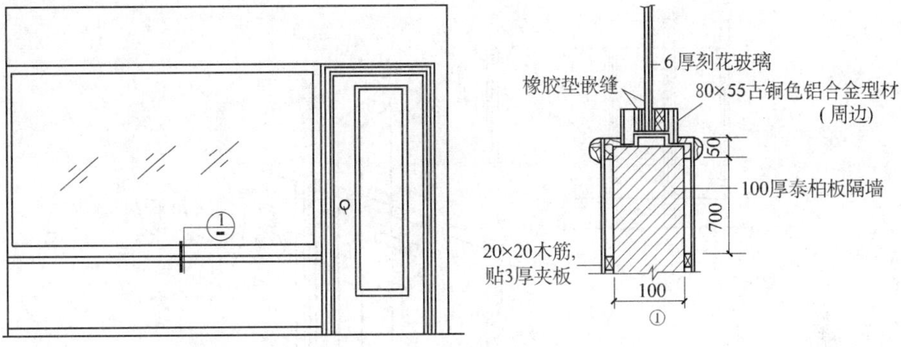

图 4-12　玻璃木隔断构造

2)落地玻璃木隔断

落地玻璃木隔断是直接在隔断的相应位置安装竖向木骨架,并与墙、柱及楼板连接,然后固定上槛、下槛,最后固定玻璃。对于大面积玻璃板,玻璃放入木框后,应在木框的上部和侧边留 3 mm 左右的缝隙,以免玻璃受热开裂,如图 4-13 所示。

3)铝合金框架玻璃隔断

铝合金框架玻璃隔断是用铝合金做骨架,将玻璃镶嵌在骨架内所形成的隔断,如图 4-14所示。

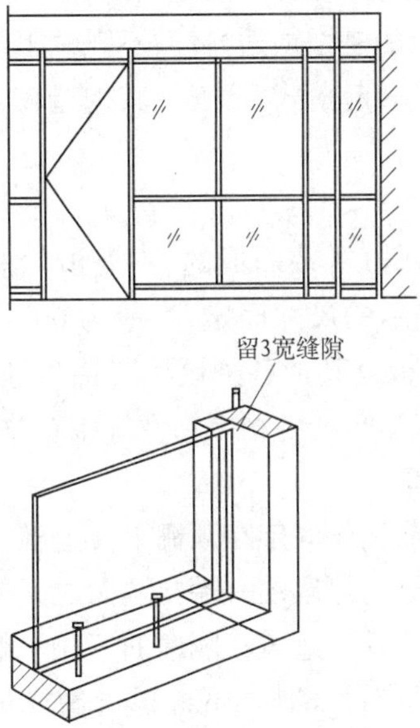

图 4-13　落地玻璃木隔断构造

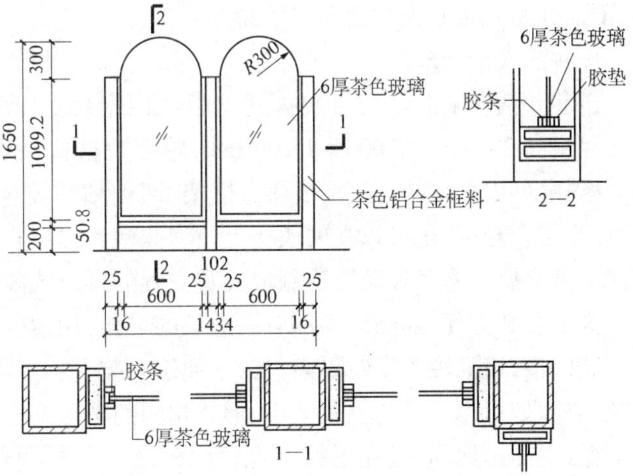

图 4-14　铝合金框架玻璃隔断构造

4）不锈钢柱框玻璃隔断

不锈钢柱框玻璃隔断的构造关键是要解决好玻璃板与不锈钢柱框的连接固定。玻璃板与不锈钢柱框的固定方法有三种：第一种是将玻璃板用不锈钢槽条固定；第二种是将玻璃板直接镶在不锈钢立柱上；第三种是根据设计要求用专用的不锈钢紧固件将相应部位打孔的玻璃与不锈钢柱连接固定，如图 4-15 所示，此种固定方法要求玻璃必须是安全玻璃，而且玻璃上的孔位尺寸精确。这种玻璃隔断现代感强，装饰效果好。

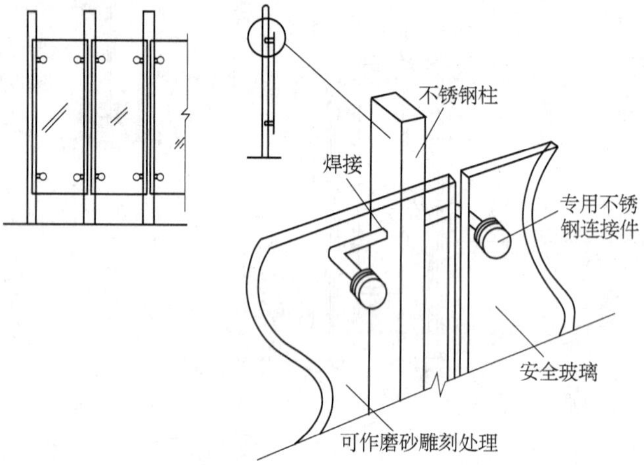

图 4-15　不锈钢柱框玻璃隔断玻璃固定

（二）活动式隔断

活动式隔断又称移动式隔断，其特点是使用时灵活多变，可以随时打开和关闭，使相邻空间根据需要成为一个大空间或几个小空间，关闭时能与隔墙一样限定空间，阻隔视线和声音。也有一些活动式隔断全部或局部镶嵌玻璃，其目的是增加透光性，不强调阻隔人们的视线。活动式隔断有拼装式、直滑式、折叠式、帷幕式和起落式五大类，其构造较为复杂，下面介绍几种常见的活动式隔断。

1. 拼装式活动隔断

拼装式活动隔断是用可装拆的壁板或门扇（通称隔扇）拼装而成的，不设滑轮和导轨。隔扇高 2～3 m，宽 600～1 200 mm，厚度视材料及隔扇的尺寸而定，一般为 60～120 mm。隔扇可用木材、铝合金、塑料做框架，两侧粘贴胶合板及其他各种硬质装饰板、防火板、镀膜铝合金板，也可以在硬质板上衬泡沫塑料，外包人造革或各种装饰性纤维织物，再镶嵌各种金属和彩色玻璃饰物制成美观高雅的屏风式隔扇。

为了装卸方便，隔断的顶部应设通长的上槛，用螺钉或钢丝固定在顶棚上。上槛一般要安装凹槽，设插轴来安装隔扇。为了便于安装和拆卸隔扇，隔扇的一端与墙面之间要留空隙，空隙处可用一个与上槛大小、形状相同的槽形补充构件来遮盖。隔扇的下端一般都设下槛，需高出地面，且在下槛上也设凹槽或与上槛相对应设插轴。下槛也可做成可卸式，以便将隔扇拆除后不影响地面的平整，拼装式活动隔断立面与构造如图 4-16 所示。

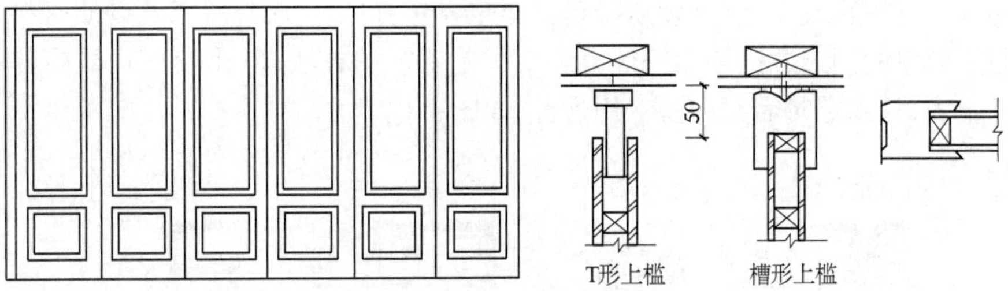

图 4-16　拼装式活动隔断立面与构造

2. 直滑式活动隔断

直滑式活动隔断是将拼装式隔断中的独立隔扇用滑轮挂置在轨道上，可沿轨道推拉移动的隔断。轨道可布置在顶棚或梁上，隔扇顶部安装滑轮，并与轨道相连；隔扇下部地面不设轨道，主要为避免轨道积灰损坏。

面积较大的隔断，当把活动扇收拢后会占据较多的建设空间，影响使用和美观，所以多采取设储藏壁柜或储藏间的形式加以隐蔽，如图 4-17 所示。

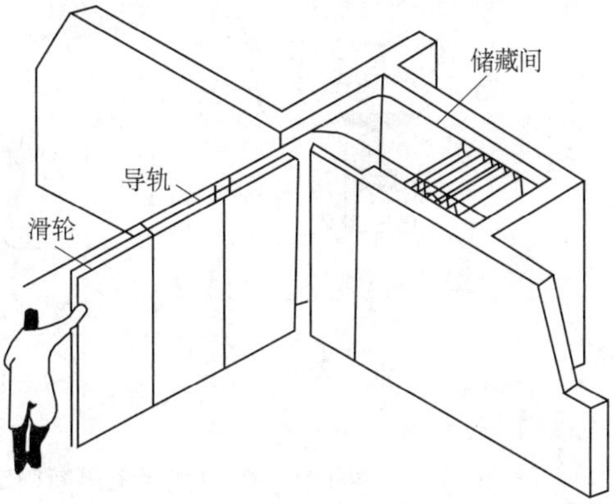

图 4-17　直滑式活动隔断示意

3. 折叠式活动隔断

折叠式活动隔断是由多扇可以折叠的隔扇、轨道和滑轮组成的。多扇隔扇用铰链连在一起，可以随意展开和收拢，推拉快速方便。但由于隔扇本身重量、连接铰链五金重量以及施工安装、管理维修等诸多因素造成的变形会影响隔扇的活动自由度，所以可将相邻两隔扇连在一起，此时每个隔扇上只需装一个转向滑轮，先折叠后推拉收拢，更增加了灵活性。折叠式活动隔断如图 4-18所示。

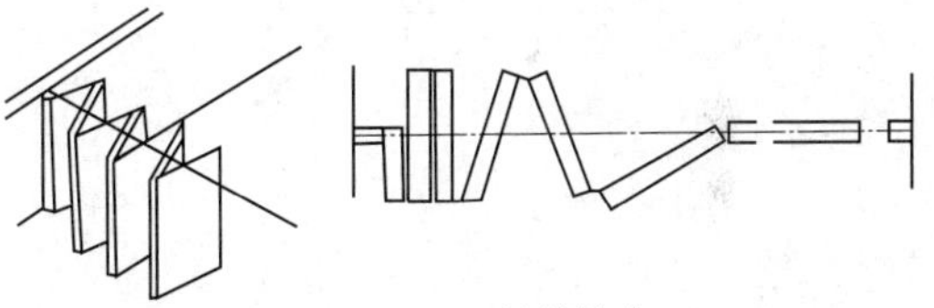

(a) 连续铰合

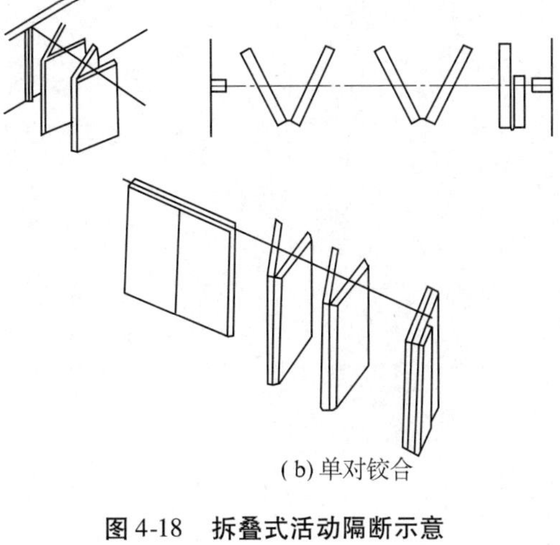

(b) 单对铰合

图 4-18　折叠式活动隔断示意

4. 帷幕式活动隔断

帷幕式活动隔断是用软质、硬质帷幕材料和轨道、滑轮、吊轮等配件组成的隔断，它占用面积少，能满足遮挡视线的要求，使用方便，便于更新，一般多用于住宅、旅馆和医院。

帷幕式活动隔断的软质帷幕材料

主要是棉、麻、丝织物或人造革，硬质帷幕材料主要是竹片、金属片等条状硬质材料。这种帷幕隔断最简单的固定方法是用一般家庭中固定窗帘的方法，但比较正式的帷幕隔断构造要复杂很多，且固定时需要一些专用配件，如图 4-19 所示。

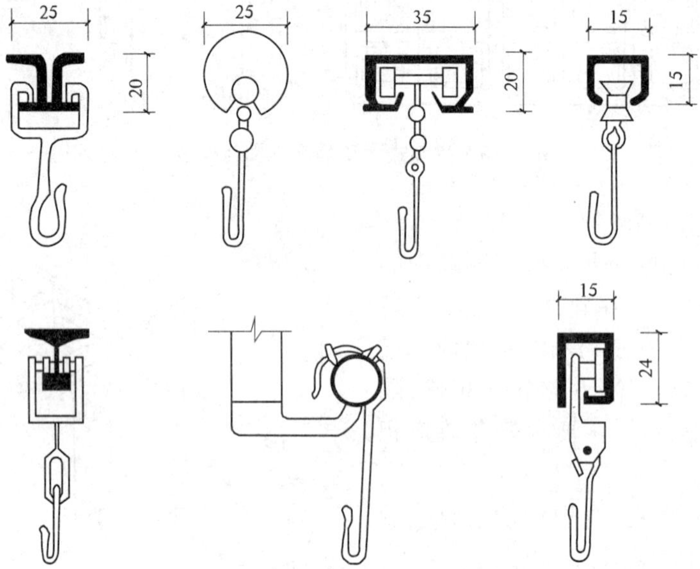

图 4-19 帷幕式活动隔断固定专用配件（转道、滑轮、吊钩）

第五章　楼层与地层

楼层与地层是水平分隔建筑空间的建筑构件，楼层分隔上下空间，地层分隔底层空间，并与土壤直接相连。由于它们所处的位置不同，受力状况不同，因而结构层有所不同。楼层的结构层为楼板，楼板将所承受的荷载传递给梁、柱或墙，再通过梁、柱或墙传给基础。地层的结构层为垫层，垫层将所承受的荷载均匀地传给地基。楼层和地层一般有相同的面层，供人们在上面活动。楼地层基本组成如图 5-1 所示。

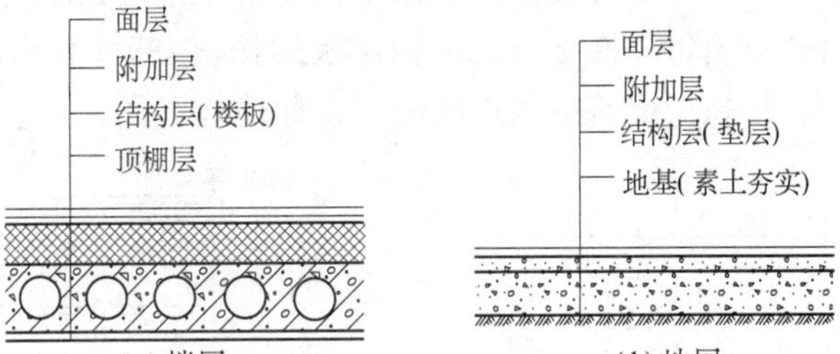

(a) 楼层　　　　(b) 地层

图 5-1　楼地层的基本组成

第一节　楼板层构造

一、概述

楼板层是多层、高层建筑中沿高度方向水平分隔空间的承重构件，承受并传递荷载，同时对整座建筑物起水平支承作用。

(一) 楼板层的基本组成及设计要求

1. 楼板层的基本组成

楼板层通常由面层、结构层、顶棚三部分组成，根据需要，可增设附加层(见图 5-1)。

(1) 面层又称楼面或地面，其作用是保护楼板并传递荷载，对室内有重要的清洁及装饰作用。其做法和要求与地层的面层相同，将在建筑饰面一章中介绍。

(2) 结构层是承重部分，一般包括梁和板。其主要功能是承受楼板层上的全部荷载，并将这些荷载传递给墙或柱，同时还对墙身起水平支承作用，加强房屋的整体刚度。

(3) 顶棚又称天花，除美观要求外，常安装灯具。将在建筑饰面一章中叙述。

(4) 附加层可根据构造和使用要求设置结合层、找平层、防水层、保温层、隔热层、隔声层、管道敷设层等不同构造层次。

2. 楼板层的设计要求

为了保证楼板的正常使用，楼板层必须符合以下设计要求：

(1) 必须具有足够的强度和刚度，以保证结构的安全性；

(2) 具有一定的隔声能力，避免楼层上下空间相互干扰；

(3)必须具有一定的防火能力,保证人员生命及财产的安全;
(4)必须有一定的热工要求,对有温度、湿度要求的房间,在楼板层内设置保温材料;
(5)对于有水侵蚀的楼板层,须具有防潮、防水能力,保证建筑物正常使用;
(6)对于某些特殊要求,须具备相应的防腐蚀、防静电、防油、防爆(不发火)等能力;
(7)满足现代建筑的智能化要求,须合理安排各种设备管线的走向。

(二)楼板的类型

根据所采用的材料不同,楼板可分为木楼板、钢筋混凝土楼板(见图5-2(a))及压型钢板组合楼板等多种形式。目前,木楼板除木材产地外已很少采用。钢筋混凝土楼板具有强度高、刚度好及良好的可塑性和防火性,且便于工业化生产和机械化施工等,是目前我国工业与民用建筑中常采用的楼板形式。压型钢板组合楼板是用截面为凹凸形的压型钢板与现浇混凝土组合形成整体性很强的一种楼板结构,在国外高层建筑中得到广泛的应用,我国近几年在大跨、高层建筑中也逐渐使用这种楼板形式。

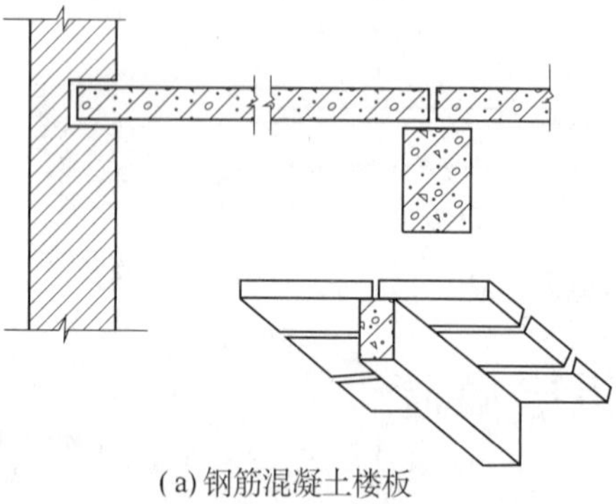
(a)钢筋混凝土楼板

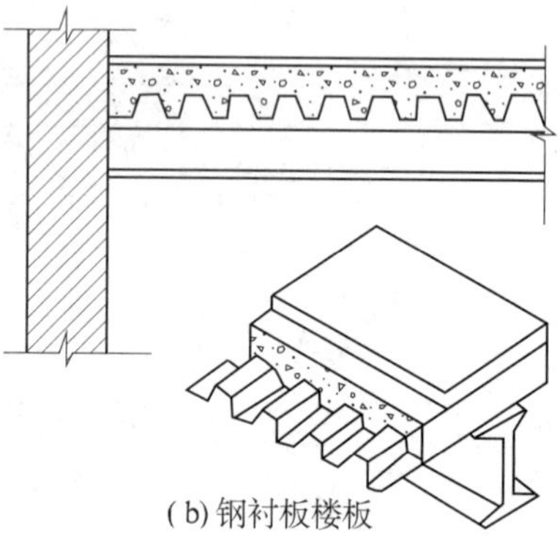
(b)钢衬板楼板

图5-2　楼板的类型

二、钢筋混凝土楼板

钢筋混凝土楼板具有强度高、刚度好、不燃烧、耐久性好、有利于工业化生产等优点,是建筑物广泛采用的一种楼板形式。钢筋混凝土楼板根据施工方法不同,有现浇整体式钢筋混凝土楼板、预制装配式钢筋混凝土楼板和装配整体式钢筋混凝土楼板三种类型。

(一)现浇整体式钢筋混凝土楼板

现浇整体式钢筋混凝土楼板是在施工现场经过支模、绑扎钢筋、浇灌混凝土、养护、拆模等施工程序而形成的楼板。其优点是整体性好,可以适应各种不规则的建筑平面,预留管道孔洞较方便。其缺点是湿作业量大,工序繁多,需要养护,施工工期较长,而且受气候条件影响较大。

现浇整体式钢筋混凝土楼板根据受力和传力情况分为板式楼板、梁板式楼板和无梁楼板。

1.板式楼板

在墙体承重建筑中,当房间尺寸较小时,楼板上的荷载直接由楼板传递给墙体,这种楼板称为板式楼板,如图5-3所示。其多用于跨度较小的房间或走廊,如居住建筑中的厨房、卫生间以及公共建筑的走廊等。

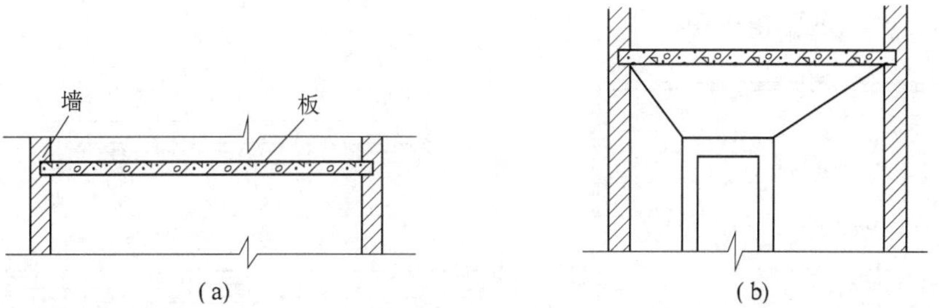

图 5-3　板式楼板

2. 梁板式楼板

当房间的跨度较大时,为使楼板结构的受力与传力更加合理,常在楼板下设梁,以减小板的跨度,使楼板上的荷载先由板传递给梁,再由梁传递给墙或柱。这种楼板结构称为梁板式楼板,如图 5-4 所示。梁有主梁、次梁之分。

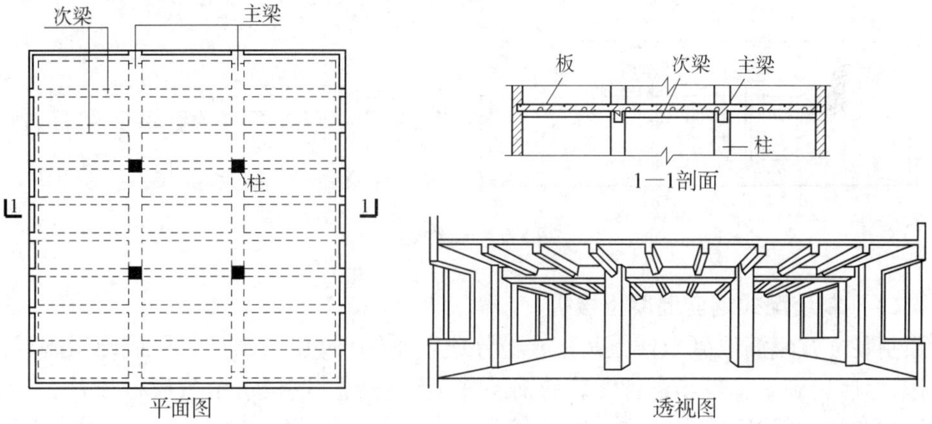

图 5-4　梁板式楼板

为了更充分地发挥楼板结构的效力,合理选择构件的截面尺寸至关重要。梁板式楼板常用的经济尺寸如下:主梁的跨度一般为 5 ~ 9 m,最大可达 12 m,主梁高为跨度的 1/14 ~ 1/8。次梁的跨度即主梁的间距,一般为 4 ~ 6 m,次梁高为跨度的 1/18 ~ 1/12。主次梁的宽高比均为 1/3 ~ 1/2;板的跨度即为次梁的间距,一般为 1.8 ~ 3.6 m,根据荷载的大小和施工要求,板厚一般为 60 ~ 180 mm。

井式楼板是梁板式楼板的一种特殊形式,如图 5-5 所示。其特点是不分主梁、次梁,梁双向布置、断面等高且同位相交,梁之间形成井字格。梁的布置既可正交正放,也可正交斜放,其跨度一般为 10 ~ 30 m,梁间距一般为 3 m 左右。井式楼板外形规则、美观,而且梁的截面尺寸较小,相应提高了房间的净高。井式楼板适用于建筑平面为方形或近似方形的大厅。

3. 无梁楼板

无梁楼板是将现浇钢筋混凝土板直接支承在柱上的楼板结构,如图 5-6 所示。为了增大柱的支承面积和减小板的跨度,常在柱顶增设柱帽和托板。无梁楼板顶棚平整,室内净空大,采光、通风好。其经济跨度为 6 m 左右,板厚一般为 120 mm 以上,多用于荷载较大的商店、仓库、展览馆等建筑中。

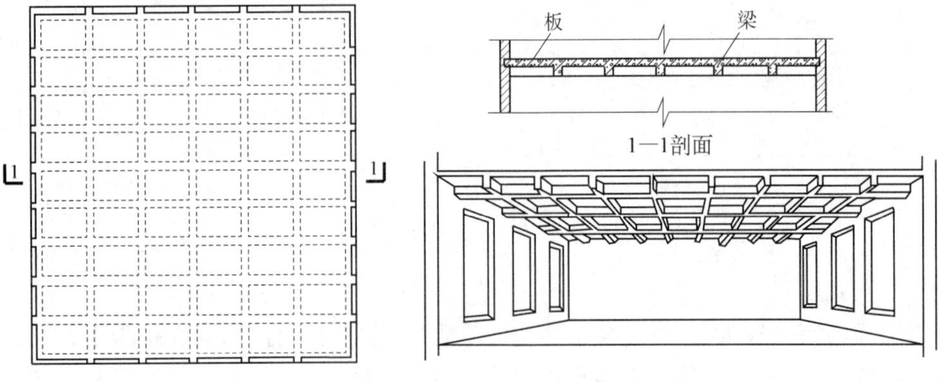

图 5-5　井式楼板

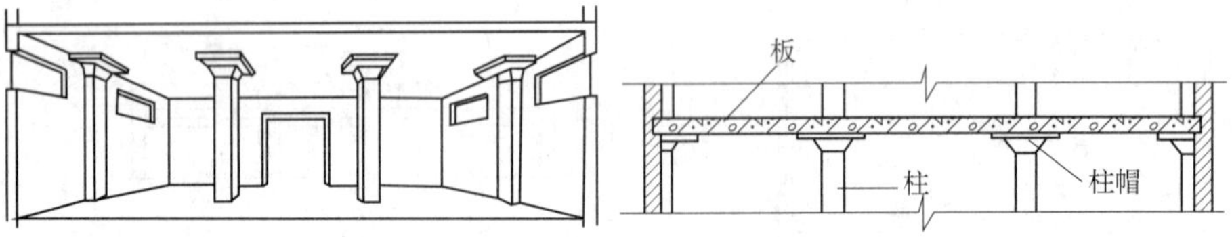

图 5-6　无梁楼板

(二)预制装配式钢筋混凝土楼板

预制装配式钢筋混凝土楼板是把楼板分成若干构件,在预制加工厂或施工现场外预先制作,然后运到施工现场进行安装的钢筋混凝土楼板。这样可节省模板,缩短工期,但整体性较差,一些抗震要求较高的地区不宜采用。

预制构件可分为预应力和非预应力两种。采用预应力构件,可推迟裂缝的出现和限制裂缝的开展,从而提高了构件的抗裂度和刚度。预应力构件与非预应力构件相比较,可节省钢材 30% ~50%,节省混凝土 10% ~30%,从而减轻自重,降低造价。

梁的截面形式有矩形、T 形、倒 T 形、十字形等(见图 5-7),设计时应根据不同的需要选用。

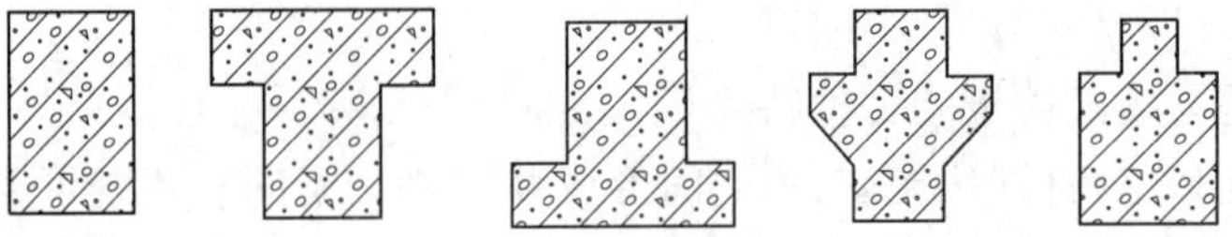

图 5-7　梁的截面形式

1. 预制板的类型

预制板的类型有三种:实心平板、槽形板和空心板。

1)实心平板

实心平板(见图 5-8)制作简单,一般用作走廊或小开间房屋的楼板,也可做架空搁板、管沟盖板等。实心平板的板跨一般不大于 2.4 m,板宽为 600 ~900 mm,板厚为 50 ~80 mm。

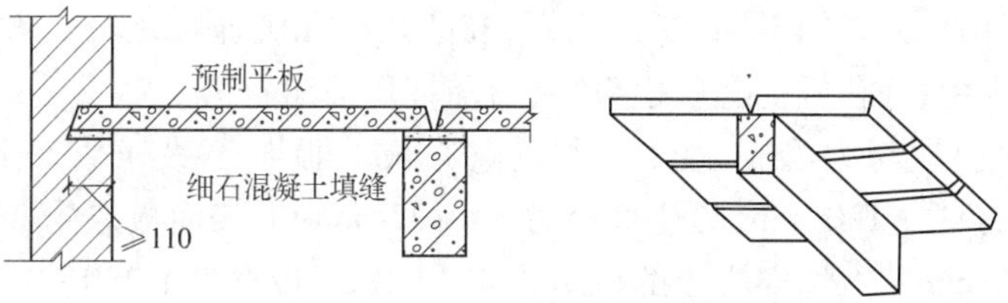

图 5-8　实心平板

2)槽形板

槽形板(见图 5-9)是一种梁板结合的构件,即在实心板的两侧设有纵肋,构成 π 形截面。荷载主要由板侧的纵肋承受,因此板可做得较薄。当板跨较大时,应在板纵肋之间增设横肋加强其刚度,为了便于搁置,常将板两端用端肋封闭。槽形板的板跨度为 3 ~ 7.2 m,板宽为 600 ~ 1 200 mm,板厚为 25 ~ 30 mm,肋高为 120 ~ 300 mm。

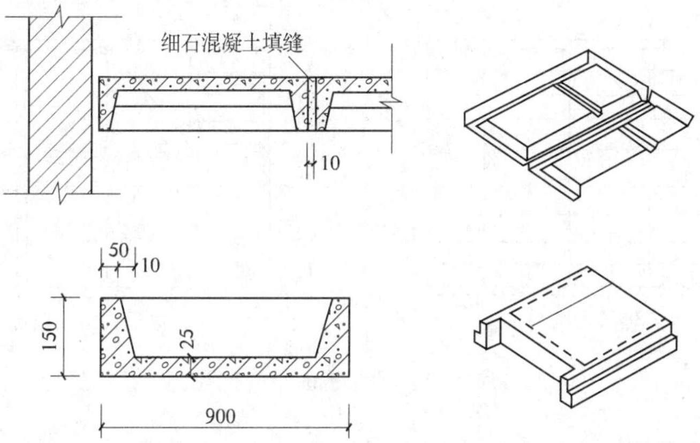

图 5-9　槽形板

槽形板的搁置有正置和倒置两种。正置板底不平,多做吊顶;倒置板底平整,但需另做面板,可利用其肋间空隙填充保温或隔声材料。

3)空心板

空心板(见图 5-10)的受力特点(传力途径)与槽形板类似,荷载主要由板纵肋承受,但由于其传力更合理,自重小,且上下板面平整,因而应用广泛。

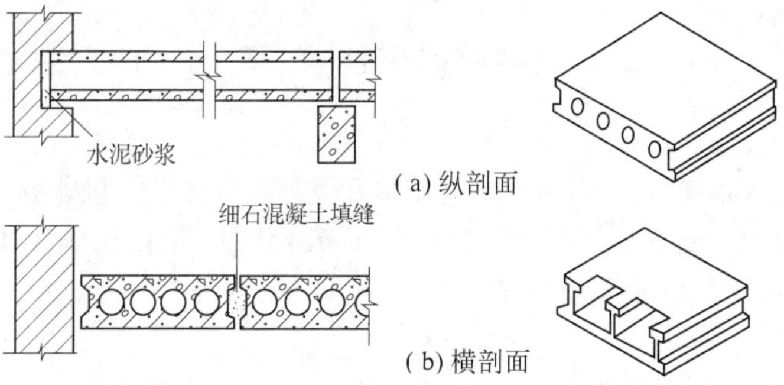

图 5-10　空心板

空心板按其抽孔方式的不同,有方孔板、椭圆孔板和圆孔板之分。方孔板较经济,但脱模困难,现已不用;圆孔板抽芯脱模容易,目前使用极为普遍。

空心板有中型板与大型板之分。中型空心板的板跨不大于4.2 m,板宽为 500 ~ 1 500 mm,板厚为 90 ~ 120 mm,圆孔直径为 50 ~ 75 mm,上表面板厚为 20 ~ 30 mm,下表面板厚为 15 ~ 20 mm。大型空心板的板跨为 4 ~ 7.2 m,板宽为 1 200 ~ 1 500 mm,板厚为 180 ~ 240 mm。

为避免支座处板端压坏,板端孔内常用砖块、砂浆块和专制填块塞实。

2. 预制板的布置与细部构造

1) 预制板的布置

预制板的布置首先应根据房间的开间、进深尺寸来确定板的支承方式,然后依据现有板的规格进行合理布置。板的支承方式有墙承式和梁承式两种,如图 5-11 所示。

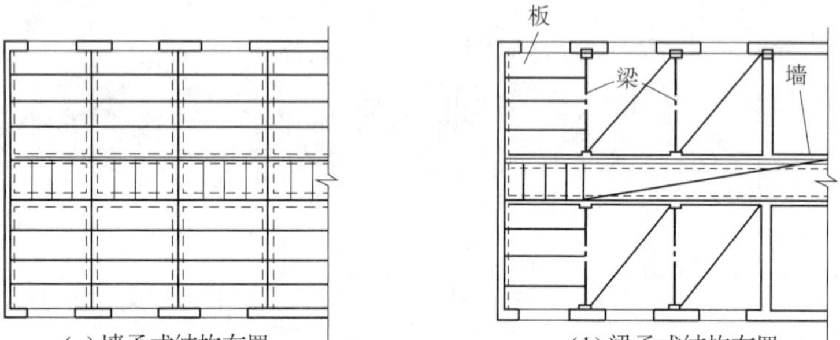

(a) 墙承式结构布置　　(b) 梁承式结构布置

图 5-11　预制板的结构布置

当采用梁承式结构布置时,板在梁上的搁置方式一般有两种:板直接搁在矩形梁的梁顶上,板搁在花篮梁两侧的挑耳上,如图 5-12 所示。

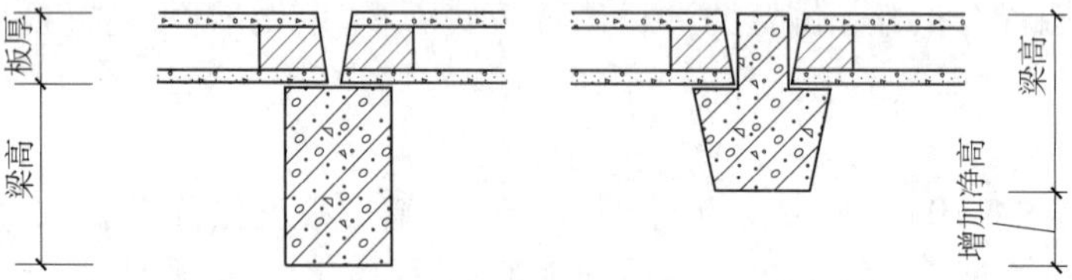

(a)　　(b)

图 5-12　板在梁上的搁置

2) 板缝差的处理

进行板的结构布置时,一般要求板的规格和类型愈少愈好。在排板过程中,当板的横向尺寸(板宽方向)与房间平面尺寸出现差额即板缝差时,可采用表 5-1 给出的具体解决方法,构造做法如图 5-13 所示。

3) 板的搁置

为了保证板与墙或梁有很好的连接,首先应使板有足够的搁置长度。板在墙上的搁置长度外墙不应小于 120 mm,内墙不应小于 100 mm,板在梁上的搁置长度不应小于 80

mm;同时,必须在墙或梁上铺约 20 mm 厚的水泥砂浆(俗称坐浆)。此外,用锚固钢筋(又称拉结钢筋)将板与板以及板与墙、梁锚固在一起,以增强房屋的整体刚度,如图 5-14 所示。

表 5-1　出现板缝差时的具体解决方法

序号	板缝差(mm)	解决方法
1	≤60	调整板缝宽度
2	60 ~ 120	沿墙边出挑 2 皮砖
3	120 ~ 200	局部现浇钢筋混凝土板带
4	>200	重新选择板的规格

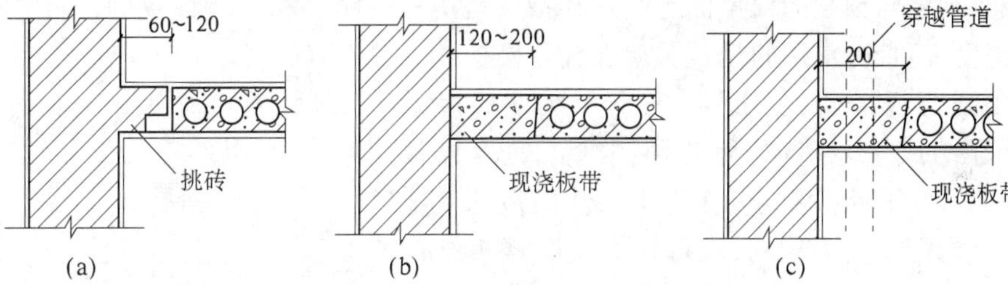

图 5-13　板缝差处理的构造做法

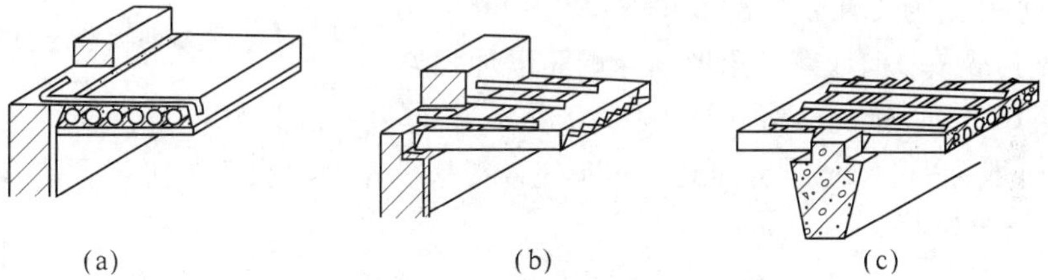

图 5-14　锚固钢筋的配置

板的接缝有端缝与侧缝两种,板缝一般用砂浆或细石混凝土灌缝。侧缝一般有三种形式:V 形缝、U 形缝、凹形缝,如图 5-15 所示。

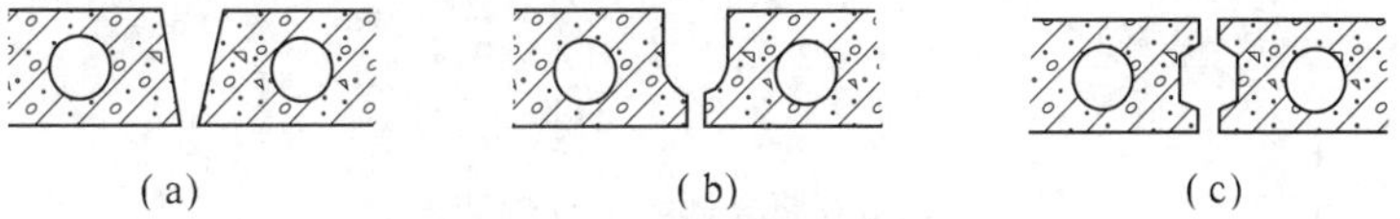

图 5-15　板侧缝的形式

4)楼板与隔墙的构造关系

当房间设置隔墙时,应首先考虑采用轻质隔墙,可直接置于楼板上;若采用自重较大的材料,须考虑隔墙的位置,应有利于楼板的受力,一般隔墙下可设置小梁、板内配筋或将隔墙置于槽形板的纵肋上,如图 5-16 所示。

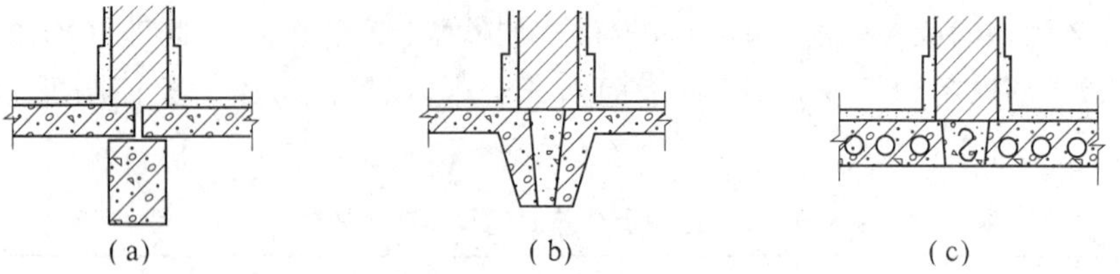

图 5-16　隔墙在楼板上的搁置

（三）装配整体式钢筋混凝土楼板

由于现浇钢筋混凝土楼板要耗费大量模板，经济性差，施工工期长，而预制装配式钢筋混凝土楼板整体性差，因此考虑采用预制薄板与现浇混凝土面层叠合而成的装配整体式钢筋混凝土楼板。装配整体式钢筋混凝土楼板是一种预制装配和现浇相结合的楼板类型，其兼有现浇与预制的双重优越性。其特点是房屋的刚度和整体性较好，节约模板，提高施工进度。目前，常用的是预制薄板叠合楼板。

将预制薄板吊装就位后再现浇一层钢筋混凝土，将其浇结成一个整体，称为预制薄板叠合楼板（见图 5-17）。预制薄板既可作为永久性模板承受施工荷载，其内配有受力钢筋，亦可作为整个楼板结构的受力层。现浇层内只需配置少量的支座负弯矩筋和构造筋。

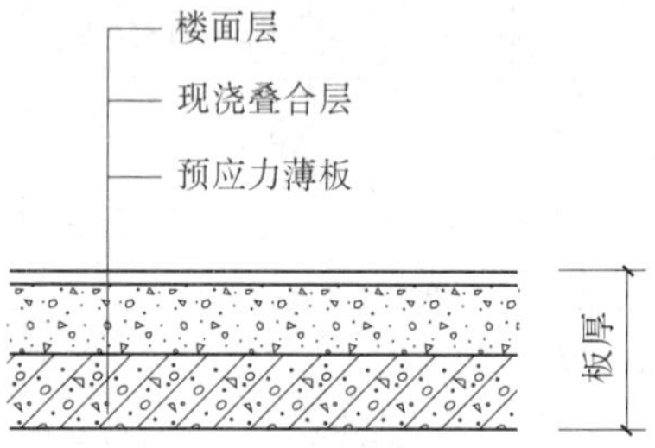

图 5-17　预制薄板叠合楼板的组成

预制薄板宽为 1.1 ~ 1.8 m，薄板厚为 50 ~ 70 mm。板面上常做凹槽或露三角形结合钢筋以加强连接，如图 5-18 所示。现浇叠合层采用 C20 混凝土，厚度一般为 70 ~ 120 mm。叠合楼板的经济跨度一般为 4 ~ 6 m，最大可达 9 m。叠合楼板总厚度以大于或等于预制薄板厚度的 2 倍为宜，一般为 150 ~ 250 mm。

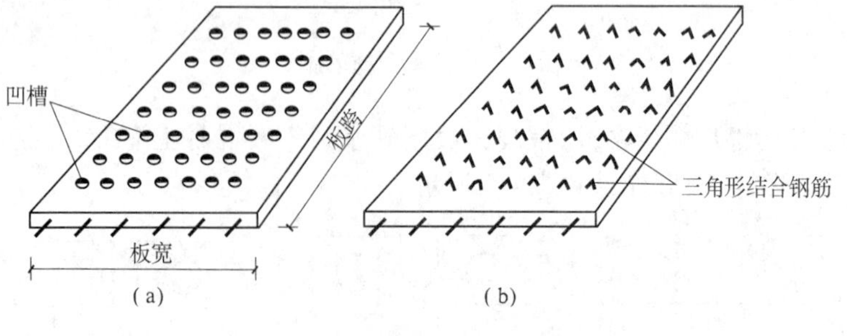

图 5-18　叠合楼板的预制薄板

三、压型钢板组合楼板

压型钢板组合楼板是一种钢与混凝土组合的楼板，是利用压型钢板做衬板（简称钢衬板）与现浇混凝土浇筑在一起，支承在钢梁上构成的整体型楼板结构。其主要适用于大空间、高层民用建筑及大跨工业厂房中，目前在国际上已普遍采用。

压型钢板两面镀锌,冷压成梯形截面。板宽为 500 ~ 1 000 mm,肋或肢高为 35 ~ 150 mm。钢衬板有单层钢衬板和双层孔格式钢衬板之分(见图 5-19)。

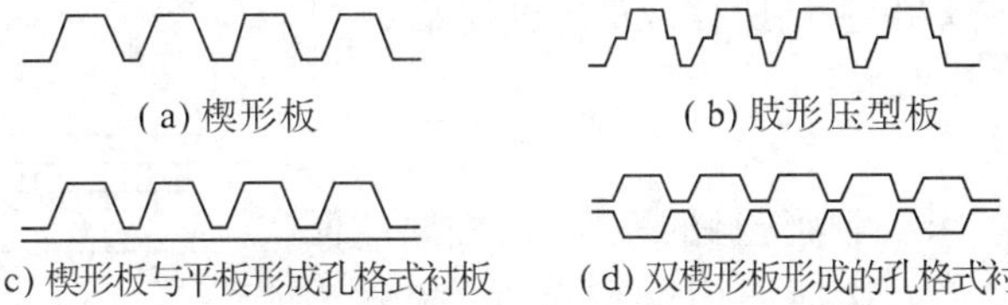

图 5-19　压型钢衬板的形式

(一)压型钢板组合楼板的特点

压型钢板以衬板形式作为混凝土楼板的永久性模板,施工时又是施工的台板,简化了施工程序,加快了施工进度。压型钢板组合楼板可使混凝土、钢衬板共同受力,即混凝土承受剪力和压力,钢衬板层承受下部的拉弯应力。因此,钢衬板起着模板和受拉钢筋的双重作用。此外,还可利用压型钢板肋间的空隙敷设室内电力管线,亦可在钢衬板底部焊接悬吊管道、通风管和吊顶的支托,从而充分利用了楼板结构中的空间。

(二)压型钢板组合楼板的构造

压型钢板组合楼板主要由楼面层、组合楼板层(包括现浇钢筋混凝土和钢衬板)与钢梁等几部分组成,可根据需要设吊顶棚,如图 5-20 所示。组合楼板的跨度为 1.5 ~ 4.0 m。

组合楼板的构造形式较多,根据压型钢板形式的不同有单层钢衬板组合楼板和双层孔格式钢衬板组合楼板之分,如图 5-21、图 5-22 所示。

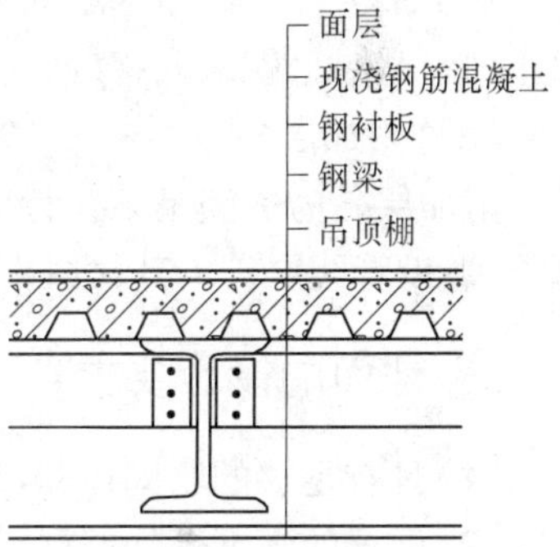

图 5-20　压型钢板组合楼板的组成

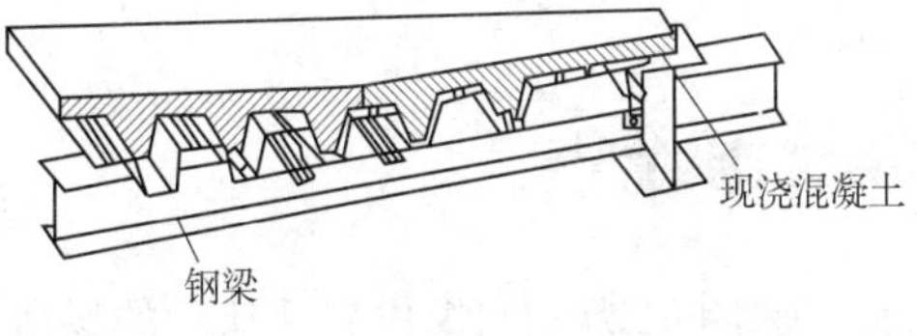

图 5-21　单层钢衬板组合楼板

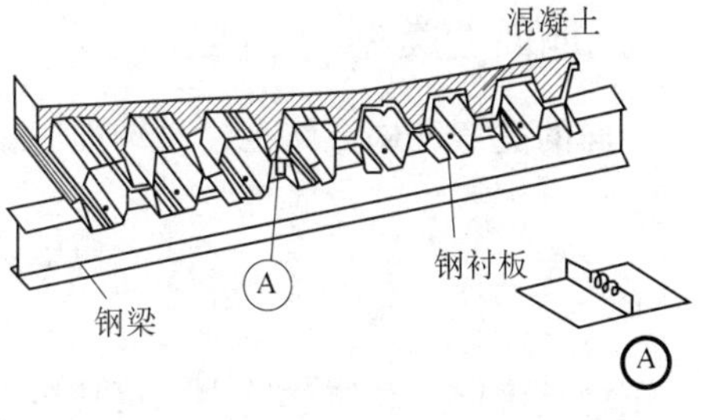

图 5-22　双层孔格式钢衬板组合楼板

第二节　地坪构造

地坪是指建筑物底层与土壤接触的结构构件,它承受着地坪上的荷载,并均匀传给地基。

一、地坪的组成

地坪是由面层、垫层和基层所构成的，根据需要，可增设附加层，如图 5-23 所示。

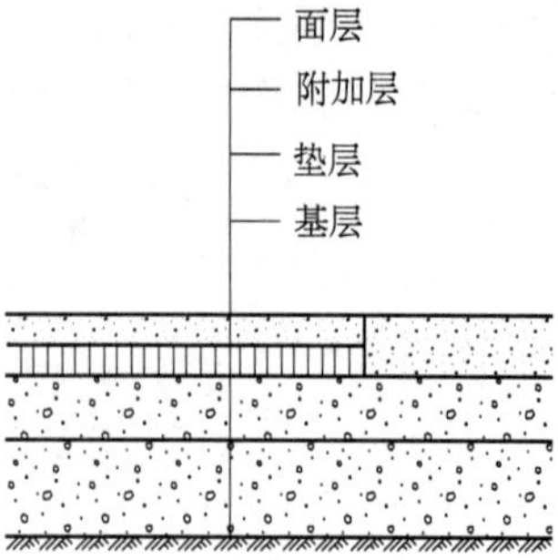

图 5-23　地坪构造

（一）面层

面层是人们日常生活直接接触的表面，与楼层的面层在构造和要求上一致，均属室内装修范畴，统称为地面。

（二）垫层

垫层是地坪的结构层，起着承重和传力的作用。通常采用 60 ~ 80 mm 厚 C10 混凝土，荷载大时可相应增加厚度或配筋。混凝土垫层应设分仓缝，缝宽一般为 5 ~ 20 mm，纵缝间距为 3 ~ 6 m，横缝间距为 6 ~ 12 m。

（三）基层

基层多为垫层与地基之间的找平层或填充层，主要起加强地基、帮助结构层传递荷载的作用。基层可就地取材，如北方可用灰土或碎砖，南方多用碎砖石或三合土，均须夯实。

（四）附加层

附加层是为了满足某些特殊使用功能要求而设置的一些层次，如结合层、保温层、防水层、埋设管线层等。其材料常为 1∶6 水泥焦渣，也可用水泥陶粒、水泥珍珠岩等。

二、地面的设计要求

（1）具有足够的坚固性，且表面平整光洁，易清洁不起灰。

（2）面层的温度性能要好，导热系数小，冬季使用不感寒冷。

（3）面层应具有一定的弹性，行走舒适，亦可减小噪声。

（4）满足某些特殊要求，如防水、防火、耐燃、防腐蚀、防静电、防油、防爆等。

三、地面的类型

地面的类型及构造将在建筑饰面一章中着重介绍。

第三节　阳台及雨篷

阳台是多层或高层建筑中不可缺少的室内外过渡空间，为人们提供户外活动的场所。阳台的设置对建筑物的外部形象也起着重要的作用，如图 5-24、图 5-25 所示。

一、阳台的类型、组成及要求

阳台按使用要求不同可分为生活阳台和服务阳台。根据阳台与建筑物外墙的关系，可分为挑（凸）阳台、凹阳台（凹廊）和半挑半凹阳台，如图 5-26 所示。按阳台在外墙上所处的位置不同，有中间阳台和转角阳台之分。当阳台的长度占有两个或两个以上开间时，称为外廊。

(a)

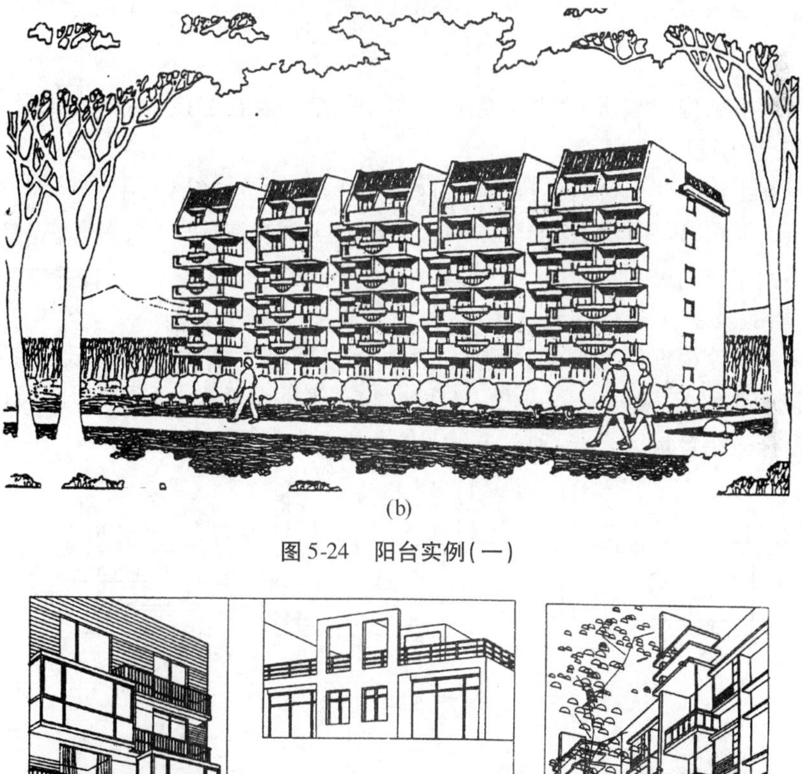

(b)

图 5-24　阳台实例(一)

图 5-25　阳台实例(二)

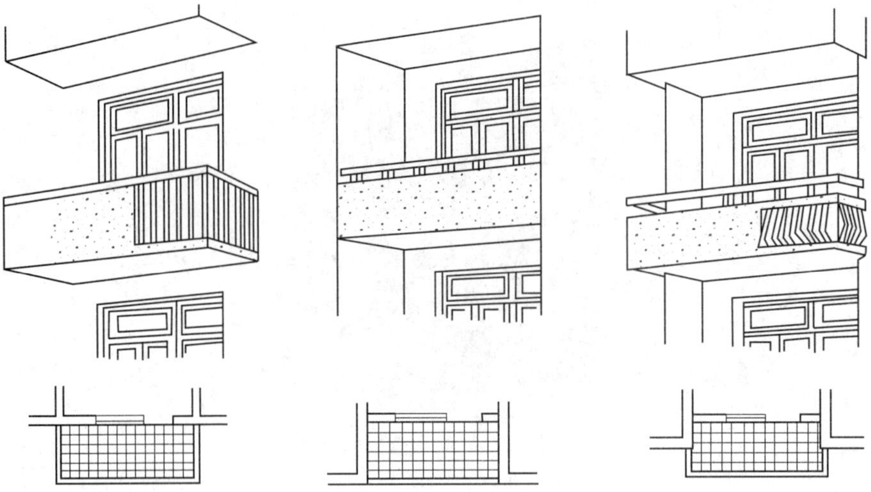

(a) 凸阳台　　(b) 凹阳台　　(c) 半挑半凹阳台

图 5-26　阳台形式

阳台由承重结构(梁、板)和栏杆组成。阳台的结构及构造设计应满足以下要求。

(一) 安全、坚固

挑阳台及半挑半凹阳台的出挑部分的承重结构均为悬臂结构,阳台挑出长度应满足结构抗倾覆的要求,以保证结构安全。阳台栏杆和扶手构造应坚固、耐久,并给人们以足够的安全感。

(二) 适用、美观

阳台挑出长度根据使用要求确定,一般为 1 ~ 1.5 m。阳台地面应低于室内地面 60 mm 左右,以免雨水流入室内,并应做一定坡度和布置排水设施,使排水顺畅,如图 5-27 所示。阳台栏杆应结合地区气候特点,并满足立面造型的需要。

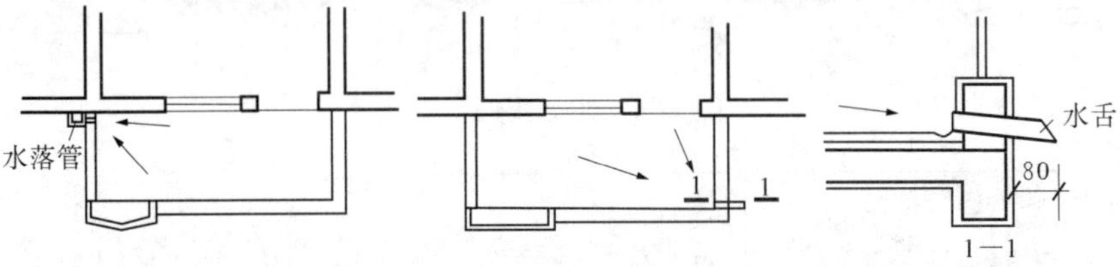

图 5-27　阳台排水处理

二、阳台承重结构的布置

阳台承重结构通常是楼板的一部分,因此阳台承重结构应与楼板的结构布置统一考虑,主要采用钢筋混凝土阳台板。钢筋混凝土阳台可采用现浇式、装配式或现浇式与装配式相结合的方式。

(一) 凹阳台承重结构的布置

当为凹阳台时,阳台板可直接由阳台两边的墙支承,板的跨度与房屋开间尺寸相同,也可采用与阳台进深尺寸相同的板铺设。

(二)挑阳台承重结构的布置

挑阳台承重结构布置可采用挑梁搭板和悬挑阳台板。

1. 挑梁搭板

挑梁搭板即在阳台两端设置挑梁,挑梁上搁板(见图5-28)。此种方式构造简单,施工方便,阳台板与楼板规格一致,是较常采用的一种方式。在处理挑梁与板的关系上有三种方式:第一种是挑梁外露(见图5-28(a)),阳台正立面上露出挑梁梁头;第二种是在挑梁梁头设置边梁(见图5-28(b)),在阳台外侧边上加一边梁封住挑梁梁头,阳台底边平整,使阳台外形较简洁;第三种是设置L形挑梁(见图5-28(c)),梁上搁置卡口板,使阳台底面平整,外形简洁、轻巧、美观,但增加了构件类型。

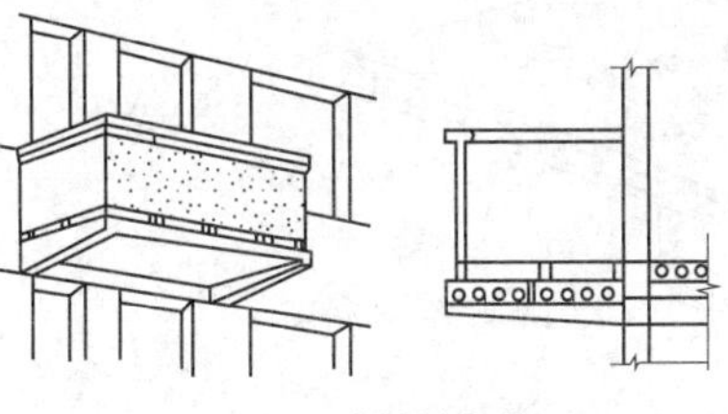

(a)挑梁外露

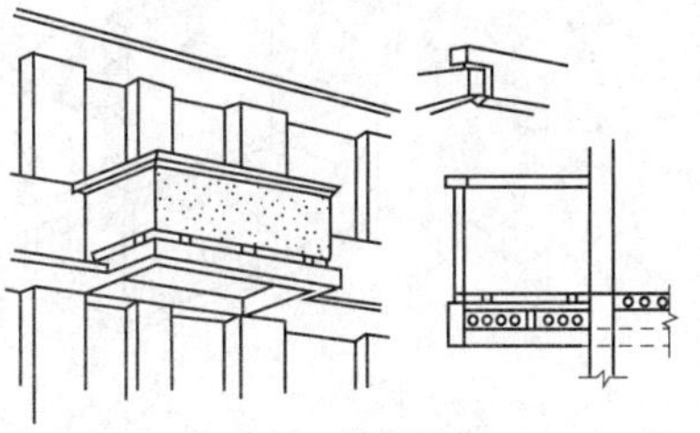

(b)设置边梁

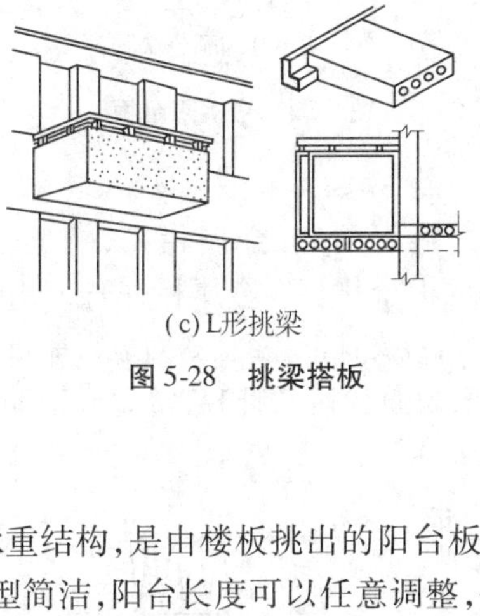

(c)L形挑梁

图5-28　挑梁搭板

2. 悬挑阳台板

悬挑阳台板即阳台的承重结构,是由楼板挑出的阳台板构成的,如图5-29所示。此种方式的阳台板底平整,造型简洁,阳台长度可以任意调整,但施工较麻烦。悬挑阳台板具体的悬挑方式有以下两种:一种是楼板悬挑阳台板(见图5-29(a)),如采用装配式楼板,则会增加板的类型;另一种是墙梁(或框架梁)悬挑阳台板(见图5-29(b)、(c)),通常将阳台板与梁浇在一起,在条件许可的情况下,可将阳台板与梁做成整块预制构件(见图5-29(d)),吊装就位后用铁件与大型预制板焊接。

三、阳台栏杆

(一)阳台栏杆高度

阳台栏杆高度因建筑使用对象不同而有所区别,根据《民用建筑设计通则》(GB 50352—2005)和《住宅设计规范》(GB 50096—2011)中的规定:阳台、外廊栏杆高度不应小于1.05 m,高层建筑栏杆应大于1.1 m,但不宜超过1.2 m,栏杆离地面、屋面0.10 m以内不应留空。有儿童活动的场所,栏杆的垂直杆件间净距不应大于0.11 m,栏杆应采用不易攀登的构造。

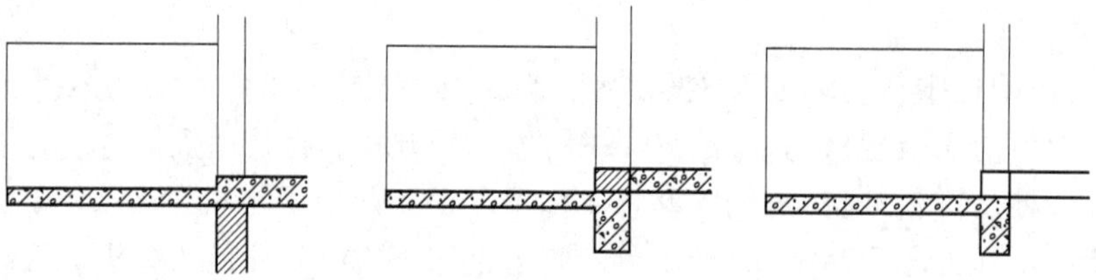

(a) 楼板悬挑阳台板　(b) 墙梁悬挑阳台板(墙不承重)　(c) 墙梁悬挑阳台板(墙承重)

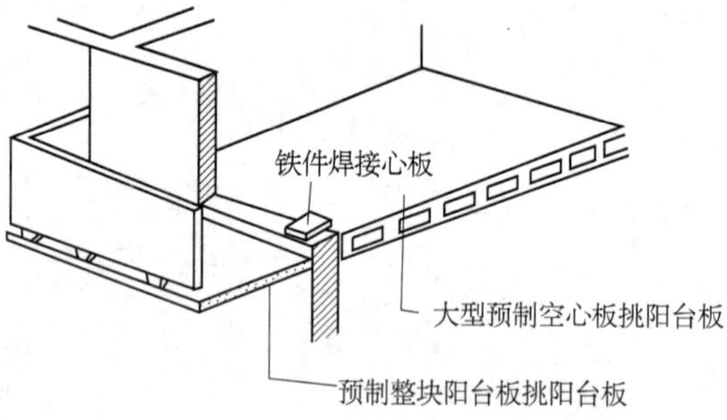

(d) 预制整块阳台板

图 5-29　悬挑阳台板

(二)类型

根据阳台栏杆使用的材料不同,有金属栏杆、钢筋混凝土栏杆、玻璃栏杆(见图 5-30),还有不同材料组成的混合栏杆。金属栏杆若采用钢栏杆易锈蚀,若为其他合金,则造价较高;砖栏杆自重大,抗震性能差,且立面显得厚重;钢筋混凝土栏杆造型丰富,可虚可实,耐久性和整体性好,自重较砖栏杆轻,常做成钢筋混凝土栏板,拼装方便。因此,钢筋混凝土栏杆应用较为广泛。

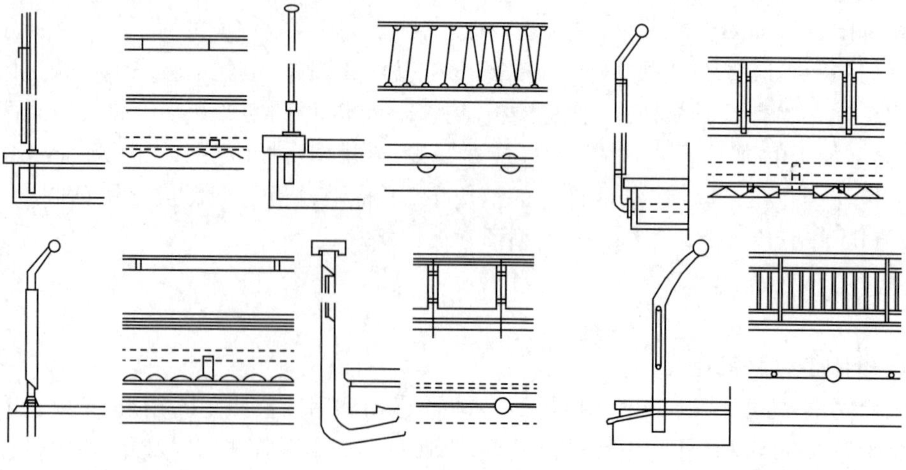

(a)　(b)　(c)　(d)

图 5-30　栏杆形式

按阳台栏杆空透的情况不同，有实心栏板、空花栏杆和部分空透的组合式栏杆。选择栏杆的类型应结合立面造型的需要、使用的要求、地区气候特点、人的心理要求、材料的供应情况等多种因素决定。

（三）钢筋混凝土栏杆构造

1. 栏杆压顶

钢筋混凝土栏杆通常设置钢筋混凝土压顶，并根据立面装修的要求进行饰面处理。预制钢筋混凝土压顶与下部的连接可采用预埋铁件焊接（见图 5-31（a）），也可采用榫接坐浆的方式，即在压顶底面留槽，将栏杆插入槽内，并用 M10 水泥砂浆坐浆填实，以保证连接的牢固性（见图 5-31（b）），还可以在栏杆上留出钢筋，现浇压顶（见图 5-31（c）），这种方式整体性好、坚固，但现场施工较麻烦。另外，也可采用钢筋混凝土栏板顶部加宽的处理方式（见图 5-31（d）），其上可放置花盆。当采用这种方式时，宜在压顶外侧采取防护措施，以防花盆坠落。

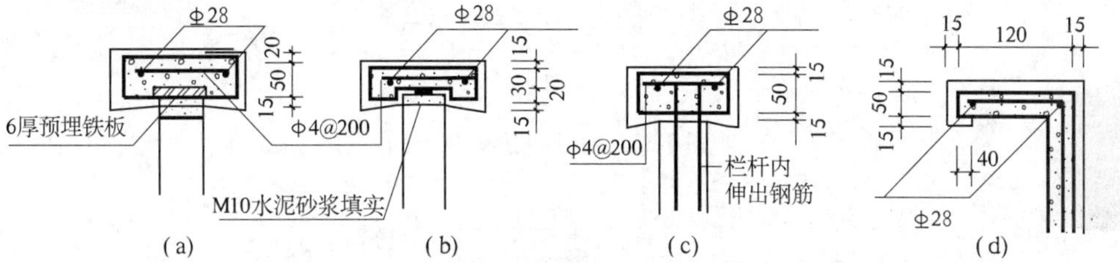

图 5-31　栏杆压顶的做法

2. 栏杆与阳台板的连接

为了阳台排水的需要和防止物品由阳台板边坠落，栏杆与阳台板的连接处需采用 C20 混凝土沿阳台板边现浇挡水带。栏杆与挡水带采用预埋铁件焊接，或榫接坐浆，或插筋连接，如图 5-32 所示。如采用钢筋混凝土栏板，可设置预埋铁件直接与阳台板预埋件焊接。

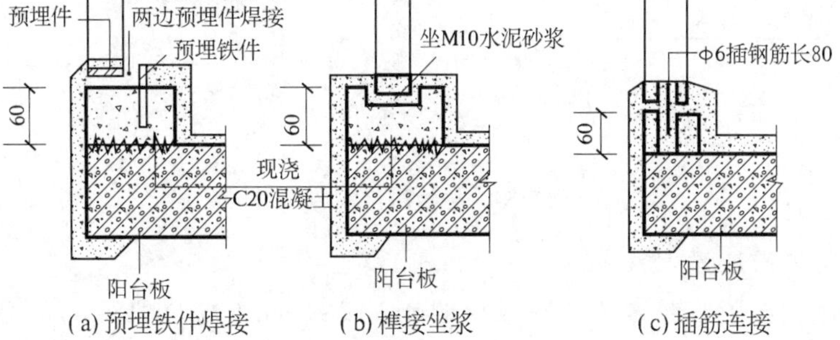

（a）预埋铁件焊接　（b）榫接坐浆　（c）插筋连接

图 5-32　栏杆与阳台板的连接

3. 栏板的拼接

钢筋混凝土栏板的拼接有以下几种方式：一是直接拼接法，即在栏板和阳台板预埋铁件焊接（见图 5-33），其构造简单，施工方便；二是立柱拼接法（见图 5-34），由于立柱为现浇钢筋混凝土，柱内设有立筋并与阳台预埋件焊接，所以整体刚度好，但施工较麻烦，这种方式在长外廊中采用得较多。

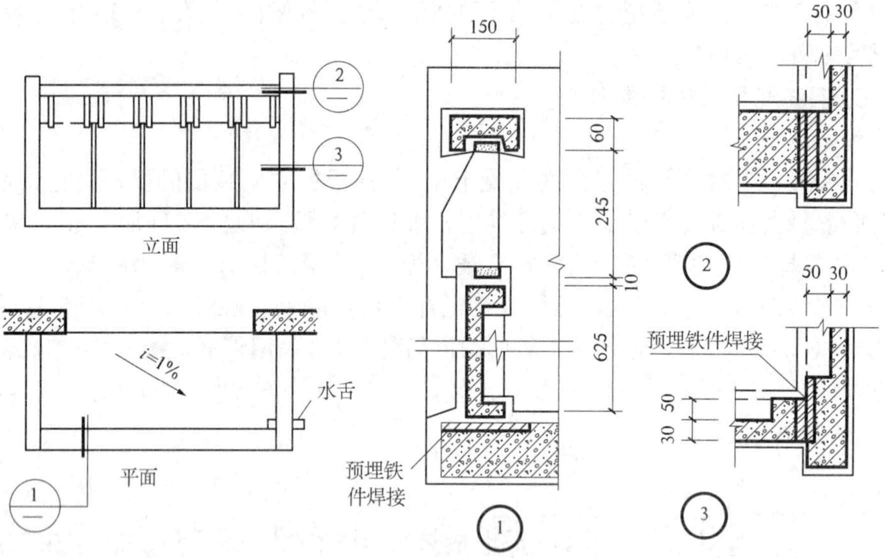

图 5-33　栏板拼接构造(一)

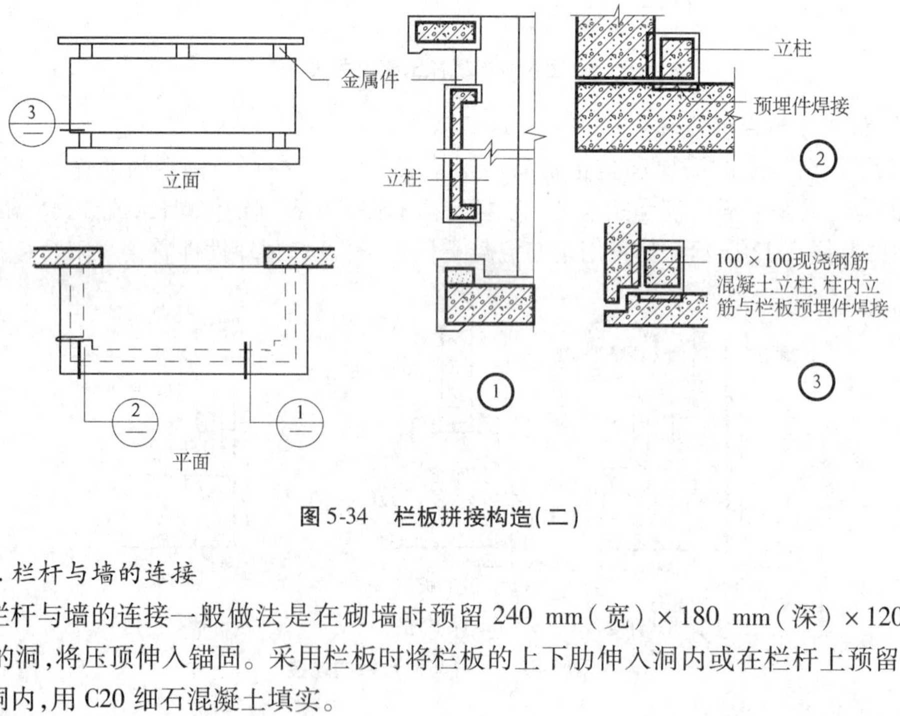

图 5-34　栏板拼接构造(二)

4. 栏杆与墙的连接

栏杆与墙的连接一般做法是在砌墙时预留 240 mm(宽)×180 mm(深)×120 mm(高)的洞,将压顶伸入锚固。采用栏板时将栏板的上下肋伸入洞内或在栏杆上预留钢筋伸入洞内,用 C20 细石混凝土填实。

(四)金属及玻璃栏杆构造

金属栏杆常采用铝合金、不锈钢铁花。玻璃常用厚度较大不易碎裂或碎裂后不会脱落的玻璃,如各种有机玻璃、钢化玻璃等。金属栏杆构造如图 5-35 所示,玻璃栏杆构造如图 5-36 所示。

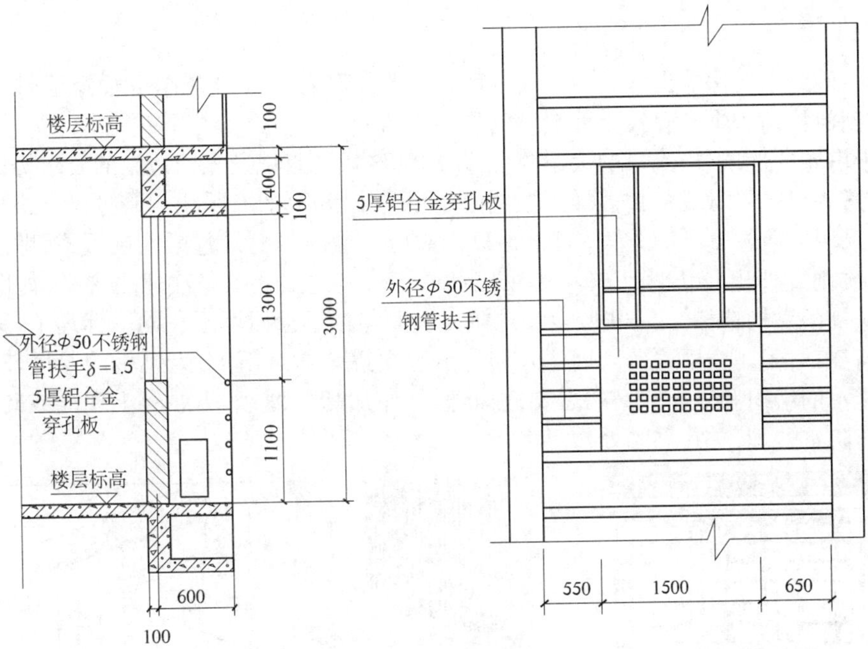

图 5-35　金属栏杆构造

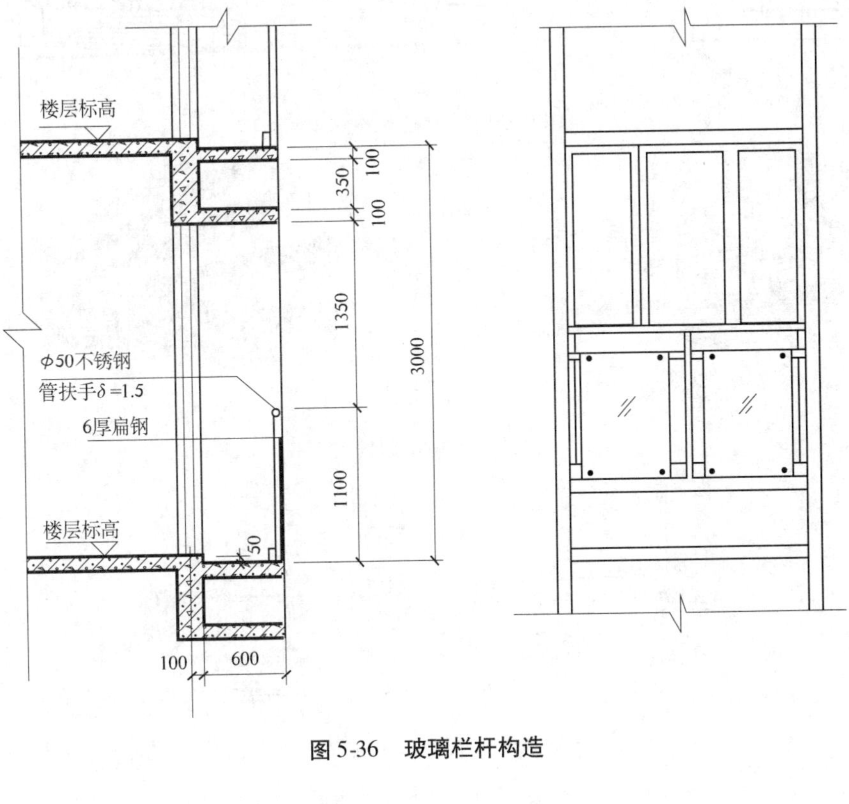

图 5-36　玻璃栏杆构造

四、雨篷

通常，雨篷设在房屋出入口的上方，为了雨天人们在出入口处作短暂停留时不被雨淋，并起到保护门和丰富建筑立面造型的作用。

由于房屋的性质、出入口的大小和位置、地区气候特点以及立面造型的要求等因素的影响，雨篷的形式可做成多种多样。根据雨篷板的支承不同，有采用门洞过梁悬挑板的方式，也有采用墙或柱支承的方式(见图5-37)。其中，最简单的是过梁悬挑板式，即悬挑雨篷，当悬挑雨篷伸出较长时，应有一定的仰角，能够表达出开敞和欢迎的含义，如图5-38所示。悬挑雨篷构造如图5-39所示。悬挑板板面与过梁顶面可不在同一标高上，梁面较板面标高高，对于防止雨水侵入墙体有利。由于雨篷上荷载不大，悬挑板的厚度较薄，为了板面排水的组织和立面造型的需要，板外檐常作加高处理，采用混凝土现浇或砖砌成，板面需作防水处理，并在靠墙处作泛水。

(a)

(b)

图5-37　墙或柱支承式雨篷

(a)

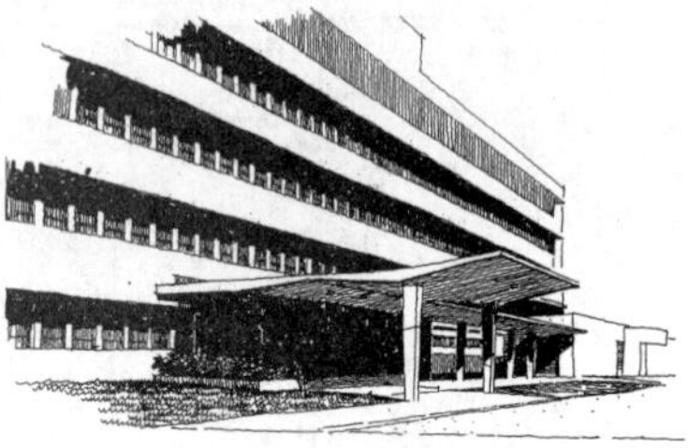

(b)

图5-38　悬挑雨篷实例

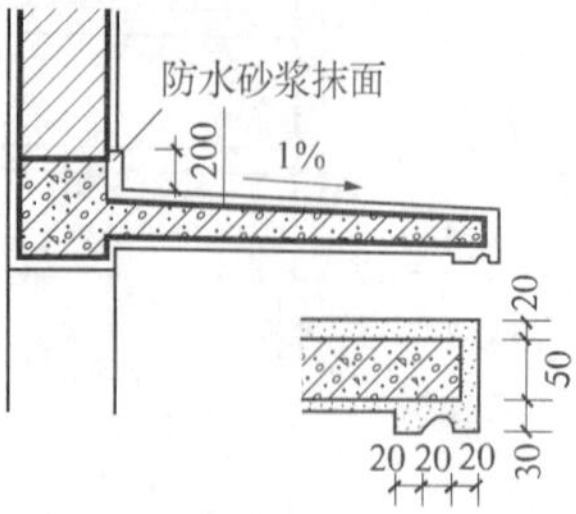

(a)悬挑板式

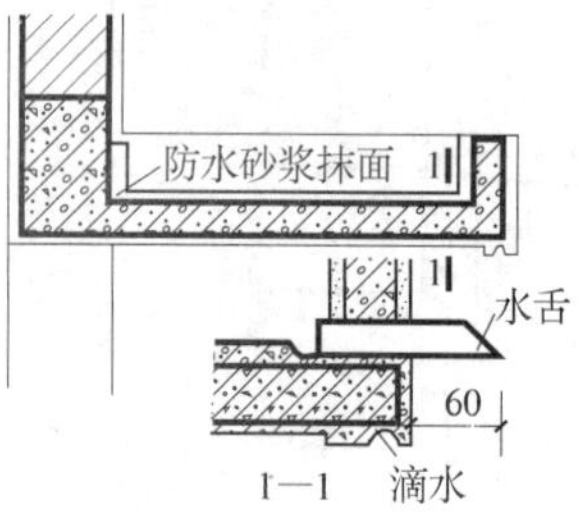

(b)外檐加高

图5-39　悬挑雨篷构造

近年来，采用的悬挂式雨篷轻巧美观，通常采用金属和玻璃材料，对建筑入口的烘托和建筑立面的美化有很好的作用，如图 5-40 所示。

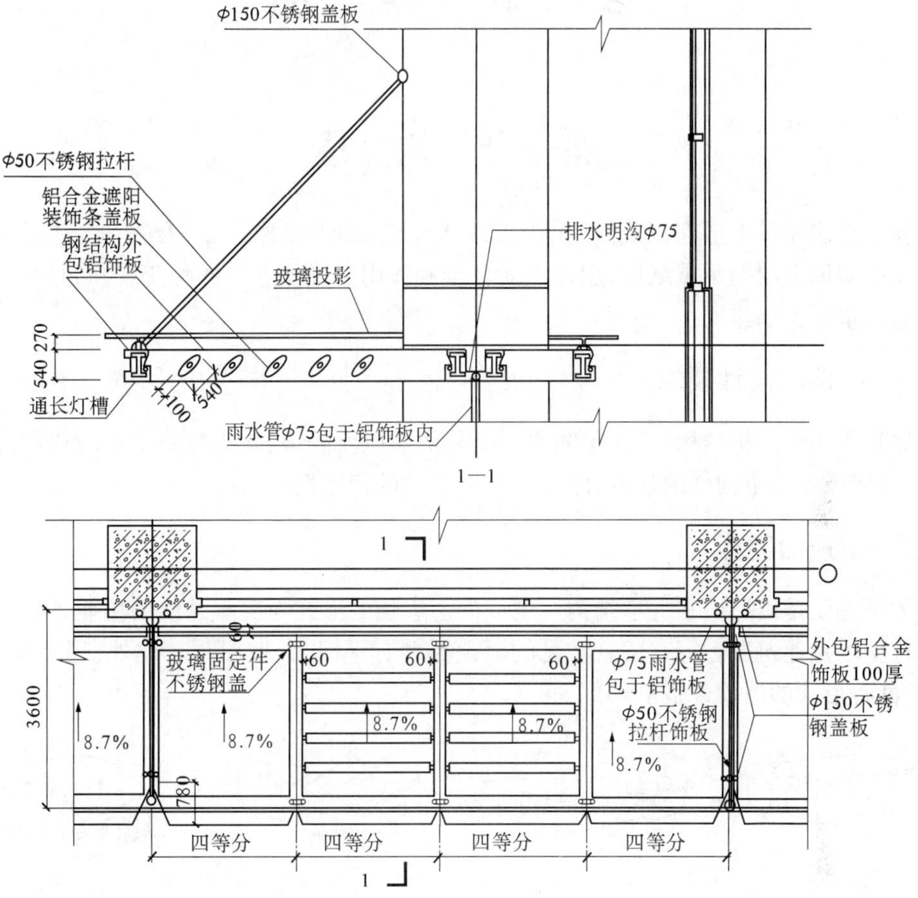

图 5-40 悬挂式雨篷

第六章 屋 顶

第一节 概 述

屋顶是房屋最上层起覆盖作用的围护结构,用以防风、雨、雪、日晒等对室内的侵袭。屋顶又是房屋上层的承重结构,用以承受自重和作用于屋顶上的各种荷载,同时对房屋上部还起着水平支承作用。

一、屋顶的设计要求

屋顶作为外围护结构,应满足防水、保温、隔热以及隔声、防火等要求。屋顶作为承重结构,还应满足承重构件的强度、刚度和整体空间的稳定性要求。

二、屋顶的类型

屋顶主要是由屋面和支承结构所组成的。屋顶的形式与房屋的使用功能、屋面盖料、结构选型以及建筑造型等有关。常见的屋顶类型有平屋顶、坡屋顶。此外,还有球面、曲面、折面等形式的屋顶(见图 6-1)。

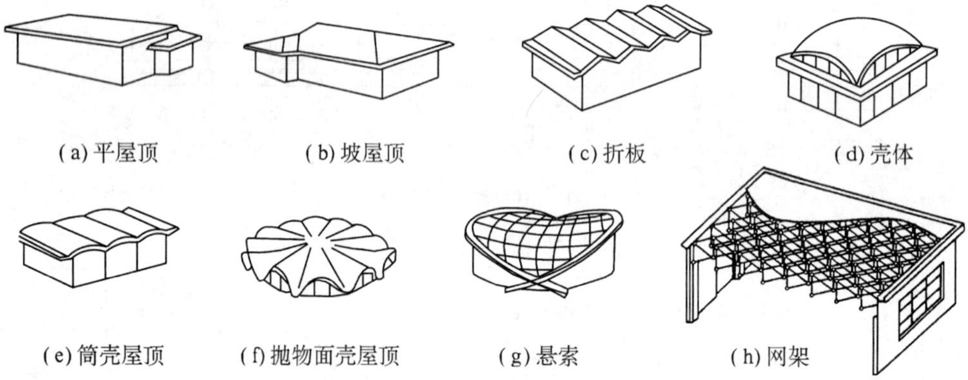

图 6-1 屋顶类型

三、屋面的坡度范围

屋面的坡度是由多方面的因素决定的。它与屋面材料、地理气候条件、屋顶结构形式、施工方法、构造组合方式、建筑造型要求以及经济等方面的影响都有一定的关系。其中,屋面覆盖材料与屋面坡度的关系比较大。在一般情况下,屋面防水材料的透水性越差,单块面积越大,搭接缝隙越小,其排水坡度亦越小。反之,屋面排水坡度就应大些。

不同的屋面防水材料与排水坡度的关系如图 6-2 所示。通常,我们将屋面坡度 >10%

的称为坡屋顶,坡度≤10%的称为平屋顶。

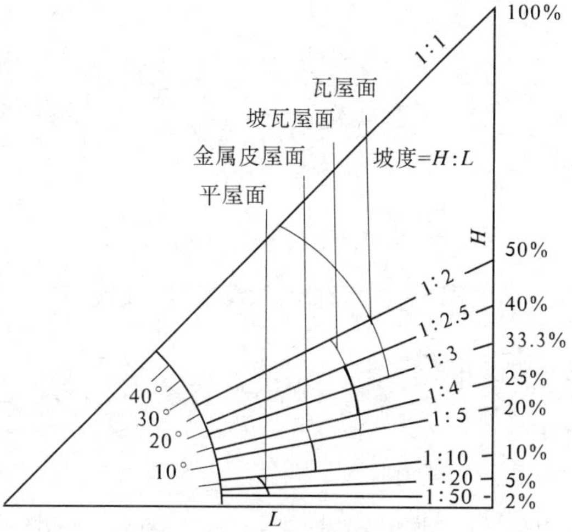

图 6-2 常用屋面坡度范围

第二节 平屋顶

平屋顶是一种较常见的屋顶形式。由于其屋面较平坦,可用作各种活动场地。这种屋顶形式可使建筑外观简洁,其结构和构造较坡屋顶简单。

一、平屋顶组成

平屋顶主要由结构层、屋面层和顶棚层组成,根据需要,有时可增设附加层,如图 6-3 所示。屋面层主要用于防水,一般包括防水层和保护层。结构层承受屋顶荷载并将荷载传递给墙或柱,常用钢筋混凝土楼板。顶棚层的作用和构造做法与楼板层的顶棚层相同。附加层是根据不同情况而设置的保温层、隔热层、隔汽层、找平层、结合层等。

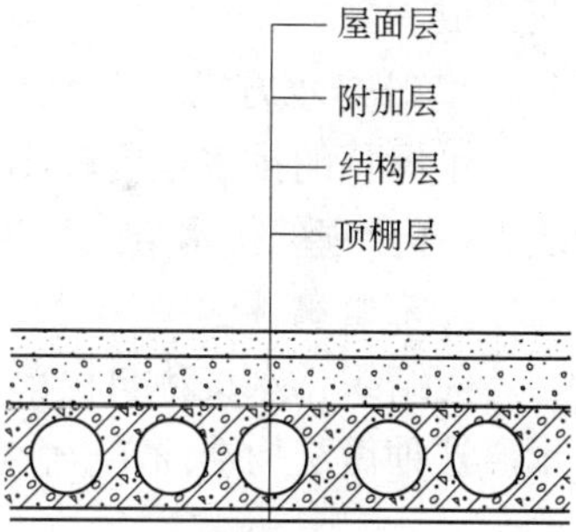

图 6-3 平屋顶基本组成

二、平屋顶排水

(一)排水找坡

要使屋面排水通畅,首先是选择合适的屋面排水坡度。从排水角度考虑,要求排水坡度越大越好;但从结构、经济以及上人活动角度考虑,又要求坡度越小越好。一般,常视屋面材料的防水性能和功能需要而定,上人屋面的坡度一般采用 1% ~2%,不上人屋面的坡度一般采用 2% ~3%。

平屋顶排水坡度的形成分为搁置找坡和垫置找坡两种方式。

1. 搁置找坡

搁置找坡又称结构找坡,是把支承屋面板的墙或梁做成一定的坡度,屋面板铺设在其上后就形成相应的坡度。这种做法的特点是省工省料、较为经济,适用于平面形状较简单的建筑物，如图 6-4、图 6-5 所示。

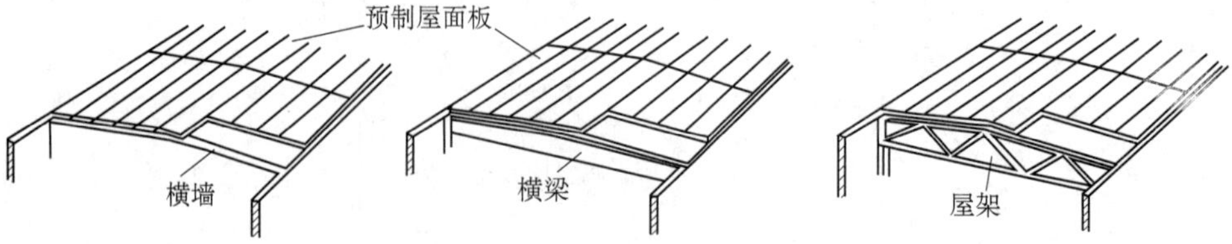

(a) 横墙搁屋面板　　(b) 横梁搁屋面板　　(c) 屋架搁屋面板

图 6-4　横墙、横梁、屋架搁置找坡

(a) 纵梁、纵墙搁屋面板　　(b) 内外纵墙搁屋面板

图 6-5　纵墙、纵梁搁置找坡

2. 垫置找坡

垫置找坡又称材料找坡，是在水平的屋面板上，采用价廉、质轻的材料铺垫成一定的坡度，上面再做防水层，如图 6-6 所示。须设保温层的地区，也可利用保温材料来形成坡度。找坡材料多用炉渣等轻质材料加水泥或石灰形成。

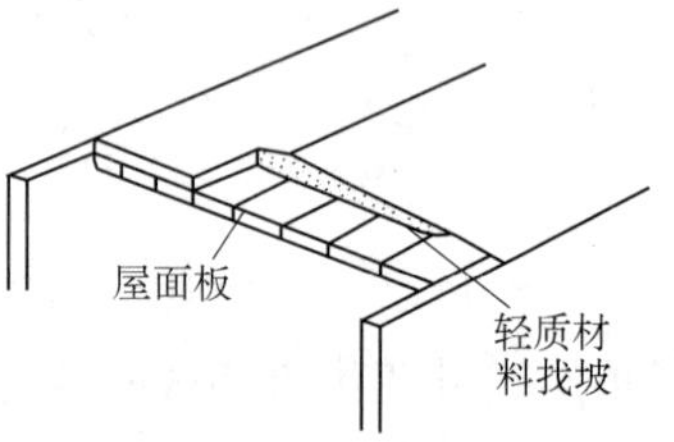

图 6-6　垫置找坡

(二) 排水方式

平屋顶的排水坡度较小，要把屋面上的雨雪水尽快地排出，就要组织好屋顶的排水系统，选择合理的排水方式。屋顶的排水方式分为无组织排水和有组织排水两种。

1. 无组织排水

无组织排水又称自由落水，是使屋面的雨水由檐口自由滴落到室外地面，如图 6-7 所示。这种做法构造简单、经济，一般适用于低层建筑和雨水少的地区。

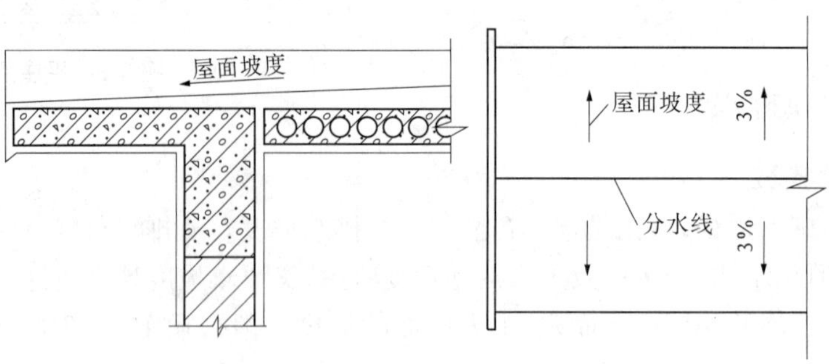

图 6-7　无组织排水

2. 有组织排水

有组织排水是将屋面划分成若干个排水区，按一定的排水坡度把屋面雨水有组织地排到檐沟或雨水口，通过雨水管排泄到散水或明沟中，如图 6-8 所示。

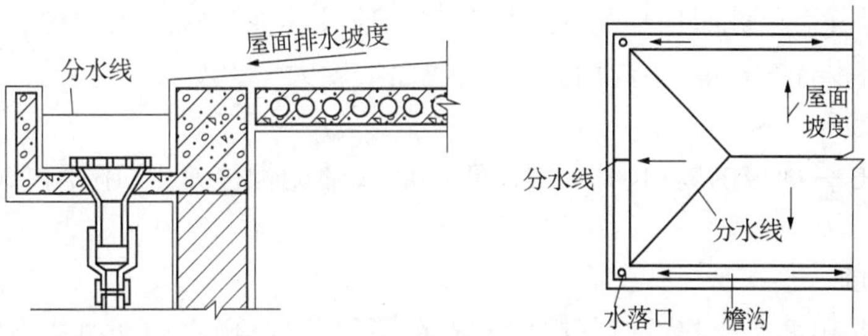

图 6-8　有组织排水

有组织排水可分为外排和内排两种。一般大量性民用建筑多采用外排水方式，如图 6-9所示；某些大型公共建筑、高层建筑以及严寒地区为保证建筑物外观效果和防止雨水冰冻堵塞可采用内排水方式，如图 6-10 所示。

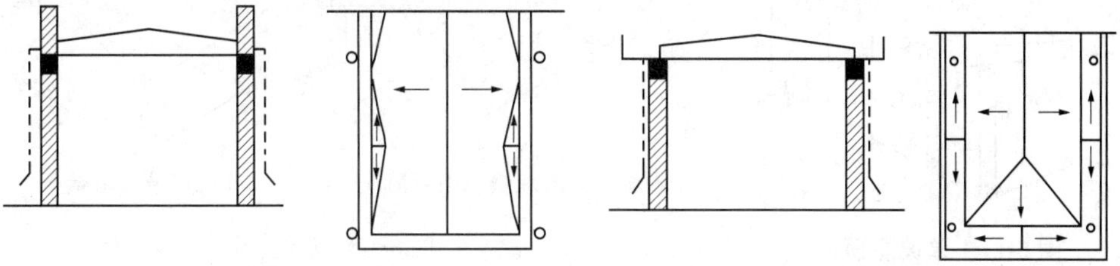

(a) 女儿墙外排水　　(b) 檐沟外排水

图 6-9　有组织外排水

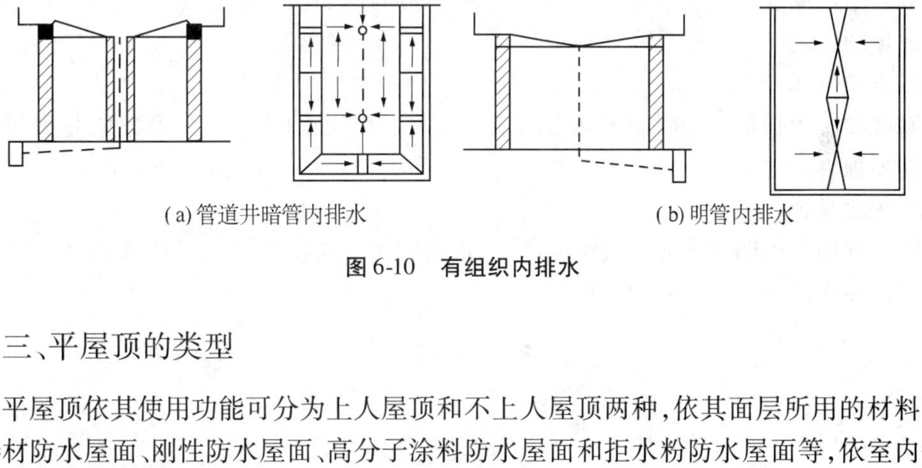

(a) 管道井暗管内排水　　(b) 明管内排水

图 6-10　有组织内排水

三、平屋顶的类型

平屋顶依其使用功能可分为上人屋顶和不上人屋顶两种，依其面层所用的材料可分为卷材防水屋面、刚性防水屋面、高分子涂料防水屋面和拒水粉防水屋面等，依室内使用要求可分为有保温隔热（隔汽）屋顶和无保温隔热（隔汽）屋顶。

第三节　坡屋顶

一、坡屋顶的形式和坡面组织名称

（一）坡屋顶的形式

坡屋顶是由一个倾斜面或几个倾斜面相互交接形成的屋顶，又称斜屋顶。根据斜面数量的多少,可分为单坡屋顶、双坡屋顶、四坡屋顶及其他形式屋顶数种。屋面坡度随所采用的屋面材料与铺盖方法不同而异,一般屋面坡度大于 10%。

1. 单坡屋顶

单坡屋顶是一面坡的屋顶,其一般用于民居或辅助性建筑上,雨水仅向一侧排下,如图 6-11 所示。

2. 双坡屋顶

双坡屋顶是由两个交接的倾斜屋面覆盖在房屋顶部,雨水向两侧排下的坡屋顶。这种形式应用较广泛,根据屋面(檐口)和山墙的处理方式不同可分为双坡悬山屋顶和双坡硬山屋顶,如图 6-12 所示。

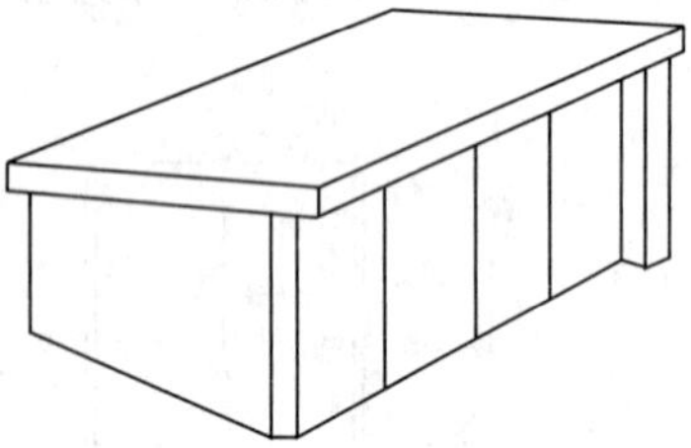

图 6-11　单坡屋顶

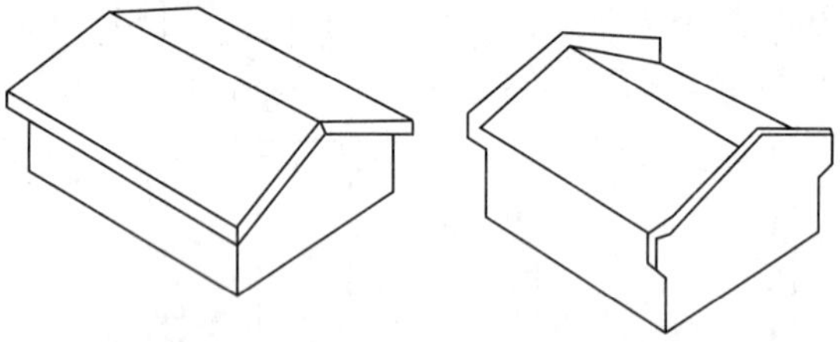

(a) 双坡悬山屋顶　(b) 双坡硬山屋顶

图 6-12　双坡屋顶

1) 双坡悬山屋顶

双坡悬山屋顶是两端屋面伸出山墙外的一种屋顶形式,又称不厦两头,是民用住宅的主要屋顶形式之一。挑檐具有保护墙身、有利于排水等特点。

2) 双坡硬山屋顶

双坡硬山屋顶是两端屋面不伸出山墙且山墙高出屋面的一种屋顶形式,是民居建筑的主要屋顶形式之一。

3. 四坡屋顶

四坡屋顶是由四个坡面交接组成的,雨水向四个方向排下的坡屋顶,如图 6-13 所示。四坡屋顶在构造上较双坡屋顶复杂。

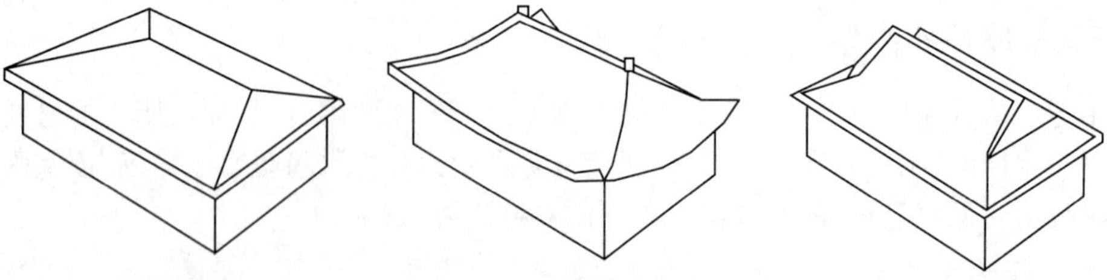

(a) 四坡屋顶　(b) 庑殿屋顶　(c) 歇山屋顶

图 6-13　四坡屋顶

1) 庑殿屋顶

庑殿屋顶又称四阿、五脊殿,是一条正脊与四条垂脊组成的四面坡式屋顶。庑殿屋顶是古建筑形式中的最高等级,为宫殿、寺庙等大型建筑群中主要殿阁所采用。对一些大型殿宇常采用重檐做法,称为重檐庑殿。

2) 歇山屋顶

歇山屋顶的顶上半部为两坡顶，下半部为四坡顶，共有九条脊，故又称九脊殿。歇山屋顶等级仅次于庑殿顶，常用于宫殿、寺庙等大型建筑群中，大型殿宇常采用重檐做法，称重檐歇山屋顶。

4. 其他形式

1) 攒尖顶

攒尖顶又称斗尖，是屋顶向上呈尖锥状，无正脊，数条垂脊交合于顶部，上面再覆以宝顶的屋顶形式，如图 6-14(a) 所示。攒尖顶有三角攒尖顶、方攒尖顶、多角攒尖顶、圆攒尖顶等，多用于亭阁建筑。

2) 卷棚

卷棚又称回顶，是屋顶前后两坡交界处不用正脊，而做成弧形曲面的屋顶，有卷棚悬山顶、卷棚歇山顶等。卷棚屋顶外观卷曲，舒展轻巧，多用于园林建筑，如图 6-14(b) 所示。

3) 囤顶

囤顶是呈微曲面形式的一种屋顶，在华北、东北民居中常见，如图 6-14(c) 所示。

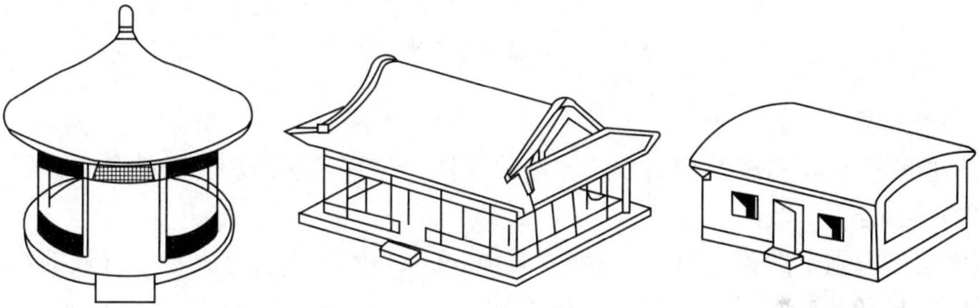

(a) 攒尖顶　　(b) 卷棚　　(c) 囤顶

图 6-14　其他形式屋顶

(二) 坡屋顶的坡面组织名称

坡屋顶的坡面组织是由房屋平面和屋顶形式所决定的，对屋顶的结构布置和排水方式均有一定的影响。坡屋顶的倾斜面相互交接成线，其位置不同，名称各异，如图 6-15 所示。

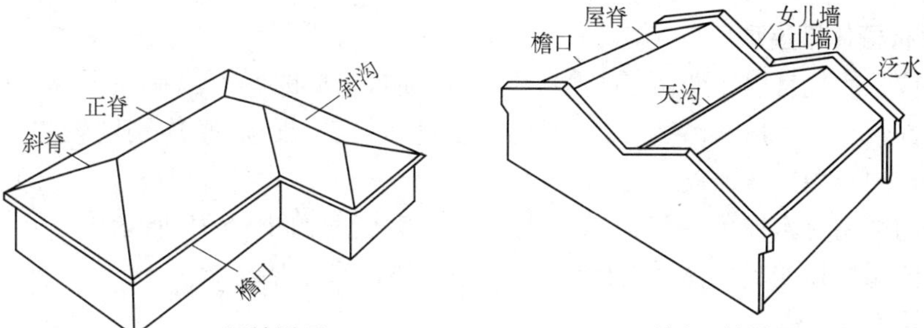

(a) 四坡屋顶　　(b) 并立双坡屋顶

图 6-15　坡屋顶的坡面组织名称

二、坡屋顶的组成

坡屋顶主要由结构层、屋面层和顶棚层组成，如图 6-16 所示。

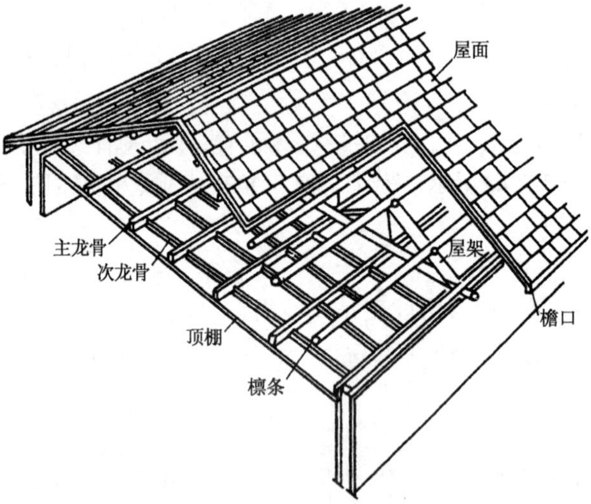

图 6-16　坡屋顶基本构造组成

(一) 结构层

结构层承受屋顶荷载并将荷载传递给墙或柱，一般有屋架或大梁、檩条、椽子等。

(二) 屋面层

屋面层是屋顶上的覆盖层，直接承受风雨、冰冻和太阳辐射等大自然气候的作用。它包括屋面盖料和基层（如挂瓦条、屋面板等）。

(三) 顶棚层

顶棚层是屋顶下面的遮盖部分，使室内上部平整，有一定光线反射，起保温、隔热和装饰作用。其构造做法与楼板屋层的顶棚层相同。

(四) 附加层

附加层是根据不同情况而设置的层次，有保温层、隔热层、隔汽层、找平层、结合层等。

三、坡屋顶的承重结构系统

(一) 有檩体系屋顶

有檩体系屋顶是由屋架（屋面梁）、檩条、屋面板组成的屋顶体系，如图 6-17 所示。其特点是构件较小，质量轻，吊装容易，但构件数量多，施工烦琐，整体刚度较差。有檩体系屋顶多用于中小型厂房。

檩条的类型有木檩条、钢筋混凝土檩条和轻钢檩条，如图 6-18 所示。

有檩体系屋顶的支承体系有山墙支承、屋架支承和梁架支承。

1. 山墙支承

山墙常指房屋的横墙。山墙支承是利用山墙砌成尖顶形状直接搁置檩条以承受屋顶重量，如图 6-19 所示。这种结构形式叫山墙承重或硬山搁檩。山墙到顶直接搁置的做法简单经济，一般适用于多数相同开间并列的房屋，如宿舍、办公室等。

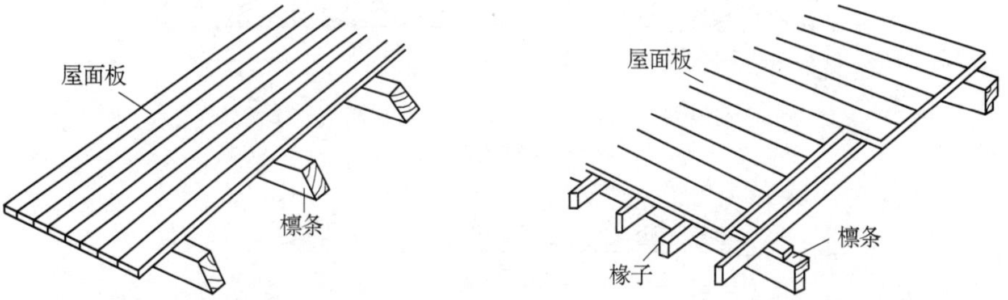

(a) 支承屋面板　　(b) 支承椽子、屋面板

图 6-17　有檩体系屋顶

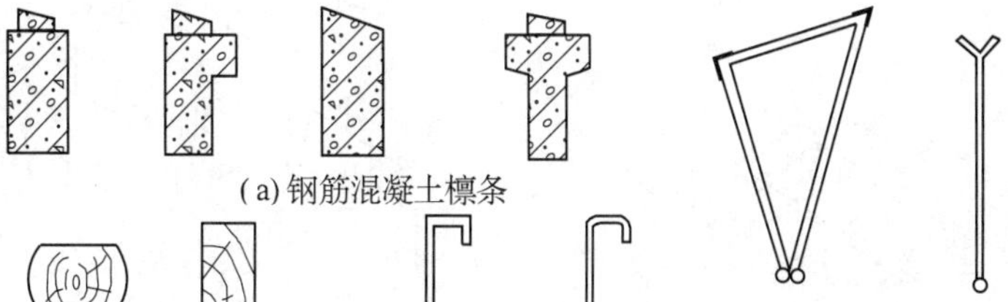

(a) 钢筋混凝土檩条

(b) 木檩条　　(c) 薄壁钢檩条　　(d) 钢桁架檩条

图 6-18　檩条的类型

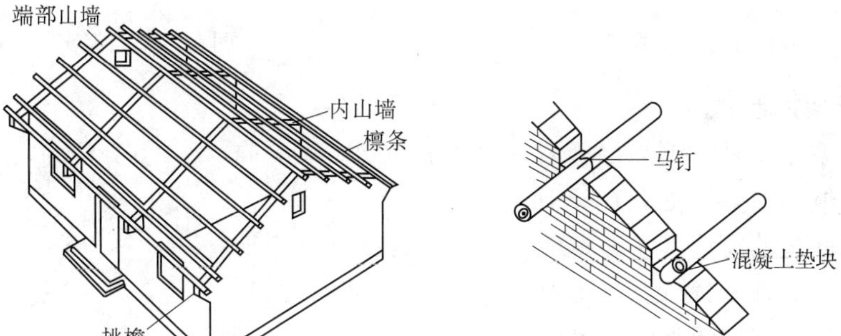

(a) 山墙支檩屋顶　　(b) 檩条在山墙上的搁置形式

图 6-19　山墙支承

2. 屋架支承

一般建筑常采用三角形屋架，用来架设檩条以支承屋面荷载，称为屋架支承（见图 6-20）。通常屋架搁置在房屋纵向外墙或柱墩上，使建筑有一较大的使用空间（见图 6-21）。当房屋内部有纵向承重墙或柱可作为屋架支点者，也可用作内部支承。

3. 梁架支承

梁架支承是我国传统的屋顶结构形式，以柱和梁形成梁架支承檩条，每隔两根或三根檩条立一根柱，并利用檩条及连系梁（枋），把整个房屋形成一个整体骨架，如图 6-22 所示。墙只起围护和分隔作用，不承重，因此这种结构形式有“墙倒屋不塌”之称。

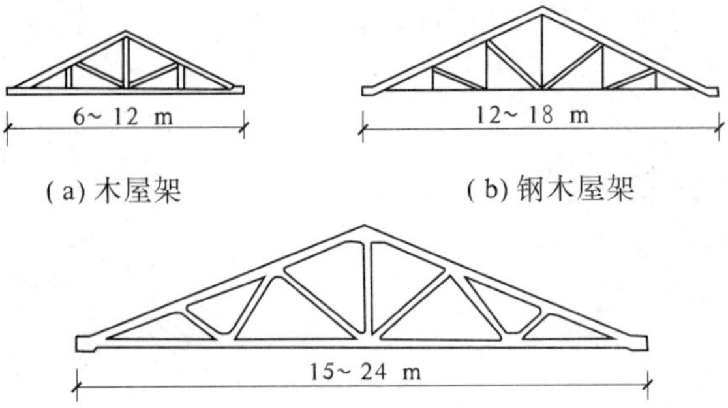

(a) 木屋架　　(b) 钢木屋架

(c) 钢筋混凝土屋架

图 6-20　屋架类型

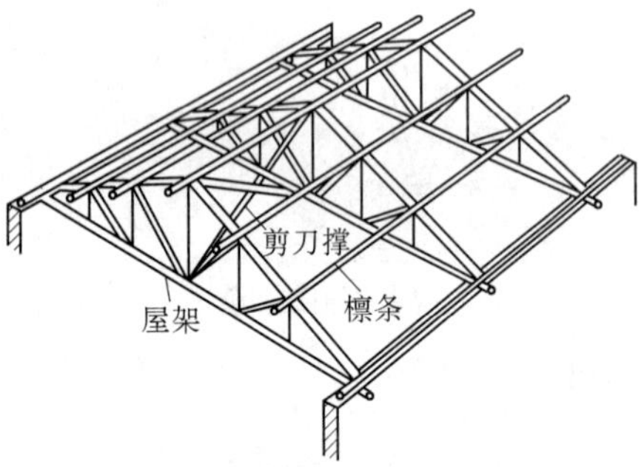

图 6-21　屋架支承

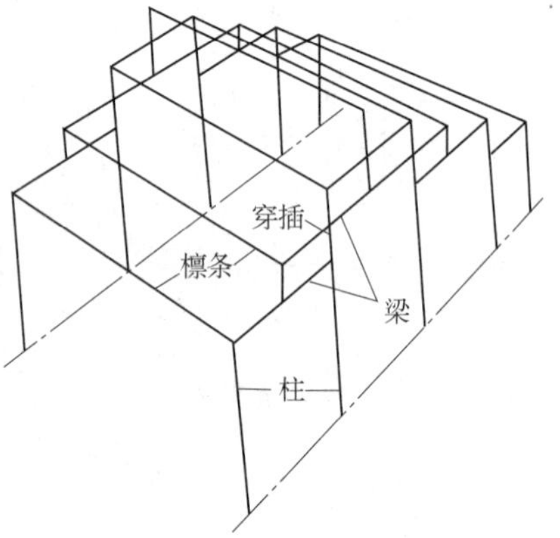

图 6-22　梁架支承

(二) 无檩体系屋顶

无檩体系屋顶是大型屋面板直接铺设在屋架(或屋面梁)上弦上的屋顶体系,如图 6-23 所示。

大型屋面板的经济尺寸为 6 m×1.5 m,其特点是屋顶较重,构件大,数量少,刚度好,工业化程度高,安装速度快,是目前大中型厂房广泛采用的屋顶形式。

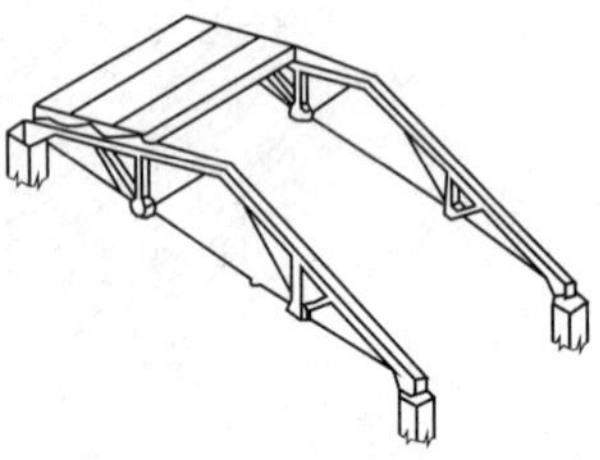

图 6-23　无檩体系屋顶

四、坡屋顶的屋面层

坡屋顶的屋面盖料种类较多,常见有以下几种屋面类型(见图 6-24)。

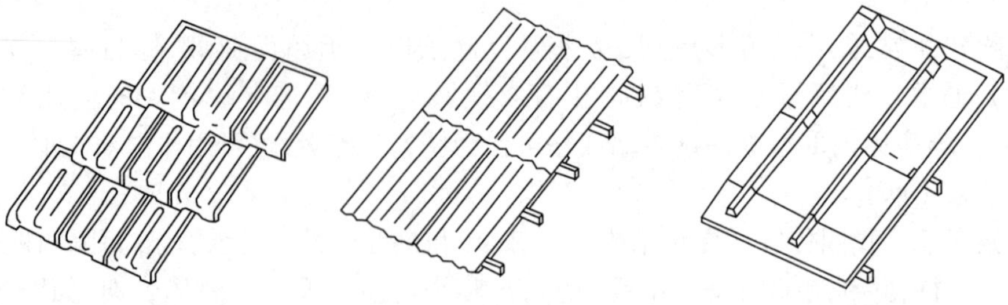

(a) 平瓦屋面　　(b) 波形瓦屋面　　(c) 平板金属皮屋面

图 6-24　常用屋面的类型

(1)平瓦屋面。所用材料有平瓦、小青瓦、筒板瓦、鸳鸯瓦、平板瓦、石片瓦等。这些瓦大多数是由黏土烧制而成的,也有天然石板制成的,一般平面尺寸不大,常为 200 ~ 500 mm,排水坡度常为 20° ~30°。

(2)波形瓦屋面。波形瓦有纤维水泥波瓦、镀锌铁皮波瓦、铝合金波瓦、玻璃钢波瓦、木质纤维波瓦、菱苦土波瓦及压型薄钢板波瓦等。一般宽度为 600 ~ 1 000 mm,长度为 1 800 ~2 800 mm,厚度较薄。常用排水坡度为 10° ~23°。

(3)平板金属皮屋面。所用材料有镀锌铁皮、涂膜薄钢板、铝合金皮和不锈钢皮等。它们的接缝常采用折叠结合,排水坡度常为 6° ~12°。

五、平瓦屋面

在坡屋顶中,平瓦应用广泛。平瓦有水泥瓦与黏土瓦两种,每片瓦的尺寸约为 400 mm ×230 mm,相互搭接后的有效尺寸约 330 mm ×220 mm。其缺点是接缝多,当不设屋面板时容易飘进雨雪,造成屋顶漏水。平瓦屋面的坡度不宜小于 26°34′。

(一)平瓦屋面的构造

1. 冷摊瓦屋面

冷摊瓦屋面是在椽子上钉挂瓦条后直接挂瓦的一种瓦屋面构造做法,如图 6-25 所示。其特点是简单经济,但瓦缝容易渗漏雨雪,保温效果差。

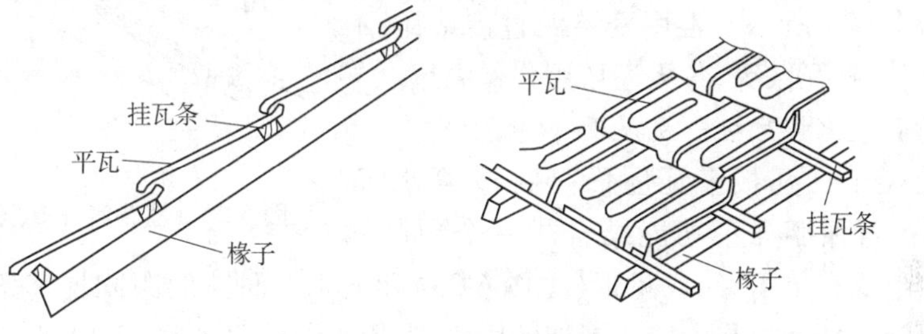

图 6-25 冷摊瓦屋面

2. 屋面板作基层的平瓦屋面

屋面板作基层的平瓦屋面是在檩条或椽子上钉屋面板,屋面板上满铺一层防水卷材,用顺水条(亦称压毡条)将卷材钉牢,顺水条的方向应垂直于檐口,再在顺水条上钉挂瓦条挂瓦,如图 6-26 所示。这种做法的优点是由瓦缝渗漏的雨水被阻于防水卷材之上,沿顺水条排除,屋顶保温效果较好。

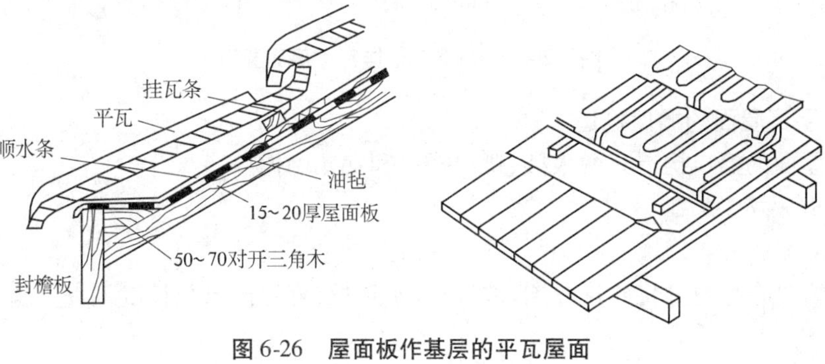

图 6-26 屋面板作基层的平瓦屋面

3. 钢筋混凝土屋面板铺瓦屋面

为了保温和防火等需要，可将预制钢筋混凝土空心楼板或槽形板作为瓦屋面的基层，然后盖瓦，称为钢筋混凝土屋面板铺瓦屋面，如图 6-27 所示。

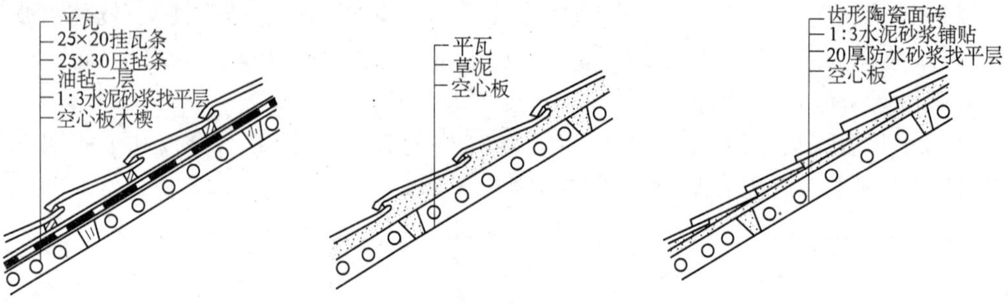

(a) 木条挂瓦　　(b) 草泥窝瓦　　(c) 砂浆贴瓦

图 6-27　钢筋混凝土屋面板铺瓦屋面

4. 纤维板或芦苇席作基层的平瓦屋面

为了节约屋面板和防水卷材，可用硬质纤维板顺水搭接铺钉，或用芦苇席、高粱秆等代替屋面板，上铺油纸或油毡防水，再在其上固定顺水条，挂瓦条挂瓦，如图 6-28 所示。若用麦秸泥直接贴瓦，不但节约屋面板、挂瓦条等，冬天还可用作保温层。

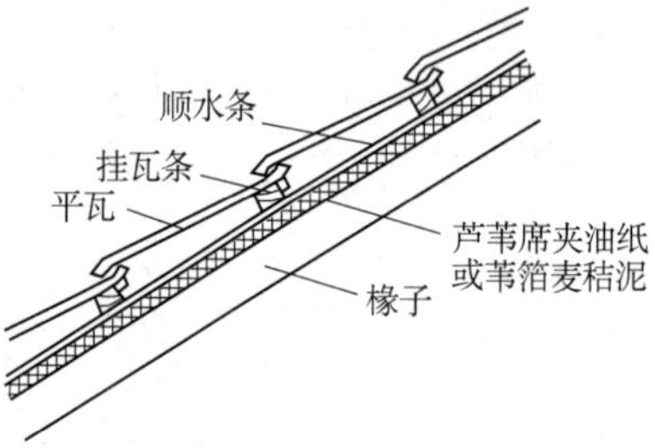

图 6-28　植物秆作基层的平瓦屋面

5. 钢筋混凝土挂瓦板平瓦屋面

钢筋混凝土挂瓦板平瓦屋面是将檩条、屋面板、挂瓦条和斜顶棚几个功能结合成一个预制构件。其基本形式有单 T 形、双 T 形（见图 6-29）和 F 形三种。肋距同挂瓦条间距，肋高按跨度计算决定。挂瓦板与山墙或屋架的固定，可用水泥砂浆坐浆，用预埋于基层的钢筋套接。这种屋顶构造简单、经济，但易渗水。

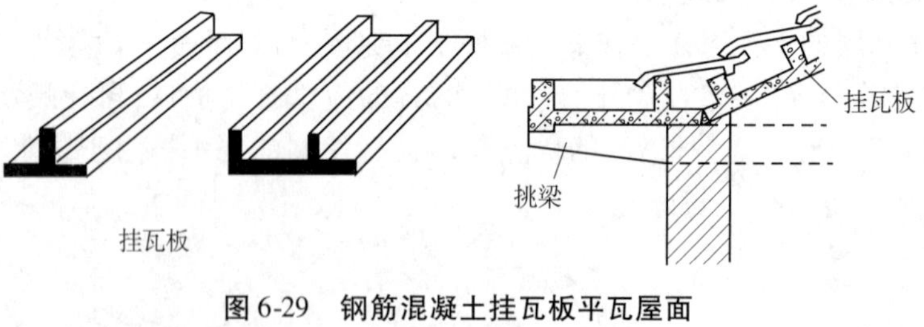

图 6-29　钢筋混凝土挂瓦板平瓦屋面

（二）平瓦屋面的檐口构造

平瓦屋面的檐口构造有两大类：挑出檐口和女儿墙檐口。

1. 挑出檐口

1）砖挑檐

砖挑檐是在檐口处将砖逐皮向外挑出 1/4 砖长，直到挑出总长度不大于墙厚的一半，如图 6-30 所示。

2) 屋面板挑檐

屋面板挑檐是将屋面板直接挑出，出挑长度不宜大于 300 mm，如图 6-31 所示。

3) 挑檐木挑檐

挑檐木挑檐是将挑檐木置于屋架下出挑，如图 6-32 所示。

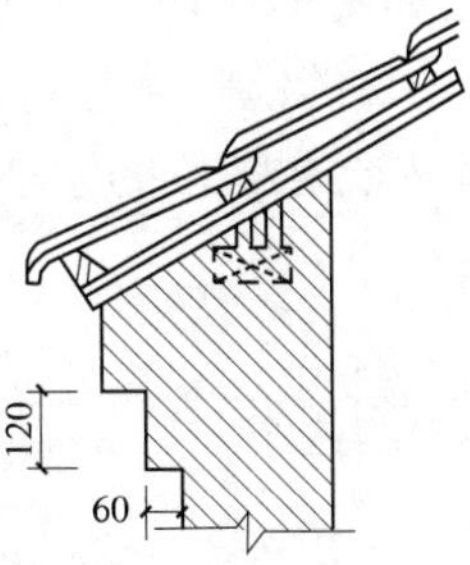

图 6-30 砖挑檐

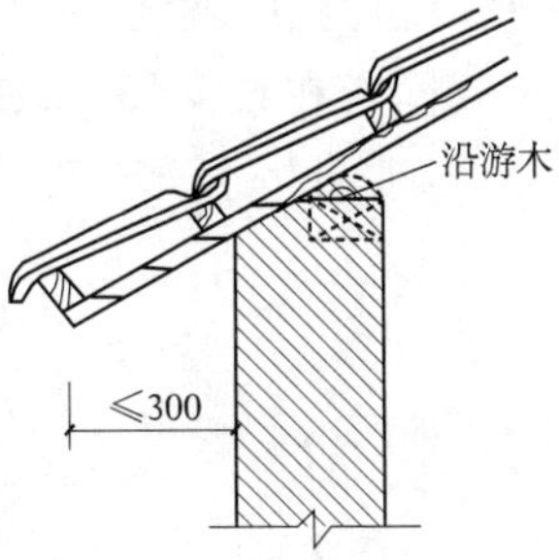

图 6-31 屋面板挑檐

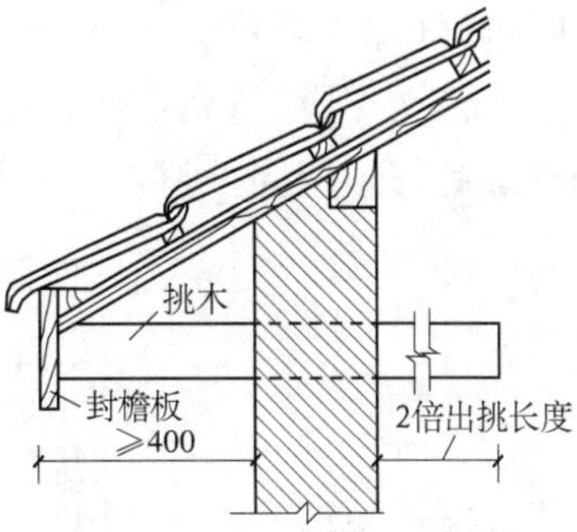

图 6-32 挑檐木挑檐

4) 椽木挑檐

椽木挑檐是将椽木直接出挑，挑出长度不宜过大，一般不大于 300 mm，如图 6-33 所示。

5) 挑檩挑檐

挑檩挑檐是在檐墙外面的檐口下加一檩条，由屋架下弦间加一托木，以平衡挑檐的重量，如图 6-34 所示。

2. 女儿墙檐口

有的坡屋顶将檐墙砌出屋面形成女儿墙，将檐口包住，称为女儿墙檐口，又称包檐檐口。屋面与女儿墙之间须做檐沟，其构造复杂，容易漏水，应尽量少用，如图 6-35 所示。

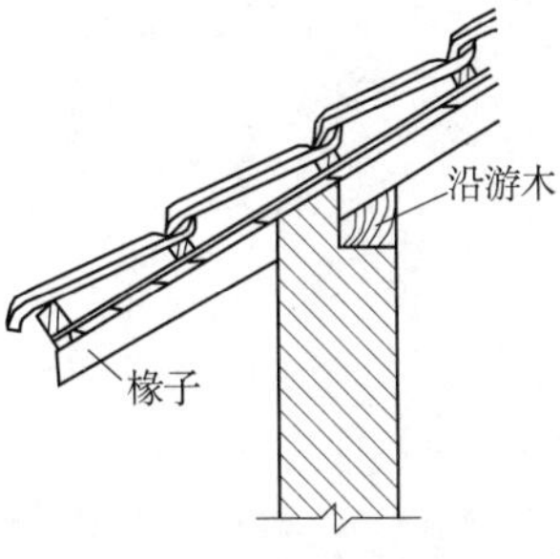

图 6-33 椽木挑檐

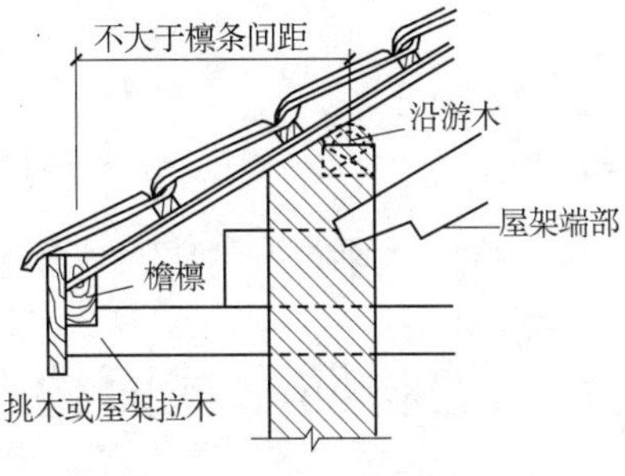

图 6-34 挑檩挑檐

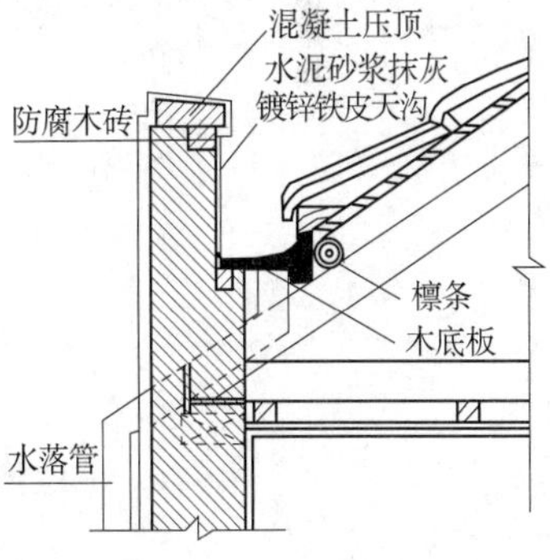

图 6-35 女儿墙檐口

六、金属瓦屋面的构造

金属瓦屋面是用铝合金或镀锌钢板压型板、波纹板作屋面防水层，由檩条、木望板作基层的一种屋面。其特点是自重轻，防水性能好，耐久性好，施工简便，并具优良的装饰性，近年来广泛用作宾馆、饭店、大型商场、游艺场馆、体育场馆、车站、飞机场等建筑的屋面。

金属瓦材较薄,厚度为 1 mm 左右,铺设时在檩条上铺木望板,木望板上干铺一层油毡作为第二道防水层,再用钉子将金属瓦固定在木望板上。金属瓦间的拼缝通常采取相互交搭卷折成咬口缝,以避免雨水渗漏。咬口缝可分为两种:竖缝咬口缝(平行于屋面水流方向)和横缝平咬口缝(垂直于屋面水流方向),如图 6-36 所示。横缝平咬口缝又分单平咬口缝(屋面坡度大于 30%)、双平咬口缝(屋面坡度小于 30%),如图 6-37 所示。在木望板上钉铁支脚,然后将金属瓦的边折卷固定在铁支脚上,使竖缝咬口缝能竖直起来,支脚和螺钉宜采用同一材料。所有金属瓦必须相互连通导电,并与避雷针或避雷带连接,以防雷击。

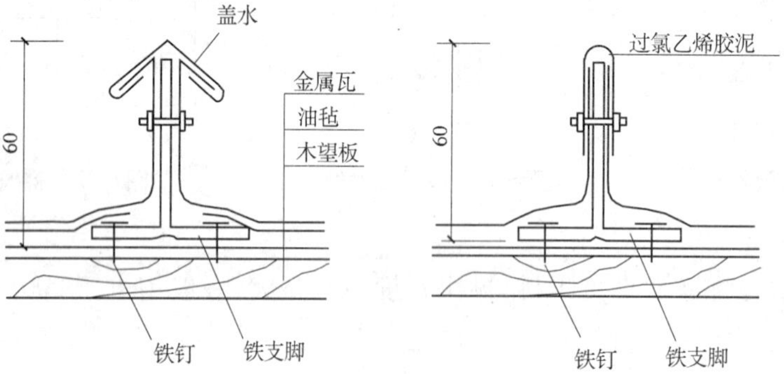

图 6-36　金属瓦屋面竖缝咬口缝构造

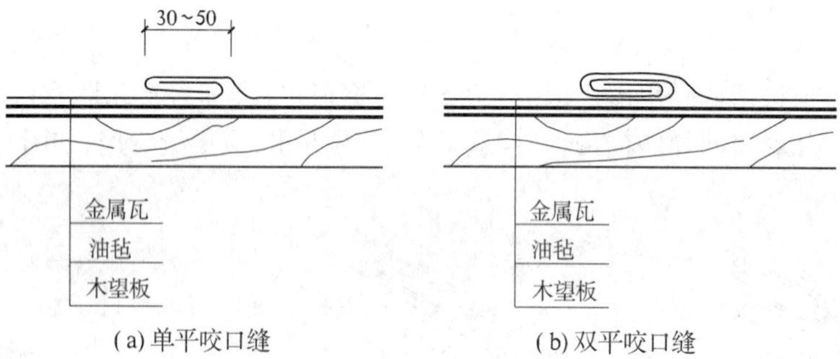

(a) 单平咬口缝　　(b) 双平咬口缝

图 6-37　金属瓦屋面横缝平咬口缝构造

第四节　卷材防水屋面构造

卷材防水屋面是利用柔性防水卷材与黏结剂结合,粘贴在屋面上而形成的密实防水构造层。按其使用材料的不同,可分为沥青类卷材防水屋面、高聚物改性沥青类卷材防水屋面、合成高分子类卷材防水屋面。卷材防水层具有良好的韧性和可变性,能适应震动和微小变形等变化因素的影响,整体性好,不易渗漏,使用广泛,Ⅰ～Ⅳ级屋面防水均适用。但耐久性较差,机械强度低,施工操作繁杂,须不断改进。

一、卷材防水材料

(一)防水卷材

1. 沥青类防水卷材

它是用原纸、纤维织物(如玻璃丝布、玻璃纤维布、麻布)等为胎体浸渍沥青而成的卷材,如传统石油沥青油毡(纸胎)。实践证明,沥青油毡作屋面防水层,易产生起鼓,沥青易熔化流淌。低温条件下,油毡易脆裂,导致使用寿命缩短和防水质量下降,加之熬制沥青污染环境,已趋于不用。

2. 高聚物改性沥青类防水卷材

它是以合成高分子聚合物改性沥青为涂盖层,纤维织物或纤维毡为胎体的卷材。其克服了沥青类卷材温度敏感性大、延伸率小的缺点。它具有高温不流淌、低温不脆裂、抗拉强度高的特点,能够较好地适应基层开裂及伸缩变形的要求。目前,国内使用较广泛的品种有 SBS、APP、PVC 改性沥青卷材和再生胶改性沥青卷材。

3. 合成高分子类防水卷材

它指以合成橡胶、合成树脂或两者的混合体为基料加入适量化学助剂和填充料而制成的卷材。其具有拉伸强度高、断裂伸长率大、抗撕裂强度高(抗拉强度达到 2 ~ 18.2 MPa)、耐热性能好、低温柔性大(适用温度在 -20 ~ 80 ℃)、耐老化及可以冷施工等优点,属于高档防水卷材。目前,我国使用的品种有三元乙丙橡胶、聚氯乙烯、氯化聚乙烯等防水卷材。

(二)卷材黏结剂

1. 沥青卷材黏结剂

它主要有冷底子油和沥青胶等。冷底子油是 10 号或 30 号石油沥青熔于轻柴油、汽油或煤油中而制成的熔液。将其涂在水泥砂浆或混凝土基层上作基层处理剂,使基层表面与沥青黏结剂之间形成一层胶质薄膜,提高黏结性能;沥青胶又称玛𤨟脂(MASTIC),是在沥青熬制过程中,为提高其耐热度、韧性、黏结力和抗老化性能,掺入适量滑石粉、石棉粉等加工制成。

2. 高聚物改性沥青卷材,高分子卷材黏结剂

它主要为熔剂型黏结剂。用于改性沥青类的有 RA - 86 型氯丁胶黏结剂,SBS 黏结剂等;高分子卷材如三元乙丙橡胶用聚氨酯底胶基层处理剂,CX - 404 氯丁橡胶黏结剂等。

二、卷材防水屋面构造

(一)构造组成

卷材防水屋面构造可分为基本构造层和辅助构造层两部分。为阐述明确,这里分别讲解。

1. 基本构造层

按各自作用分为找平层、结合层、防水层和保护层,如图 6-38 所示。

1）找平层

为防止防水卷材铺设时出现凹陷、断裂，故首先在屋面板结构层上或松软的保温层上要设置一坚固平整的基层，称为找平层。一般采用1:3水泥砂浆或1:8沥青砂浆，厚度视表面平整度而定，常用值为15～30 mm。将卷材平整密实地铺设在找平层上，同时为防止找平层由于干缩、温度、受力等原因，产生变形开裂而波及卷材防水层，找平层应设分格缝，缝距≤6 m，缝宽为20 mm。当屋面板为预制装配式时，分格缝应设置在板端缝处，并在缝上增设一层宽约300 mm卷材，单边粘贴，使分格缝处的卷材有一定的伸缩余地，避免开裂，如图6-39所示。

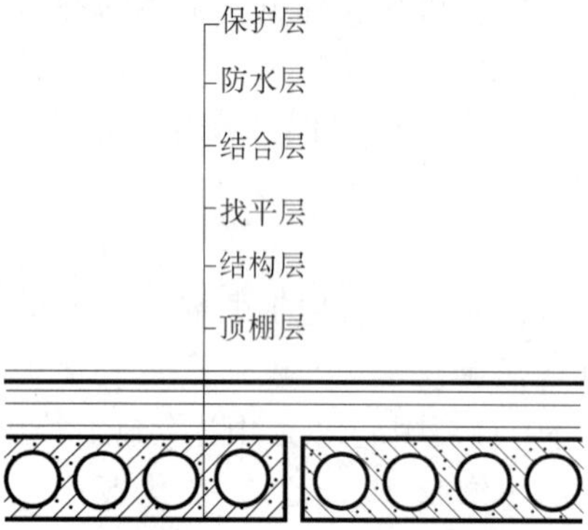

图6-38　卷材防水屋面构造组成

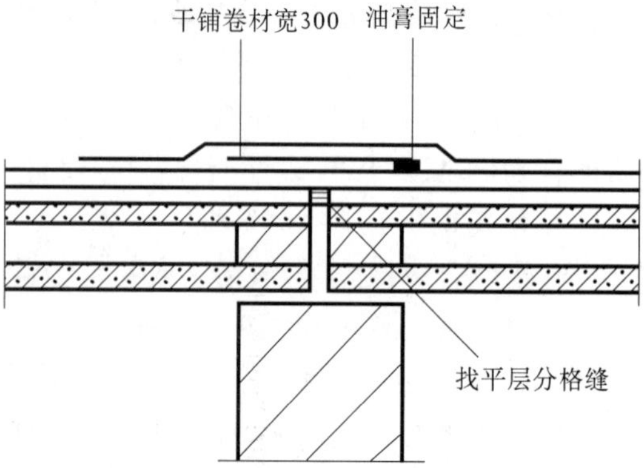

图6-39　卷材防水屋面的分格缝

2）结合层

使卷材与基层牢固胶结而涂刷的基层处理剂。沥青类卷材常用冷底子油作结合层；改性沥青卷材常用改性沥青黏结剂；高分子卷材常用配套处理剂，也采用冷底子油或乳化沥青作结合层。

3）防水层

沥青类卷材防水层由于沥青油毡构造较为典型，仍以其为主论述构造层次做法：首先找平层干燥后上刷冷底子油一道，将熬制好的沥青胶（玛瑞脂）均匀地刮涂在找平层上，厚度约1 mm，边刮涂边铺设油毡，然后再刮涂沥青胶再铺油毡，交替进行，直到设计层数为止，最后再刮涂一层沥青胶。一般民用建筑防水层应铺设三层沥青油毡、四遍沥青胶，称为三毡四油，如图6-40所示。在铺设防水层时，要解决好以下问题：

（1）沥青油毡的铺设方向：当屋面坡度≤3%时，宜平行于屋脊铺设，且从檐口至屋脊逐层向上铺设；当屋面坡度在3%～5%时可平行或垂直屋脊设置；当坡度＞15%或屋面受振动时，应垂直屋脊设置，如图6-41所示。

（2）沥青油毡搭接方式及长度：上下层及相邻两幅卷材的搭接缝应错开，卷材端头搭接缝应顺年最大频率风向搭接，搭接宽度应符合表6-1的要求。

（3）卷材与基层的粘贴方法：可分为满贴法、点贴法和空铺法，一般采用满粘法。满粘法使卷材与基层黏结密实，但基层或保温层不干燥存在水汽时，如受太阳辐射，会形成水蒸气蒸发，使卷材形成鼓泡。鼓泡的皱折和破裂形成漏水隐患，或者基层变形较大时，

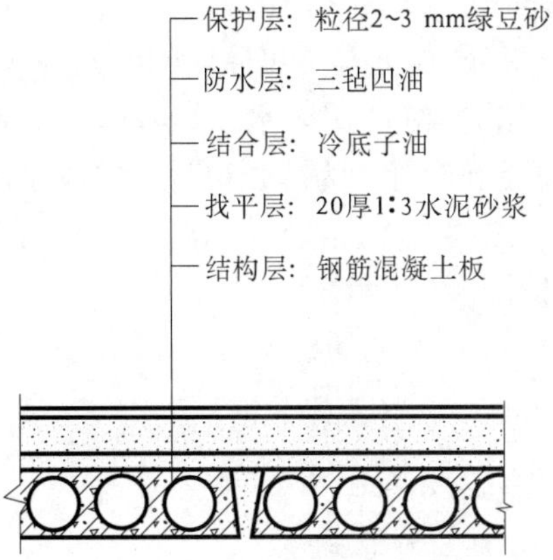

图 6-40　油毡防水屋面做法

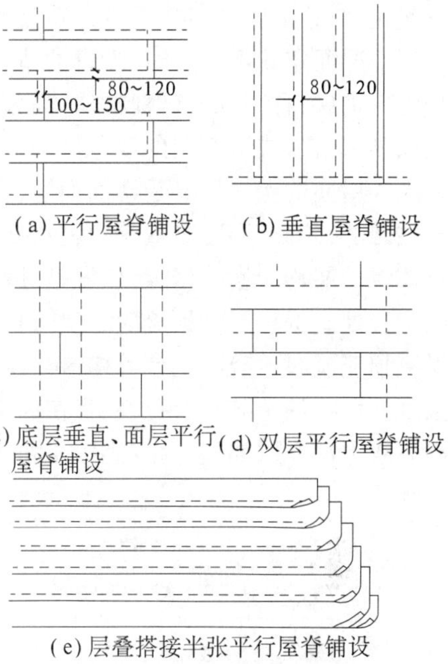

图 6-41　油毡层的铺设

表 6-1　卷材搭接宽度　　（单位：mm）

卷材种类 \ 搭接方法	短边搭接宽度		长边搭接宽度	
	满粘法	空铺法、点粘法、条粘法	满粘法	空铺法、点粘法、条粘法
沥青防水卷材	100	150	70	100
高聚物改性沥青防水卷材	80	100	80	100
高分子防水卷材	80	100	80	100

易造成防水卷材撕裂而引起漏水。这时可采用空铺法、点粘法、条粘法等，使卷材与基层之间有一个能使蒸汽扩散的场所和减小基层变形对防水卷材影响的空间，达到减小或避免防水卷材破裂而产生渗漏。

高聚物改性沥青防水层：高聚物改性沥青防水卷材的铺贴方法有冷粘法和热熔法两种。冷粘法使用胶粘剂将卷材粘贴在找平层上，或利用某些卷材的自粘性进行铺贴。冷粘法铺贴卷材时应注意平整顺直，搭接尺寸准确、不扭曲，卷材下面的空气应予排除并将卷材辊压粘接牢固。热熔法施工是用火焰加热器将卷材均匀加热至表面光亮发黑，然后立即滚铺卷材，使之平展并辊压牢实。

高分子卷材防水层（以三元乙丙卷材防水层为例）：三元乙丙卷材是一种常用的高分子橡胶防水卷材，其构造做法是：先在找平层（基层）上涂刮基层处理剂如 CX－404 胶等，要求薄而均匀，待处理剂干燥不粘手后即可铺贴卷材。

(4)保护层。设置保护层的目的是保护防水层,使卷材不致因光照和气候等的作用迅速老化,防止沥青卷材的沥青过热流淌或受到暴雨的冲刷。保护层的构造做法视屋面的利用情况而定。不上人时,沥青油毡防水屋面一般在防水层撒粒径 3 ~ 5 mm 厚的小石子作为保护层,称为绿豆砂保护层;高分子卷材如三元乙丙橡胶防水屋面等通常是在卷材面上涂刷水溶型或溶剂型的浅色保护着色剂,如氯丁银粉胶等,如图 6-42 所示。

上人屋面的保护层又是楼面面层,故要求保护层平整耐磨。做法通常有:用沥青砂浆铺贴缸砖、大阶砖、混凝土板等块材;在防水层上现浇 30 ~ 40 mm 厚的细石混凝土。块材或整体保护层均应设分格缝,位置是:屋顶坡面的转折处,屋面与突出屋面的女儿墙、烟囱等的交接处。保护层分格缝应尽量与找平层分格缝错开,缝内用防水油膏嵌封。上人屋面做屋顶花园时,花池、花台等构造均应在屋面保护层上设置。为防止块材或整体屋面由于温度变形将油毡防水层拉裂,宜在保护层与防水层之间设置隔离层,隔离层可采用低强度砂浆或干铺一层油毡。上人屋面保护层的做法如图 6-43 所示。

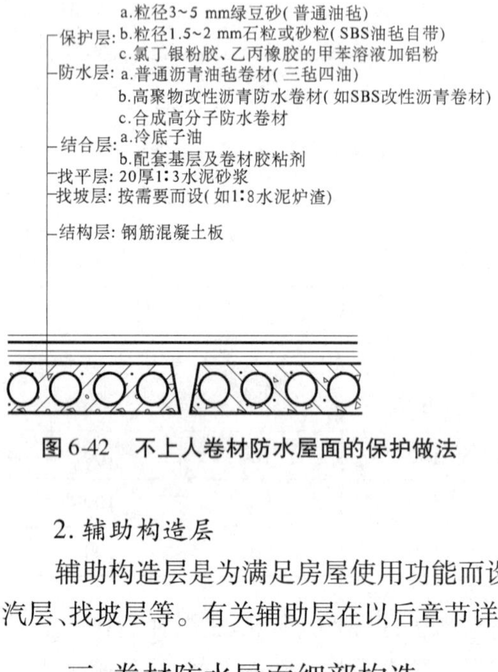

图 6-42　不上人卷材防水屋面的保护做法

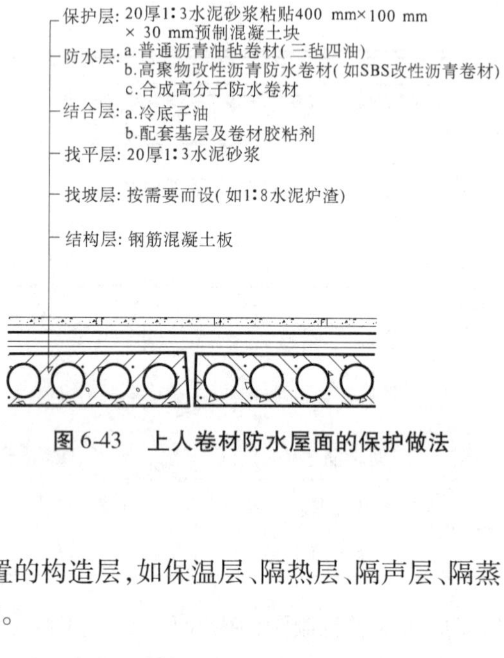

图 6-43　上人卷材防水屋面的保护做法

2. *辅助构造层*

辅助构造层是为满足房屋使用功能而设置的构造层,如保温层、隔热层、隔声层、隔蒸汽层、找坡层等。有关辅助层在以后章节详述。

三、卷材防水屋面细部构造

(一)泛水构造

泛水是指屋面防水层与垂直面交接处的防水处理。如女儿墙、烟囱、楼梯间、变形缝、检修孔、立管等凸出物。泛水处除加铺一层附加油毡外,还应有一定高度,一般应≥250 mm;为使防水卷材在转角处能与基层密实粘接,避免形成空鼓或折断,应做成直径≥150 mm 的圆弧形或 45°斜面;为防止垂直面段防水卷材下滑,应做好泛水上口收头固定,做法如图 6-44 所示。

(二)屋面变形缝构造

此处卷材防水构造既要防止雨水从变形缝处深入室内,又不影响屋面变形。其变形缝分为横向变形缝和高低跨变形缝,即同层等高屋面上变形缝和高低屋面交接处的变形缝。

(1)同层等高屋面变形缝处防水构造做法是:缝两边结构体上砌筑附加墙,厚度120 mm即可。做法类似泛水构造,为固定卷材顶端,附加墙顶必须预埋木砖。顶部盖缝,先设一层卷材,然后设置可伸缩的镀锌铁皮盖牢,并与附加墙固定,湿度大的地区可改用预制混凝土压顶板,以确保耐久性,如图6-45所示。

(2)高低屋面变形缝处防水构造与高低屋面变形缝处防水构造做法大同小异,只需在低跨屋面上砌筑附加墙,镀锌铁皮盖缝片的上端固定在高跨墙上,做法同泛水构造。也可从高跨侧墙中设置钢筋混凝土板盖缝,如图6-45所示。

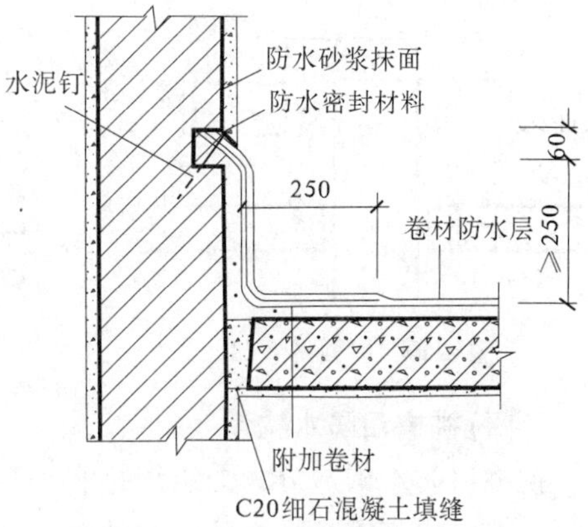

图6-44　卷材防水屋面的泛水构造

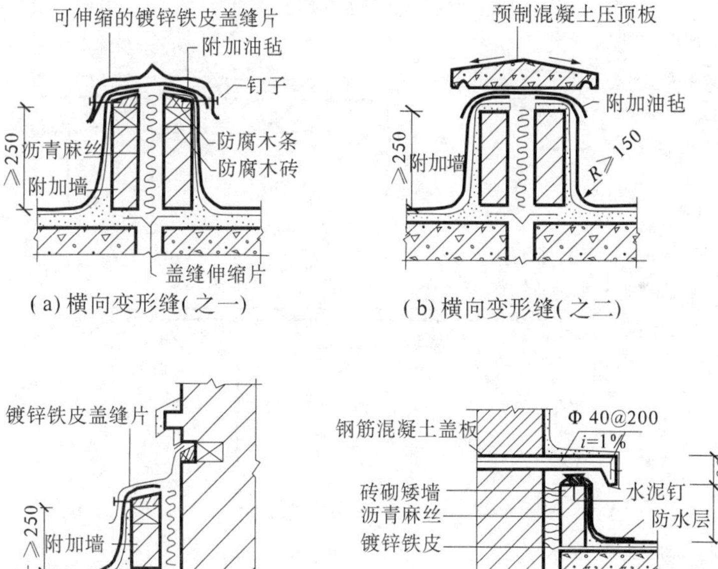

(a)横向变形缝(之一)　(b)横向变形缝(之二)

(c)高低跨变形缝　(d)高低屋面变形缝

图6-45　变形缝处泛水构造

(三)屋面出入口、检修口防水构造

上人屋面在楼梯间需设置上屋顶出入门口。一般情况下,室内地坪低于屋面标高。需在出入口处设挡水的门坎,构造做法如图6-46所示。

不上人屋面必设屋面检修孔,孔洞四周应设附加竖墙,一般与屋面一并现浇制成,其高度一般为30 mm,当设保温层等辅助层时视具体情况而定,其防水构造如图6-47所示。

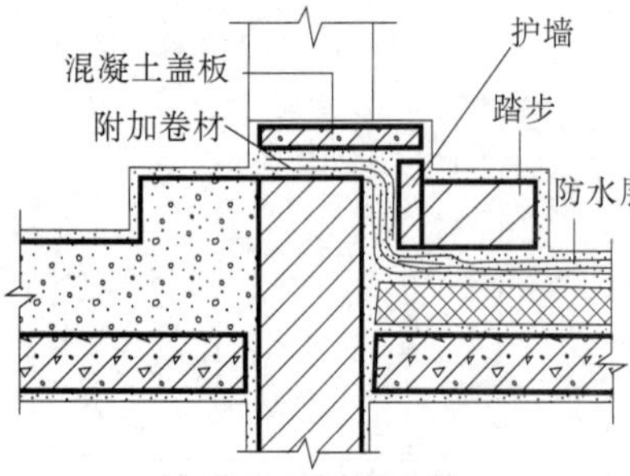

图 6-46 屋面出入口

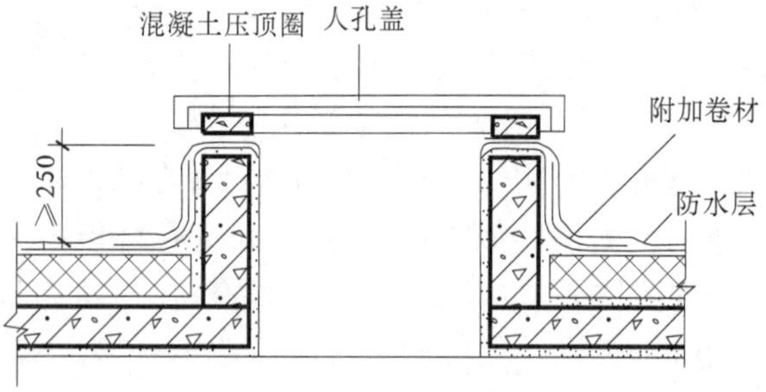

图 6-47 屋面检修孔

(四)挑檐口防水构造

挑檐口防水构造分为无组织排水和有组织排水两种构造做法。

1. 无组织排水挑檐口防水构造

为防止卷材收头处黏结不牢,出现"张口"现象,在防水卷材收头处于檐板上做一凹槽。将防水卷材用水泥钉等固牢于檐板上,上面再用油膏嵌固,如图 6-48 所示。

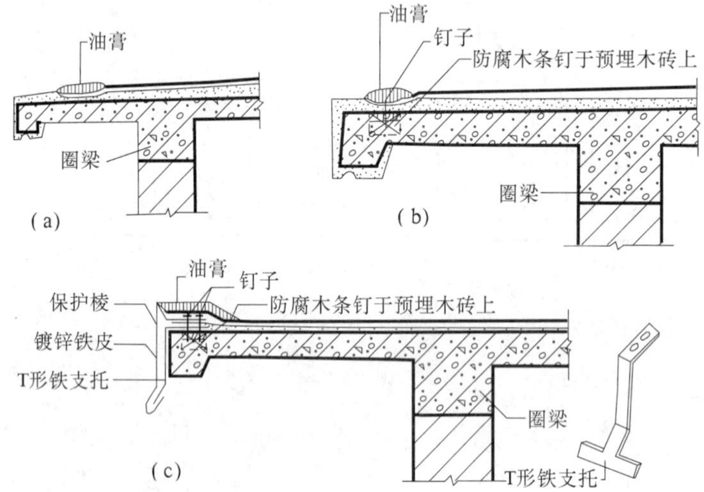

图 6-48 无组织排水挑檐口做法

2. 有组织排水挑檐口防水构造

有组织排水挑檐口是将汇水檐沟设置于挑檐上,檐沟板可与圈梁连成整体,亦可预制檐沟板搁置牛腿上,其防水构造需加 1 ~ 2 层卷材,转角处应做成圆弧或 45°斜面,防水卷材铺设至檐沟边缘固定,并用砂浆盖缝,如图 6-49 所示。

(五)天沟防水构造

屋面外墙内侧形成的排水沟称为天沟,一种是屋面坡面的低洼部分形成的似三角形断面的天沟,一种是用屋面专门设置的矩形天沟,如用槽形板等。

当建筑女儿墙外排水时,采用三角形天沟较普遍。为使天沟内雨水迅速排入雨水口,沿天沟方向用轻质材料垫成纵坡,一般取值 0.5% ~1%;在降雨量大或屋面跨度大时,常采用矩形天沟来增加汇水量,做法如图 6-50 所示。

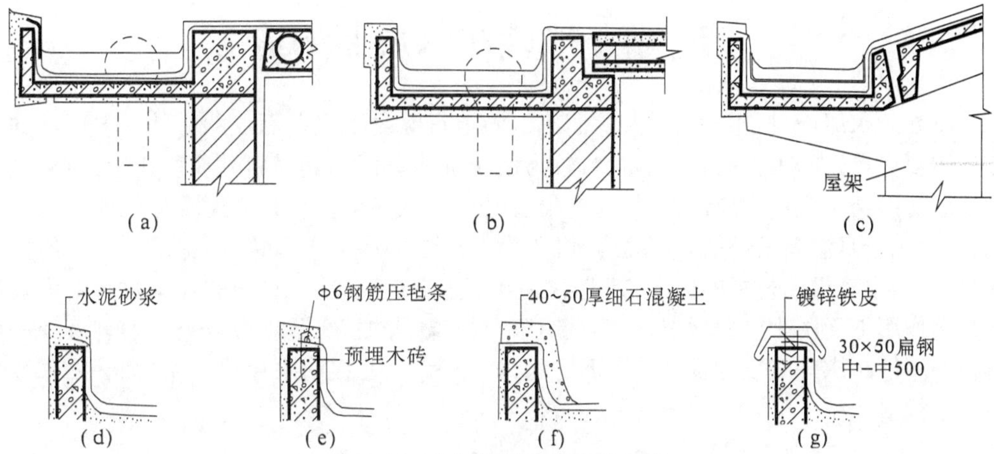

图 6-49　有组织排水挑檐口做法

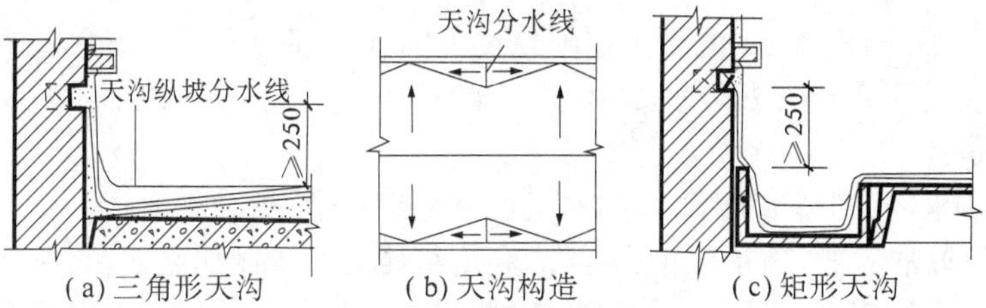

图 6-50　天沟构造

(六)雨水口构造

雨水口是天沟(或檐沟)与雨水管两者间的连接配件,构造上要求排水通畅,不易堵塞,不易渗漏,其通常为定型产品,分为直管式和弯管式两种。直管式适用于中间天沟、挑檐沟各女儿墙排水天沟;弯管式适用于女儿墙外排水天沟,材料多为铸铁和改性 PVC 塑料。目前改性 PVC 因质轻、不锈、色彩多样、强度、耐老化性能好而得到广泛运用,其构造如图 6-51 所示。

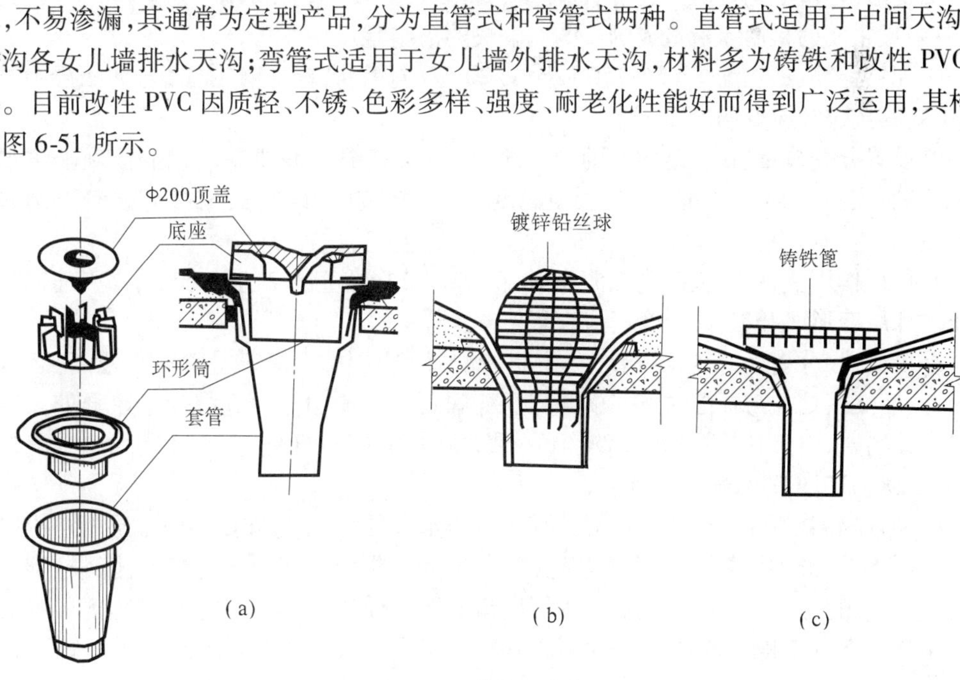

图 6-51　直管式雨水口

第五节　刚性防水屋面构造

刚性防水屋面，指用防水砂浆抹面或钢筋细石混凝土浇捣而成的刚性材料屋面防水层。主要优点是施工方便，节约材料，较为便于维修。但因其材料性质所决定，对温度变化基层变形结构变形适应性差，较易产生裂缝而出现渗漏。故日温度变化大的地区不适用，仅适用于日温差较小的我国南方地区；设保温层的屋面不适用，因保温层为轻质多孔材料，为防水对保温材料的侵入，其上不宜湿作业浇筑混凝土，且松软保温材料上设基层在外力作用下而产生竖向断裂；也不宜用于有高温、有振动、基础有较大不均匀沉降的建筑物。刚性防水等级仅为Ⅲ级的屋面防水，如作为Ⅰ、Ⅱ级防水屋面使用，则必须采取多道防水构造。

一、刚性防水屋面存在的问题和防止措施

（1）混凝土中有多余水，混凝土在硬化过程中其内部会形成毛细通道，必然使混凝土收水干缩时表面开裂而失去防水作用，因此普通混凝土是不能作为刚性屋面防水层的。解决的办法是：

①增加防水剂：利用生成不溶性物质，堵塞毛细孔道，提高密实度。

②采用微膨胀：加入适量矾土水泥等，利用结硬时产生微膨胀效应，提高抗裂性。

③提高自身密实度：采用等料级配，控制水灰比，加强浇筑时的振捣和浇水养护，提高密实性，避免表面龟裂。

（2）除自身原因外，还受到外力作用影响。气温变化使其热胀冷缩，屋面板受力后产生挠曲变形，地基不均匀沉陷，屋面板徐变，材料收缩等均直接对刚性防水层产生较大影响，其中最主要的是温差所造成的影响。解决的措施是：

①配置钢筋：一般配置ϕ3@150或ϕ4@200双向钢筋，置于钢筋混凝土防水层中层偏上，提高其抗裂和应变的能力。

②设置分仓缝：设置一定数量的分仓缝（亦称分格缝），减少单块钢筋混凝土防水层面积，一般控制在15～25 m^2，以减少因温度变化引起的收缩变形，有效防止和限制裂缝的产生。

在荷载作用下，屋面板产生挠曲变形，在支承端板端翘起，产生角变形，易引起钢筋混凝土防水层变形而开裂，故分仓缝应设置于支承端。

综上所述，分仓缝的具体设置是：预制装配式结构中，设置于支座轴线处，屋面转折处，与立墙交接处并与板缝对齐。横向分仓缝间距≤6 m，纵向分仓缝设于屋脊处。当屋顶是女儿墙时，由于其材料不同，变形不一致，所以刚性防水层与女儿墙之间也应设分仓缝，其具体构造做法如图6-52所示。

③设置隔离层：为减少结构层受力变形对防水层的影响，应在刚性防水层的结构层之间设一隔离层（亦称浮筑层）。因结构层受力产生挠曲变形，温度变化产生膨胀变形，而结构层厚且刚度大，必然拉动刚性防水层同步变形，致使防水层拉裂。设置隔离层可减少或限制这些不利影响。隔离层采用纸筋灰、低标号砂浆或干铺油毡等做法，如图6-53所示。

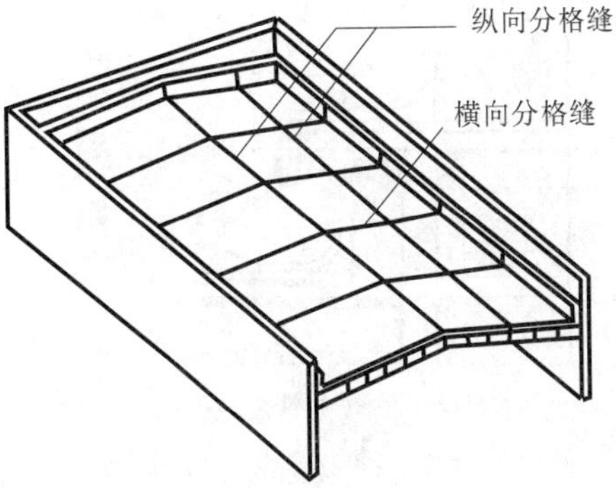

图 6-52　分格缝的位置

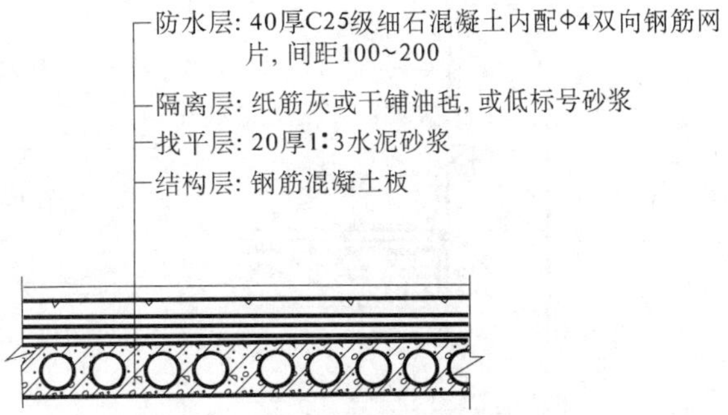

图 6-53　混凝土刚性防水屋面做法

二、刚性防水屋面细部构造

(一)分仓缝构造

如图 6-54 所示。

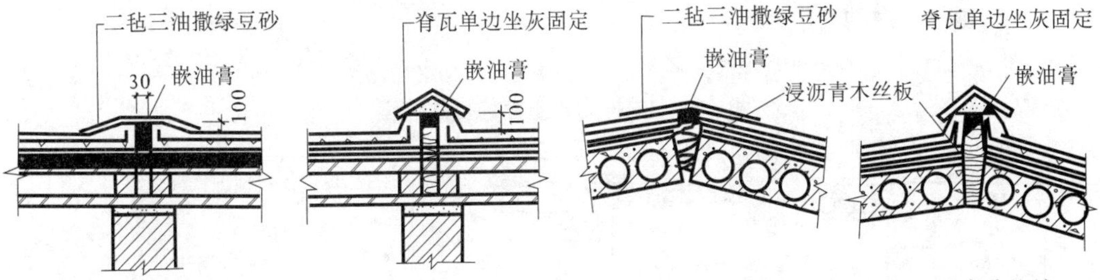

(a) 横向分格缝　(b) 横向分格缝　(c) 屋脊分格缝　(d) 屋脊分格缝

图 6-54　混凝土刚性防水屋面分仓缝构造

(二)泛水构造

刚性防水屋面泛水构造要点与卷材防水屋面大体相同,不同点是刚性防水屋面泛水与防水层为一整体,且与凸出屋面的结构物脱离,其间必须留施工分仓缝,以免两者变形不一致而造成泛水开裂。泛水与屋面应一次浇成,不得留施工缝,其泛水主要指女儿墙泛水和变形缝泛水,如图 6-55 所示。

(三)檐口构造

刚性防水屋面常用的檐口形式有自由落水檐口、挑檐沟外排水檐口、女儿墙外排水檐口及坡檐口等,其构造做法如图 6-56 所示。

刚性防水屋面的雨水口常见的有两种:一种是用于天沟或檐沟的雨水口,另一种是用于女儿墙外排水的雨水口。前者为直管式,后者为弯管式。

1. 直管式雨水口

这种雨水口的构造如图 6-57 所示。安装时为了防止雨水从雨水口套管与檐沟底板间的接缝处渗漏,应在雨水口的四周加铺宽度约 200 mm 的二布三油或二布六涂附加卷材,卷材应铺在套管内壁中,天沟内的混凝土防水层应盖在卷材的上面,防水层与雨水口的接缝用油膏嵌填密实。

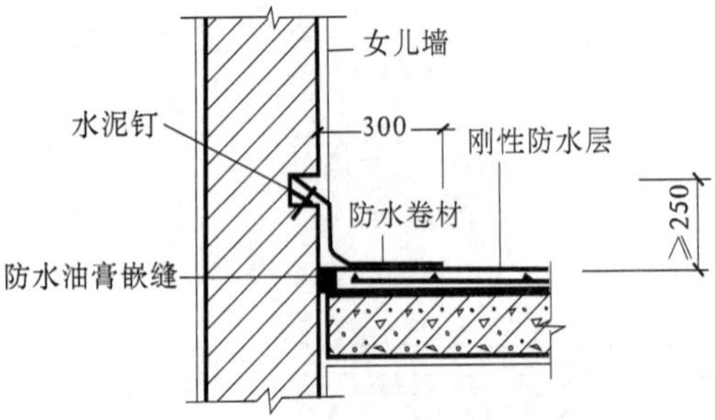

(a) 女儿墙泛水

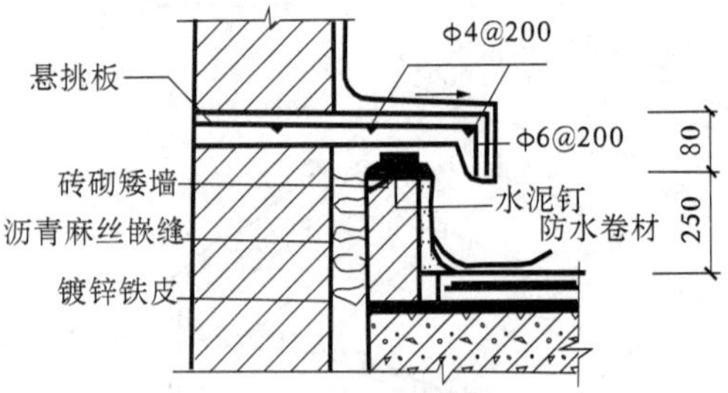

(b) 高低屋面变形缝泛水

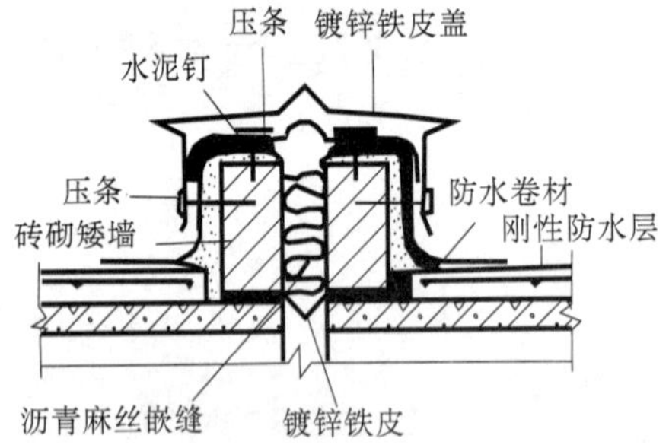

(c) 横向变形缝泛水之一

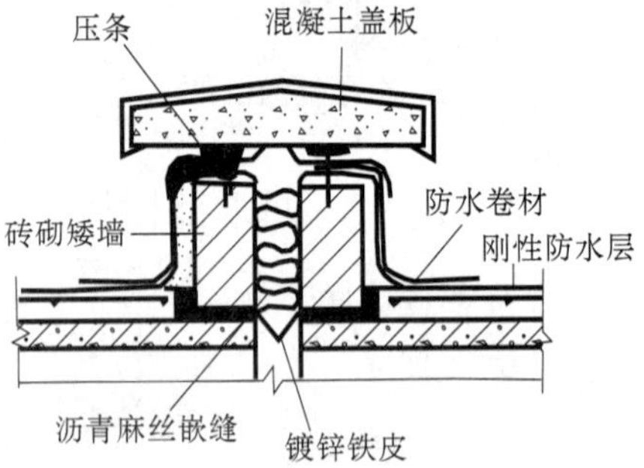

(d) 横向变形缝泛水之二

图 6-55　刚性防水屋面的泛水构造

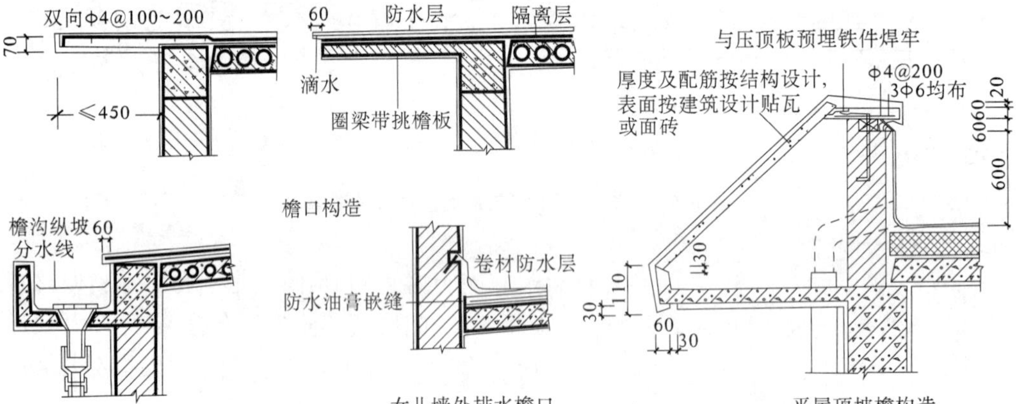

挑檐沟外排水檐口　　女儿墙外排水檐口　　平屋顶坡檐构造

图 6-56　檐口外排水构造

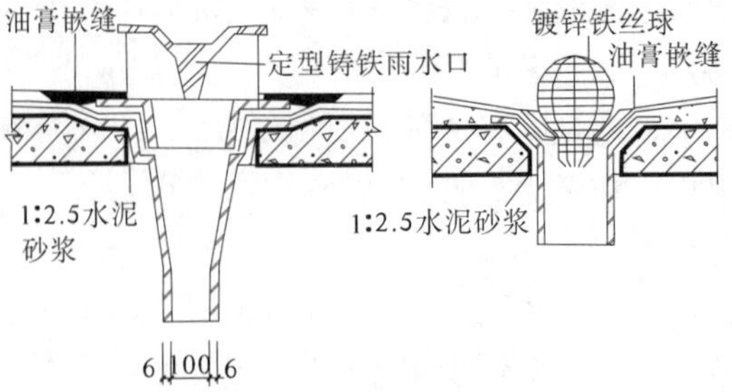

(a) 65型雨水口　　(b) 铸铁雨水口

图 6-57　直管式雨水口

2. 弯管式雨水口

弯管式雨水口多用于女儿墙外排水，雨水口可用铸铁或塑料做弯头，如图 6-58 所示。

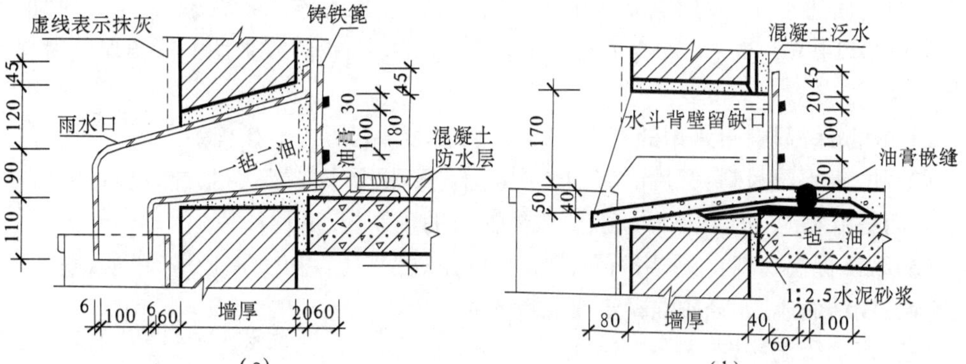

(a)　　(b)

图 6-58　女儿墙外排水的雨水口构造

第六节　屋顶的保温与隔热

屋顶是建筑物顶部的外围护结构，在解决好遮风蔽雨，防止渗漏功能的同时，还应解决好建筑空间必备的保温与隔热的功能。

一、屋顶保温

在寒冷地区的建筑，室内设有采暖设备。但在冬季，由于室内外温差大，室内热量必然通过围护结构向外散失，为减少和限制室内热量散失过多、过快，以满足人们活动所需，须解决好围护结构的保温，在其构造中，设置必要的保温层。而保温层所选用的材料及构造做法是根据使用功能、材料性质、结构形式、防水构造、气候条件等各种影响因素的程度加以综合考虑而确定。

(一) 屋顶保温体系

屋顶保温根据结构层、防水层和保温层所处位置不同，可分为 3 种屋顶保温体系。

1. 热屋顶保温体系

按构造层次为结构层上直接铺设保温层，防水层设置在保温层上的屋顶，由于冬季采暖期间，防水层直接受到室内热量扩散的影响，故称为热屋顶保温体系，多用于平屋顶的保温。

2. 冷屋顶保温体系

按构造层次为保温层与防水层之间设置空气间层的保温屋面。由于冬季采暖期间，室内热量向外扩散不能直接影响屋面防水层，故称为冷屋顶防水体系，多用于坡屋顶和平屋顶。

3. 倒铺保温层屋面体系

按构造层次为结构层上设防水层，保温层直接设置在防水层上。其最大优点为防水层不受太阳辐射和气温过大变化的影响，对其材料性能限制过大，必须选用吸湿性能低、耐气候性强的材料（目前主要采用聚氨酯和聚苯乙烯等发泡材料）。造价过高，同时还必须设一定重量的覆盖层压牢，增加荷载，使用不普遍。

（二）保温材料

通过前面热工知识的学习，知道屋顶保温材料应具备导热系数小、轻质、多孔的性能（一般 $\lambda \leq 0.14\ W/(m \cdot K)$，容重 $\leq 10\ kN/m^3$）。目前，我国多采用的屋顶保温材料分为以下三大类：

（1）松散保温材料：常用的有膨胀蛭石、膨胀珍珠岩、炉渣、矿棉等。

（2）块、板保温材料：常用的有加气混凝土、膨胀珍珠岩板、膨胀蛭石板、泡沫塑料板等。它们是由水泥、沥青、水玻璃胶等胶结而成的预制板、块材料。

（3）现浇保温材料：常采用石灰或水泥与轻质骨料（一般常用炉渣、矿渣、蛭石、珍珠岩、陶粒）胶结而成，如轻质混凝土或浇泡混凝土等。

（三）屋顶保温构造

1. 平屋顶保温构造

前面第四节中已学过了不保温卷材防水屋面的构造层次与做法，保温卷材防水屋面的构造做法与其不同之处是增加了保温层。那么，它们的构造层次与做法必然有相同之处和不同之分，只需解决不同部分的构造即可。屋顶设置保温层后会受到以下两方面因素的影响。

1）室内水蒸气的影响

冬季采暖时，室内空气中的水蒸气分子必然随高温区的热气流向低温区流动，进而渗入楼板或进入保温层，当该处实际蒸汽压力超过了该处饱和蒸汽压力时，水蒸气就会产生凝结，从而使保温材料受潮降低保温效果，严重时失去保温作用，因为水的导热系数远远大于保温材料中空气的导热系数。为防止这一现象发生，须在保温层下做一隔蒸汽层，一般采用一毡二油。其构造做法是先做一找平层，然后铺设隔蒸汽层，如图 6-59 所示。

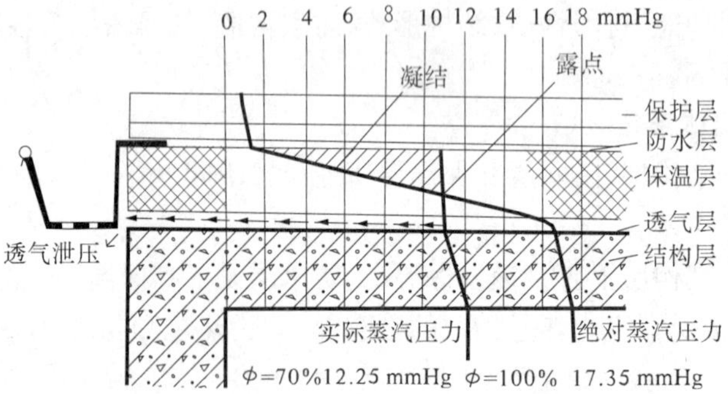

图 6-59　保温平屋顶的内部蒸汽凝结示意

2）材料中水蒸气的影响

这里所说的材料，主要指保温材料和两层找平层材料。当其内部含有一定量的水分时，受热蒸发，但由于其上有防水层、下有隔蒸汽层，水蒸气反而无法排出。必将使防水层起鼓，导致破裂；同时由于隔蒸汽层的位置，室内湿气排不出去，易使结构层或室内顶棚产生凝结水现象。解决的构造措施是：

（1）隔蒸汽层下设透气层：即在结构层和隔蒸汽层之间设一透气层，使蒸汽可以流通扩散，其构造做法如图 6-60 所示。

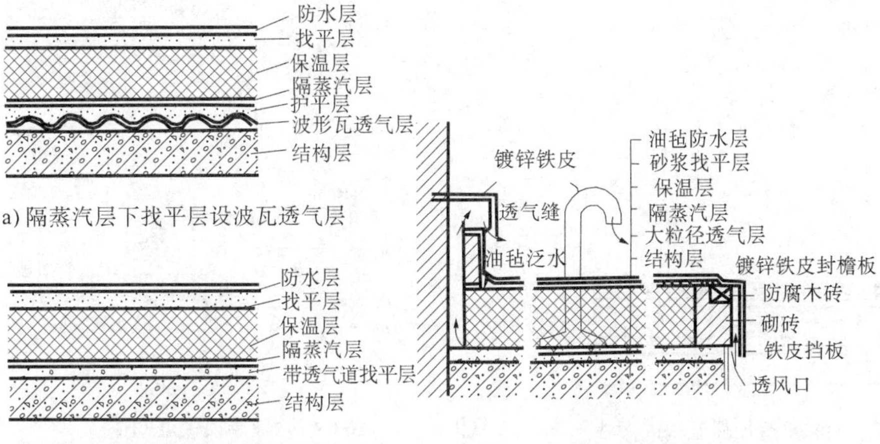

（b）隔蒸汽层下找平层内设透气道　　（c）檐口、中间和墙边设透气口

图 6-60　隔蒸汽层下设透气层及出气口构造

（2）保温层设透气层：目的是排出保温层内的湿气，其构造做法如图 6-61 所示。

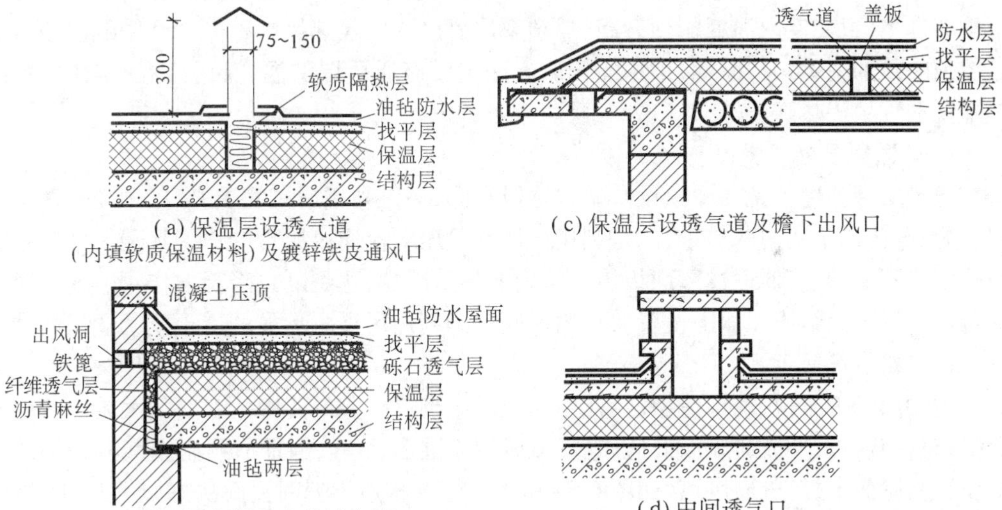

（b）砾石透气层及女儿墙出风口　　（d）中间透气口

图 6-61　保温层内设透气层及通风口构造

（3）保温层上设架空层：该构造做法即是冷屋顶保温体系，有助于保温层的湿气通过架空层排出。

平屋顶卷材防水保温构造做法如图 6-62 所示。

2. 坡屋顶保温构造

坡屋顶保温层一般设置在吊顶棚上面，由于有一空气层，可收到保温、隔热双重效果，保温材料多采用板状材料。也有设置在斜屋顶底面即屋架上弦顶面与屋面板底面之间，可采用松散材料、块状或板状材料。也有在基层面上铺设适当厚度的麦草泥作保温层，小青瓦或机平瓦直接粘接在麦草泥上，如图 6-63 所示。

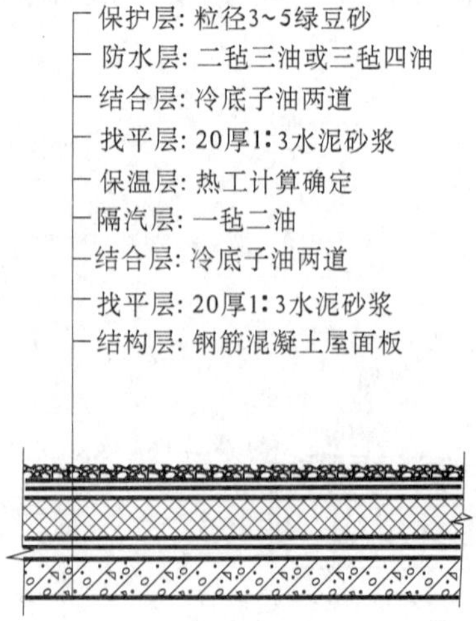

图 6-62　油毡平屋顶保温构造做法

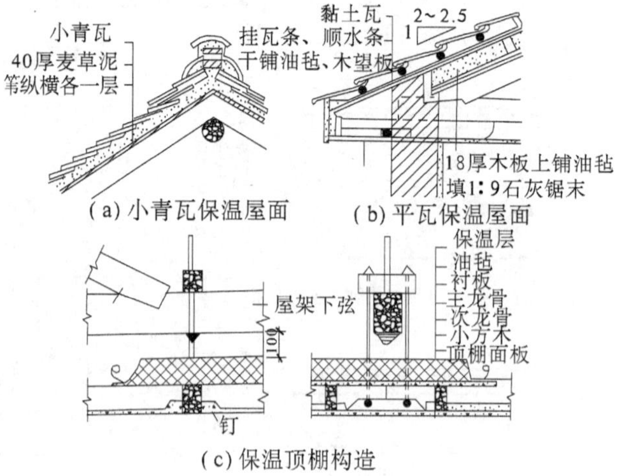

图 6-63　坡屋顶保温构造

二、屋顶隔热

炎热地区夏季，在太阳辐射热和室外高温的共同作用下，由屋顶传入室内的热量远比围护墙体多，致使室内温度剧烈升高，故须解决好屋顶的隔热措施。减少和限制屋顶吸热是屋顶隔热的基本构造原理，采用的构造方法主要有通风层降温、反射降温、实体材料隔热降温和种植隔热降温等。

（一）通风层降温屋顶

通风层降温屋顶是在屋顶设置架空通风空间，一是利用通风间层，使屋顶变成两次传热，以减少传递于室内的热量；二是利用风压和热压对流通风原理的作用将通风间层中的受热空气不断带走，使通过屋面板传入室内的热量减少，达到隔热降温的作用。通风间层的构造方式可归纳为屋面上设置架空通风间层和利用吊顶所形成的屋顶空间通风两种。

1. 架空通风间层

主要用于平屋顶，其构造做法：在屋面上用砖砌成砖垄或砖墩，上扣瓦、大阶砖或钢筋混凝土预制薄板，形成通风面或通风道，或者用半圆形、F 形、倒Ⅲ形预制钢筋混凝土件直接设置在屋面上，形成通风道，如图 6-64 所示。但在构造设置时要解决好以下几点问题。

（1）架空通风间层的高度：其高度受风的流速及屋面坡度和宽度的影响，故在设置时，坡度大，屋面宽度大时，架空通风间层高度应相应增高，但不宜大过 360 mm，否则影响风的流动速度，降低降温隔热效果，一般取 180 ~ 240 mm，当屋面宽度大于 10 m 时，在屋脊处应增设进入风通道口，缩短通风线路，改善通风效果。

（2）夏季主导风向的影响：架空通风间层的通风道最好与当地夏季风向一致，提高通风效果，进风口与夏季主导风向的夹角一般应 ≥45°，当进风口与夏季主导风向的夹角 <45°时，再采用通风间层中的通风道反而不利于通风。这种情况下最好采用砌筑砖墩，上部扣板形成通风面通风。这种形式的弱点是使风速降低，通风效果不如前者。

（3）设女儿墙屋顶：女儿墙上设通风口必影响建筑立面效果，故一般采取距女儿墙 500 mm 宽范围内的屋面不设架空层，形成小范围开敞地段，利于空气对流。

2. 顶棚通风间层

利用吊顶与屋顶形成的空间做通风间层。其优点是减少构件，减轻荷载；缺点是屋顶防水层、结构层易受气温变化的作用而变形，其构造做法如图 6-65 所示。

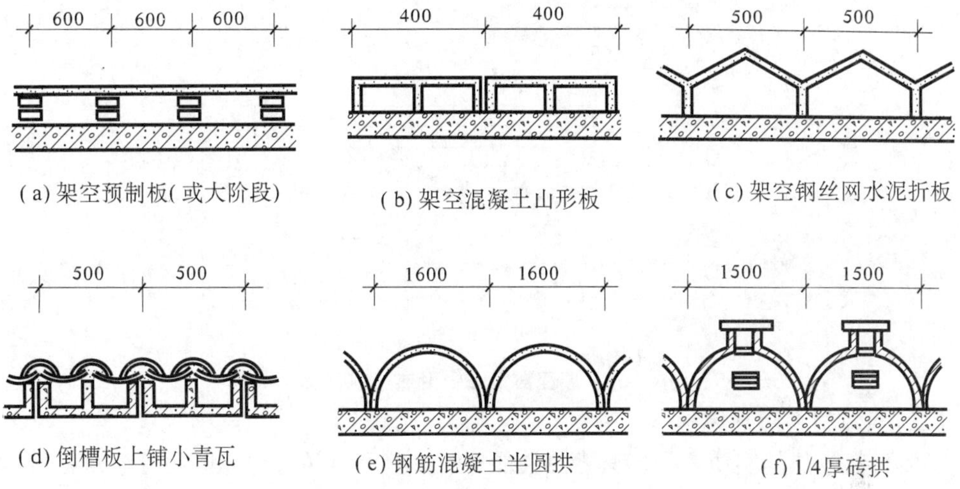

图 6-64　架空通风隔热

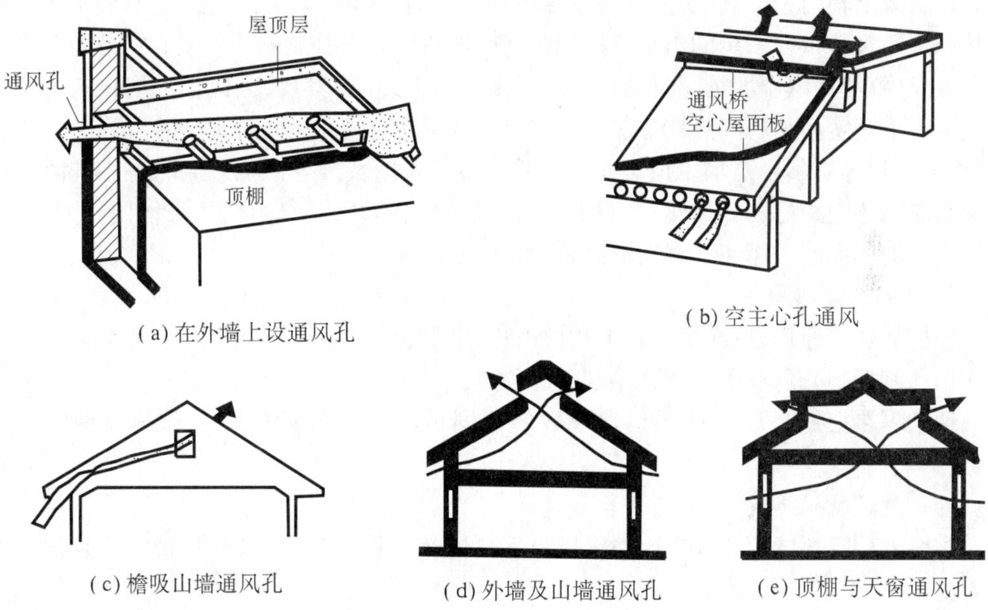

图 6-65　顶棚通风隔热屋面

(二) 反射降温屋顶

它是利用屋面材料的质感、颜色对太阳热辐射的反射程度作用。屋面材料光滑，色彩淡，则热辐射反射率就高。屋面铺设光滑材料或涂刷为白色，反射效果就好，如图 6-66 所示。反射降温原理用于架空通风间层方法中，会起到更好的隔热效果。在通风间层的底面加设铝箔，利用其二次反射作用提高降温效果，亦可将架空通风间层表面做成浅色光滑的面层，增加第一次反射效果，能减少热量传递。这些构造方法对屋顶的降温隔热效果必有进一步改善。

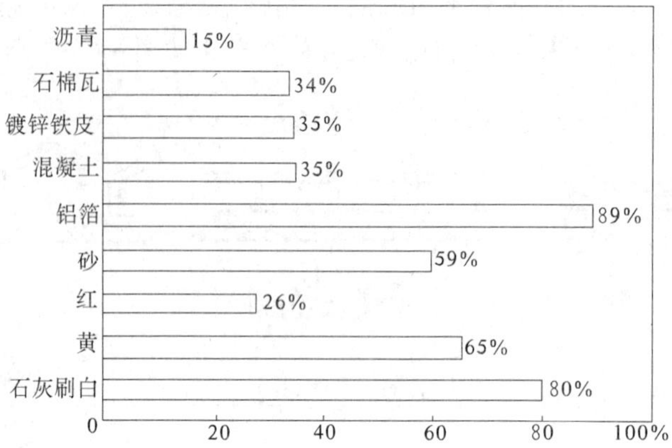

图 6-66 屋面对太阳辐射热反射程度

(三)实体材料隔热屋顶

实体材料隔热的实质是利用其蓄热性能、热稳定性、热传导过程时间延缓及材料本身热量的散发等性能。在太阳辐射下,内表面温度低于外表面温度,经过 3 ~5 h,内表面温度方出现太阳辐射下的高温,是延缓高温出现的时间,达到降温的作用。但材料的蓄热性及热稳定性又会带来一定的影响,晚间室内气温降低时,实体材料中所蓄存的热量又会向室内散发,致使室内温度远超过室外已降下来的气温,适得其反,因此供人居住的住宅等建筑不可采用实体材料隔热层方法。实体材料隔热屋顶采用的有:大阶砖或混凝土板实铺、蓄水屋顶等。其中蓄水屋顶对太阳辐射的反射作用及蒸发散热效果较好。同时对刚性防水屋面还起极好的养护作用,减少和防止混凝土的开裂及碳化,延长使用寿命,故在我国南方地区多有采用实体材料隔热屋顶,如图 6-67 所示。

(四)种植隔热屋顶

种植隔热的原理是:在平屋顶上种植植物,借助栽培介质隔热及植物吸收阳光进行光合作用和遮挡阳光的双重功效来达到降温隔热的目的。

种植隔热根据栽培介质层构造方式的不同可分为一般种植隔热和蓄水种植隔热两类。

1. 一般种植隔热屋面

一般种植隔热屋面是在屋面防水层上直接铺填种植介质,栽培各种植物。其构造要点为:

(1)选择适宜的种植介质,为了不过多地增加屋面荷载,宜尽量选用轻质材料作栽培介质,常用的有谷壳、蛭石、陶粒、泥炭等,即所谓的无土栽培介质。近年来,还有以聚苯乙烯、脲甲醛、聚甲基甲酸酯等合成材料泡沫或岩棉、聚丙烯腈絮状纤维等作栽培介质的,其重量更轻,耐久性和保水性更好。

为了降低成本,也可以在发酵后的锯末中掺入约 30% 体积比的腐殖土作栽培介质,但密度较大,需对屋面板进行结构验算,且容易污染环境。

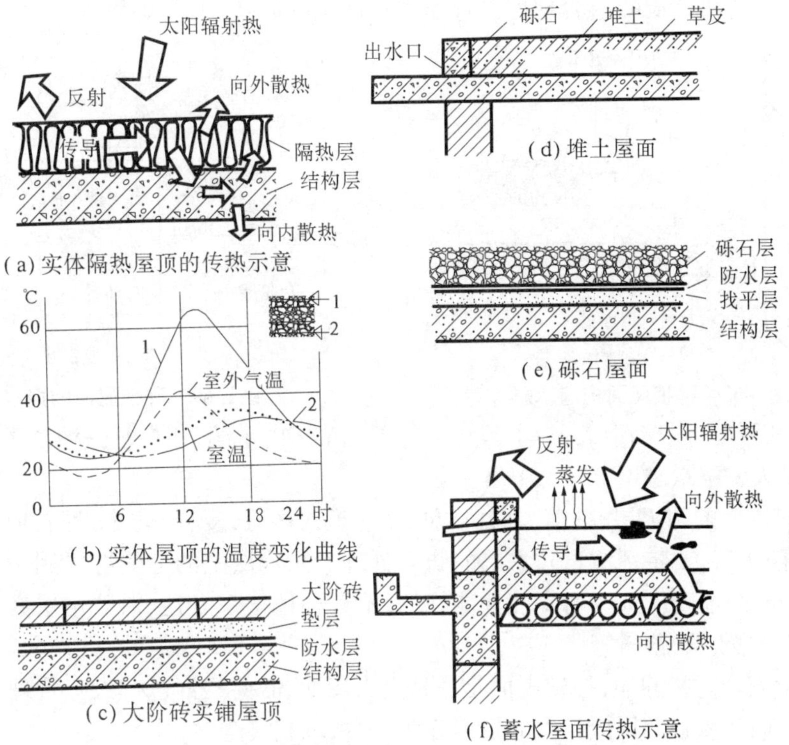

图 6-67 实体材料隔热屋顶

栽培介质的厚度应满足屋顶所栽种的植物正常生长的需要，可参考表 6-2 选用，但一般不宜超过 300 mm。

表 6-2 种植层的深度 （单位:mm）

植物种类	种植层的深度	备注
草皮	150 ~ 300	前者为该类植物的最小生存深度，后者为最小开花结果深度
小灌木	300 ~ 450	
大灌木	450 ~ 600	
浅根乔木	600 ~ 900	
深根乔木	900 ~ 1 500	

（2）种植床的做法。种植床又称苗床，可用砖或加气混凝土来砌筑床埂，床埂最好砌在下部的承重结构上，内外用 1∶3 水泥砂浆抹面，高度宜大于种植层 60 mm 左右。每个种植床应在其床埂的根部设不少于两个的泄水孔，以防种植床内积水过多造成植物烂根。为避免栽培介质的流失，泄水处也须设滤水网，滤水网可用塑料网或塑料多孔板，环氧树脂涂覆的铁丝网等制作（见图 6-68）。

（3）种植屋面的排水和给水。一般种植屋面应有一定的排水坡度（1% ~ 3%），以便及时排出积水，通常在靠屋面低侧的种植床与女儿墙间留出 300 ~ 400 mm 的距离，利用所形成的天沟有组织排水。如采用含泥沙的栽培介质，屋面排水口处应设挡水坎，以便沉积水中的泥沙，这种情况要求合理地设计屋面各部位的标高（见图 6-69）。

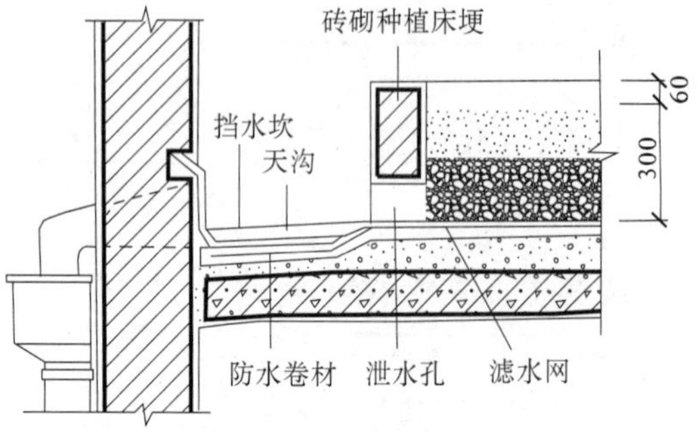

图 6-68　种植屋面构造示意

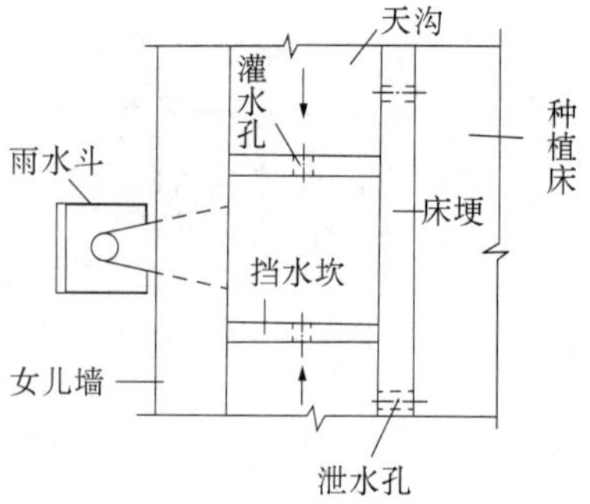

图 6-69　种植屋面的挡水坎

种植层的厚度一般都不大，为了防止久晴天气苗床内干涸，宜在每一种植区内设给水阀一个，以供人工浇水之用。

（4）种植屋面的防水层，种植屋面可以采用一道或多道（复合）防水设防，但最上面一道应为刚性防水层，要特别注意防水层的防腐处理。防水层上的分隔缝可用一布四涂盖缝，分格缝的嵌缝油膏应选用耐腐蚀性能好的，不宜种植根系发达、对防水层有较强侵蚀作用的植物，如松、柏、榕树等。

（5）注意安全防护问题，种植屋面是一种上人屋面，需要经常进行人工管理（如浇水、施肥、栽种），因而屋顶四周应设女儿墙等作为护栏，以利安全。

护栏的净保护高度不宜小于 1 m，如屋顶栽有较高大的树木或设有藤架等设施，还应采取适当的紧固措施，以免被风刮倒伤人。

2. 蓄水种植隔热屋面

蓄水种植隔热屋面是将一般种植屋面与蓄水屋面结合起来，进一步完善其构造后所形成的一种新型隔热屋面，其基本构造层次如图 6-70 所示，以下分别介绍其构造要点。

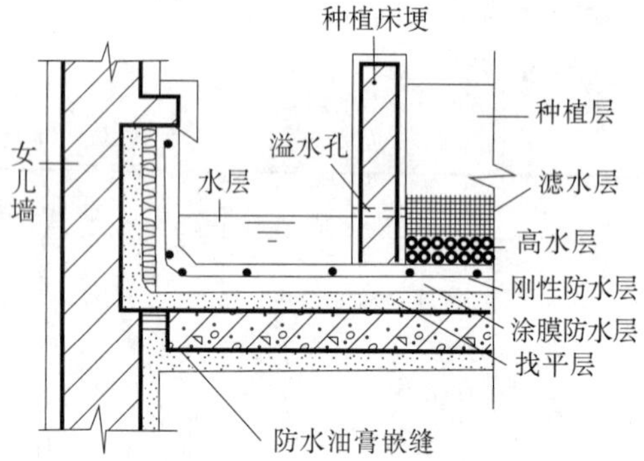

图 6-70　蓄水种植屋面基本构造

（1）防水层。蓄水种植屋面由于有一蓄水层，故而防水层应采用设置涂膜防水层和配筋细石混凝土防水层的复合防水设施做法，以确保防水质量。

应先做涂膜防水层，再做刚性防水层，各层做法与前述防水层做法相同。需要注意的是：由于刚性防水层的分隔缝施工质量往往不易保证，除女儿墙泛水处应严格按要求做好分格缝外，屋面的其余部分可不设分格缝，屋面刚性防水层最好一次全部浇捣完成，以免渗漏。

（2）蓄水层。种植床内的水层靠轻质多孔粗骨料蓄积，粗骨料的粒径不应小于 25

mm，蓄水层（包括水和粗骨料）的深度不超过 60 mm。种植床外的屋面也蓄水，深度与种植床内相同。

（3）滤水层。考虑到保护蓄水层的畅通，不致被杂质堵塞，应在粗骨料的上面铺 60 ~ 80 mm 厚的细骨料滤水层，细骨料按 5 ~ 20 mm 粒径级配，下粗上细地铺填。

（4）种植层。蓄水种植屋面的构造层次较多，为尽量减轻屋面板的荷载，栽培介质的堆积密度不宜 > 10 kN/m^3。

（5）种植床埂。蓄水种植屋面应根据屋顶绿化设计用床埂进行分区，每区面积不宜大于 100 m^2。床埂宜高于种植层 60 mm 左右，床埂底部每隔 1 200 ~ 1 500 mm 设一个溢水孔，孔下口平水层面。溢水孔处应铺设粗骨料或安置滤网，以防止细骨料流失。

（6）人行架空通道板。架空板设在蓄水层上、种植床之间，供人在屋面活动和操作管理之用，兼有给屋面非种植覆盖部分增加一隔热层的功效。架空通道板应满足上人屋面的荷载要求，通常可支承在两边的床埂上。

其他构造要求与一般种植屋面主要的区别是增加了一个连通整个屋面的蓄水层，从而弥补了一般种植屋面隔热不完整、对人工补水依赖较多等缺点，又兼具有蓄水屋面和一般种植屋面的优点，隔热效果更佳，但相对来说造价也较高。

种植屋面不但在降温隔热的效果方面优于所有其他隔热屋面，而且在净化空气、美化环境、改善生态环境、提高建筑综合利用效益等方面都具有极为重要的作用，是一种值得大力推广应用的屋面形式。

第七章　楼　梯

建筑空间的竖向组合交通联系，依托于楼梯、垂直升降电梯、自动扶梯、台阶、坡道以及爬梯等竖向交通设施。其中，楼梯作为竖向交通和人员紧急疏散的主要交通设施，使用最为普遍；垂直升降电梯则多用于7层以上的多层建筑和高层建筑以及一些标准较高的低层建筑；自动扶梯常用于人流量大且使用要求高的公共建筑；台阶用于室内外高差之间和室内局部高差之间的联系；坡道则用于建筑中有无障碍交通要求的高差之间的联系，也用于多层车库中通行汽车和医疗建筑中通行担架车等；爬梯专用于使用频率低的检修梯等。本章以一般大量性民用建筑中广泛使用的楼梯为重点。

第一节　楼梯的组成、形式、尺度

一、楼梯的组成

楼梯一般由梯段、楼梯平台、栏杆扶手三部分组成，如图7-1所示。

（一）梯段

梯段俗称梯跑，是联系两个不同标高平台的倾斜构件，通常为板式梯段，也可以由踏步板和梯斜梁组成梁板式梯段。为了减轻疲劳，梯段的踏步步数一般不宜超过18级，但也不宜少于3级，因梯段步数太多使人连续疲劳，步数太少则不易为人察觉。

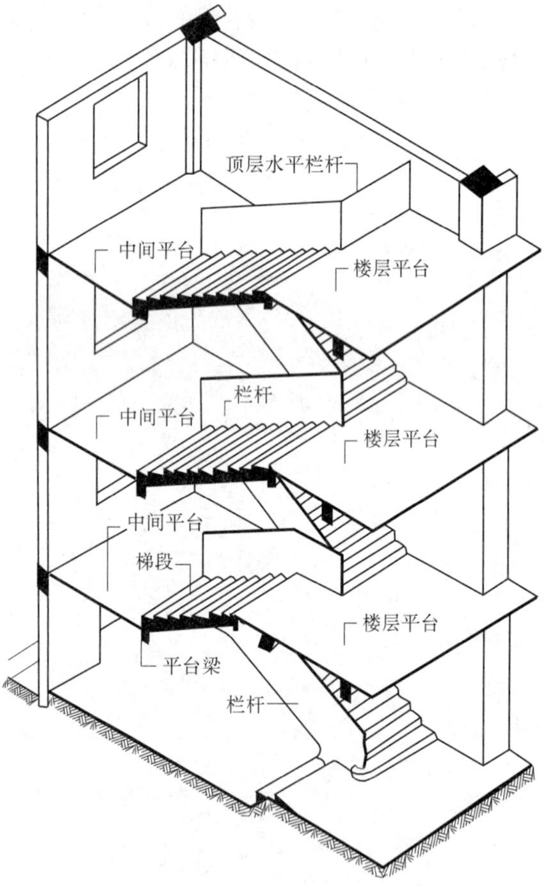

图7-1　楼梯的组成

（二）楼梯平台

按楼梯平台所处位置和标高不同，有中间平台和楼层平台之分。两楼层之间的平台称为中间平台，用来供人们行走时调节体力和改变行进方向。而与楼层地面标高齐平的平台称为楼层平台，除起着与中间平台相同的作用外，还用来分配从楼梯到达各楼层的人流。

（三）栏杆扶手

栏杆扶手是设在梯段及平台边缘

的安全保护构件。当梯段宽度不大时,可只在梯段临空面设置;当梯段宽度较大时,非临空面也应加设靠墙扶手;当梯段宽度很大时,则临空面也应加设靠墙扶手。当梯段宽度很大时,需在梯段中间加设中间扶手。

楼梯作为建筑空间竖向联系的主要部件,其位置应明显,起到提示引导人流的作用,并要充分考虑其造型美观、人流通行顺畅、行走舒适、结构坚固、防火安全,同时还应满足施工和经济条件的要求。因此,需要合理地选择楼梯的形式、坡度、材料、构造做法,精心地处理好其细部构造。

二、楼梯形式

楼梯形式(见图7-2)的选择取决于所处位置、楼梯间的平面形状与大小、楼层高低与层数、人流多少与缓急等因素,设计时需综合权衡这些因素。

(一)直行单跑楼梯

如图7-2(a)所示,直行单跑楼梯无中间平台,由于单跑楼段踏步数一般不超过18级,故仅用于层高不高的建筑。

(二)直行多跑楼梯

如图7-2(b)所示,直行多跑楼梯是直行单跑楼梯的延伸,仅增设了中间平台,将单梯段变为多梯段。一般为双跑梯段,适用于层高较高的建筑。

直行多跑楼梯给人以直接、顺畅的感觉,导向性强,在公共建筑中常用于人流较多的大厅。但是,由于其缺乏方位上回转上升的连续性,当用于需上下多层楼面的建筑时,会增加交通面积并加长人流行走的距离。

(三)平行双跑楼梯

如图7-2(c)所示,平行双跑楼梯由于上完一层楼刚好回到原起步方位,与楼梯上升的空间回转往复性吻合,当用于上下多层楼面的建筑时,比直跑楼梯节约交通面积,并缩短人流行走的距离,是最常用的楼梯形式之一。

(四)平行双分、双合楼梯

如图7-2(d)所示,平行双分楼梯形式是在平行双跑楼梯的基础上演变产生的。其梯段平行而行走方向相反,且第一跑在中部上行,然后其中间平台处往两边以第一跑的二分之一梯段宽,各上一跑到楼层面。其通常在人流多、楼段宽度较大时采用。由于其造型的对称严谨性,常用作办公类建筑的主要楼梯。

如图7-2(e)所示,平行双合楼梯与平行双分楼梯类似,区别仅在于楼层平台起步第一跑梯段前者在中而后者在两边。

(五)折行多跑楼梯

如图7-2(f)所示,折行双跑楼梯人流导向较自由,折角可变,可为90°,也可大于或小于90°。当折角大于90°时,由于其行进方向性类似直行双跑楼梯,故常用于导向性强、仅上一层楼的影剧院、体育馆等建筑的门厅中;当折角小于90°时,其行进方向回转延续性有所改观,形成三角形楼梯间,可用于上多层楼的建筑中。

如图7-2(g)、(h)所示,折行三跑楼梯中部形成较大梯井,在设有电梯的建筑中,可利用梯井作为电梯井位置。由于有三跑梯段,常用于层高较大的公共建筑中。当楼梯井未作为电梯井时，因楼梯井较大，不安全，供少年儿童使用的建筑不能采用此种楼梯。

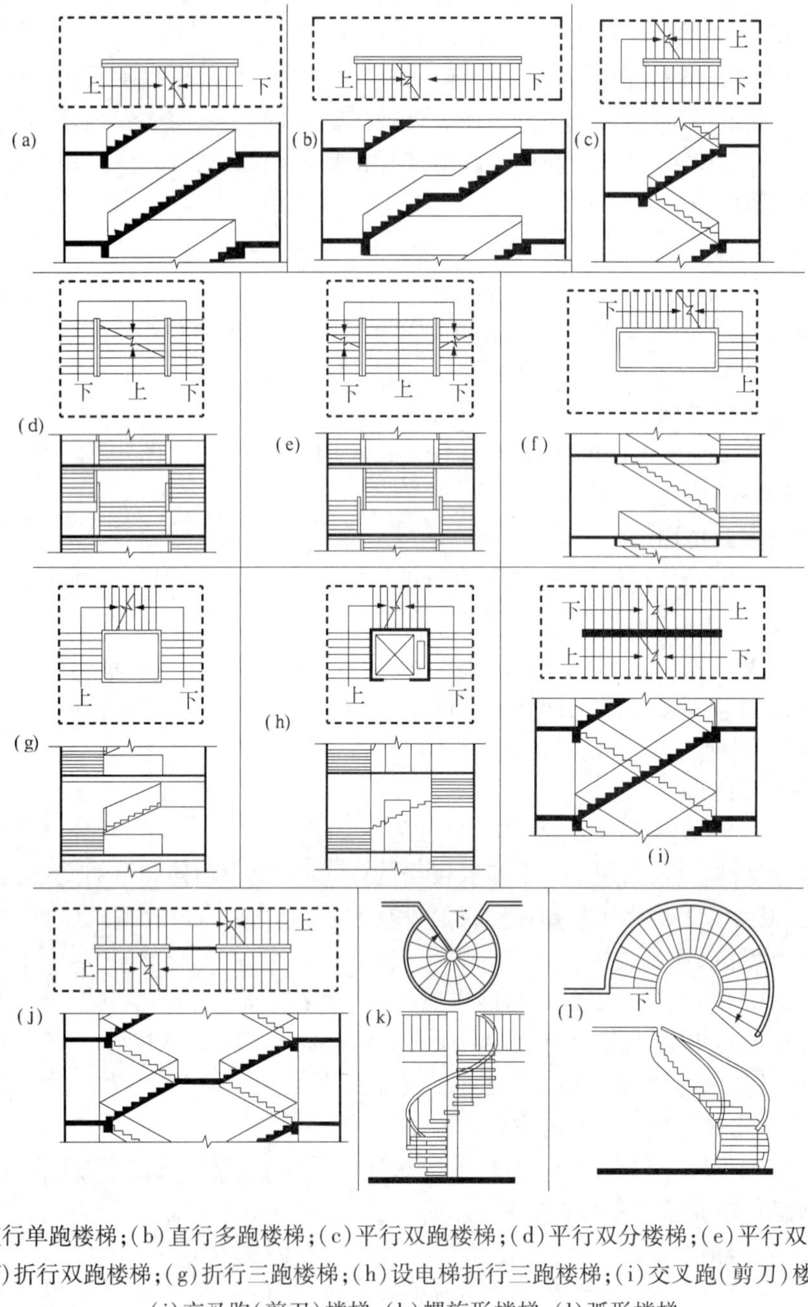

(a)直行单跑楼梯;(b)直行多跑楼梯;(c)平行双跑楼梯;(d)平行双分楼梯;(e)平行双合楼梯;
(f)折行双跑楼梯;(g)折行三跑楼梯;(h)设电梯折行三跑楼梯;(i)交叉跑(剪刀)楼梯;
(j)交叉跑(剪刀)楼梯;(k)螺旋形楼梯;(l)弧形楼梯

图 7-2　楼梯形式

(六)交叉跑(剪刀)楼梯

如图 7-2(i)所示，交叉跑(剪刀)楼梯可以认为是由两个直行单跑楼梯交叉并列布置而成的，通行的人流量较大，且为上下楼层的人流提供了两个方向，对于空间开敞、楼层人流多方向进人有利，但仅适用于层高小的建筑。

如图 7-2(j)所示交叉跑(剪刀)楼梯，当层高较大时，设置中间平台，中间平台为人流变换行进方向提供了条件，适用于层高较大且有楼层人流多向性选择要求的建筑，如商场、多层食堂等。

在图 7-2(i)、(j)所示交叉跑(剪刀)楼梯中间加上防火分隔墙(图中虚线所示)，在楼梯周边设防火墙并设防火门形成楼梯间，就成了防火交叉跑(剪刀)楼梯。其特点是两边梯段空间互不相通，形成两个各自独立的空间通道，这种楼梯可以视为两部独立的疏散楼梯，满足双向疏散的要求。由于其水平投影面积小，节约了建筑空间，常在有双向疏散要求的高层居住建筑中采用。

(七)螺旋形楼梯

如图 7-2(k)所示，螺旋形楼梯通常是围绕一根单柱布置，平面呈圆形。其平台和踏步均为扇形平面，踏步内侧宽度很小，并形成较陡的坡度，行走时不安全，且构造较复杂。这种楼梯不能作为主要人流交通和疏散楼梯，但由于其流线型造型美观，常作为建筑小品布置在庭院或室内。

为了克服螺旋形楼梯内侧坡度过陡的缺点，在较大型的楼梯中，可将其中间的单柱变为群柱或筒体，如图 7-3(b)所示。

(八)弧形楼梯

如图 7-2(l)所示，弧形楼梯与螺旋形楼梯的不同之处在于它围绕一较大的轴心空间旋转，未构成水平投影圆，仅为一段弧环，并且曲率半径较大。其扇形踏步的内侧宽度也较大，使坡度不至于过陡，可以用来通行较多的人流。弧形楼梯也是折行楼梯的演变形式，当布置在公共建筑的门厅时，具有明显的导向性和优美轻盈的造型，但其结构和施工难度较大，通常采用现浇钢筋混凝土结构。

如图 7-3 所示为楼梯实例。

三、楼梯的尺度

(一)踏步尺度

楼梯的坡度在实际应用中均由踏步的高宽比决定。踏步的高宽比需根据人流行走的舒适、安全和楼梯间的尺度、面积等因素进行综合权衡，常用的坡度为 1∶2 左右，人流量大、安全要求高的楼梯坡度应该平缓一些，反之则可陡一些，以利于节约楼梯水平投影面积。

楼梯踏步的踏步高和踏步宽一般根据经验数据确定，如表 7-1 所示。

表 7-1　楼梯踏步常用高度和宽度尺寸

名称	住宅	幼儿园	学校、办公楼	医院	剧院、会堂
踏步高 h(mm)	150～175	120～150	140～160	120～150	120～150
踏步宽 b(mm)	260～300	260～280	280～340	300～350	300～350

踏步的高度，成人以 150 mm 左右较为适宜，不应高于 175 mm。踏步的宽度(水平

(a) 折形多跑楼梯

(b) 螺旋形楼梯

(c) 弧形楼梯

(d) 悬臂楼梯

(e) 直行多跑楼梯

(f) 直行单跑楼梯

图 7-3　楼梯实例

投影宽度)以 300 mm 左右为宜,不应窄于 260 mm。当踏步宽度过宽时,将导致梯段水平投影面积的增加;而当踏步宽度过窄时,会使人流行走不安全。为了在踏步宽度一定的情况下增加行走舒适度,常将踏步出挑 20 ~ 30 mm,使踏步实际宽度大于其水平投影宽度,如图 7-4 所示。

(二)梯段尺度

梯段尺度分为梯段宽度和梯段长度。梯段宽度应根据紧急疏散时要求通过的人流股数多少确定。每股人流按 550 ~ 600 mm 宽度考虑,双人通行时为 1 100 ~ 1 200 mm,三人通行时为 1 650 ~ 1 800 mm,余类推。同时,需满足各类建筑设计规范中对梯段宽度的低限要求。

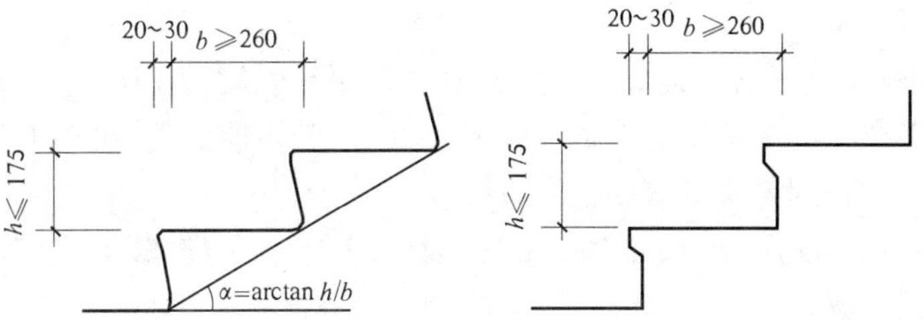

图 7-4　踏步出挑形式

梯段长度(L)则是每一梯段的水平投影长度,其值为 $L=b\times(N-1)$,其中 b 为踏面水平投影步宽,N 为每一梯段的踏步数,此处需注意踏步数为踢面高步数。

(三)平台宽度

平台宽度分为中间平台宽度 D_1 和楼层平台宽度 D_2,对于平行多跑和折行多跑等类型楼梯,其中间平台宽度应不小于梯段宽度,以保证通行和梯段同股数人流。同时,应便于家具搬运,医院建筑还应保证担架在平台处能转向通行,其中间平台宽度应不小于 1 800 mm。对于直行多跑楼梯,其中间平台宽度不小于 1 000 mm。对于楼层平台宽度,则应比中间平台更宽松一些,以利于人流分配和停留。

(四)梯井宽度

所谓梯井,是指梯段之间形成的空当,此空当从顶层到底层贯通,如图 7-5 所示的 C。在平行多跑楼梯中,可无梯井,但为了梯段安装和平台转变缓冲,可设梯井。为了安全,其宽度应小,以 60 ~ 200 mm 为宜。

(五)楼梯尺寸计算

在进行楼梯构造设计时,应对楼梯各细部尺寸进行详细的计算。现以常用的平行双跑楼梯为例,说明楼梯尺寸的计算方法,如图 7-5 所示。

(1)根据层高 H 和初选步高 h 定每层步数 N,$N=H/h$。为了减少构件规格,一般应尽量采用等跑梯段,因此 N 宜为偶数。如所求出 N 为奇数或非整数,可反过来调整步高 h。

(2)根据步数 N 和初选步宽 b 决定梯段水平投影长度 L,$L=(0.5N-1)b$。

(3)确定是否设梯井。如楼梯间宽度较富裕,可在两梯段之间设梯井。供少年儿童使用的楼梯梯井不应大于 120 mm,以利安全。

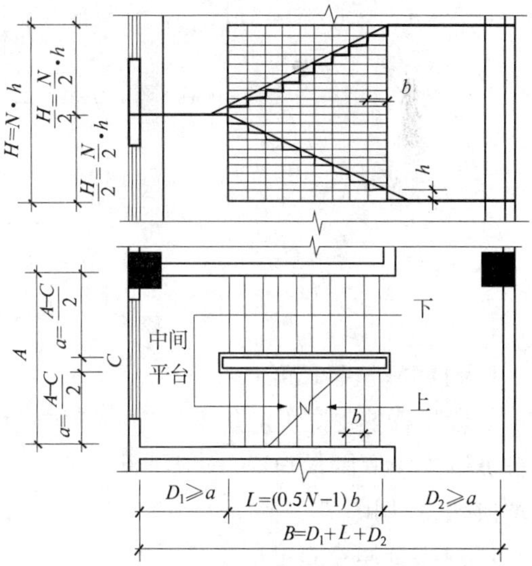

图 7-5　楼梯尺寸计算

(4)根据楼梯间开间净宽 A 和梯井宽 C 确定梯段宽度 a,$a=(A-C)/2$。同时,检验其通行能力是否满足紧急疏散时人流股数要求,若不能满足,则应对梯井宽 C 或楼梯间

开间净宽 A 进行调整。

(5)根据初选中间平台宽度 $D_1(D_1 \geqslant a)$ 和楼层平台宽度 $D_2(D_2 \geqslant a)$ 以及梯段水平投影长度 L 检验楼梯间进深净长度 B，$B = D_1 + L + D_2$。若不能满足，可对 L 值进行调整(即调整 b 值)。必要时，则需调整 B 值。

在 B 值一定的情况下，若尺寸有富裕，一般可加宽 b 值以减缓坡度或加宽 D_2 值以利于楼层平台分配人流。

在装配式楼梯中，D_1 值和 D_2 值的确定尚需注意使其符合平台预制板安放尺寸，或使异形尺寸板仅在一个平台，以减少异形板数量。

如图 7-6 所示为楼梯各层平面图。

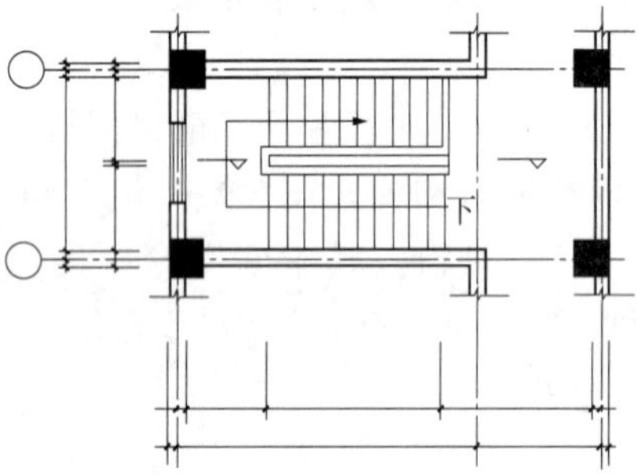

(a) 顶层平面图

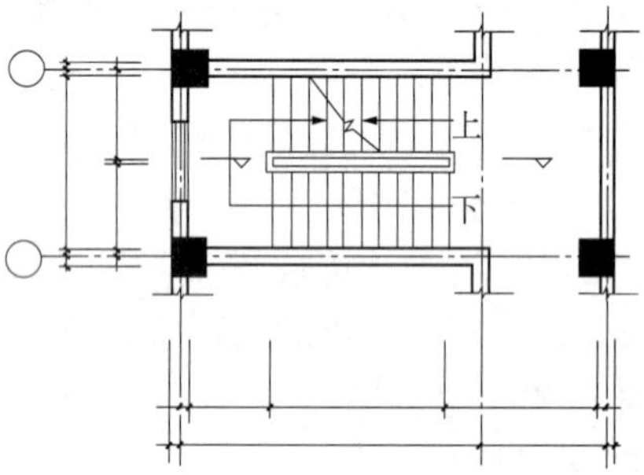

(b) 标准层平面图

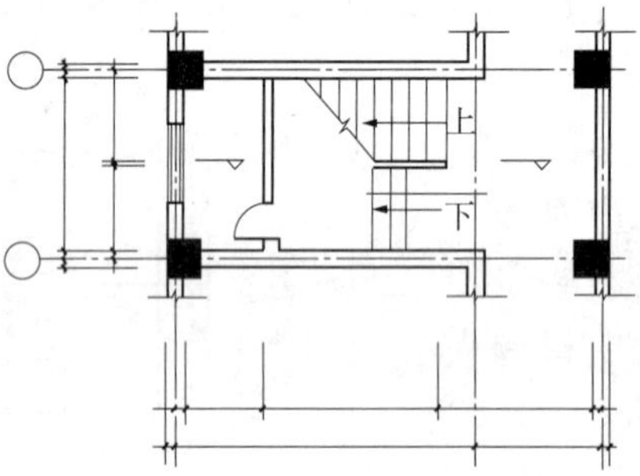

(c) 底层平面图

图 7-6 楼梯各层平面图

(六)栏杆扶手尺度

梯段栏杆扶手高度应从踏步中心点垂直量至扶手顶面。其高度根据人体重心高度和楼梯坡度大小等因素确定，一般不低于 900 mm，供儿童使用的楼梯应在 500 ~ 600 mm 高度增设扶手，如图 7-7 所示。

(七)楼梯净空高度

楼梯各部位的净空高度应保证人流通行和家具搬运，一般要求不小于 2 000 mm，梯段范围内净空高度应大于 2 200 mm，如图 7-8 所示。

当在平行双跑楼梯底层中间平台下需设置通道时，为保证平台下净高满足通行要求，一般可采用以下方式解决：

(1)在底层变为长短跑梯段。起步第一跑为长跑，以提高中间平台标高，如图 7-9(a)

所示。这种方式仅在楼梯间进深较大、底层平台宽度 D_2 富裕时适用。

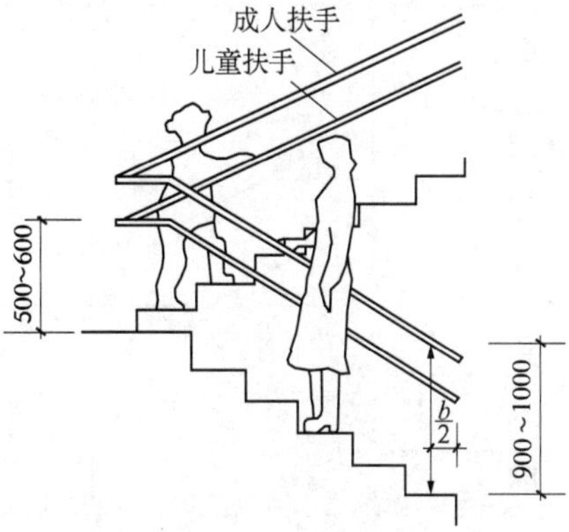

图 7-7　扶手高度位置

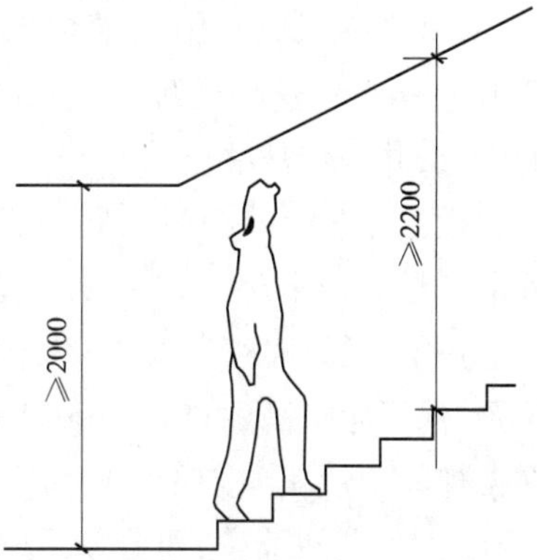

图 7-8　楼梯净空高度

（2）局部降低底层中间平台下地坪标高，使其低于底层室内地坪标高 ±0.000，以满足净空高度要求，但降低后的中间平台下地坪标高仍应高于室外地坪标高，以免雨水内溢，如图 7-9（b）所示。这种处理方式可保持等跑梯段，使构件统一。但中间平台下地坪标高的降低，常依靠底层室内地坪 ±0.000 标高绝对值的提高来实现，可能增加填土方量或将底层地面架空。

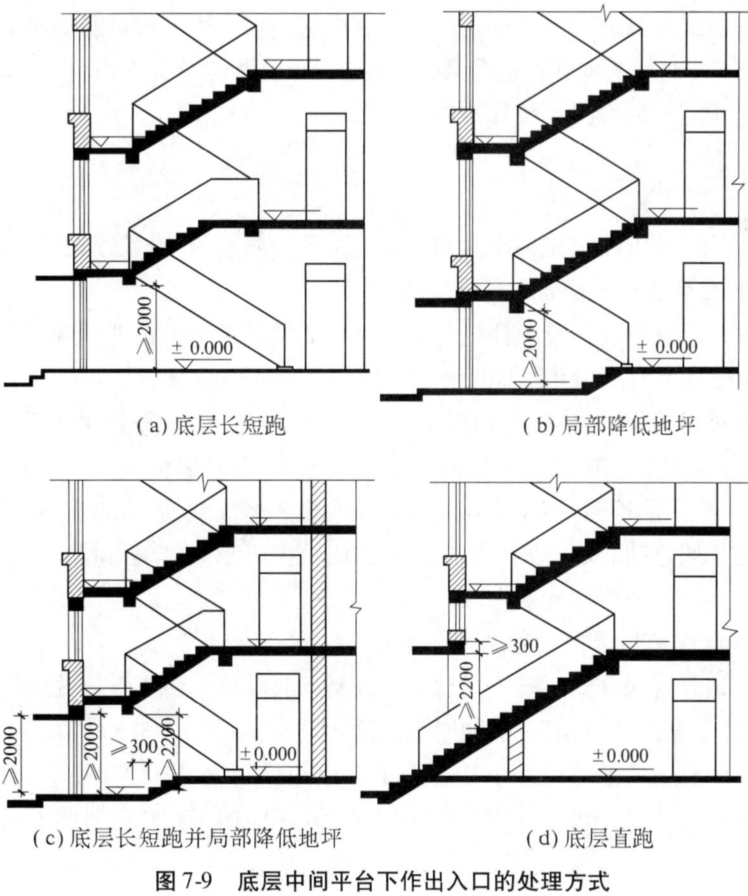

图 7-9　底层中间平台下作出入口的处理方式

(3)综合以上两种方式,在采取长短跑梯段的同时,又适当降低底层中间平台下地坪标高,如图 7-9(c)所示。这种处理方式可兼有前两种方式的优点,并弱化其缺点。

(4)底层用直行单跑或直行双跑楼梯直接从室外上二层,如图 7-9(d)所示。这种方式常用于住宅建筑,设计时需注意入口处雨篷底面标高的位置,保证净空高度在 2.2 m 以上。

在楼梯间顶层,当楼梯不上屋顶时,由于局部净空高度大,空间浪费,可在满足楼梯净空要求的情况下局部加以利用,如做成小储藏间,如图 7-10 所示。

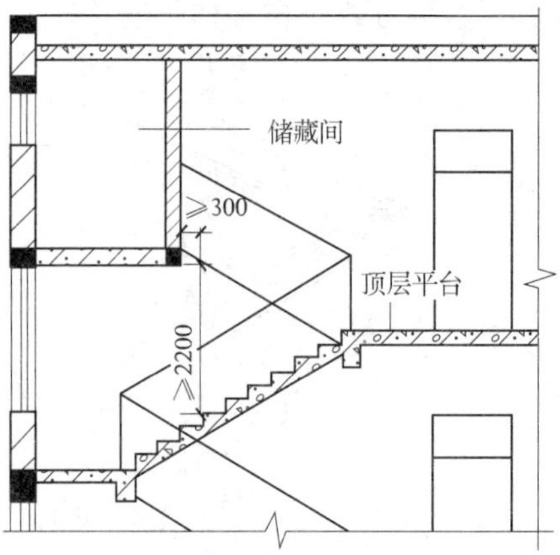

图 7-10　楼梯间局部利用

第二节　预制装配式钢筋混凝土楼梯构造

钢筋混凝土楼梯具有坚固耐久、节约木材、防火性能好、可塑性强等优点,得到广泛应用。按其施工方式可分为现浇整体式和预制装配式。现浇整体式钢筋混凝土楼梯整体刚度好,但现场施工量大。预制装配式钢筋混凝土楼梯有利于节约模板,提高施工速度。本节讨论预制装配式钢筋混凝土楼梯构造。

一、基本形式

预制装配式钢筋混凝土楼梯按其构造方式可分为墙承式、墙悬臂式和梁承式等类型。

(一)预制装配墙承式钢筋混凝土楼梯

预制装配墙承式钢筋混凝土楼梯是指预制钢筋混凝土踏步板直接搁置在墙上的一种楼梯形式,如图 7-11 所示。其踏步板一般采用一字形、L形或ㄱ形断面。

预制装配墙承式钢筋混凝土楼梯踏步两端由墙体支承,不需设平台梁、梯斜梁和栏杆,需要时设靠墙扶手。但由于踏步板直接安装入墙体,对墙体砌筑和施工速度影响较大。同时,踏步板入墙端形状、尺寸与墙体砌块模数不容易吻合,砌筑质量不易保证。这种楼梯由于在梯段之间有墙,搬运家具不方便,阻挡视线,对抗震不利,施工也较麻烦。现在仅有时用于小型的一般性建筑中。

(二)预制装配墙悬臂式钢筋混凝土楼梯

预制装配墙悬臂式钢筋混凝土楼梯是指预制钢筋混凝土踏步板一端嵌固于楼梯间侧墙上,另一端凌空悬挑的楼梯形式,如图 7-12 所示。

预制装配墙悬臂式钢筋混凝土楼梯无平台梁和梯斜梁,也无中间墙,楼梯间空间轻巧、空透,结构占空间少,但其楼梯间整体刚度极差,不能用于有抗震设防要求的地区。由于需随墙体砌筑安装踏步板,并需设临时支撑,施工比较麻烦。现在已少有采用。

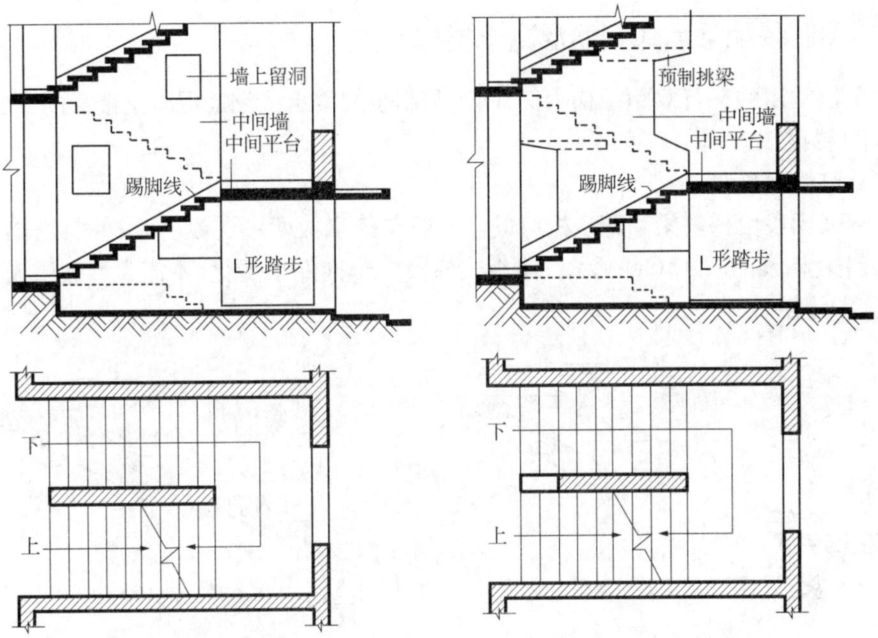

(a) 中间墙上设观察窗　　　　(b) 中间墙局部收进

图 7-11　预制装配墙承式钢筋混凝土楼梯

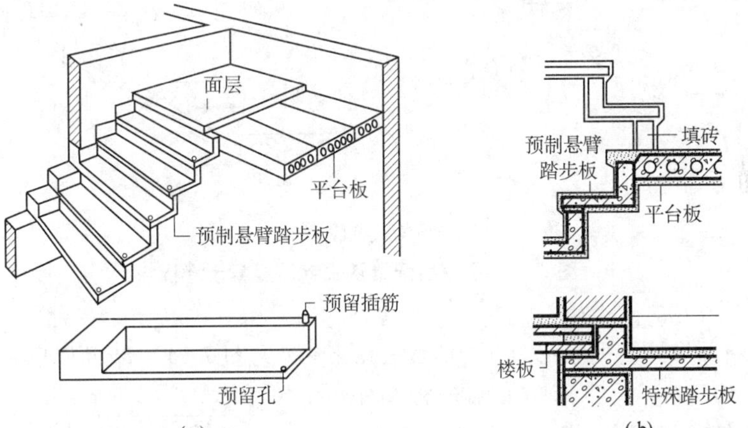

(a)　　　　(b)

图 7-12　预制装配墙悬臂式钢筋混凝土楼梯

(三) 预制装配梁承式钢筋混凝土楼梯

预制装配梁承式钢筋混凝土楼梯是指梯段由平台梁支承的楼梯构造方式。由于在楼梯平台与斜向梯段交会处设置了平台梁,避免了构件转折处受力不合理和节点处理的困难。同时,平台梁既可支承于承重墙上又可支承于框架结构梁上,在一般大量性民用建筑中较为常用。预制构件可按梯段(板式或梁板式梯段)、平台梁、平台板三部分进行划分,如图 7-13 所示。

二、预制装配梁承式钢筋混凝土楼梯

本节以常用的平行双跑楼梯为例，阐述预制装配梁承式钢筋混凝土楼梯的一般构造。

(一)梯段

1. 梁板式梯段

梁板式梯段由梯斜梁和踏步板组成。一般在踏步板两端各设一根梯斜梁，踏步板支承在梯斜梁上，如图 7-13(a)所示。梁板式梯段由于构件小型化，不需大型起重设备即可安装，施工简便。

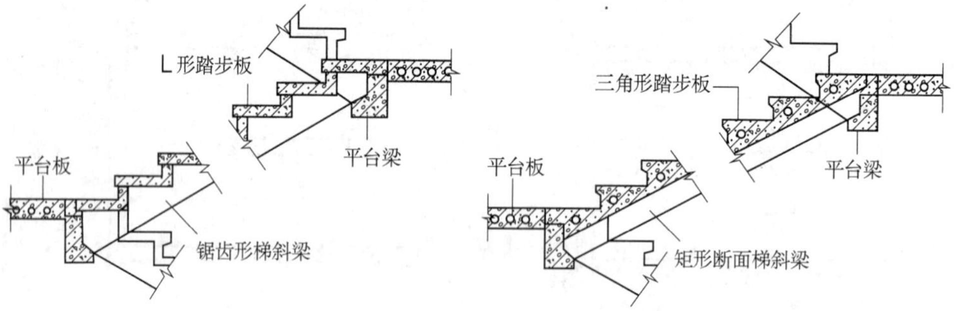

(a) 梁板式梯段

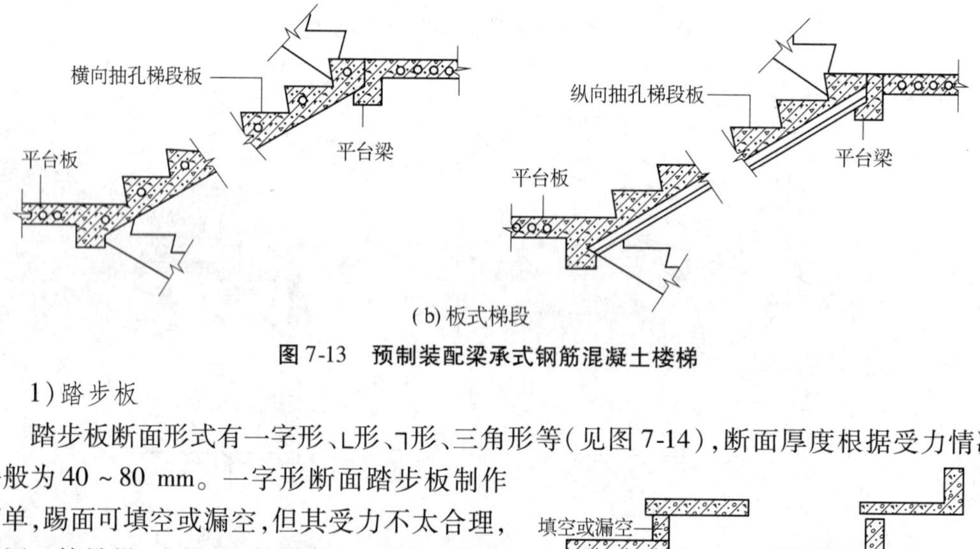

(b) 板式梯段

图 7-13 预制装配梁承式钢筋混凝土楼梯

1) 踏步板

踏步板断面形式有一字形、L形、ᒣ形、三角形等(见图 7-14)，断面厚度根据受力情况一般为 40 ~ 80 mm。一字形断面踏步板制作简单，踢面可填空或漏空，但其受力不太合理，仅用于简易梯、小梯、室外梯等。L形与ᒣ形断面踏步板较一字形断面踏步板受力合理、用料省、自重轻，为平板带肋形式，其缺点是底面呈折线形，不平整。三角形断面踏步板使梯段底面平整、简洁，解决了前几种踏步板底面不平整的问题。为了减轻自重，常将三角形断面踏步板抽孔，形成空心构件。

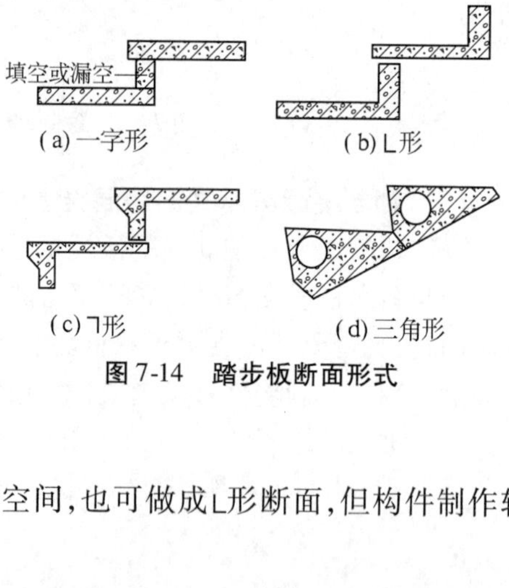

图 7-14 踏步板断面形式

2) 梯斜梁

梯斜梁一般为矩形断面，为了减少结构所占空间，也可做成L形断面，但构件制作较复杂。用于搁置一字形、L形、ㄱ形断面踏步板的梯斜梁为锯齿形变断面构件,用于搁置三角形断面踏步板的梯斜梁为等断面构件,如图 7-15 所示。梯斜梁一般按 $L/12$(L 为梯斜梁水平投影跨度)估算其断面有效高度。

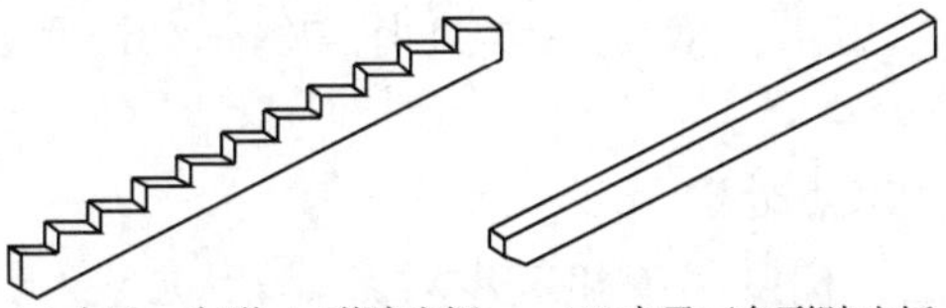

(a)支承一字形、L形踏步板　(b)支承三角形踏步板

图 7-15　梯斜梁形式

2. 板式梯段

板式梯段为整块或数块带踏步条板,其上下端直接支承在平台梁上,如图 7-13(b)所示。由于没有梯斜梁,梯段底面平整,结构厚度小,其有效断面厚度可按 $L/30 \sim L/20$ 估算,由于梯段板厚度小,且无梯斜梁,使平台梁相应抬高,增大了平台下净空高度。

为了减轻梯段板自重,也可做成空心构件,有横向抽孔和纵向抽孔两种方式。横向抽孔较纵向抽孔合理易行,较为常用,如图 7-16 所示。

(二)平台梁

为了便于支承梯斜梁或梯段板,平衡梯段水平分力并减少平台梁所占结构空间,一般将平台梁做成L形断面,如图 7-17 所示。其构造高度按 $L/12$ 算(L 为平台梁跨度)。

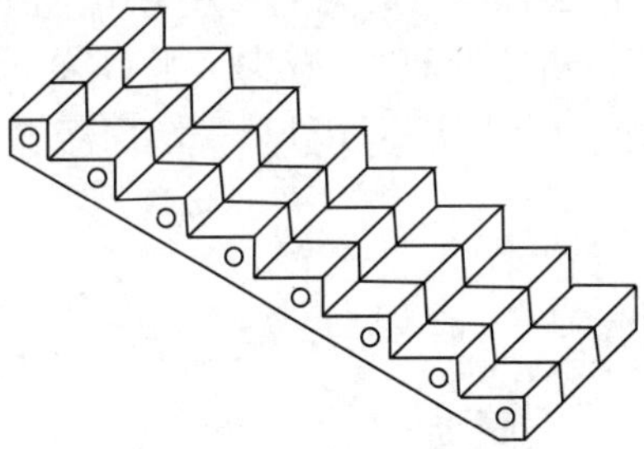

图 7-16　条板式梯段

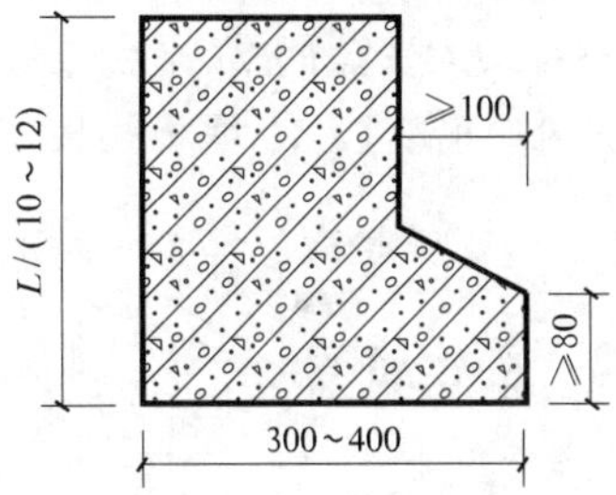

图 7-17　平台梁断面尺寸

(三)平台板

平台板可根据需要采用钢筋混凝土空心板、槽板或平板。需要注意的是,在平台上有管道井处,不宜布置空心板。平台板一般平行于平台梁布置,以利于加强楼梯间整体刚度。当垂直于平台梁布置时,常用小平板。图 7-18 所示为平台板布置方式。

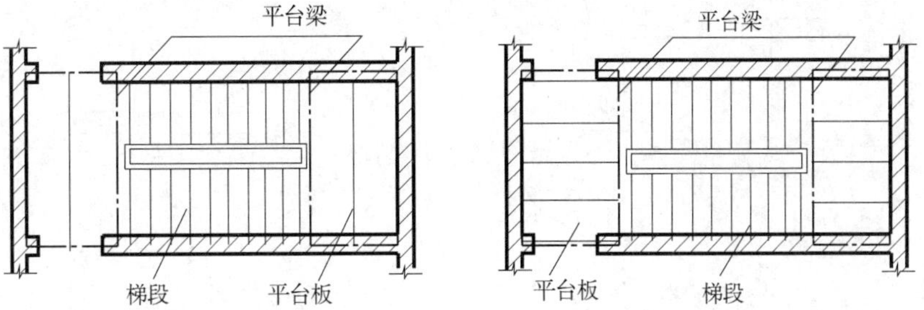

(a)平台板平行于平台梁　(b)平台板垂直于平台梁

图 7-18　平台板布置方式

三、梯段与平台梁节点处理

梯段与平台梁节点处理是构造设计的难点。就两梯段之间的关系而言，一般有梯段齐步和梯段错步两种方式，就平台梁与梯段之间的关系而言，有埋步和不埋步两种方式，如图 7-19 所示。

（一）梯段齐步布置的节点处理

如图 7-19（a）所示，上下梯段起步和末步对齐，平台完整，可节省梯间进深尺寸。梯段与平台梁的连接一般以上下梯段底线交点作为平台梁牛腿 O 点，可使梯段板或梯斜梁支承端形状简化。

（二）梯段错步布置的节点处理

如图 7-19（b）所示，上下梯段起步和末步相错一步，在平台梁与梯段连接方式相同的情况下，平台梁底标高可比齐步方式抬高，有利于减少结构空间。但错步方式使平台不完整，并且多占楼梯间进深尺寸。

当两梯段采用长短跑时，它们之间相错步数便不止一步，需将短跑梯段做成折形构件，如图 7-19（d）所示。

（三）梯段不埋步的节点处理

如图 7-19（c）所示，此种方式用平台梁代替了一步踏步，可以减小梯段跨度。当楼层平台处侧墙上有门洞时，可避免平台梁支承在门过梁上，在住宅建筑中尤为实用。但此种方式的平台梁为变截面梁，平台梁底标高也较低，结构占空间较大，减少了平台梁下净空高度。另外，尚需注意不埋步梁板式梯段采用L 形踏步板时，其起步处第一踢面需填砖。

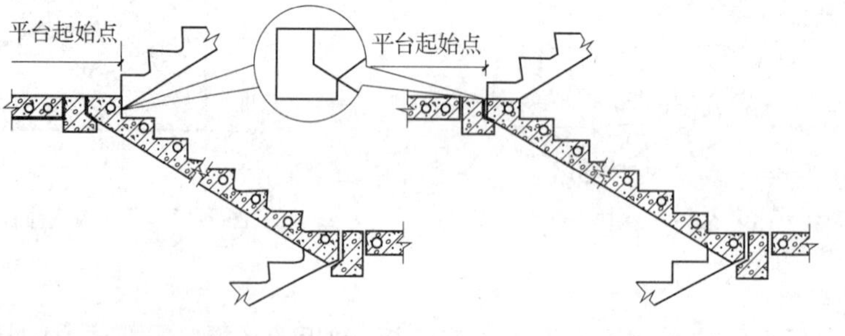

（a）梯段齐步并埋步　　　　（b）梯段错一步

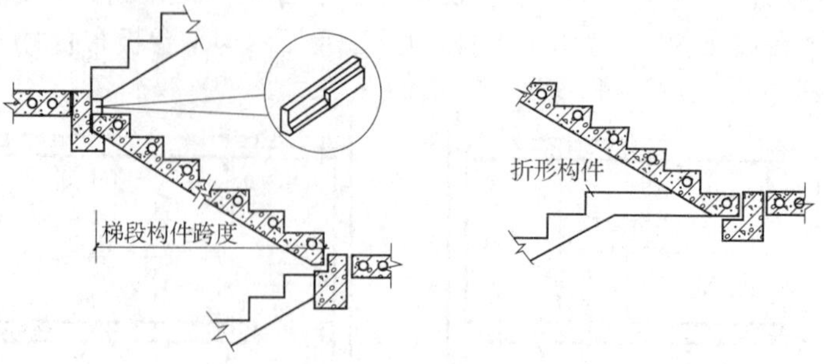

（c）梯段齐步不埋步　　　　（d）梯段错多步

图 7-19　梯段与平台梁节点处理

(四)梯段埋步的节点处理

如图7-19(a)所示,此种方式梯段跨度较前者大,但平台梁底标高可提高,有利于增加平台下净空高度,平台梁可为等截面梁。此种方式常用于公共建筑。另外,尚需注意埋步梁板式梯段采用L形踏步板时,在末步处会产生一字形踏步板,当采用ㄱ形踏步板时,在起步处会产生一字形踏步板。

四、构件连接

由于楼梯是主要交通部件,对其坚固耐久、安全可靠的要求较高,特别是在地震区建筑中更需引起重视,并且梯段为倾斜构件,故需加强各构件之间的连接,提高其整体性。

(一)踏步板与梯斜梁连接

如图7-20(a)所示,一般在梯斜梁支承踏步板处用水泥砂浆坐浆连接。若需加强,则可在梯斜梁上预埋插筋,与踏步板支承端预留孔插接,用高强度等级水泥砂浆填实。

(二)梯斜梁或梯段板与平台梁连接

如图7-20(b)所示,在支座处除用水泥砂浆坐浆外,应在连接端预埋钢板进行焊接。

(三)梯斜梁或梯段板与梯基连接

如图7-20(c)、(d)所示,在楼梯底层起步处,梯斜梁或梯段板下应做梯基,梯基常用砖或混凝土,也可用平台梁代替梯基。但需注意该平台梁无梯段处与地坪的关系。

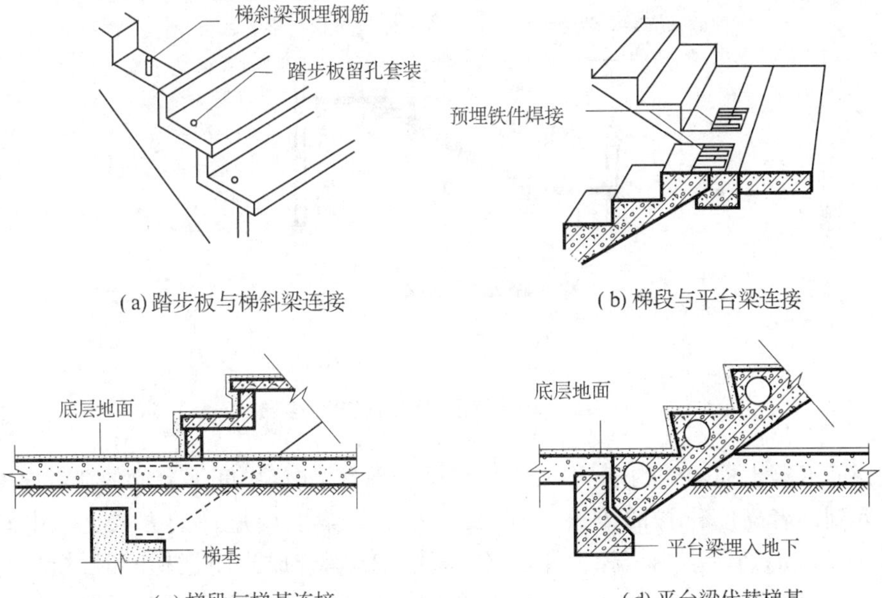

图7-20 构件连接

第三节 现浇整体式钢筋混凝土楼梯构造

现浇整体式钢筋混凝土楼梯结构整体性好,能适应各种楼梯间平面和楼梯形式,充分发挥钢筋混凝土的可塑性。但由于其需要现场支模,模板耗费较大,施工周期较长,并且抽孔困难，不便做成空心构件，所以混凝土用量和自重较大。通常用于特殊异形的楼梯或整体性要求高的楼梯，或当预制装配条件不具备时采用。

现浇整体式钢筋混凝土楼梯有现浇梁承式钢筋混凝土楼梯、现浇梁悬臂式钢筋混凝土楼梯、现浇扭板式钢筋混凝土楼梯等类型，其构造特点分别如下所述。

一、现浇梁承式钢筋混凝土楼梯

现浇梁承式钢筋混凝土楼梯由于其平台梁和梯段连接为一整体，比预制装配梁承式钢筋混凝土楼梯受构件搭接支承关系的制约少。当梯段为梁板式梯段时，梯斜梁可上翻或下翻形成梯帮，如图 7-21(a)、(b)所示。由于梁板式梯段踏步板底面为折线形，支模较困难，常做成板式梯段，如图 7-21(c)所示。

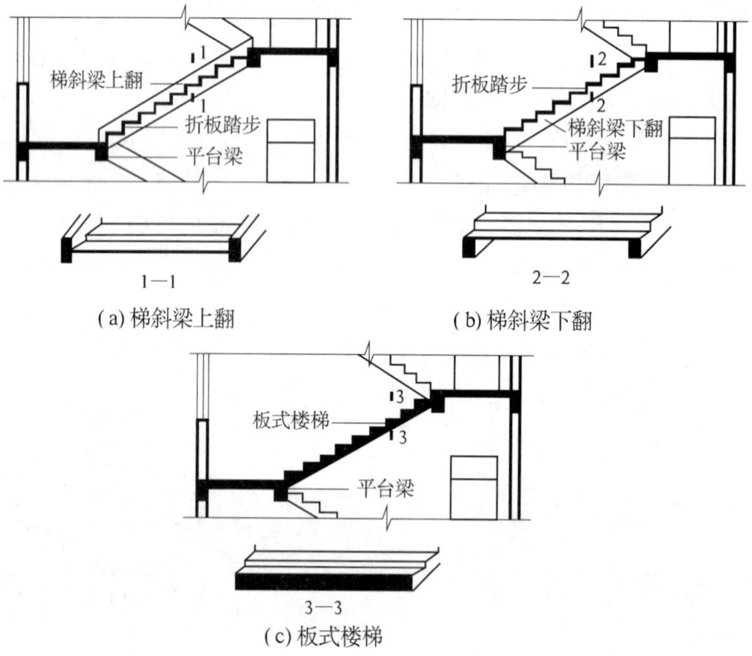

图 7-21　现浇梁承式钢筋混凝土楼梯

在钢筋混凝土框架结构建筑中，当楼梯设有平台梁时，中间平台梁的荷载向框架梁传递会遇到两者高度位置的矛盾，一般采取在框架梁上设短柱的方式支承中间平台梁，如图 7-22(a)所示。当楼梯为开敞式，未用墙体围合成封闭楼梯间时，短柱将影响美观效果，这时，可将平台板和梯段板联合成 Z 形构件，楼层平台一端支承于框架梁上，中间平台一端支承于约半层高(具体高度视设计而定)位置的小梁上，如图 7-22(b)所示。

二、现浇梁悬臂式钢筋混凝土楼梯

现浇梁悬臂式钢筋混凝土楼梯是指踏步板从梯斜梁两边或一边悬挑的楼梯形式，常用于框架结构建筑中或室外露天楼梯，如图 7-23 所示。

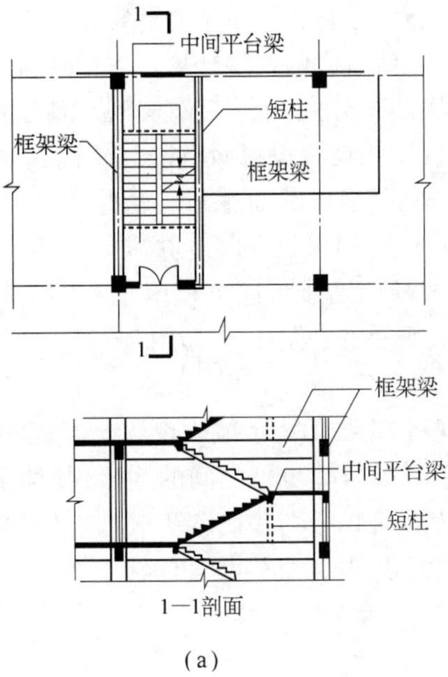

图 7-22　楼梯在钢筋混凝土框架结构中的布置

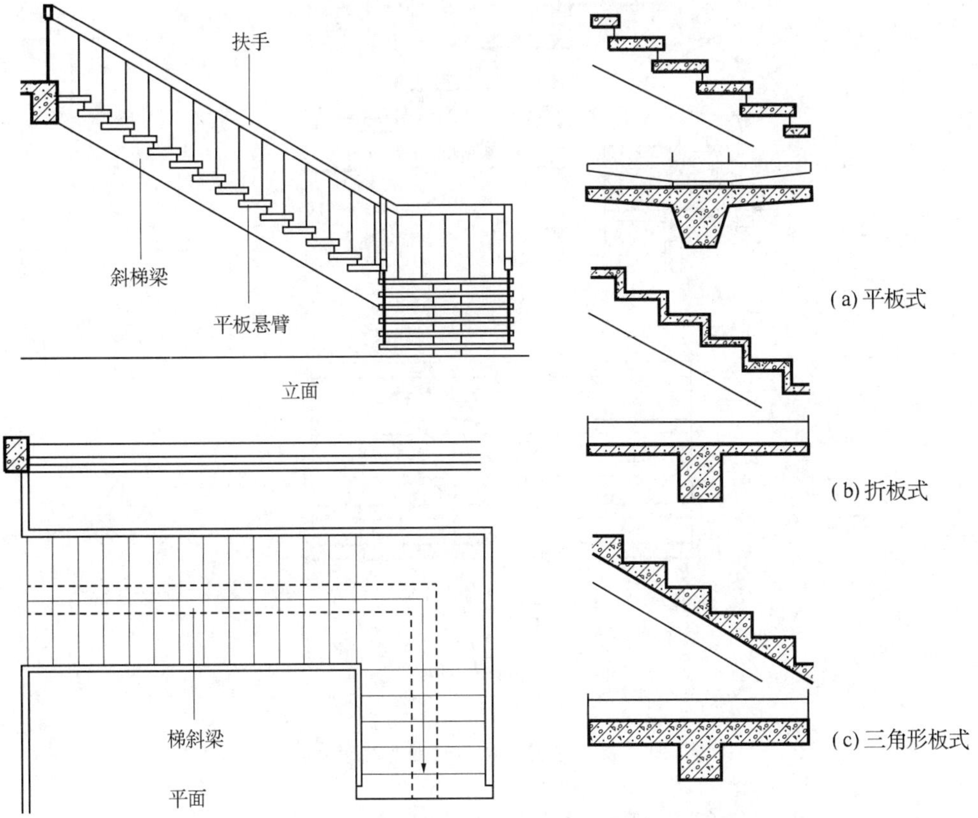

图 7-23　现浇梁悬臂式钢筋混凝土楼梯

这种楼梯一般为单梁悬臂或双梁悬臂支承踏步板和平台板。单梁悬臂常用于中小型楼梯或小品景观楼梯，双梁悬臂则用于梯段宽度大、人流量大的大型楼梯。双梁悬臂可减小踏步板跨，但双梁底面之间常需另做吊顶。由于踏步板悬挑，造型轻盈美观。踏步板断面形式有平板式、折板式和三角形板式。平板式断面踏步使梯段踢面空透，常用于室外楼梯，为了使悬臂踏步板符合力学规律并增加美观，常将踏步板断面逐渐向悬臂端减薄，如图 7-23(a)所示。折板式断面踏步板由于踢面未漏空，可加强板的刚度并避免尘埃下掉，故常用于室内，如图 7-23(b)所示。为了解决折板式断面踏步板底支模困难和不平整的弊病，可采用三角形断面踏步板板式梯段，使其板底平整，支模简单，如图 7-23(c)所示。但这种做法混凝土用量和自重均有所增加。

现浇梁悬臂式钢筋混凝土楼梯通常采用整体现浇方式，但为了减少现场支模，也可采用梁现浇、踏步板预制装配的施工方式。这时，对于斜梁与踏步板之间的连接，须慎重处理，以保证其安全可靠。如图 7-24 所示，在现浇梁上预埋钢板与预制踏步板预埋件焊接，并在踏步之间用钢筋插接后以高强度等级水泥砂浆灌浆填实，加强其整体性。

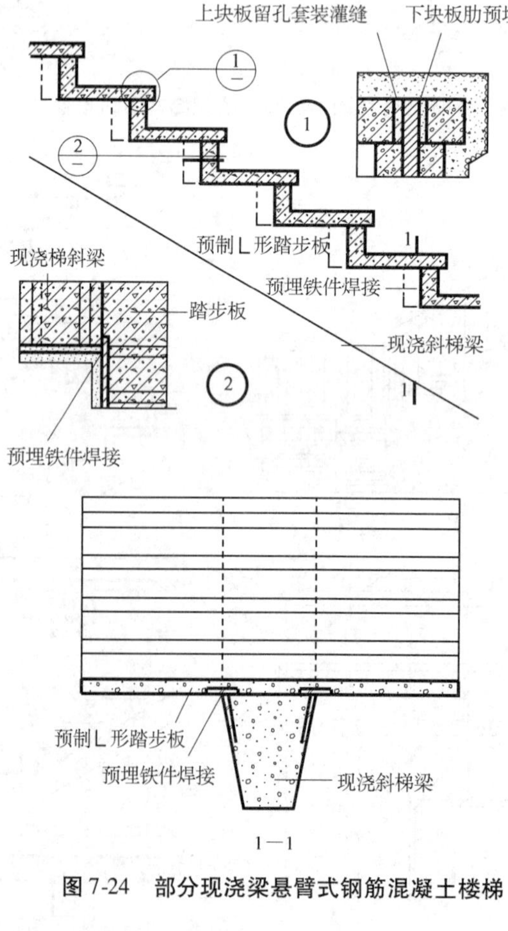

图 7-24　部分现浇梁悬臂式钢筋混凝土楼梯

三、现浇扭板式钢筋混凝土楼梯

现浇扭板式钢筋混凝土楼梯底面平顺，结构占空间少，造型美观。但由于板跨大，受力复杂,结构设计和施工难度较大,钢筋和混凝土用量也较大。如图7-25所示为现浇扭板式钢筋混凝土弧形楼梯,其一般只宜用于建筑标准高的建筑,特别是公共大厅中。为了使梯段边缘线条轻盈,常在靠近边缘处局部减薄出挑。

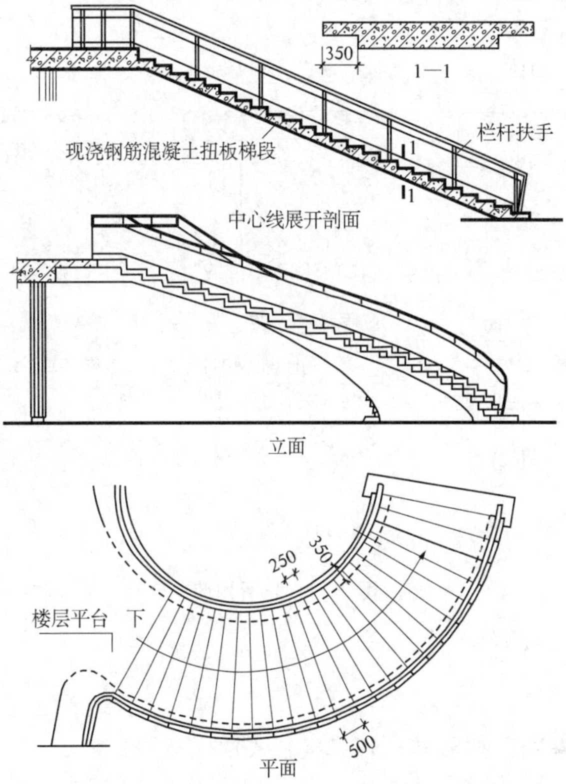

图7-25　现浇扭板式钢筋混凝土弧形楼梯

第四节　楼梯的细部构造

一、踏步面层及防滑构造

楼梯踏步面层应便于行走、耐磨、防滑并保持清洁。踏步面层的材料视装修要求而定,一般与门厅或走道的楼地面材料一致,常用的有水泥砂浆、水磨石、防滑砖和大理石等,如图7-26所示。

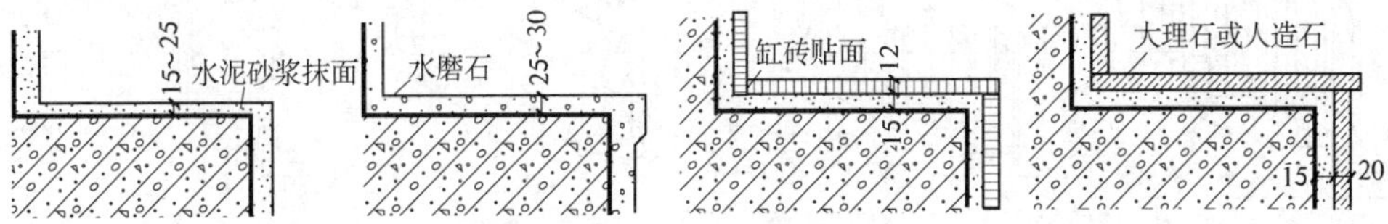

(a)水泥砂浆踏步面层　(b)水磨石踏步面层　(c)缸砖踏步面层　(d)大理石或人造石踏步面层

图7-26　踏步面层

为了防止行人使用楼梯时滑倒,踏步表面应有防滑措施,特别是人流量大或踏步表面光滑的楼梯,必须对踏步表面进行处理。防滑处理的方法通常是在接近踏口处设置防滑条,防滑条的材料主要有金刚砂、马赛克、橡胶条和金属条等,也可用带槽的金属材料包住踏口,这样既防滑又起保护作用。在踏步两端靠近栏杆(或墙)100 ~ 150 mm 处一般不设防滑条。防滑构造如图 7-27 所示。

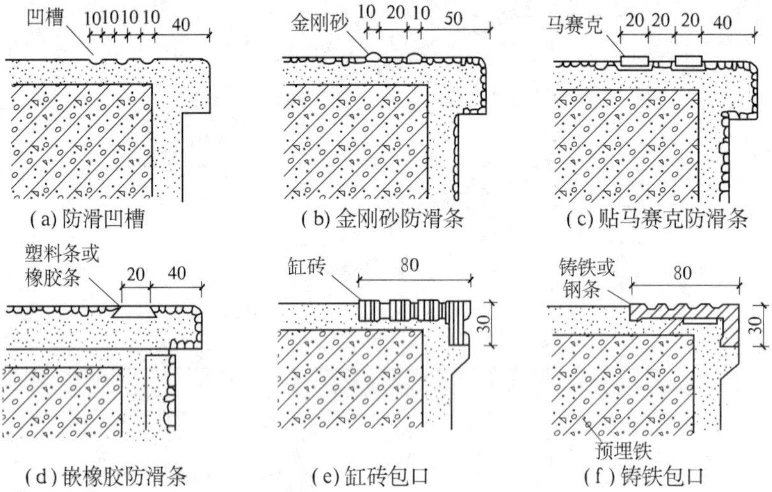

图 7-27　防滑构造

二、栏杆和扶手构造

(一) 栏杆构造

楼梯栏杆有空花栏杆、栏板式栏杆和组合式栏杆三种。

1. 空花栏杆

空花栏杆一般采用圆钢、方钢、扁钢和钢管等金属材料做成。常用断面尺寸为:圆钢直径 16 ~ 25 mm,方钢直径 15 ~ 25 mm,扁钢直径(30 ~ 50)mm × (3 ~ 6) mm,钢管直径 20 ~ 50 mm。

在儿童活动的场所,如幼儿园、住宅等建筑,为防止儿童穿过栏杆空隙发生危险事故,栏杆垂直杆件间的净距不应大于 110 mm,且不应采用易于攀登的花饰。

空花栏杆的形式如图 7-28 所示。

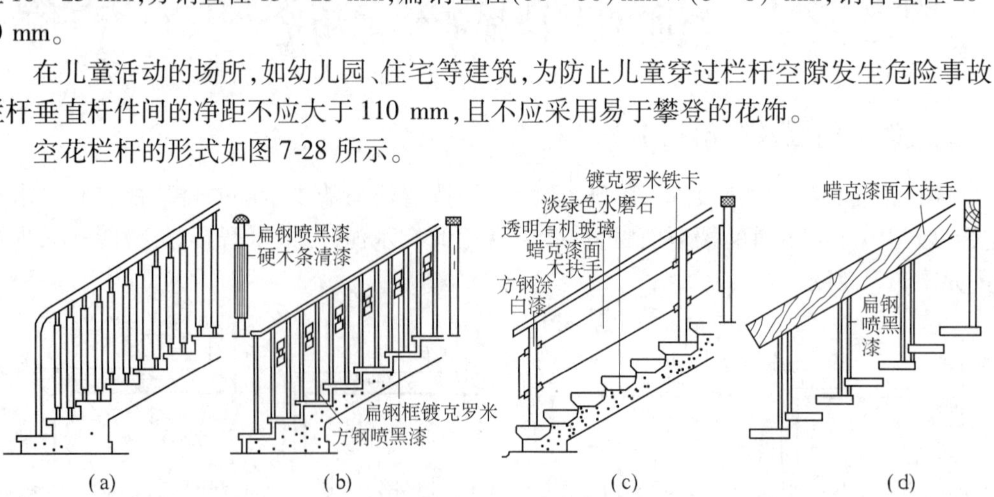

图 7-28　空花栏杆

栏杆与梯段应有可靠的连接,具体方法有以下几种:

(1)预埋铁件焊接。将栏杆的立杆与梯段中的预埋钢板或套管焊接在一起,如图 7-29(a)所示。

(2)预留孔洞插接。将端部做成开脚或倒刺插入梯段预留的孔洞内,用水泥砂浆或细石混凝土填实,如图 7-29(b)所示。

(3)螺栓连接。用螺栓将栏杆固定在梯段上,固定方式有若干种,如用板底螺帽拴紧贯穿踏板的栏杆等,如图 7-29(c)所示。

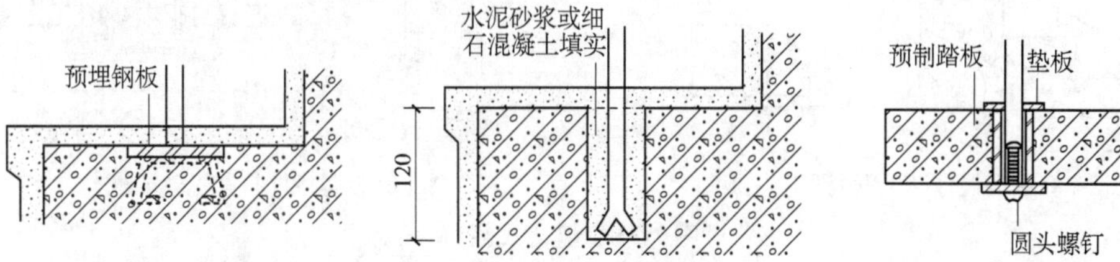

(a)预埋铁件焊接　(b)预留孔洞插接　(c)螺栓连接

图 7-29　栏杆与梯段的连接

2. 栏板式栏杆

栏板通常采用现浇或预制的钢筋混凝土板、钢丝网水泥板或砖砌栏板,也可采用具有较好装饰性的有机玻璃、钢化玻璃等做栏板。

钢丝网水泥栏板是在钢筋骨架的侧面先铺钢丝网,后抹水泥砂浆而成的,如图 7-30(a)所示。

砖砌栏板用砖侧砌成 1/4 砖厚,为增加其整体稳定性,通常在栏板中加设钢筋网,并且用现浇的钢筋混凝土扶手连成整体,如图 7-30(b)所示。

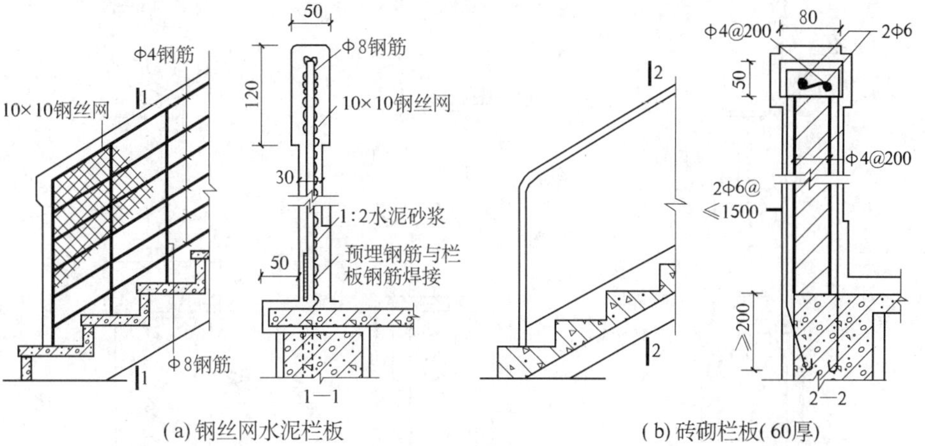

(a)钢丝网水泥栏板　(b)砖砌栏板(60厚)

图 7-30　栏板式栏杆

3. 组合式栏杆

组合式栏杆是将空花栏杆与栏板组合而成的一种栏杆形式。其中,空花栏杆多用金属材料制作,栏板可用钢筋混凝土板、砖砌栏板、有机玻璃等材料制成,如图 7-31 所示。

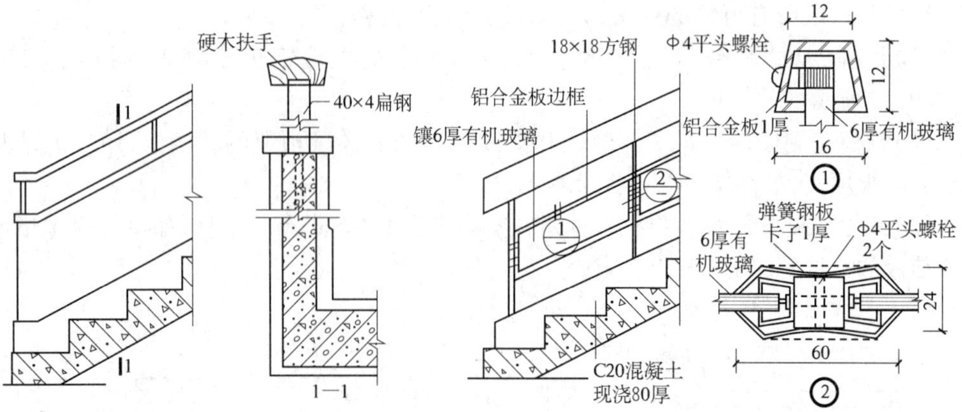

(a)金属栏杆与钢筋混凝土栏板组合　　(b)金属栏杆与有机玻璃组合

图 7-31　组合式栏杆

(二)扶手构造

扶手位于栏杆顶部。空花栏杆顶部的扶手一般采用硬木、塑料和金属材料制作,其中硬木扶手和金属扶手应用较为普遍。扶手的断面形式和尺寸应方便手握抓牢,扶手顶面宽一般为 40 ~ 90 mm(见图 7-32(a)、(b)、(c))。栏板顶部的扶手可用水泥砂浆或水磨石抹面而成,也可用大理石、水磨石板、木材贴面而成(见图 7-32(d)、(e)、(f))。

扶手与栏杆应有可靠的连接,其方法视扶手和栏杆的材料而定。硬木扶手与金属栏杆的连接,通常是在金属栏杆的顶端先焊接一根扁钢,然后用木螺丝将扁钢与扶手连接在一起。塑料扶手与金属栏杆的连接方法和硬木扶手类似。金属扶手与金属栏杆多用焊接。

扶手与栏杆的连接构造如图 7-32 所示。

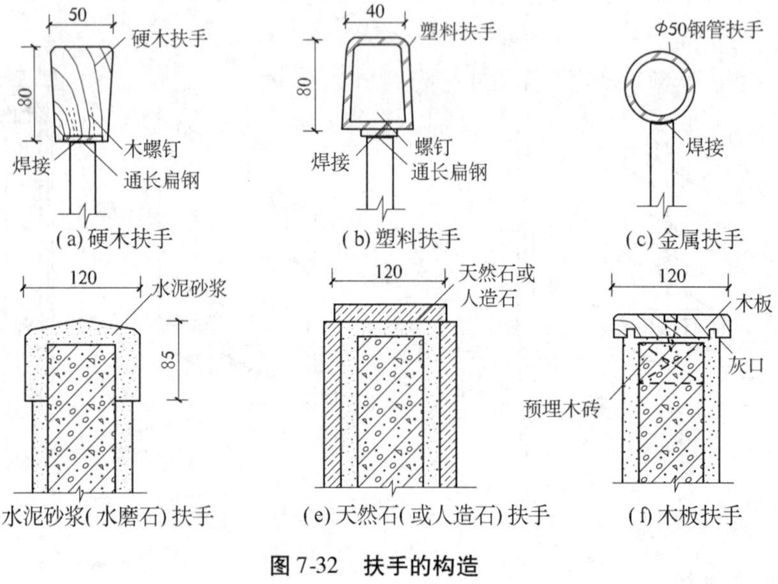

(a)硬木扶手　(b)塑料扶手　(c)金属扶手

(d)水泥砂浆(水磨石)扶手　(e)天然石(或人造石)扶手　(f)木板扶手

图 7-32　扶手的构造

楼梯顶层的楼层平台临空一侧,应设置水平栏杆扶手,扶手端部与墙应固定在一起。其方法为:在墙上预留孔洞,将扶手和栏杆插入洞内,用水泥砂浆或细石混凝土填实,也可将扁钢用木螺钉固定于墙内预埋的防腐木砖上。若为钢筋混凝土墙或柱,则可采用预埋铁件焊接,如图 7-33 所示。

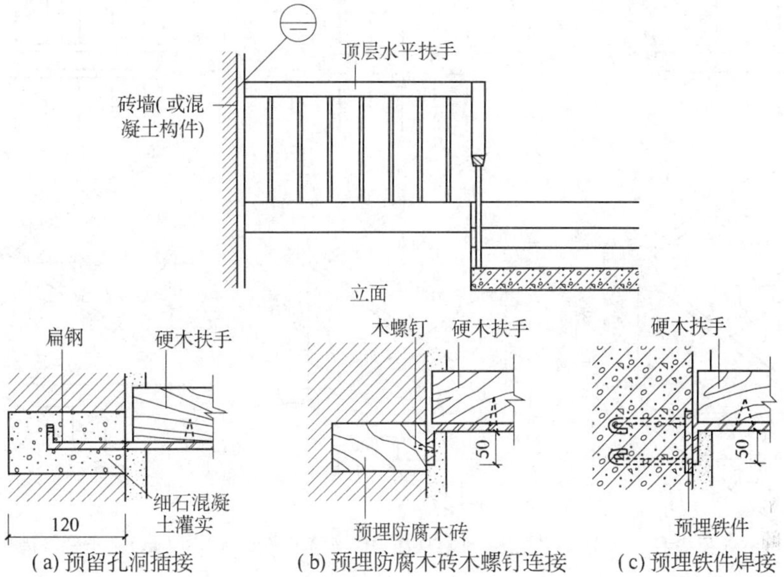

图 7-33　扶手端部与墙(柱)的连接

靠墙扶手通过连接件固定于墙上,连接件通常直接埋入墙上的预留孔内,也可用预埋螺栓连接。连接件与扶手的连接构造同栏杆与扶手的连接,如图 7-34 所示。

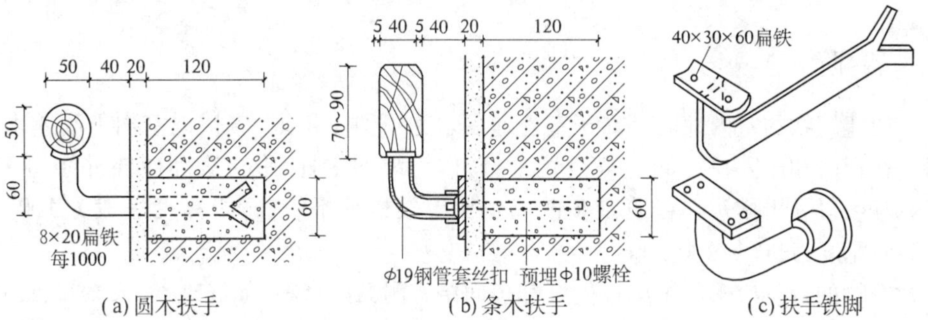

图 7-34　靠墙扶手

(三)栏杆扶手的转弯处理

在平行楼梯的平台转弯处,当上下行楼梯段的踏口相平齐时,为保持上下行梯段的扶手高度一致,常用的处理方法是将平台处的栏杆设置到平台边缘以内半个踏步宽的位置上,如图 7-35(b)所示。在这一位置,上下行梯段的扶手顶面标高刚好相同。这种处理方法,扶手连接简单,省工省料。但由于栏杆伸入平台半个踏步宽,使平台的通行宽度减小,若平台宽度较小,则会给人流通行和家具设备搬运带来不便。若不改变平台的通行宽度,则应将平台处的栏杆紧靠平台边缘设置。此时,在这一位置,上下行梯段的扶手顶面标高不同,形成高差。处理高差的方法有几种,一种是采用鹤颈扶手(见图 7-35(a)),另一种是将上下梯段踏步错开一步(见图 7-35(c)),这种扶手的连接比较简单、方便,但却增加了楼梯的长度。

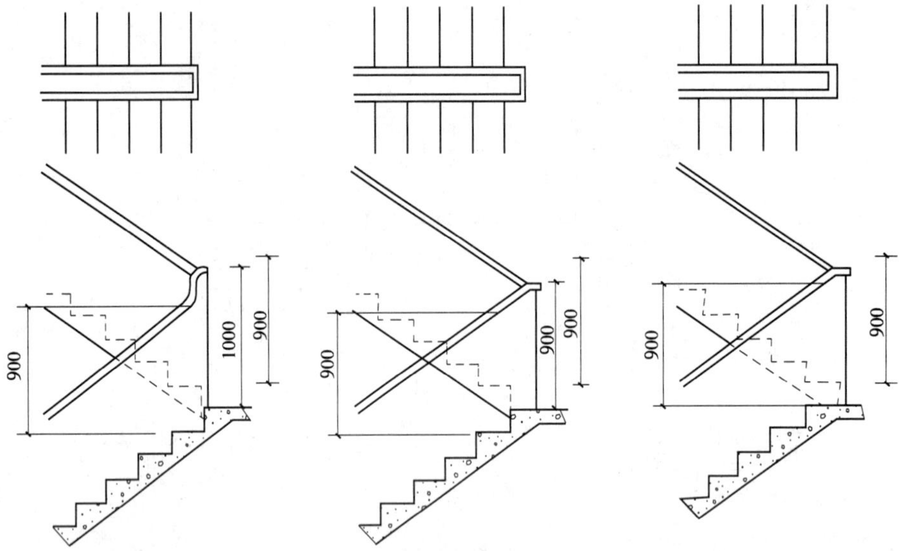

(a) 鹤颈扶手　　(b) 栏杆扶手伸出踏步半步　　(c) 上下梯段错开一步

图 7-35　转折处扶手高差处理

第五节　台阶与坡道构造

一、台阶

一般建筑物的室内地面都高于室外地面。为了便于出入，应根据室内外高差来设置台阶。在台阶和出入口之间一般设置平台，作为缓冲之处，平台表面应向外倾斜 1% ~ 4% 的坡度，以利于排水。台阶踏步的高宽比应较楼梯平缓，每级高度一般为 100 ~ 150 mm，踏面宽度为 300 ~ 400 mm。

建筑物的台阶应采用抗冻性能好和表面结实耐磨的材料，如混凝土、天然石、缸砖等。普通砖的抗水性和抗冻性较差，用来砌筑台阶，整体性差，容易损坏。若表面用水泥砂浆抹面，虽有帮助，但也很容易剥落。大量的民用建筑以采用混凝土台阶最广泛。混凝土台阶，如图 7-36(a) 所示，天然石台阶如图 7-36(b) 所示。

台阶的基础一般情况下较为简单，只要挖去腐殖土做一垫层即可，如图 7-36 所示。

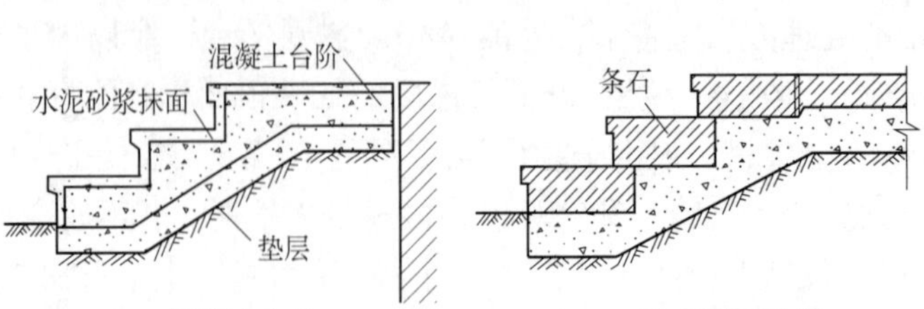

(a) 混凝土台阶　　(b) 天然石台阶

图 7-36　台阶构造类型

二、坡道

室外门前为了便于车辆进出，或医院室内地坪高差不大，为了便于病人车辆通行，常做坡道，也有台阶和坡道同时应用者，如图 7-37 所示。

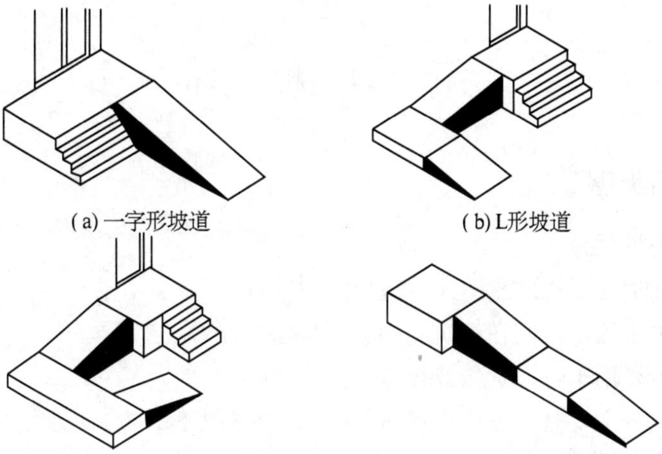

(a) 一字形坡道　(b) L形坡道　(c) U字形坡道　(d) 一字形多段式坡道

图 7-37　坡道的形式

坡道的坡度与使用要求、面层材料及构造做法有关。坡道的坡度一般为 1∶6～1∶12，面层光滑的坡道坡度不宜大于 1∶10，粗糙或设有防滑条的坡道坡度稍大，但也不应大于 1∶6，锯齿形坡道的坡度可加大到 1∶4。对于残疾人通行的坡道，其坡度不大于 1∶12，同时还规定与之相匹配的每段坡道的最大高度为 750 mm，最大长度为 9 000 mm。

与台阶一样，坡道也应采用耐久、耐磨和抗冻性好的材料，其构造与台阶类似，多采用混凝土材料，如图 7-38(a)所示。坡道对防滑要求较高或坡度较大时可设置防滑条或做成锯齿形，如图 7-38(b)所示。

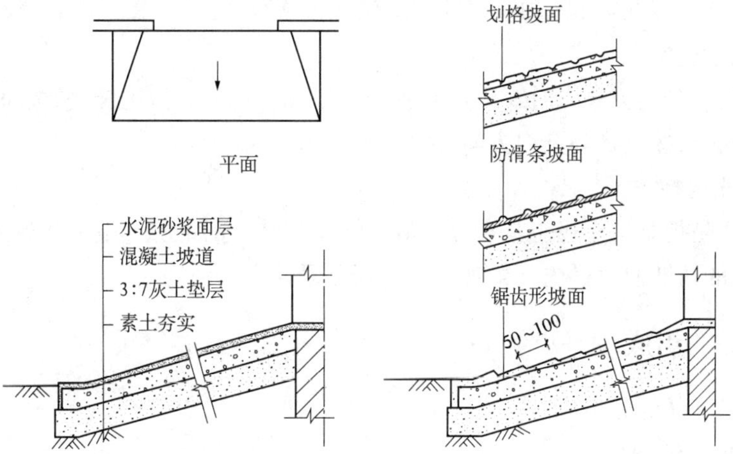

(a) 混凝土坡道　(b) 混凝土防滑坡道

图 7-38　坡道构造

第八章　电梯与自动扶梯

第一节　电　梯

一、电梯的类型

（一）按使用性质分

电梯按使用性质可分为客梯、货梯和消防电梯。

（1）客梯：主要用于人们在建筑物中上下楼层的联系。

（2）货梯：主要用于运送货物及设备。

（3）消防电梯：主要是在发生火灾、爆炸等紧急情况下消防人员紧急救援使用。

（二）按电梯行驶速度分

电梯按行驶速度可分为高速电梯、中速电梯和低速电梯。

（1）高速电梯：速度大于 2 m/s，目前最高速度达到 9 m/s 以上。

（2）中速电梯：速度为 1.5 ~2 m/s。

（3）低速电梯：速度在 1.5 m/s 以内。

为缩短电梯等候时间，提高运送能力，需要选用恰当的速度。速度选用时，一般应随建筑物层数的增加和人流量的增加而提高，以满足在期望的时间段内运送期望的人流量。低速电梯一般用作速度要求不高的客梯或货梯，中速电梯一般用作层数不多、人流量不大的建筑中的客梯或货梯，高速电梯一般用于层数多、人流量大的建筑中。消防电梯常采用高速电梯，并要求其在 1 min 内从建筑底层到达顶层。

（三）其他分类

电梯的其他分类方式有：按单台、双台分，按交流电梯、直流电梯分，按轿厢容量分，按升降驱动方式分，按电梯门开启方向分等。

（四）观光电梯

观光电梯是把竖向交通工具和登高流动观景相结合的电梯。电梯从封闭的井道中解脱出来，透明的轿厢使电梯内外景观视线相互流通。

二、电梯的组成

电梯由以下几部分组成。

（一）电梯井道

不同性质的电梯，其井道根据需要有不同的井道尺寸，以配合不同的电梯轿厢。井道壁多为钢筋混凝土井壁或框架填充墙井壁。

(二)电梯机房

电梯机房和电梯井道的平面相对位置允许电梯机房任意向一个或两个相邻方向伸出,并满足机房有关设备安装的要求。

(三)井道地坑

井道地坑在最底层平面标高下不小于1.3 m,作为轿厢下降时所需的缓冲器的安装空间。

(四)组成电梯的有关部件

(1)轿厢:是直接载人、运货的厢体。

(2)井壁导轨和导轨支架:是支承、固定轿厢上下升降的轨道。

(3)牵引轮及其钢支架、钢丝绳、平衡锤、轿厢开关门、检修起重吊钩等。

(4)有关电器部件:交流、直流电动机,控制柜,继电器,选层器,动力照明,电源开关,厅外层数指示灯和厅外上下召唤盒开关等。

三、电梯与建筑物相关部位构造

(一)电梯井道

每个电梯井道平面净空尺寸需根据选用的电梯型号要求决定,一般为(1 800 ~ 2 500)mm×(2 100 ~2 600) mm。电梯安装导轨支架分预留孔插入式和预埋铁焊接式。井道壁为钢筋混凝土时,应预留150 mm见方、150 mm深的孔洞,垂直中距2 m,以便安装支架。井道壁为框架填充墙时,框架(圈梁)上应预埋铁板,铁板后面的焊件与梁中钢筋焊牢。每层中间加圈梁一道,并需设置预埋铁板。当电梯为两台并列时,中间可不用隔墙而按一定的间隔放置钢筋混凝土梁或型钢过梁,以便安装支架。电梯构造组成如图8-1所示。

(二)梯井道底坑

梯井道底坑深度一般在电梯最底层平面标高下1 300 ~2 000 mm,作为轿厢下降到最底层时所需的缓冲器空间。底坑需注意防潮防水,消防电梯的井道底坑还需设置排水装置。

(三)电梯机房

电梯机房除特殊需要设在井道下部外,一般均设在井道顶板之上。机房平面净空尺寸变化幅度很大,为(1 600 ~6 000) mm×(3 200 ~5 200)mm,需根据选用的电梯型号要求决定。电梯机房中电梯井道的顶板面需根据电梯型号的不同,高于顶层楼面4 000 ~ 4 800 mm。这一要求高度因一般与顶层层高不吻合,故通常需使井道顶板部分高于屋面或整个机房地面高于屋面。井道顶板上空至机房顶棚尚需留不低于2 000 mm的空间高度。通向机房的通道和楼梯宽度不小于1.2 m,楼梯坡度不大于45°。机房楼板应平坦整洁,机房楼板和机房顶板应满足电梯所要求的荷载。机房需有良好的通风、隔热、防寒、防尘、减噪措施。

第二节　自动扶梯

自动扶梯是通过机械传动,在一定方向上能大量连续输送人流的装置,如图8-2所示。

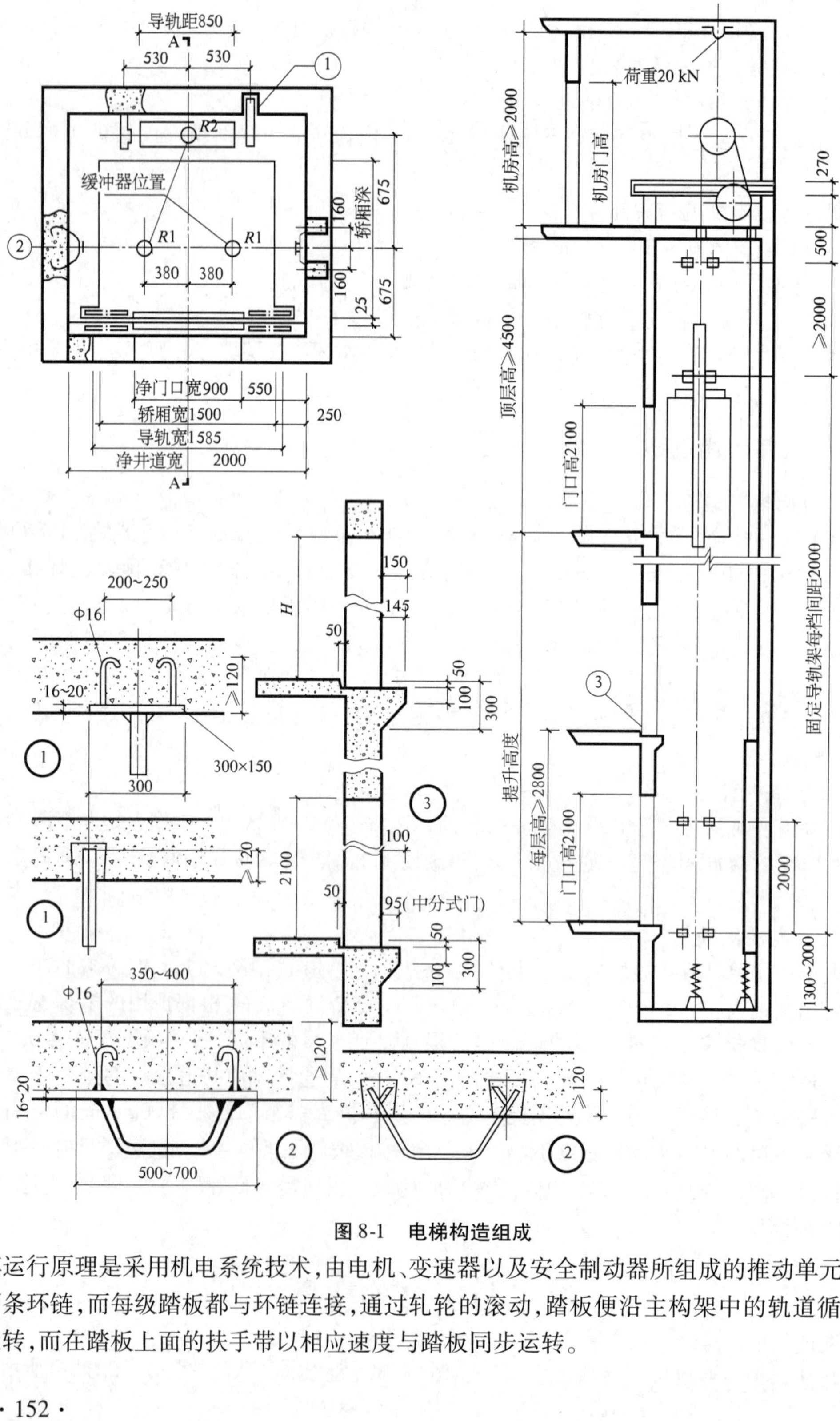

图 8-1　电梯构造组成

其运行原理是采用机电系统技术，由电机、变速器以及安全制动器所组成的推动单元拖动两条环链，而每级踏板都与环链连接，通过轧轮的滚动，踏板便沿主构架中的轨道循环地运转，而在踏板上面的扶手带以相应速度与踏板同步运转。

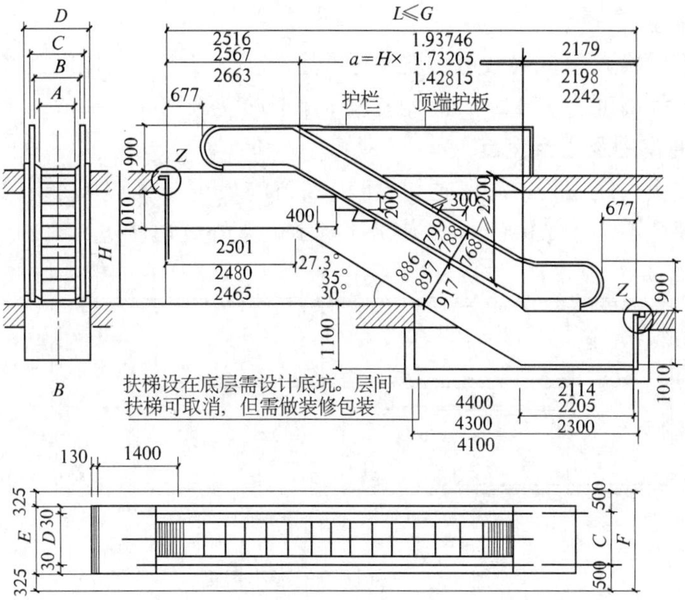

图 8-2　自动扶梯的平面、立面及剖面示意

自动扶梯可用于室内或室外。用于室内时,运输的垂直高度最低 3 m,最高可达 11 m 左右;用于室外时,运输的垂直高度最低 3.5 m,最高可达 60 m 左右。自动扶梯倾角有 27.3°、30°、35°几种角度,常用 30°。速度一般为 0.45 ~ 0.75 m/s,常用速度为 0.5 m/s。可正向、逆向运行。自动扶梯的宽度一般有 600 mm、800 mm、1 000 mm、1 200 mm 几种,理论载客量为 4 000 ~ 10 000 人次/h。

自动扶梯作为整体性设备,与土建配合需注意其上下端支承点在楼盖处的平面空间尺寸关系,注意楼层梁板与梯段上人流通行安全的关系,还需满足支承点的荷载要求。自动扶梯使上下楼层空间连为一体,当防火分区面积超过规范限定时,需进行特殊处理。

第三节　无障碍设计简介

在建筑物室内外有高差的部位,虽然可以采用诸如坡道、楼梯、台阶等设施解决其高差的过渡,但这些设施在为某些残疾人使用时仍然会造成不便,特别是对于下肢残疾和视觉残疾的人。下肢残疾的人往往会借助拐杖和轮椅代步,而视觉残疾的人则往往会借助导盲棍来帮助行走。无障碍设计中有一部分内容就是指为帮助上述两类残疾人顺利通过有高差部位的设计。下面主要将无障碍设计中一些有关坡道、楼梯、台阶等的特殊构造问题作简要介绍。

一、坡道

坡道是最适合残疾人轮椅通过的设施,它还适用于借助拐杖和导盲棍通过的残疾人。其坡度必须较为平缓,还必须保证一定的宽度。

(一)坡道的坡度

我国对便于残疾人通行的坡道的坡度标准定为不大于1/12,同时还规定与之相匹配的每段坡道的最大高度为750 mm,最大坡段水平长度为9 000 mm。

(二)坡道的宽度及平台宽度

为了便于残疾人使用轮椅顺利通过,室内坡道的最小宽度应不小于1 000 mm,室外坡道的最小宽度应不小于1 500 mm。图8-3所示为室外坡道所应具有的最小尺度。

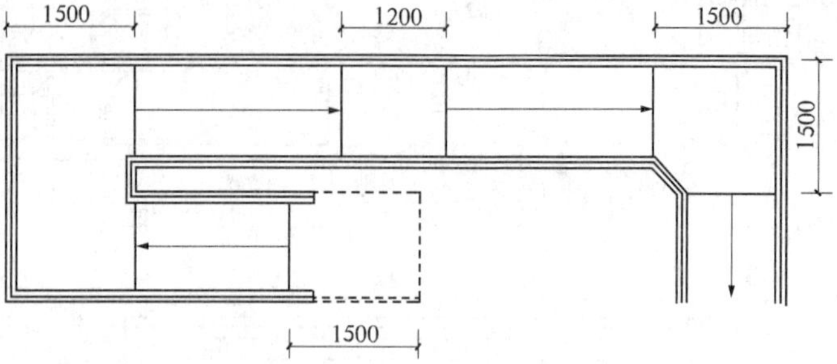

图8-3 室外坡道的最小尺度

二、楼梯形式及扶手栏杆

(一)楼梯形式及相关尺度

供借助拐杖者及视力残疾者使用的楼梯,应采用直行形式,如直跑楼梯、对折的双跑楼梯或成直角折行的楼梯等(见图8-4),不宜采用弧形梯段或在休息平台上设置扇步(见图8-5)。

楼梯的坡度应尽量平缓,其坡度宜在35°以下,踢面高不宜大于160 mm,且每步踏步应保持等高。楼梯的梯段宽度不宜小于1 200 mm。

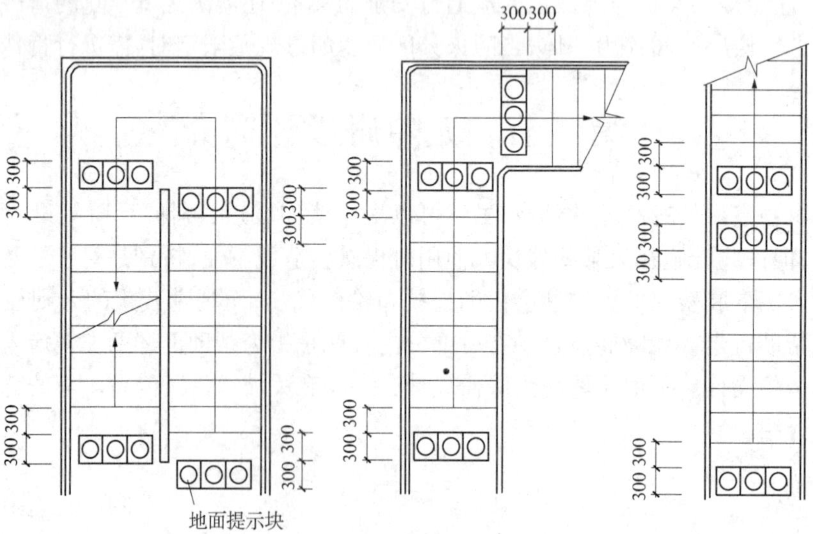

图8-4 楼梯梯段宜采用直行方式

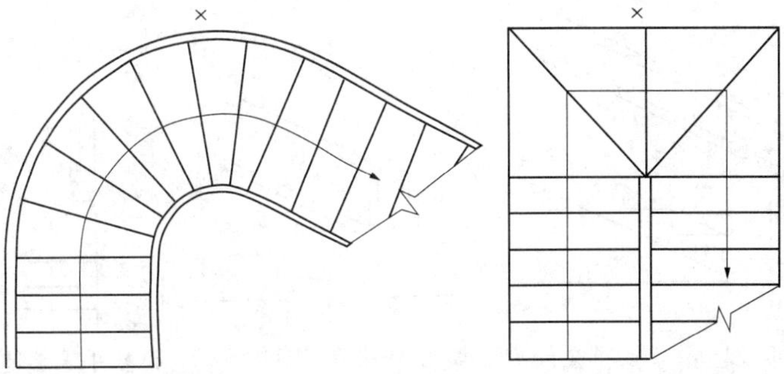

(a) 弧形楼梯　　(b) 扇步

图 8-5　弧形楼梯及扇步不宜使用

(二) 踏步设计注意事项

供借助拐杖者及视力残疾者使用的楼梯踏步应选用合理的构造形式及饰面材料，注意无直角突缘，以防发生勾绊行人或其助行工具的意外事故（见图 8-6）。注意表面不滑，不得积水，防滑条不得高出踏面 5 mm 以上。

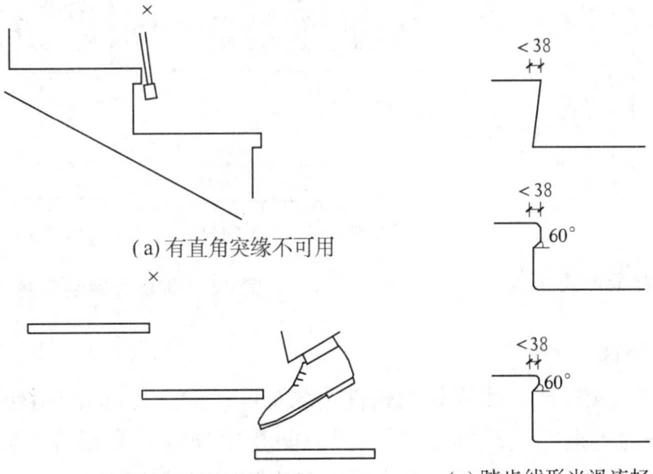

(a) 有直角突缘不可用

(b) 踏步无踢面不可用　　(c) 踏步线形光滑流畅，可用

图 8-6　踏步的构造形式

(三) 楼梯、坡道的栏杆扶手

楼梯、坡道的扶手栏杆应坚固适用，且应在两侧都设有扶手。公共楼梯可设上下双层扶手。在楼梯的梯段（或坡道的坡段）的起始及终结处，扶手应自梯段或坡段前缘向前伸出 300 mm 以上，两个相邻梯段的扶手应该连通，扶手末端应向下或伸向墙面，如图 8-7 所示。扶手的断面形式应便于抓握，如图 8-8 所示。

(四) 导盲块的设置

导盲块又称地面提示块，一般设置在有障碍物、需要转折和存在高差等场所，利用其表面上的特殊构造形式，向视力残疾者提供触摸信息，提示行走、停步或需改变行进方向等。图 8-9 所示为常用的导盲块的两种形式。在图 8-4 中已经标明了导盲块在楼梯中的位置，在坡道上也同样适用。

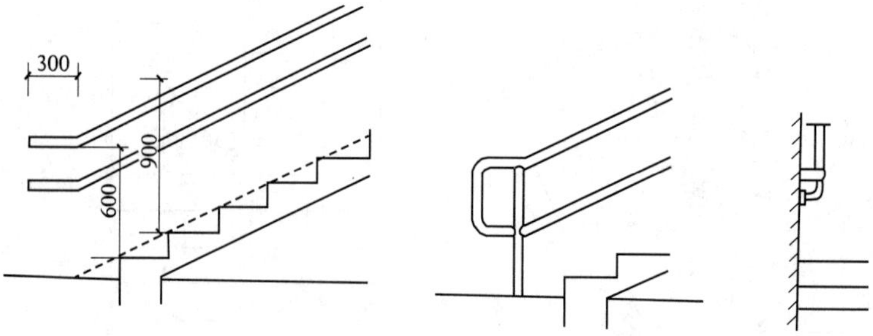

(a) 扶手高度及起始、终结步处外伸尺寸　(b) 扶手末端向下　(c) 扶手末端伸向墙面

图 8-7　扶手基本尺寸及收头

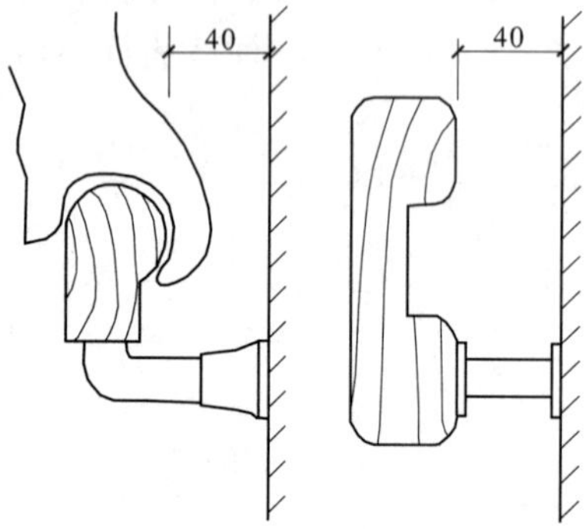

图 8-8　扶手断面形式

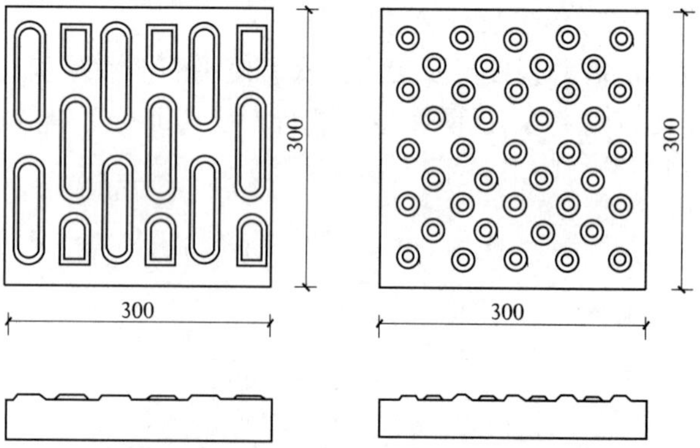

(a) 地面提示行进块材　(b) 地面提示停步块材

图 8-9　地面导盲块示意

(五) 构件边缘处理

鉴于安全方面的考虑，凡有凌空处的构件边缘都应该向上翻起，包括楼梯段和坡道的凌空一面、室内外平台的凌空边缘等。这样，可以防止拐杖或导盲棍等工具向外滑出，对轮椅也是一种制约。图 8-10 给出了构件边缘处理的相关尺寸。

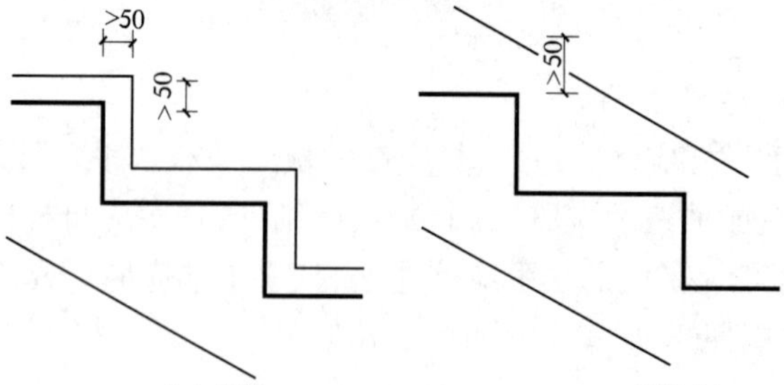

(a) 立缘　(b) 踢脚板

图 8-10　构件边缘处理

第九章　门与窗

第一节　概　述

一、门窗的作用和设计要求

门窗是房屋建筑中的围护构件。门的主要功能是交通出入、分隔联系建筑空间，并兼有采光和通风作用。窗的主要功能是采光、通风、观察和递物。它们在不同使用条件要求下，还有保温、隔热、隔声、防水、防火、防尘、防爆及防盗等功能。此外，门窗的大小、比例尺度、位置、数量、材料、造型、排列组合方式对建筑物的造型和装修效果影响很大。

在构造上，门窗应满足以下主要设计要求：

(1)开启方便，关闭紧密；

(2)功能合理，便于清洁与维修；

(3)坚固耐用；

(4)符合《建筑模数协调统一标准》(GBJ 2—86)的要求。

门窗的特殊处理要视室内使用要求而定，为了保温隔热或建筑节能设计的需要，应做保温门窗，而录音室、播音室或其他隔声要求较高的房间，为避免噪声对其产生干扰与影响，需要安装隔声门窗，防火及疏散安全要求较高的场所则必须设置防火门，其他还有防风纱门、防盗门、防毒密闭门、防辐射门等。

二、门窗的类型与开启方式

(一)门的类型与开启方式

门的类型常按材料分，有木门、钢门、铝合金门、塑钢门和玻璃门。相比之下，木门制作方便，造价低廉，亲切宜人；钢门尤其是彩钢门，强度高，表面质感细腻，美观大方；铝合金门尺寸精确，密闭性能良好，轻巧美观；玻璃门平整透光，美观大方。

门的开启方式主要是由使用要求决定的，常见的有如图 9-1 所示的几种：

(1)平开门。其特点是制作简便，开关灵活，构造简单，大量用于人行、车行之门，有单扇、双扇及内开、外开之分。

(2)弹簧门。门扇装设有弹簧铰链，能自动关闭，开关灵活，使用方便，使用于人流频繁或要求自动关闭的场所。弹簧门有单面、双面及地弹簧门之分。常用的弹簧铰链有单面弹簧、双面弹簧、地弹簧等数种(见图 9-2)。弹簧门构造如图 9-3 所示。

(3)推拉门。其特点是门扇在轨道上水平或上下滑行，开启不占室内空间，但构造复杂，五金零件数量多。推拉门在居住类建筑中使用较广泛。

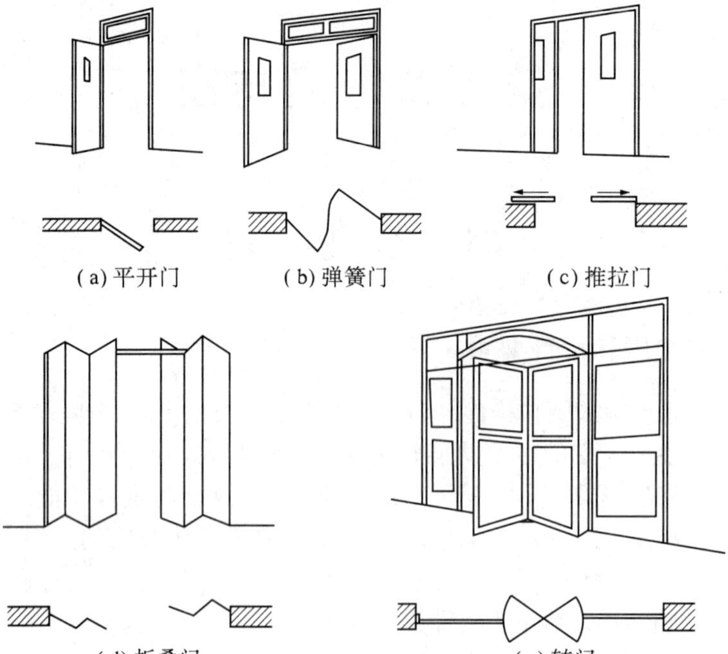

(a) 平开门　(b) 弹簧门　(c) 推拉门

(d) 折叠门　(e) 转门

图 9-1　门的开启方式

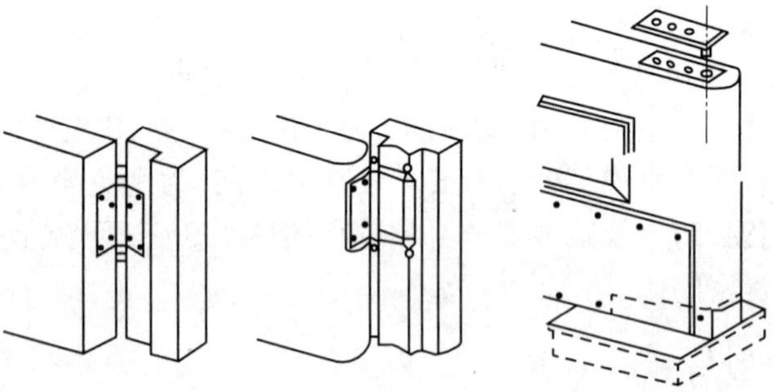

(a) 单面弹簧　(b) 双面弹簧　(c) 地弹簧

图 9-2　门用弹簧形式

(4)卷帘门。卷帘门门扇是由一片片的连锁金属片条或木板组成的,分页片式和空格式。帘板两端放在门两边的滑槽内,开启时由门洞上部的卷动辊轴将门扇页片卷起,可用电动或人力操作。当采用电动开关时,必须考虑停电时手动开关的备用措施。卷帘门开启时不占空间,适用于非频繁开启的高大洞口,但制作较复杂,造价较高,故多用作商业建筑外门和厂房大门。

(5)转门。由 3 至 4 扇门组合在中部的垂直轴上,作水平旋转。其特点是对隔绝室内外气流有一定作用,但构造复杂,造价昂贵,多见于标准较高的、设有集中空调或采暖的公共建筑的外门。

(二)窗的类型与开启方式

窗的材料类型与门相似。窗的开启方式主要取决于窗扇转动五金的位置及转动方式,通常有图 9-4 所示的几种。

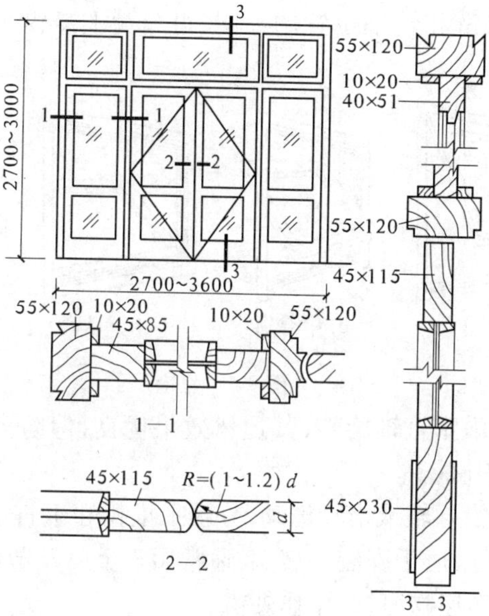

图 9-3　弹簧门构造

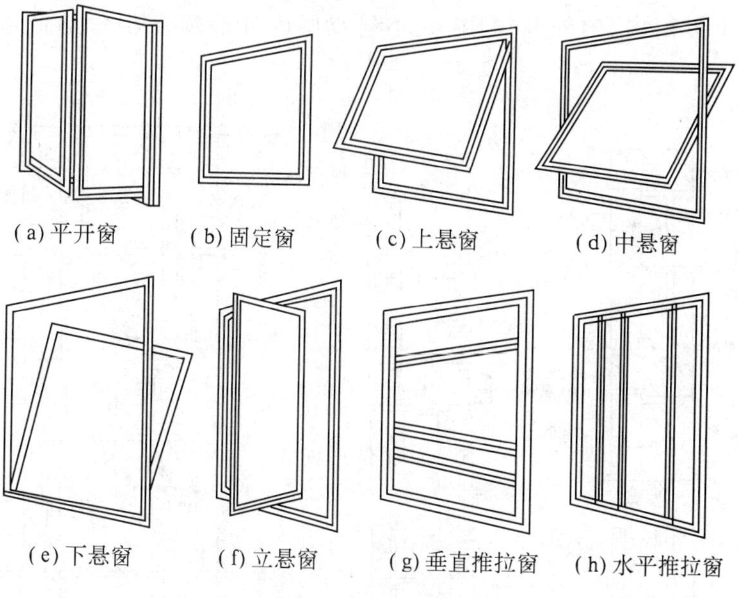

图 9-4　窗的开启方式

(1)平开窗。铰链安装在窗扇一侧与窗框相连,向外或向内水平开启,有单扇、双扇、多扇及向内开与向外开之分。平开窗构造简单,开启灵活,制作、维修均方便,是民用建筑中使用最广泛的窗。

(2)固定窗。无窗扇、不能开启的窗为固定窗。固定窗的玻璃直接嵌固在窗框上,可供采光和眺望之用,不能通风。固定窗构造简单,密闭性好,多与门亮子和开启窗配合使用。

(3)悬窗。根据铰链和转轴位置的不同，可分为上悬窗、中悬窗和下悬窗，如图9-5所示。

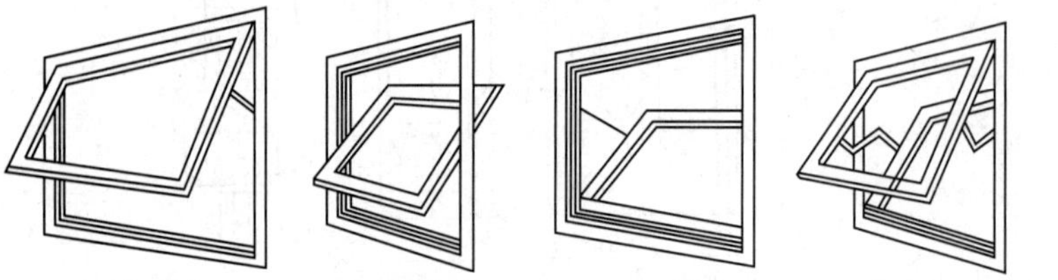

(a)上悬窗　(b)中悬窗　(c)下悬窗　(d)联动上下悬窗

图9-5　悬窗

(4)立悬窗。窗扇沿垂直轴旋转，其通风效果优良，但防雨和密闭性较差，且不易安装纱窗，故民用建筑使用不多。

(5)推拉窗。窗扇沿导轨或滑槽滑动，分水平推拉和垂直推拉两种，推拉窗开启时不占空间，窗扇受力状态好，适于安装大玻璃，通常用于金属及塑料窗。木推拉窗构造复杂，窗扇难密闭，故一般用作递物窗，少用作外窗。

(6)双层窗。双层窗通常用于有保温、隔声要求的建筑以及恒温室、冷库、隔声室中。采用双层玻璃窗可降低冬季的热损失。双层玻璃窗由于窗扇和窗樘的构造不同，通常可分为子母窗扇、内外开窗扇、大小扇双层内外开窗和中空玻璃窗，如图9-6～图9-8所示。

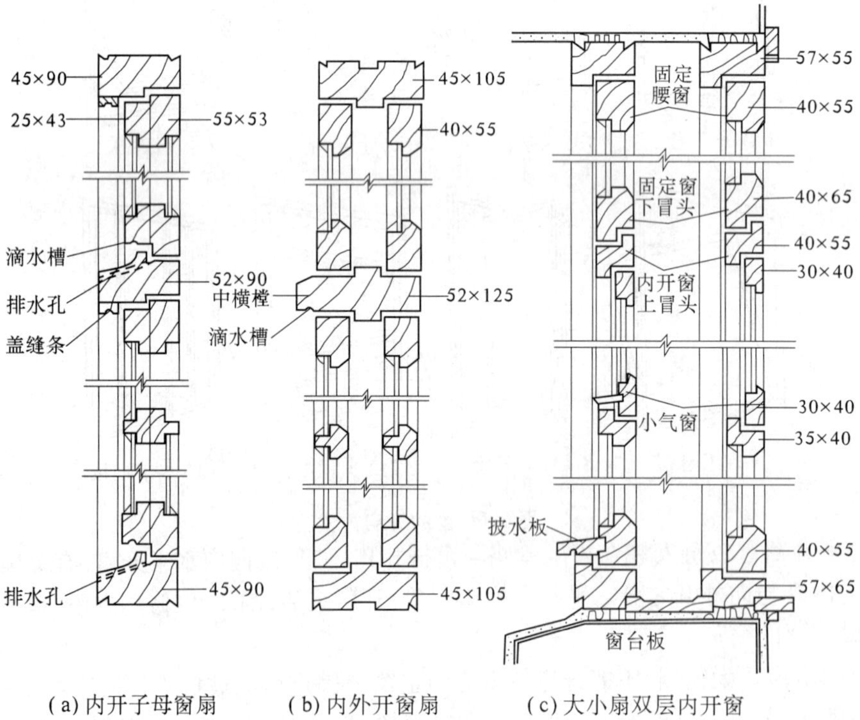

(a)内开子母窗扇　(b)内外开窗扇　(c)大小扇双层内开窗

图9-6　双层窗断面形式

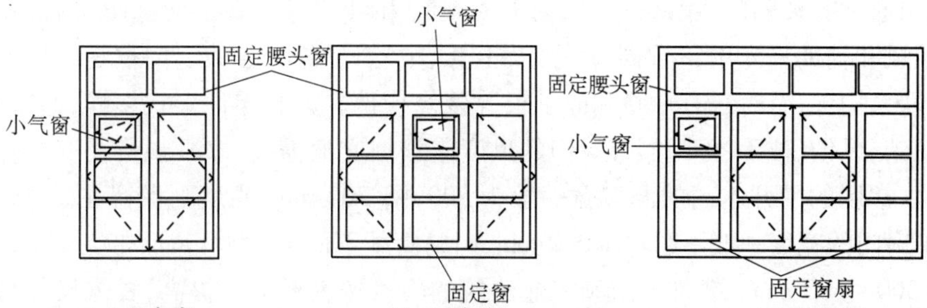

(a) 双扇窗　(b) 三扇窗　(c) 四扇窗

图 9-7　双层窗的固定扇布置

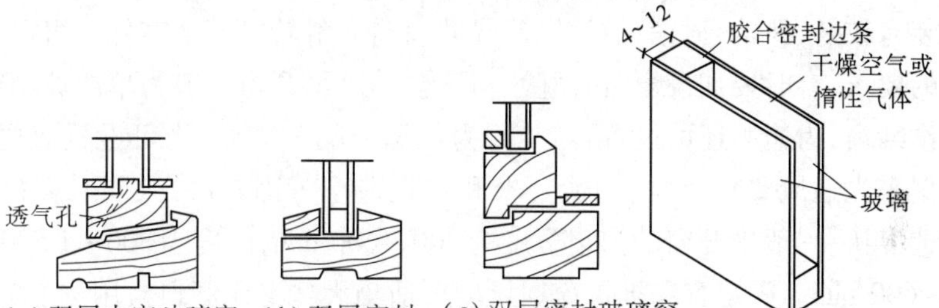

(a) 双层中空玻璃窗　(b) 双层密封玻璃固定窗　(c) 双层密封玻璃窗　(d) 双层密封玻璃

图 9-8　双层中空玻璃窗

三、门窗的组成与尺度

门一般是由门框、门扇、亮子和五金配件等部分组成的，如图 9-9 所示。

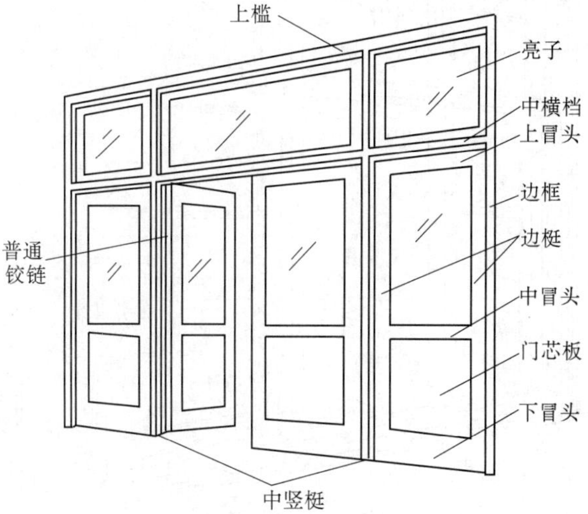

图 9-9　平开木门的构造组成

门扇通常有玻璃门、镶板门、夹板门、百叶门和纱门等。亮子又称腰头窗，在门的上方，供通风和辅助采光用，有固定、平开及上悬、中悬、下悬等方式。门框是门扇及亮子与墙洞的联系构件，有时还有贴脸和筒子板等装修构件。五金零件多式多样，通常有铰链、门锁、插销、风钩、拉手、停门器等。门的尺度应根据交通需要、家具规格及安全疏散要求来设计。常用的平开木门的洞口宽一般为 700 ~ 3 300 mm，高度则保持在 2 100 ~ 3 300 mm。单扇门的宽度一般不超过 1 000 mm，门扇高度不低于 2 000 mm，带亮子的门的亮子高度为 300 ~ 600 mm。公共建筑和工业建筑的门可按需要适当提高，具体尺寸可查阅当地标准图集。

窗子一般由窗框、窗扇、玻璃和五金配件组成，图 9-10 为平开木窗各组成部件示意。窗扇有玻璃窗扇、纱窗扇、板窗扇和百叶窗扇等。在窗扇和窗框间，为了转动和启闭中的临时固定装有铰链、风钩、插销、拉手以及导轨、转轴、滑轮等五金零件。窗框与墙连接处，根据不同的要求，有时要加设窗台、贴脸、窗帘盒等。平开窗一般为单层玻璃窗，为防止蚊蝇还可加设纱窗，为遮阳还可设置百叶窗，为保温或隔声需要，尚可设置双层窗。窗的尺度一般根据采光通风要求、结构构造要求和建筑造型等因素决定，同时应符合模数制要求。从构造上讲，一般平开窗的窗扇宽度为 400 ~ 600 mm，高度为 800 ~ 1 500 mm，亮子窗高为 300 ~ 600 mm。固定窗和推拉窗扇尺度可适当大些。窗洞口常用宽度为 600 ~ 2 400 mm，高度则为 900 ~ 2 100 mm，基本尺度以 300 mm 为扩大模数。选用时可查阅当地标准图集。图 9-11 为我国平开木窗标准尺寸表，仅供参考。

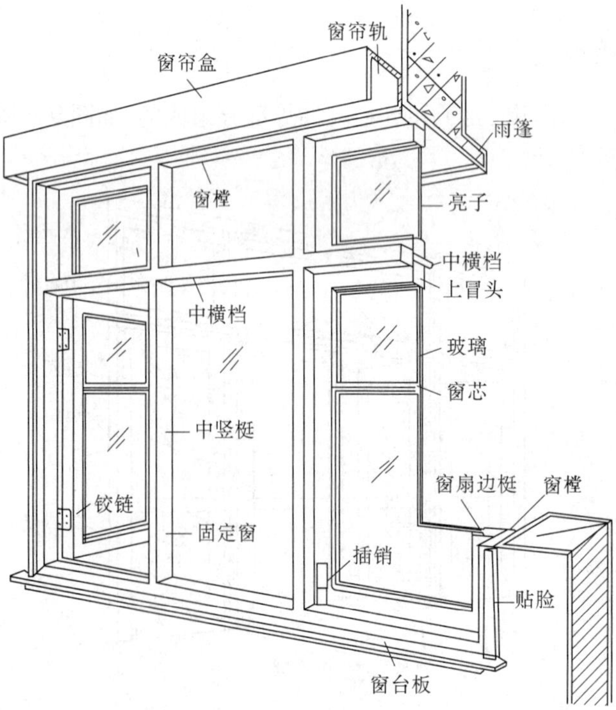

图 9-10　平开木窗构造组成

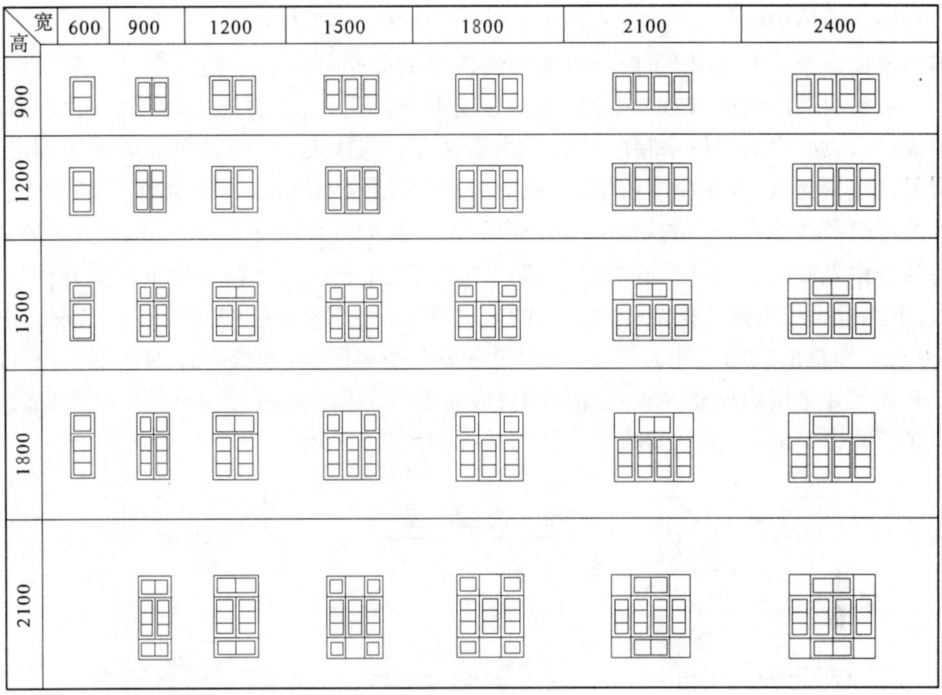

图 9-11　平开木窗标准尺寸

第二节　窗的构造

一、平开木窗构造

(一) 窗框

窗框是墙与窗扇之间的联系构件,为使墙面粉刷能与窗框嵌牢,常在窗框靠墙一侧内外二角做灰口,如图 9-12(a)、(b)所示。窗框与墙面内平者需做贴脸,窗框小于墙厚者可做筒子板,贴脸和筒子板要注意开槽防止变形,如图 9-12(c)、(d)所示。

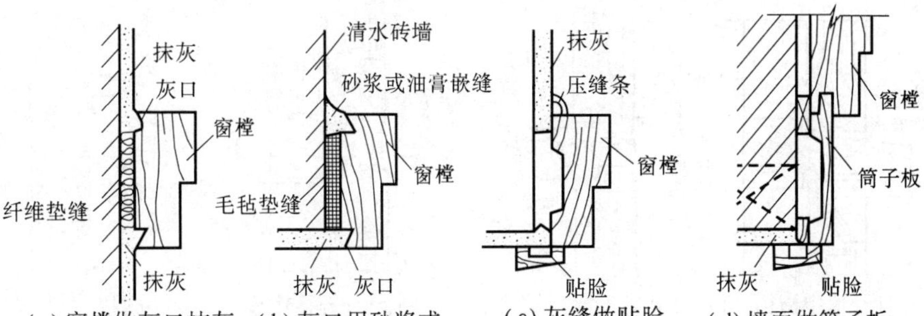

(a) 窗樘做灰口抹灰　(b) 灰口用砂浆或油膏嵌缝　(c) 灰缝做贴脸和压缝条盖缝　(d) 墙面做筒子板和贴脸

图 9-12　窗樘与墙缝处理

窗框在墙体中的位置有三种：内平、外平和居中（见图 9-13）。内平即窗框内表面与墙体内表面齐平。外平时，窗框外表面与墙体外表面平齐。居中则窗框立于洞口墙厚中部。一般窗扇都用铰链、转轴或滑轨固定在窗框上。通常，在窗框上做铲口，也有钉小木条形成铲口以减少对窗框木料的削弱。为了提高防风雨能力，可适当提高铲口深度或在铲口处钉镶密封条；或在窗框留槽，形成空腔的回风槽，对减弱风压、防止毛细流动、流走雨水及沉落风沙均有一定的效果。外开窗的上口和内开窗的下口是防水的薄弱环节，雨水易从中渗入室内，一般须采取必要的防水措施，主要是在内开窗窗扇下冒头外面加设披水板，下边框设积水槽及排水孔将渗入的雨水排除，外开窗窗框中横档做披水及滴水（见图 9-14）。窗框的断面尺寸为经验尺寸，要考虑接楔牢固，各地都有标准详图供设计时选用。断面尺寸是指净尺寸，当一面刨光时，应将毛料的厚度减去 3 mm，当两面刨光时，将毛料厚度减去 5 mm。窗框的断面形状与尺寸如图 9-15 所示。

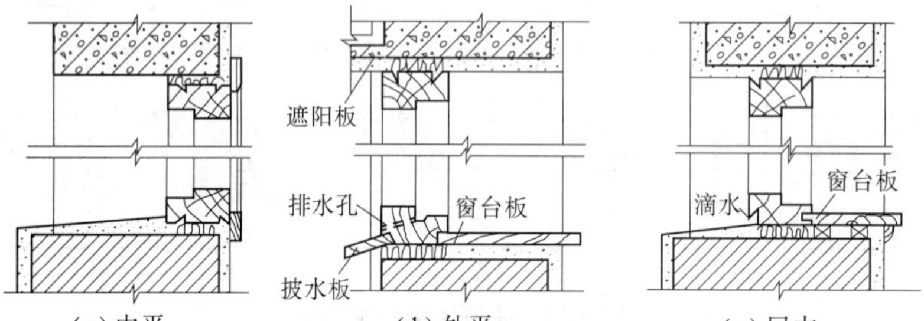

图 9-13　窗框在墙中的位置

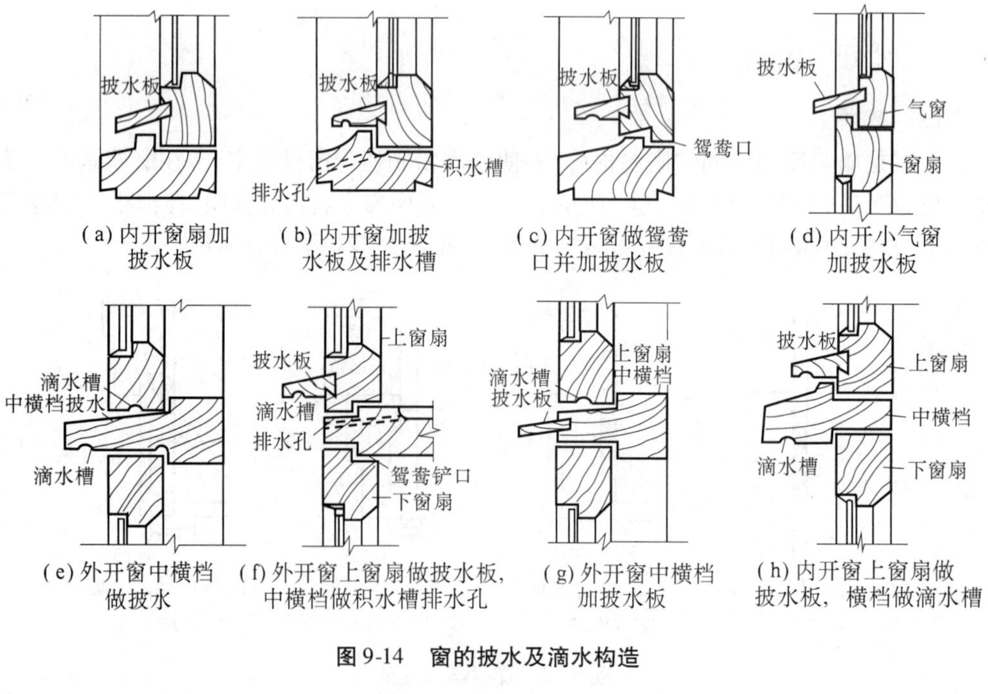

图 9-14　窗的披水及滴水构造

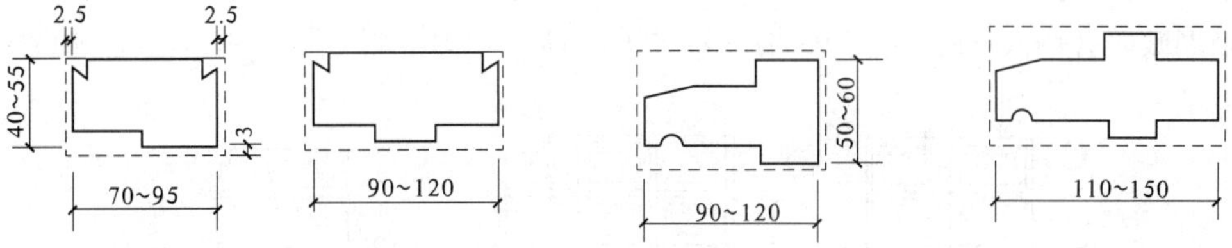

(a) 单层窗窗樘　(b) 双层窗窗樘　(c) 单层外开窗中横档　(d) 双层窗中横档

图 9-15　窗框的断面形状与尺寸

单层玻璃窗加一层纱窗或百叶窗，以及双层玻璃窗用一个窗框者，应增加窗框的宽度。增加的宽度需视窗扇开启的方向、增加窗扇的厚度、两扇窗之间需要的空间、寒冷地区保温需要合适的空间距离，以及需要下落式活动百叶遮阳等尺寸因素而定。

(二) 窗扇

窗扇是窗的活动部件，有玻璃扇、纱扇和百叶扇等多种。

1. 窗扇的组成及断面形状和尺寸

常见的木窗窗扇一般由上、下冒头和左、右边梃楔接而成，有的中间还设窗棂。上、下冒头及边梃的宽度视木料材质和窗扇大小而定。内开窗下冒头加做滴水槽或披水板，可较上冒头适当加宽。为镶嵌玻璃，在冒头、边梃和窗棂上做铲口，铲口多设在窗扇外侧，以利防水、抗风和美观。为减少木料的挡光和美观要求，还可做线脚。两窗扇接缝处为防止透风雨，一般做高低缝的盖口，为了加强密闭性，可在一面或两面加做盖缝条，如图 9-16 所示。

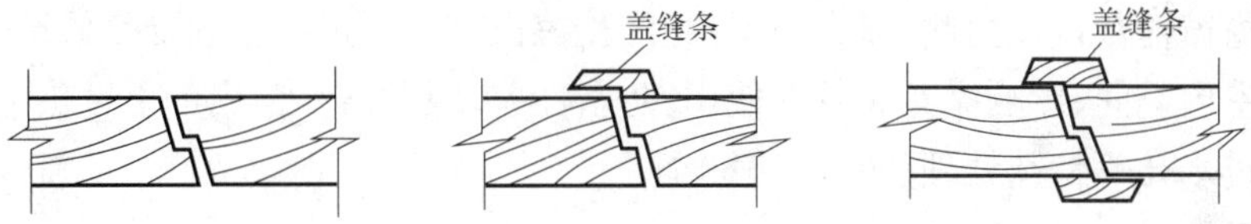

图 9-16　窗扇交缝盖口

2. 窗玻璃的选择与安装

玻璃厚薄的选用与窗扇分格的大小有关，窗的分格大小与使用要求有关，一般常用窗玻璃的厚度为 3 mm。如考虑较大面积可采用 5 mm 或 6 mm 厚的玻璃，为了不同的需要可选用双层中空玻璃、磨砂玻璃或压花玻璃、夹丝玻璃、钢化玻璃、有机玻璃、有色玻璃、吸热玻璃和涂层玻璃、变色玻璃等种类。窗上的玻璃一般多用铁钉镶钉，再施玻璃泥（桐油石灰泥）镶嵌成斜角形。必要时也可采用小木条镶定。

3. 五金

木窗上装设的五金零件，主要是为窗扇活动服务的，一般可分为启闭时的转动、定位以及推拉执手三类。平开窗转动五金为铰链，为了使用的方便可选用抽心铰链或铁摇梗、方铰链、长铰链或平移式铰链。其他启闭时定位的五金有插销、风钩、风撑等，推拉用执手一般为拉手，简易者可省去拉手而以插销代替。

(三) 常用平开窗构造

1. 外开窗

外开窗窗扇向外开启，窗框裁口在外侧，窗扇开启时不占空间，不影响室内活动，有利于家具布置，防水性较好。但擦窗及维修不便，开启扇易受日光、雨雪侵蚀，容易腐烂，同时玻璃破碎有伤人危险。外开窗构造如图 9-17 所示。为了利于防水，中横框常加披水。

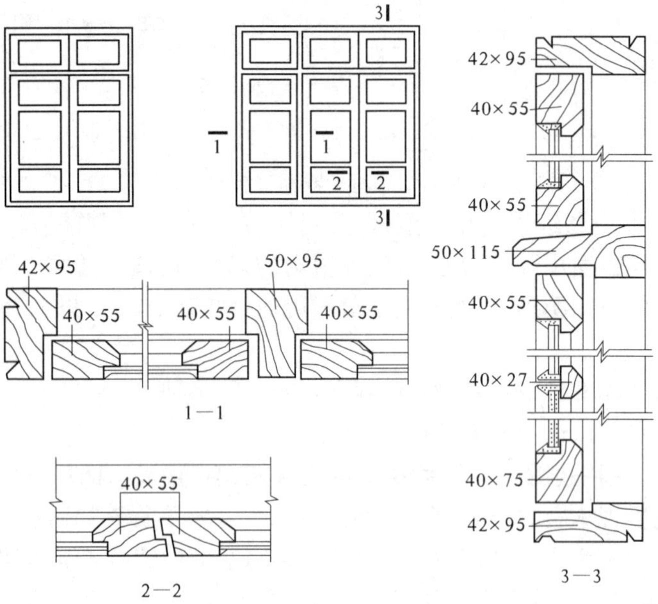

图 9-17　外开窗构造

2. 内开窗

内开窗窗框裁口在内侧，窗扇向室内开启，擦窗安全、方便，窗扇受气候影响小。但开启时占据室内空间，影响家具布置和使用，防水性差，因此需在窗扇的下冒头上做披水，窗的下框设排水孔等特殊处理(见图 9-18)。

3. 双层窗

为适应保温、隔声、洁净等要求，双层窗广泛用于各类建筑中，常用的双层窗有内外开窗、双层内开窗等。

1) 内外开窗

内外开窗是在一个窗框上做双裁口，一扇向内开，一扇向外开，裁口宽度取决于窗扇厚度，窗扇可以是两层玻璃，也可以是一玻(外扇)一纱(内扇)，如图 9-19(b)所示，这种窗的内开和外开窗扇基本相同，构造简单。当为两层玻璃时，常将里面的一扇玻璃做成易于拆换的活动扇，以便夏季换成纱窗。

2) 双层内开窗

双层内开窗通常有两种做法：一种做法是子母窗扇，由一个窗樘装合在一起的两个窗扇，一般向内开，这种窗较内外开双层窗省料，透光面大，如图 9-19(a)所示；另一种做法为双层内开窗，通常是分开窗樘，窗樘用料可较少，两窗樘间间距可调整，如图 9-19(c)所示。窗扇向室内开启，便于擦窗，但开启时占据室内空间。

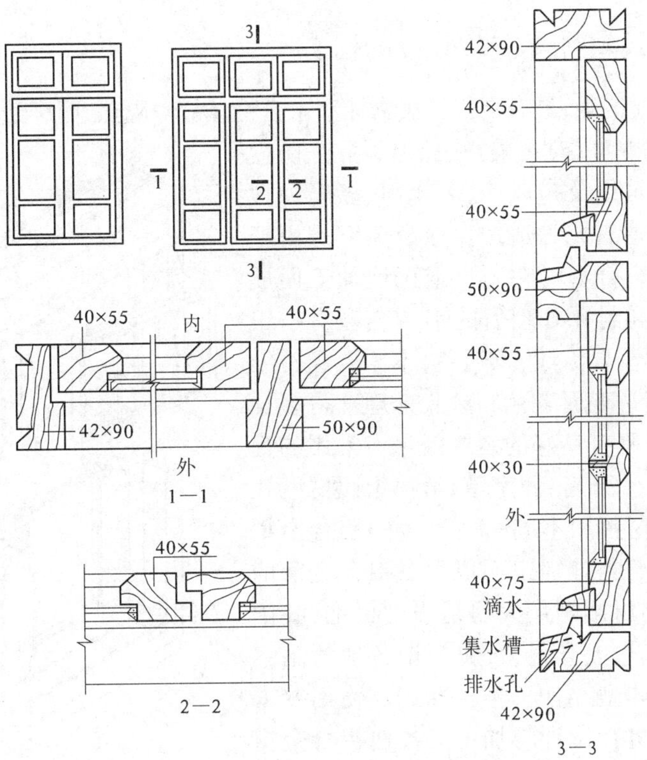

图 9-18　内开窗构造

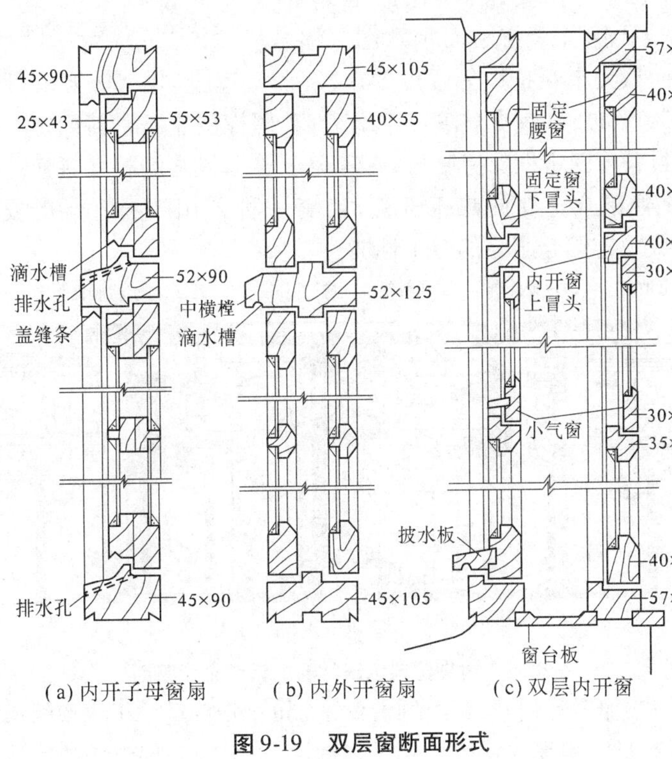

(a) 内开子母窗扇　　(b) 内外开窗扇　　(c) 双层内开窗

图 9-19　双层窗断面形式

二、铝合金及塑料窗(塑钢窗)的构造

铝合金窗轻质高强,具有良好的气密性和水密性,隔声、隔热、耐腐蚀性能都较普通钢窗、木窗有显著的提高,对有隔声、保温、隔热、防尘等特殊要求的建筑以及多风沙、多暴雨、多腐蚀性气体环境地区的建筑尤为适用。铝合金窗是由经过表面加工的铝合金型材在工厂或工地加工而成的。经阳极氧化和封孔处理后的铝合金型材呈银白色金属光泽,不需要涂漆,不退色,不需要经常维修保护,还可以通过表面着色和涂膜处理获得多种不同色彩和花纹,具有良好的装饰效果。常用的铝合金窗有推拉窗、平开窗、固定窗、滑撑窗、悬挂窗、百叶窗等。各种窗都用不同断面型号的铝合金型材和配套零件及密封件加工而成。在铝合金窗的各项标准中,对型材影响最大的是强度标准,我国幅员辽阔,自然环境差异很大,应根据各地的基本风载和建筑物的体型、高度、开启方式及使用要求制定相应的标准进行设计与加工。各地铝合金窗加工厂都有系列标准产品供选用,需特殊制作时也只需提供立面图纸和使用要求,委托加工即可。图9-20是一种推拉式铝合金窗断面示意图。铝合金窗玻璃视玻璃面积大小和抗风等强度要求及隔声、遮光、热工等要求可选用3~8 mm厚度的平板玻璃、镀膜玻璃、钢化玻璃或中空玻璃,用橡胶压条密封固定。活动窗扇四周有橡胶或尼龙密封条与固定框保持密封,并避免金属框料之间相互碰撞。铝合金材料导热系数大,为了改善铝合金窗的热工性能,已有一种采用塑料夹层的复合材料窗(见图9-21),其可大大改善铝合金窗的热工性能。

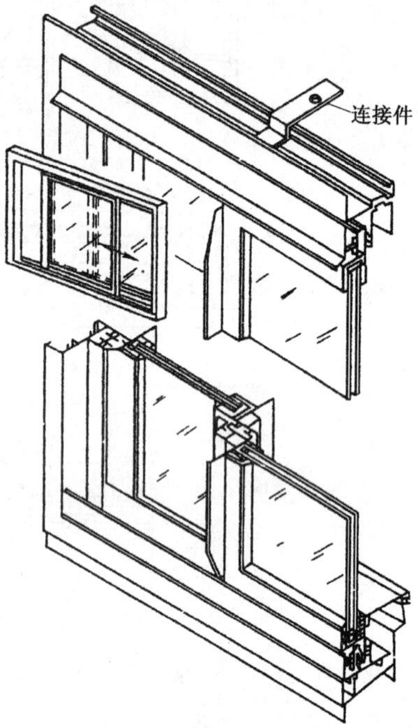

图9-20 推拉式铝合金窗断面示意

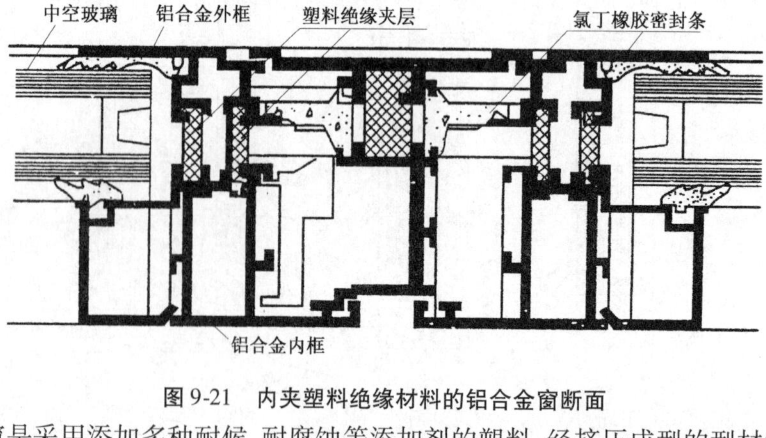

图9-21 内夹塑料绝缘材料的铝合金窗断面

塑料窗是采用添加多种耐候、耐腐蚀等添加剂的塑料,经挤压成型的型材组装制成的窗,其具有耐水、耐腐蚀、阻燃、抗冲击、不需表面涂装等优点,保温隔热性能也比铝合金门

窗好。普通塑料窗的抗弯曲变形能力较差,因此尺寸较大的塑料窗或用于风压较大部位时,需在塑料型材中衬加强筋来提高窗的刚度。加强筋可用金属型材(塑钢窗),也可用硬质塑料型材,增强型材的长度应比窗型材长度略短,以不妨碍窗型材端部的联结。当增强型材与窗型材材质不同时,应使增强型材较宽松地插在塑料型材中,以适应不同材质温度变形的需要。由于塑料窗变形较大,传统的用水泥砂浆等刚性材料封填墙与窗樘框做法不宜采用,最好采用矿棉或泡沫塑料等软质材料,再用密封胶封缝,以提高塑料窗的密封性能和绝缘性能,并避免塑料窗变形造成的开裂。塑料窗玻璃的安装同铝合金窗相似。

第三节　木门的构造

一、门框

门框又称门樘,一般由两根边梃和上槛组成。门樘断面形状基本上与窗樘类同,只是门的负载较窗大,必要时尺寸可适当加大。门樘与墙的结合位置,一般都做在开门方向的一边,与抹灰面齐平,这样门开启的角度较大,如图 9-22 所示。

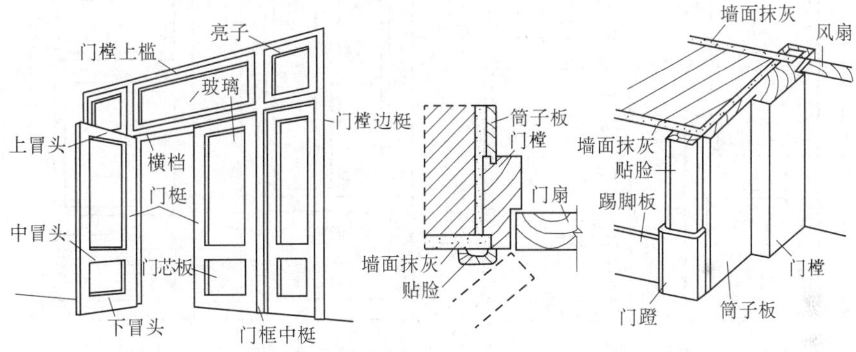

图 9-22　门的构造

二、门扇

(一)镶板门、玻璃门、纱门和百叶门

这些都是最常见的几种门扇,主要骨架由上、下冒头和两根边梃组成框子,有时中间还有一条或几条横冒头或一条竖向中梃,在其中镶装门芯板、玻璃纱或百叶板,组成各种门扇,如图 9-23 所示。

门扇边框内安装门芯板者一般称为镶板门,又称为肚板门或滨子门。门芯板可用 10 ~ 15 mm厚木板拼装成整块,镶入边框。板缝要结合紧密,不可因日后木板干缩而露缝,一般为平缝胶结,如能做高低缝或企口缝结合则可缝隙露明。现在门芯板多已用多层胶合板、硬质纤维板或其他人造板等所代替。门芯板与门框的镶嵌结合可用暗槽、单面槽以及双边压条构造形式。

门芯板换成玻璃则为玻璃门,多块玻璃之间亦可用窗一样的芯子。门芯板改为纱或百叶则为纱门或百叶门。一般纱门的厚度可比镶板门薄 5 ~ 10 mm。玻璃、芯板及百叶可以根据需要组合。门扇边框的厚度一般为 40 ~ 45 mm，纱门 30 ~ 35 mm，上冒头和两旁边梃的宽度为 75 ~ 120 mm。下冒头为了踢脚和习惯，常比上冒头加大 50 ~ 120 mm，中冒头和竖梃的宽度一般同上冒头和边梃的宽度。中冒头为了弥补装锁开槽对材料的削弱，其宽度必要时可适当加大。

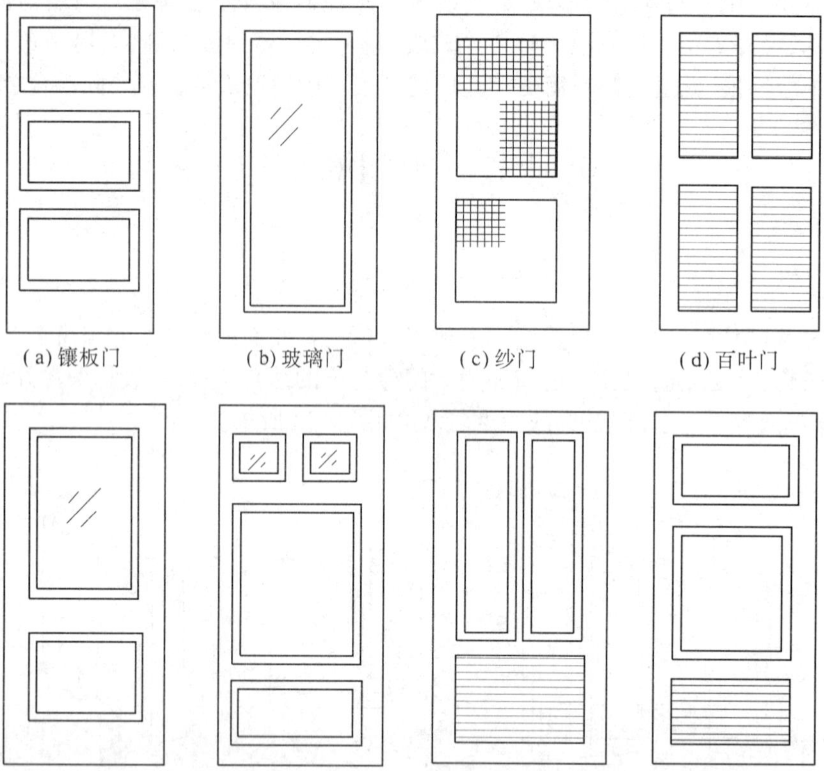

(a) 镶板门　(b) 玻璃门　(c) 纱门　(d) 百叶门

(e) 上部玻璃，下部镶板门　(f) 上部玻璃或镶板，下部百叶门

图 9-23　镶板门、玻璃门、纱门和百叶门的立面形式

(二) 夹板门

夹板门是中间为轻型骨架双面贴薄板的门。其一般广泛适用于房屋的内门，作为外门则须注意面板及胶合材料的防水处理。

夹板门的骨架一般用厚 32 ~ 35 mm、宽 34 ~ 60 mm 的木料做框子，内为格形纵横肋条，肋宽同框料，厚为 25 mm，视肋距而定，肋距为 200 ~ 400 mm，装锁处须增设附加木。为了不使门骨架内温度、湿度变化产生应力，一般在骨架间需设有通风连贯孔。为了节约木材和减轻自重，还可用与边框同宽的浸塑纸粘成整齐的蜂窝形网格，填在框格内，两面用胶料贴板，成为蜂窝纸夹板门。夹板门骨架形式如图 9-24 所示。

夹板门的面板一般为胶合板、硬质纤维板或塑料板，用胶结材料双面胶结。有的胶合板面层的木纹有一定装饰效果。夹板门的四周一般采用 15 ~ 20 mm 厚木条镶边可较为整齐美观。

根据使用功能上的需要，夹板门亦可加做局部玻璃或百叶。一般在镶玻璃及百叶处，均做一小框子，玻璃两边还要做压条。

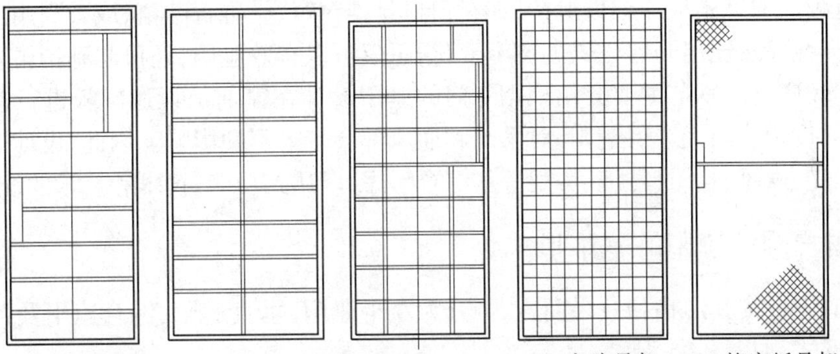

图 9-24　夹板门骨架形式

夹板门的构造如图 9-25 所示。

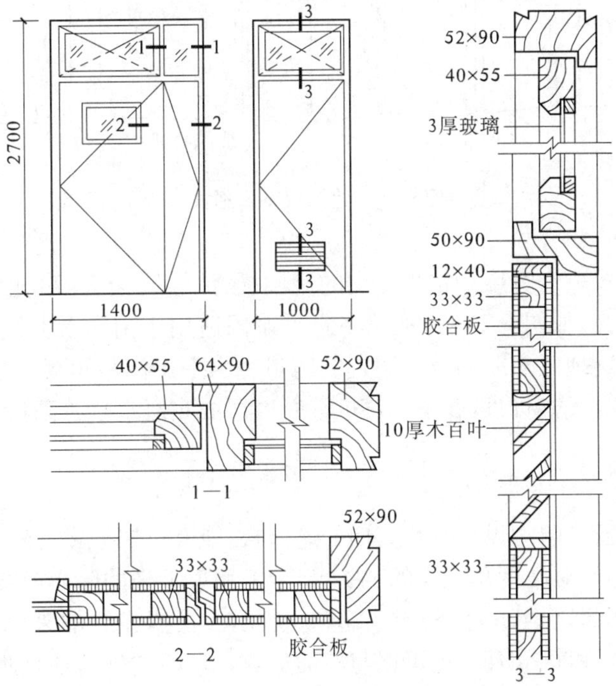

图 9-25　夹板门的构造

第四节　建筑遮阳

一、建筑遮阳的作用和类型

建筑遮阳是为防止直射阳光照入室内，以减少太阳辐射热，避免夏季室内过热，或产生眩光以及保护室内物品不受阳光照射而采取的一种建筑措施。用于遮阳的方法很多，结合规划及设计，确定好朝向，采取必要的绿化措施，巧妙地利用挑檐、外廊、阳台等是最好的遮阳;设置苇、竹、木、布制作的简易遮阳虽有一定的效果,但应注意与环境和建筑的结合,设置耐久的遮阳板即构件遮阳,如在窗口悬挂窗帘、设置百叶窗,或者利用门窗构件自身的遮光性以及窗扇开启方式的调节变化,不仅可以有效遮阳,还可起到挡雨和美观作用,故应用较广泛。本节主要介绍根据专门的遮阳设计在窗前加设遮阳板进行遮阳的措施。在窗前设置遮阳板进行遮阳,对采光和通风都会带来不利影响。因此,设计遮阳设施时,应对采光、通风、日照、经济、美观等作综合考虑,以达到功能、技术和艺术的统一。

二、窗户构件遮阳的基本形式

窗户遮阳板按其形状和效果而言,可分为水平遮阳、垂直遮阳、综合遮阳及挡板遮阳四种基本形式,如图 9-26 所示。

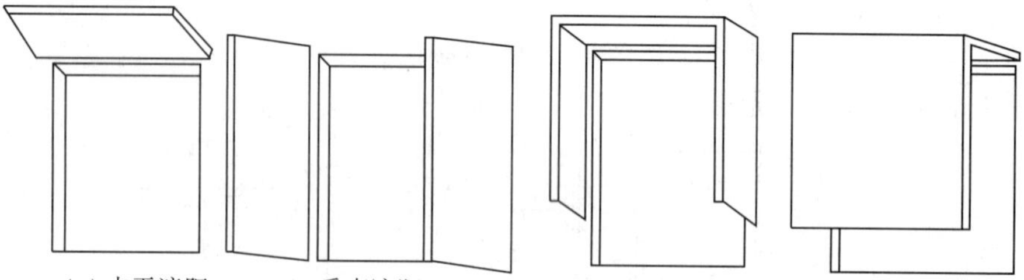

(a) 水平遮阳　(b) 垂直遮阳　(c) 综合遮阳　(d) 挡板遮阳

图 9-26　遮阳板基本形式

(一) 水平遮阳

在窗口上方设置一定宽度的水平方向的遮阳板,能够遮挡太阳高度角较大时从窗口上方照射下来的阳光,如图 9-26(a) 所示。水平遮阳适用于南向及其附近朝向的窗口或北回归线以南低纬度地区之北向及其附近的窗口。水平遮阳板可做成实心板,也可做成搁栅或百叶板,较高大的窗口可在不同高度设置双层或多层水平遮阳板,以减少板的出挑宽度。

(二) 垂直遮阳

垂直遮阳是在窗口两侧设置垂直方向的遮阳板,能够遮挡太阳高度角较小的、从窗口两侧斜射下来的阳光,对高度角较大的、从窗口上方照射下来的阳光或接近日出日落时正射窗口的阳光,它不起遮挡作用,如图 9-26(b) 所示。根据光线的来向和具体处理的不同,垂直遮阳板可以垂直于墙面,也可以与墙面形成一定的夹角。垂直遮阳主要适用于偏东偏西的南向或北向窗口。

(三) 综合遮阳

水平遮阳和垂直遮阳的结合就是综合遮阳。综合遮阳能够遮挡从窗口正上方或两侧斜射下来的光线,遮挡效果均匀,如图 9-26(c) 所示。综合遮阳主要用于南向、东南向及西南向的窗口。

(四) 挡板遮阳

挡板遮阳是在窗口正前方一定距离设置与窗户平行的垂直挡板。由于封堵于窗口以外,能够遮挡太阳高度较小的、正射窗口的阳光,如图 9-26(d) 所示。挡板遮阳主要适用于东西向以及附近朝向的窗口,唯一不足之处是也同时挡住视线,对眺望和通风影响甚大，使用时应当慎重。为了改善挡光及通风效果，可以做成搁栅式或百叶式挡板。这些是遮阳板的基本形式，亦是构造上最为单纯的形式，一般建筑的遮阳板则根据遮阳需要及立面造型要求，可以组合演变成各种各样的形式，如图 9-27 所示。

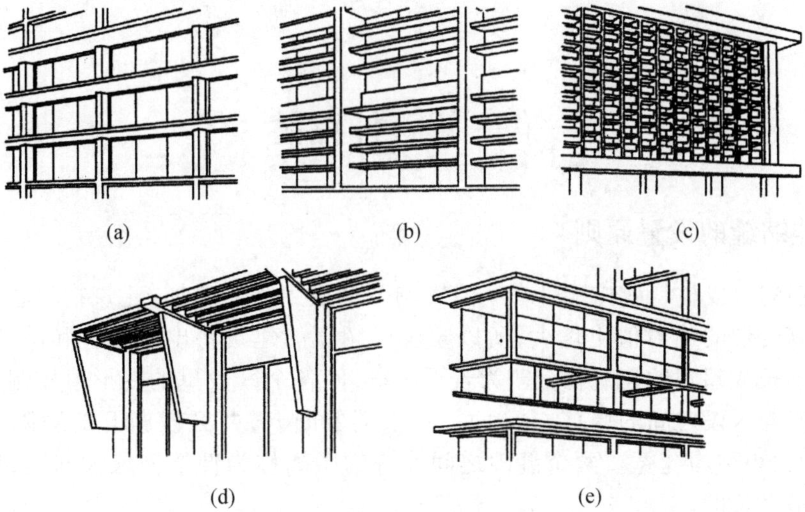

图 9-27　连续遮阳的形式

遮阳板可以做成活动的，也可以做成固定的。活动式遮阳板可以灵活调节，遮阳、通风、采光效果较好，但构造复杂，需经常维护。固定式遮阳板则坚固、耐用，较为经济。设计时应根据不同的使用要求、不同的地理纬度和建筑造型的要求予以选用。

第十章　变形缝

第一节　伸缩缝

一、伸缩缝的设置原则

建筑物的组成材料或构配件在气温影响下会发生胀缩变形，建筑物随着长度或宽度的增大其变形的绝对值也增大，所以超长或超宽的建筑将出现裂缝和破坏。为此，人为地将超长或超宽的建筑物分割为若干区段，使各个区段里的变形值控制在允许范围内。区段与区段之间的墙体、楼地面、屋顶都要断开，两区段断开的缝隙就是伸缩缝，缝隙的大小称为缝宽。两个缝隙之间允许的距离称为伸缩缝最大间距，也就是温度区段的最大长度。

建筑物基础埋在地下，受温度变化影响较小，所以可不考虑留缝，不必断开。伸缩缝允许最大间距与建筑的结构类型和屋面保温材料有直接关系。钢筋混凝土结构伸缩缝最大间距如表 10-1 所示，砌体房屋伸缩缝最大间距如表 10-2 所示。

表 10-1　钢筋混凝土结构伸缩缝最大间距　　(单位:m)

项次	结构类型		室内或土中	露天
1	排架结构	装配式	100	70
2	框架结构	装配式 现浇式	75 55	50 35
3	剪力墙结构	装配式 现浇式	65 45	40 30
4	挡土墙及地下室墙壁等结构	装配式 现浇式	40 30	30 20

二、伸缩缝构造

（一）伸缩缝的宽度

伸缩缝的宽度是根据建筑物的材料、构配件的最大膨胀率而确定的，一般为 20 ~ 30 mm 即可，为方便施工，一般取为 30 mm。

表 10-2　砌体房屋伸缩缝最大间距　　（单位:m）

砌体类别	屋顶或楼板层的类别		间距
钢筋混凝土	整体式钢筋混凝土结构	有保温层	50
		无保温层	40
	装配式无檩钢筋混凝土结构	有保温层	60
		无保温层	50
	装配式有檩钢筋混凝土结构	有保温层	75
		无保温层	60
烧结普通砖、空心砖	黏土瓦或石棉水泥瓦屋顶 木屋顶或楼板层 砖石屋顶或楼板层		100
石砌体			80
砌块砌体			75

（二）伸缩缝的结构处理

设置伸缩缝时，必须从地面到屋顶全部断开，基础可不断开，不能影响建筑的使用功能。通常采用的结构处理方案有两种：一种是单墙方案，另一种是双墙方案，如图 10-1 所示。

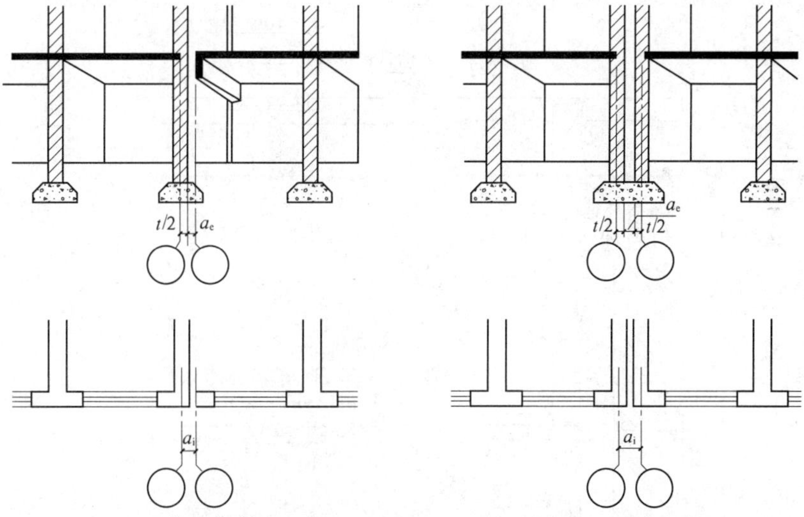

（a）单墙方案　　（b）双墙方案

a_e—变形缝宽度；a_i—插入距；t—内墙厚

图 10-1　伸缩缝的结构方案

1. 单墙方案

单墙方案是伸缩缝两侧共用一道墙体、一根梁，较经济，但墙体未封闭，只能在非震区采用。

2. 双墙方案

双墙方案是伸缩缝两侧各有各自的墙体，结构稳定，在震区可以采用。

(三)伸缩缝的节点构造

1. 墙身伸缩缝构造

砖砌体伸缩缝构造如图 10-2 所示。

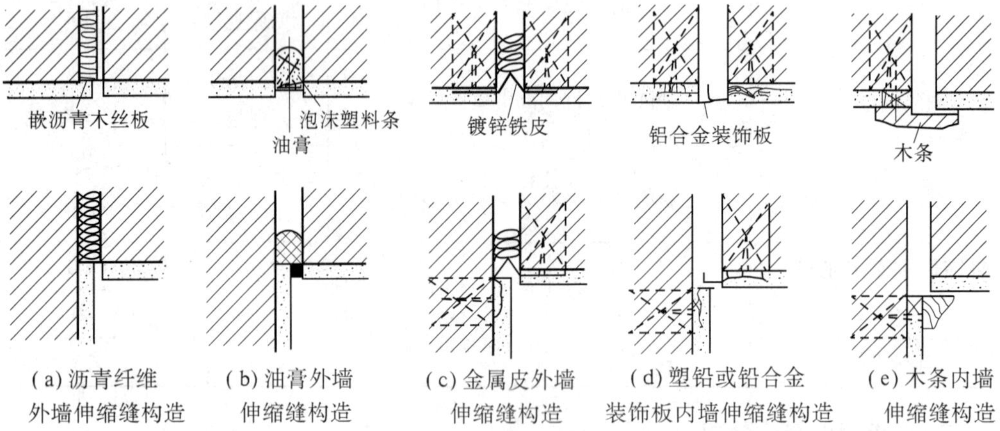

图 10-2 砖砌体伸缩缝构造

2. 楼地面伸缩缝构造

楼地面伸缩缝构造如图 10-3 所示。

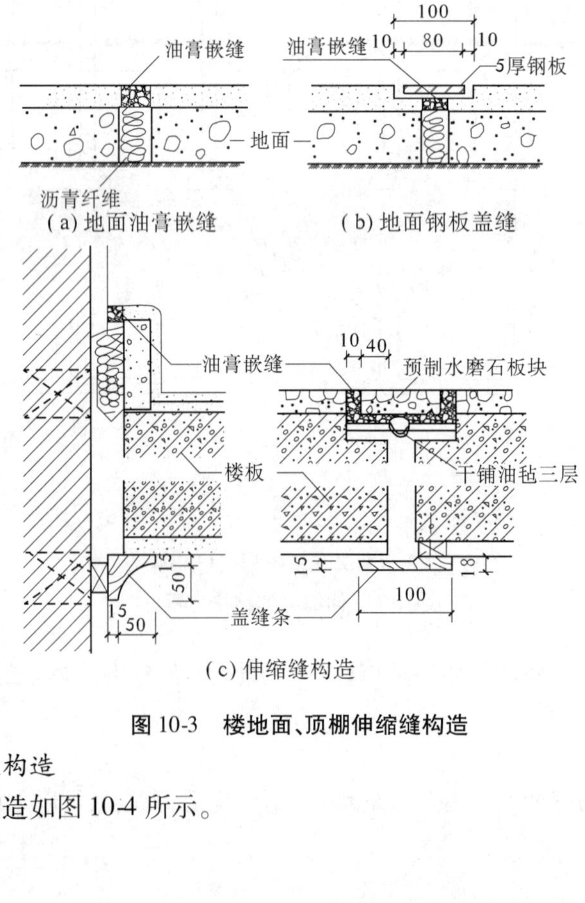

图 10-3 楼地面、顶棚伸缩缝构造

3. 屋面伸缩缝构造

屋面伸缩缝构造如图 10-4 所示。

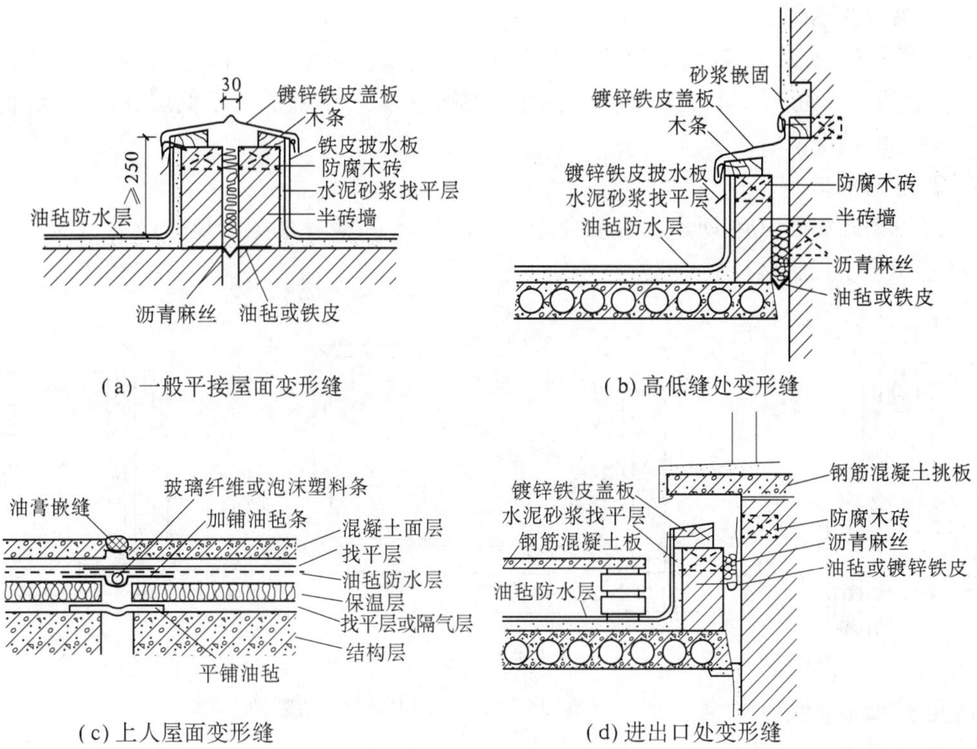

(a) 一般平接屋面变形缝

(b) 高低缝处变形缝

(c) 上人屋面变形缝

(d) 进出口处变形缝

图 10-4　屋面伸缩缝构造

第二节　沉降缝

一、沉降缝的设置原则

建筑物坐落在地基土上会发生沉降。如果沉降不均匀，就会引起建筑物结构变形、破坏，这是不允许的。因此，在可能发生不均匀沉降的部位应设置缝隙，从基础到屋顶断开，即将其分解为若干刚度单元，自由沉降，互不影响，这就是沉降缝。

沉降缝的设置部位：①建筑物两组成部分高差两层或 6 m 以上处；②建筑物长度较大的适当部位；③建筑物平面形状复杂处；④建筑物两部分地基承载力相差较大处；⑤建筑物两部分荷载相差较大处。

二、沉降缝构造

(一) 沉降缝的宽度

一般沉降缝的宽度与地基、建筑物高度有关，宽度为 30 ~ 70 mm，较弱地基为 50 ~ 120 mm。

(二) 沉降缝的基础构造处理

沉降缝处的地上主体留缝做法与伸缩缝做法大同小异。不同之处是基础做法一般有偏心基础、悬挑基础、跨越基础三种。

1. 偏心基础

如图 10-5 所示，将双墙下的基础方脚断开留缝，垫层可不断开。其特点是形成偏心基础，地基的反力不均匀，有可能产生向中间倾斜。偏心基础适用于低层、耐久等级低且地质较好的情况。

2. 悬挑基础

悬挑基础如图 10-6 所示。为减少悬挑架的荷载，被悬挑的梁及墙体应尽可能压缩墙面尺寸和采用轻质材料。

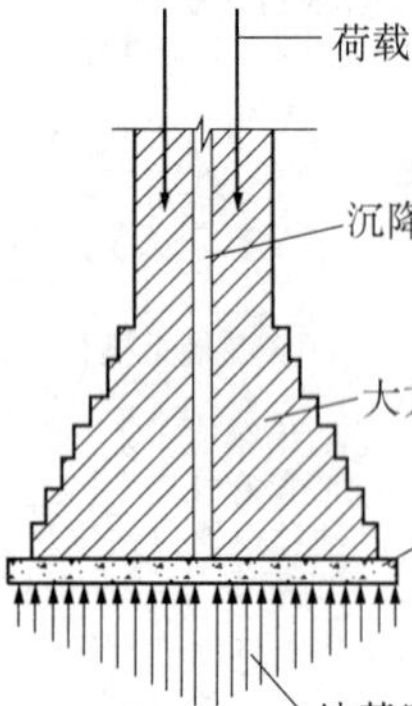

图 10-5　偏心基础

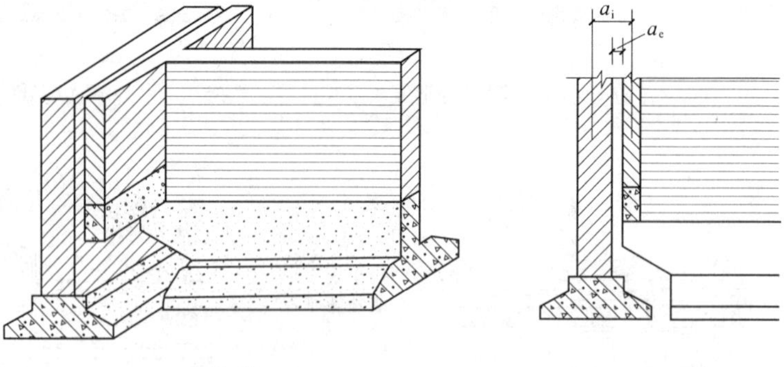

(a) 外观　(b) 剖面

图 10-6　悬挑基础

3. 跨越基础

跨越基础如图 10-7 所示。沉降缝两侧的墙下均设置基础梁，基础方脚划分若干个段，并伸入另一侧基础梁下，两侧基础各自沉降自如，互不影响。

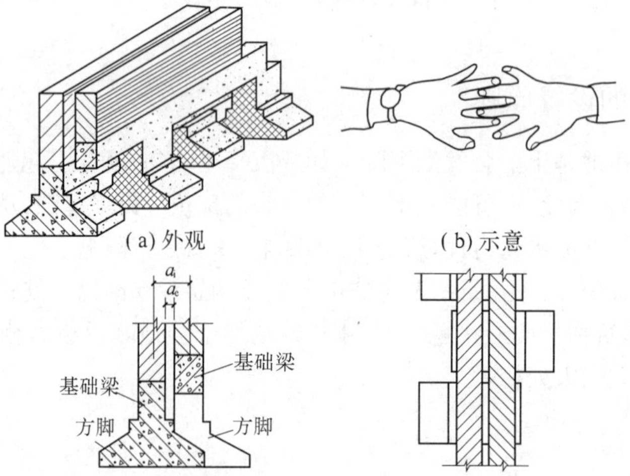

(a) 外观　(b) 示意

(c) 剖面　(d) 平面

图 10-7　跨越基础

(三) 沉降缝的节点构造

沉降缝兼有伸缩缝的作用，其构造做法与伸缩缝基本相同，但盖缝条与调节片构造必须按沉降缝要求设置，保证其在水平和垂直方向能自由变形。外墙墙身沉降缝构造如图 10-8所示，地面沉降缝构造同图 10-3，屋顶沉降缝构造同图 10-4。

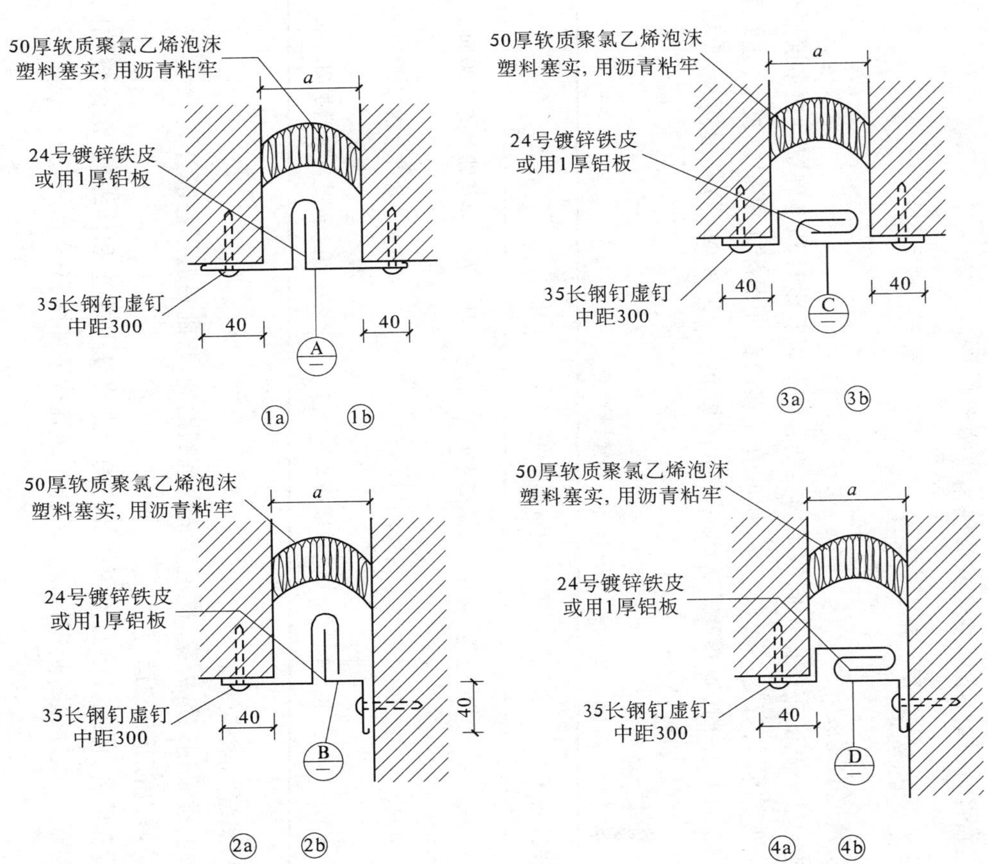

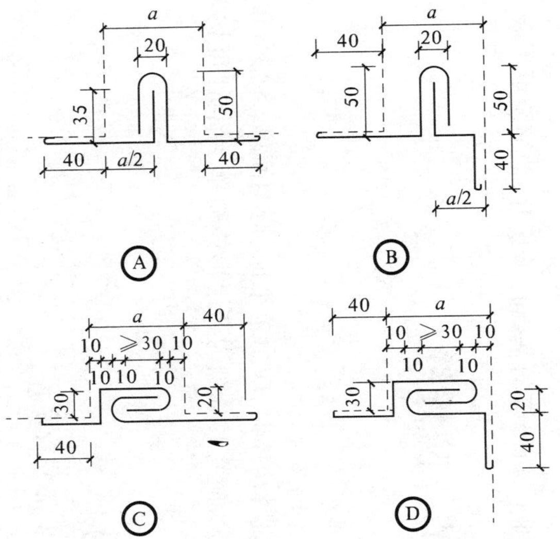

图 10-8　外墙墙身沉降缝构造

注：1. 本图节点适用于清水砖墙沉降缝，地震区缝宽a尺寸应满足抗震规范及温度变形要求。

2. 镀锌铁皮两面刷防锈漆各一道，外露面刷无光调和漆两道，颜色随墙面颜色。

3. 节点①a ~ ④a 为24号镀锌铁皮，节点①b ~ ④b 为1厚铝板。

(四)沉降缝与伸缩缝的区别

沉降缝与伸缩缝的区别在于基础处理上,沉降缝的基础必须断开,伸缩缝可不断开。

第三节　防震缝

一、防震缝设置原则

在地震设计烈度为 8 度或 9 度地区设计房屋时,应力求平面、造型简单,各部分重量、刚度对称并分布均匀。当建筑较为复杂时,应将其分割为若干形体简单、结构刚度均匀的单元。

防震缝的设置原则如下:

(1)建筑物两部分高差两层或 6 m 以上;

(2)建筑平面中,凹角长度过大或突出部分较多;

(3)房间错层较大;

(4)建筑各组成部分结构刚度或荷载相差较大。

二、防震缝的构造

(一)防震缝的宽度

防震缝的最小宽度应根据不同的结构类型和体系以及设计烈度确定。在多层混合结构中按设计烈度不同,宽度一般取 50 ~ 70 mm;在多层钢筋混凝土框架建筑中,建筑高度在 15 m 及 15 m 以下时,宽度取 70 mm;建筑高度超过 15 m 时,防震缝宽度如表 10-3 所示。

表 10-3　防震缝宽度

设计烈度	建筑物高度	缝宽
7 度	每增加 4 m	70 mm 基础上增加 20 mm
8 度	每增加 3 m	70 mm 基础上增加 20 mm
9 度	每增加 2 m	70 mm 基础上增加 20 mm

(二)防震缝的结构处理

防震缝必须采用双墙方案,应沿建筑物全高设置,基础一般不必断开。

(三)防震缝的节点构造

防震缝在墙身、楼地板层及屋顶各部位的构造做法基本上和伸缩缝、沉降缝相同,仅留缝宽度较宽,需做好盖缝防护构造。墙体防震缝构造如图 10-9 所示。

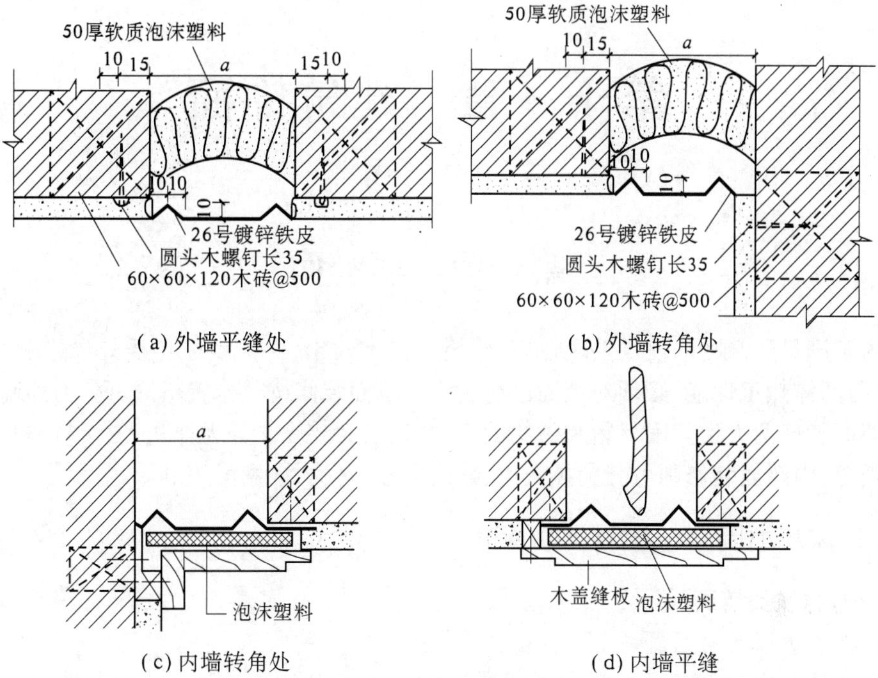

图 10-9　墙体防震缝构造

第十一章　建筑饰面

第一节　墙　面

为了满足建筑物的使用要求，提高建筑的艺术效果，保护墙体免受外界影响，保护结构，改善墙体热工性能，必须对墙面进行装修。墙面装修按其位置不同可分为外墙面装修和内墙面装修两大类。因材料和做法的不同，外墙面装修又分为抹灰类、涂料类、铺贴类、板材类等，内墙面装修则可分为抹灰类、贴面类、涂料类、裱糊类等。

一、抹灰类墙面与涂料类墙面

（一）抹灰类墙面

1. 抹灰类墙面的组成与基本做法

墙面抹灰通常由三层构成：底层（找平层）、中层（垫层）、面层。

底层的底灰（又叫刮糙）根据基层材料的不同和受水浸蚀的情况而定。一般的砖石基层可采用水泥砂浆或混合砂浆打底。当遇骨架板条基层时，则采用掺入纸筋、麻刀或其他纤维的石灰砂浆做底灰，加强黏结，防止开裂。

中层抹灰材料同底层，起进一步找平的作用。采用机械喷涂时底层与中层可同时进行。

面层主要起装饰作用，根据所选材料和施工方法形成各种不同性质与外观的抹灰。面层上的刷浆、喷浆或涂料不属于面灰。

外墙抹灰要先对墙面进行分格，以便于施工接茬、控制抹灰层伸缩和今后的维修。分隔线有三种形式：凹线、凸线和嵌线。凹线常用木引条成型，先用水泥砂浆将其临时固定，待做好面层后再将其抽出，即成型。PVC 成品分隔条，抹灰时砌入面层即可。凸线也称线角，外墙面的线角有檐口、腰线、勒脚等，当线角凸出墙面超过 30 mm 时，可将墙身的砖、混凝土出挑，或用其他材料成型后再抹灰。嵌线用于要进行打磨的抹灰墙面，如水磨石等。嵌线材料有玻璃、金属或其他材料。

内墙面抹灰要求大面平整、均匀、无裂痕。施工时，首先要清理基层，有时还需用水冲洗，以保证灰浆与基层黏结紧密，然后拉线找平，做灰饼、冲筋，以保证抹灰面层平整。由于阳角处易受损，抹灰前在内墙阳角、门洞转角、柱子四角处用强度较高的水泥砂浆或预埋角钢做护角，然后再做底层或面层抹灰。

2. 常用抹灰墙面的种类

抹灰饰面均是以石灰、水泥等为胶结材料，掺入砂、石骨料用水拌和后，采用抹、刷、磨、斩、粘等多种方法进行施工。按面层材料及做法可分为一般抹灰和装饰抹灰。几种常用抹灰类饰面的做法及适用范围如表 11-1 所示。

表 11-1　墙面常用抹灰做法及适用范围

部位	做法说明	厚度(mm)	适用范围	备注
内墙面	纸筋石灰墙面 底:1∶2 石灰砂浆加麻刀 15% 中:1∶2 石灰砂浆加麻刀 15% 面:纸筋浆石灰浆加纸筋 6%,喷石灰浆或色浆	 8 8 2	用于一般居住及公共建筑的砖、石基层墙面	普通抹灰将底层、中层合并
	水泥砂浆面 底:1∶3 水泥砂浆 中:1∶3 水泥砂浆 面:1∶2.5 水泥砂浆,喷石灰浆或色浆	 7 5 3	用于极易受碰撞或受潮的地方,如盥洗室、厨厕墙裙、踢脚线等	
	混合砂浆面 底:1∶0.3∶3 水泥石灰砂浆 中:1∶0.3∶3 水泥石灰砂浆 面:1∶0.3∶3 水泥石灰砂浆,喷石灰浆或色浆	 9 6 5	砖石基层墙面	
外墙面	水泥砂浆面 底:1∶0.8∶5 水泥石灰砂浆 面:1∶3 水泥砂浆	 10 5	砖石基层墙面	用中 8 厘石子,当用小 8 厘石子时比例为 1∶1.5,厚度为 8 mm
	水刷石面 底:1∶3 水泥砂浆 中:1∶3 水泥砂浆 面:1∶2 水泥白石子用水刷洗	 7 5 10	砖石基层墙面	石子粒径 3 ~ 5 mm,做中层时按设计分隔
	干粘石面 底:1∶3 水泥砂浆 中:1∶1∶1.5 水泥石灰砂浆 面:刮水泥浆,干粘石压平实	 10 7 1	砖石基层墙面	
	斩假石面 底:1∶3 水泥砂浆 中:1∶3 水泥砂浆 面:1∶2 水泥白石子用斧斩	 7 5 12	主要用于外墙局部,修饰的地方	

3. 抹灰类墙面的色彩处理

抹灰墙面为了美观起见，常在砂浆中掺入颜料增加装饰效果。颜料的选择需根据其本身的性能、砂浆的酸碱性、设计的色彩要求而定。颜料主要分为无机颜料和有机颜料两大类，又可分为天然颜料与合成颜料两大类。无机颜料遮盖力强、密度大、耐热耐光，但颜色不够鲜艳；有机颜料色彩鲜艳、易着色，但耐热耐光性差、强度不高。常用抹灰颜料色彩及性能如表 11-2 所示。

表 11-2 常用抹灰颜料色彩及性能

色彩	物质名称	主要成分	有机/无机物	性能
红色	氧化铁红 甲苯胺红	三氧化二铁 甲苯胺红	无机 有机	
绿色	氧化铬绿	三氧化二铬	无机	
黄色	氧化铁黄 铬黄 沙黄	三氧化二铁 四氧化铬铅	无机 无机 有机	颜色不鲜艳，但耐光、耐碱较好的着色力，有毒，耐光性差
蓝色	群青 氧化铁蓝 酞青蓝 钴蓝		无机 无机 有机 有机	
黑色	氧化铁黑 炭黑 松黑		无机 无机 无机	

（二）涂料类墙面

涂料类墙面是在木基层表面或抹灰墙面上，喷、刷涂料涂层的饰面装修。涂料饰面主要以涂层起保护和装饰作用。按涂料种类不同，饰面可分为刷浆类饰面、涂料类饰面、油漆类饰面。涂料类饰面虽然抗腐蚀能力差，但施工简单、省工省时、维修方便，应用较为方便。几种涂料类墙面的做法及选料如表 11-3 所示。

表 11-3 涂料类墙面的做法及选料

分类	名称	做法说明	适用范围	备注
刷浆类	石灰浆	清理基层；局部刮腻子，砂纸磨平；石灰浆二遍	多用于室内墙面及顶棚	块石灰100：食盐 5
	大白浆	清理基层；局部刮腻子，砂纸磨平；石灰浆二遍	多用于室内墙面及顶棚	大白浆配合比：大白粉 100∶801 胶 15～20
	白水泥浆	清理基层；局部刮腻子，砂纸磨平；石灰浆二遍	可用于室内和室外	白水泥 100∶801胶 20

续表 11-3

分类	名称	做法说明	适用范围	备注
涂料类	过氯乙烯涂料	清理基层;过氯乙烯腻子批孔缝;过氯乙烯底漆一遍;过氯乙烯腻子二遍,砂纸磨平;过氯乙烯面漆 2 ~ 3 遍	水泥地面、墙面	良好的防腐蚀性能,防油、防霉,但不耐高温
	瓷釉涂料	清理基层,满刮 801 水泥腻子 1 ~ 2 遍,表面打磨平整,瓷釉底涂料一遍,瓷釉底涂料二遍	可用于厨房、卫生间、顶棚	耐磨,硬度高,涂料光亮,类似搪瓷
	氯黄化聚乙烯防腐涂料	清理基层,满刮腻子,刷底涂料一遍,喷刷面层涂料	墙面或地面	附着力强,硬度高,耐酸碱
油漆类	调和漆	木基层清理、除污、打磨等,刮腻子、磨光,底油一遍,调和漆二遍	油性调和漆适用于室内外各种木材、金属、砖石表面,磁性调和漆适用于室内	油性调和漆附着力强,便于涂刷,漆膜软,干燥性差;磁性调和漆漆膜硬,光亮平滑,但易龟裂
	防锈漆	清理金属面除锈,防锈漆或红丹一遍,刮腻子、磨光,调和漆二遍	金属表面打底	渗透性、润滑性、柔韧性、附着力均好

(三)特殊做法的抹灰涂料类墙面

抹灰涂料类墙面根据其用料、构造做法及装饰效果的不同又可分为弹涂墙面、滚涂墙面、拉毛墙面、扫毛抹灰墙面等。

1. 弹涂墙面

弹涂是采用一种专用的弹涂工具,将水泥彩色浆弹到饰面基层上的一种做法。弹涂墙面分为基层、面层和罩面层。根据墙体材料不同选择基层材料,如水泥砂浆、聚合物水泥砂浆、金属板材、石棉板材、纸质板材等。面层为聚合物水泥砂浆。为了保护墙面、防止污染,一般在弹涂墙面的面层上喷涂罩面层。

2. 滚涂墙面

滚涂墙面是采用橡皮辊,在事先抹好的聚合砂浆上滚出花纹而形成的一种墙面装修做法。滚涂墙面的基层做法应根据墙体的材料选择。墙体的面层为 3 ~4 mm 厚的聚合物水泥砂浆,并用特制的橡皮辊滚出花纹,然后喷涂罩面层。滚涂操作有干滚法与湿滚法两种,干滚不蘸水,湿滚反复蘸水。

3. 拉毛墙面

拉毛墙面按材料不同,可分为水泥拉毛、油漆拉毛、石膏拉毛三类。按施工所用工具和操作方式的不同,可形成各式各样的表面。拉毛墙面可以应用于砖墙、混凝土墙、加砌混凝土墙等的内外装修,施工简便,价格低廉。

4. 扫毛抹灰墙面

扫毛抹灰墙面是一种饰面效果仿天然石的装饰性抹灰的做法。这种墙面的面层为混合砂浆,抹在墙面上以后用竹丝扫帚扫出装饰花纹。施工时,应注意用木条分块,各块横竖交叉扫毛,富于变化,使之更具天然石材剁斧的纹理。这种墙面易于施工,造价低廉,效果美观大方。

二、铺贴类墙面

铺贴类墙面多用于外墙及潮湿度较大、有特殊要求的内墙。铺贴类墙面包括陶瓷贴面类墙面、石材墙面、装饰水泥墙面等。

(一)陶瓷贴面类墙面

1. 面砖饰面

面砖多由瓷土或陶土焙烧而成,常见的面砖有釉面砖、无釉面砖、仿花岗岩瓷砖、劈离砖等。釉面砖表面光滑、色彩丰富美观、易于清洗、吸水率低,可用于建筑外墙装饰,大多用于厨房、卫生间的墙裙贴面。无釉面砖多用于外墙,其质地坚硬、强度高、吸水率低,是高级建筑外墙装修的常用材料。面砖种类繁多,安装时先将其放入水中浸泡,取出沥干水分,用水泥石灰砂浆或掺有107胶的水泥砂浆满刮于背面,贴于水泥砂浆打底的墙上轻巧粘牢。外墙面砖之间常留出一定缝隙,以便湿气排除;内墙安装紧密,不留缝隙。

2. 陶瓷(玻璃)锦砖饰面

陶瓷(玻璃)锦砖俗称马赛克(玻璃马赛克),是高温烧制而成的小块型材。为了便于粘贴,首先将其正面粘贴于一定尺寸的牛皮纸上,施工时,纸面向上,待砂浆半凝,将纸洗去,校正缝隙,修正饰面。此类饰面质地坚硬、耐磨、耐酸碱、不易变形、价格便宜,但较易脱落。

(二)石材墙面

1. 石材的种类

1)天然石材的种类

(1)花岗岩(岩浆岩)。除花岗石外,还包括安山岩、辉绿岩、辉长岩、片麻岩等。花岗岩构造密实,抗压强度高,空隙率、吸水率小,耐磨,抗腐蚀能力强。花岗岩的色彩较多,色泽可以保持很长时间,是较为理想的高级外墙饰面。

(2)大理石。这是一种变质岩,属于中质石材,质地坚密,但表面硬度不大,易加工打磨成表面光滑的板材。大理石的化学稳定性不太好,一般用于室内。大理石的颜色很多,在表面磨光后,纹理雅致、色泽艳丽。为了使其表面美感保持较长的时间,往往在其表面上光打蜡或涂刷有机硅等涂料,防止其腐蚀。

(3)青石板。青石板是水成岩,质软,易风化,易于裁割加工,造价不高,色泽质朴,富有野趣。

2)人造石材的种类

常用的人造石材有水磨石、大理石、水刷石、斩假石等,属于复合装饰材料,其色泽、纹理不及天然石材,但可人为控制,造价低。人造石材墙面板一般经过分块、制模、浇制、表面加工等步骤制成,待板达到预定强度后进行安装。水磨石板分为普通板与美术板。人造大理石板有水泥型、树脂型、复合型、烧结型。饰面板材施工时容易破碎,为了防止这类情况发生,预制时应配以 8 号铅丝,或配以φ4、φ6 钢筋网。面积超过 0.25 m^2 的板面,一般在板的上边预埋铁件或 U 形钢件。

2. 石材墙面的基本构造

石材的自重较大,在安装前必须做好准备工作,如颜色、规格的统一编号,天然石材的安装孔、砂浆巢的打凿,石材接缝处的处理等。

3. 石材的安装

1)拴挂法

拴挂法是先将基层剁毛,打孔,插入或预埋外露 50 mm 以上并弯钩的φ6 钢筋,插入主筋和水平钢筋,并绑扎固定。将背后打好孔的板材用双股铜丝或进行过防锈处理的铁件固定在钢筋网上。在板材和墙柱间灌注水泥砂浆,灌浆高度不宜太高,一般少于此块板高的 1/3。待其凝固后,再灌注上一层,依次下去。灌浆完毕去,将板面渗出物擦拭干净,并以砂浆勾缝,最后清洗表面。石材拴挂法细部构造如图 11-1 所示。

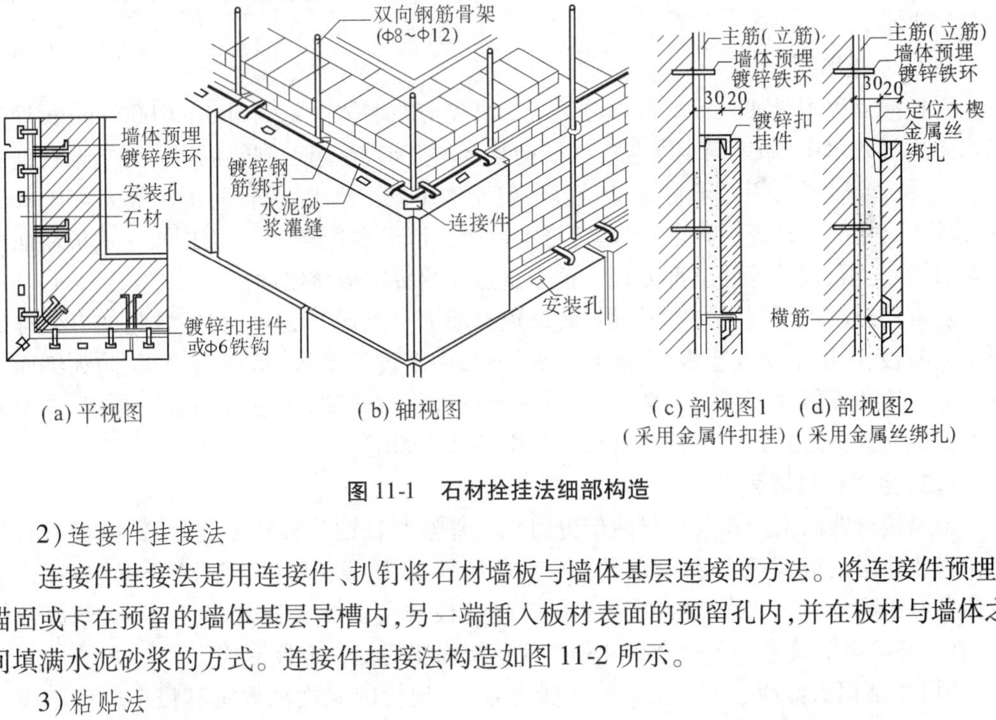

图 11-1　石材拴挂法细部构造

2)连接件挂接法

连接件挂接法是用连接件、扒钉将石材墙板与墙体基层连接的方法。将连接件预埋、锚固或卡在预留的墙体基层导槽内,另一端插入板材表面的预留孔内,并在板材与墙体之间填满水泥砂浆的方式。连接件挂接法构造如图 11-2 所示。

3)粘贴法

粘贴法适用于薄型、尺寸不大的板材。此种方法首先要处理好基层,如水泥砂浆打底或涂胶等,然后进行涂抹粘贴。施工时应注意板的就位、挤紧、找平、找正、找直以及顶、卡固定,以防止砂浆未达到固化强度时板面移位或脱落伤人。

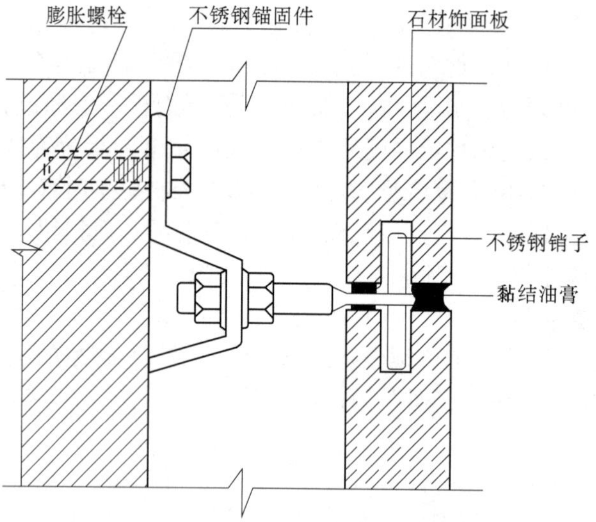

图 11-2　连接件挂接法构造

三、板材类墙面

板材类墙面的种类很多，有木制板材、装饰板材、金属板材、玻璃墙面等。此类墙面的装修不同于抹灰类、铺贴类墙面等湿作业法的装修，它属于干作业法的装修，其最大的特点是污染小。

(一)木板墙面

木板墙面由木骨架和板材两部分组成。事先应在墙体内每隔 500 ~ 1 000 mm 预埋防腐木砖或打入木楔，用来固定龙骨。为了防止板材变形，在墙上刷热沥青一道或改性沥青一道，干铺油毡一层；用钉子将龙骨（墙筋）钉于木砖或木楔上，龙骨间距一般为 450 ~ 600 mm，具体尺寸按板材规格确定；用暗钉将木板面材钉于木骨架上，表面刷漆。木板墙面要注意边缝、压顶、板缝等的细部处理。这里重点介绍装饰板材墙面。

随着建筑技术、建筑材料的发展，装饰板材墙面种类越来越多，目前常见的有装饰微薄木贴面板、印刷木纹人造板、聚酯装饰板、覆塑中密度纤维板、纸面石膏板、防火纸面石膏板等。这些板材大多采用骨架连接，其骨架可采用木骨架，也可采用金属骨架，骨架间距参照板材规格定。其中一些板材也可采用黏结法固定。

(二)金属板材墙面

金属板材墙面由骨架及板材两部分组成。骨架有轻钢骨架和木骨架两种，板材有彩色搪瓷或涂层钢板、不锈钢板、铜板、铝合金花纹板、铝质浅花纹板、铝及铝合金波纹板、铝及铝合金压型板、铝及铝合金冲孔平板等。这些板材大多外形美观、色彩丰富，耐腐蚀性强，有很好的装饰效果。下面介绍几种作为幕墙面层的铝合金板形式。

(1)单层铝板幕墙。单层铝板幕墙受力较大，现行国家规范规定其最小厚度不应小于 2.5 mm，目前常用的厚度为 3.0 mm。铝板可以是平板型，也可以压制成几何形状，或瓦楞型组装式单元。用于幕墙的铝板同玻璃材料结合成为组合式幕墙。

(2)复合铝板幕墙。复合铝板又称铝塑板，分为普通型与防火型两种。普通型复合铝板是在上下两层铝合金薄板间夹 2 ~ 5 mm 的聚乙烯塑料，经热加工或冷加工而成的；

防火型复合铝板是由两层0.5 mm厚的铝板中间加一层难燃或不燃材料加工而成的。

(3)蜂窝铝板幕墙。蜂窝铝板幕墙由两张铝合金板中间夹一层蜂窝形铝箔,以特殊的胶合工艺制成的。其能较好地保证外墙面的平整度,适用于外墙大面积实墙面的幕墙。

金属板材与金属基层之间主要靠螺栓、铆钉连接,也可采用扣接法与墙筋龙骨连接。铝合金板材墙的安装如图 11-3 所示。

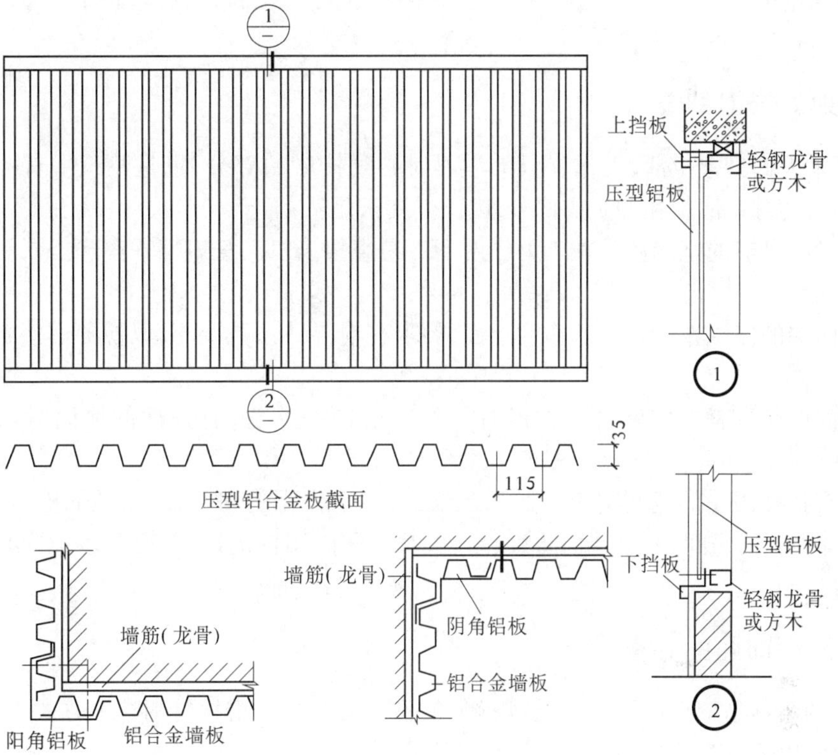

图 11-3 铝合金板材墙的安装

四、裱糊类墙面

裱糊类墙面多用于内墙面的装修,饰面材料的种类很多,有墙纸、墙布、锦缎、皮革、薄木等。下面仅介绍最常用的两种形式墙纸与墙布的施工方法。

墙纸可分为普通墙纸、发泡墙纸、特种墙纸三大类。它们各有不同的性能:普通墙纸有单色压花和印花压花两种,价格便宜,经济实用;发泡墙纸经过加热发泡,有装饰和吸声双效功能;特种墙纸有耐水、防火等特殊功能,多用于有特殊要求的场所。常用的墙布有玻璃纤维墙布和无纺墙布。玻璃纤维墙布强度大、韧性好、耐水、耐火、可擦洗,但遮盖力较差,且易磨损;无纺墙布色彩鲜艳、不退色、有弹性、有透气性、可擦洗。

裱糊类墙面的基层要坚实牢固、表面平整光洁、色泽一致。在裱糊前要对基层进行处理,首先要清扫墙面、满刮腻子、用砂纸打磨光滑。墙纸和墙布在施工前,要做浸水或润水处理,使其充分膨胀。为了防止基层吸水过快,要先用稀释的107胶满刷一遍,再涂刷黏结剂;然后按先上后下、先高后低的原则对准基层的垂直准线用胶辊或刮板将其赶平压实,排除气泡。当饰面无拼花要求时,将两幅材料重叠 20 ~ 30 mm,用直尺在搭接中部压紧后进行裁切,揭去多余部分,刮平接缝。当有拼花要求时,要使花纹重叠搭接。

第二节 楼地面

楼板层的面层和地坪的面层在构造和要求上是一致的,均属室内装修范畴,统称地面。

一、地面饰面的要求

地面是人们日常生活、工作、生产、学习时必须接触的部分,也是建筑中直接承受荷载,经常受到摩擦、清扫和冲洗的部分,因此其要求是:

(1)具有足够的坚固性。在外力作用下不易磨损、破坏,且表面平整、光洁,易清洁和不起灰。

(2)面层的保温性能要好。作为地面,要求材料导热系数要小,以便冬季接触时不致感到寒冷。

(3)面层应具有一定弹性。行走时不致有过硬的感觉,有弹性的地面对减少噪声有利。

(4)有特殊用途的地面则应有如下要求:对有水作用的房间,要求地面能抗潮湿,不透水;对有火源的房间,要求地面防火、耐燃;对有酸碱腐蚀的房间,则要求地面具有防腐蚀的能力。

二、地面饰面的分类

地面的名称是依据面层所用材料而命名的。按面层所用材料和施工方式不同,常见地面可分为以下几类:

(1)整体类地面:包括水泥砂浆、细石混凝土、水磨石及菱苦土地面等。

(2)镶铺类地面:包括黏土砖、大阶砖、水泥花砖、缸砖、陶瓷锦砖、地砖、人造石板、天然石板及木地板等地面。

(3)粘贴类地面:包括油地毡、橡胶地毡、塑料地毡及无纺织地毯等地面。

(4)涂料类地面:包括各种高分子合成涂料所形成的地面。

三、地面装修构造

(一)整体类地面

1. 水泥砂浆地面

水泥砂浆地面简称水泥地面。其构造简单,坚固耐磨,防潮防水,造价低廉,是目前使用普遍的一种低档地面,如图 11-4 所示。但水泥砂浆地面导热系数大,对于不采暖的建筑,在严寒的冬季走上去感到寒冷。另外,其吸水性差,容易返潮,还存在易起灰、不易清洁等问题。

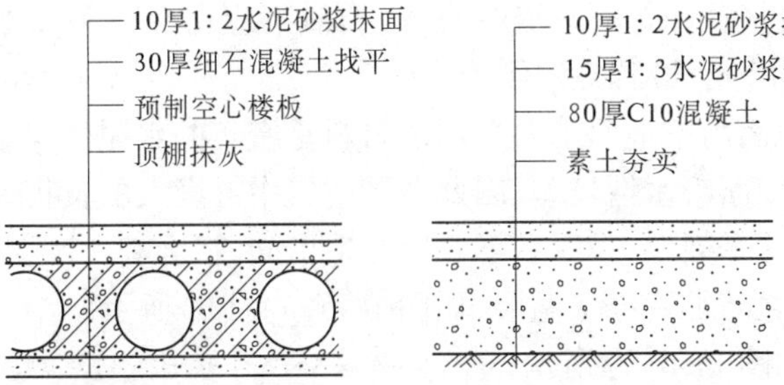

(a) 楼层地面(单层做法)　　(b) 底层地面(双层做法)

图 11-4　水泥砂浆地面

水泥砂浆地面是双层和单层构造之分。双层做法分为面层和底层，常以 15～20 mm 厚1∶3 水泥砂浆打底，找平，再以 5～10 mm 厚 1∶1.5 或1∶2 的水泥砂浆抹面。单层构造是在结构层上抹水泥砂浆结合层一道后，直接抹 15～20 mm 厚 1∶2 或 1∶2.5 的水泥砂浆一道，抹平，终凝前用铁板压光。双层做法构造质量较好。

2. 细石混凝土地面

为了增强楼板层的整体性和防止楼面产生裂缝和起砂，在做楼板面层时，采用 30～40 mm 厚细石混凝土层，在初凝时用铁辊滚压出浆水抹平后，终凝前再用铁板压光作为地面。

3. 水磨石地面

水磨石地面又称磨石子地面，其特点是表面光洁、美观、不易起灰。其造价较水泥地面高，梅雨天容易返潮，常用作公共建筑的大厅、走廊、楼梯以及卫生间的地面。水磨石地面的构造如图 11-5 所示。

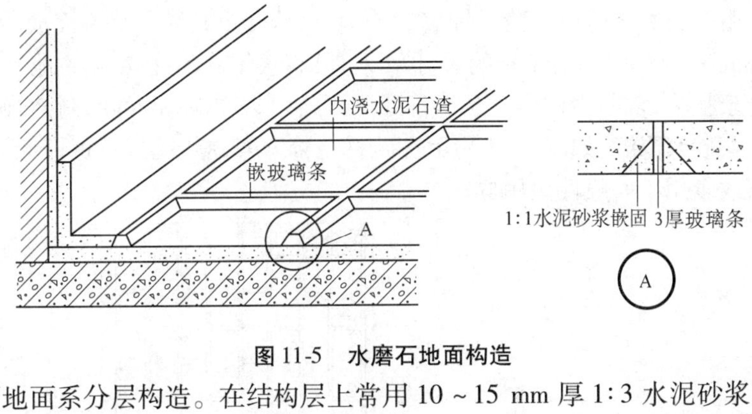

图 11-5　水磨石地面构造

水磨石地面系分层构造。在结构层上常用 10～15 mm 厚 1∶3 水泥砂浆打底，10 mm 厚 1∶1.5～1∶2 水泥、石渣粉面。石渣要求颜色美观，中等硬度，易磨光，故多用白云石或彩色大理石石渣，粒径为 3～20 mm。水磨石有水泥本色和彩色两种。后者系采用彩色水泥或白水泥加入颜料以构成美术图案，颜料以水泥质量的 4%～5% 为好，不宜太多，否则将影响地面强度。面层一般是先在底层上按图案嵌固玻璃条(也可嵌铜条或铝条)进行分格。分格的作用：一是为了分大面为小块，以防面层开裂，分块后，万一局部损坏，维修也比较方便，不影响整体；二是可按设计图案分区，定出不同颜色，以增添美观。分格形状有正方形、矩形及多边形等。尺寸为 400～1 000 mm，视需要而定。分格条高 10 mm，用

1∶1水泥砂浆嵌固。然后将拌和好的石渣浆浇入，石渣浆应比分格条高出 2 mm。再浇水养护 6～7 d 后用磨石机磨光，最后打蜡保护。

如上所述，整体类地面由于地面主要采用的材料是密实的水泥砂浆或混凝土，地面的导热系数大，热惰性大，表面吸水性较差，因此遇到空气中湿度大的黄梅天，很容易出现表面结露现象。为了解决这个问题，采取以下几个构造措施，将会有所改善：

①在面层与结构层之间加一层保温层，如图 11-6(a)、(b)所示；

②改换面层材料，如图 11-6(c)所示；

③架空地面，如图 11-6(d)所示。

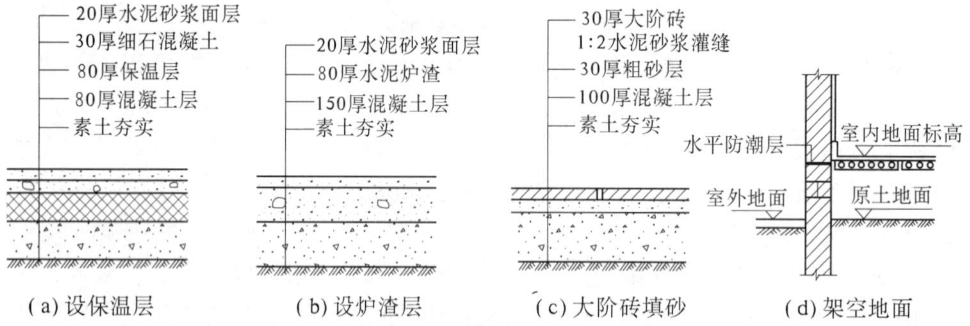

图 11-6　改善地面返潮现象的构造措施

(二) 镶铺类地面

镶铺类地面又称为块料地面，是利用各种预制块材或板材镶铺在基层上的地面，常见有以下几种。

1. 砖地面

砖地面是由普通黏土砖或大阶砖铺砌的地面，大阶砖也是黏土烧制而成的，规格常为 30 mm × 350 mm × 350 mm。由于砖的尺寸较大，可直接铺在素土夯实的地基上，但为了铺砌方便和易于找平，常用砂做结合层。普通黏土砖可以平铺，也可以侧铺，砖缝之间以水泥砂浆或石灰砂浆嵌缝，如图 11-7 所示。砖材造价低廉，能吸湿，对黄梅天返潮地区有利，但不耐磨，故多用于一般性民用建筑。

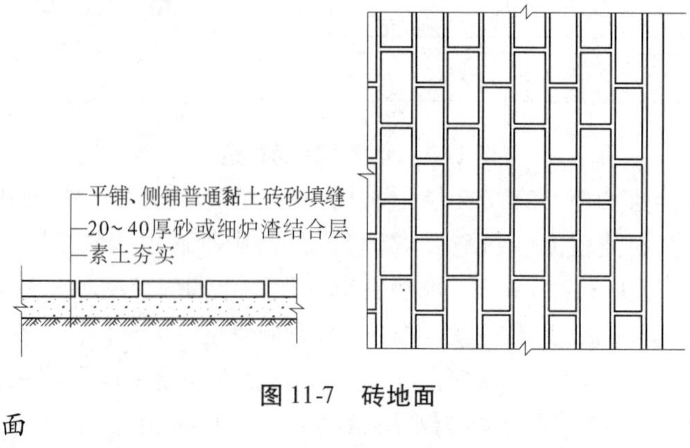

图 11-7　砖地面

2. 陶瓷砖地面

陶瓷地砖包括缸砖和马赛克。缸砖是陶土烧制而成的，颜色红棕色。有方形、六角形、八角形等，可拼成多种图案。砖背面有凹槽，便于与基层结合。方形尺寸一般为 100

mm × 100 mm、150 mm × 150 mm，厚 10 ~ 15 mm。缸砖质地坚硬、耐磨、防水、耐腐蚀、易于清洁，适用于卫生间、实验室及有腐蚀的地面。铺贴方式为在结构层找平的基础上，用 5 ~ 8 mm厚 1∶1 水泥砂浆粘贴，砖块间有 3 mm 左右的灰缝。

马赛克质地坚硬、经久耐用、色泽多样，具有耐磨、防水、耐腐蚀、易清洁等特点，适用于做卫生间、厨房、化验室及精密工作间地面。缸砖、马赛克地面构造做法如图 11-8 所示。

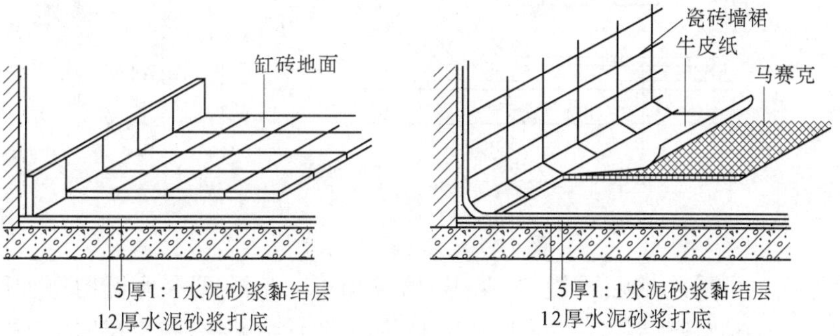

(a) 缸砖地面　　(b) 马赛克地面

图 11-8　缸砖、马赛克铺地

3. 人造石板和天然石板地面

人造石板有水泥花砖、水磨石板和人造大理石板等，规格有 200 mm × 200 mm、300 mm × 300 mm、500 mm × 500 mm，厚 20 ~ 50 mm。

天然石板包括大理石板、花岗岩板，其质地坚硬，色泽艳丽、美观，属高档地面装修材料，常用的为 600 mm × 600 mm，厚 20 mm，尺寸也可另行加工。天然石板一般多用作高级宾馆、公共建筑的大厅，影剧院、体育馆的入口处等地面。石材地面构造如图 11-9 所示。

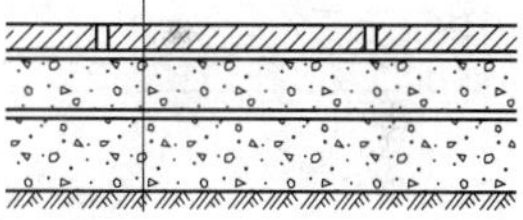

图 11-9　石材地面构造

4. 木地面

木地面有弹性，且具有热系数小、不起尘、易清洁等特点，是理想的地面材料。但我国木材资源少，造价高，作为地面仅用于有特殊要求的建筑中。

木地面一般铺设的是长条企口地板，20 mm 厚，50 ~ 150 mm 宽，左右板缝具有凹凸企口，用暗钉钉于基层木搁栅上。要求较高的房间（如舞厅、会客室等）可采用拼花地板，它是由长度只有 200 mm、250 mm、300 mm 的窄条硬木地板纵横穿插镶铺而成的，故又名芦席纹地板，简称席纹地板。考究的席纹地板采用双层铺法，第一层为毛板，直接斜铺在搁栅上，上面再铺席纹地板。

木地面的基层是木搁栅，有空铺和实铺两种。空铺多用于建筑底层楼板，耗木料较多，又不防火，除产木地区现已少用。现以实铺木地面为主介绍。

实铺式木地面是在实体基层上铺设木材的地面。将木搁栅直接放在结构层上，因此搁栅截面小，一般为 50 mm × 50 mm，中距 400 mm。搁栅借预埋在结构层内的 U 形铁件嵌固或镀锌铁丝扎牢。底层地面为了防潮，须在结构层上涂刷冷底子油和热沥青各一道。实铺双层木地板构造如图 11-10 所示。实铺单层木地板构造如图 11-11 所示。为保证搁栅层通风干燥，常采用在踢脚板处开设通风口的办法解决。

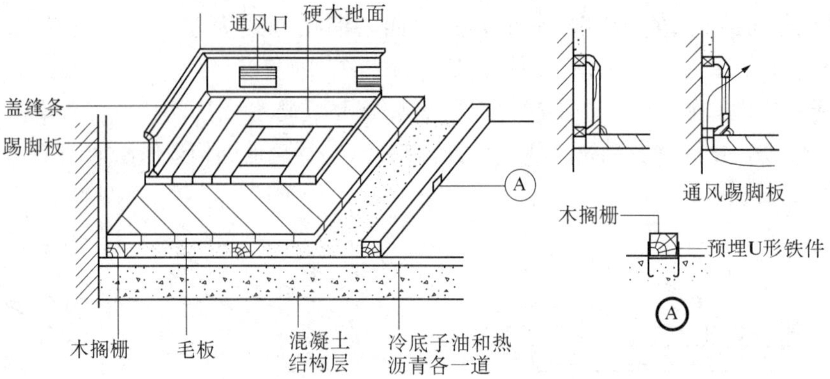

图 11-10　实铺双层木地板

实铺地面也可采用粘贴式做法，条形、席纹均可。粘贴式木地板构造如图 11-12 所示。将木板直接粘贴在结构层上的找平层上，如用沥青粘贴，有找平层时宜采用沥青砂浆找平层，黏结材料一般有沥青胶、环氧树脂、乳胶等。粘贴地面具有防潮性能好、施工简便经济等优点，故应用较多。

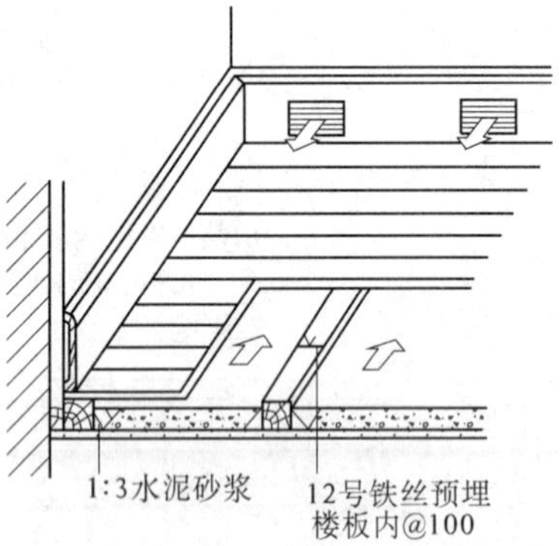

图 11-11　实铺单层木地板构造

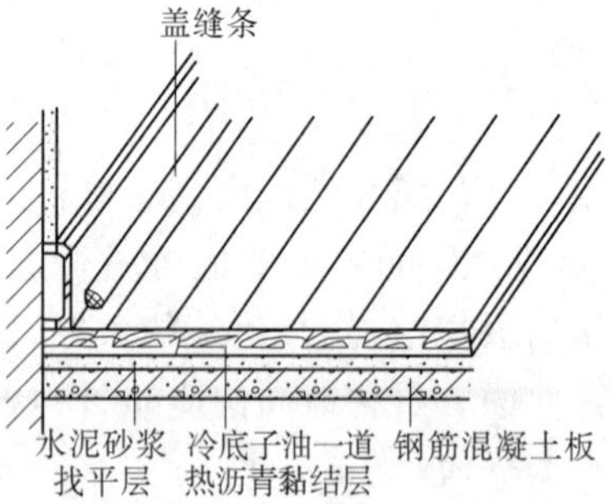

图 11-12　粘贴式木地板构造

地面与墙面交接处通常按地面做法进行处理，即作为地面的延伸部分，这部分称踢脚线，也有的称踢脚板。踢脚线的主要功能是保护墙面，可以防止墙面因受外界的碰撞而损坏，也可避免清洗地面时污损墙面。

踢脚线的高度一般为 100 ~ 150 mm，材料基本与地面一致，构造亦按分层制作，通常比墙面抹灰突出 4 ~ 6 mm。踢脚线构造如图 11-13 所示。

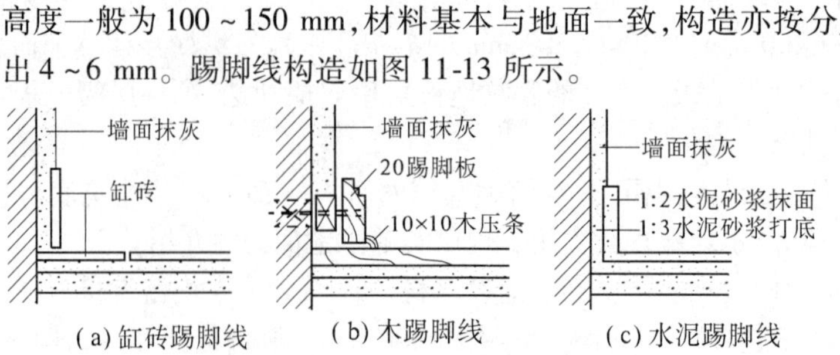

(a) 缸砖踢脚线　(b) 木踢脚线　(c) 水泥踢脚线

图 11-13　踢脚线构造

（三）粘贴类地面

粘贴类地面以粘贴卷材为主，常见的有塑料地毡、橡胶地毡以及多种无纺织地毯等。这些材料表面美观、干净、装饰效果好，具有良好的保温、消声性能。粘贴类地面适用于公共建筑和居住建筑。

塑料地毡是以聚乙烯树脂为基料，加入增塑剂、稳定剂、石棉绒等材料，经塑化热压而成的。塑料地毡有卷材，也有片材可在现场拼花。卷材可以干铺，也可同片材一样，用黏结剂粘贴到水泥砂浆找平层上。它具有步感舒适、富有弹性、美观大方、防滑、防水、耐磨、绝缘、防腐、消声、阻燃、易清洁等特点，颜色有灰、绿、橙、黑、米色等，有仿木、石及各种花纹图案等式样，且价格低廉，是经济的地面铺材。

橡胶地毡是以橡胶粉为基料，掺入软化剂，在高温、高压下解聚后，再加入着色补强剂，经混炼、塑化压延成卷的地面装修材料。橡胶地毡具有耐磨、柔软、防滑、消声以及富有弹性等特点，其价格低廉，铺贴简便，可以干铺，亦可用黏结剂粘贴在水泥砂浆面层上。

无纺织地毯类型较多，常见的有化纤无纺织针刺地毯、黄洋麻纤维针刺地毯和纯羊毛无纺织地毯等。这类地毯加工精细，平整丰满，图案典雅，色调宜人，具有柔软舒适、清洁吸声、美观适用等特点。无纺织地毯有局部、满铺和干铺、固定等不同铺法。固定式一般用黏结剂满贴或在四周用倒刺条挂住。

（四）涂料类地面

涂料类地面是水泥砂浆或混凝土地面的表面处理形式，解决了水泥地面易起灰和欠美观的问题。常见的涂料包括水乳型涂料、水溶型涂料和溶剂型涂料。水乳型地面涂料有氯一偏共聚乳液涂料、聚醋酸乙烯厚质涂料及 SJ82－1 地面涂料等，水溶型地面涂料有聚乙烯醇缩甲醛胶水泥地面涂层、109 彩色水泥涂层以及 804 彩色水泥地面涂层等，溶剂型地面涂料有聚乙烯醇缩丁醛涂料、H80 环氧涂料、环氧树脂厚质地面涂层以及聚氨醇厚质地面涂层等。

这些涂料与水泥表面的黏结力强，具有良好的耐磨、抗冲击、耐酸、耐碱等性能，水乳型涂料与溶剂型涂料还具有良好的防水性能。它们对改善水泥砂浆地面的使用具有根本性意义。如环氧树脂厚质涂层和聚氨酯厚质地面涂层素有“树脂水磨石”之称。

JA－1－1 型聚酯成橡胶也是当今一种新型高分子合成材料，它具有耐老化、耐水、耐磨、抗压强度大、绝缘性能好、无静电效应以及与其他材料黏结性强等特点，其综合性能亦优于其他涂料，特别适用于高级电子计算机房、配电房等处，是理想的地面材料。

涂料地面要求水泥地面坚实、平整，涂料与面层黏结牢固，不得有掉粉、脱皮、开裂等现象。同时，涂层的色彩要均匀，表面要光滑、洁净，给人以舒适、明净、美观的感觉。

第三节　吊顶棚

吊顶棚又称吊顶，是将饰面层悬吊在楼板结构上而形成的顶棚。吊顶棚的饰面层可形成平直或弯曲的连续整体式，也可以局部降低或升高形成分层式，或以一定规律和图形进行分块而形成立体式等。吊顶棚的构造复杂、造价较高，一般用于装修标准较高或有一定要求的空间。

吊顶棚应具有足够的净空高度，以便于各种设备管线的敷设；应合理地安排灯具、通风口、空调管、灭火喷淋、感知器等的位置，以满足相应要求；应选择合适的材料和构造做法，使其燃烧性能和耐火极限符合《建筑设计防火规范》（GB 50016—2012）的规定；吊顶棚应便于制作、安装和维修，自重宜轻，以减轻构造自重。吊顶棚在满足各种功能的同时，还应满足结构安全、美观和经济等方面的要求。

一、吊顶棚的构造组成

吊顶棚一般由吊杆、龙骨和面层三部分组成。

（一）吊杆

吊杆又称吊筋，吊顶棚通常是借助吊杆悬吊在楼板结构上，有时也可以不用吊杆而将龙骨直接固定在梁或墙上。吊杆一般用型钢或钢筋做成的金属吊杆，通常选用φ10 钢筋。

（二）龙骨

龙骨是用来固定面层并承受其重量的基层骨架，通过吊杆连接于屋顶之下。

1. 龙骨的类型和特点

根据龙骨的材料不同，一般有木龙骨和金属龙骨。为了节约木材、减轻自重以及提高防火性能，现多用金属龙骨。

根据龙骨的承受荷载不同，一般有轻型龙骨、中型龙骨和重型龙骨之分。轻型龙骨不能承受上人荷载，中型龙骨上铺走道板能承受上人荷载，重型龙骨能承受上人荷载、集中荷载，若有超重荷载应设永久检修走道等。

根据龙骨的构造连接方式不同，有 U 形龙骨、T 形龙骨和扣板龙骨的铝合金方板吊顶龙骨及铝合金条板吊顶龙骨。

2. 龙骨的截面形式和规格

1）木龙骨

主搁栅木龙骨多用矩形，截面尺寸为 50 mm×70 mm 或 50 mm×50 mm，次搁栅木龙骨也多用矩形，截面尺寸为 50 mm×50 mm 或 40 mm×40 mm。

2）金属龙骨和连接件

金属龙骨根据截面形式不同，主要包括 U 形龙骨（见图 11-14）、T 形龙骨（见图 11-15）、扣板龙骨中的铝合金条板吊顶龙骨（见图 11-16）和铝合金方板吊顶龙骨（见图 11-17）。

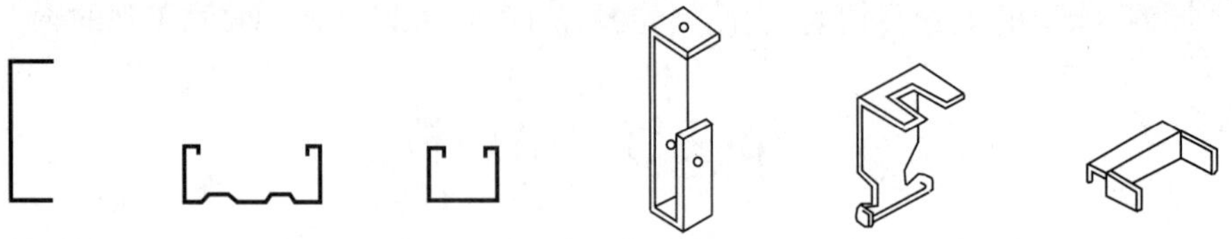

（a）主龙骨 （b）次龙骨 （c）小龙骨 （d）主龙骨吊件 （e）龙骨吊挂 （f）龙骨平面连接件

图 11-14 U 形龙骨

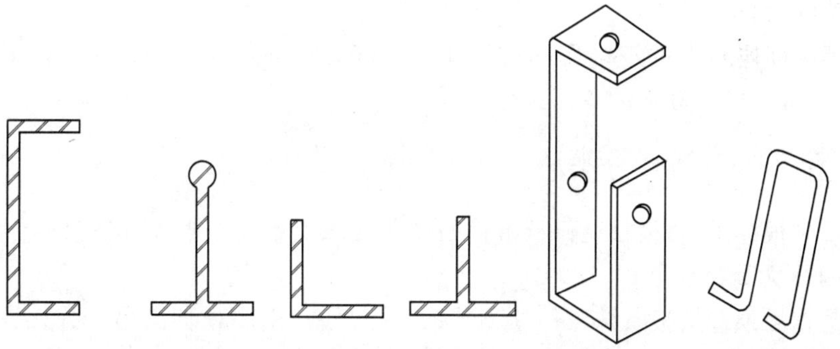

图 11-15　T 形龙骨

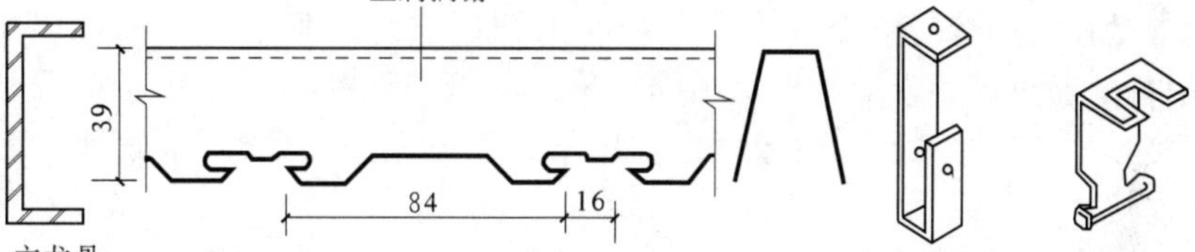

图 11-16　铝合金条板吊顶龙骨

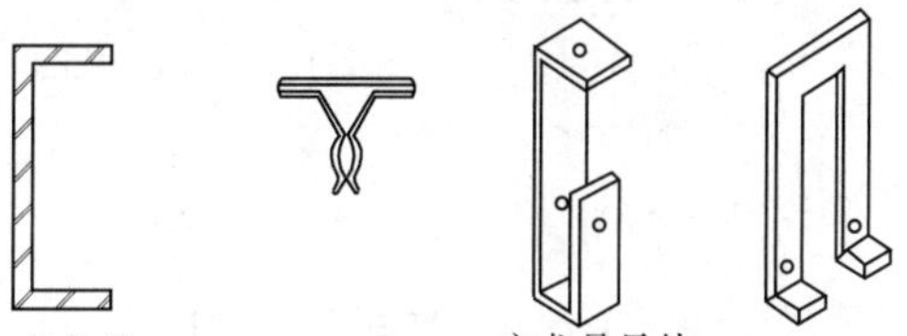

图 11-17　铝合金方板吊顶龙骨

(三)面层

1. 面层的类型和特点

面层根据材料和构造不同,有各种人造板和金属板之分。

1)人造板

人造板包括石膏板、矿棉装饰吸声板、塑料板和埃特板等。石膏板有普通纸面石膏板、石膏装饰吸声板等,其具有质轻、防火、吸声、隔热和易于加工等优点;矿棉装饰吸声板具有质轻、吸声、防火、保温、隔热和施工方便等优点;塑料板有钙塑泡沫装饰吸声板、聚氯乙烯塑料装饰板、聚苯乙烯泡沫塑料装饰吸声板等,其具有质轻、隔热、吸声、耐水和施工方便等优点;埃特板具有吸声、防潮等优点。

2)金属板

金属板包括铝板、铝合金型板、彩色涂层薄钢板和不锈钢薄板等。

根据形式不同,有条形、方形、长方形、折棱形等平面形式,并可做成各种不同的截面形状,板的外露面可作搪瓷、烤漆、喷漆等表面处理。根据表面色彩效果不同,有古铜色、青铜色、金黄色、银白色等,色彩丰富。

2. 面层的规格

常用的面层材料的规格尺寸有 300 mm×600 mm、500 mm×500 mm、600 mm×600 mm、3 000 mm×1 200 mm 等。

二、吊顶棚的构造分类

吊顶棚根据采用材料、装修标准以及防火要求的不同有木龙骨吊顶和金属龙骨吊顶。

(一)木龙骨吊顶

木龙骨吊顶包括板条抹灰吊顶和装饰面板吊板,由屋顶伸出吊杆连接龙骨基层再连接装饰面层。

1. 吊杆与屋顶的连接

吊杆与屋顶的连接固定方式有多种,如图 11-18 所示。吊杆与钢筋混凝土楼板的连接固定通常是在钢筋混凝土楼板的板缝中伸出吊杆,或设预埋件、膨胀螺栓以及钉子固定吊杆,在吊杆上通过焊接或绑扎连接吊筋。吊杆与钢网架的固定连接通常是在网架节点上绑扎连接φ6~φ8 的吊筋。坡屋顶中在屋架或檩条上连接吊杆,木龙骨吊顶也可用木吊杆直接连接主龙骨。

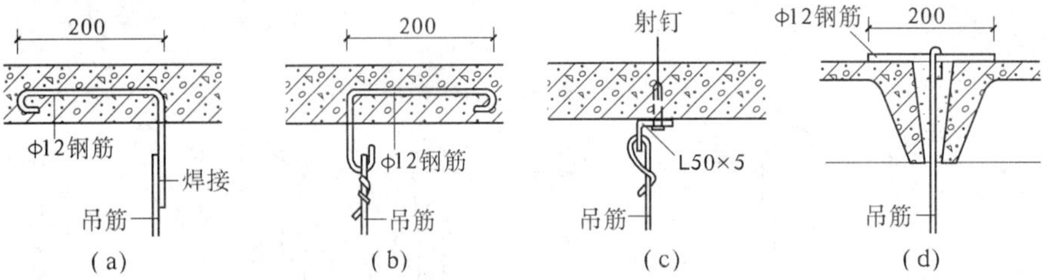

图 11-18　吊杆与屋顶的连接

2. 木龙骨吊顶的构造

吊筋间距一般为 900~1 000 mm。吊筋下固定主龙骨,主龙骨间距不大于 1 500 mm,次龙骨垂直于主龙骨单向布置,次龙骨间距根据装饰面层的规格确定,间距通常为 400 mm、450 mm、500 mm、600 mm。当采用木板条抹灰时,其间距用 400 mm 以利钉抹灰板条;当采用胶合板装修时,间距多用 450 mm;当采用各种装饰吸声板、石膏板、钙塑板等板材时,间距多用 500 mm;当采用纤维板做面层时,间距多用 600 mm。木龙骨吊顶构造如图 11-19 所示。木龙骨吊顶因基层材料的可燃性和安装连接不易确保水平,故极少用于一些重要的工程或防火要求较高的建筑。

(二)金属龙骨吊顶

金属龙骨吊顶包括钢板网抹灰吊顶和装饰面板吊顶。其中,装饰面板吊顶包括 U 形龙骨吊顶、T 形龙骨吊顶和扣板龙骨吊顶,扣板龙骨吊顶又包括铝合金方板吊顶和铝合金条板吊顶。

1. 钢板网抹灰吊顶

钢板网抹灰吊顶的主龙骨多为型钢,其型号和间距应视荷载大小而定,次龙骨一般为角钢,在次龙骨下加铺一道钢筋网,再铺设钢板网抹灰。这种吊顶的防火性能和耐久性好,可用于防火要求较高的建筑。钢板网抹灰吊顶构造如图 11-20 所示。

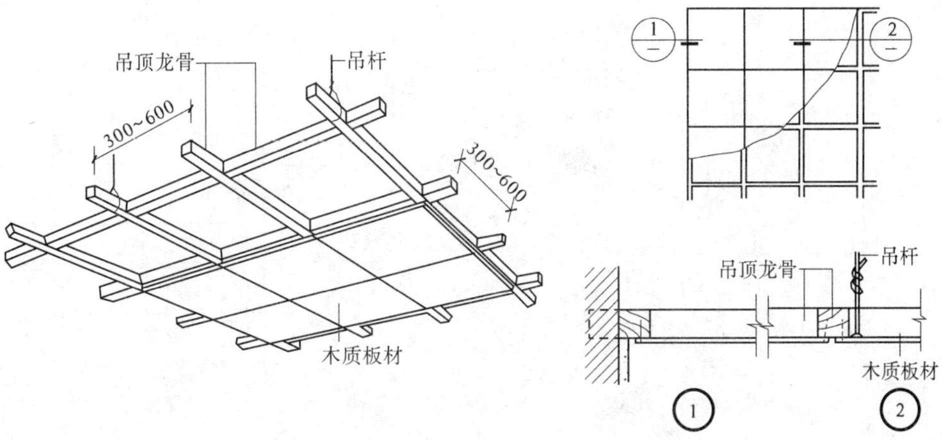

图 11-19　木龙骨吊顶构造

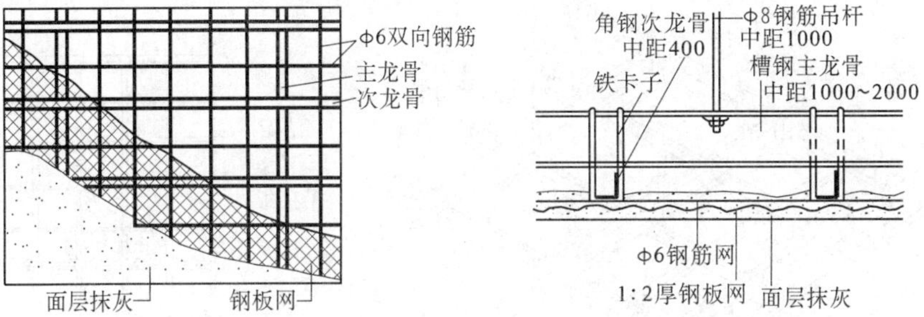

图 11-20　钢板网抹灰吊顶构造

2. 装饰面板吊顶

金属龙骨装饰面板吊顶主要由金属龙骨基层与装饰面板构成。金属龙骨由吊筋、主龙骨、次龙骨和横撑龙骨等组成。吊筋一般用Φ6～Φ8的钢筋，吊筋与屋顶的连接方式同木龙骨吊顶，吊筋中距900～1 200 mm，然后在吊筋的下端悬吊吊顶龙骨。

1）金属龙骨的排列构造

金属龙骨的排列布置方式是根据装饰面层的要求效果确定的，对应面层板缝的密缝、离缝和面板的排列错缝、对缝形成不同的布置方式。U形龙骨多用于暗装，即只能看到装饰面板看不到龙骨，轻钢U形龙骨一般由大龙骨、中龙骨和小龙骨及配件组成，如图11-21（a）所示为U形龙骨吊顶示意图，如图11-21（b）所示为其平面布置图（其中的节点详图参见图11-24）。T形龙骨多用于明装，即看到装饰面板的同时也能看到小龙骨等，轻钢和铝合金T形龙骨一般由大龙骨、中龙骨、小龙骨、边龙骨及配件组成，如图11-22（a）所示为T形龙骨吊顶示意图，图11-22（b）所示为其平面布置图（其中的节点详图参见图11-25）。铝合金板、不锈钢板、镀锌钢板等扣板龙骨多用于金属面板的装饰效果，金属扣板龙骨根据板材形状不同对应成各种不同形式的夹齿，以便与板材连接，如图11-23所示为条板吊顶示意图。龙骨之间用配套的吊挂件或连接件连接。

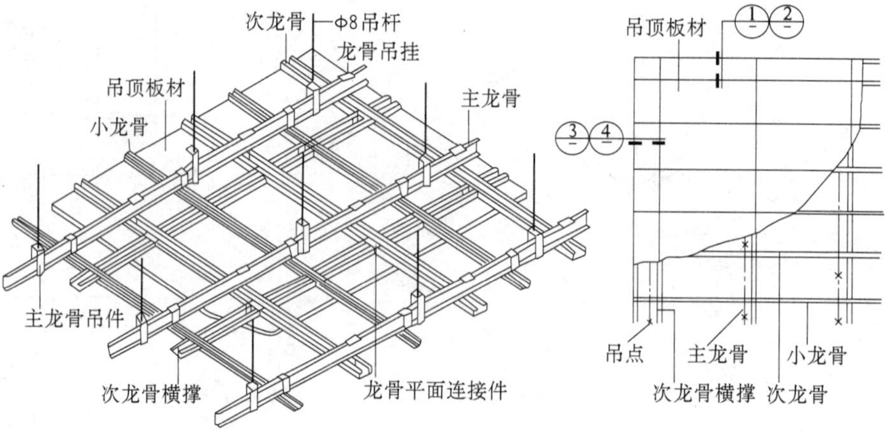

(a) 吊顶示意图　　　　(b) 平面布置

图 11-21　U 形龙骨吊顶

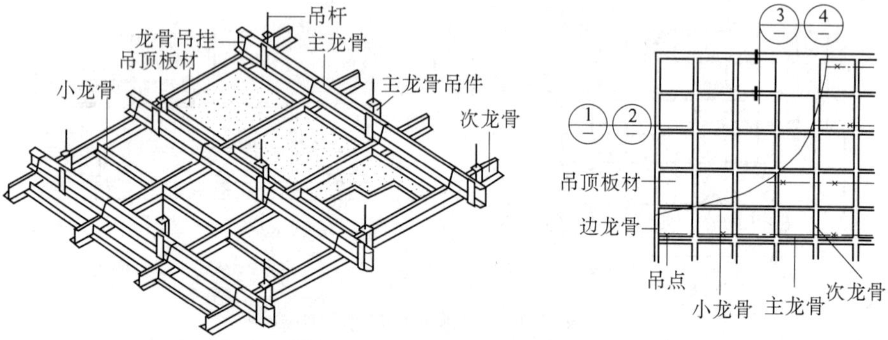

(a) 吊顶示意图　　　　(b) 平面布置

图 11-22　T 形龙骨吊顶

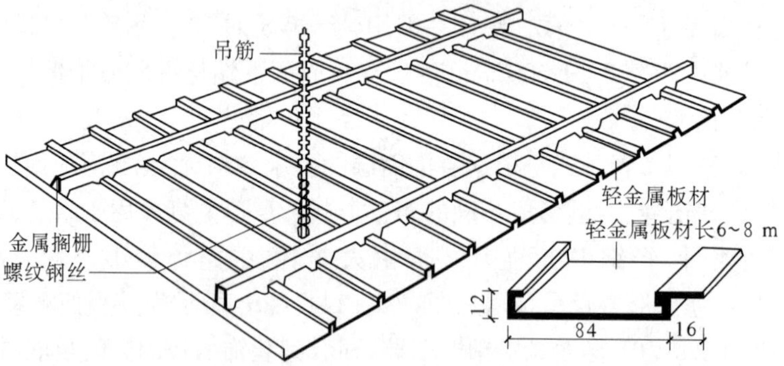

图 11-23　金属扣板龙骨(条板)吊顶

2)装饰面板与龙骨的连接构造

装饰面板与 U 形龙骨的连接可用沉头自攻螺钉或胶粘剂固定在次龙骨、小龙骨或龙骨横撑上,如图 11-24 所示。装饰面板与 T 形龙骨的连接,多放置在 T 形龙骨的翼缘上,如图 11-25 所示。对应扣板龙骨的金属面板可用螺钉、自攻螺钉或膨胀铆钉,但多用专用卡具固定于吊顶的金属龙骨上。如图 11-26 所示为铝合金方板与龙骨的连接构造,如

图 11-27所示为铝合金条板与龙骨的连接构造。金属面板吊顶自重轻，构造简单，组装灵活，安装方便，且装饰效果好，但造价较高。

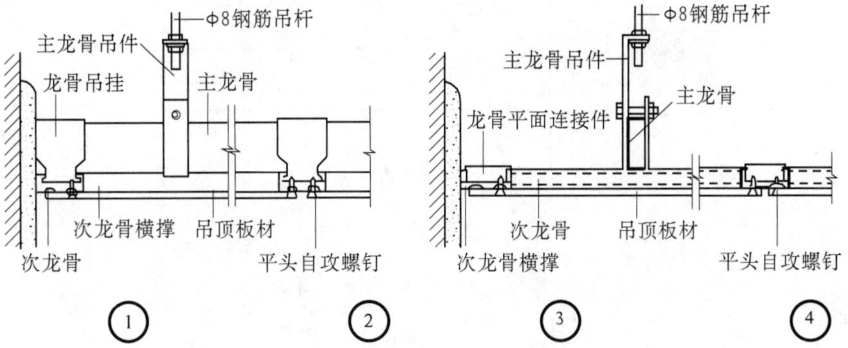

图 11-24　U 形龙骨连接构造

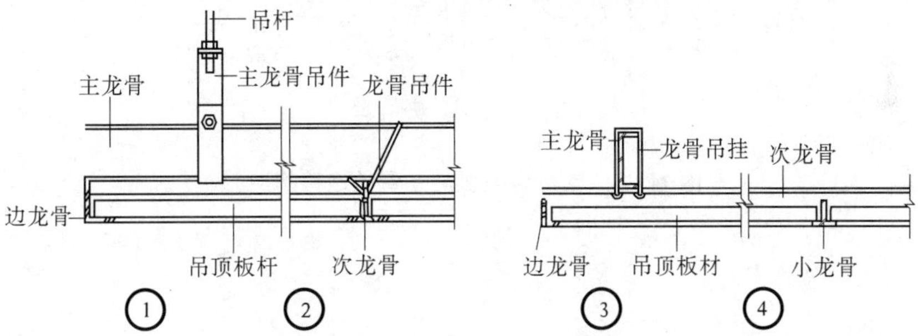

图 11-25　T 形龙骨连接构造

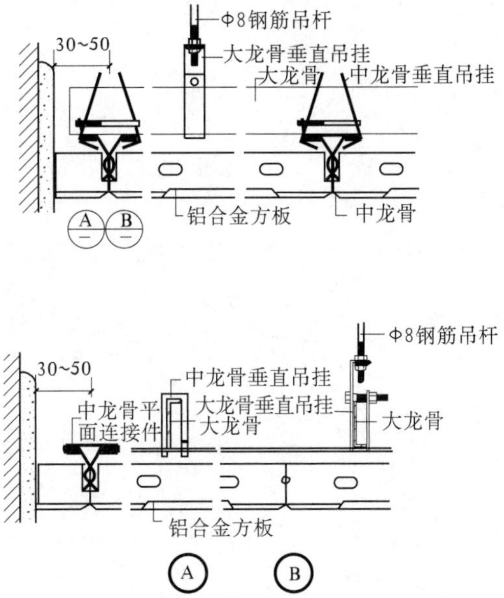

图 11-26　铝合金方板与龙骨的连接构造

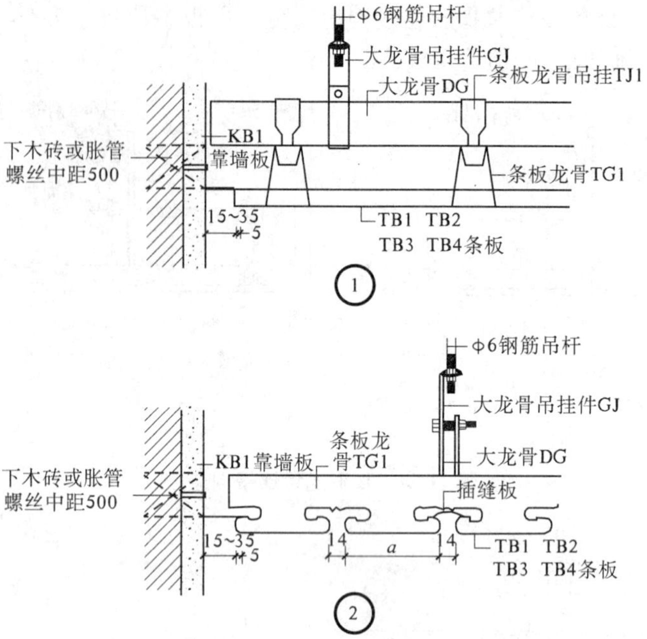

图 11-27 铝合金条板与龙骨的连接构造

第十二章　绿色建筑与建筑节能概述

第一节　绿色建筑

一、绿色建筑的概念

所谓绿色建筑的“绿色”，并不是指一般意义的立体绿化、屋顶花园，而是代表一种概念或象征，指建筑对环境无害，能充分利用环境自然资源，并且在不破坏环境基本生态平衡条件下建造的一种建筑，又可称为可持续发展建筑、生态建筑、回归大自然建筑、节能环保建筑等。

绿色建筑是指在设计与建造过程中，充分考虑建筑物与周围环境的协调，利用光能、风能等自然界中的能源，最大限度地减少能源的消耗以及对环境的污染。

绿色建筑的室内布局十分合理，尽量减少使用合成材料，充分利用阳光，节省能源，为居住者创造一种接近自然的感觉，以人、建筑和自然环境的协调发展为目标，在利用天然条件和人工手段创造良好、健康的居住环境的同时，尽可能地控制和减少对自然环境的使用和破坏，充分体现向大自然的索取和回报之间的平衡。如图 12-1 所示是 BRE 绿色环境楼。

图 12-1　BRE 绿色环境楼

二、绿色建筑的内涵

绿色建筑的基本内涵可归纳为：减轻建筑对环境的负荷，即节约能源及资源；提供安全、健康、舒适性良好的生活空间；与自然环境亲和，做到人及建筑与环境的和谐共处、永续发展。

三、绿色建筑设计理念

绿色建筑设计理念可包括以下几个方面：

(1) 节约能源。充分利用太阳能，采用节能的建筑围护结构，减少采暖和空调的使用。根据自然通风的原理设置风冷系统，使建筑能够有效地利用夏季的主导风向。建筑采用适应当地气候条件的平面形式及总体布局。

(2) 节约资源。在建筑设计、建筑施工和建筑材料的选择中，均考虑资源的合理使用和处置。要减少资源的使用，力求使资源可再生利用。节约水资源，包括节约绿化用水。

(3)回归自然。绿色建筑外部要强调与周边环境相融合,和谐一致,动静互补,做到保护自然生态环境。

舒适和健康的生活环境,建筑内部不使用对人体有害的建筑材料和装修材料,室内空气清新,温度和湿度适当,使居住者感觉良好,身心健康。

绿色建筑的建造特点包括对建筑的地理条件有明确的要求,土壤中不存在有毒、有害物质,地温适宜,地下水纯净,地磁适中。

绿色建筑应尽量采用天然材料。建筑中采用的木材、树皮、竹材、石块、石灰、油漆等,要经过检验处理,确保对人体无害。

绿色建筑还要根据地理条件,设置太阳能采暖、热水、发电以及风力发电装置,以充分利用环境提供的天然可再生能源。

随着全球气候的变暖,世界各国对建筑节能的关注程度正日益提高。人们越来越认识到,建筑使用能源所产生的 CO_2 是造成气候变暖的主要来源。节能建筑成为建筑发展的必然趋势,绿色建筑也应运而生。

第二节 建筑节能构造

1990~2004 年,我国人均生活用电量由 42.4 kW·h 增至约 188 kW·h,其中大部分用于住宅冬天采暖、夏天降温。因为我国目前 400 亿 m^2 的建筑里,90% 以上都属于高能耗房子。一方面是我国经济高速发展和能源紧张与短缺的矛盾愈加突出;另一方面却是能耗巨大,浪费惊人。资料表明,中国每生产 1 美元国民生产总值的耗能分别是法国的 5 倍、英国的 4 倍、日本的 4 倍、美国的 3 倍、印度的 2 倍。建筑用能是用电高峰的主要组成部分,平均能耗是发达国家的 3 倍。而人类从自然界所获得的 50% 以上的物质原料(土地、森林、矿石等)用来建造各类房子及其附属设施,这些房子在建造与使用过程中又消耗了全球能源(煤、电、天然气等)的 50% 左右。我国建筑节能形势严峻,迫在眉睫。

一、建筑节能工程常用术语

所谓建筑节能,现今它的含义比字面上的意思要丰富、深刻得多。自发生世界性的石油危机以后的 20 年来,在发达国家,它的说法经历了三个阶段:最初就叫"建筑节能";但不久改为"在建筑中保持能源",意思是减少建筑中能量的散失;近来则普遍称为"提高建筑中能源利用效率",也就是说,并不是消极意义上的节省,而是从积极意义上提高利用效率。在我国,现在仍然统称为建筑节能,但其含义应该进行到第三层意思,即在建筑中合理使用和有效利用能源,不断提高能源利用效率。

(一)建筑节能

建筑节能是指通过采取合理的建筑设计和选用符合节能要求的墙体材料、屋面隔热材料、门窗、空调等设施,这样所建造的房屋与没有采取节能措施的房屋相比,在保证相同的室内热舒适环境条件下,可以提高电能利用效率,减少建筑能耗。

建筑能耗指建筑使用能耗,其中包括采暖、空调、通风、热水、炊事、照明、家用电器、电梯和建筑有关的设备等方面的能耗,目前我国这部分能耗约占全国社会终端总能耗的

27.6%，随着人们生活质量的改善，居住舒适度要求的提高，建筑能耗所占比例还将不断上升。预测10年后，我国建筑能耗占全国社会终端总能耗的比例将会上升到32%以上，其与工业、农业、交通运输能耗并列，是主要的民生能耗。

(二)围护结构

围护结构是指建筑及房间各面的围挡物。其分为不透明和透明两部分：不透明围护结构有墙、屋顶和楼板等，透明围护结构有窗户、天窗和阳台门等。按是否同室外空气直接接触，又可分外围护结构和内围护结构。外围护结构是指同室外空气直接接触的围护结构，如外墙、屋顶、外门和外窗等，内围护结构是指不同室外空气直接接触的围护结构，如隔墙、楼板、内门和内窗等。

(三)围护结构的保温性能

围护结构的保温性能通常是指在冬季室外条件下，围护结构阻止室内向室外传热，从而使室内保持适当温度的能力。围护结构的隔热性能通常是指在夏季自然通风的情况下，围护结构在室外综合温度(由室外空气和太阳辐射合成)作用下，其内表面保持较低温度的能力。

二、建筑节能的重要性

建筑节能贯彻可持续发展战略的一个重要方面是执行“节约能源，保护环境”的基本国策，是国家节约能源法的必要组成部分，也是当前全球性的大趋势。积极推进建筑节能，有利于改善居民生活和工作环境，保证国民经济持续稳定健康发展，减轻大气污染，减少温室气体排放，缓解地球变暖趋势。建筑节能是功在当代、荫及子孙、造福人类的大事。

三、建筑节能的主要途径

采暖地区的建筑节能主要包括建筑物围护结构节能和采暖供热系统节能两个方面。

(一)建筑物围护结构节能

要改善围护结构的保温性能，使得供给建筑物的热能在建筑物内部能得到有效利用，不至于通过围护结构很快散失，从而达到减少能源消耗的目的。实现围护结构的节能，就应提高建筑物外墙、屋面、地面、门窗等围护结构各部分的保温隔热性能，以减少传热损失，并提高门窗的气密性，以减少空气渗透消耗热量。

(二)采暖供热系统节能

采暖供热系统包括热源和管网两大部分。要提高锅炉的运行效率和管网的输送效率，以减少热能在转换或输送过程中的损失。因此，必须改善锅炉等热源设备性能和管网保温性能，提高设计和施工安装水平，改进运行管理技术。楼内设计采用可调控系统和供热计量、温度调控等技术措施，使住户既是能源的消费者，又是能源的节约者。

建筑得热和失热的途径及其影响因素是研究建筑采暖和节能的基础，如图12-2所示。

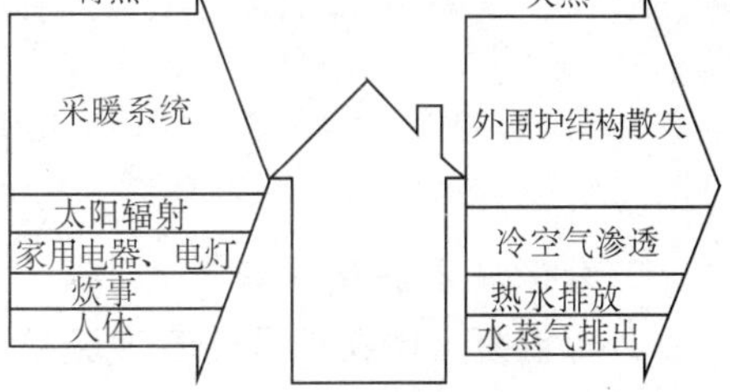

图12-2　建筑得热与失热途径

四、建筑节能措施

建筑节能涉及内容广泛，工作面广，是一项系统工程。

从建设程序看，建筑节能与规划、设计、施工、监理等过程都密切相关，不可分割。建筑物的朝向、布局、地面绿化率、自然通风效果等与规划有关的性能都能带来良好的节能效果。

从建筑技术看，建筑节能包含了众多技术，如围护结构保温隔热技术、建筑遮阳技术、太阳能与建筑一体化技术、新型供冷供热技术、照明节能技术等。

从建筑材料看，建筑节能包含了墙体材料、节能型门窗、节能玻璃、保温材料等。

常见的建筑节能技术措施有围护结构节能、能源系统节能控制、新风处理及空调系统的余热回收、太阳能一体化建筑、采用节能产品等，这里只讲述建筑围护结构节能措施与构造。

（一）墙体节能构造

1. 夹芯复合墙

夹芯复合墙是将保温层夹在墙体中间。混凝土夹芯保温外墙由结构层、保温层、保护层组成。结构层一般采用 190 mm 厚主砌块，保温层一般采用聚苯板、岩棉板或聚氨酯等现场分段发泡，保温层厚度根据各地区的建筑节能标准确定，保护层一般采用 90 mm 厚劈裂装饰砌块。结构层与保护层砌体间采用镀锌钢筋网片或拉结钢筋连接，如图 12-3 所示。这种墙应用联合钢筋拉结，并作防锈处理。穿过保温层的拉结钢筋，会造成“热桥”，降低保温效果。

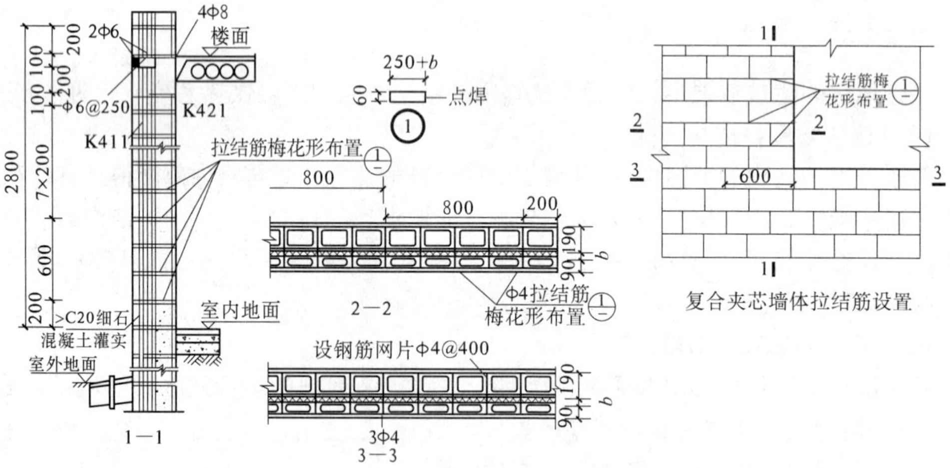

图 12-3 夹芯复合墙

2. 外保温复合墙

外保温复合墙在承重外墙（基层）外表面上，粘贴或吊挂聚苯板或岩棉板，然后贴上网布或挂钢筋网增强，再做饰面涂层形成外墙保温复合墙，如图 12-4 ~ 图 12-6 所示。

3. 内保温复合墙

内保温复合墙是指由承重材料与高效保温材料进行复合组成的墙体。承重材料可为砖、砌块和混凝土墙体，高效保温复合材料可为聚苯板、充气石膏面板等。内保温复合墙应注意对抗震柱、楼板、隔墙等周边部位“热桥”的构造处理，还应注意内保温墙面面层产生裂缝的问题。因此，应采用合格的材料和正确的构造做法。常见构造做法如图 12-7 所示。

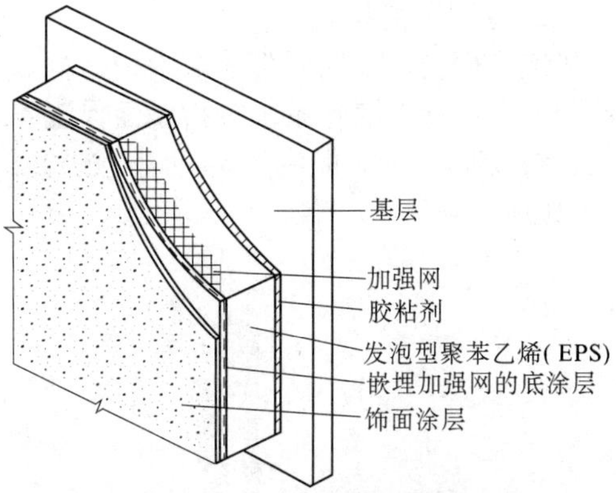

图 12-4　外墙外保温系统的组成

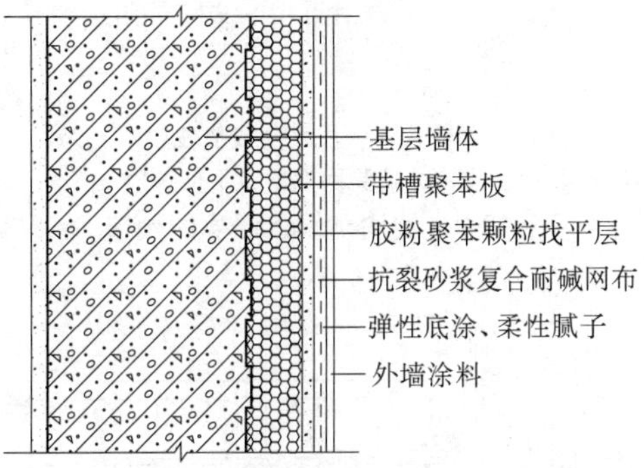

图 12-5　EPS 板现浇混凝土外墙外保温系统基本构造(带胶粉聚苯颗粒保温浆料找平)

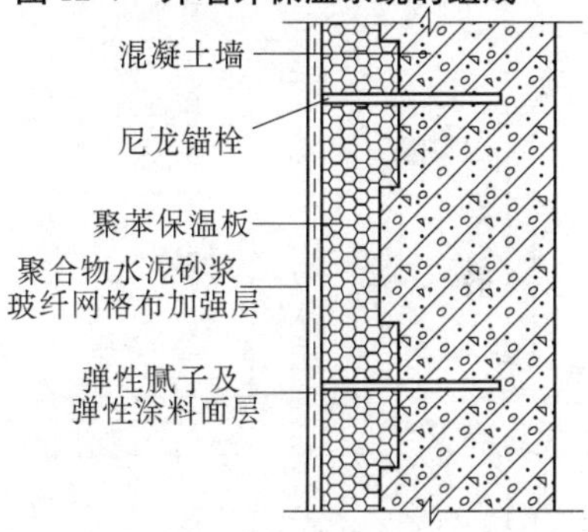

图 12-6　EPS 板现浇混凝土外墙外保温系统基本构造(不带胶粉聚苯颗粒保温浆料找平)

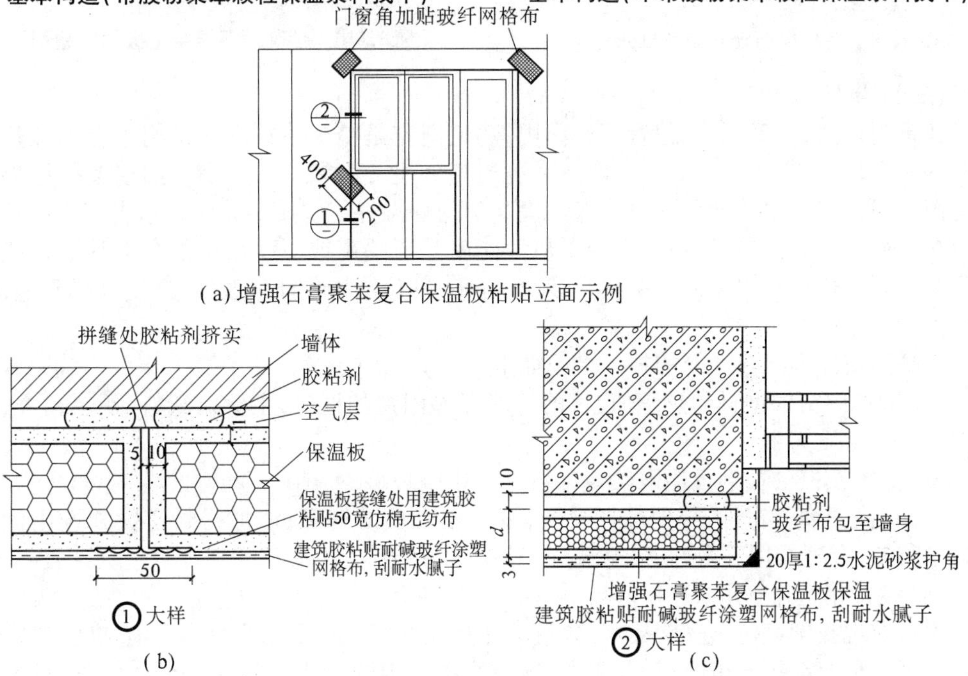

图 12-7　增强石膏聚苯板复合外墙内保温构造

(二)屋顶节能构造

建筑屋面与墙体同属于建筑围护结构,屋面保温隔热工程是建筑节能工程重要的组成部分。屋面保温隔热系统是指屋面保温隔热构造及保温材料的选择。屋面保温可采用板式材料或整体现喷保温层,屋面隔热可采用蓄水、种植、架空等隔热层,如图 12-8 ~ 图 12-10所示。

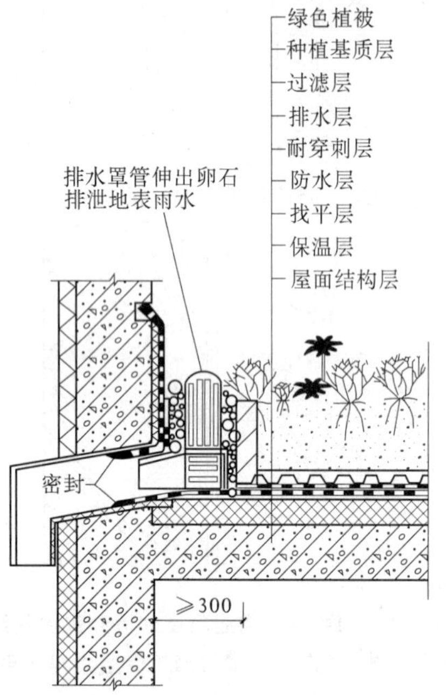

图 12-8 种植屋面女儿墙外排水构造

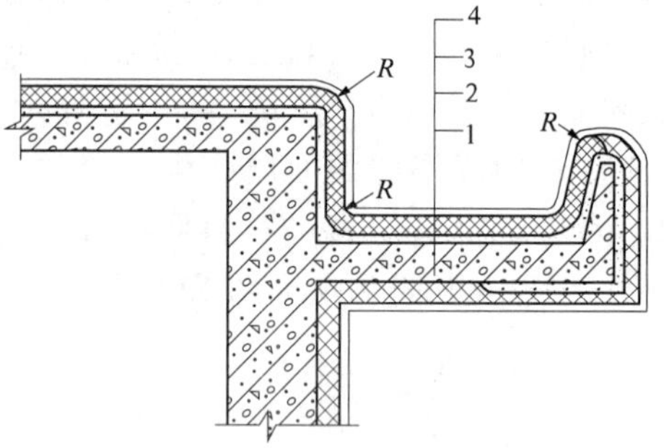

1—结构层;2—找平层或找坡层;
3—聚氨酯硬泡体喷涂保温层;4—保护层

图 12-9 檐沟防水保温层的构造

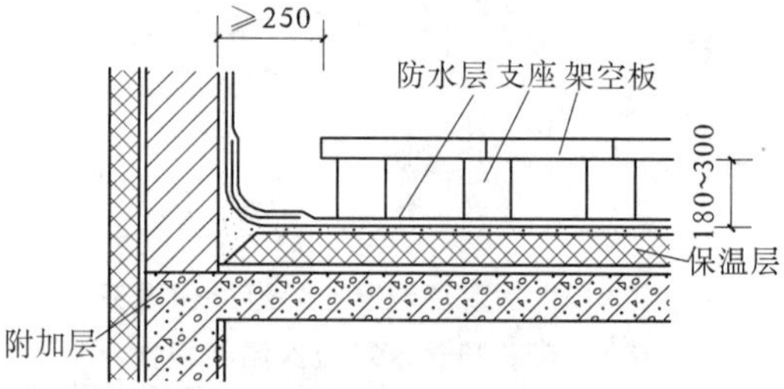

图 12-10 预制细石混凝土板架空屋面

(三)门窗节能构造

建筑门窗对建筑物节能起着重要作用,建筑门窗是整个建筑围护结构中保温隔热最薄弱的一个环节,是建筑节能和室内热环境质量的主要因素之一。衡量门窗节能效果主要是衡量门窗的保温功能和隔热功能。提高门窗保温性能实质上就是要增大门窗的总热阻或减少窗户的总传热,提高门窗的隔热性能就是要隔离或减少太阳的辐射热。节能保温门窗主要是通过对门窗框用型材及玻璃这两大部位结构性能的改造,来提高热阻值,降低损失。

提高门窗保温隔热性能的技术措施如下:

(1)增加门窗框型材的热阻值,目前节能保温门窗的框材,主要以塑料、断热铝合金、玻璃钢三种材质为主。

(2)门窗镶嵌的玻璃可用隔热效果较好的中空玻璃。

(3)提高门窗气密性,合理选择窗型,减少不必要的缝隙;增加密封道数并选用优质密封橡胶条;合理选用五金件,最好选用多锁点的五金件。

(4)设置建筑物遮阳。

为了实现我国可持续发展战略,建筑节能势在必行。只要结合我国国情和实际情况,综合利用各种节能技术措施,趋利避害,选择经济合理的节能方案,必定可以获得显著的节能效果。

第十三章　工业厂房建筑概述

第一节　概　述

一、工业建筑的类型

（一）按建筑层数分类

1. 单层厂房

如图 13-1 所示，单层厂房是指层数为一层的厂房，它主要用于重型机构制造工业、冶金工业等重工业。这类厂房的特点是生产设备体积大，重量重，厂房内以水平运输为主。

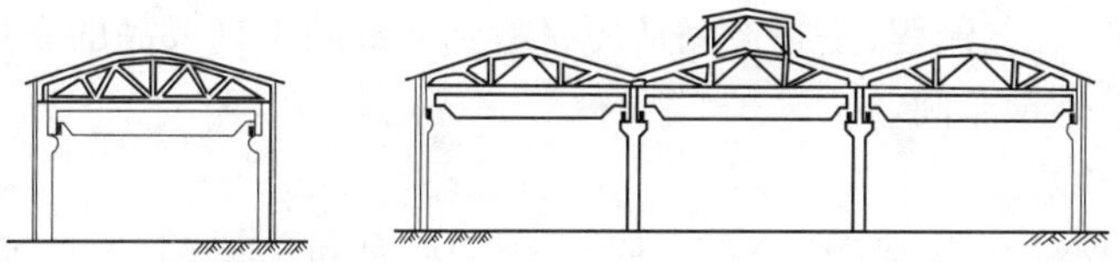

(a) 单跨厂房　　(b) 多跨厂房

图 13-1　单层厂房剖面图

2. 多层厂房

如图 13-2 所示为多层厂房，常见的层数为 2 ~ 6 层。其中，两层厂房广泛应用于化纤工业、机械制造工业等。多层厂房多应用于电子工业、食品工业、化学工业、精密仪器工业等轻工业。这类厂房的特点是生产设备较轻，体积较小。工厂的大型机床一般放在底层，小型设备放在楼层上，厂房内部的垂直运输以电梯为主，水平运输以电瓶车为主。建筑在城市中的多层厂房，能满足城市规划布局的要求，可丰富城市景观，节约用地面积，在厂房

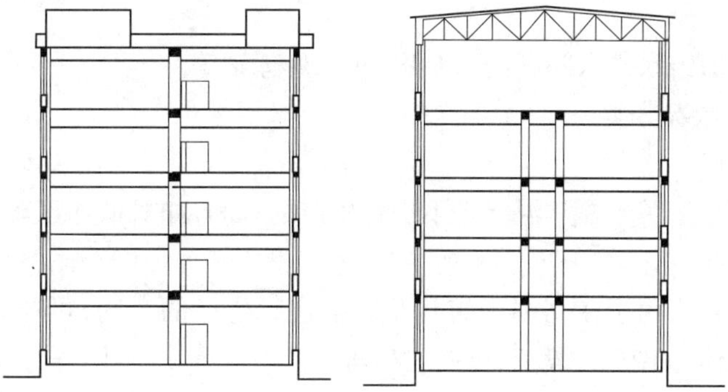

图 13-2　多层厂房剖面图

面积相同的情况下,4 层厂房的造价最经济。

3. 层数混合的厂房

如图 13-3 所示为层数混合的厂房,厂房由单层跨和多层跨组合而成,适用于竖向布置工艺流程的生产项目,多用于热电厂、化工厂等。高大的生产设备位于中间的单跨内,边跨为多层。

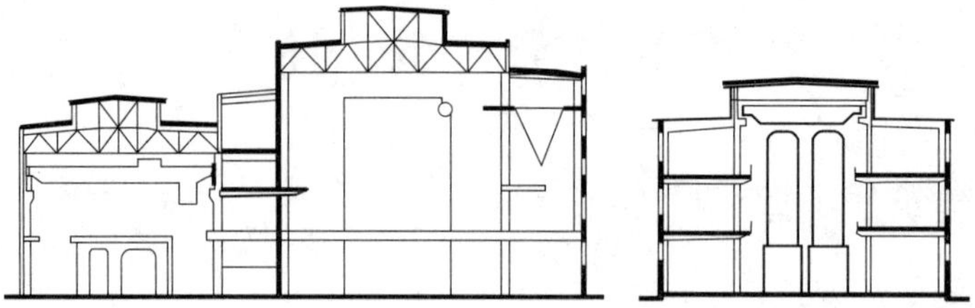

图 13-3　层数混合厂房剖面图

(二)按用途分类

1. 主要生产厂房

在这类厂房中进行生产工艺流程的全部生产活动,一般包括从备料、加工到装配的全部过程。所谓生产工艺流程,是指产品从原材料到半成品再到成品的全过程,如钢铁厂的烧结、焦化、炼铁、炼钢车间。

2. 辅助生产厂房

辅助生产厂房是指为主要生产厂房服务的厂房,如机械修理、工具等车间。

3. 动力用厂房

动力用厂房是指为主要生产厂房提供能源的场所,如发电站、锅炉房、煤气站等。

4. 储存用房屋

储存用房屋是指为生产提供存储原料、半成品、成品的仓库,如炉料、油料、半成品、成品库房等。

5. 运输用房屋

运输用房屋是指为生产或管理用车辆提供存放与检修的房屋,如汽车库、消防车库、电瓶车库等。

6. 其他

包括解决厂房给水排水问题的水泵房、污水处理站等。

(三)按生产状况分类

1. 冷加工车间

冷加工车间是指用于在常温状态下进行生产的车间,如机械加工车间、金工车间等。

2. 热加工车间

热加工车间是指用于在高温和熔化状态下进行生产的车间,可能散发大量余热、烟雾、灰尘、有害气体,如铸工、锻工、热处理车间。

3. 恒温、恒湿车间

恒温、恒湿车间是指用于在恒温(20 ℃左右)、恒湿(相对湿度为 50% ~60%)条件下进行生产的车间,如精密机械车间、纺织车间等。

4. 洁净车间

洁净车间要求在保持高度洁净的条件下进行生产,防止大气中灰尘及细菌对产品的污染,如集成电路车间、精密仪器加工及装配车间等。

5. 其他特种状况的车间

其他特种状况的车间是指在生产过程中有爆炸可能性、有大量腐蚀物、有放射性散发物、防微振、防电磁波干扰等情况用的车间。

二、工业建筑的特点

从世界各国的工业建筑现状来看,单层厂房的应用比较广泛,在建筑结构等方面与民用建筑相比较,具有以下特点。

(一)厂房设计符合生产工艺的特点

厂房的建筑设计是在符合生产工艺特点的基础上进行的,厂房设计必须满足工业生产的要求,为工人创造良好的劳动环境。单层厂房具有一定的灵活性,能适应由于生产设备更新或改变生产工艺流程而带来的变化。

(二)厂房内部空间较大

由于厂房内生产设备多而且尺寸较大,并有多种起重运输设备,有的要加工巨型产品,有各类交通运输工具进出车间,因而厂房内部大多具有较大的开敞空间。如有桥式吊车的厂房,室内净高应在 8 m 以上,万吨水压机车间,室内净高应在 20 m 以上;有些厂房高度可达 40 m 以上。

(三)厂房的建筑构造比较复杂

大多数单层厂房采用多跨的平面组合形式,内部有不同类型的起吊运输设备,由于采光通风等缘故,采用组合式侧窗、天窗,使屋面排水、防水、保温、隔热等建筑构造的处理复杂化,技术要求比较高。

(四)厂房骨架的承载力比较大

单层厂房常采用体系化的排架承重结构,多层厂房常采用钢筋混凝土或钢框架结构,故厂房骨架的承载力比较大。

三、工业建筑设计的任务和要求

(一)工业建筑设计的任务

建筑设计人员应根据设计任务书和工艺设计人员提出的生产工艺资料设计厂房的平面形状、柱网尺寸、剖面形式、建筑体型;合理选择结构方案和围护结构的类型,进行细部构造设计;协调建筑、结构、水、暖、电、气、通风等各工种;正确贯彻“坚固适用、经济合理、技术先进”的原则。

(二)工业建筑设计的要求

工业建筑设计应满足如下要求。

1. 满足生产工艺的要求

生产工艺是工业建筑设计的主要依据，生产工艺对建筑提出的要求就是该建筑使用功能上的要求。因此，建筑设计在建筑面积、平面形状、柱距、跨度、剖面形式、厂房高度以及结构方案和构造措施等方面，必须满足生产工艺的要求。同时，建筑设计还要满足厂房所需的机械设备的安装、操作、运转、检修等方面的要求。

2. 满足建筑技术的要求

(1)工业建筑的坚固性及耐久性应符合建筑的使用年限。由于厂房的永久荷载和可变荷载比较大，建筑设计应为结构设计的经济合理性创造条件，使结构设计更利于满足安全性，适用性和耐久性的要求。

(2)由于科技发展日新月异，生产工艺不断更新，生产规模逐渐扩大，因此建筑设计应使厂房具有较大的通用性和改建、扩建的可能性。

(3)应严格遵守《厂房建筑模数协调标准》(GB/T 50006—2010)及《建筑模数协调统一标准》(GBJ 2—86)的规定，合理选择厂房建筑参数(柱距、跨度、柱顶标高、多层厂房的层高等)，以便采用标准的、通用的结构构件，使设计标准化、生产工厂化、施工机械化，从而提高厂房工业化水平。

3. 满足建筑经济的要求

(1)在不影响卫生、防火及室内环境要求的条件下，将若干个车间(不一定是单跨车间)合并成联合厂房，对现代化连续生产极为有利。因为联合厂房占地较少，外墙面积相应减小，缩短了管网线路，使用灵活，能满足工艺更新的要求。

(2)建筑的层数是影响建筑经济性的重要因素，因此应根据工艺要求、技术条件等确定采用单层厂房或多层厂房。

(3)在满足生产要求的前提下，设法缩小建筑体积，充分利用建筑空间，合理减小结构面积，提高使用面积。

(4)在不影响厂房的坚固、耐久、生产操作、使用要求和施工速度的前提下，应尽量降低材料的消耗，从而减轻构件的自重和降低建筑造价。

(5)设计方案应便于采用先进的、配套的结构体系及工业化施工方法。但是，必须结合当地的材料供应情况、施工机具的规格和类型，以及施工人员的技能来选择施工方案。

4. 满足卫生及安全的要求

(1)应有与厂房所需采光等级相适应的采光条件，以保证厂房内部工作面上的照度；应有与室内生产状况及气候条件相适应的通风措施。

(2)能排除生产余热、废气，提供正常的卫生、工作环境。

(3)对散发出的有害气体、有害辐射、严重噪声等应采取净化、隔离、消声、隔声等措施。

(4)美化室内外环境，注意厂房内部的水平绿化、垂直绿化及色彩处理。

(5)总平面设计时将有污染的厂房放在下风位，如图 13-4 所示。

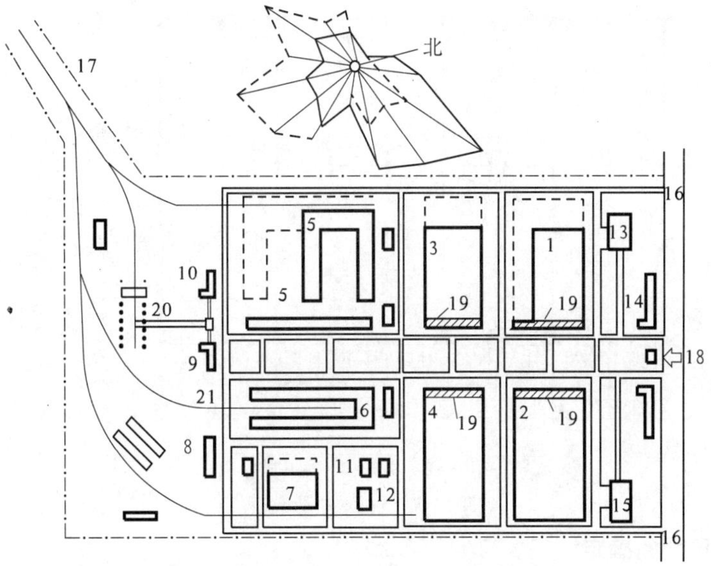

1—辅助车间;2—装配车间;3—机械加工车间;4—冲压车间;5—铸工车间;
6—锻工车间;7—总仓库;8—木工车间;9—锅炉房;10—煤气发生站;11—氧气站: 12—压缩空气站;
13—食堂;14—厂部办公室;15—车库;16—汽车货运出入口; 17—火车货运出入口;
18—厂区大门人流出入口;19—车间生活间;20—露天堆场;21—烟窗

图 13-4　某机械厂总平面布置图

第二节　单层工业厂房建筑设计

一、单层工业建筑柱网选择

(一)柱网选择的依据

在骨架结构厂房中,柱子是最主要的承重构件,作为厂房平面设计重要内容之一的结构布置,要求确定柱子的平面位置,亦即柱网选择。

柱子在厂房平面中排列所形成的网格称为柱网,柱网尺寸是由跨度和柱距组成的(见图 13-5)。由图 13-5 可见,柱子纵向定位轴线之间的距离称为跨度,柱子横向定位轴线之间的距离称为柱距。柱网的选择实际上就是选择厂房的跨度和柱距。

工艺设计人员根据工艺流程和设备布置状况,对跨度和柱距提出初步的要求,建筑设计人员在此基础上,依照建筑及结构的设计原则,最终确定厂房的跨度和柱距。选择柱网时要综合考虑以下几个方面的因素:

(1)满足生产工艺提出的要求;

(2)遵守《厂房建筑模数协调标准》(GB/T 50006—2010)的有关规定;

(3)尽量扩大柱网,提高厂房的通用性;

(4)满足建筑材料、建筑结构和施工等方面的技术性要求;

(5)尽量降低工程造价。

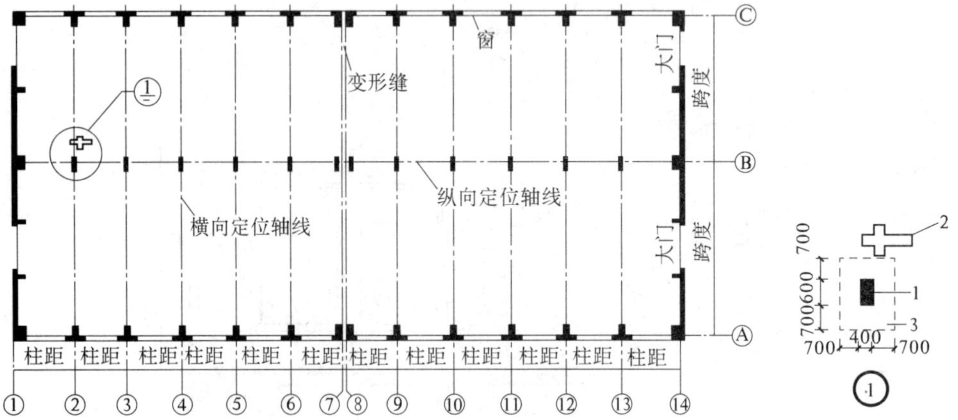

1—柱子；2—机床；3—柱基础轮廓

图 13-5　柱网布置示意

(二)跨度尺寸的确定

厂房跨度实际上是指屋架或屋面大梁的跨越尺寸，厂房跨度一旦确定，厂房结构中屋架的跨度尺寸也随即而定。

跨度尺寸主要应根据下列因素确定：

(1)生产设备的大小和布置方式。设备大，所占面积也大；设备布置成横向或纵向，都影响跨度的尺寸。

(2)车间内部通道宽度。不同类型的水平运输设备，如电瓶车、汽车、火车等所需通道宽度是不同的，同样影响跨度的尺寸。

(3)《厂房建筑模数协调标准》(GB/T 50006—2010)的要求。有关规定如下：当厂房跨度 <18 m 时，应采用扩大模数 30M(3 000 mm)的尺寸系列，即跨度可取 9 m、12 m、15 m；当跨度尺寸≥18 m 时，按 60M 模数增长，即跨度可取 18 m、24 m、30 m、36 m。

(三)柱距尺寸的确定

柱距是两柱之间的纵向间距。在厂房结构中，实际上规定了诸多纵向构件如基础梁、吊车梁、连系梁、屋面板、柱间支撑等的长度尺寸。根据我国设计、制作、运输、安装等方面的经验，柱距通常采用 6 m，称为基本柱距。

根据上述关于跨度柱距的有关规定，我国已经颁布工业建筑全国通用构件标准图集，使相关构件成型配套。

(四)扩大柱网及其优越性

现代工业生产的显著特征之一在于生产工艺、生产设备和运输设备在不断更新变化，而且其周期越来越短。为了使其适应这种变化，厂房应具有相应的灵活性与通用性，这种灵活性、通用性在厂房平面设计中的具体表现之一就是采用扩大柱网，也就是扩大厂房的跨度和柱距，亦即将柱距由 6 m 扩大至 12 m、18 m 乃至 24 m，如采用柱网(跨度 × 柱距)为 12 m × 12 m、15 m × 12 m、18 m × 12 m、24 m × 12 m、18 m × 18 m、24 m × 24 m 等。

扩大柱网的主要优点是：

(1)可以有效提高厂房面积的利用率；

(2)有利于大型设备的布置及产品的运输；

(3)能提高厂房的通用性，适应生产工艺的变更及生产设备的更新；

(4)有利于提高吊车的服务范围；

(5)能减少建筑结构构件的数量，并能加快建设速度。

二、单层工业建筑定位轴线

单层厂房定位轴线是确定厂房主要承重构件的平面位置及其标志尺寸的基准线，同时也是厂房施工放线和设备安装定位的依据。为了工业化的需要，必须使厂房建筑主要构配件标准化和系列化，减少构件类型，增加通用性和互换性。因此，厂房定位轴线的确定必须执行《厂房建筑模数协调标准》(GB/T 50006—2010)的有关规定。

对于常用的单跨、多跨平行(包括有少量垂直跨的多跨平行)厂房，存在着明显的长轴方向和短轴方向，如图13-6所示。该厂房平面图左右方向为其长轴方向(亦称纵向)，而上下方向为短轴方向(也称横向)。在习惯上通常把厂房长轴方向的定位轴线称为纵向定位轴线，在平面图中，由下至上按A、B、C…字母顺序进行编写(编号中不使用I、O、Z三个字母)。将短轴方向的定位轴线称为横向定位轴线，在平面图中，从左至右按1、2、3…数字顺序进行编写。同时规定：相邻两条横向定位轴线之间的距离称为柱距，相邻两条纵向定位轴线之间的距离称为跨度。

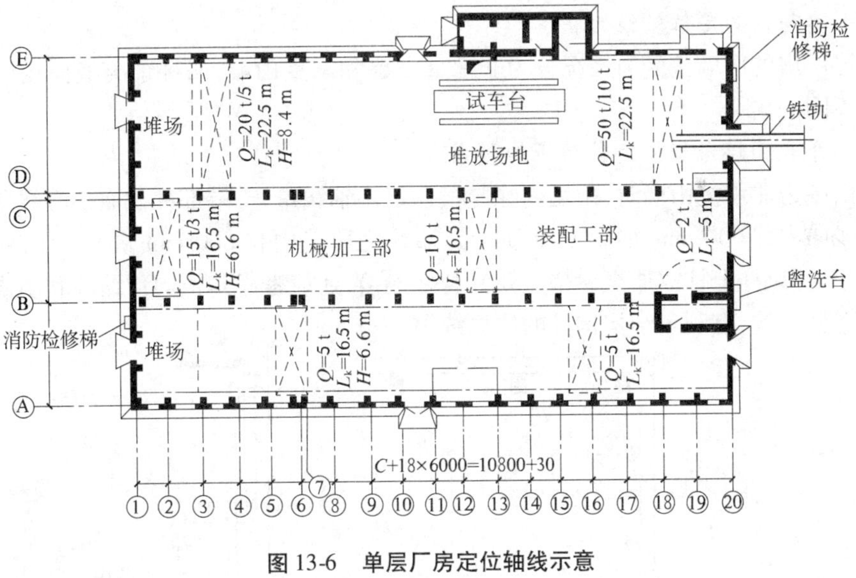

图13-6 单层厂房定位轴线示意

(一)横向定位轴线

1. 中间柱与横向定位轴线的联系

除横向变形缝两侧及厂房端部排架柱外的柱称为中间柱。中间柱的截面中心线与横向定位轴线重合，如图13-7所示厂房的纵向结构件(如屋面板、吊车梁、连系梁)的标志长度皆以横向定位轴线为界。

2. 横向伸缩缝、防震缝部位柱与横向定位轴线的联系

横向伸缩处一般采用双柱处理，为保证缝宽的要求，此处应设两条定位轴线，缝两侧

柱截面中心均应自定位轴线向两侧移 600 mm，如图 13-8 所示。两条定位轴线之间的距离称为插入距，用 a_i 来表示。在这里，插入距 a_i 等于变形缝宽 a_e。

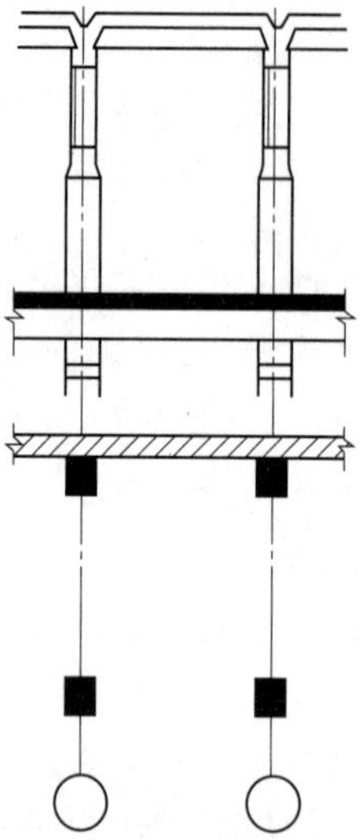

图 13-7　中间柱与横向定位轴线的联系

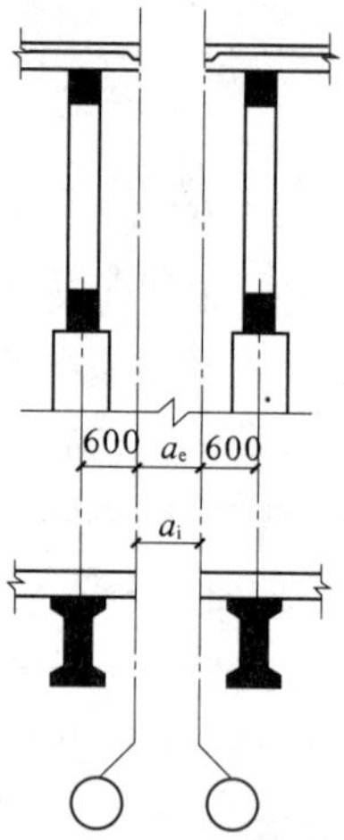

a_i—插入距；a_e—变形缝宽

图 13-8　横向伸缩缝、防震缝部位柱与横向定位轴线的联系

3. 山墙与横向定位轴线的联系

单层厂房的山墙按受力情况分为非承重山墙和承重山墙，两种情况横向定位轴线的确定是不同的。

1）非承重山墙与横向定位轴线的联系

当山墙为非承重山墙时，山墙内缘与横向定位轴线重合，端部柱截面中心线应自横向定位轴线向内移 600 mm，如图 13-9 所示。端柱之所以内移 600 mm，是因为山墙内侧设有抗风柱，抗风柱上柱需通至屋架上弦并与之连接，还应考虑与横向伸缩缝和防震缝处定位轴线划分一致，有利于结构构件的协调统一。

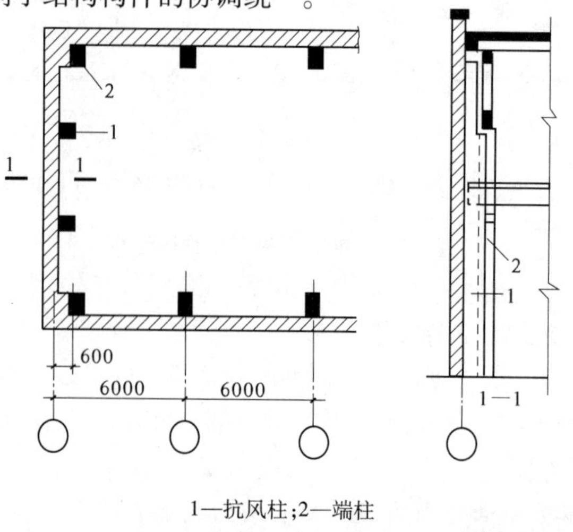

1—抗风柱；2—端柱

图 13-9　非承重山墙处端柱与横向定位轴线的联系

2）承重山墙与横向定位轴线的联系

当山墙为承重山墙时，承重山墙内缘与横向定位轴线的距离应按墙体的块材的半块（长）或半块（长）的倍数，或者取墙体厚度的一半，如图 13-10 所示。作此规定，以保证满足结构支承长度的要求。

（二）纵向定位轴线

厂房纵向定位轴线的确定，除考虑结构合理、构造简单外，在有吊车的情况下，还应保证吊车运行及检修的安全需要。

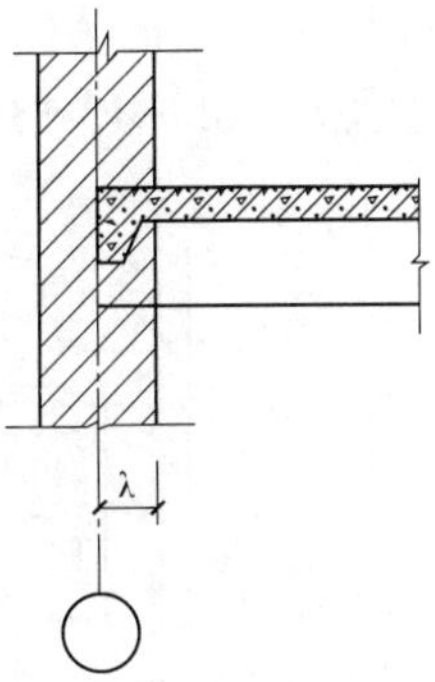

λ—墙体块材的半块（长）、半块（长）的倍数或墙厚的一半

图 13-10　承重山墙横向定位轴线

1. 外墙、边柱与纵向定位轴线的联系

在有吊车的厂房中，《厂房建筑模数协调标准》（GB/T 50006—2010）对吊车规格与厂房跨度的关系作如下规定

$$L_k = L - 2e \tag{13-1}$$

式中 L_k——吊车跨度，即吊车两轨道中心线之间的距离，mm；

L——厂房跨度，mm；

e——吊车轨道中心线至纵向定位轴线的距离，mm，一般取 750 mm，当吊车起重量大于 50 t 或者为重级工作制需设安全走道板时，取 1 000 mm（见图 13-11）。

由图 13-11 所示细部构造关系可知

$$e = h + C_b + B \tag{13-2}$$

式中 h——上柱截面高度，mm，根据厂房高度、跨度、柱距及吊车起重量确定；

B——吊车桥架端部构造长度，mm，即吊车轨道中心线至吊车端部外缘的距离，可查阅吊车规格资料；

C_b——吊车端部外缘至上柱内缘的安全净空尺寸，mm，当吊车起重量 $Q \leqslant 20$ t 时，$C_b \geqslant 80$ mm，当 $Q \geqslant 75$ t 时，$C_b \geqslant 100$ mm，C_b 值主要考虑吊车和柱子的安装误差以及吊车运行中的变形而应预留的安全空隙。

由于吊车起重量、柱距、跨度、是否有走道板等因素的影响，边柱外缘与纵向定位轴线的联系有两种情况：

（1）封闭式结合。

在无吊车或只有悬挂式吊车，以及在柱距为 6 m，桥式吊车起重量 $Q \leqslant 20$ t 条件下的厂房中，一般采用封闭式结合（见图 13-12），即边柱外缘与纵向定位线相重合。

此时，采用封闭式结合的原因是：当 $Q \leqslant 20$ t 时，则 $B \leqslant 260$ mm，$C_b \geqslant 80$ mm，柱距 6 m，吊车轻，$h \leqslant 400$ mm，

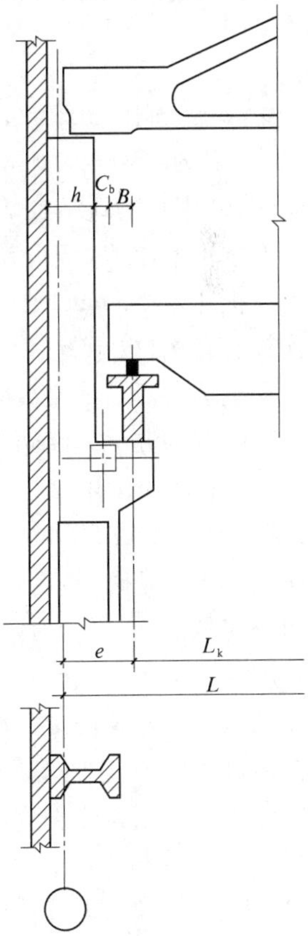

图 13-11　吊车与厂房关系示意

不设安全走道板，$e=750$ mm，则 $e-(h+B)\geqslant 90$ mm，满足 $C_b\geqslant 80$ mm 的要求。

在封闭式结合中，封闭的含义在于：当采用此种定位轴线时，按常规布板，则屋架及屋面板与外墙内缘必然闭合，不需设补充构件，具有构造简单、施工方便等优点。

(2)非封闭式结合。

在柱距为 6 m、吊车起重量 $Q\geqslant 30$ t 的厂房中，边柱外缘与纵向定位轴线之间应保持一定的距离，如图 13-13 所示。

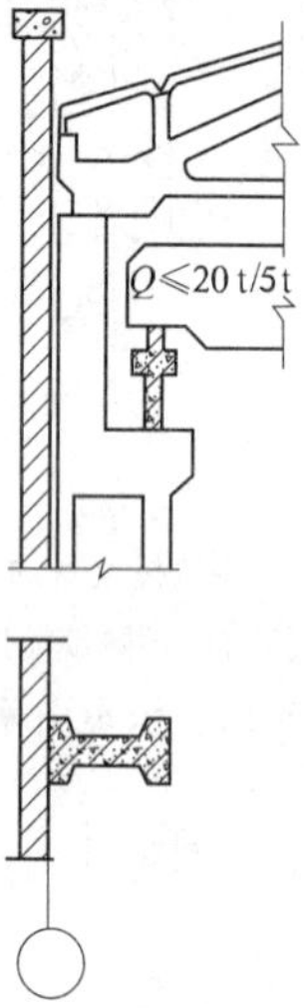

图 13-12　外墙、边柱与纵向定位轴线的联系(封闭式结合)

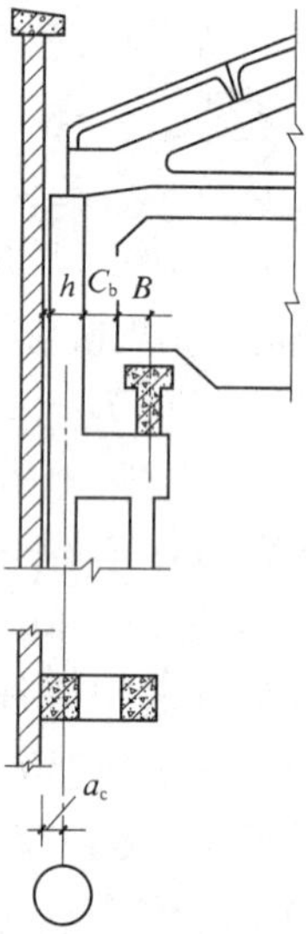

图 13-13　外墙、边柱与纵向定位轴线的联系(非封闭式结合)

此时，采用封闭式结合的原因是：

当 $Q\geqslant 30$ t 时，$B\geqslant 300$ mm，$C_b\geqslant 80$ mm，柱距较大，吊车较重，故 $h\geqslant 400$ mm；若不设安全走道板，$e=750$ mm，则 $e-(h+B)\leqslant 50$ mm，不能满足上述 $C_b\geqslant 80$ mm 的要求。

很容易看出，由于 B 和 h 值均较 $Q\leqslant 20$ t 时为大，若继续采用封闭式结合，已不能满足吊车安全运行所需净空要求。

解决问题的办法是将边柱外缘自定位轴线向外移动一定距离，这个距离称为联系尺寸，用 a_c 来表示。为了减少构件类型，a_c 值须取 300 mm 或 300 mm 的整倍数。当墙为砌体时，可为 50 mm 或 50 mm 的整倍数。

在非封闭结合时，按常规布板屋面板只能铺至定位轴线处，与外墙内缘必然出现一条结构构造间隙，不能闭合，这也正是非封闭式结合的含义。非封闭式结合构造复杂，施工较为麻烦。

2. 纵向中柱与纵向定位轴线的联系

在多跨厂房中，中柱有等高跨和不等高跨(习惯称高低跨)两种情况。

1)等高跨中柱与纵向定位轴线的联系

当厂房为等高跨时，中柱通常采用单柱，其柱截面中心与纵向定位轴线相重合，如图 13-14所示。此时，上柱截面一般取 600 mm × 600 mm，以满足屋架或屋面大梁的支承长度，且上柱不带牛腿，构造简单。

2)高低跨中柱与纵向定位轴线的联系

当厂房出现高低跨时,中柱与纵向定位轴线的联系有两种截然不同的情况:

(1)当高低跨处采用单柱时,高跨上柱外缘和封墙内缘与纵向定位轴线相重合(见图13-15(a))。此时,纵向定位轴线按封闭结合设计,不需要设联系尺寸,也无需设两条定位轴线。

(2)当上柱外缘和封墙内缘与纵向定位轴线不能重合时,应采用两条定位轴线。高跨轴线与上柱外缘之间设联系尺寸 a_c,低跨定位轴线与高跨定位轴线之间插入距 a_i 等于高跨联系尺寸 a_c(见图13-15(b));当高跨采用封闭式结合,且高跨封墙需要封至低跨屋架端部时,两轴线之间插入距 a_i 等于封墙厚 t(见图13-15(c));而当高跨采用非封闭式结合,且墙体需封至低跨屋架端部时,定位轴线之间的插入距 a_i 则等于联系尺寸 a_c 与封墙厚 t 之和(见图13-15(d))。

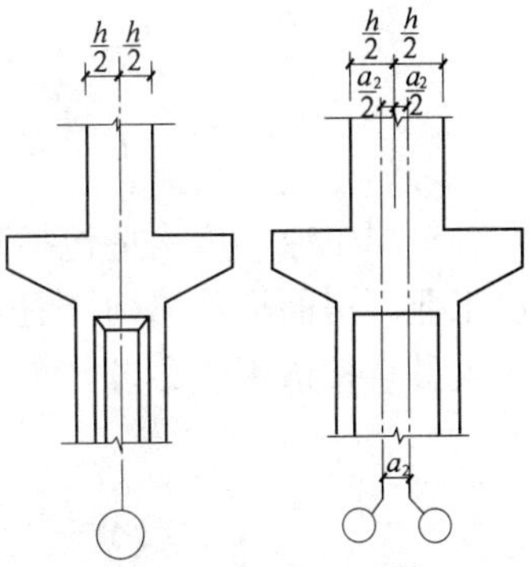

(a) (b)

h—上柱宽度

图13-14 等高跨中柱与纵向定位轴线的联系

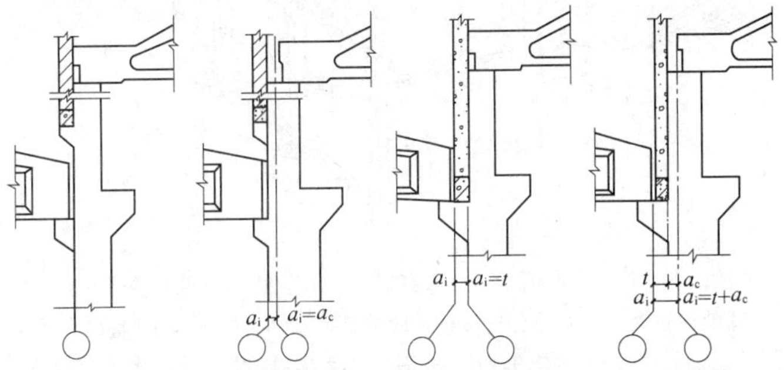

(a)单轴线 (b)双轴线 (c)双轴线 (d)双轴线

图13-15 高低跨中柱与纵向定位轴线的联系

3.纵横跨连接处柱与定位轴线的联系

有纵横跨的厂房,由于纵跨和横跨的长度、高度、吊车起重量都可能不相同,为了简化结构和构造,设计时,常将纵跨和横跨的结构分开,并在两者之间设置变形缝。纵横跨连接处设双柱、双定位轴线。两定位轴线之间设插入距 a_i(见图13-16),有如下几种可能:当纵跨的山墙比横跨的侧墙低,山墙长度小于或等于侧墙,横跨又为封闭结合轴线时,则可采用双柱单墙处理(见图13-16(a)),插入距 a_i 为砌体墙厚度 t 与变形缝宽度 a_e 之和。当横跨为非封闭结合时,仍采用双柱单墙处理(见图13-16(b)),这时,插入距 a_i 为砌体墙厚度 t、变形缝宽度 a_e 及联系尺寸 a_c 之和。

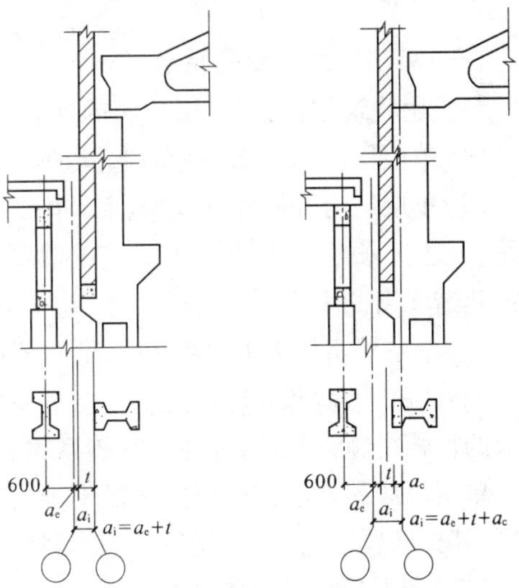

(a)未加联系尺寸 (b)加联系尺寸

图13-16 纵横跨相交处柱与定位轴线的联系

第三节　单层工业建筑构造

单层工业厂房构造包括外墙、屋面、侧窗、大门、天窗等，如图 13-17 所示。在我国，单层工业厂房的承重结构、围护结构及构造做法均有全国或地方通用的标准图，可供工程技术人员直接选用或参考。

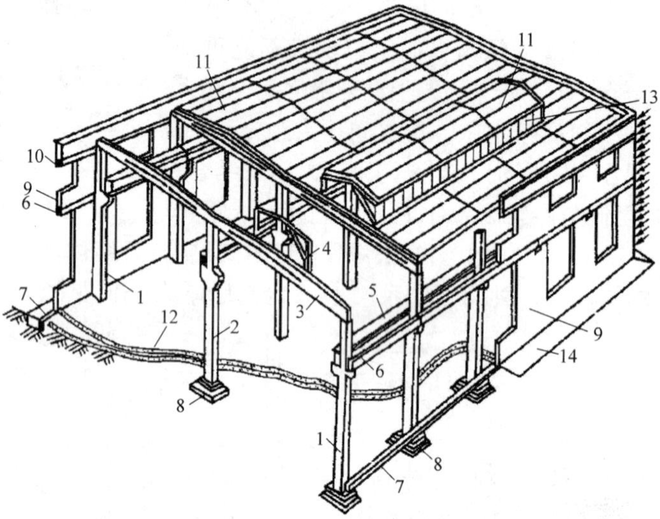

1—边柱；2—中柱；3—屋面梁；4—天窗架；5—吊车梁；6—连系梁；7—基础梁；8—基础；9—外墙；10—圈梁；11—屋面梁；12—地面；13—天窗扇；14—散水

图 13-17　单层工业厂房构造

一、外墙

（一）单层厂房外墙的特点

与民用建筑相比较，单层厂房的外墙具有以下特点：

（1）单层厂房的外墙一般只起围护作用，不起承重作用。

（2）单层厂房外墙面开窗灵活。单层厂房外墙面在高度范围内既无楼层限制，又不承重，可适应采光、通风及生产工艺的需要，建造大片的带形玻璃墙或做成半开敞或全开敞或建造无窗的墙面。

（3）单层厂房外墙的高度和承受的荷载都比较大，但厚度却相对较薄（240 mm），为了保证外墙在风荷载和起重运输设备等荷载作用下具有足够的刚度和稳定性，需要采取相应的加强措施，如设壁柱、圈梁、连系梁和山墙抗风柱等。

单层厂房的外墙构造还应满足生产工艺方面的某些特殊要求，如有爆炸危险的生产车间，其外墙要求用轻质材料建造，或开设大面积玻璃窗以利防爆泄压等。

（二）单层厂房外墙的分类

单层厂房的外墙按材料分类有砖墙、砌块墙、板材墙、波形瓦（含压型钢板）、开敞式外墙等，按承重情况分类有承重墙、承自重墙、框架墙等。

（三）单层厂房外墙的构造

单层厂房通常为装配式钢筋混凝土排架结构，因此它的外墙在连系梁以下一般为承自重墙，在连系梁上部为框架墙。框架墙的框架柱即利用厂房的承重排架柱，框架的梁即利用厂房的连系梁，在框架柱和梁之间砌筑墙体。装配式钢筋混凝土排架结构的单层厂房纵墙构造剖面示例如图 13-18 所示。承自重墙、框架墙的墙体材料有普通黏土砖和各种预制砌块。预制砌块有混凝土、硅酸盐、加气混凝土预制块等，既有空心的也有实心的，既有中小型砌块，也有大型砌块。砖墙在单层工业厂房中，除跨度小于 12 m、吊车吨位小于 5 t 时作为承重和围护结构用外，一般只起围护作用。砖墙的厚度一般为 240 mm 和 365 mm。单层厂房的砖墙和砌块墙的外墙构造要点分述如下。

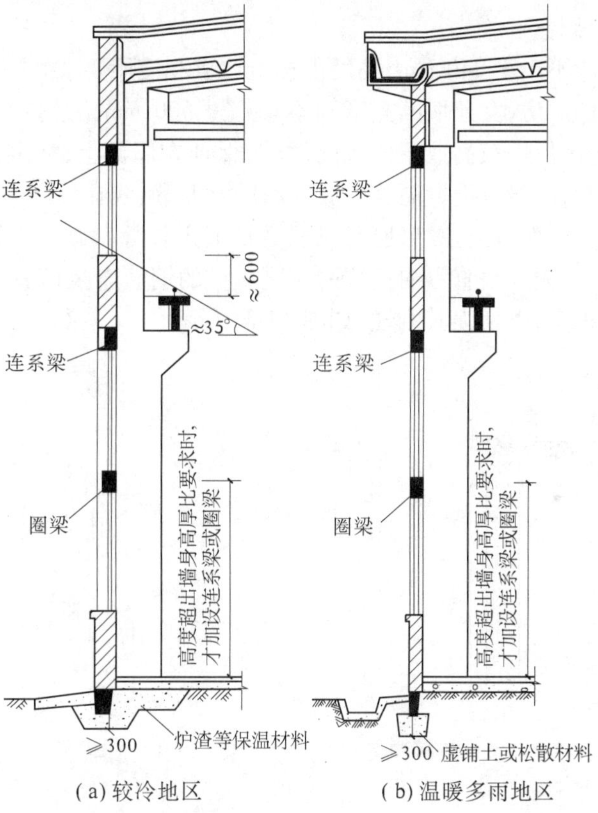

图 13-18　装配式钢筋混凝土排架结构的单层厂房纵墙剖面示例

1. 墙体的位置

由于墙体属于承自重墙，墙下不单做条形基础，而是通过基础梁将砖墙的重量传给基础。当墙身的高度大于 15 m 时，应加设连系梁来承托上部墙身。

墙身一般在柱子外侧，形成封闭结合。这种方法构造简单，施工方便，也可以把墙体砌在柱子中间，以增加排架的刚度，这样做对抗震有利。墙体的位置如图 13-19 所示。

2. 墙体与柱子的连接

1）柱子与墙的连接构造

为使砖墙与排架柱保持一定的整体性与稳定性，厂房外墙应与柱子可靠连接。最常用的做法是由柱子、屋架沿高度每隔 500～600 mm 伸出 2 Φ6 的钢筋砌入砖墙水平缝内起到锚拉作用，如图 13-20 所示。

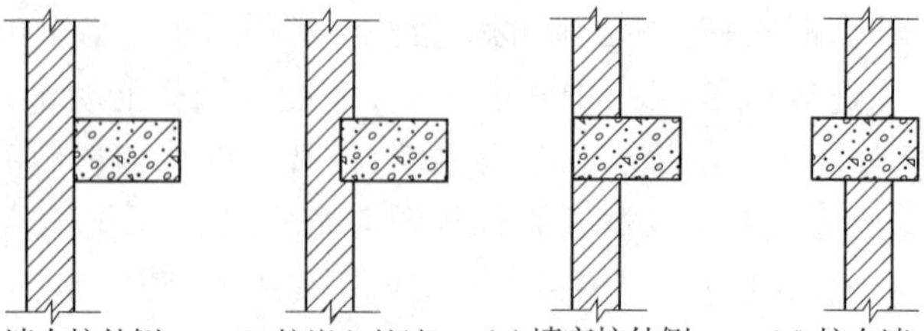

(a) 墙在柱外侧　(b) 柱嵌入外墙　(c) 墙齐柱外侧　(d) 柱在墙中间

图 13-19　墙体的位置

2）女儿墙的拉结构造

女儿墙厚度一般不小于 240 mm，高度由构造要求和使用要求共同决定。受设备振动影响较大或地震区的厂房，女儿墙的高度则不宜超过 500 mm，并需用整浇的钢筋混凝土压顶板加固；非地震区厂房较高或屋面较陡时，为保证在屋面上，从事检修、清灰扫雪、擦洗天窗等人员的安全，一般宜设置高度 1 m 左右的女儿墙，或在厂房的檐口上设置相应高度的护栏。女儿墙与屋面板的拉结处理做法是：把嵌入板缝和砌置在墙体内的两根相平行的钢筋，通过另一根嵌入垂直方向板缝的相同直径的钢筋连接起来，最后将板缝用 C20 的细石混凝土灌满捣实，以增强其刚性，如图 13-21 所示。

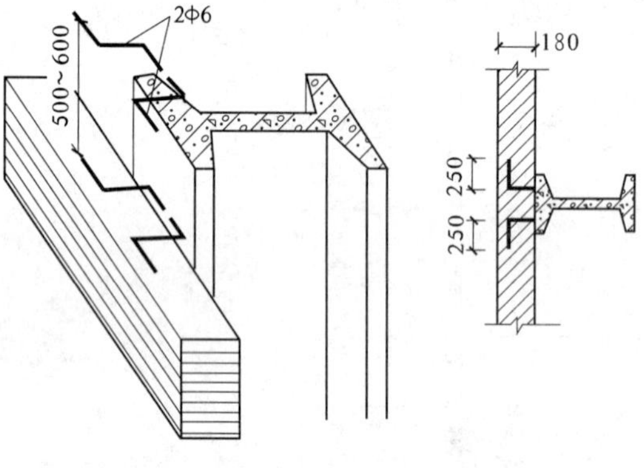

图 13-20　柱子与墙的连接构造

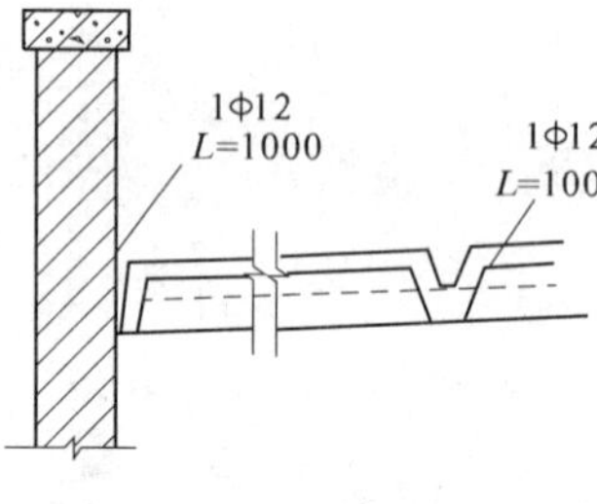

图 13-21　女儿墙的拉结

3）抗风柱的连接构造

在山墙处的墙体应与抗风柱连接，当厂房的跨度在 15 m 以下，柱顶标高在 8 m 以下时，可以采用砖砌抗风柱并与砖墙一起砌筑，如图 13-22 所示。

3. 墙身变形缝

墙身变形缝包括伸缩缝、沉降缝和防震缝三种缝隙。

伸缩缝的缝宽一般为 20～30 mm，沉降缝的缝宽一般为 50～70 mm。缝隙一般做成平缝（见图 13-23(a)）。墙身厚度较大并有一定保温要求的车间，可以做成高低缝（见图 13-23(b)）或企口缝（见图 13-23(c)），缝中应填以保温耐腐蚀并有一定弹性的材料，通常可以采用沥青麻丝及毛毡等。

在进行抗震设防的地区，三种缝隙的宽度应满足建筑抗震设计规范的要求，即统一按防震缝的要求做。

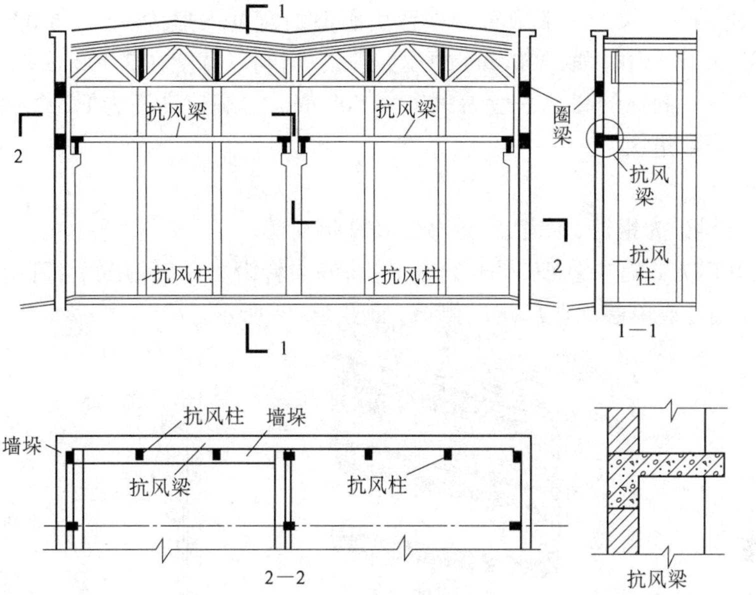

图 13-22　山墙抗风结构

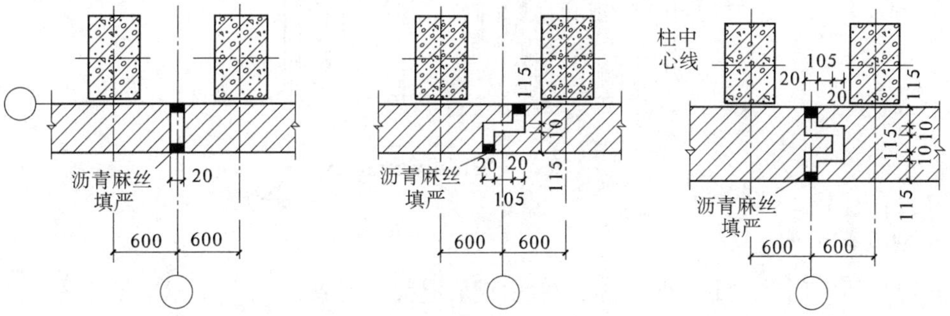

(a) 平缝　　(b) 高低缝　　(c) 企口缝

图 13-23　墙身变形缝

二、侧窗与大门

(一) 侧窗

单层厂房的侧窗不仅要满足采光和通风的要求,还要根据生产工艺的特点,满足一些特殊要求。例如有爆炸危险的车间,侧窗应有利于泄压;要求恒温恒湿的车间,侧窗应有足够的保温隔热性能;要求洁净的车间,侧窗应防尘和密闭等。单层厂房的侧窗面积往往比较大,因此设计与构造上应在坚固耐久、开关方便的前提下,节省材料,降低造价。

1. 侧窗的特点

(1) 侧窗的面积大,一般以吊车梁为界,其上称为高侧窗,其下称为低侧窗。

(2) 大面积的侧窗多采用组合式,由基本窗扇、基本窗框和组合窗三部分组成。

(3) 侧窗除接近工作面的部分采用平开式外,其余均采用中悬式。

2. 尺寸

单层工业厂房的尺寸一般应符合模数。洞口的宽度一般为 900 ~ 6 000 mm，当洞口宽度在 2 400 mm 以内时，取 300 mm 的模数进级；当洞口宽度在 2 400 mm 以上时，取 600 mm 的模数进级。洞口的高度一般为 900 ~ 4 800 mm，当洞口高度为 1 200 ~ 4 800 mm 时，用 600 mm 的模数进级。

3. 类型

侧窗按材料分为钢窗、木窗、铝合金窗及塑钢窗等。

侧窗按开启方式有中悬窗、平开窗、固定窗和立转窗。一般情况下，可用中悬窗、平开窗、固定窗等组合成单层工业厂房的侧窗，如图 13-24 所示。

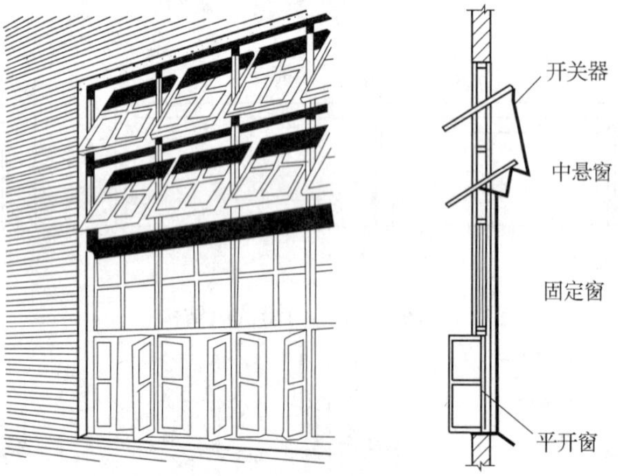

图 13-24　侧窗组合形式

(二)大门

1. 特点

(1)厂房的门扇大于门框，门框一般由钢筋混凝土制成。

(2)厂房大门供货物出入，大门上附设小门供行人出入。

(3)门扇与门框的连接不用合页，而用特制的铰链。

(4)一组门框与门扇一般由骨架和面板组成，很少有单一材料的门。

2. 洞口尺寸

单层工业厂房大门主要用于生产工具、物资的运输及人流的通行，大门洞口尺寸须根据运输工具的类型、运输货物的外形尺寸等因素确定。门洞的尺寸一般比装满货物的车辆宽 600 ~ 1 000 mm、高 400 ~ 600 mm。常用单层工业厂房大门洞口参考尺寸如表 13-1 所示。

3. 类型

按厂房大门所用材料分，有钢木大门、木大门、钢板门、空腹薄壁钢门等，大尺寸门一般为钢木门或钢板门。按用途分，有运输工具通行的大门、防火门、保温门、防风门等。按大门开启方式分类，有平开门、上翻门、推拉门、升降门、折叠门、卷帘门，如图 13-25 所示。厂房大门可用人力、机械和电力方式开关。

表 13-1　厂房大门洞口尺寸　　（单位：mm）

运输工具	3 t 矿车	电瓶车	轻型卡车	中型卡车	重型卡车	汽车起重机	火车
洞口高	2 100	2 400	2 700	3 000	3 900	4 200	5 100 5 400
洞口宽	2 100	2 100	3 000	3 300	3 600	3 900	4 200 4 500

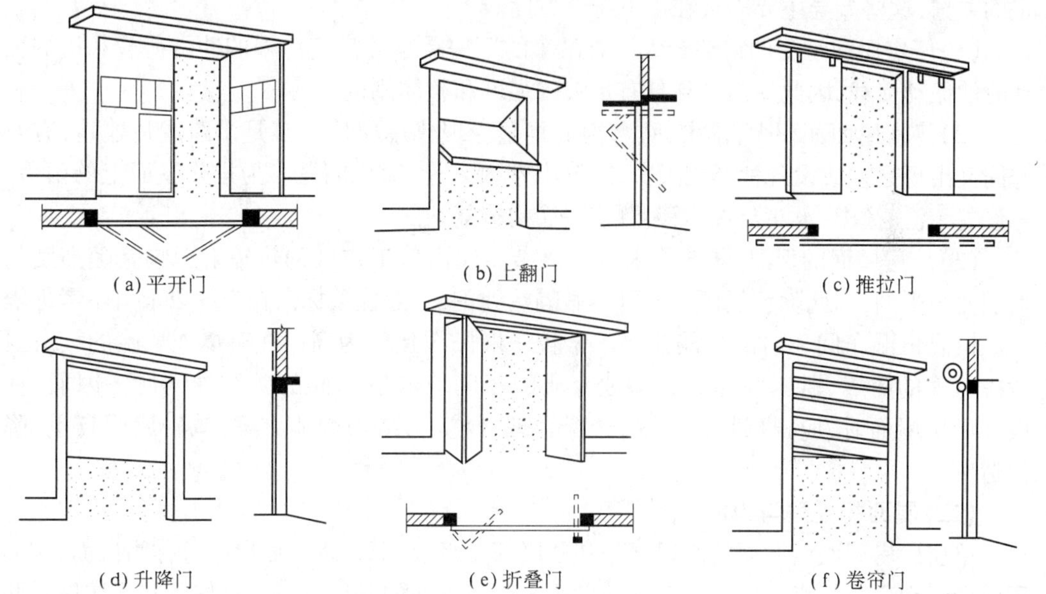

图 13-25　厂房大门按开启方式分类

1) 平开门

平开门构造简单，开启灵活。当门扇尺寸较大时，其容易下垂变形。

2) 上翻门

上翻门门扇边侧装有滑轮，开启时门扇滑轮沿门框导轨向上翻起到门顶过梁下边。这种门开启时不占空间，常用于机动车的车库大门。

3) 推拉门

推拉门门扇的上边或下边装有滑轮，门扇通过滑轮沿导轨左右推拉开启。门扇受力合理、不易变形，一般设在墙体外侧；推拉门的封闭性较差，不宜用于密封要求高的车间。

4) 升降门

升降门开启时整个门扇沿边侧导轨向上平移升起，不占使用空间，门洞上部须给门扇留出足够的空间。升降门有手动开启方式和电动开启方式。

5) 折叠门

折叠门由几个窄门扇通过门扇边侧的铰链组合而成，开启时利用门扇上下滑轮沿导轨左右移动并使门扇折叠。这种门占用空间少,开启方便,适用于较大的门洞。

6)卷帘门

卷帘门的门扇由多片冲压成型的金属叶片连接而成,安装在门洞上部的转轴转动,将门扇卷起开启门扇。这种门有手动开启方式和电动开启方式,有较好的防火、防盗性能。卷帘门适用于门洞宽不超过 7 000 mm 的门,门洞高度不受限制。

三、屋面

(一)屋面的特点

单层厂房屋面的作用、设计要求和构造与民用建筑基本相同,但在某些方面也存在一定的差异,这些差异主要表现在以下三个方面。

(1)厂房屋面承受的荷载较大。有吊车的厂房需承受吊车传来的冲击荷载和机械振动时的振动荷载,因此屋面必须具有足够的强度和整体刚度。

(2)厂房屋面面积大,排水、防水构造复杂。现代单层厂房多是多跨成片建筑,有时跨间又出现高差或设各种形式天窗,以解决室内采光、通风问题。为排除屋面上的雨雪,需设置天沟、檐沟、水斗及水落管,致使屋面构造复杂。

(3)厂房屋面的保温、隔热要求较为复杂。屋面对工作区的热辐射影响是随高度的增加而减少的,因此除较低厂房外可不做隔热处理,一般柱顶标高在 8 m 以上可不考虑隔热。恒温恒湿车间,其保温、隔热要求常较一般民用建筑为高。在有爆炸危险的厂房要考虑屋面的防爆、泄压问题。有腐蚀介质的车间应考虑屋面的防腐蚀问题。因而,在设计厂房屋面时,应根据具体情况,选择合理、经济的结构构造方案,减轻屋面自重,降低造价。

(二)屋面的类型与组成

单层厂房屋面由屋面的面层部分和基层部分组成,而常常将面层部分称为屋面,例如屋面做法则主要是指基层以上部分的做法。厂房屋面的基层分为有檩体系和无檩体系两种,如图 13-26 所示。

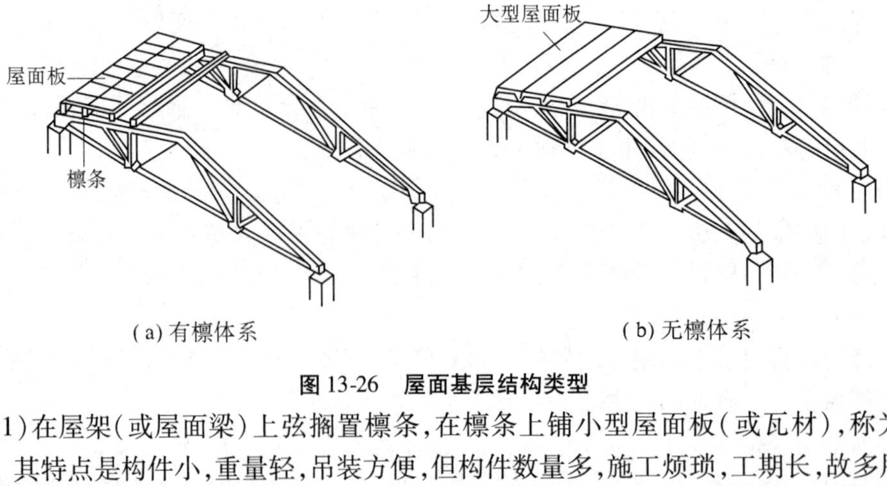

(a)有檩体系　　(b)无檩体系

图 13-26　屋面基层结构类型

(1)在屋架(或屋面梁)上弦搁置檩条,在檩条上铺小型屋面板(或瓦材),称为有檩体系。其特点是构件小,重量轻,吊装方便,但构件数量多,施工烦琐,工期长,故多用于施工机械起吊能力较小的施工现场。

(2)在屋架(或屋面梁)上弦直接铺设大型屋面板,称为无檩体系。其特点是构件大,类型少,便于工业化施工,但要求有较强的施工吊装能力。

(三)屋面的排水

1. 屋面的排水方式

厂房屋面排水方式分为无组织排水和有组织排水两种,排水落管的位置可以分为内排水和外排水,可根据表13-2进行选择。

表13-2 屋面的排水方式

地区年降雨量(mm)	檐口高度(m)	天窗跨度(m)	相邻屋面高差(m)	排水方式
<900	≥10	≥12	≥4	有组织排水
	<10	—	<4	无组织排水
≥900	≥8	≥9	>3	有组织排水
	<8	—	—	无组织排水

由表13-2可见,单层厂房屋面排水方式的选择与该厂房所处地区的年降雨量、厂房的檐口高度、天窗跨度、相邻屋面的高差等多种因素有关,另外屋面排水方式的选择还与厂房的生产性质有关系。

厂房屋面的雨水主要从沿墙天沟和中间天沟排除。多跨厂房的中间天沟和沿墙天沟一般都采用有组织的内排水方式,如图13-27所示。在靠近外墙的屋面,可采用天沟进行有组织排水,也可以自由落水。

在我国北方等寒冷地区,不宜采用自由落水,以防冰柱坠落伤人。在屋面积灰较多的厂房,如铸铁车间的冲天炉部分,不宜采用有组织排水。

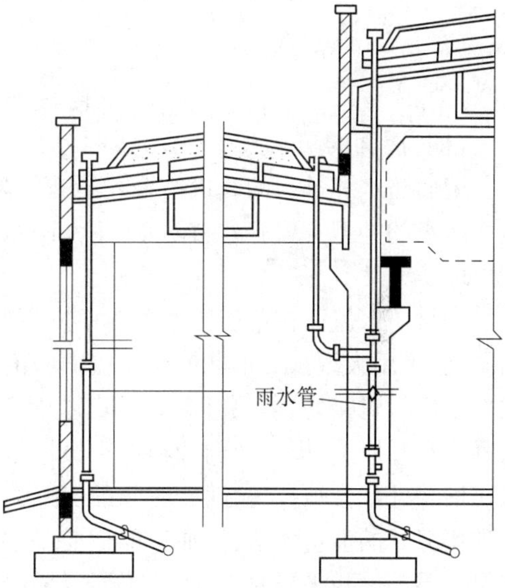

图13-27 厂房的有组织内排水

在我国北方寒冷地区需要采暖的厂房,多采用有组织的内排水方式。为了防止天沟处结冰,天沟处不设保温材料。雨水管设在室内,屋面上融化的雪水可以迅速排除。

2. 屋面坡度和水斗水管

为保证排水通畅,排水天沟应有一定的排水坡度,其纵向坡度一般取0.5%~1%。雨水斗的间距一般为24~30 m。雨水管的直径有75 mm、100 mm、125 mm、150 mm、200 mm等规格,常用的规格为100 mm。排水斗和排水管均采用铸铁制成,其形状如图13-28所示。

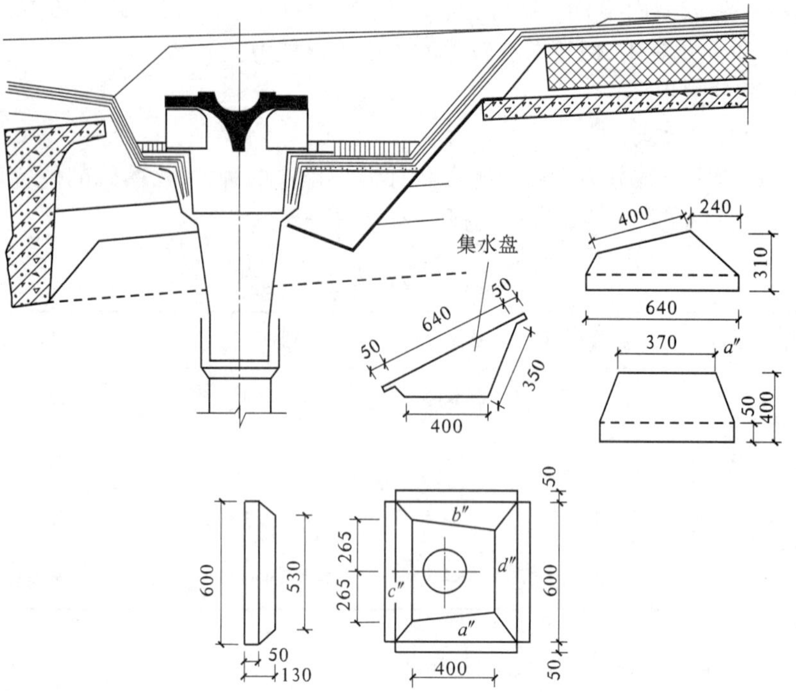

图 13-28 铸铁水斗

(四)屋面的防水

屋面防水和排水的有机结合才能有效阻止雨水、雪在流泻过程中向屋面浸入或渗透。屋面防水的类型主要有卷材防水、刚性防水、构件自防水等几种。

1. 卷材防水

卷材防水屋面在单层工业厂房中应用较为广泛,其构造原理和做法与民用建筑基本相同,但采用大型预制钢筋混凝土屋面板的卷材防水屋面,在板缝处尤其是在横缝处(屋架上弦板材对接处)容易开裂。厂房屋面往往荷载大、振动大、变形可能性大,此时,若油毡紧贴在基层上,横缝处的油毡将在极小范围内被拉伸,超过油毡的极限抗拉强度,则油毡在横缝处就会被拉裂,随着时间的流逝,裂缝逐渐开展。为防止横缝处的油毡开裂,应改进接缝处的油毡做法,使油毡能适应基层变形,方法如图 13-29 所示。即在大型屋面板或保温层上做找平层时,先将找平层沿横缝处做出分格缝,缝中用油膏填充,缝上先干铺 300 mm 宽油毡一条作为缓冲层,然后再铺油毡防水层,使屋面油毡在基层变形时有一定的缓冲余地,防止横缝开裂,纵缝一般开裂较少,可不做分格缝和干铺缓冲层。

2. 刚性防水

刚性防水屋面是指采用密实性较好的细石混凝土或防水砂浆做防水层的屋面防水。刚性防水不宜用于有较大振动影响的厂房、产生不均匀沉降的厂房及气温变化剧烈的地区,宜用于不在屋面上设置保温层的屋面防水,如图 13-30 所示。

3. 构件自防水

构件自防水是指利用屋面板本身的密实度和平整度、大坡度,再配合嵌缝或搭盖缝等措施以达到防水的目的。构件自防水也不宜用于振动较大的厂房。与刚性防水的区别在于没有后浇的防水层。构件自防水按板缝的构造方式可分为嵌缝式和搭盖式两种基本类型。

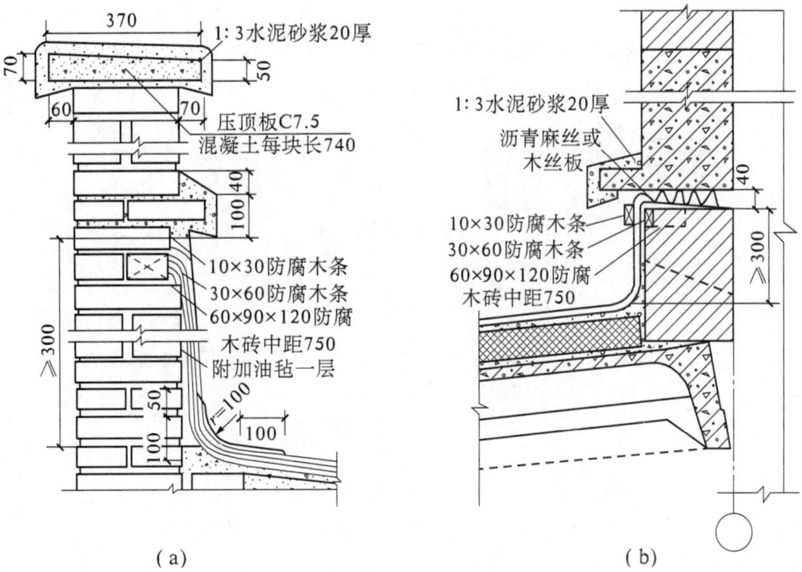

图 13-29　卷材防水局部

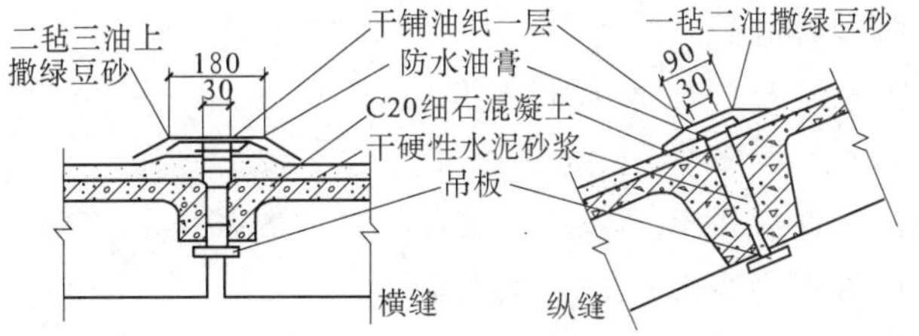

图 13-30　刚性防水局部

嵌缝式是直接在大型屋面板的板缝中嵌灌防水油膏，板面则靠其本身的平整密实性防水，必要时可加防水涂料，其防水质量取决于板面防水和板缝防水的性能。嵌缝式防水屋面荷载小，便于施工，造价较低。为增加屋面的整体刚度，纵横缝内均应灌注 C20 细石混凝土，缝的下部在浇捣前应吊木条，浇捣时预留 20～30 mm 的凹槽，待干燥后刷冷底子油（冷底子油须超出板的两侧不少于 50 mm），以增加油膏与混凝土的黏结力，然后填嵌油膏（缝内嵌灌油膏应超出两侧板面不少于 20 mm），嵌缝油膏必须具有良好的弹塑性、耐热性、耐久性和黏结力等性能。屋面应保证密实无裂纹和平整光滑。为了改进油膏嵌缝屋面的防水性能，保护油膏免受外界光和热的作用，延缓老化，板缝也可加盖覆盖层，做法是铺贴一毡二油或二毡三油，也可抹压石灰乳化沥青防水涂料，如图 13-31 所示。

搭盖式是利用屋面板上下搭盖住板缝，用盖瓦和脊瓦覆盖横缝和脊缝的方式解决屋面防水问题。常用的有 F 板屋面、槽瓦屋面、波形瓦屋面等几种。F 板屋面是采用断面为 F 形的预应力钢筋混凝土屋面板直接搁于屋架的上弦，屋面坡度较陡，如图 13-32 所示；F 板横向搭缝为平接，其平接处的板端要做成喇叭形的挡水条，盖瓦也做成对应的喇叭口端部,盖瓦前端做封头,使上下盖瓦搭接紧密;F 板纵向板缝处挑檐的搭盖长度不小于 150 mm,并做滴水,采用脊瓦遮盖脊缝。

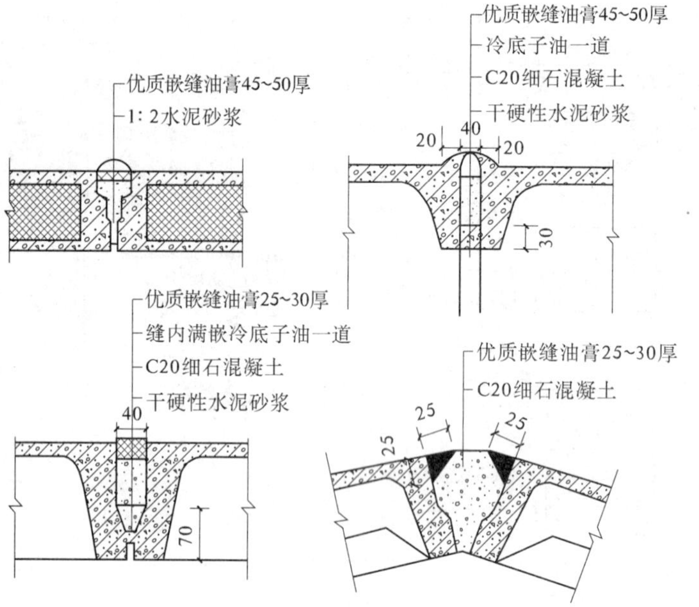

图 13-31　嵌缝式防水构造

(五)屋面的保温与隔热

根据厂房所在地区及厂房内部生产状况的不同,厂房屋面需要不同的保温、隔热处理。其中可分为保温型、不保温型和隔热型。为了加速积雪的融化,有组织排水的屋顶天沟有时需要做成半保温的形式。

屋面保温层仅在我国北方地区采暖厂房中设置。保温层的厚度与材料已在前面章节中叙述过。屋面保温层放在屋面板上部的做法叫上保温;屋面保温层放在屋面板下部的做法叫下保温,其主要用于构件自防水屋面,如图 13-33 所示。

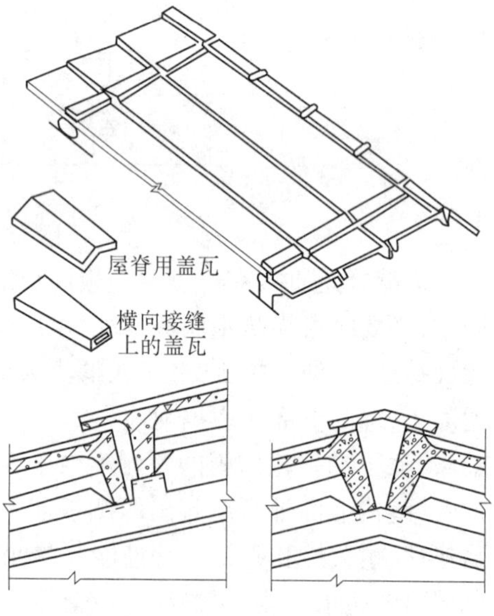

图 13-32　搭盖式防水构造

在炎热地区的低矮厂房中,一般应做隔热处理。厂房高度在 9 m 以上时,可不考虑隔热处理,主要用加强通风来达到降温。厂房高度大于 6 m 且小于 9 m 时,还应根据跨度大小来选择:当高度大于跨度的 1/2 时,不需做隔热处理;当高度小于或等于跨度的 1/2 时,应做隔热处理。屋面的做法可参考图 13-34。

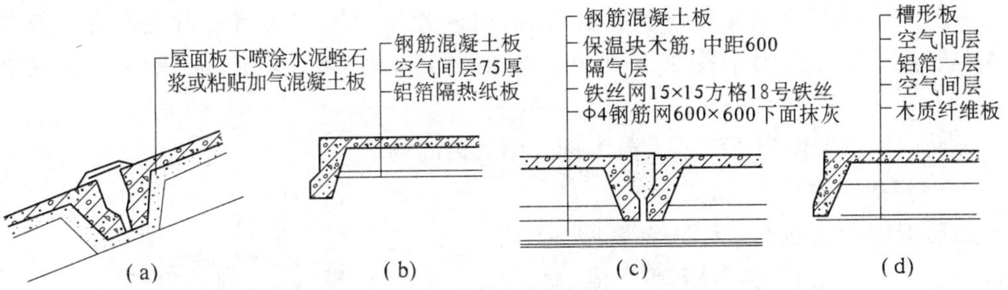

图 13-33　屋面下保温的做法

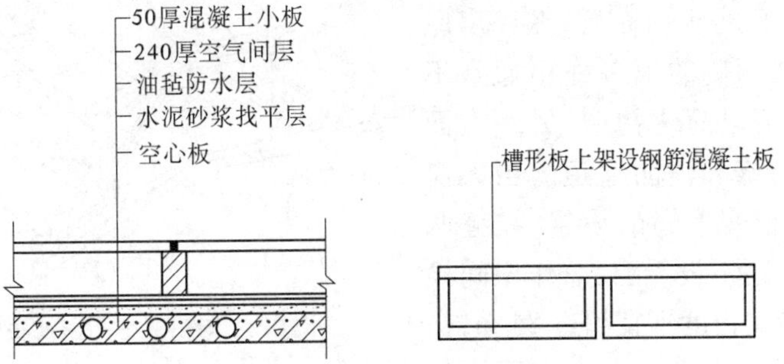

图 13-34　屋面的隔热做法

四、天窗

在大跨度和多跨的单层工业厂房中，为了满足天然采光和自然通风的要求，常在厂房的屋顶上设置各种天窗。

天窗的类型很多，一般就其在屋面的位置常分为上凸式天窗、下沉式天窗和平天窗。上凸式天窗常见的有矩形、三角形、M 形天窗等，下沉式天窗常见的有横向下沉式、纵向下沉式及井式天窗等，平天窗常见的有采光罩、采光屋面板等，如图 13-35 所示。

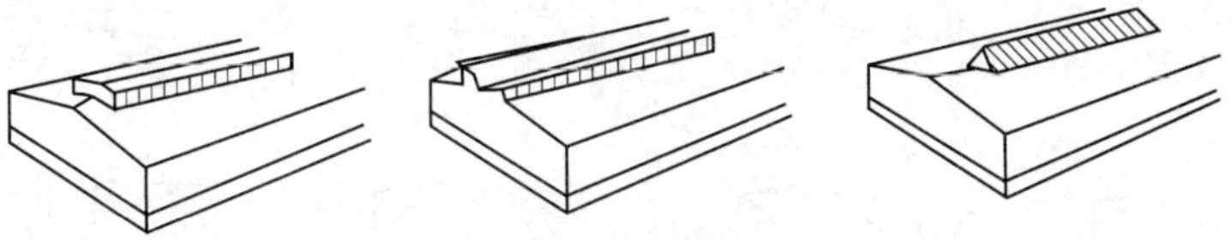

(a) 上凸式天窗

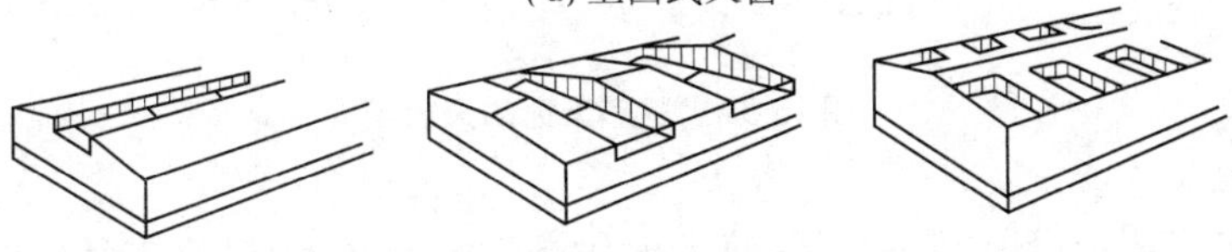

(b) 下沉式天窗

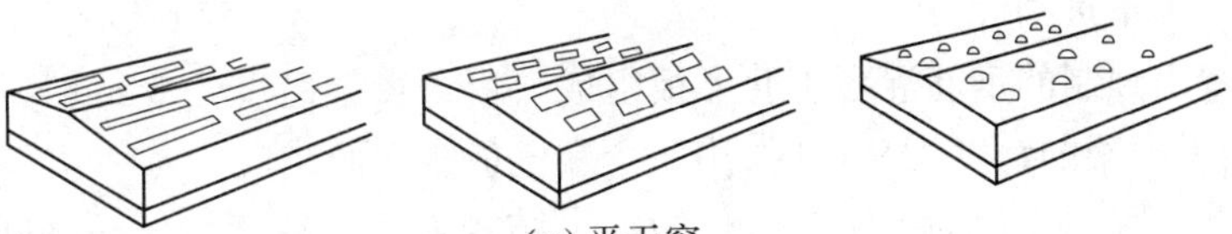

(c) 平天窗

图 13-35　天窗类型

一般天窗都具有采光和通风双重功能，但采光兼通风的天窗一般很难保证排气的效果，故这种做法只用于冷加工车间；而通风天窗则排气稳定，故只应用于热加工车间。

下面以矩形天窗和下沉式天窗为例介绍天窗的构造。

(一)矩形天窗

矩形天窗由天窗架、天窗端壁、天窗侧板、天窗扇和天窗屋面板等组成，如图 13-36所示。

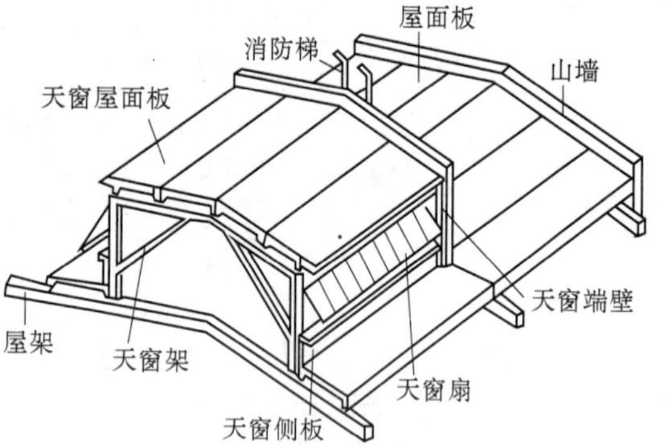

图 13-36 矩形天窗

矩形天窗沿厂房纵向布置，在厂房屋面两端和变形缝两侧的第一柱距通常不设天窗，一方面可以简化构造，另一方面还可作为屋面检修和消防通道。当天窗较长时，往往结合变形缝的设置，在缝两旁也各留一个柱距不设天窗，兼作中间检修通道。天窗最大长度不宜超过 84 m，在每段天窗的端壁处应设置上天窗屋面的消防检修梯。

1. 天窗架

天窗架是天窗的承重结构，它直接支承在屋架上。天窗架的材料一般与屋架、屋面梁的材料一致。天窗架的宽度占屋架、屋面梁跨度的 1/3 ~ 1/2，同时也要照顾屋面板的尺寸。天窗扇的高度为天窗架宽度的 0. 3 ~0. 5 倍。

矩形天窗的天窗架通常用 2 ~3 个三角形支架拼装而成，如图 13-37 所示。

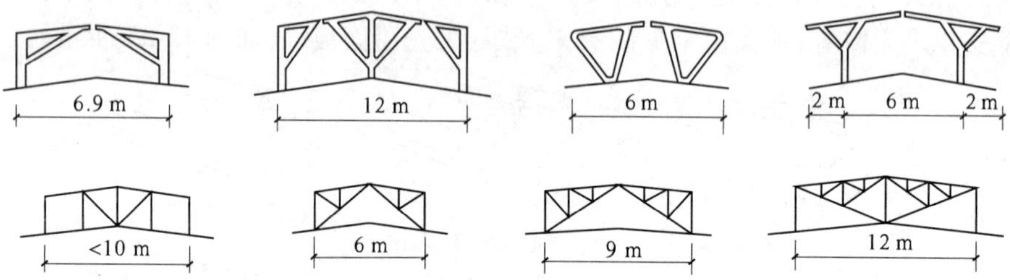

图 13-37 矩形天窗的天窗架

2. 天窗端壁

天窗端壁又叫天窗山墙，它不仅使天窗尽端封闭起来，同时也支承天窗上部的屋面板。它也是一种承重构件。

天窗端壁由预制的钢筋混凝土肋形板组成。当天窗架跨度为 6 m 时，用 2 个端壁板拼接而成；当天窗架的跨度为 9 m 时，用 3 个端壁板拼接而成。

天窗端壁也采用焊接的方法与屋顶的承重结构连接。端壁肋形板之间用螺栓连接。端壁的肋间应填入保温材料，常用块材填充。一般采用加气混凝土块，表面用铅丝网拴牢，再用砂浆抹平，如图 13-38 所示。

3. 天窗侧板

天窗侧板是天窗扇下的围护结构,相当于侧窗的窗台部分,其作用是防止雨水溅入室内。天窗侧板可以做成槽形板式,其高度由天窗架的尺寸确定,一般为 400～600 mm,但应注意高出屋面 300 mm。侧板长为 6 m。槽形板内应填充保温材料,并将屋面上的卷材用木条加以固定。

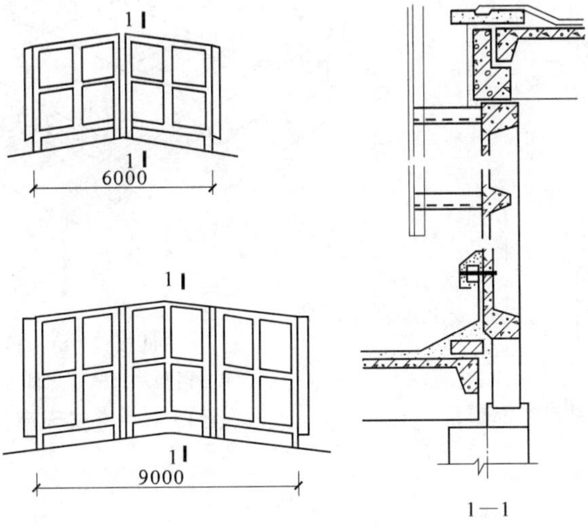

图 13-38　天窗端壁

4. 天窗扇

天窗扇可以采用钢窗扇(见图 13-39)或木窗扇(见图 13-40)。

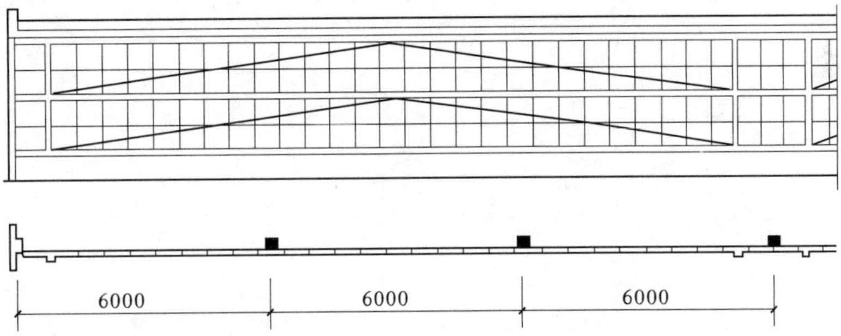

图 13-39　天窗扇(上悬式钢天窗)

5. 天窗屋面板

天窗屋面与厂房屋面相同,檐口部分采用无组织排水,把雨水直接排在厂房屋面上。檐口挑出尺寸为 300～500 mm。在多雨地区可以采用在山墙部位做檐沟,形成有组织的内排水。

(二)下沉式天窗

下沉式天窗是在屋架上下弦分别布置屋面板,利用上下屋面板之间构成的高差做通风和采光口,从而取消了天窗架和挡风板。下沉式天窗的形式有井式天窗、横向下沉式天窗、纵向下沉式天窗。井式天窗的构造组成如图 13-41 所示。

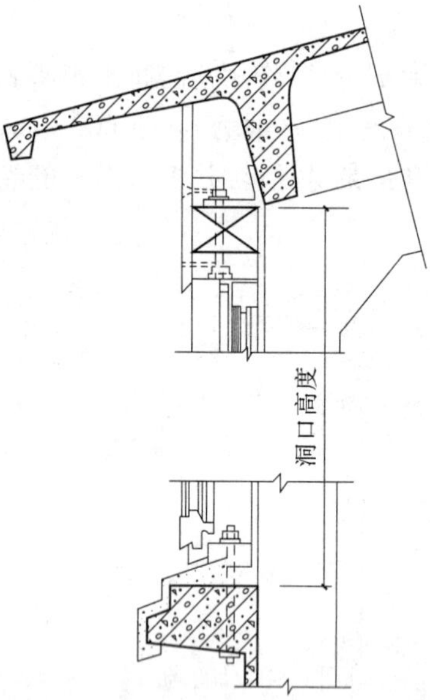

图 13-40　天窗扇(中悬式木天窗)

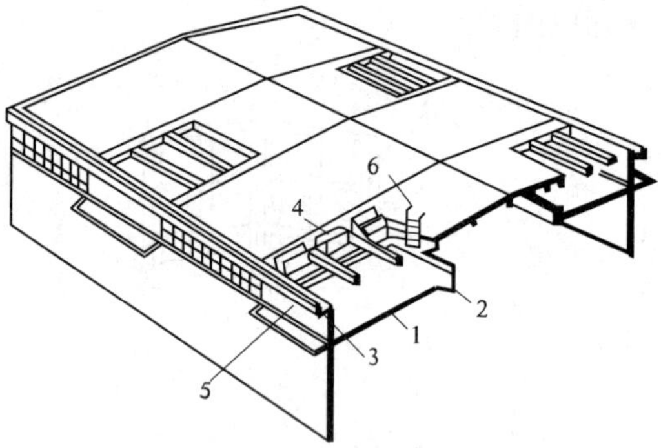

1—井底板;2—檩条;3—檐沟;
4—挡雨片;5—挡风侧墙;6—铁梯

图 13-41　井式天窗构造组成

第十四章　高层建筑概述

第一节　高层建筑概况

一、高层建筑发展状况

18 世纪末，欧洲和美国的工业革命带来了生产力的发展和繁荣，这时期，城市化发展迅速，城市人口高速增长，为了在一定的土地范围内得到更多的使用面积，建筑开始向高空发展。与此同时，随着科学技术的不断发展而诞生的轻质高强的建筑材料，各种水、暖、电、卫的现代化设施，以及先进的施工技术、施工机械，为高层建筑的出现和发展奠定了物质基础。

（一）国外高层建筑发展状况

美国在近代高层建筑的发展中扮演了重要角色，1885 年，在芝加哥建成的 10 层家庭生命保险大楼被认为是世界第一幢真正的高层建筑。1974 年，同样是在芝加哥这座城市以束筒结构形式建成 108 层、高 443 m 的西尔斯大厦，在 1996 年马来西亚石油大厦建成前的 22 年中，西尔斯大厦一直是世界上最高的建筑。另外，20 世纪 70 年代钢筋混凝土技术取得长足进步，1976 年在芝加哥建成的 74 层的水塔广场大厦高 262 m，采用纯钢筋混凝土结构，一直到 20 世纪 80 年代朝鲜平壤建成 105 层、高 305.4 m 的柳京饭店之前，它都是世界上最高的钢筋混凝土建筑。另外，值得一提的是纽约在 1972 年和 1973 年相继建成的世界贸易中心北楼（110 层、高 417 m）和南楼（110 层、高 415 m），这两幢分别为世界第五和第六高的建筑物已于 2001 年 9 月 11 日被恐怖分子劫机撞毁。

日本由于地处多发地震区域，它的建筑基准法本来对建筑物的高度有严格的限制，但经济高速发展所带来的城市人口集中、房屋紧张和地价昂贵，迫使日本研究地震区建造高层建筑的可能性和方法，并于 1964 年 1 月废除了建筑基准法中关于建筑高度的限制。日本的高层建筑有一个特点，就是结构类型绝大多数采用钢结构或钢与混凝土组合结构，甚至在二三十层的建筑中也很少采用单一的钢筋混凝土结构，大多数日本专家把钢筋混凝土视做一种脆性材料，认为其很难抵御强烈地震的作用，这跟美国及其他一些国家和地区高层建筑中应用钢筋混凝土结构的情况形成鲜明对比，如 1993 年横滨建成的兰马克大厦，70 层、高 296 m，采用钢结构，是目前日本最高的建筑。

欧洲自第二次世界大战以后人口趋于稳定，部分国家人口增长率趋近于零，对高层建筑的需求不如其他地区那样迫切，因此与其他地区相比，欧洲的高层建筑并未在高度上凸显，高层建筑的层数一般保持在四五十层以内。然而，高度并非是衡量高层建筑在发展上进步与否的唯一标准，这期间，欧洲涌现出一些具有创新精神的高层建筑，如 1997 年由福斯特事务所设计建造的德国法兰克福商业银行，这座 53 层、高度约为 300 m 的高层建筑在空间、结构以及节能方面均进行了有益的探索，目前它是欧洲最高的建筑。

在亚洲的新加坡，由于土地紧张，因此出现了大量的 18 层以上的高层住宅，87% 的新加坡人都居住在这种被称之为“组屋”的国民住宅中。

亚洲的另一个国家马来西亚 1996 年在吉隆坡建成的石油公司大厦双塔，88 层、高 452 m，2003 年以前曾是世界上最高的建筑。

（二）国内高层建筑发展情况

我国在现代化进程中必然也遇到了城市化问题，为了在城市建设中少占用耕地，高层建筑应运而生，并迅速发展起来。

20 世纪 50 年代初，北京开始建造八九层的办公楼和旅馆，如和平宾馆、北京饭店西楼、前门饭店和三里河政府办公楼等。1958 ~ 1959 年，北京的国庆工程推动了高层建筑的发展，这期间建成了 13 层的民族文化宫、12 层的民族饭店和 15 层的民航大楼。由于外事旅游的发展，20 世纪 70 年代初，我国高层建筑发展加快了步伐。20 世纪 70 年代中期，由于人民生活改善迫切要求较好的居住条件，而大城市建设用地又日趋紧张，高层建筑很自然地伸展到民用住宅建筑领域，这使高层建筑数量迅猛增长。1977 年，广州建成 33 层的白云宾馆，高 112 m，成为我国 20 世纪 70 年代最高的建筑。十一届三中全会以后的 3 年，我国高层建筑的发展显著加快，而且具有下列一些特点：数量猛增，层数和高度加大，体型多样化，而且建造地区分布范围较广，不再局限在几个大城市中，全国有 30 多个城市共兴建了数百幢高层建筑。

20 世纪 80 年代后，深圳作为经济特区仅在几年时间里便兴建了 100 多幢高层建筑，其中深圳国际贸易中心，共 50 层、高 160 m，在后来的广州广东国际大厦（63 层、高 195.8 m）建成以前，其是我国最高的钢筋混凝土建筑。

20 世纪 80 年代中期以来，钢结构开始进入我国高层建筑的行列，打破了过去清一色的钢筋混凝土格局，高层建筑的高度也因此有了突破。1990 年建成的北京京广大酒店高 208 m；1998 年建成的上海金茂大厦高 88 层、421 m，是我国大陆目前最高的建筑物。

我国香港地区于 2003 年建成的香港国际金融中心共 88 层、高 415 m，是香港目前最高的建筑。1989 年建成的中国银行大厦，高 72 层、369 m，以其独特的造型和先进的结构体系成为香港瞩目的标志性建筑。

我国台湾地区于 2004 年建成的台湾国际 101 金融大厦，101 层、高 508 m，是目前世界最高的建筑。

目前，全世界建筑高度排行榜上处在前 10 位的高层建筑见本书前面的附图，值得注意的是，其中有 8 幢都建造在亚洲。

二、高层建筑的分类

（一）高层建筑按层数及高度分类

目前，世界各国对高层建筑的划分标准均不一致，各国根据其具体情况，各自有不同的规定。

联合国教科文组织所属世界高层建筑委员会建议按高层建筑的高度分四类：第一类为 9 ~ 16 层（最高到 50 m），第二类为 17 ~ 25 层（最高到 75 m），第三类为 26 ~ 40 层（最高到 100 m),第四类为 40 层以上(即超高层建筑)。

目前,我国对高层建筑的定义有以下规定:

(1)《高层民用建筑设计防火规范》(GB 50045—2005)中规定:10 层及 10 层以上的居住建筑(包括首层设置商业服务网点的住宅)和建筑高度超过 24 m 的公共建筑为高层建筑。

(2)《高层建筑混凝土结构技术规程》(JGJ 3—2002)中规定:本规程适用于 10 层及 10 层以上或房屋高度超过 28 m 的高层民用建筑。按此规定即 10 层起算高层建筑。

(3)我国《民用建筑设计通则》(GB 50352—2005)规定:建筑高度超过 100 m 时,不论住宅及公共建筑均为超高层建筑。

(4)建筑高度:建筑物室外地面到其檐口或屋面面层的高度,屋顶上的水箱间、电梯机房、排烟机房和楼梯出口小间等不计入建筑高度。

(二)高层建筑按功能要求分类

高层建筑按功能要求可分为高层办公楼、高层住宅、高层旅馆、高层商住楼、高层综合楼、高层科研楼、高层档案楼、高层电力调度楼。

(三)高层建筑按体型分类

1. 板式高层建筑

板式高层建筑是指建筑平面呈长条形的高层建筑,其体型呈板状。

2. 塔式高层建筑

塔式高层建筑是指建筑平面长宽接近的高层建筑,其体型呈塔状。

(四)按防火要求分类

根据建筑物使用性质、火灾危险性、疏散及扑救难度等因素分类,我国《高层民用建筑设计防火规范》(GB 50045—2005)将高层建筑分为一类和二类,详见表 14-1。

三、高层建筑发展中存在的问题

高层建筑在高度上不断地突破,使得建筑与环境之间的相互作用越来越密切,高层建筑庞大的建筑形体正不断改变着城市的天际轮廓线和城市空间,而高耸于空中的建筑物由于没有植被的遮挡,直接受到日照的影响,空调系统作为人工调节手段使得能源消耗和生态问题凸显,并且建筑高度的不断刷新也要求建筑材料、建筑结构形式不断发展、创新。另外,除建筑技术方面的问题外,高层建筑作为一种建筑形式在建筑艺术方面也不断向人们提出问题。18 世纪末,高层建筑尽管有着完全不同于传统砖石建筑的结构方式,却在传统审美观念下生硬地披上传统建筑的外衣,直到第二次世界大战结束,现代主义运动重新定义了高层建筑的形式。然而,当现代主义被简单地理解为方盒子的“国际式风格”,从而被大量复制于世界各地时,城市开始失去特色。20 世纪 80 年代,后现代主义企图完全否定现代主义,他们从历史的式样中找灵感,但很明显,这同样不是灵丹妙药。高层建筑带给城市和城市里的人们心理和生理的影响,需要我们不断研究,妥善加以解决,使高层建筑在技术和艺术方面不断进步,真正能为改善城市面貌和为人们创造美好的生活与工作环境起到积极的作用。

表 14-1　高层建筑分类

名称	一类	二类
居住建筑	高级住宅,19 层及 19 层以上的普通住宅	10～18 层的普通住宅
公共建筑	1. 医院 2. 高级旅馆 3. 建筑高度超过 50 m 或每层建筑面积超过 1 000 m^2 的商业楼、展览楼、综合楼、电信楼、财贸金融楼 4. 建筑高度超过 50 m 或每层建筑面积超过 1 500 m^2 的商住楼 5. 中央级和省级(含计划单列市)广播电视楼 6. 网局级和省级(含计划单列市)电力调度楼 7. 省级(含计划单列市)邮政楼、防灾指挥调度楼 8. 藏书超过 100 万册的图书馆、书库 9. 重要的办公楼、科研楼、档案楼 10. 建筑高度超过 50 m 的教学楼和普通的旅馆、办公楼、科研楼、档案楼等	1. 除一类建筑外的商业楼、展览楼、综合楼、电信楼、财贸金融楼、商住楼、图书馆、书库 2. 省级以下的邮政楼、防灾指挥调度楼、广播电视楼、电力调度楼 3. 建筑高度不超过 50 m 的教学楼和普通的旅馆、办公楼、科研楼、档案楼等

第二节　高层建筑结构与造型

高层建筑造型设计与技术密切相关,在满足使用功能的基础上,还必须综合考虑各技术工种的要求,特别是对高层建筑的受力特点和结构选型有整体的认识,以便在建筑方案构思阶段提出较为合理的造型设想。进一步而言,结构构思也可上升为高层建筑造型设计的基点和灵感源泉。

高层建筑结构形式应根据房屋性质、层数、高度、荷载作用、物质技术条件等因素综合加以选择。

一、以建筑材料来划分高层建筑的结构形式

(一)砌体结构

普通砌体结构承载力较低,自重大,抗震性能差,在我国主要用于多层民用建筑和单层厂房。

配筋砌体结构的出现改变了无筋砌体承载力低、延性差的缺点,使其受力性能大为改

善，并扩大了它的应用范围。由于配筋砌体结构具有节省钢材、降低工程造价等优势，因而在国外特别是在美国得到了广泛的应用，美国已建造了大量的配筋砌块中高层建筑。我国也建成了一些配筋砌体结构高层建筑，层数已达18层。

（二）钢筋混凝土结构

同砌体结构相比，钢筋混凝土结构具有承载力高、刚度好、用钢量小、造价低、抗震性能好等优点，且其耐火性能、耐久性能良好，材料的来源也很丰富，因此它仍然是目前我国高层建筑中运用最为广泛的结构形式。

但钢筋混凝土结构自重大，构件断面大，施工周期较长，且施工过程中湿作业多，其主要建筑材料基本不可再生循环，对环境的负面影响较大。因此，我国也在积极发展和应用钢结构及钢－混凝土混合结构等结构形式。

（三）钢结构

在高层建筑的发展初期，钢结构是主要的结构形式，至今也是西方国家高层建筑普遍采用的结构形式。钢结构体系具有自重轻、构件断面小、安装简便、施工周期短、抗震性能好、环境污染小、使用空间大等综合优势，从环境的观点看，普遍认为它是对环境影响最小的结构形式之一。但钢结构用钢量大，耐火性能差，造价较高，其选择应遵循经济、性能、技术综合评价的原则。

从20世纪80年代以来，我国大力发展钢结构，在内地建成及在建的高层钢结构建筑已有40多幢，总面积约320万m^2，具有长远的发展潜力。

（四）钢－混凝土混合结构

钢－混凝土混合结构一般是指由钢筋混凝土筒体或剪力墙以及钢框架组成抗侧力体系，以刚度很大的钢筋混凝土部分承受风力和地震作用，钢框架主要承受竖向荷载，这样可以充分发挥两种结构材料各自的优势，达到良好的技术经济效果。

同钢结构相比，钢－混凝土混合结构用钢量省、造价较低，更适合我国国情。

二、高层建筑结构体系

（一）高层建筑的结构受力特征

高层建筑整个结构的简化计算模型就是一根竖向悬臂梁，受竖向荷载和水平荷载的共同作用。

高层建筑结构分水平承重结构和垂直承重结构。水平承重结构主要承担风荷载和地震水平荷载，垂直承重结构主要承担以重力为代表的竖向荷载。在低层建筑中，一般是竖向荷载控制着结构设计；在高层建筑中，尽管竖向荷载仍对结构设计产生重要影响，但水平荷载却往往起着决定性的作用。随着建筑层数的增多、建筑高度的增加，水平荷载更加成为结构设计的控制因素。

高层建筑结构设计不仅要求结构有足够的承载力，还要求有足够的抗推刚度，使结构在水平荷载作用下的侧移被控制在一定限度之内，这是因为侧移与高层建筑的安全和使用都有密切关系。

高层建筑的抗震设计要求建筑物达到“小震不坏、大震不倒”的标准。这就要求结构具有一定的塑性变形能力，即结构的延性。为了使结构具有较好的延性，需要从结构材料、结构体系、结构总体布置、构件设计、节点连接构造等方面采取恰当的措施来保证。

（二）高层建筑结构体系分类

由于水平荷载成为高层建筑结构设计的控制因素，所以需要设置抵抗水平荷载的抗侧力体系，其应有足够的强度、刚度和延性。根据抗侧力体系各自的特点，又形成了不同的高层建筑结构体系。其基本体系可分为纯框架体系、纯剪力墙体系和筒体体系及组合体系。

1. 纯框架体系

1）结构特征及适用范围

整个结构的纵向和横向全部由框架单一构件组成的体系称为纯框架体系，如图 14-1 所示。框架既负担重力荷载，又负担水平荷载。在水平荷载作用下，该体系强度低、刚度小、水平位移大，称为柔性结构体系。

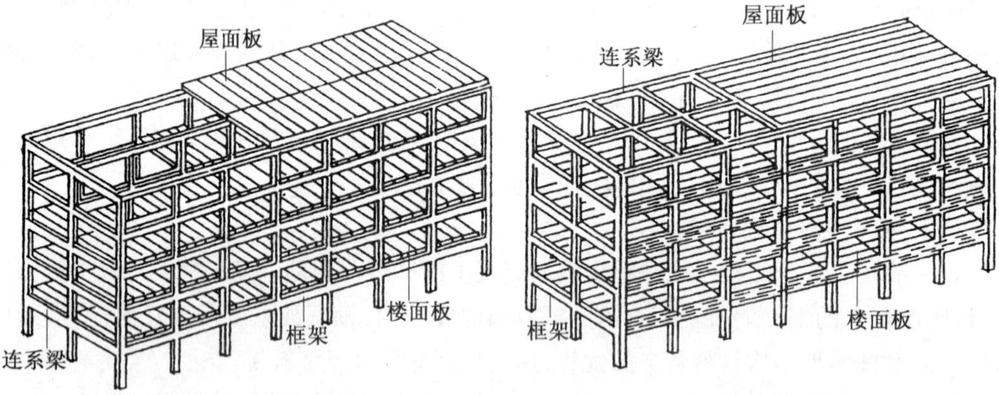

(a)纵向框架体系　(b)横向框架体系

图 14-1　纯框架体系示意

纯框架体系在高烈度地震区不宜采用，目前主要用于 10 ~ 12 层的商场、办公楼等建筑。如果过高，就要靠加大梁、柱截面来抵抗水平荷载，从而导致结构的不经济。该体系的优点是建筑平面布置灵活，可提供较大的内部空间，使建筑平面布置受限制较少。

2）柱网布置及尺寸

框架梁、柱的截面常为矩形，也可根据需要设计成 T 形、I 形及其他形状。为了增加房屋净高，框架梁可设计成花篮形截面。

柱网布置应满足使用要求，并使结构布置合理、受力明确、施工方便，在经过综合经济、性能、技术比较后，选择合适的柱网。纯框架体系根据楼板布置的不同又可分为横向框架承重、纵向框架承重和纵横向框架承重，如图 14-2 所示。

根据我国国情，梁截面高度（h）可根据梁跨度（L）来估算，一般 $h=(1/15\sim1/10)L$。梁宽度 $b=(1/3\sim1/2)h$，但不宜小于 200 mm。柱截面高度（h）一般不宜小于 300 mm（矩形截面）或 350 mm（圆形截面），柱截面的高宽比不大于 3。

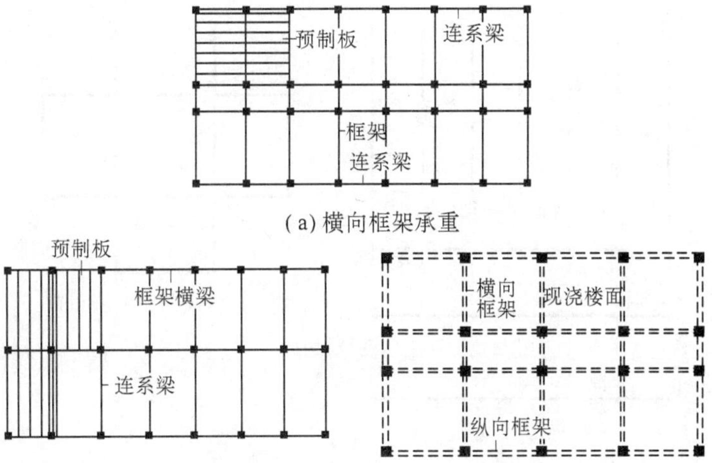

(a) 横向框架承重

(b) 纵向框架承重

(c) 纵横向框架承重

图 14-2　纯框架体系分类

2. 纯剪力墙体系

1) 结构特征及适用范围

所谓剪力墙体系,是指该体系中竖向承重结构全部由一系列横向和纵向的钢筋混凝土剪力墙所组成,如图 14-3 所示。剪力墙不仅承受重力荷载作用,而且还要承受风、地震等水平荷载的作用,该体系侧向刚度大、侧移小,属于刚性结构体系。

从理论上讲,纯剪力墙体系可建造上百层的民用建筑(如朝鲜平壤的柳京大厦),但从技术经济的角度来看,地震区的剪力墙体系一般控制在 35 层,总高以 110 m 为宜。由于剪力墙的间距比较小,一般为 3 ~ 6 m,所以建筑平面布置不够灵活,使用受到限制。像高层公寓、高层宾馆等空间要求较小、分隔墙较多的建筑比较适合采用这种体系。近年来,随着结构水平的不断提高,剪力墙的间距逐步扩大为 6 ~ 8 m,从而使剪力墙体系在高层住宅、高层办公建筑中也获得更多的应用。

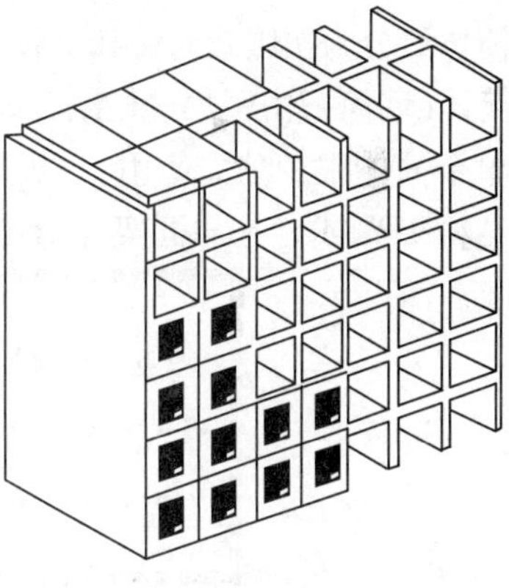

图 14-3　纯剪力墙体系示意

2) 剪力墙结构布置

在剪力墙结构中,剪力墙宜双向布置,在抗震设计中必须沿双向布置,应避免仅单向有墙的结构布置形式。剪力墙宜自下到上连续布置,避免刚度突变。剪力墙上的门窗洞口宜上下对齐,成列布置,尽量避免不规则洞口的出现。

纯剪力墙结构布置中根据剪力墙的方向可分为横向布置剪力墙、纵向布置剪力墙及纵横向布置剪力墙,如图 14-4 所示。横向布置剪力墙结构刚度好,但空间小,多用于高层住宅和旅馆;纵向布置剪力墙可以获得较大的空间,但结构刚度差;纵横向布置剪力墙结构整体刚度均匀,具有更强的适应力。

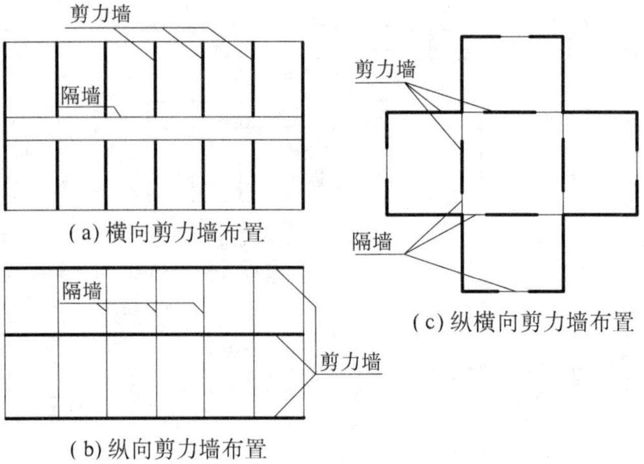

(a) 横向剪力墙布置　(b) 纵向剪力墙布置　(c) 纵横向剪力墙布置

图 14-4　纯剪力墙体系分类

3. 筒体体系

1) 结构特征及适用范围

筒体结构由框架或剪力墙合成竖向井筒,并以各层楼板将井筒四壁相互连接起来,形成一个空间构架。筒体结构比单片框架或剪力墙的空间刚度大得多,在水平荷载作用下,整个筒体就像一根粗壮的拔地而起的悬臂梁把水平力传至地面。筒体结构不仅能承受竖向荷载,而且能承受很大的水平荷载。另外,筒体结构所构成的内部空间较大,建筑平面布局灵活,因而能适应多种类型的建筑。

筒体可分为实腹式筒体和空腹式筒体。由剪力墙围合成的筒体称为实腹式筒体,或称墙式筒体(墙筒);由密集立柱围合成的筒体则称为空腹式筒体,或称框架式筒体(框筒)。

单个筒体很少独立使用,一般是多个筒体相互嵌套或积聚成束使用(如筒中筒结构、束筒结构等),或者是与框架等结构结合使用(如框架 - 筒体结构),如图 14-5 所示。

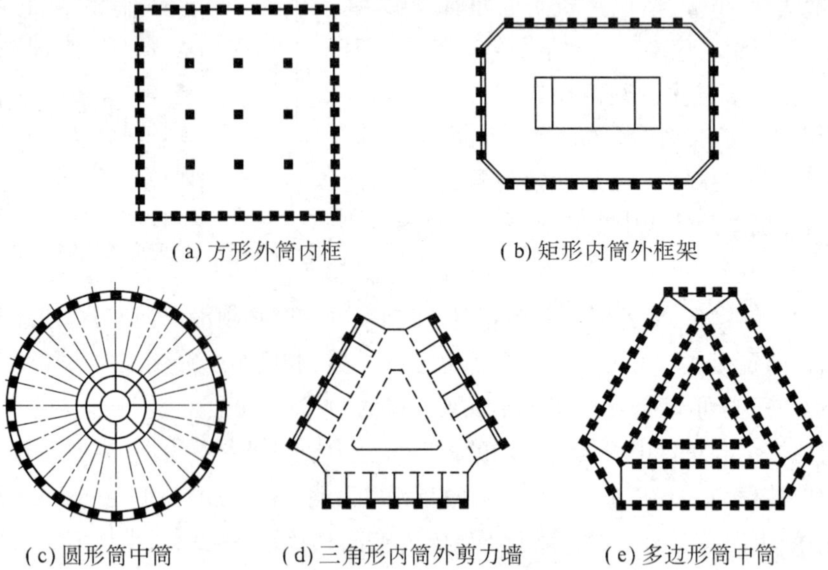

(a) 方形外筒内框　(b) 矩形内筒外框架

(c) 圆形筒中筒　(d) 三角形内筒外剪力墙　(e) 多边形筒中筒

图 14-5　筒体体系示意

2)筒体结构布置要点

筒体结构常用的平面形状有圆形、方形和矩形,也可用于椭圆形、三角形和多边形等。在矩形框筒体系中,长、短边长度比值不宜大于1.5。框筒柱距不宜大于3 m,个别可扩大到4.5 m,但一般不应大于层高。横梁高度一般为0.6～1.5 m。在筒中筒结构中,为保证外框筒的整体工作,开窗面积不宜大于50%,不得大于60%。为保证内外筒的共同工作,内筒长度 L_1 不应小于外筒长度 L 的1/3,同样,内筒宽度 B_1 也不应小于外筒宽度 B 的1/3,如图14-6所示。

4.组合体系

根据建筑功能的需要和结构受力的特点,可将上述基本体系重新组合,形成框支剪力墙、框架－剪力墙、框架－筒体、筒中筒、束筒等结构体系。

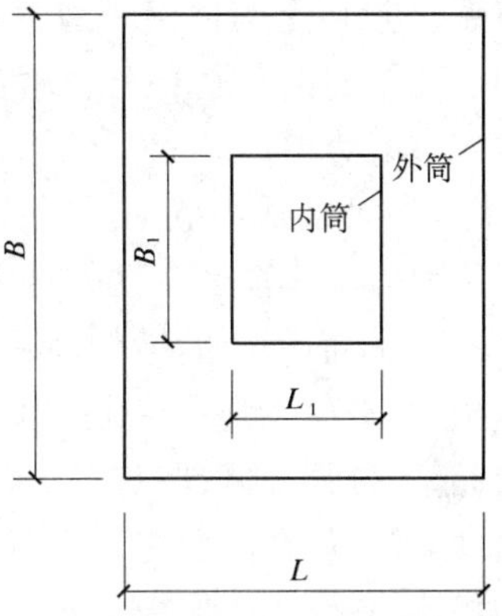

图14-6　筒体体系结构布置要点

1)框支剪力墙体系

(1)结构特征及适用范围。

该体系在高层旅馆、高层综合楼中运用较多。它们共同的特征就是建筑上部为客房、住宅等小空间,底部为商场、门厅、地下车库等大空间。因此,建筑上部采用剪力墙结构,下部采用框架体系来满足建筑功能对空间使用的要求,这就形成了框支剪力墙体系,如图14-7所示。

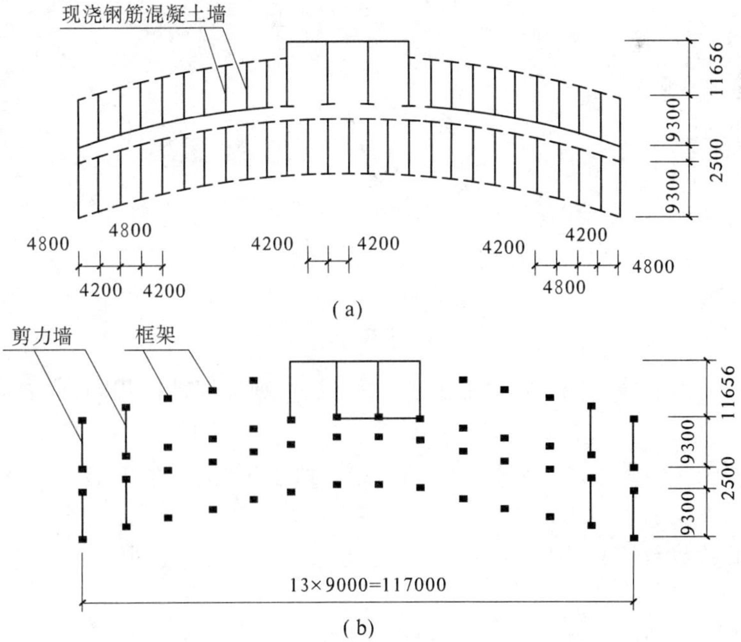

图14-7　北京中国国际贸易中心中国大饭店(框支剪力墙体系)

框支剪力墙体系上部刚度大、底部刚度小，上下刚度在交接处产生突变。在设计时，应注意增加底部框架的刚度和承载力，缩小建筑上下的刚度差距。通常，将上部结构中的一部分剪力墙延伸至底部大空间，以增加下部结构的刚度。为了方便建筑平面布置，落地剪力墙可集中布置在大空间区域的两端或形成较为独立的区域。

(2)工程实例。中国大饭店总建筑面积约9.5万m^2，地上21层，地下2层，高76 m。建筑平面为东西长117 m、南北宽21 m的弧形建筑，底层层高为6 m，标准层层高为2.95 m。该大楼按8度抗震设防。主体结构采用框支剪力墙体系，4层以上为钢筋混凝土横向剪力墙体系，3层以下为框架－剪力墙体系，第4层楼板为转换层楼盖，并在房屋的两端各设置两道加厚的钢筋混凝土落地墙。

2)框架－剪力墙体系

(1)结构特征及适用范围。

框架－剪力墙体系是在框架体系的基础上增设一定数量的纵向剪力墙和横向剪力墙，并与框架连接而形成的结构体系，如图14-8所示。建筑的竖向荷载由框架柱和剪力墙共同承担，水平荷载则主要由刚度较大的剪力墙来承担。该体系将框架体系和剪力墙体系结合起来，融为一体，取长补短，使整个结构体系的刚度适当，并能为建筑设计提供较大的自由度。所以，在高层建筑的各种结构体系之中，该体系经济有效、应用范围广。与框架结构相比，它能用于层数更多的高层建筑。

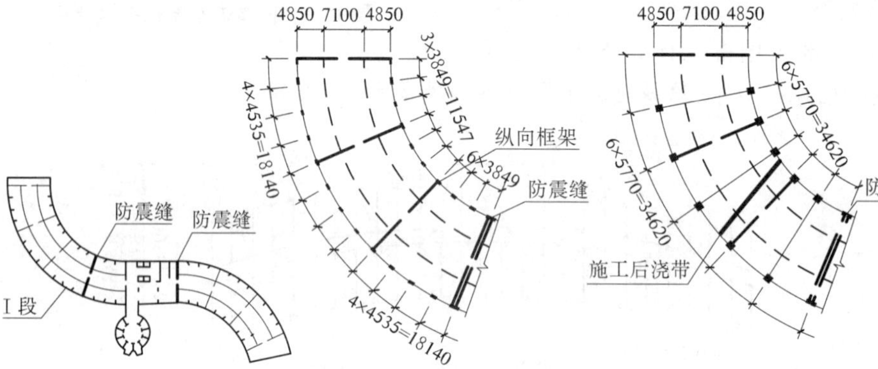

(a)建筑平面　　(b)Ⅰ段标准层结构平面　　(c)Ⅰ段1~4层结构平面

图14-8　上海华亭宾馆

在框架－剪力墙体系中，框架结构的布置方法和纯框架结构相同，剪力墙的布置应符合以下原则：

①剪力墙是该体系中的主要抗震构件，应沿建筑平面的两个主轴方向布置，保证可以承担来自任何方向的水平地震作用。

②剪力墙的数量要适当。过多，刚度太大，不经济；过少，则刚度不足，不符合设计要求。

③每个方向剪力墙的布置均应尽量做到分散、均匀、周边、对称四准则。

(2)工程实例。

上海华亭宾馆主楼建筑面积达8万多m^2，地下1层，地上29层，总高90 m。平面是由两段弯曲方向相反的圆弧所组成的S形。抗震设防烈度为6度。主楼6层以上为客房,5层为技术设备层,4层以下为公用部分。主体结构采用以纵向承重墙和横向承重墙为主,纵向框架为辅的框架-剪力墙体系。

3)框架-筒体体系

(1)结构特征及适用范围。

由筒体和框架共同组成的结构体系称为框架-筒体体系,如图14-9所示。筒体是一个立体构件,具有很大的抗推刚度和承载力,作为该体系的主要抗侧力构件,承担绝大部分的水平荷载,而框架主要承担重力荷载。从建筑平面布置来看,通常将所有服务用房和公用设施都集中布置于筒体内,以保证框架大空间的完整性,从而有效地提高建筑平面的利用率。

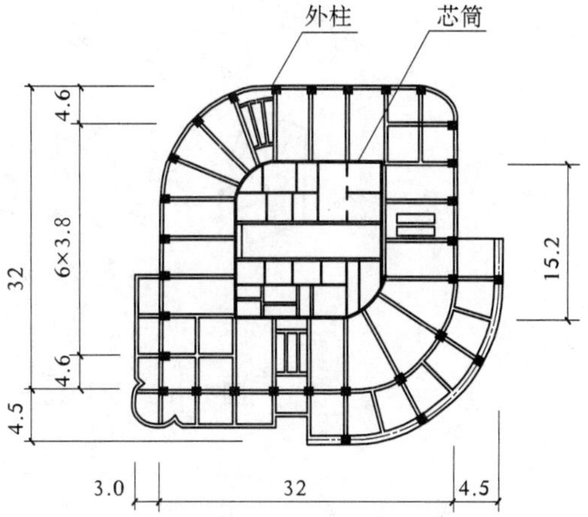

图14-9 潮汕大厦8~25层结构平面 (单位:m)

根据筒体的数量和位置,可将框架-筒体体系分为核心筒-框架体系和多筒-框架体系两类。

①核心筒-框架体系:是指将筒体布置在建筑的核心部分,并在外围布置框架的结构体系,如图14-9所示。

②多筒-框架体系:有两个端筒+框架(见图14-10)、核心筒+端筒+框架(见图14-11)、核心筒+角筒+框架等类型(见图14-12)。两个端筒+框架体系的特点是可以在建筑中部获得开敞大空间,核心筒+端筒+框架体系适用于平面形状比较狭长的高层建筑,核心筒+角筒+框架体系适用于平面尺寸较大的各种多边形高层建筑。

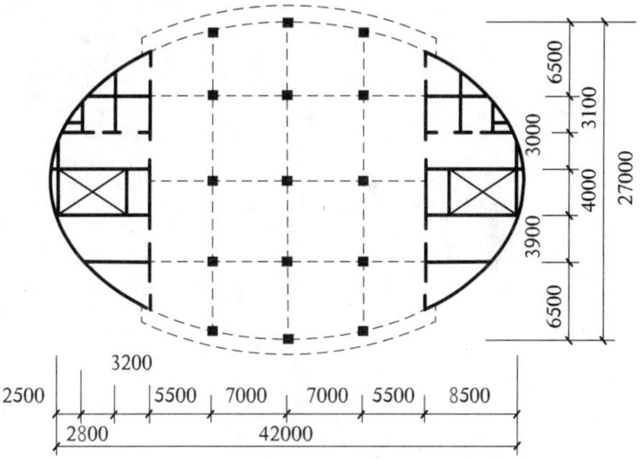

图14-10 兰州工贸大厦标准层结构平面

在框架-筒体体系中,由于筒体的存在,使得它的刚度大大加强,能抵抗更大的侧向力的作用。同时,该体系能充分有效地利用建筑面积,具有良好的技术经济指标。其中,核心筒-框架体系主要用于平面形状比较规整并采用核心式建筑平面布置的方案,而多筒-框架体系有多个筒体,适应力更强,但平面利用率也会因多个筒体而有所降低。

(2)工程实例。

潮汕大厦采用圆角方形平面,总建筑面积62 900 m^2,主楼地下2层,地上38层,总高137.6 m,抗震设防烈度为7度,采用核心筒-框架体系。潮汕大厦8~25层结构平面如

图 14-9 所示。

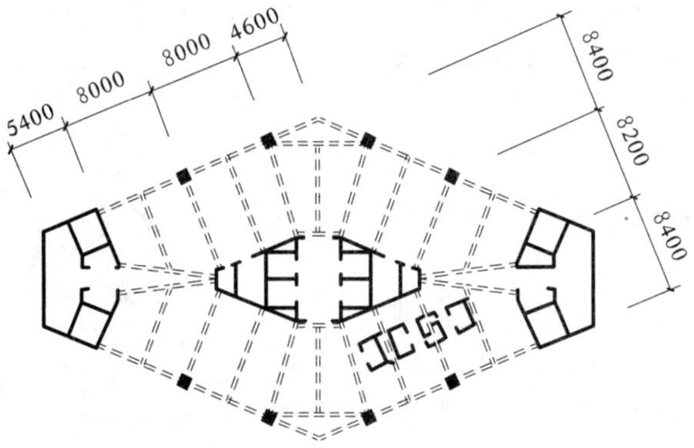

图 14-11 深圳北方大厦标准层结构平面

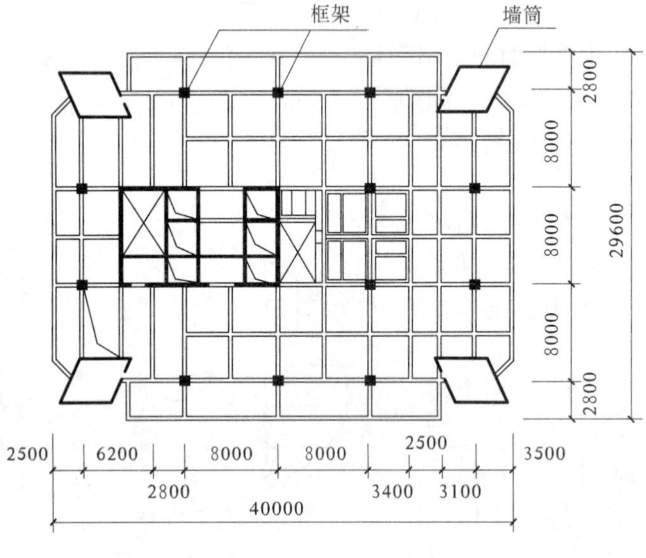

图 14-12 深圳中国银行大厦标准层平面

4)筒中筒体系

(1)结构特征及适用范围。

由两个及两个以上的筒体内外嵌套所组成的结构体系,称为筒中筒体系。根据筒体嵌套数量的不同,又分为二重筒体系、三重筒体系等,如图 14-13 所示。在钢筋混凝土高层建筑中,核心筒一般布置成辅助房间和交通空间,多采用实腹墙筒,外筒一般都是采用由密柱深梁型框架围成的空腹框筒,以满足建筑设计的需要。

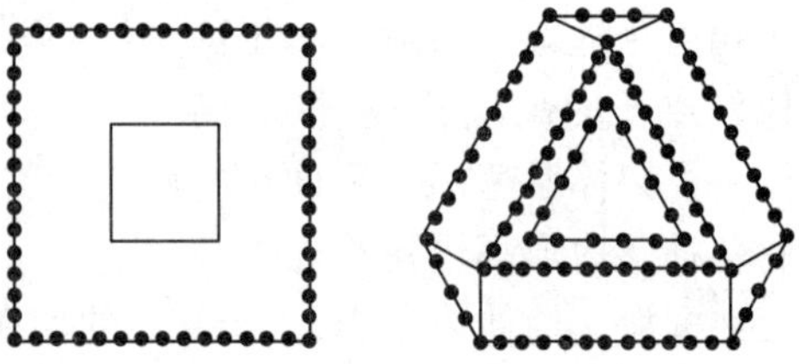

(a) (b)

图 14-13 多重筒体系示意

筒中筒结构形成的内部空间较大,加上其抗侧力性能好,特别适用于建造办公、旅馆等多功能的超高层建筑。一般情况下,该体系用于 30 层以下的建筑是不经济的,也是不必要的。在筒中筒体系中，由于是几重筒体共同工作，故它比单筒的抗侧力水平力要强得多。一般来讲，外圈的框筒具有很大的整体抗弯能力，但它的抗剪能力不高；内圈的墙筒抗弯能力比框筒小，但它的抗剪能力很强。二者配合，相得益彰。结构设计的要点是加强几重筒体之间的协同作用。

(2)工程实例。

广东国际大厦主楼(见图14-14)369 m 采用方形平面，地下2层，地上62层，高196 m。采用筒中筒结构体系，内筒为实腹墙筒，外筒为空腹框筒，角柱采用八字形截面，加强了角部的整体性。楼板采用220 mm厚无黏结预应力平板，层高仅为3 m。

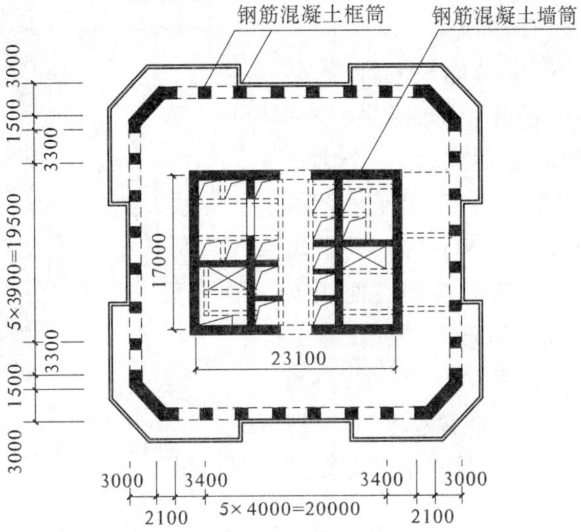

图 14-14　广东国际大厦主楼标准层结构平面

5)束筒体系

(1)结构特征及适用范围。

束筒体系是由两个及两个以上框筒并列连接在一起的结构体系，束筒中的每一个框筒单元可以是圆形、方形、矩形、三角形、梯形、弧形或其他任何形状，而且每一个单筒都可以根据实际需要，在任何高度处终止，而不影响整个结构体系的完整性，如图14-15所示。

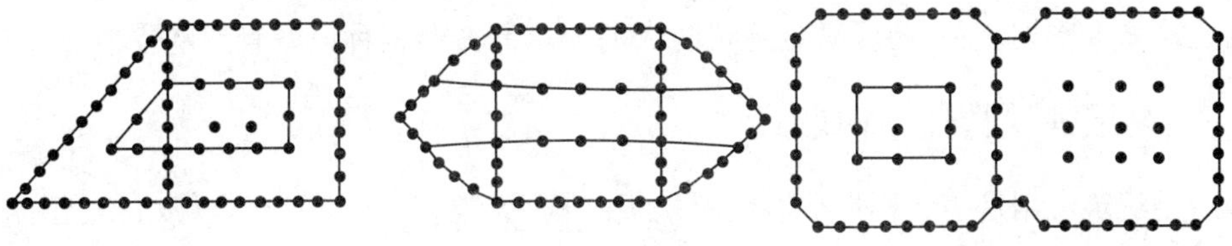

图 14-15　采用束筒的复杂建筑平面

与框筒体系相比，束筒体系在抗弯能力、抗剪能力和侧向刚度方面均得到较大提高，而且，束筒体系建筑设计更加灵活多变，应用范围也更广。一方面，它适用于各种平面形式，而框筒体系一般要求平面形状具有双对称轴，所以平面形状以圆形、方形、正多边形为多。另一方面，它对形体的制约也较少，如在框筒体系中，矩形平面长边和短边之比应不大于 1.5，并且边长不大于 45 m，而束筒体系则没有此限制，而且它的立面开洞率比框筒体系要大，这就为建筑造型创造了更好的条件。一般来说，框筒束体系可用于高烈度区 110 层以下的高层建筑。

(2)工程实例。

美国芝加哥西尔斯大厦，108 层、高 443 m，建筑底层平面尺寸为 68.6 m×68.6 m，高宽比为 6.5，采用钢框束筒体系。

该建筑所采用的框束筒体系的构成是：在外圈大框筒的内部，按井字形，沿纵、横两个方向各设置两榀密柱型框架，将一个大框筒分隔成 9 个并联的子框筒，每个子框筒的平面尺寸均为 22.9 m×22.9 m，内、外框架的柱距均采用 4.57 m。按照各楼层使用面积向上逐渐减少的要求：到第 51 层时，减去对角线上的两个子框筒；到第 67 层时，再减去另一对角线上的两个子框筒；第 91 层以上，再减去 3 个子框筒，仅保留两个子框筒到顶，如图14-16所示。

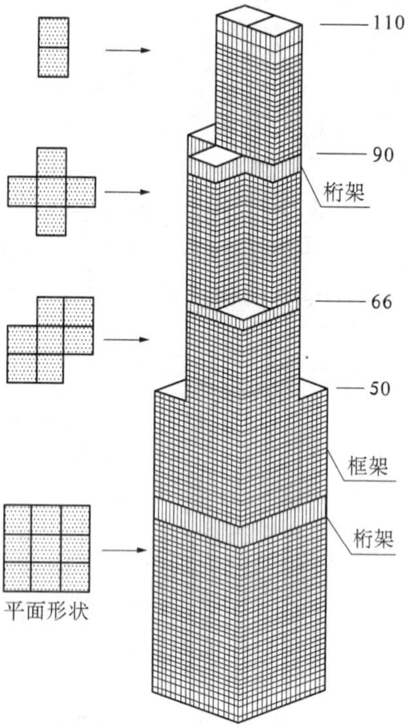

图 14-16　西尔斯大厦结构示意

第三节　高层建筑楼盖构造

在高层建筑中，楼盖不仅是支承重力荷载的结构构件，也是传递水平力，以保证各种抗侧力构件协同工作的重要构件。楼盖结构不仅应满足强度、刚度以及传递水平力的需要，还要满足建筑使用功能和内部空间的要求。同时，它还与楼层的净空高度、建筑层数及总建筑高度密切相关，还应满足建筑防火的要求并方便各种设备管线的安装。

一、高层建筑楼盖结构形式

高层建筑常用楼盖结构形式有肋梁楼板结构、无梁楼板结构、叠合板结构、预制板结构和压型钢板组合楼板结构等。当建筑物高度大于 50 m 时应采用现浇楼板，当建筑物高度小于 50 m 时可采用预制楼板，但其使用仍然受到限制，一般用于框架结构和剪力墙结构。在顶层、结构转换层及建筑平面复杂或开洞过大的楼层仍应采用现浇楼板。

肋梁楼盖由主梁、次梁和楼板组成，楼板可以是单向板也可以是双向板，通常采用现浇板，也可采用预制板和装配整体式楼板。当肋距在 0.9～1.5 m，并采用现浇板时，就成为密肋楼盖，其又分为单向密肋楼盖和双向密肋楼盖，主要适用于中等或大跨度的公共建筑。普通混凝土密肋楼盖跨度不大于 9 m，预应力混凝土密肋楼盖跨度不大于 12 m。

无梁楼盖没有梁,现浇板直接支承在竖向结构构件上。根据结构和建筑的需要可以设计成有柱帽和无柱帽的形式。普通混凝土无梁楼盖有柱帽时跨度不宜大于 9 m,无柱帽时跨度不宜大于 7 m;预应力混凝土无梁楼盖跨度不宜大于 12 m。由于无梁楼盖的板、柱节点抗震性能差,所以常应用于带有剪力墙的板柱结构和板柱筒体结构中。

叠合楼板宜采用预制的预应力薄板作为叠合板的底板,并兼作底模,与上部现浇层共同工作形成叠合式楼板。叠合楼板的最大跨度可达到 7.5 m,适用于有抗震设防和非抗震设防设计的高层建筑,但预制预应力薄板叠合楼板不适用于有机器设备振动的楼盖。

预制板结构主要有预制预应力大楼板及预制预应力空心板。普通钢筋混凝土空心板的跨度不宜大于 4.2 m,厚度为 120 m 左右;预应力钢筋混凝土空心板的跨度不宜大于 6.9 m,厚度为 180 mm;预应力混凝土平板的跨度不宜大于 9 m,板宽 1.5 ~ 3.9 m。

在高层建筑中,一般楼层现浇楼板厚度不应小于 80 mm,当板内需要敷设管线时,板厚不宜小于 100 mm,顶层楼板厚度不宜小于 120 mm,转换层楼板厚度不宜小于 180 mm。

二、压型钢板组合楼板

压型钢板组合楼板是以截面为凹凸形的压型钢板为底板,并在其上现浇混凝土面层组合形成的,如图 14-17 所示。

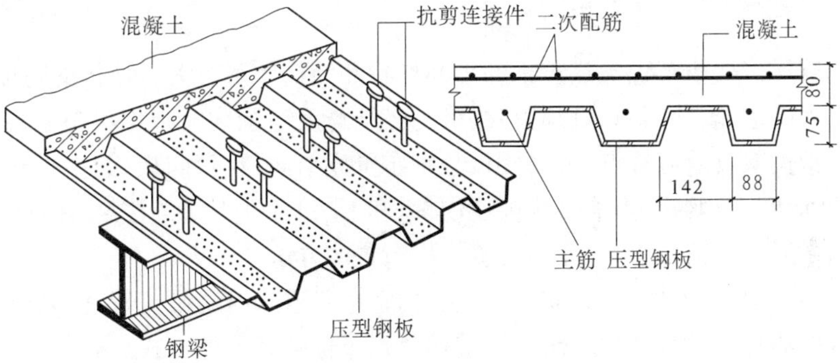

图 14-17　压型钢板组合楼板示意

压型钢板组合楼板在钢结构高层建筑及钢 - 混凝土混合结构高层建筑中应用广泛,它的主要特点是:适应主体钢结构快速施工的要求,不需要再设置模板体系,便于在板内敷设设备管线,但造价会有一定程度的增加,且解决压型钢板的防腐、防火问题也会增加投资。

根据受力特点,压型钢板 - 现浇混凝土组合楼板有两种:压型钢板起受拉筋作用与混凝土组合一起共同工作的组合楼板,压型钢板仅作为现浇混凝土时用的永久性模板的非组合楼板。自 20 世纪 80 年代以来,我国高层钢结构建筑中也开始采用压型钢板组合楼板,但因为受到国内生产压型钢板材料性能的限制,以及组合楼板防火的费用较高的限制,目前国内钢结构高层建筑主要采用非组合楼板。

压型钢板组合楼板与钢梁之间,以及压型钢板与现浇混凝土层之间必须有可靠的连接,以保证在水平荷载作用下的协同工作,主要的连接方式有:①依靠压型钢板的纵向波槽，如图 14-18(a)所示；②依靠压型钢板上的压痕、开的小洞等，如图 14-18(b)所示；③依靠压型钢板上焊接的横向钢筋，如图 14-18(c)所示；④在任何情况下，均应设置端部锚固件，如图 14-18(d)所示。常采用抗剪栓钉，焊接在钢梁和压型钢板上，将钢梁、压型钢板及现浇混凝土面层锚固成为整体。

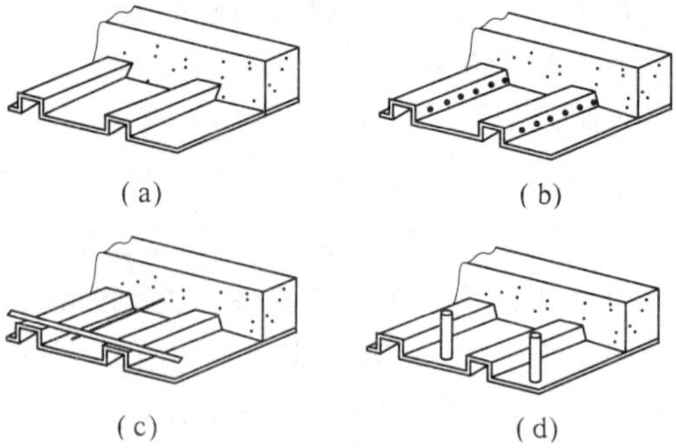

图 14-18　压型钢板组合楼板连接构造

随着技术的发展，压型钢板组合楼板的跨度已可达 6 m 以上，具有广泛的适应性。其总厚度不应小于 90 mm，现浇混凝土面层的厚度不应小于 50 mm。

三、高层建筑楼盖结构布置

高层建筑楼盖结构布置与建筑物的平面形状和结构体系有关。楼板的跨度由承重墙或柱的间距来确定，墙柱间距宜控制在楼板的经济跨度范围内。根据梁、板、柱(或墙)三者之间的支承关系及受力特点，可将楼板分别布置成单向板、双向板、无梁楼板、双向密肋板、单向密肋板等。图 14-19 为采用不同结构体系和不同平面形状时的楼盖结构布置示例。

下面以方形筒体结构为例，介绍楼盖结构布置的方法。

在筒体结构中，布置楼盖结构时，单筒结构宜布置成双向肋梁楼板，使筒体受力均匀，并可增加楼层的有效净空高度。筒中筒结构楼盖布置常有三种方式。

第一种布置方式是当梁跨在 8～16 m 时，可将梁两端直接支承在内外筒上，形成较大空间，使内外筒体形成整体的联系，在内外筒间的四个角部可布置成双向肋梁楼板，使整个筒体均匀受力，如图 14-19(g)所示。

第二种布置方式是在内外筒之间沿对角线布置斜向大梁，然后垂直于筒体在内外筒之间布置次梁，如图 14-19(h)所示。由于斜向大梁需要支承次梁，面且是传递水平力的主要构件。因此，它的断面较大，对房屋的净高会有所影响。

第三种布置方式是在内外筒之间直接设置平板，不设梁，如图 14-19(i)所示。这一做法施工简单，能充分利用层高，但由于受板跨度限制，故只能用于内外筒距离不大的平面中，否则板厚增加，自重增大。

从以上分析可以看出，高层建筑楼盖设计没有唯一的答案，它不仅应考虑结构设计的要求，还与建筑使用功能、内部空间造型以及合理的经济技术性能等要素关联。

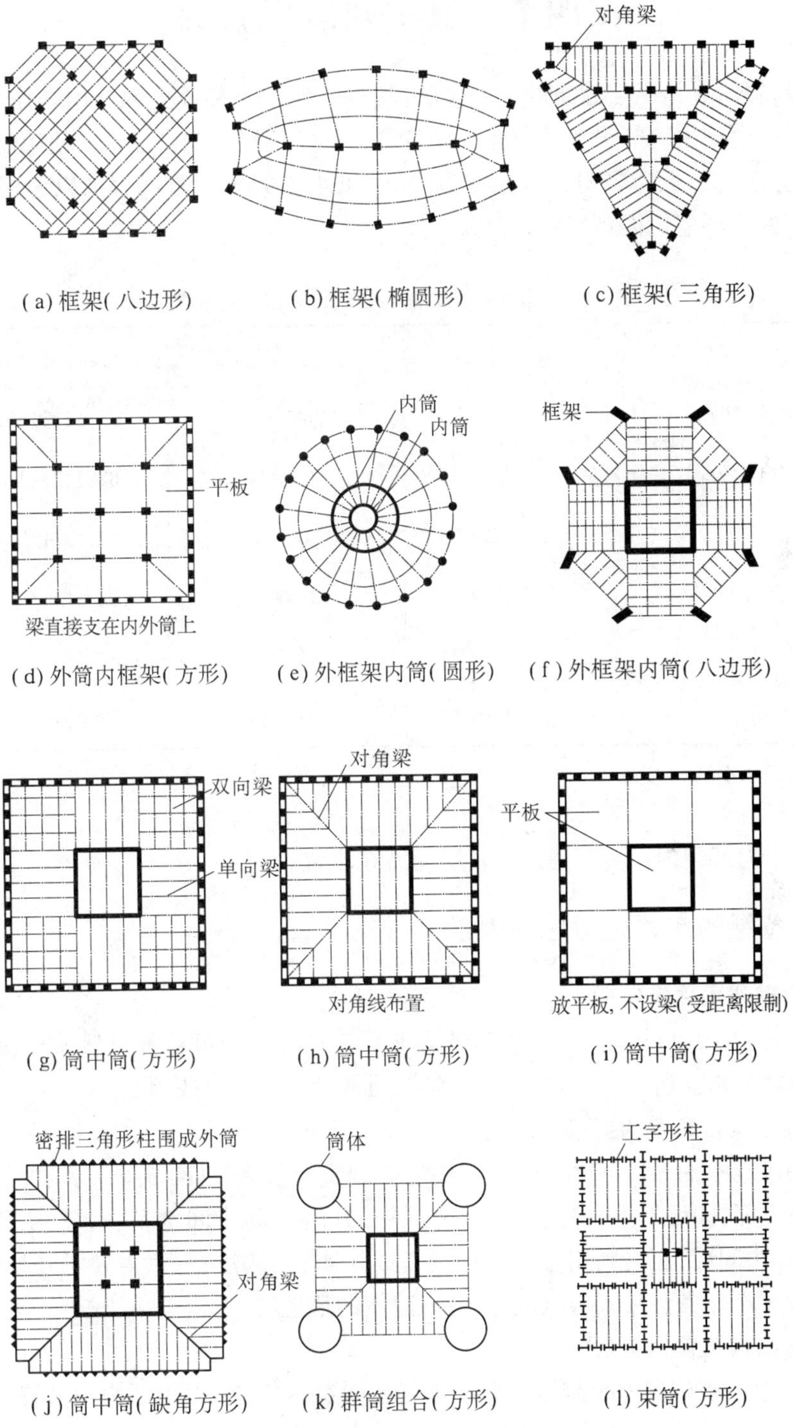

图 14-19　高层建筑楼盖结构布置示例

第四节　高层建筑设备层

所谓设备层，是指高层建筑的某一楼层，其有效面积全部或大部分用来作为空调、给水排水、电气、电梯机房等设备的布置。设备层的具体位置应配合建筑的使用功能、结构、布置、电梯分区（高、低速竖向分区）、空调方式、给水方式等因素综合加以考虑。表 14-2 为国外典型的高层建筑设备层所在位置。

表 14-2　国外典型的高层建筑设备层所在位置

名称	层数	建筑面积（m^2）	设备层位置（层）
曼哈顿花旗银行（纽约）	B5 +60	208 000	B5,11,31,51
伊利诺斯贝尔电话公司（芝加哥）	B2 +31	902 000	B2,3,21,31
神户贸易中心	B2 +26	50 368	B2,12,13
东京 IBM 大厦（HR）	B2 +22	38 000	B2,21
NHK 播音中心（HR）	B1 +23	64 900	B1
京王广场旅馆	B3 +47	116 236	B3,8,46

注：B 表示地下的层数。

图 14-20 为某些国内高层建筑设备层的所在位置。

一、设备层的布置应考虑的因素

（一）合理利用建筑空间

高层建筑由于埋深的要求，往往都要设地下室，地下室空间不能自然采光、通风，难以满足建筑功能要求。所以，一般情况下设备层通常设在地下室或顶层。

（二）满足设备布置的要求

在高层建筑中，一般将产生振动、发热量大的重型设备（如制冷机、水泵、蓄水池等）放在建筑最下部，即地下室，将竖向负荷分区用的设备（如中间水箱、水泵、空调器、热交换器等）放在中间层，而将利用重力差的设备或体积大、散热量大、需要对外换气的设备（如屋顶水箱、冷却塔、锅炉、送风机等）放在建筑的最上层。

（三）与结构布置相结合

高层建筑结构布置中的结构转换层、加强层等特殊楼层，由于结构构件较多、尺度较大，空间难以利用，往往用来布置设备层。

（四）与避难层相结合

在我国，建筑高度超过 100 m 的超高层建筑根据《高层民用建筑设计防火规范》（GB

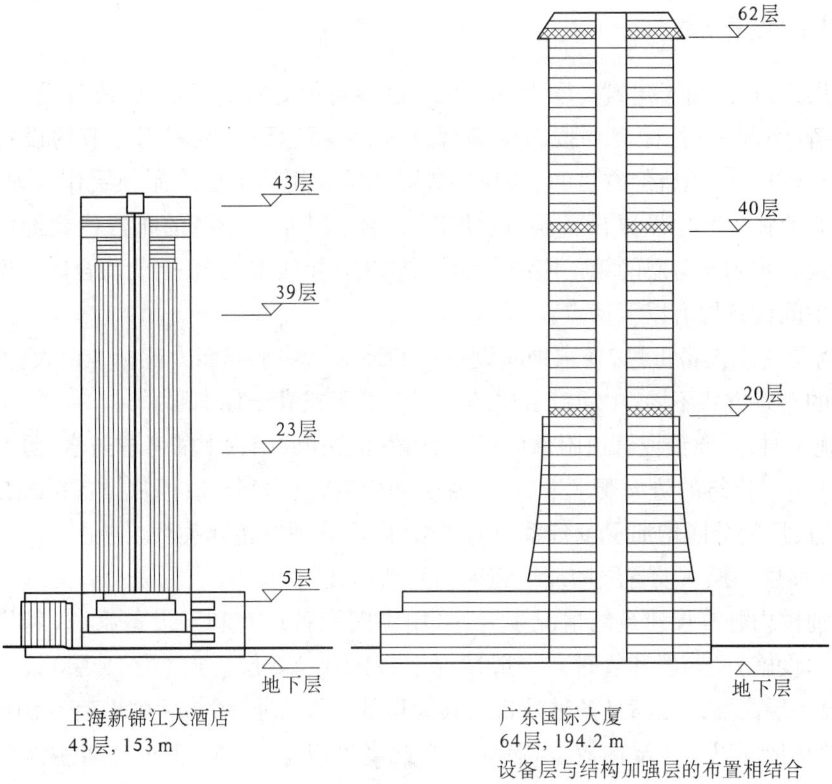

图 14-20　国内高层建筑设备层所在位置

50045—2005)要求,需设置避难层,其间距不超过 15 层。避难层往往用来布置设备层。

图 14-21 为国内某高层建筑设备层的平面布置关系。

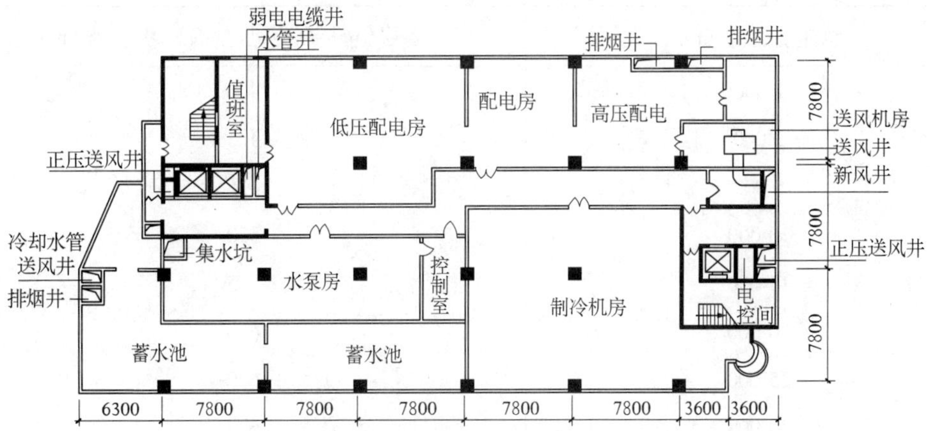

图 14-21　国内某高层建筑设备层的平面位置关系

二、中间设备层

在高层建筑中，由于建筑高度大、层数多，设备所承受的负荷很大，故各设备系统（给水排水设备、空调等）往往需要按高度进行分区，从而达到有效利用与节约设备管道空间、合理降低设备系统造价的目的。因此，高层建筑除用地下层或屋顶层作为设备层外，往往还有必要在中间层设置设备层，以使空调、给水排水等设备的布置达到经济、合理。最早明确设置中间设备层的第一座高层建筑是1950年竣工的30层的联合国大厦。

设置中间设备层有以下特点：

（1）为了支承设备重量，要求中间设备层的地板结构承载能力比标准层大，而考虑到设备系统的布置方式不同，中间设备层的层高会低于或高于标准层。

（2）施工时，需要预埋管道附件（支架）或留孔、留洞，结构上需考虑防水、防振措施。

（3）从高层建筑的防火要求来看，设备竖井应处理层间分隔；但从设备系统自身的布置要求来看，层间分隔增加了设备系统的复杂性，需处理好相互关系。

（4）标准层中插入设备层增加了施工的复杂程度。

从目前国内外高层建筑的情况来看，采用中间设备层有利于设备系统（特别是空调和给水排水设施）的布置和管理。一般情况下，每10～20层（通常为15层）设一层中间设备层，设备层高度以能满足各种设备及其管道的布置要求为准。例如，有空调设备的设备层，通常从地面以上2 m内放空调设备，在此高度以上0.75～1 m布置空调管道和风道，再上面0.6～0.75 m为给水排水管道，最上面0.6～0.75 m为电气线路区。表14-3为设备层层高概略值。如果没有制冷机和锅炉，仅有各种管道和其他分散的空调设备，国内常采用层高2.2 m以内的技术夹层。

表14-3　设备层层高概略值

总建筑面积（m^2）	设备层（包括制冷机房、锅炉房）层高（m）
1 000	4.0
3 000	4.5
5 000	4.5
10 000	5.0
15 000	5.5
20 000	6.0
25 000	6.0
30 000	6.5

第十五章　建筑工业化构造

第一节　概　述

一、建筑工业化的含义和特征

建筑工业化是指用现代工业生产方式来建造房屋，即将现代工业生产的成熟经验应用于建筑业，像生产其他工业产品一样，用机械化手段生产建筑定型产品。其定型产品是指房屋、房屋的构配件和建筑制品等。这是建筑业生产方式的根本改变。长期以来，人类建造房屋所依靠的手工操作方法劳动强度大、工效低、工期长，质量也难以保证，对于现代建筑工业显然极不适应。只有实现建筑工业化，才能加快建设速度，降低劳动强度，提高生产效率和施工质量。

建筑工业化的基本特征是设计标准化、生产工厂化、施工机械化、组织管理科学化。设计标准化是建筑工业化的前提，建筑产品如不加以定型，不采取标准化设计，就无法工厂化、机械化地大批量生产。生产工厂化是建筑工业化的手段，标准、定型的建筑构配件等的工厂化生产，可以改善劳动条件，提高生产效率，保证产品质量。施工机械化是建筑工业化的核心，机械化代替手工操作，可以降低劳动强度，加快施工进度，提高施工质量。组织管理科学化是实现建筑工业化的保证，从设计、生产到施工的各个过程，都必须有科学化的管理，避免出现混乱，造成不必要的损失。

二、我国建筑工业化的发展和工业化建筑体系

我国最早提出走建筑工业化道路是在 1956 年。1966 年以前，主要采用标准设计，即采用标准的构件设计和配件设计，这在促进我国建筑工业化方面起到积极作用。20 世纪 80 年代以后，建筑业逐渐发展成为我国经济的支柱产业之一，单纯采用标准设计已不能适应发展需要，要真正实现建筑工业化，必须走工业化建筑体系的道路。所谓工业化建筑体系，就是把某些类型的建筑，从设计、生产工艺、施工方法到组织管理等各个环节都加以协调，形成工业化生产的完整过程。

工业化建筑体系一般分为专用体系和通用体系。专用体系是指以定型房屋为基础进行构配件配套的一种体系，其产品是定型房屋。而通用体系则是以通用构配件为基础，进行多样化组合的一种体系，其产品是定型构配件。专用体系的优点是以少量规格的构配件就能将房屋建造起来，一次性投资不多、见效大；其缺点是由于构配件规格少，容易使建筑空间及立面产生单调感。通用体系则不然，它的构配件规格比较多，可以互相调换使用，容易做到多样化，适应面广，可以进行专业化成批生产。所以，近年来很多国家都趋向于从专用体系转向通用体系，我国的情况也大体如此。

三、工业化建筑的类型

工业化建筑的类型可按结构类型和施工工艺进行划分。结构类型主要包括墙体承重结构、框架结构、框架－剪力墙结构和剪力墙结构等。施工工艺主要按混凝土工程的施工工艺来划分，如预制装配（全装配）、工具式模板机械化现浇（全现浇）或预制与现浇相结合等。通常，按结构类型与施工工艺的综合特征将工业化建筑划分为以下类型：砌块建筑、大板建筑、框架板材建筑、大模板建筑、滑模建筑、升板建筑、盒子建筑和密肋壁板建筑等。

预制装配式建筑是将房屋构配件制品，如同其他工业化产品一样，用工业化方法在工厂生产，然后运到现场进行安装。其主要包括砌块建筑、大板建筑、盒子建筑等。预制装配式建筑的主要特点是：生产效率高，构件质量好，施工速度快，现场湿作业少，以及受季节影响小等。

全现浇或现浇与预制相结合的建筑是将主要承重构件，如墙体和楼板等全部现浇，或其中一种现浇，一种预制装配。其主要优点是整体性好，适应性强，运输费用节省，便于组织大面积的流水作业，经济效果好。

限于篇幅，本章主要介绍砌块建筑、大板建筑、框架板材建筑对滑模建筑和升板建筑、盒子建筑及密肋壁板建筑只作简略介绍。

第二节　砌块建筑

一、砌块建筑的优缺点和适用范围

砌块建筑是指用尺寸大于普通砖的预制块材作为砌墙材料的一种建筑。砌块可用混凝土或工业废料（如炉渣、粉煤灰等）作原料，它可以是实心的或空心的，每块尺寸比普通砖要大得多，因而砌筑速度比砖墙快，房屋的其他承重构件（如楼板、楼梯、屋面板等）均和砖混结构差不多，所以这种建筑的施工方法基本与砖混结构相同，只需要简单的机具即可。因此，砌块建筑具有设备简单、施工速度较快、节省人工、便于就地取材、能大量利用工业废料和造价低廉等优点。当然，砌块建筑的工业化程度还不太高，但作为工业化建筑的一种初级形式还是必须的，尤其是在我国目前经济比较落后的情况下，在一些中小城镇和广大农村采用砌块建筑仍然有其现实意义。砌块在 20 世纪 50 年代就开始采用，如浙江、上海、四川、贵州、广西、广东和福建等省市较普遍地采用砌块建房。一般 6 层以下的住宅、学校、办公楼，以及单层厂房等都可以采用砌块代替砖使用。有些地区为了珍惜良田好土，不占耕地，发展砌块建筑尤为重要。

二、砌块建筑设计注意事项

砌块建筑在建筑设计上的主要要求是使建筑墙体各部分尺寸适应砌块尺寸，以及如何满足构造上的要求和加强房屋的整体性。因此，设计时要考虑以下各种要求：

（1）建筑平面力求简洁规整，墙身的轴线尽量对齐，减少凹凸和转角。

（2）选择建筑参数时，要考虑砌块组砌的可能性。当确定砌块的规格尺寸时，应先研究常用参数和各种墙体的组砌方式。

(3)门窗大小和位置、楼梯的形式和楼梯间的设计,也要与砌块组砌同时考虑。

(4)砌块建筑墙厚应满足墙体承重、保温、隔热、隔声等结构和功能要求。

(5)为了满足施工方便和吊装次数较少的要求,设计时应尽量选用较大的砌块。

(6)砌块的排列组砌要满足构造的要求。

三、砌块的类型与规格

砌块按其构造形式通常分为实心砌块和空心砌块,按其重量大小和尺寸大小分为三类:小型砌块(每块 200 N 以下)、中型砌块(每块 3 500 N 以下)、大型砌块(每块 3 500 N 以上)。小型砌块可用手工砌筑,施工技术完全与砖混结构一样;中型砌块需要用轻便的小型吊装设备施工,楼板可用整间大小的混凝土结构或者采用条形楼板;大型砌块则需要比较大型的吊装设备,我国最常用的还是小型砌块和中型砌块。部分地区砌块常用规格如表 15-1 所示。

表 15-1　部分地区砌块常用规格　(单位:mm)

分类	小型砌块	中型砌块		大型砌块
	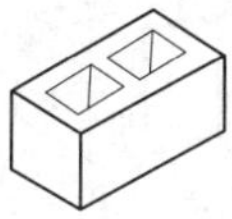	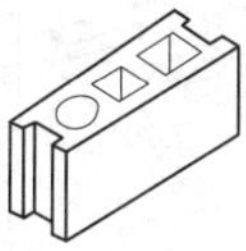	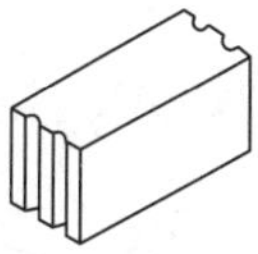	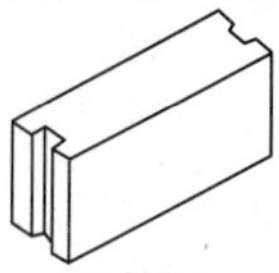
用料及配合比	C15 细石混凝土配合比经计算与试验确定	C20 细石混凝土配合比经计算与试验确定	粉煤灰:5 300 ~ 5 800 N/m^3 石灰:1 500 ~ 1 600 N/m^3 磷石膏:350 N/m^3 煤渣:9 600 N/m^3	粉煤灰:68% ~ 75% 石灰:21% ~23% 石膏:4% 泡沫剂:1% ~2%
强度	MU3.5 ~ MU5	MU5 ~ MU7	MU15	MU10 或 MU7.5
规格(厚×高×长)	90×190×190 190×190×190 190×190×390	180×845×630 180×845×830 180×845×1 030 180×845×1 280 180×845×1 480 180×845×1 680 180×845×1 880 180×845×2 130	190×380×280 190×380×430 190×380×580 190×380×880	厚:200 高:600、700、800、900 长:2 700、3 000、3 300、3 600
最大块重(N)	130	2 950	1 020	大型:6 500
使用情况	广州、陕西等地区,用于住宅建筑和单层厂房等	浙江用于6层以下的住宅和单层厂房	上海用于6层以下的宿舍和住宅	天津用于4层宿舍、3层学校、单层厂房

四、砌块墙的排列与构造要点

(一)砌块墙的排列

用砌块建筑房屋和用砖建造房屋一样,必须将砌块彼此交错搭接砌筑,以保证有一定的整体性,但它也有和砖墙构造不一样的地方,那就是砌块的尺寸比砖大得多,必须采取加固措施。另外,砌块不能像砖那样只有一种规格并可以任意砍断,为了适应砌筑的需要,必须在各种规格间进行砌块的排列设计。这些就是砌块建筑与别的工业化建筑,乃至与砖混结构建筑的不同之处。

(二)砌块墙的构造要点

1. *砌块墙应事先作排列设计*

砌块墙事先排列设计就是把不同规格的砌块在墙体中的具体安放位置用平面图和立面图加以表示。图 15-1 反映了用中型砌块建造房屋的砌块排列情况。砌块排列设计应满足下列要求:

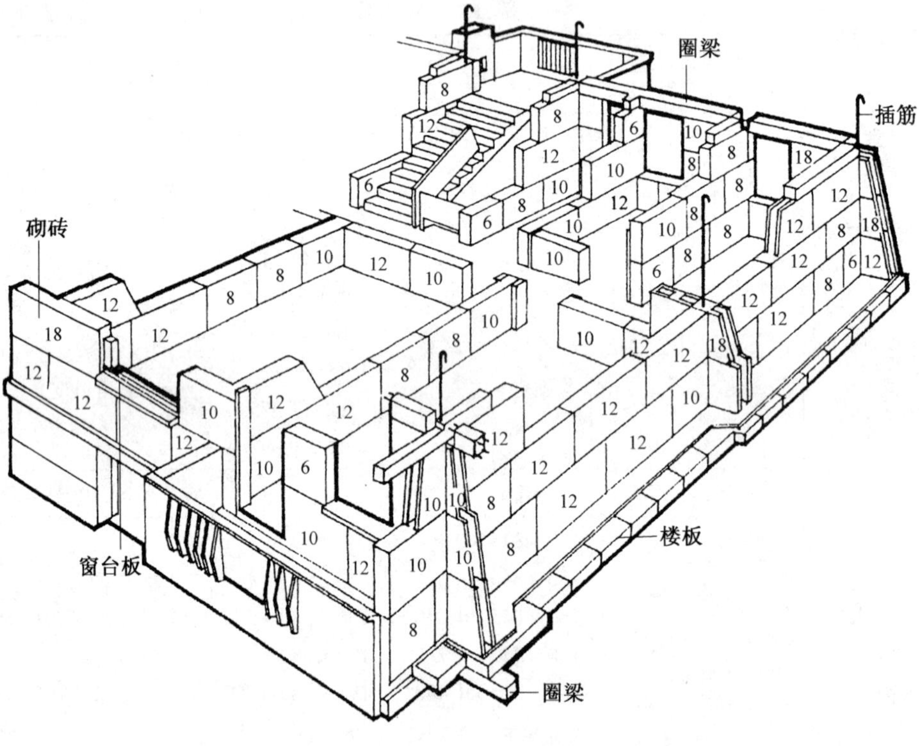

图 15-1　砌块建筑构造

(1)上下皮砌块应错缝搭接,做到排列整齐,有规律,尽量减少通缝,使砌块墙具有足够的整体性和稳定性。

(2)内外墙交接处和转角处,砌块也应彼此搭接。

(3)应优先采用大规格的砌块,使主砌块的总数量在 70% 以上,图 15-1 中的主砌块是第 8 号与第 12 号砌块。

(4)为了减少砌块的规格，在砌体中允许用极少量的普通砖来镶砌填缝，如图 15-2(b)所示。

(5)当采用混凝土空心砌块时，上下皮砌块应孔对孔、肋对肋，使上下皮砌块之间有足够的接触面，以扩大受压面积。

图 15-2 是小型砌块和中型砌块排列的立面示意图。小型砌块每皮高约 200 mm，当采用 3 m 层高时，每层楼砌块皮数为 13 ~ 14 皮（不包括圈梁），如图 15-2(a)所示。实心中型砌块高 300 ~ 400 mm，每层楼可砌筑 7 ~ 9 皮砌块，如图 15-2(b)所示。空心混凝土中型砌块尺寸较大，每皮高约 800 mm，每层楼砌 3 皮，即窗下墙 1 皮，窗间墙 2 皮，另加 1 皮圈梁砌块，如图 15-2(c)所示。

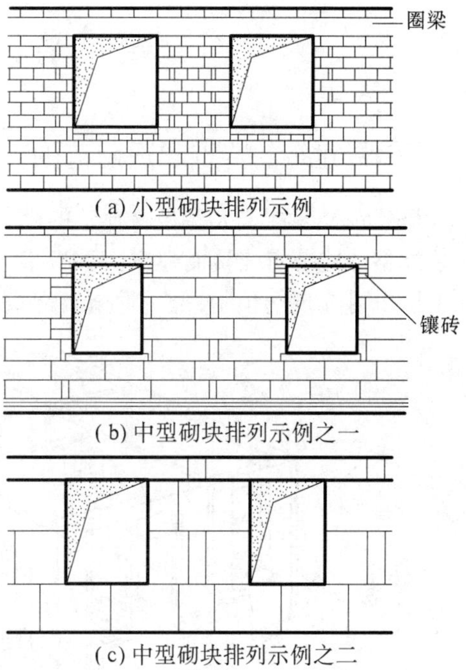

图 15-2 砌块排列示意

2. 砌块建筑每层楼都应设圈梁

圈梁用以加强砌块墙的整体性。圈梁通常与窗过梁合并，可现浇，也可预制成圈梁砌块，如图 15-2 所示。

3. 砌块墙芯柱处理

当采用混凝土空心砌块时，应在房屋四大角、外墙转角、楼梯间四角设芯柱，如图 15-3 所示。芯柱用 C15 细石混凝土填入砌块孔中，并在孔中插入通长钢筋。

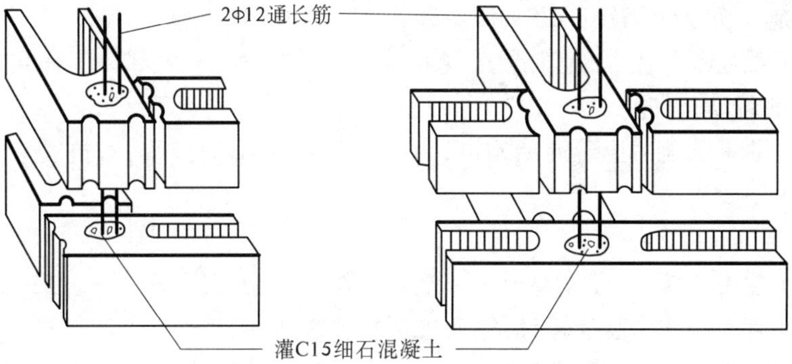

图 15-3 空心混凝土砌块建筑的芯柱

4. 砌块墙外饰面处理

砌块建筑的外墙面宜做外饰面，也可采用带饰面的砌块，以提高墙体的防渗水能力和改善墙体的热工性能。

砌块建筑其余部位构造与砖混建筑相似，故这里不再重复。

第三节　大板建筑

一、大板建筑的特点和适用范围

大板建筑是装配式大型板材建筑的简称，除基础外，地上的全部构件均为预制构件，通过装配整体式节点连接而建成。大板指大墙板、大楼板、大型屋面板，这些板材通常既可在工厂也可在现场预制，是一种全装配式建筑，如图 15-4 所示。

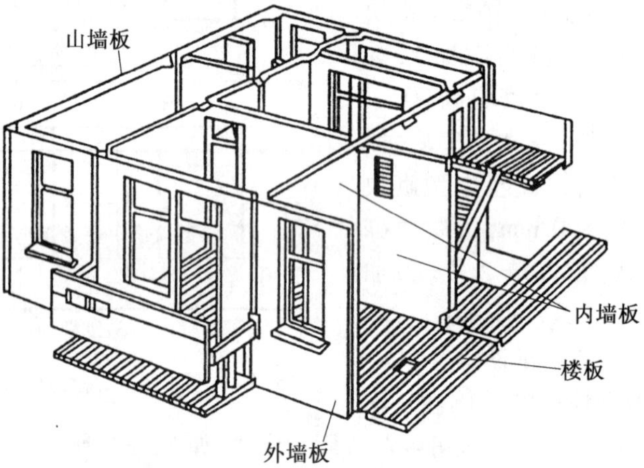

图 15-4　装配式大板建筑

大板建筑具有以下主要优点：

(1) 装配化程度高，建设速度快，可缩短工期，提高劳动生产率。国外经验认为，它比一般的传统施工方法可缩短工期 40% ~50% 。

(2) 施工现场湿作业少，施工受天气和季节的影响较少，大部分工作可在工厂进行，改善了工人的劳动条件。

(3) 板材的承载能力比砖混结构高，可减少墙厚和结构自重，对抗震有利，并扩大了使用面积(5% ~10%)。

大板建筑具有以下缺点：

(1) 一次性投资较大，即先要投入一笔资金修建大板工厂。

(2) 需要有大型的吊装运输设备，而且运输比较困难。

(3) 钢材和水泥用量比砖混结构大，房屋造价比砖混结构高(高 20% ~30%) 。

大板建筑的适用范围如下所述：

(1) 大板建筑建设数量较稳定才能提高效益，降低造价。

(2) 施工现场宜成街成坊建造，否则每平方米摊销的机械台班费就会提高，因而会增加建筑造价。

(3) 建筑的类型以住宅、宿舍、旅馆等小开间建筑为主。

(4) 板材之间有可靠的连接，具有较好抗震性能，所以在地震区和非地震区都适合。

(5)由于大板建筑要求的施工设备和运输条件较高,所以宜在平坦的地段建造。

二、大板建筑的板材类型

大板建筑的板材类型包括内外墙板、楼板、屋面板等,以下分别予以介绍。

(一)墙板类型

墙板按其安装的位置分为内墙板和外墙板,按其材料组成分为振动砖墙板、混凝土墙板、工业废渣墙板,按构造形式分为单一材料墙板和复合墙板。

1. 内墙板

内墙板通常既是承重构件又是分隔构件,因此应具有足够强度和刚度,还须有隔声、防火能力。为了减少墙板的规格并简化施工,从底层到顶层均采用同一厚度,多层建筑内墙板厚为 140 ~ 160 mm,高层建筑内墙板厚为 180 ~ 240 mm。由于内墙板不需要考虑保温与隔热,多采用单一材料制作,常见的构造形式有实心墙板、空心墙板和振动砖墙板(见图 15-5)。

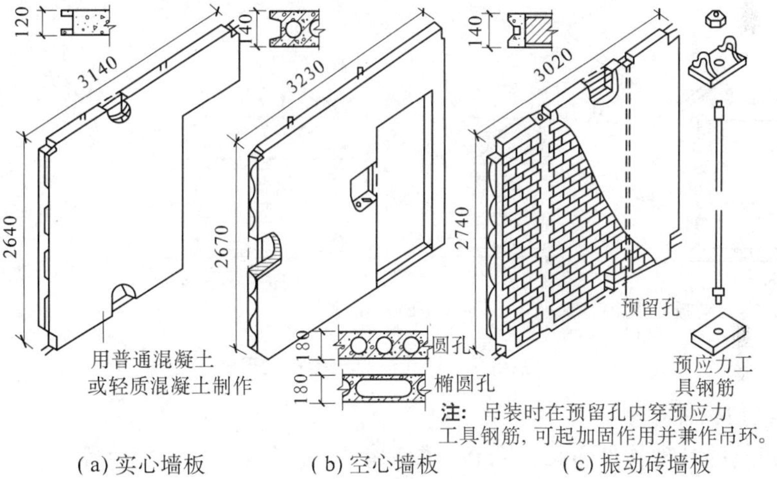

图 15-5　内墙板

2. 外墙板

外墙板主要应满足围护结构方面的要求,如防风遮雨、保温隔热及便于外装修等。因热工要求较高,外墙板常采用两种以上材料的复合板,如图 15-6 所示。复合板一般用钢筋混凝土作结构层,以轻质材料作保温隔热层。层数较少的大板建筑,也可采用轻质混凝土做成单一材料的外墙板,如矿渣混凝土墙板、陶粒混凝土墙板、加气混凝土墙板等。

(二)楼板和屋面板

为了加强房屋的整体刚度,宜尽量采用整间式预应力钢筋混凝土大楼板和屋面板。当吊装运输能力不允许时,每间也可由两块板拼接起来。钢筋混凝土楼板的形式有空心板、实心板、肋形板,如图 15-7 所示。为了便于板材间的连接,楼板、屋面板的四边应预留缺口,并甩出连接用的钢筋。

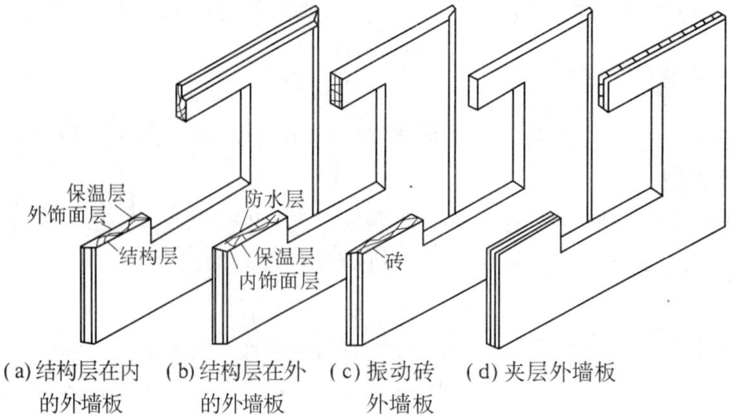

图 15-6　复合式外墙板

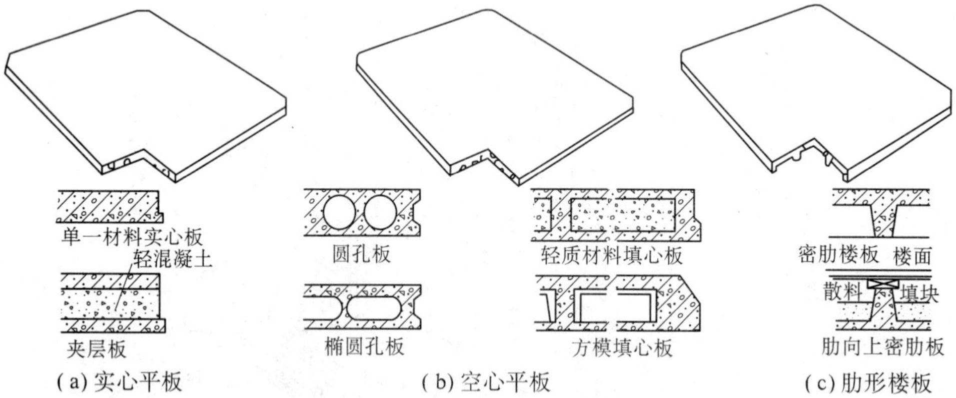

图 15-7　钢筋混凝土楼板的形式

(三)其他构件

大板建筑的其他构件包括阳台板、楼梯构件、挑檐板和女儿墙板等。

1. 阳台板

阳台板可以与楼板合为一块整板,也可以单独预制。前一种方法楼板尺寸过大而不便运输,且受力状况不好,所以一般都倾向于后一种做法。应注意的是,应当将阳台板与楼板锚固成整体,确保阳台不致倾覆,如图 15-8 所示。

2. 楼梯构件

楼梯可按梯段板、平台板分开预制,也可将梯段与平台连成一体预制,分开预制比较方便,故采用较多。平台板与楼梯间墙板的连接:一是直接支承在墙板的钢牛腿上;二是将平台板做成出肋板,支承在墙板的预留孔内(见图 15-9)。

3. 挑檐板和女儿墙板

挑檐板可与屋面板连成一体预制,也可以单独预制,搁置于屋面板上。女儿墙板是非承重构件,可用轻质混凝土制作,其厚度通常与主体墙板一致,以便连接。由于女儿墙板悬于屋面上空,故应与屋面板有可靠连接,如图 15-10 所示。

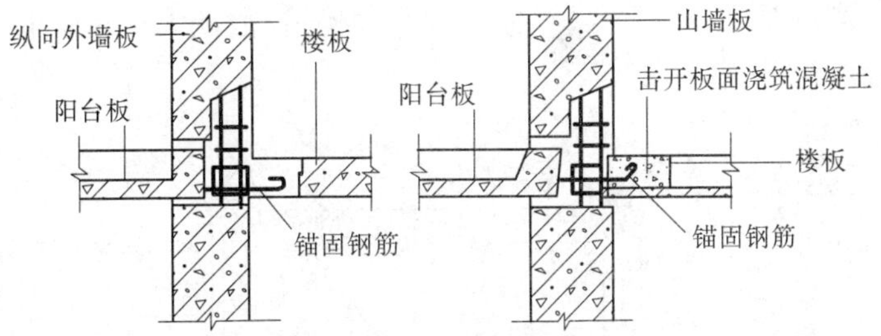

(a) 阳台板布置在纵向墙板上　(b) 阳台板布置在山墙板上

图 15-8　阳台板的锚固连接

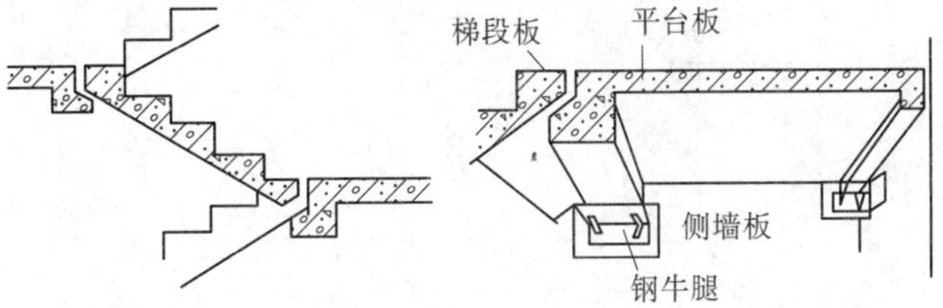

(a) 梯段、平台分开预制　(b) 平台板与梯段侧墙板的连接

图 15-9　楼梯平台板的连接构造

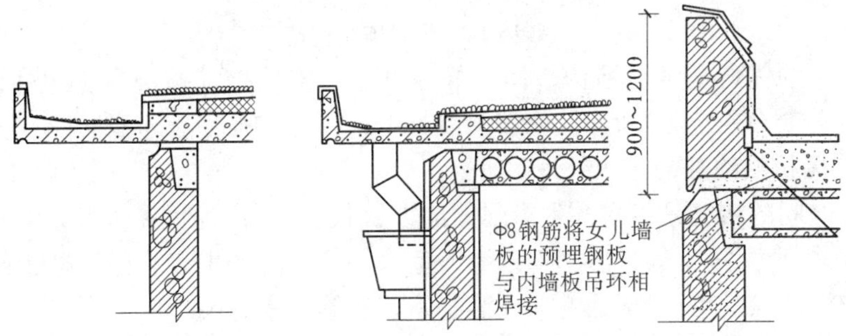

(a) 屋面板出挑檐口　(b) 另加挑檐板檐口　(c) 女儿墙板檐口

图 15-10　挑檐板和女儿墙板

三、大板建筑的节点构造

大板建筑的节点构造包括板材间的连接和外墙板接缝处的防水处理。

(一) 板材间的连接

板材间的连接是大板建筑至为关键的构造措施，板材只有通过相互间牢固的连接才能把墙板、楼板连成一体，使房屋的强度和刚度得以保证。板材连接有干法连接与湿法连接两种。

1. 干法连接

干法连接是借助于预埋铁件，通过焊接或螺栓将板材连成一体。其优点是施工简便，速度快；缺点是耗钢量较大，连接件易锈蚀，致使其使用受到限制。

2. 湿法连接

湿法连接是在板材边缘预留钢筋(也称甩筋)，安装时将这些甩筋相互绑扎或焊接，然后在板缝中浇灌混凝土，从而形成类似的圈梁和构造柱，使大板建筑的整体刚度增强，如图 15-11 所示。

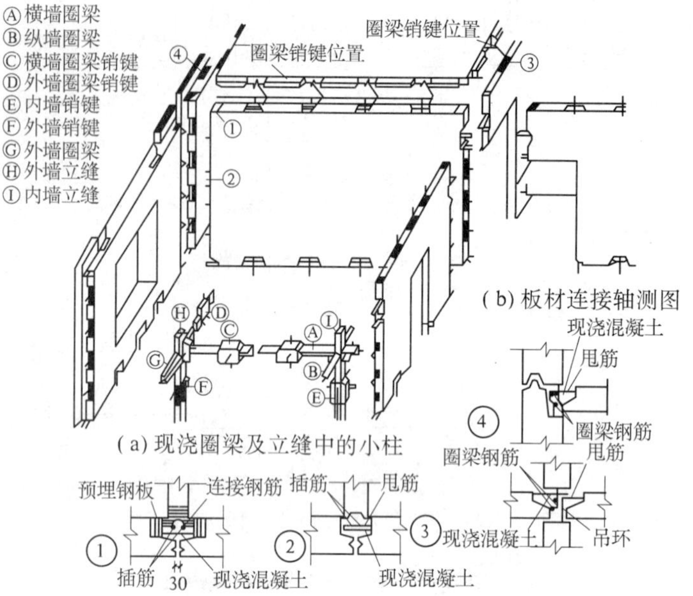

图 15-11　板材连接构造

湿法连接的优点是房屋结构整体性好、刚度大，连接钢筋被混凝土包住，不易锈蚀。但湿法连接必须有一定养护时间，使接头混凝土达到足够强度后才能继续上层板安装。

(二) 外墙板接缝处的防水处理

外墙板之间的接缝是最易产生渗漏的地方，引起渗漏的原因主要是墙板间的灌缝混凝土和砂浆易开裂，雨水通过裂缝得以渗入室内。裂缝的产生多与环境温度和湿度变化、地基不均匀沉陷、灌缝材料干缩变形或灌缝不密实等因素有关。

防止接缝漏水的措施有两种，即材料防水和构造防水。

第四节　框架板材建筑

一、框架板材建筑的特点和适用范围

框架板材建筑是指由框架和楼板、墙板组成的建筑，如图 15-12 所示，其结构特征是：由框架承重，墙体仅起围护和分隔作用。这种建筑的主要优点是空间划分灵活，自重轻，有利于抗震，节省材料；其缺点是钢材和水泥用量大，构件数量多。框架板材建筑适用于要求有较大空间的多层、高层民用建筑及地基较软弱的建筑和地震区的建筑。

二、框架结构类型

框架按所用材料分为钢框架和钢筋混凝土框架。通常，15 层以下的建筑可采用钢筋混凝土框架，更高的建筑则采用钢框架。我国目前主要采用钢筋混凝土框架。

钢筋混凝土框架按施工方法不同，分为全现浇、全装配和装配整体式三种。全现浇框架现场湿作业多，寒冷地区冬期施工还要采取防寒措施，故采用后两种施工方法更为有利。

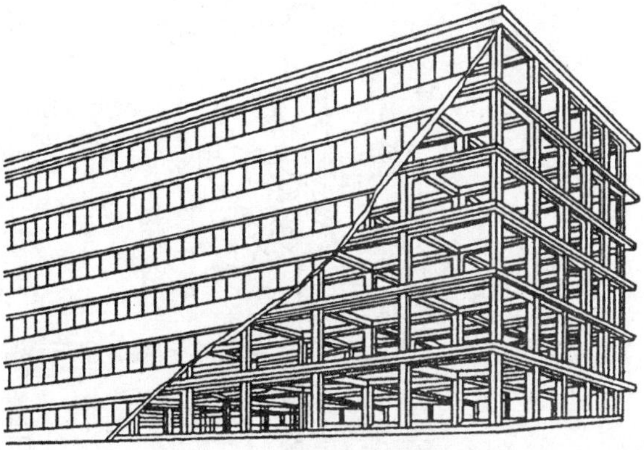

图 15-12　框架板材建筑

按构件组成不同分为板柱框架、梁板柱框架和剪力墙框架，如图 15-13 所示。其中，板柱框架由楼板和柱子组成框架，楼板可用梁板合一的肋形楼板，也可用实心楼板。梁板柱框架由梁、楼板、柱子构成框架，梁与柱的连接如图 15-14 所示。剪力墙框架则是在以上两种框架中增设一些剪力墙，其刚度较纯框架的大得多。剪力墙主要承受水平荷载，框架主要承受垂直荷载，故使框架的节点构造大为简化，一般适合在高层建筑中采用。

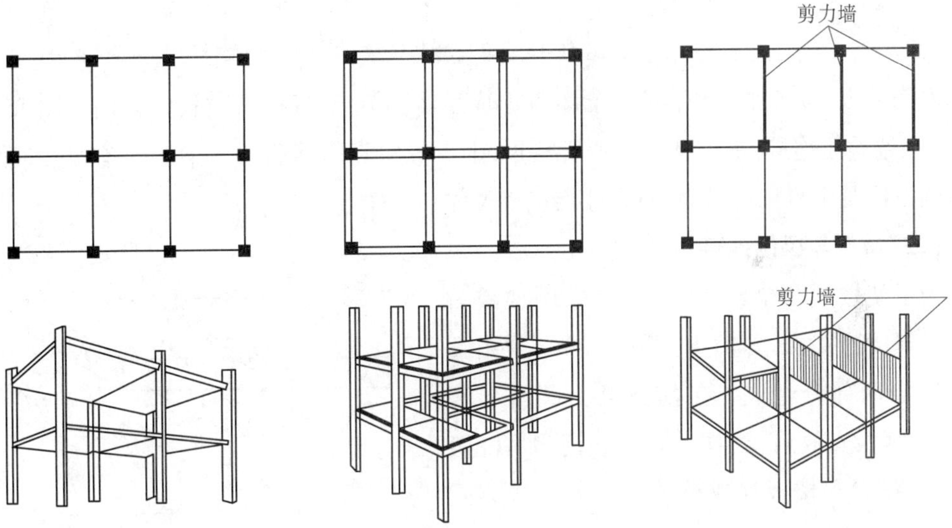

(a) 板柱框架系统　(b) 梁板柱框架系统　(c) 剪力墙框架系统

图 15-13　框架结构的类型

三、装配式钢筋混凝土框架的构件连接

框架的构件连接主要有梁与柱、楼板与梁、楼板与柱的连接。

(一) 梁与柱的连接

梁与柱通常在柱顶进行连接，最常用的是叠合梁现浇连接，其次是浆锚叠压连接，如图 15-14 所示。其中，图 15-14(a) 为叠合梁现浇连接构造，叠合方法是把上下柱、纵横梁

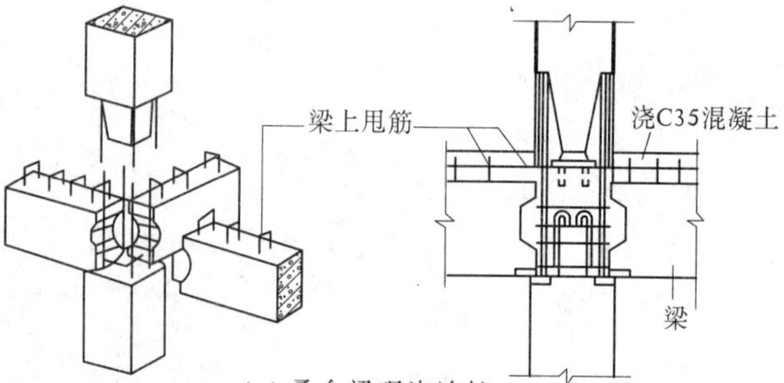

(a) 叠合梁现浇连接

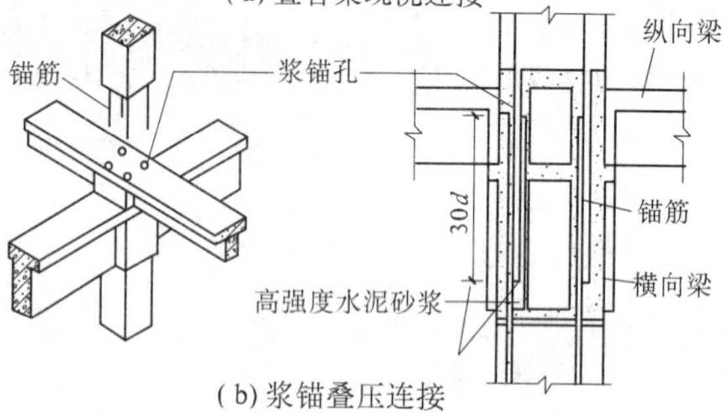

(b) 浆锚叠压连接

图 15-14　梁与柱的连接

的钢筋都伸入节点，加配箍筋后浇灌混凝土成型。其节点刚度大，故较为常用。图 15-14(b)为浆锚叠压连接，是将纵横梁置于柱顶，上下柱的竖向钢筋插入梁上的预留孔，灌入高强细石混凝土将柱筋锚固，使梁柱连接成整体。

(二)楼板与梁的连接

为了使楼板与梁整体连接，常采用楼板与叠合梁现浇连接，如图 15-15 所示。叠合梁由预制和现浇两部分组成。在预制梁上部留出箍筋，预制楼板安放后，放置纵向架立钢筋后浇筑混凝土，将梁和楼板连成整体。这种连接方式的优点是整体性强，且可减少梁板的结构构造高度，可提高室内净高。

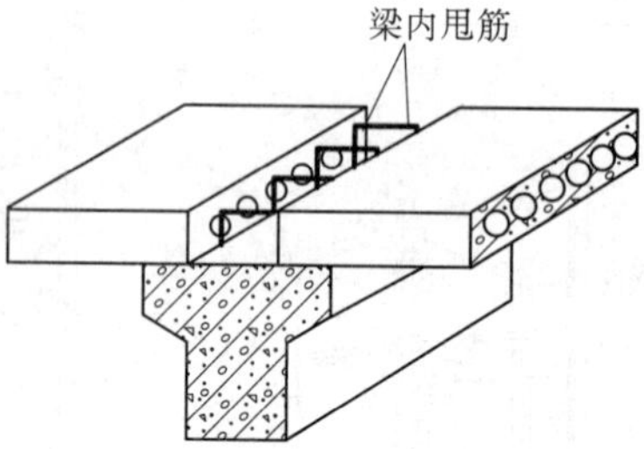

图 15-15　楼板与梁的连接

(三)楼板与柱的连接

在板柱框架中，楼板直接支承在柱上，其连接方法可用现浇连接、浆锚叠压连接和后张预应力连接，如图 15-16 所示。前两种连接方法和梁与柱连接是相同的。后张预应力法连接是在柱上预留穿筋孔，预制大型楼板安装就位后，钢筋从楼板边槽和柱上穿筋孔中通过，对钢筋进行张拉后，于楼板边槽中灌注混凝土。这种方法技术高，但构造简单，连接可靠，施工方便快速。

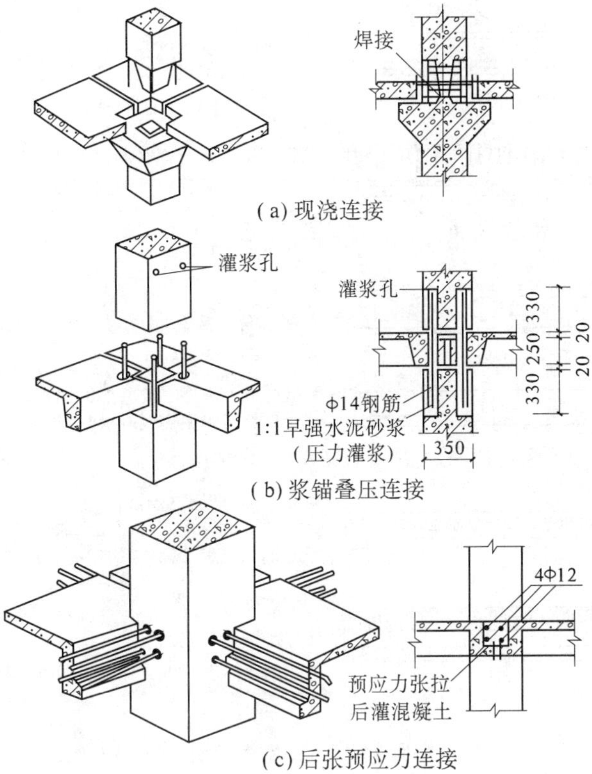

(a)现浇连接

(b)浆锚叠压连接

(c)后张预应力连接

图 15-16　楼板与柱的连接

四、外墙板的类型、布置方式与连接

(一)外墙板类型

按所使用的材料及构造,外墙板可分为三类,即单一材料墙板、复合材料墙板、玻璃幕墙。单一材料墙板用轻质混凝土材料制作,如加气混凝土、陶粒混凝土等。复合板通常由两种以上材料组成,构造上由两层或三层组成,即内外层和夹层。外层选用耐久性、防水性较好的材料,如石棉水泥板、钢丝网水泥、轻骨料混凝土等,内层选用防火性能好,又便于装修的材料,如石膏板、塑料板等。夹层为保温隔热材料,如矿棉、玻璃棉、膨胀珍珠岩、膨胀蛭石、加气混凝土、泡沫混凝土、泡沫塑料等。外墙板类型如图 15-17 所示。

(二)外墙板的布置方式

外墙板可以布置在框架外侧,或框架之间,或安装在附加墙架上,如图 15-18 所示。外墙板安装在框架外侧时,对房屋的保温有利。外墙板安装在框架之间时,框架暴露在外,需对框架柱作保温处理,防止外露框架柱和楼板形成“冷桥”。轻型墙板通常需安装在附加墙架上,使外墙板具有足够的刚度,保证其在风力或地震力作用下不致产生过大的变形。

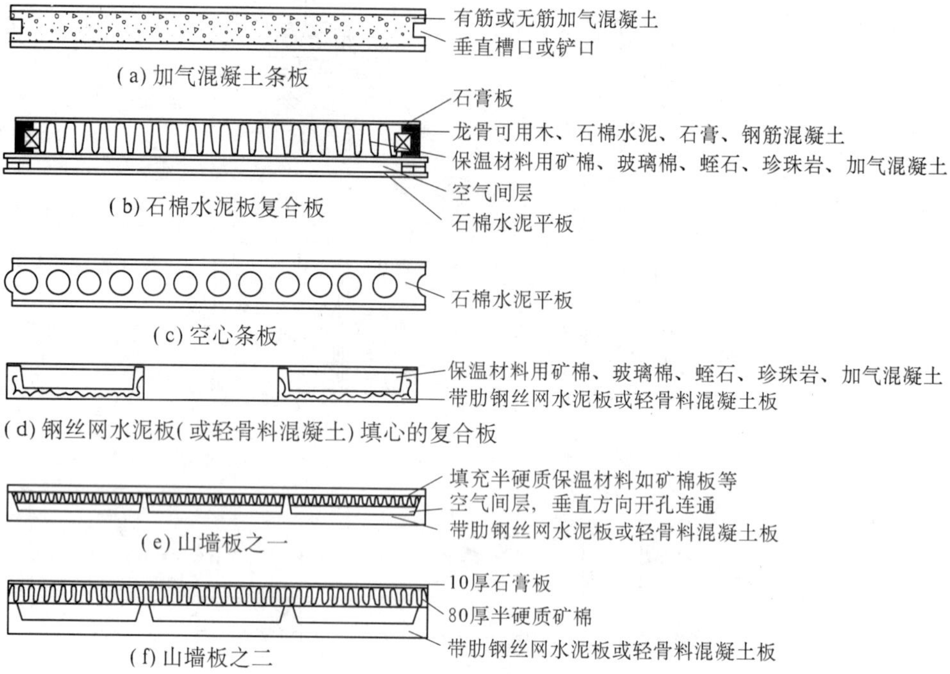

图 15-17　外墙板类型

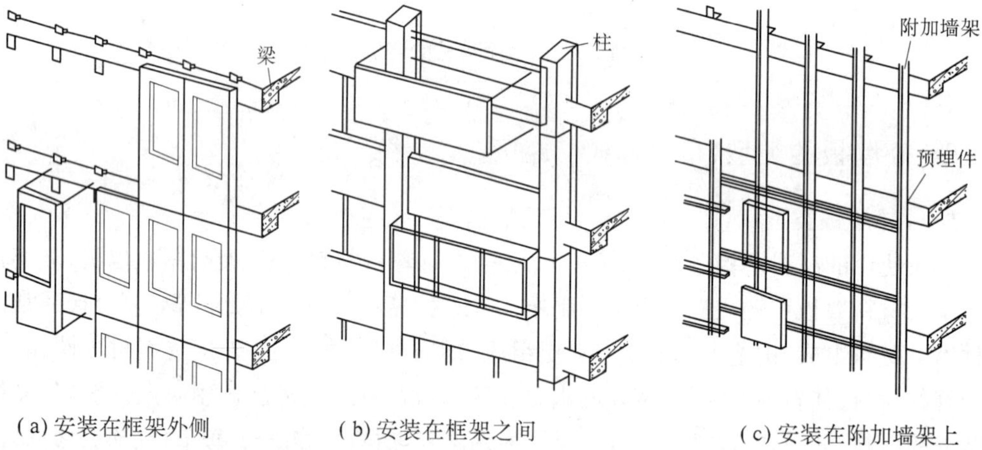

图 15-18　外墙板的布置方式

(三) 外墙板与框架的连接

外墙板可以采用上挂或下承两种方式支承于框架柱、梁或楼板上。图 15-19 为各种外墙板与框架的连接构造。根据墙板类型和墙板布置方式的不同,可采用焊接法、螺栓连接法、插筋锚固法等连接。无论采用何种方法,均应注意以下构造要点:①外墙板与框架连接应安全可靠;②尽量避免出现"冷桥"现象,防止产生结露;③构造简单,施工方便。

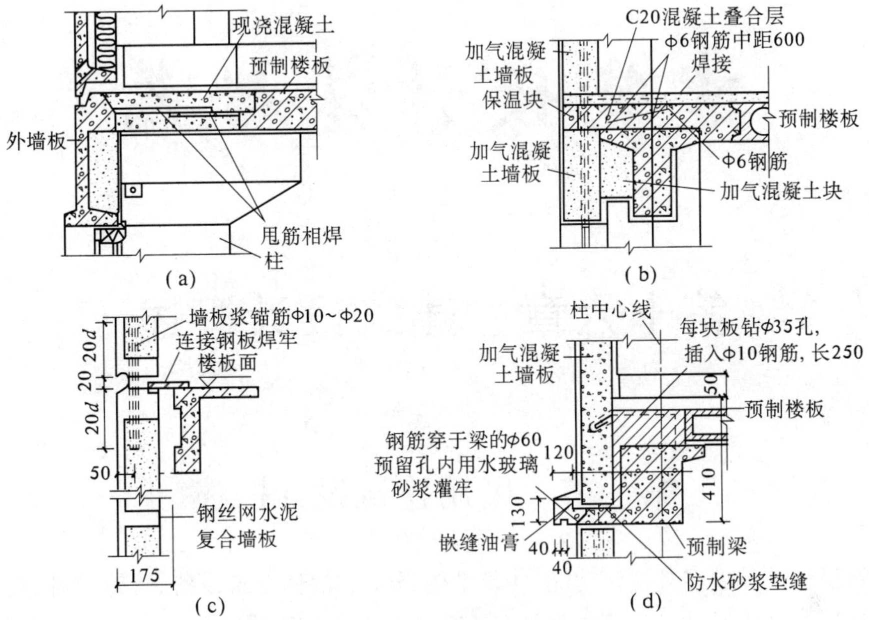

图 15-19　外墙板与框架的连接构造

建筑设计基础篇

第十六章　建筑设计概述

第一节　民用建筑设计概述

建筑设计是一项涉及建筑功能、建筑结构、建筑材料、建筑设备、建筑经济、建筑艺术和建筑环境的创作活动。建筑作为具有较多艺术内涵的物质产品，总会受到科学技术、政治经济和文化传统的影响，而且将随着社会生活的发展而不断变化。建筑与人们的社会活动及家居生活关系密切，同时也是城市景观的主体。建筑设计是决定建筑生命力、经济性和建筑功能的关键因素和先决条件，因此应当本着科学的态度、发展的眼光和务实的精神对待建筑设计工作。

一、民用建筑的设计要求和依据

（一）民用建筑的设计要求

1. 满足建筑功能的要求

建筑功能在构成建筑的三个要素当中列在首位，建筑功能也是人们建造房屋的具体目的和使用要求的集中体现。创造出适合人们生产和生活的良好环境，是建筑设计应当完成的首要任务。如设计剧场时，首先要把人们观看演出的要求作为设计的中心任务，即解决好观众厅的音响、视线、疏散等问题。同时，还要围绕观众厅布置休息厅、卫生间、小卖店等服务用房。剧场的后台要满足演员化妆、休息和候场的要求，还要有放置道具、布景的空间。观众、演员和工作人员的交通组织也是需要认真处理的问题之一。如果在设计中较好地解决了以上各项问题，该剧场就能充分发挥其功能，否则就会给使用带来种种不便。

需要指出的是，建筑功能不是一成不变的，而是随着社会的发展、人类的进步在不断变化。相同的功能要求有时可以用多种形式的建筑空间来适应，功能对于空间形式既有规定又有灵活性。

2. 采用先进适用的结构方案和建筑材料

建筑是耗材多、施工量大的物质产品。根据工程的实际情况，选择先进适用的结构方案和建筑材料是使建筑施工简便、使用安全、坚固耐久、经济适用的关键。一些大跨度的公共建筑，如航站、体育馆、展览中心等，在屋顶采用悬索结构或空间网架结构，大大节省了用钢量，降低了屋顶的自重，缩短了施工周期，同时丰富了建筑体型。

新材料、新结构和新施工工艺的开发和发展要经过一段过程，要经受时间和工程实际的考验。应当本着开拓的精神、科学的态度来看待新生事物，把技术条件作为促进建筑发展的积极因素。

3. 具有良好的投资效益

建造房屋需要投入大量的人力、物力、财力，而且房屋在正常的使用年限内还要消耗各种能源。建筑设计应当结合建筑功能、建筑等级及当地的施工技术和建筑材料的市场状况因地制宜，大宗材料尽量做到就地取材，为缩短施工工期、节省投资创造条件。在设计过程中，应当严格执行国家有关规范和技术标准，精打细算。

由于房屋的使用年限可达几十年甚至上百年，建筑节能是关系到建筑使用费用多少的大问题，必须引起足够的重视。应当把采取节能措施所增加的投资额度与累积节省的能耗费用进行认真的比较，作出正确的选择。

4. 创造美观的建筑形象

建筑形象是构成建筑的重要因素。美观的建筑是社会的物质和文化财富，是人类智慧的结晶。建筑形象体现了一个国家、一个民族的文化传统，也留有不同时代文明程度的烙印。如图 16-1 所示为中外古典建筑的示例。

(a)中国古典建筑

(b)西方古典建筑

图 16-1 中外古典建筑

建筑形象要适应时代发展的潮流，应能反映社会大多数人的精神感受，并要经受住时间的考验。建筑形象在通常情况下可以反映建筑的功能，如住宅建筑的阳台，既是满足使用功能的一个组成空间，又是立面的重要组成部分。有一些建筑为了达到某种精神要求，需要配合一定的建筑形象，如采用对称式布局的建筑。有时，建筑形象和建筑功能之间可能会产生矛盾，应当在设计中相互兼顾，尽量协调。

5. 体现对特殊人群的关怀

建筑设计应充分体现对老年人、残疾人及社会弱势群体的关怀，为他们自由平等地参与社会活动创造条件。医疗卫生、办公文教、交通旅游、纪念展览、商业服务等各类公共活动场所及残疾人较为集中的有关场所和住宅小区应当进行无障碍设计。

无障碍设计是社会文明的体现。我国近年来十分重视无障碍设计的问题，专门制定了相关的规范和标准，应在建筑设计时严格执行。

6. 符合规划及环境的要求

城市建设是随着时间的推移逐步进行的，单体建筑作为城市总体规划的组成部分，应当符合总体规划的要求。大多数城市的建筑是各个历史时期的产物，反映了不同时代建筑的特色和文化。新设计的单体建筑应与周边原有建筑、道路及基础环境有机结合，相互衬托，如图16-2所示。

(a)桂林芦笛岩接待室

(b)浙江永嘉东台坳某民居

图16-2 建筑与周边环境相互协调

在风景名胜区、历史文化名城及文物保护单位建设的单体建筑，尤其要注意对原有风貌和自然环境的保护，并要符合国家或地方制定的有关条例和规定的要求。

（二）民用建筑设计的依据

由于民用建筑是为人们社会活动及家居生活提供服务的，建造地点的自然环境各不相同，在漫长的使用年限中还要经受自然界的各种不利因素的考验，因此人体尺度及人体活动空间、家具设备尺寸及使用空间、气候条件及房屋建造地点的地形和地质条件是进行民用建筑设计的主要依据。

1. 人体尺度及人体活动所需要的空间尺度

容器是用于存放某种物质的，建筑也可以被认为是一种容器。人们在建筑内的行为是动态的，而且活动范围广、形式复杂。建筑设计要考虑人的行为心理和精神感受，建筑空间主要是由人体空间、活动空间构成的，有时还要考虑心理空间的需求。

人体尺度是确定空间的基本依据之一。我国成年男子和成年女子的平均身高分别为1 670 mm和1 560 mm，这是以长江三角洲地区（中等人体地区）的人群作为参照标准而确定的。由于我国地域广泛、人口众多，因此在不同地区人体的尺度会略有差异。

建筑中房间的面积和高度与人体尺度有直接关系，但需要根据人们的活动特点及空间比例要求而进行适当的选择和调整。建筑中一些与人体直接接触的构件（如踏步、窗台、栏杆等），其尺度变化幅度很小，一般不随房间空间的变化而变化。

2. 家具设备尺寸及使用空间

家具和设备在房间中必不可少，常用家具的参考尺寸参见相关资料。合理地选择家具设备在房间中的摆设位置，并在其周边预留足够的使用空间，是确定房间使用面积和几何形状的重要依据。

有些房间由于自身使用功能和档次的不同，可能会布置超大尺寸的家具和设备，在设计时应给予足够的重视。

3. 气候条件

温度、湿度、日照、风向、雨雪等自然气候条件对建筑设计的影响较大。建筑具有极强的地域特征，建筑的体型、围护、布局、设备及细部处理均应考虑所在地区的自然环境。寒冷及严寒地区的建筑应当布局紧凑、尽量减小外表面积，以达到保温节能的目的；炎热地区的建筑则应把通风、遮阳、隔热作为设计中优先解决的问题。在着手设计之前，应当收集当地的气象资料，作为设计的依据。

阳光对人体健康、心理和精神状态有很大的影响，因此日照是确定建筑平面布局和间距的重要依据。为了保证使用者的身体健康，许多建筑对房间的日照标准提出了具体的要求。如《住宅设计规范》（GB 50096—2011）规定：每套住宅至少应有一个居住空间能获得日照，当一套住宅中居住空间总数超过 4 个时，其中宜有 2 个获得日照。当建筑为南北向布置时，如图 16-3所示的日照间距可以通过以下公式计算

$$D = H_0 \coth \qquad (16\text{-}1)$$

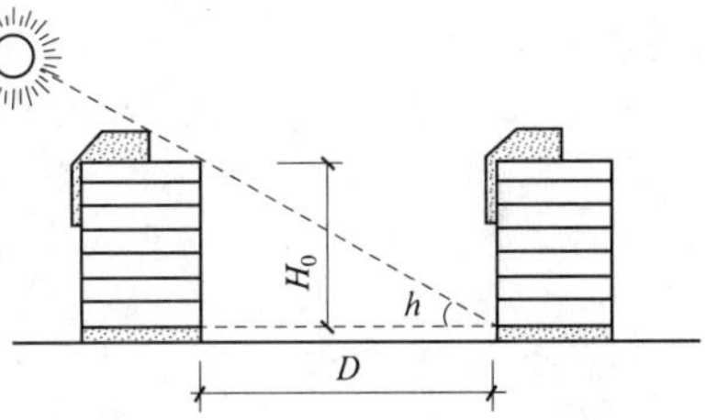

图 16-3　日照间距

式中　D——日照间距；

H_0——前幢建筑计算高度（前排建筑后墙檐口高度与后排建筑底层窗台高度的差值）；

h——大寒日（冬至日）太阳高度角。

温度和湿度对建筑的布局及构造具有较大的影响，同样是建筑设计的重要依据之一。表 16-1 是我国部分城市最冷月及最热月的温度和湿度。

风向和风速也是建筑设计的依据之一。如图 16-4 所示为北京、上海、天津、重庆四城市的风玫瑰图。风玫瑰图表示的是该地区的风向频率，根据多年平均统计的各个方向吹风次数的百分数值按一定比例绘制，应当用 8 个或者 16 个罗盘方位表示。风玫瑰图上所表示风的吹向是指从外面吹向地区中心。

4. 地形和地质条件

房屋建造用地基地地形的自然情况对建筑设计也具有较大的影响。当基地平缓时，

表 16-1　我国部分城市最冷月及最热月的温度和湿度

城市名称	温度(℃)		相对湿度(%)		城市名称	温度(℃)		相对湿度(%)	
	最冷月平均	最热月平均	最冷月平均	最热月平均		最冷月平均	最热月平均	最冷月平均	最热月平均
北京	-4.6	25.8	45	78	哈尔滨	-19.4	22.8	74	77
上海	3.5	27.8	75	83	西安	-1.0	26.6	67	72
天津	-4.0	26.4	53	78	南京	2.0	28.0	73	81
沈阳	-12.0	24.6	64	78	广州	13.3	28.4	70	83
郑州	-0.3	27.3	60	76	武汉	3.0	28.8	76	79
重庆	7.2	28.1	83	71	厦门	12.6	28.4	73	81

一般把建筑的首层地坪设在同一标高上；当基地起伏较大时，需要结合具体情况确定建筑的剖面组合，尽量减少土方量，并注意解决好迎水面的排水和防水。

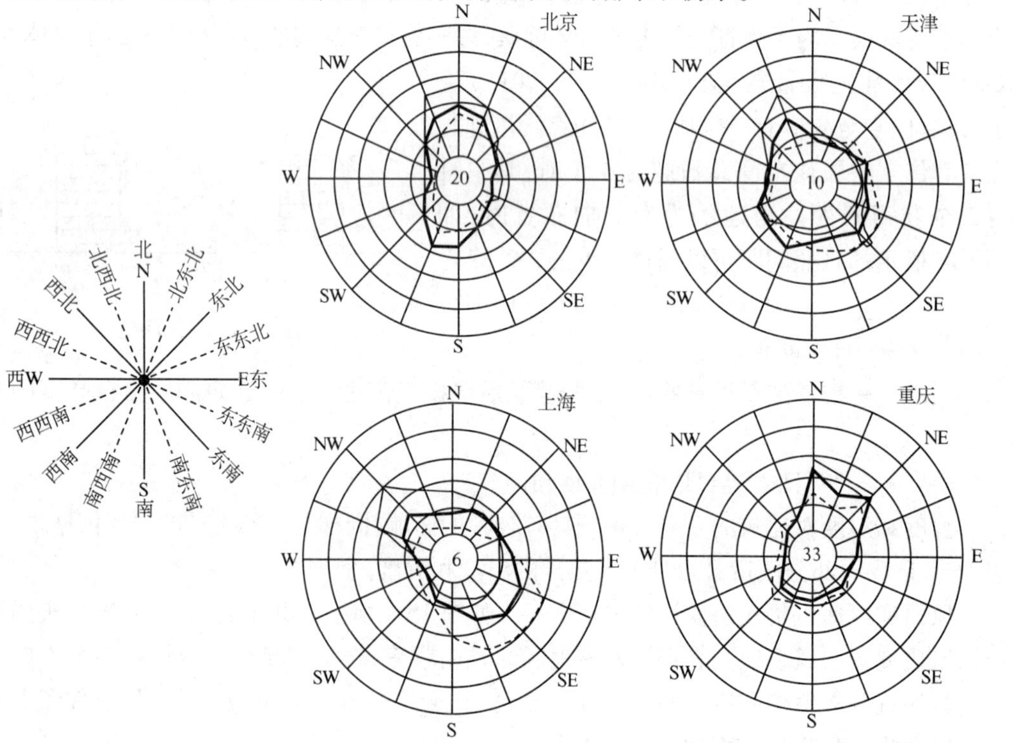

——表示全年；——表示冬季；- - - -表示夏季

图 16-4　风玫瑰图

基地的地质构造和地基承载力的大小对建筑的结构形式、构造特点及平面空间组合也会产生相当的影响。在着手设计之前,应当通过地质勘察部门了解基地的地质情况,作为设计的依据。

二、民用建筑设计的内容和过程

(一)民用建筑设计的内容

建造房屋是一个复杂的过程,一般要经过项目可行性论证、编制设计任务书、用地选址和勘测、设计、施工、验收以及交付使用之后的回访评估等多个阶段。设计工作是建造房屋过程中的重要环节,只有在优秀、合理的设计文件的指导下,经过施工及监理单位的共同努力,才能建造出精品建筑。

建筑工程设计是指建造单位或群体建筑所需的全部设计文件,它主要由建筑、结构、设备的设计图纸及相关的文字资料组成。

1. 建筑设计

建筑设计是工程设计的主导和先行步骤,负责建筑的环境、布局、体型、空间组织、使用功能、建筑艺术等重要问题,对从事建筑设计的工程技术人员综合素质和协调能力要求较高。可以说,建筑设计是关系到整个工程最终效果的关键。应当根据房屋的设计要求,结合当地的各种相关因素,对设计方案进行反复的论证和比较,作出最佳的选择。

建筑设计要注意与结构专业和设备专业的配合与协调。在保证建筑使用功能和艺术形象的前提下,努力做到节约、高效,使建筑房屋实现适用、经济、安全、美观的理想目的。

2. 结构设计

结构设计是工程设计的重要组成部分,主要是根据建筑设计的具体情况选择安全合理的结构方案,进行结构和构件的计算和设计、结构布置和构件节点设计。结构设计对房屋的安全使用和造价高低负有重要的责任,不能为了安全而过于保守,也不能为了节省资金而忽视安全。

精益求精的治学态度、严谨科学的技术作风是从事结构设计工程技术人员应具备的起码素质。

3. 设备设计

设备设计主要包括电气照明、采暖通风、建筑给水排水和动力等主要内容。随着我国经济的发展和综合国力的增强,在房屋中应用的建筑设备的种类越来越多,技术越来越先进,如空调、火灾报警系统、智能网络系统、电子保安系统等。随着建筑业的发展和建筑自身科技含量的增加,建筑设备在建筑中的应用前景广阔。

4. 其他设计文件

一套完整的工程设计除需要上述三个专业的图纸外,还要包括工程概算书、设计说明书和计算书等文字资料。

(二)民用建筑设计的过程

房屋设计是一项涉及相关因素较多的生产过程,为了准确体现业主的意图,为施工创造良好的基础条件,设计者应充分调查研究,掌握第一手资料,领会有关的政策精神,遵循设计的客观规律,合理地解决房屋的功能、技术、经济及美观等诸方面的问题。

设计过程主要分以下两个部分。

1.设计之前的准备工作

(1)熟悉设计任务书和有关文件。设计任务书是由业主提出的,主要包括以下内容:房屋的建设目的和意图;建筑功能,建筑面积,各类房间的面积、数量和比例;房屋设备及装修标准;水暖电气等外网工程的解决方案和技术要求;总投资和单位面积造价的限额;建筑的艺术形象及风格特色;设计进程和时限的具体要求等。工程设计人员应当仔细研究设计任务书的内容,准确领会其中的内涵,并根据国家有关政策、规范和标准的规定,结合工程的具体情况,对设计任务书提出合理的修改意见及补充方案。

一项建设工程一般均需得到有关部门的批准方可着手开展各项工作。业主应提供的相关文件主要有:工程项目批文,土地使用许可证,用地规划文件及市政、卫生、环保、绿化管理部门的批准文件等。

(2)收集设计所需的资料和数据。在认真领会设计任务书的全部内容、了解有关批件精神的基础上,还需要了解设计所涉及的有关资料和数据,主要有以下几项:地形和地质资料(主要有地形地貌、地基情况、地下水位、地震设防标准等),气象资料(主要有温度、湿度、雨雪、主导风向和风速、日照等),市政管线(主要有供电、供水、排水、煤气、通信、有线电视等的容量、分布、走向的具体情况),地下原有隐藏工程及相邻建筑的基础情况,与设计有关的指标、数据、标准和技术规定。

(3)结合设计的具体内容进行调查研究。有些大型或特殊的工程设计对设计人员来说可能是第一次遇到,为了能够更多地吸取前人的经验教训,避免走弯路,同时,为了掌握现场的自然环境和材料供应情况,在设计前的调查研究就显得十分重要。

设计前的调查研究主要有以下内容:

①了解国际、国内的工程现状和设计动态,调查走访已建成房屋的实际使用情况,多渠道收集信息,了解业主及使用者的评价意见。

②现场踏勘,掌握基地环境的第一手资料,了解当地的建筑文化和风土人情、附近自然风貌及原有建筑、道路、绿化等现状,使新建筑与周边环境和建筑相互协调。

③了解当地建筑材料的供应情况。建造房屋耗材量大,大宗建筑材料尽量能够就地取材,这对降低造价、缩短施工工期意义重大。

④了解当地与设计相关的地方性法规以及建筑市场管理的有关事项。我国许多地区在国家统一设计规范和技术标准的基础上,结合本地情况制定了地方性的规定和标准,对建筑市场的准入及管理范围和方式也不尽相同,应当在设计之前了解这方面的信息,以便设计能顺利进行。

2. 设计工作

在完成设计的准备工作之后，就可以开展工程的设计工作。为了慎重起见，及时发现和协调设计中存在的问题。工程设计均应分阶段进行。设计一般分为三个阶段，即初步设计（方案设计）阶段、技术设计（扩大初步设计）阶段、施工图设计阶段。对于一些规模较小、技术简单的工程，有时把初步设计阶段和技术设计阶段合二为一。

1）初步设计

初步设计又称方案设计，是设计的开始阶段。初步设计阶段的中心任务是确定房屋的建筑设计方案，构建房屋的整体空间结构。建筑设计方案要得到业主的认可，并要经过规划、消防、土地、防疫、卫生、人防、市政、交通等有关管理部门的批准。初步设计是不断比较、修改的过程，设计人员应有良好的职业素养和耐心，本着对业主负责的态度，兼顾社会效益、经济效益和环境效益，确定最佳方案。

初步设计阶段应完成的设计文件主要有以下几个部分。

（1）总平面图：标明建筑的位置、朝向、标高、层数、功能、出入口示意、附属房屋和地下工程位置及功能、与道路红线及城市道路的关系、周边建筑及功能、层数和耐火等级、建筑周围的规划和绿化等。根据工程规模，总平面图的比例一般为1:500～1:2 000。

（2）房屋的各层平面图、立面图及主要剖面图：标注建筑的主要尺寸（开间、进深、外廓尺寸、层高、总高度等）、房间的使用功能、主要房间的使用面积、防火分区及相应的设计系统、部分房间的家具及设备的布置方案。比例一般为1:50～1:200。

（3）建筑的外观效果图及模型或电脑动画：一般根据工程的实际情况及规划部门、业主的要求不同而作相应的调整。

（4）工程概算书：根据建筑方案的具体情况，按照有关定额的要求制定工程概算，供业主参考。

（5）文字说明：主要有两个方面的内容。第一是房屋的技术经济指标、设计的构思和意图、结构方案和构造方案的设想、主要设备的类别和选择预案；第二是建筑设计防火专篇。

2）技术设计

技术设计又称扩大初步设计，是把初步设计细化的阶段。技术设计阶段的中心任务是在建筑专业的主持下，协调建筑专业与结构专业、设备专业之间的技术关系。如结构布置方案，交通系统重要部位的净空尺寸，采暖、给水排水、照明、消防、通信、网络、报警、音响及有线电视系统的管线布设和设备箱（盒）的布置等。应及时发现矛盾并妥善处理，避免影响下一阶段的设计工作和施工进程。

3）施工图设计

施工图设计是房屋建设的最后阶段。施工图设计阶段的中心任务是为施工单位提供施工图样，要把建筑工程的整体设计量化和细化。施工图是施工单位进行建筑施工的技术依据，也是监理单位和建筑质量监督部门参与工程监理和监督的依据。设计人员应当本着认真谨慎、科学务实的专业态度从事施工图有关文件的编制。

施工图设计阶段应完成的设计文件主要有：

(1)总平面图：内容与方案设计阶段的总平面图相差不大。

(2)建筑的各层平面图（如有相同层，可用标准层代替）和立面图、能够反映建筑竖向空间变化的有关剖面图、部分房间的局部平面图。当工程规模较大时，平面图可以分区绘制。比例一般为1∶50～1∶200。

(3)建筑细部的节点详图：主要包括外墙详图、楼梯详图、雨篷和阳台详图、门窗详图或立面分格图、重要部位的节点详图、立面装饰细部详图等。有的详图可以引用国标或地标构造标准图的做法，但要与工程的实际情况相符。详图的比例一般为1∶1～1∶50。

(4)其他各专业的施工图：如结构布置图、结构详图、设备专业的系统图、布线图和详图等。

(5)建筑、结构和设备专业的文字说明书：如建筑设计总说明、结构设计总说明、有关设备专业设计说明等。建筑专业还需给出门窗统计表，结构专业有时需给出构件统计表。这些文字说明一般注写在各专业图纸的首页上。

(6)图纸目录：一般分专业编写，如建施—××、结施—××、暖施—××、电施—××等。图纸目录可以统一编写在同一图纸上，也可以分专业独立编写在本专业图纸的首页上。

(7)工程概预算书。

(8)相关的计算书：计算书一般不作为技术文件提供给业主和施工单位，而是用作设计单位内部校核和存档备查的资料。

设计单位应当按照设计合同的约定按时向业主提供施工所需的全部图纸，一般为八套图纸，并有义务参加图纸的审核及技术交底，向施工单位介绍图纸当中有关技术问题。在施工过程中还要根据业主及施工单位的要求，根据实际情况对设计图纸进行部分调整和修正，如构造处理方案的修改、钢筋代换、设备选型等。

设计人员应当有意识地关注房屋的施工过程，与施工单位一起，本着对国家、人民和业主负责的精神相互配合，使房屋的建设过程顺利、圆满。

建筑创作手法心得(一)

(1)建筑方案设计的过程问题。

一般认为，手法问题只是讲如何作设计，建筑单体或细部形象如何处理等，没有顺序和过程的概念。其实，这有些片面，建筑设计手法固然要重视建筑形象（包括空间、细部等在内），但不能说建筑设计的构思运作过程问题不重要了。相反，有时往往由于运作方式不对，使建筑设计显得头绪混乱或经常反复，最后方案却不称心。所以说，建筑设计的手法问题，还应当重视设计的构思方式和运作过程。

建筑的方案设计是建筑设计的命运性阶段，也是人们认为的最难把握的阶段。一般来说，这个阶段的构思方式和运作过程并不只是一种方式，而是有多种方式。这些方式如何选择，就要看两个方面的情况：一是设计对象的情况，如内容、造型要求、周围环境及技术性的复杂程度等；二是设计者的情况，如有的设计者喜欢理性思考方式，有的设计者却喜欢从形式出发等。所以，下述几种方式，只是各人条件不同，不能说孰优孰劣。总之，要看这两个具体要素而择之。

第一种方案设计过程可以说是按部就班式的，即先了解设计对象的性质、内容、要求，然后看基地图。在此基础上对建筑作功能分析，并绘制功能关系图。把这个关系图置于基地，根据基地的形状、朝向、周围环境等要素，将它修改成为合适的总平面形状。等这种“关系”安排妥后，就使建筑物立体化，作调整修改，于是方案完成，具体的设计如图 1 所示。其中图 1(a)是功能关系图，图 1(b)是在基地要素下修正的总平面图，图 1(c)、(d)是最后结果。

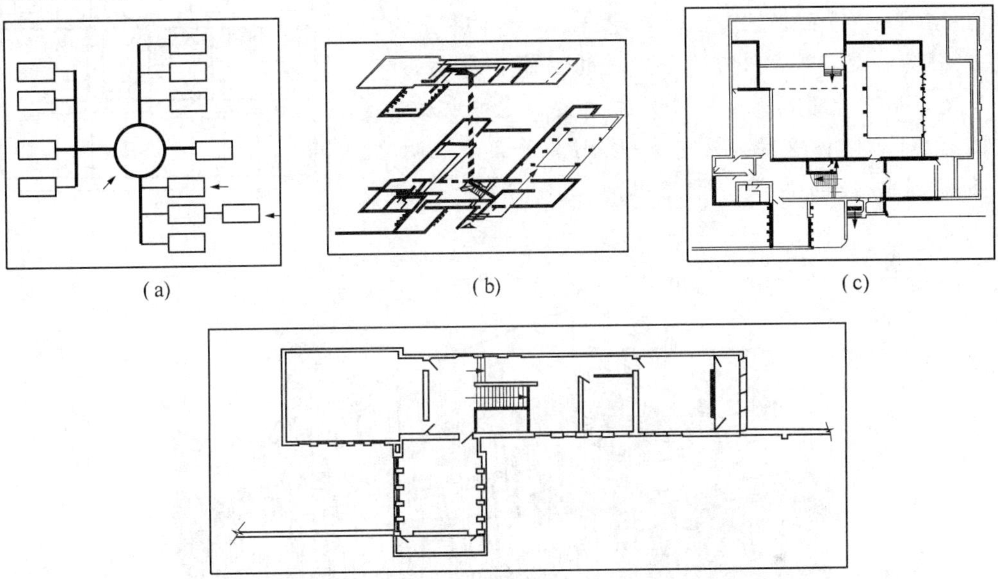

(a) (b) (c) (d)

图 1

这种设计方法的优点是基本上能满足物质功能上的使用要求，而且技术上的问题一般也比较容易解决。但它的缺点是没有什么创造性，只能说是工程设计，不能说成是建筑创作；其最大的问题往往是平面尚可，立体不会太好，也就是说，这个过程重视的是平面的关系，不重视立体的关系。在考虑功能关系时，往往不注意建筑的体型，等到最后一步确定建筑形象时，往往只是作一些细节处理。

但是，对于学习建筑方案设计的人来说，首先必须了解这一过程。这是最基本、基础的方法，只有懂得了这个过程，才能走向更高、更好的方法过程。用不太确切的话来说，这个过程好比绘画中的素描学习、书法中的楷书练习。

第二种方案设计过程是在熟悉基地和设计对象的基础上，作形态性构思。这种方式首先要强调的是上面的两个条件，即对基地和设计对象都要很熟。

这种方式是一般的建筑师作建筑方案时最常用的手法。然而，要注意的是所谓形态性的构思，首先必须罗列一切可能的建筑形式，然后作比较、选择。没有对各种可能用的形式作罗列，则考虑是不全面的，或者可能会对方案反复不定。把许多建筑形式罗列出来，作比较、选择，这就要有比较的水准了。怎样提高比较的水准呢？其一是靠实践，即经验，做得多了，就会知道什么样的形式会成功，什么样的形式要发生困难，或不好看等。其二是善于从理论和要素两者联系起来考虑。所谓理论，类似于类型学的理论；所谓要素条件，即设计的对象和基地情况。图2是综合楼的各种主体部分的形式，高层建筑的种种造型，由设计对象及基地情况来比较选择。不管是20层、30层乃至50层的建筑，其形体的基本形式（平面）应当选择好。针对设计对象和基地情况，哪一种形式最合适呢？这就要有经验，还要把握好实际要素（基地和设计对象）。

第三种方案设计过程是构成式的。这比上面说的一种难度更高。什么叫构成？一般认为，不管是平面的、立体的、空间的，乃至肌理、光影、颜色等，以一个体系为出发点，作各种变换（不但为适合建筑的功能和基地而变，也为造型而变），最后形成一个建筑方案。这种方法难度较高，但对于掌握这种方法者来说，则其作品个性明显，容易得到较好的效果。图3就是用这种方法完成的方案。

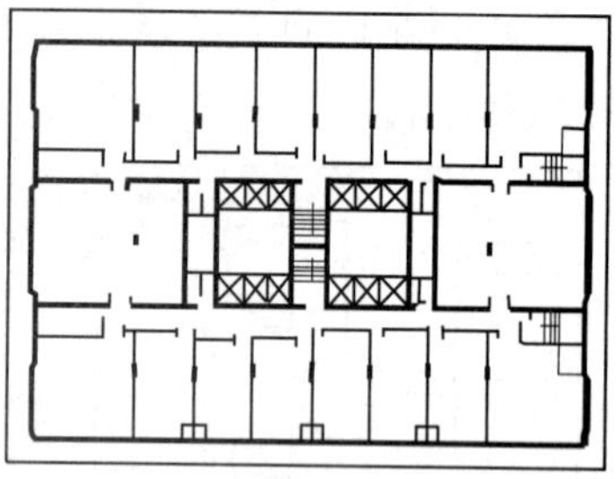

图2

图3

第四种方案设计过程是意象性的。所谓意象性，是指将某种意念投射到某种形象上，让人去联想。一经点破，越看越像，如日本滕泽市鹄召的聂耳纪念碑（见图4），以一个琴台来表达，就是抓住一个“耳”字来构思的，但字体抽象化了，须“点破”，才越看越有意义。

显然，这种构思近乎雕塑手法，或叙事诗。这种设计的过程是怎样的呢？第一步也和前面的方法相同，必须先吃透设计的对象和基地情况。在此基础上，先要把这个对象作为一个文化（对象），由某种艺术文化内涵（或者说主题）进行分析，当然也免不了要阅读一些有关文件、资料。如设计一座博物馆、纪念馆或纪念碑之类，则更有必要这样做，读一些地方志，看一些有关文物等是十分必要的。总之，如果用这种方法对方案进行构思，则先不忙于落笔，以上两种事先要做得完备。在此基础上，要多观察各种形、各种建筑，然后往往会出现灵感，一个形象闪出来。此时，你应当立即抓住它，然后细磨细琢，最终形成方案。图5～图7就都是以这种方法构思出来的。这种方法之难，也许难在建筑师自身的素质上，因此提高建筑师的自我修养是很重要的，如音乐修养、绘画修养、哲学和美学方面的修养等，否则，灵感也就闪不出好形象来。顺便再说一句：这种修养决不是“实用”、“功利”式的，即听了一曲李斯特的钢琴曲就能闪出一个优美的音乐形象(建筑的)。修养是一种观念形态。

图4

图5

方案设计过程的方法还有许多种，如上所述，这要看主观、客观的情况而定。你有你的特点和个性，将来也说不定有你自己的独特的构思过程。

(2)建筑方案设计构思运作剖析。

我们用一个实例来分析。如图7所示，这是一块比较规则的基地，南北向略比东西向长，又由于处在城市商业区，所以建筑用地要尽量利用；但根据规划对它的要求，最高只能造四层。根据这个基地条件，再看它的内容：这是一个小型的银行，重要内容由四部分组成：①营业大厅、办公室、会堂等；②职工食堂、幼托等；③小型的内部招待所；④车库等。由此，正好可以安排一个四合院式的建筑形式，不但使用合理，而且内部自成天地，环境清楚，与外界分合明确，而沿街对象营业部分也正好合乎要求。所以，总体关系就确定为四合院形式。

图6

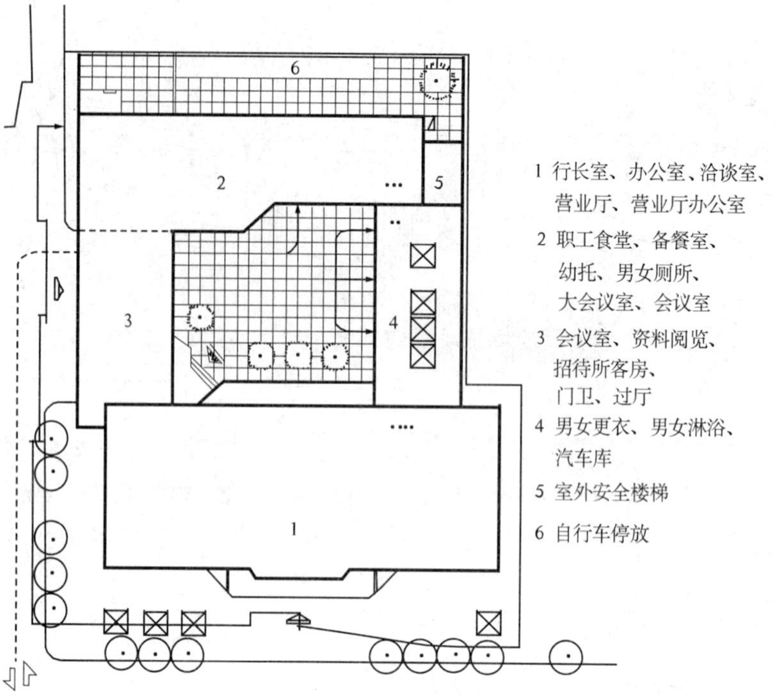

图 7

但是,这四部分的关系不能很清楚地放在四合院的四个方向的建筑内。所以,接下来的工作是在肯定四合院形式的基础上,作各种用途房间的分配和调整,如图 8 ~ 图 11 所示。这是一个比较烦琐而艰苦、无趣的工作,但却是设计中十分重要的工作,须细心地推敲、调动。但是,在做这一部分工作的时候,有两点必须时时注意:一是看是否涉及总方案的问题,这就需要有判断的能力(经验),因为四合院的形式不是万能的,有时能安排得很好,有时却无论怎么做也做不好。这就是所谓"方案性"问题与"非方案性"的问题。无经验者,要做到相当深入时才发现此路不通,从而调过头来再考虑其他总体方案。而不管是否有经验,做设计的时候,时时注意到它,则肯定有利。这就是过程和构思的手法问题了。二是在进行平面安排时,要时时注意到它们的高度问题(如大空间宜高,小空间宜低,这是最一般的问题了),以及想象到立体形象将会如何。这个立体的想象力相当重要。如果你是一位初学建筑设计者,当你在安排平面时,一定要想象它们的立面、立体形象是怎样的,如图 12 所示。有时候,在想象中自己拿不准,还得画一草图(立面、立体),如图 13(a)所示为爱因斯坦天文台设计的透视草图,如图 13(b)所示为最后建成的形象,效果如一。画一画,这也是构思手法,有些人在设计时就是懒得画,这种习惯要改。有的人不会画,只会想,这就得学,画得多了,自然会熟练的。其实,有好多建筑大师,像勒·柯布西耶、贝聿铭、赖特等,在设计时都笔不离手地画他们的构思图。图 14 是前面实例的立体形象图。因为立面图还只是一个二维的面,还不是实际的三维立体。只有这个形象做得满意了,方案结果才可放心。

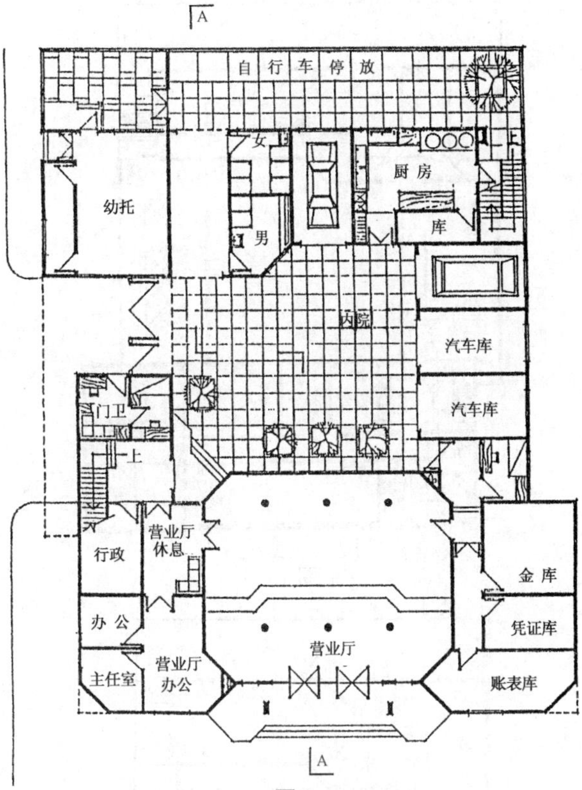
A
自 行 车 停 放
女
厨 房
幼托
男
库
内院
汽车库
汽车库
门卫
上
营业厅
休息
行政
金 库
办 公
凭证库
营业厅
主任室
营业厅
办公
账表库
A

图 8

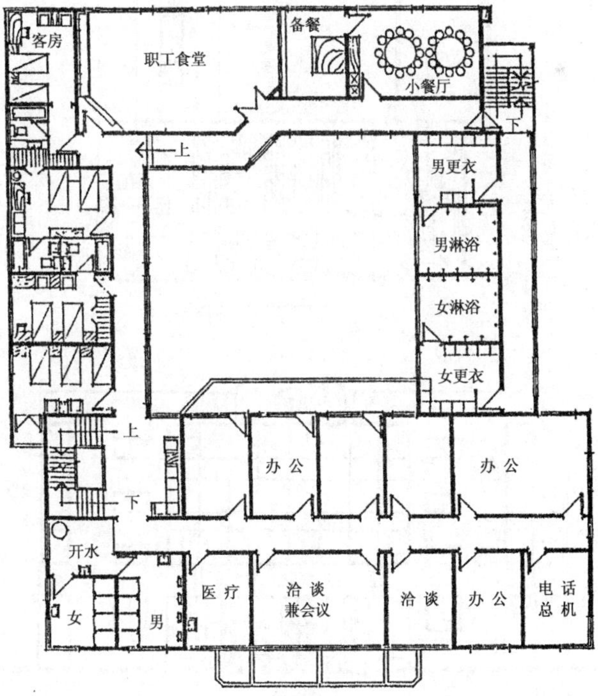
客房
职工食堂
备餐
小餐厅
下
上
男更衣
男淋浴
女淋浴
女更衣
上
办 公
办 公
下
开水
医 疗
洽 谈
兼会议
洽 谈
办 公
电 话
总 机
女
男

图 9

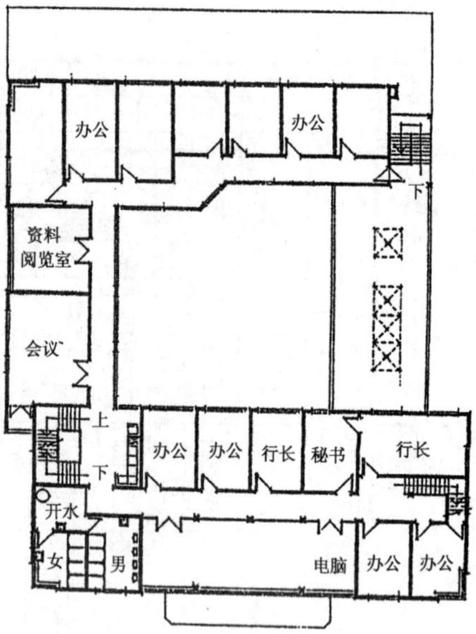
办公
办公
下
资料
阅览室
会议
上
下
办公
办公
行长
秘书
行长
开水
女
男
电脑
办公
办公
图 10

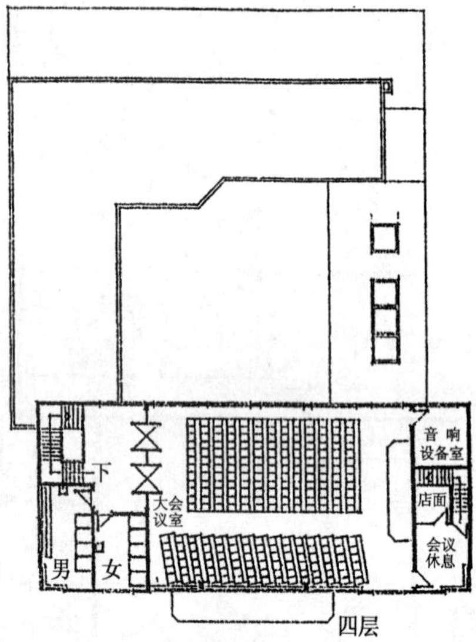
下
大会
议室
音 响
设备室
店面
会议
休息
男
女
四层
图 11

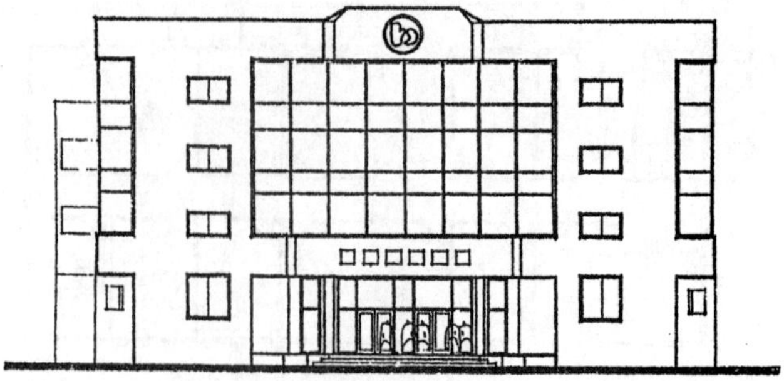
图 12

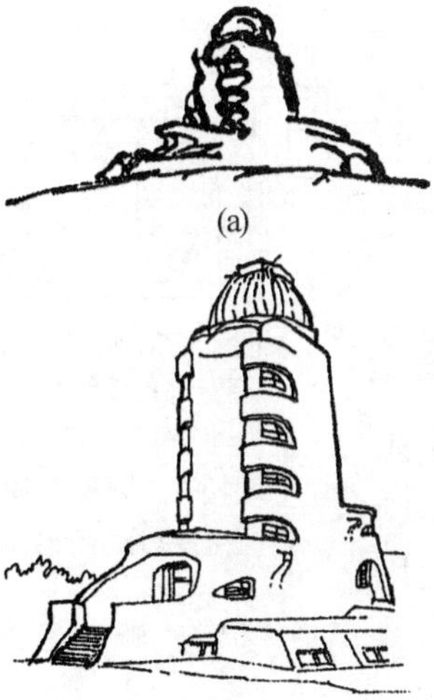

(a)

(b)

图 13

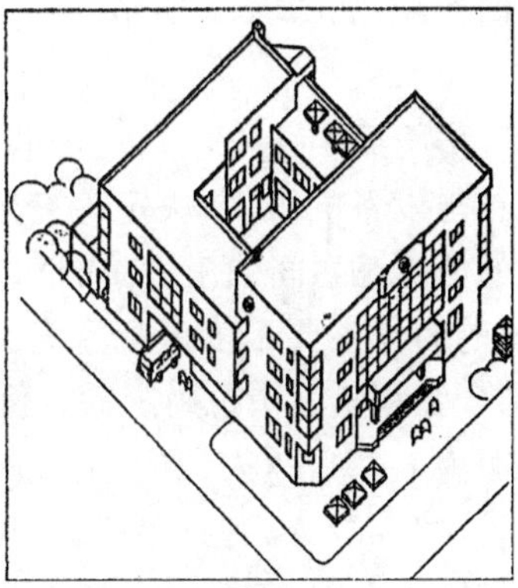

图 14

第二节　建筑平面设计

建筑平面表示建筑物在水平方向房屋各部分的组合关系，由于建筑平面通常较为集中地反映建筑功能方面的问题，一些剖面关系比较简单的民用建筑，它们的平面布置基本上能够反映空间组合的主要内容。因此，在进行方案设计时，总是先从建筑平面设计入手，始终紧密联系建筑的空间关系，联系建筑的剖面和立面，分析其可行性与合理性，从建筑整体空间体量和组合的效果考虑，不断修改平面，反复深入。

各种类型的民用建筑从组成平面各部分的使用性质来分析，主要可以归纳为使用部分和交通联系部分两类。

使用部分是指主要使用活动部分的面积和辅助使用活动部分的面积，即各类建筑物中的主要房间和辅助房间。主要房间如住宅中的起居室、卧室，学校中的教室、实验室，商店中的营业厅等。辅助房间如住宅中的厨房、浴室、厕所以及各种电气、水暖等设备用房。

交通联系部分是指建筑物中各个房间之间、楼层之间和房间内外之间联系通行的面积，如建筑物中的走廊、门厅、过厅、楼梯、坡道以及电梯和自动扶梯等所占的面积。

建筑平面设计包括单个房间平面设计及平面组合设计。单个房间平面设计是在整体建筑合理而适用的基础上，确定房间的面积、形状、尺寸以及门窗的大小和位置。平面组合设计是根据各类建筑功能要求，抓住主要房间、辅助房间、交通联系部分的关系，结合基地环境及其他条件，采用不同的组合方式将各单个房间合理地组合起来。

一、主要房间的设计

主要房间是建筑物的核心，由于它们的使用性质要求不同，对房间的大小、形状、位置、朝向、采光、通风等要求也有很大差别。因此，在平面设计时，首先要根据设计任务书和调研资料，理顺各类房间的使用要求，然后从以下几个方面研究。

（一）房间面积

房间面积通常由以下三个因素决定：一是房间人数，二是家具、设备及人们使用活动所需的面积，三是室内行走需要的交通面积，如图16-5所示。

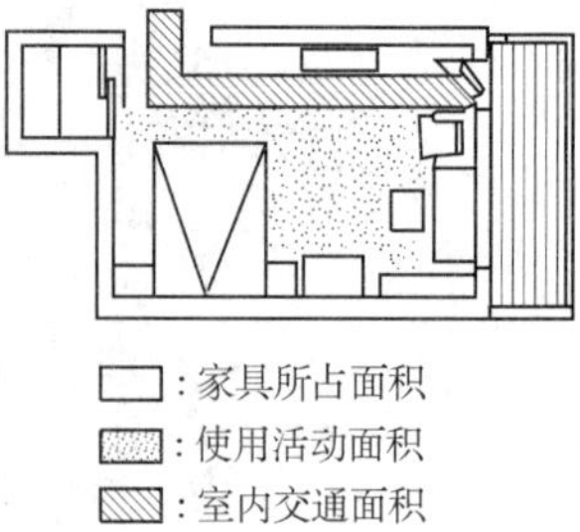

图16-5　卧室中使用面积分析示例

1. 房间人数

确定房间面积首先应确定房间的使用人数，它决定着室内家具与设备的多少，决定着交通面积的大小。确定使用人数的依据是房间的使用功能和建筑标准。在实际工作中，房间的面积主要是依据国家有关规范规定的面积定额指标，结合工程实际情况确定的。例如：中学普通教室使用面积定额为1.12 m^2/人，实验室使用面积定额为1.8 m^2/人，办公楼中一般办公室使用面积定额为3.5 m^2/人，有桌会议室使用面积定额为2.3 m^2/人。

在具体工作中，常遇到一些活动人数不固定，家具、设备布置灵活性较大的房间，如展览馆、营业厅等，这就要求设计人员根据设计任务书的要求，对同类型、规模相近的建筑进行调查研究，分析总结出合理的房间面积。

2. 家具、设备及人们使用活动的面积

任何房间为满足使用要求，都需要有一定数量的家具、设备，并进行合理的布置。如教室中的课桌椅、讲台，卧室中的床、衣橱，卫生间中的大小便器、洗脸盆。这些家具、设备的数量和布置方式及人们使用这些家具设备时所需的活动面积，都直接影响到房间的面积。

3. 房间的交通面积

房间的交通面积是指连接各个使用区域的面积。如教室中课桌行与行之间的距离一般取550 mm左右。图16-5中所示的从房间到阳台的通道等。

（二）房间形状

房间形状可以是矩形、扇形、方形等多种形状，如图16-6和图16-7所示。房间平面形状的确定要综合考虑房间的使用要求、结构布置、室内空间观感、整个建筑物的平面形状及建筑物周围环境等因素，但不要为追求变化而人为地将可以规整的平面复杂化。

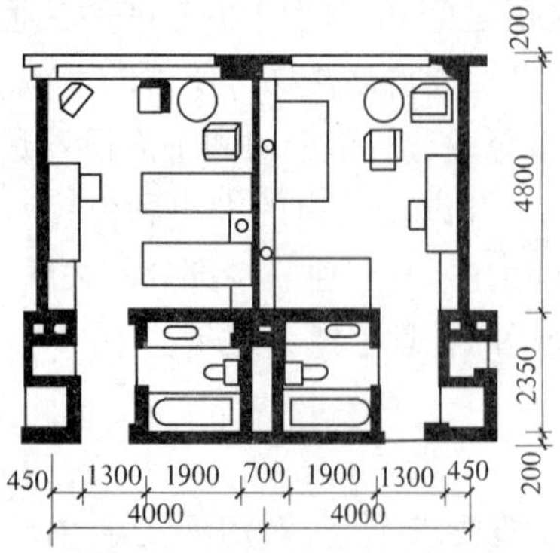

图16-6　矩形平面的客房图

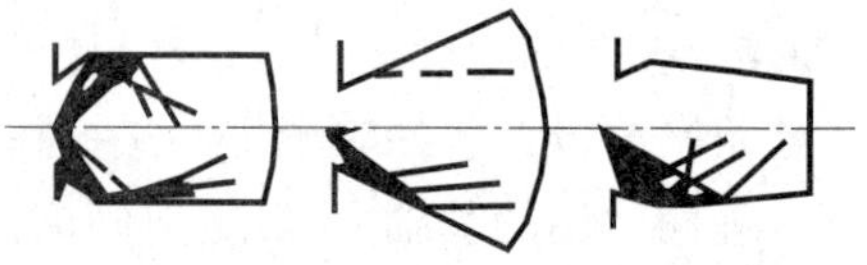

(a)影剧院观众厅

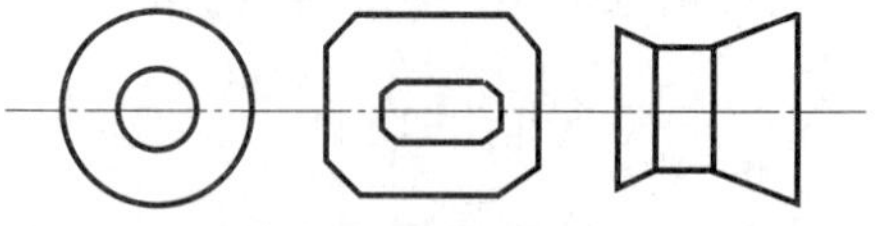

(b)体育馆比赛大厅

图16-7　非矩形平面的房间示意

办公室、宿舍、居室等大量性用途单一的房间通常采用矩形，其原因是这种平面形状便于室内家具布置，便于平面组合，室内空间观感好，易于选用定型的预制构件，有利于结构布置和方便施工。矩形平面房间开间与进深的比例以 1:(1.2~1.5)为宜，方形或狭长矩形不利于使用，且空间观感欠佳。

某些特殊功能用房，其房间形状有特定的要求，如雕塑教室一般要求 9.0 m×9.0 m 的正方形房间，顶部中央天窗采光。若是普通教室，设计成方形就不合适了。对于某些单层大空间，如电影观众厅、杂技场、体育馆等，其房间形状首先应满足使用功能(如声学、视线及疏散)方面的要求，可以采用各种复杂的平面形状。观众厅的平面形状多采用矩形、钟形、扇形、六角形等，如图 16-8 所示。矩形平面的声场分布均匀，池座前部能接受侧墙一次反射声的区域比其他平面形状都大，当跨度较大时，前部易产生回声，故常用于小型观众厅；扇形平面由于侧墙呈倾斜状，声音能均匀地分散到大厅的各个区域，多用于大中型观众厅；钟形平面介于矩形和扇形之间，声场分布均匀；六角形平面的声场分布均匀，但屋盖结构复杂，适用于中小型观众厅；圆形平面的声场分布严重不均匀，观众厅很少采用，但因为视线好及疏散条件好，常用于大型体育馆。

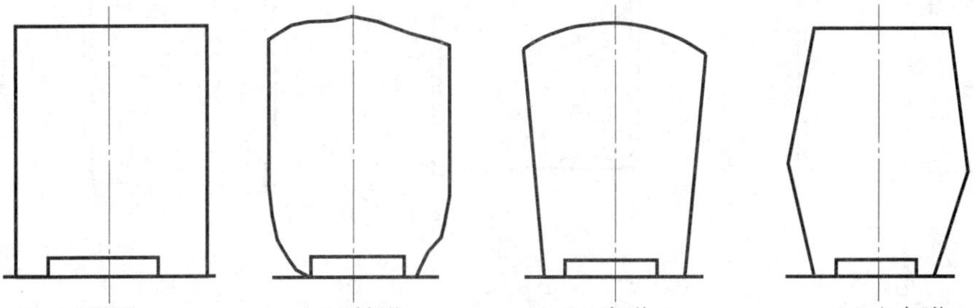

(a)矩形　　(b)钟形　　(c)扇形　　(d)六角形

图 16-8　观众厅的平面形状

在采用非矩形平面时，内部空间处理、家具和结构布置均要采取相应措施，以便适应房间形状的要求。

(三)房间尺寸

房间的面积和形状确定后，下一个重要问题就是确定房间平面尺寸。对于民用建筑常用的矩形平面来说，确定房间尺寸就是确定房间的长和宽的尺寸，在建筑设计中用开间和进深表示。开间是指房间在建筑外立面上所占的宽度，进深是指垂直于开间的深度尺寸，图 16-9 是居室和教室的开间和进深举例。这里的开间和进深并不是指房间净宽和净深尺寸，而是指房间轴线尺寸。

影响房间大小的主要因素有：房间的使用特点及容纳的人数，家具设备种类、数量及布置方式，室内交通活动，采光通风，结构经济合理性及建筑模数等。

房间的开间、进深尺寸应很好地符合家具的布置要求。图 16-10 是两间面积相近的宿舍平面，由于房间开间、进深尺寸选择不同，一间只能布置两个床位(如果把门开在一侧，能布置三个床位)，而另一间则可布置四个床位，显然后一种布置方式能提高房间利用率。

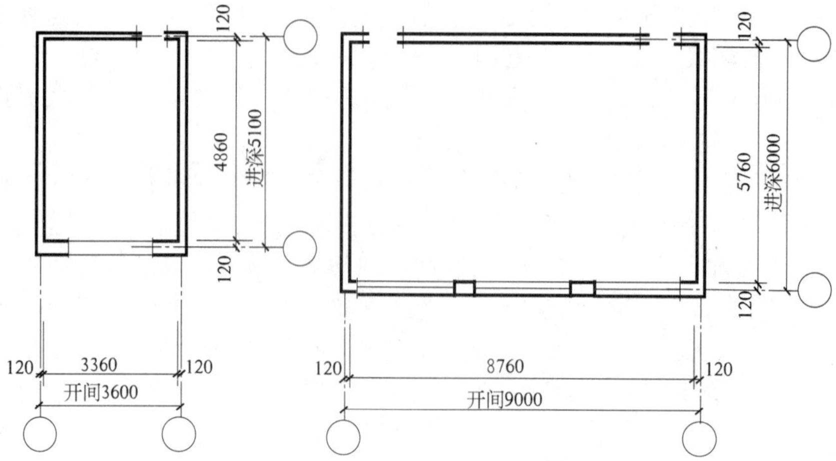

图 16-9　居室和教室的开间和进深

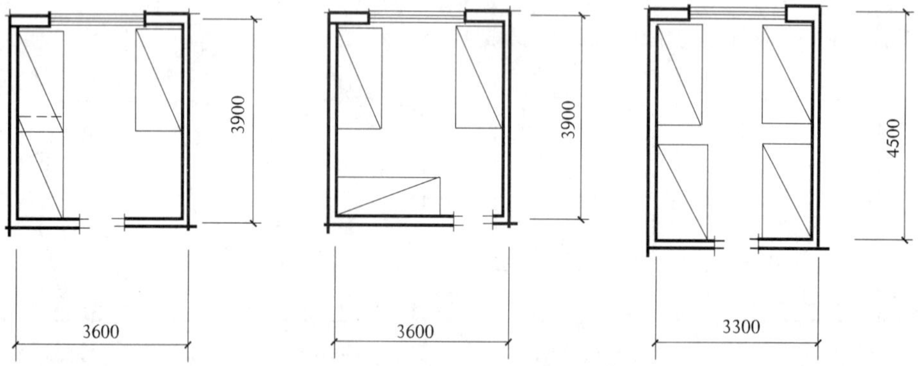

图 16-10　房间尺寸与家具布置的关系

采光、通风等环境要求，在确定房间开间、进深尺寸时也要给予充分考虑。作为大量性的民用建筑，都要求有良好的天然采光和自然通风，特别是单侧采光的房间，如进深过大，会使远离采光面一侧出现照度不够的情况，影响使用。

结构布置的合理性和符合《建筑模数协调统一标准》（GBJ 2—86）要求，也是确定房间尺寸的依据之一。开间和进深尺寸实际上也分别代表房间楼板的跨度和铺板宽度。我国目前预制钢筋混凝土楼板跨度以 3 000 ~ 4 200 mm 较为经济。因此，房间在没有特殊要求的情况下，应尽量统一开间尺寸，减少构件类型，选择较经济的跨度，使结构布置合理。民用建筑的开间和进深通常用 3M 的模数。

（四）房间门窗设置

1. 房间门的设置

房间门的设置包括确定房间门的数量、宽度、位置及开启方向。

门的数量是由房间的面积和可容纳的人数确定的。当房间的面积大于 60 m^2、房间内人数多于 50 人时，按防火规范要求应设两个门。一些人流大量集中的房间，如车站候车厅、商场营业厅等公共建筑房间，疏散用门的数量应符合防火规范的要求，一般不少于两个出口。

房间门的宽度由房间用途、安全疏散及搬运家具或设备的需要决定。通常门取 900 ~ 1 000 mm。公共建筑的外门，如门诊所、商店的外门，一般取 1 200 ~ 1 500 mm。而辅助用房因较少搬运大件家具，其门宽可小些，如住宅厨房及阳台门多取 800 mm，厕所门取 700 mm。按防火要求，房间面积大于 60 m^2、容纳人数多于 50 人的房间，单个门宽不小于 900 mm。

门的位置及开启方向应便于房间内家具布置，使交通路线便捷及适应房间组合的需要，同时还要考虑自然通风的需要。此外，门的位置应有利于保留较多的完整墙面，便于家具布置和充分利用空间。如图 16-11(a)中，门的位置分散，室内墙面不完整，家具不易布置。图 16-11(b)适当调整门的位置，保留几个完整的内角，室内布置得到改善。当几个房间相套时，门的位置应有利于房间组合，使交通路线简捷，便于使用，并使房间面积得到充分利用。图 16-12 是几个套间门的处理，其中图 16-12(a)、图 16-12(b)、图 16-12(c)门的位置及开启方向均不正确，影响房间使用；图 16-12(d)较好，但左边门的开启方向不利于使用，图 16-12(e)门的位置及开启方向均正确，既节约门开启占用面积，又使得交通简捷、流畅。

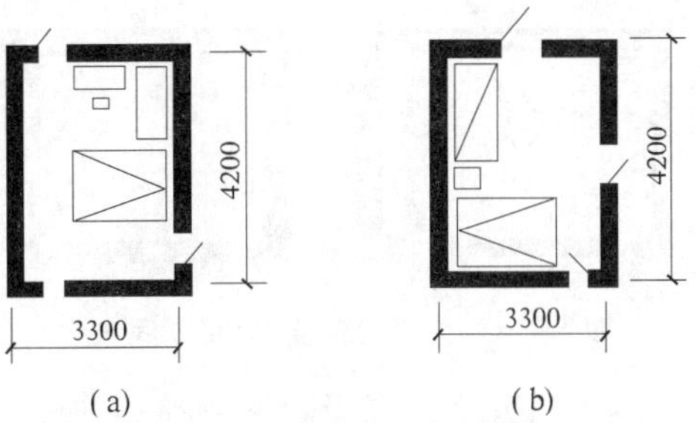

图 16-11　门的位置与家具布置的关系

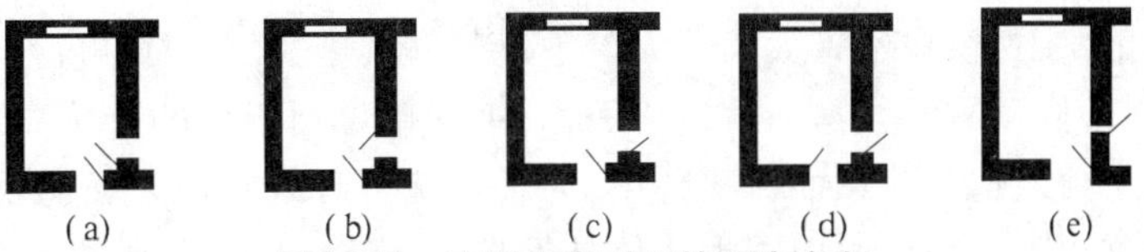

图 16-12　房间相套时门的开启方向

2. *房间窗的设置*

确定窗的大小和位置时，要考虑室内采光、通风、立面美观、建筑节能及经济等方面的要求。

房间采光要求取决于房间的用途。在天然采光中，凡需要光线强的房间，窗户面积应大些，反之则小些。可按表 16-2 的采光分级，定出相应的窗、地面积比，再根据室内地板面积，求出窗洞面积。

表 16-2　民用建筑房间天然采光分级

等级	采光要求	房间类别	面积比
Ⅰ	很高	绘画室、制图室、打字室、手术室、展览室	1/4 左右
Ⅱ	较高	阅览室、健身房、游泳馆、实验室、托儿所、幼儿园	1/5 左右
Ⅲ	一般	礼堂、教室、办公室、餐厅、营业厅、候车室	1/7 左右
Ⅳ	较低	书库、居室、浴室、厕所、洗衣间	1/9 左右
Ⅴ	很低	楼梯间、走道、仓库、储藏间	1/10 以下

房间通风与窗的大小、开启扇位置及多少有关。设计中应尽量减少涡流区，形成穿堂风。图 16-13 为门窗位置对房间内空气流动的影响。另外，可以增设高侧窗，以减少涡流区，如图 16-14 所示。

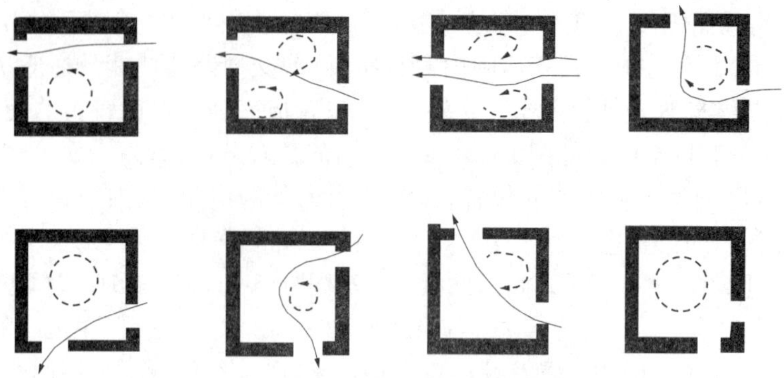

图 16-13 门窗位置对房间内空气流动的影响

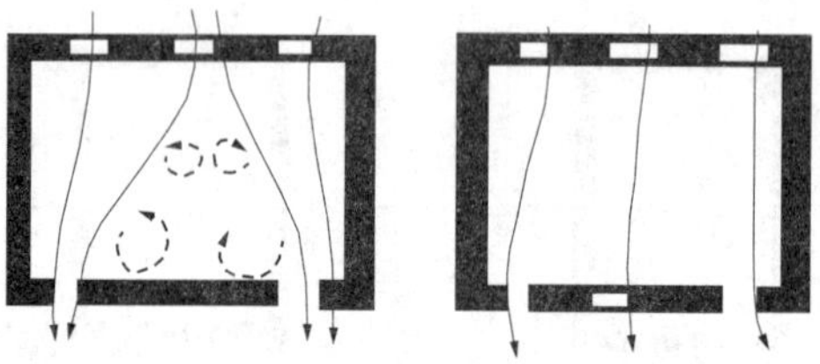

图 16-14 增设高侧窗，以减少涡流区

在建筑立面上，窗的位置及大小对建筑美观影响很大，设计中常根据立面的需要适当调整窗的大小及位置。

就建筑节能来看，窗户不宜太大。大窗不仅冬季散热多，而且窗缝冷空气渗透也相当可观，所以寒冷地区不宜开大窗。就造价而言，由于单位面积窗的造价高于外墙，加大窗就意味着提高了建筑造价。然而在实践中，为了建筑美观或其他方面的要求而加大窗面积的情况也经常出现。设计时应根据具体条件，进行综合分析，做到既合理又美观。

二、辅助房间的设计

辅助房间包括厕所、盥洗室、浴室、厨房、配电房、水泵房等，它们在整个建筑中虽处于次要地位，但却是建筑中不可缺少的部分。辅助房间的设计原理和方法与主要房间基本相同，但由于辅助房间大多设有较多的管道、设备，故房间的大小及布置会受到一定的限制。

（一）厕所设计

厕所的面积、形状和尺寸是根据室内卫生器具的数量、布置方式及人体使用所需的基本尺度来确定的。在卫生间平面设计中，首先要了解各种卫生设备和人体使用它们所需的尺度。

1. 卫生设备的类型及数量

厕所常用的卫生设备有大便器、小便器、洗手盆、污水池等。大便器有蹲式和坐式两种，小便器有小便斗和小便槽两种，可根据建筑的用途、规模、标准及生活习惯进行选用。图 16-15 是一般民用建筑中常用的几种卫生设备及其尺寸。

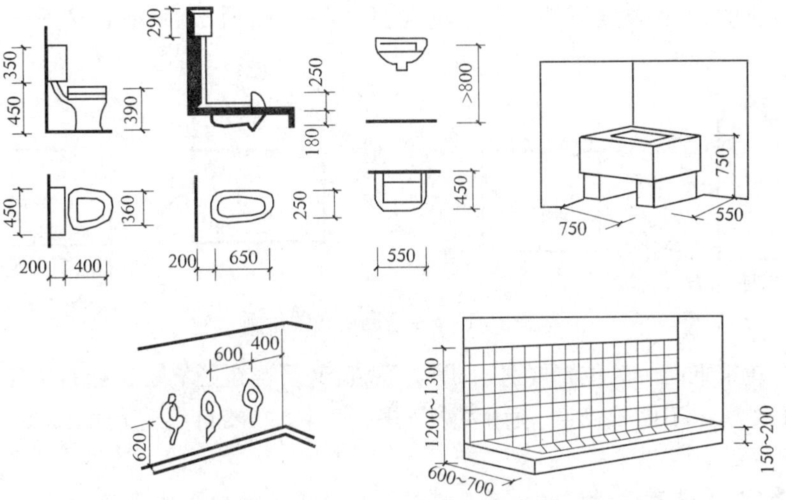

图 16-15　常用的几种卫生设备及其尺寸

卫生设备的数量主要取决于使用人数、使用对象和使用特点。一般民用建筑每个厕所设备可供使用的人数可参考表 16-3 选用。

表 16-3　一般民用建筑厕所设备参考指标

建筑类型	男小便器（人/个）	男大便器（人/个）	女大便器（人/个）	洗手盆（人/个）	男女比例
中小学	40	40	25	100	1∶1
宿舍	20	20	15	15	按实际情况
旅馆	20	20	12		按设计要求
办公楼	50	50	30	50～80	3∶1～5∶1
幼托		5～10	5～10	2～5	1∶1

2. 厕所布置

厕所的平面形式可分为公共厕所和专用厕所。公共厕所应设置前室，以改善通往厕所走道和过厅的卫生条件，并有利于厕所的隐蔽。前室的深度一般不小于 1.5 m，通常设有洗手盆和污水池。公共厕所布置示例如图 16-16 所示。

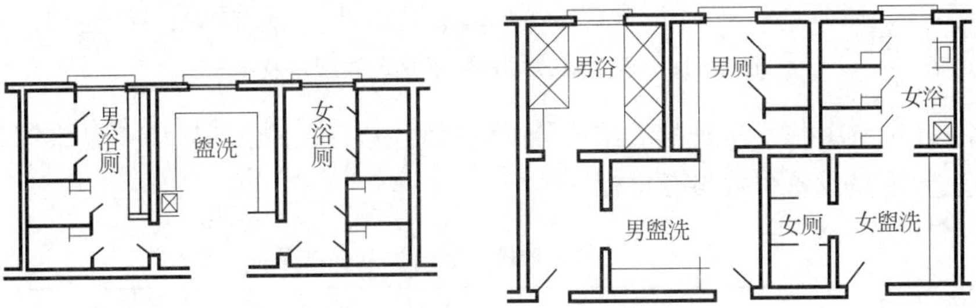

(a)　　(b)

图 16-16　公共厕所布置示例

专用厕所的使用人数较少，常将盥洗室、浴室、厕所三部分组成一个卫生间，如图 16-17所示。

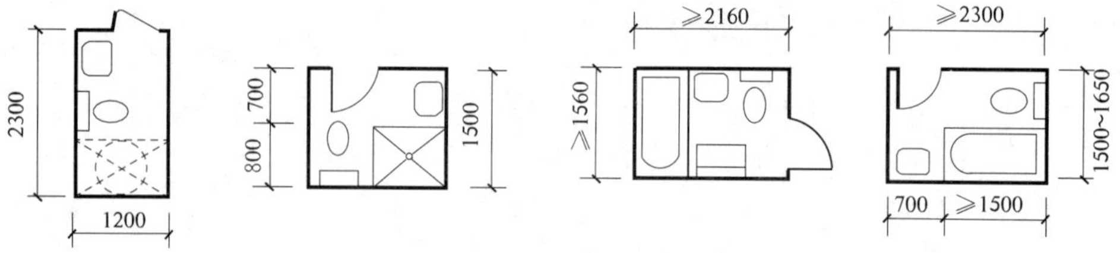

图 16-17　专用厕所布置示例

厕所在建筑平面中的位置要适当，既要隐蔽，又要与走道、大厅、过厅有方便的联系。公共建筑的厕所由于面积较大，使用人数较多，应有良好的自然采光和通风，以保证厕所内空气清新。

（二）浴室、盥洗室设计

浴室、盥洗室的设备主要有洗手盆、浴盆、淋浴器等。其尺寸规格及布置如图 16-18所示。

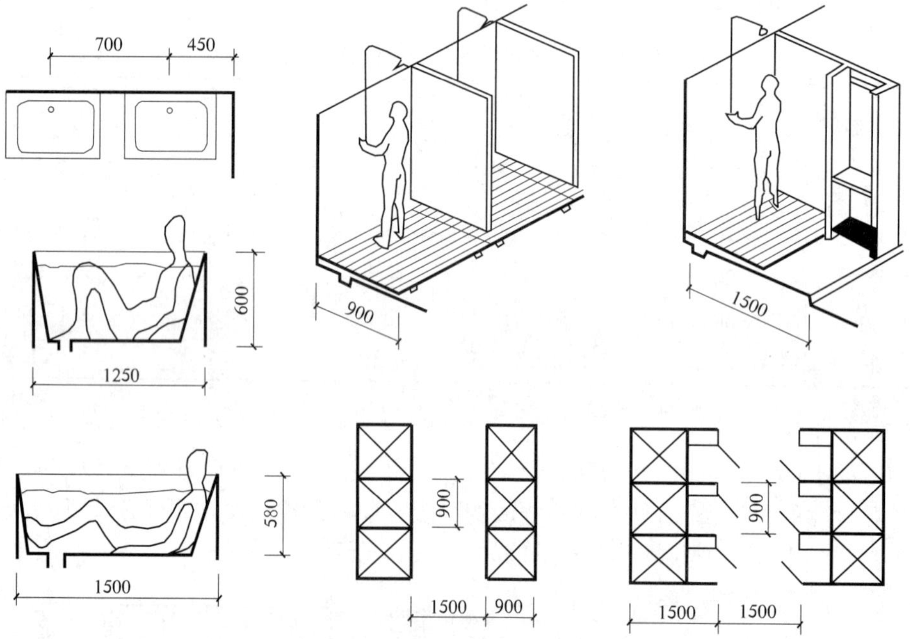

图 16-18　洗手盆、淋浴器、浴盆尺寸规格及布置

浴室、盥洗室中洗手盆及淋浴器数量可根据使用人数确定。表 16-4 是旅馆和托幼建筑的浴室、盥洗室设备个数参考指标。

表 16-4　浴室、盥洗室设备个数参考指标

建筑类型	男淋浴器(人/个)	女淋浴器(人/个)	洗手盆或龙头(人/个)
旅馆	40	8	15
幼托	每班 2 个		2～5

(三)厨房设计

住宅、公寓中的厨房一般为一户独用,应设置炉灶、洗涤池、案台、固定式碗柜等设备。

厨房的面积大小主要由设备布置、燃料堆放和操作空间等因素决定。设备布置宜紧凑,以减少人们往返走动的距离和方便操作。

厨房设计应满足以下要求:

(1)厨房紧靠外墙布置,以满足采光和通风的要求。

(2)厨房的墙面、地面应考虑防水,便于清洁,故比一般房间地面低 20 ~ 30 mm。

(3)尽量利用厨房的有效空间布置足够的储藏设施,如壁龛、吊柜等。

(4)厨房室内布置宜符合操作流程,其形式有单排、双排、L 形、U 形几种,其中 L 形和 U 形较为理想,提供了连续案台空间,与双排相比,避免了操作过程中频繁转身的缺点。单排布置设备的厨房要求最小净宽为 1.5 m,双排布置设备的厨房,两排设备之间的距离按人体活动尺度要求不应小于 0.9 m。图 16-19 为厨房布置的几种形式。

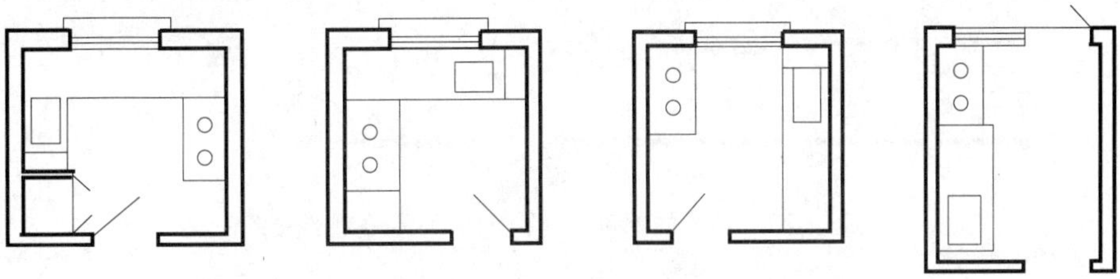

(a) U形　　(a) L形　　(c) 双排　　(d) 单排

图 16-19　厨房布置的几种形式

三、交通联系部分的平面设计

一幢建筑物除要有满足使用要求的各种房间外,还需要有交通联系部分把各个房间之间以及室内外之间联系起来。建筑物内部的交通联系部分可以分为水平交通联系的走廊、过道等,垂直交通联系的楼梯、坡道、电梯、自动扶梯等,交通联系枢纽的门厅、过厅等。

交通联系部分设计的主要要求有:

(1)路线简捷明确、通行方便;

(2)要有足够的宽度和面积,便于疏散;

(3)满足一定的采光、通风要求;

(4)力求节省交通面积,同时考虑空间处理等造型问题。

进行交通联系部分的平面设计,首先需要具体确定走廊、楼梯等通行疏散要求的宽度,具体确定门厅、过厅等人们停留和通行所必需的面积,然后结合平面布局考虑交通联系部分在建筑平面中的位置以及空间组合等设计问题。

(一)走道

1. 走道宽度的确定

走道的宽度应符合人流通畅和建筑防火要求,通过单股人流的通行宽度为 500 ~ 600 mm。

在通行人数少的住宅走道中,考虑到两人相对通过和搬运家具的需要,走道的最小宽度也不宜小于 1 200 mm。在通行人数较多的公共建筑中,按各类建筑的使用特点、建筑平面组合要求、通过人流的多少并根据调查分析或参考设计资料确定走道宽度。公共建筑门扇开向过道时，走道宽度应当增加。如中小学教学楼中过道宽度，根据走道联系教室的多少，常采用 1 800 mm（走道一侧设教室）或 2 400 mm（走道两侧设教室）左右，医院建筑中走道以 2 200 ~ 3 000 mm 为宜。设计走道的宽度时，应根据建筑物的耐火等级、层数和走道中通行人数的多少，进行防火要求最小宽度的校核。

走道从房间门到楼梯间或外门的最大距离，以及带形走道的长度，从安全疏散考虑也有一定的限制。

走道的宽度与走道两侧门窗位置、开启方向有关，如图 16-20 所示。

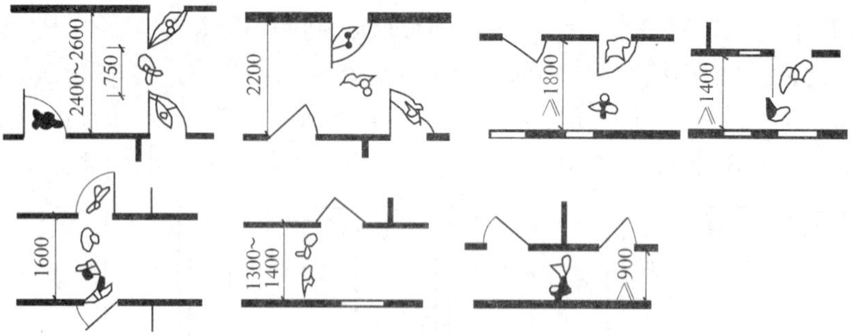

图 16-20　走道的宽度与走道两侧门窗位置的关系

2. 兼有其他从属功能的走道

不同建筑类型具有不同的使用特点，走道除交通联系外，也可以兼有其他的使用功能。图 16-21 是兼设陈列橱窗的教学楼走道，适当加宽后的走道可作学习场所、布置阵列橱窗或黑板，供学生进行课下观摩交流之用，亦可兼作学生的课余活动场地。图 16-22 是兼供候诊之用的医院门诊部走道，只需简单布置些长椅，就起到了提供方便候诊空间的作用。

图 16-21　兼设陈列橱窗的教学楼走道

图 16-22　兼供候诊之用的医院门诊部走道

3. 采光和通风

走道的采光和通风主要依靠天然采光和自然通风。外走道由于只有一侧布置房间，可以获得较好的采光、通风效果。内走道由于两侧均布置房间，如果设计不当，就会造成光线不足、通风较差，一般可通过走道尽端开窗或利用楼梯间、门厅及走道两侧房间设高窗来解决。

（二）楼梯

建筑的主要楼梯常常位于主要出入口附近或直接布置在主门厅内，成为视线的焦点，起到及时分散人流的作用，同时也可增加大厅的气氛。按照防火规范要求，两楼梯之间的距离不宜过大，如学校、医疗建筑不大于 35 m，托幼建筑不大于 25 m，其他建筑不大于 40 m。因此，配合主要楼梯的次要楼梯应布置在这个范围内。防火楼梯是为了满足防火疏散需要而设的，一般布置在建筑物的端部，常做成简易式开敞楼梯。在通常情况下，一幢公共建筑至少设两部楼梯，对于一些使用人数少、面积不大的低层建筑，在不影响使用时也可只设一部楼梯。

楼梯梯段宽度考虑单股人流通行时为 900 mm，两股人流通行时为 1 100 mm，三股人流通行时为 1 500 mm。一个梯段的踏步数不得少于 3 级，也不得多于 18 级。楼梯的休息平台宽度应不小于梯段宽，其形状可以是半圆形、矩形、多边形。

（三）电梯

电梯在层数较多的民用建筑中或某些特殊需要的建筑中，与楼梯相配合，共同进行垂直运输。设计时应注意以下几点：

（1）在设置电梯的同时，必须配置辅助楼梯，供电梯发生故障时使用。

（2）当住宅建筑 7 层以上，公共建筑 24 m 以上时，电梯就成为主要的垂直交通工具。建筑物内每个服务区，乘客电梯台数不宜少于 2 台。单侧排列的电梯不应超过 4 台，双侧排列的电梯不应超过 8 台。

（3）每层电梯的出入口前，应留有等候的空间，以免进出人流形成拥挤阻塞现象。电梯的布置形式有单面式和对面式，如图 16-23 所示。

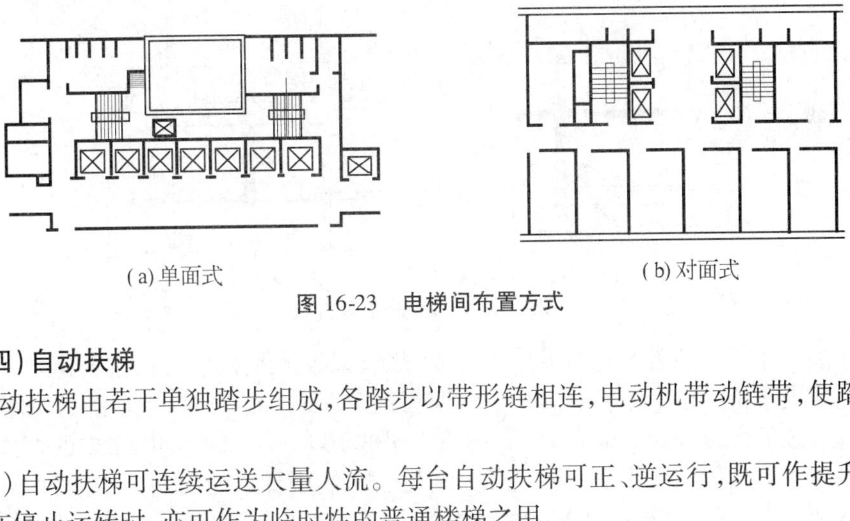

(a) 单面式　　(b) 对面式

图 16-23　电梯间布置方式

（四）自动扶梯

自动扶梯由若干单独踏步组成，各踏步以带形链相连，电动机带动链带，使踏步不断升降。

（1）自动扶梯可连续运送大量人流。每台自动扶梯可正、逆运行，既可作提升或下降之用，在停止运转时，亦可作为临时性的普通楼梯之用。

（2）自动扶梯应布置在明显的位置，其两端应较开敞，避免面对墙壁、死角，一般均可设在大厅的中间。

（3）公共建筑中设置自动扶梯的同时，仍需布置电梯及一般性楼梯，作为辅助性垂直交通工具。

自动扶梯布置形式如图 16-24 所示。

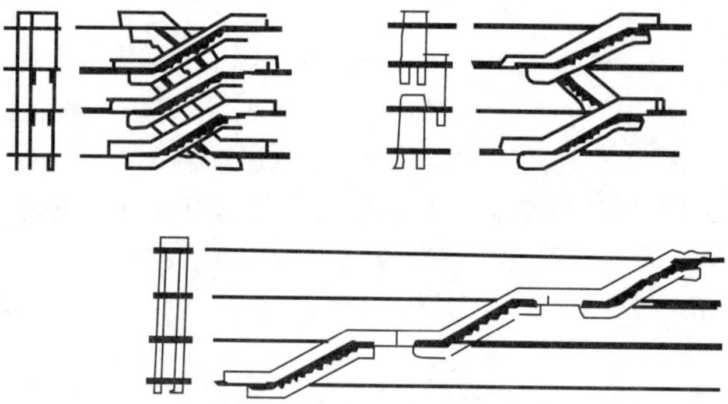

图 16-24　自动扶梯布置形式

（五）门厅

门厅是建筑物内部的交通枢纽，具有人流集散、方向转换、衔接水平和垂直空间等作用。此外，门厅常根据建筑的性质，设置一定的辅助空间。如行政办公建筑门厅内设有传达问讯、接待等内容，医院的门厅有办理挂号、交费、取药等功能，旅店的门厅是接待旅客、办理手续、等候及休息、会客的空间。

1. 门厅的形式与面积

门厅的形式从布局上可分为两类：非对称式和对称式，如图 16-25 所示。对称式布置强调的是轴线的方向感，常用于学校、办公楼的门厅。非对称式布置灵活多样，没有明显的轴线关系，常用于旅馆、医院、电影院等建筑。

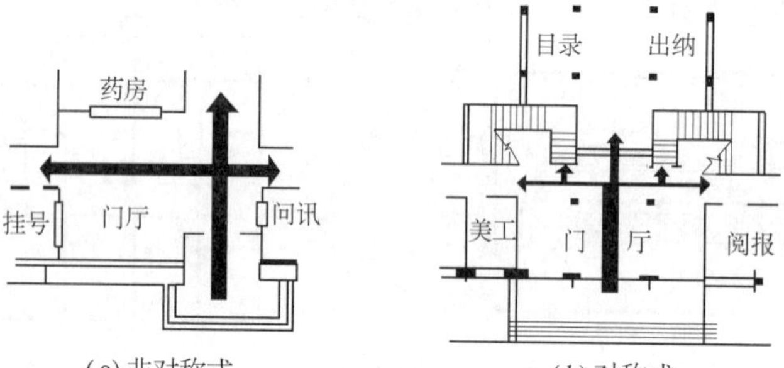

(a) 非对称式　　(b) 对称式

图 16-25　门厅的布置方式

门厅的大小要根据各类建筑的使用性质、规模以及质量标准等因素而定。一般民用建筑的门厅大小可由定额指标查得。如旅馆为每床 0.3～0.45 m^2，中小学为每座 0.06～0.08 m^2，门诊部为每人 0.8 m^2（按全日门诊人次的 10%～15% 为同时集中的人数估算）。从面积指标中查到的门厅大小只确定了为满足基本使用要求所需要的空间大小，至于空间的形状、空间处理仍需根据建筑物的性质及所需达到的特定观感，作进一步的设计。门厅设计中切忌门厅“大而无用”或过小。

2. 门厅的设计要求

（1）门厅的位置应明显而突出，一般应面向主干道，使人流出入方便。

（2）门厅内各组成部分的位置与人流活动路线相协调，尽量避免或减少路线交叉，为各使用部分创造相对独立的活动空间。

（3）门厅内要有良好的空间气氛，如良好的采光、合适的空间比例等。

(4)门厅对外出入口的宽度不得小于通向该门的走道、楼梯宽度的总和。

四、建筑平面组合设计

在基本完成使用部分平面设计的工作之后，就可以着手进行平面的组合设计。如果把使用部分各种房间看成是构成建筑的零件的话，平面组合设计的任务就是要把这些零件有机地组合起来，形成一个有效的体系。在大多数情况下，设计者对使用部分的设计和平面组合设计是联系在一起综合考虑的，在设计使用部分的初始阶段就已经对建筑平面的组合方式有了大致的意向。建筑平面组合设计不但要解决好建筑内部的空间关系，而且还要处理好建筑与周围环境的协调问题。建筑平面组合设计对建筑整体功能的发挥、结构方案的选择、建筑空间造型及技术经济性等方面均有至关重要的影响，是建筑平面设计的关键环节。

建筑的平面组合设计主要应当考虑建筑的使用功能、建筑的结构形式、基地环境、建筑造型及艺术要求等因素。有关建筑造型及艺术要求的问题将结合建筑体型和立面设计的问题在本章第四节中阐述。

(一)使用要求对平面组合设计的影响

建筑的平面功能是平面组合设计应当考虑的主要问题，只有认真分析建筑的平面功能，才能使平面组合设计满足建筑的功能要求。

1. 平面各功能区之间的联系和分隔

构成建筑平面的各类房间，其使用功能各异，使用特点和要求也不尽相同，应当按照它们的使用特点和相互之间联系的紧密程度进行分类和分区，把使用特点相近、相互关系密切的房间布置在同一功能区内，而把使用特点相差较大、相互关系不大的房间布置在不同的功能区内，以避免相互干扰。根据建筑内各房间的使用功能和活动特点组织功能分析图，可以形象地表示建筑内各功能分区之间的相互关系以及对环境的影响(见图16-26)。

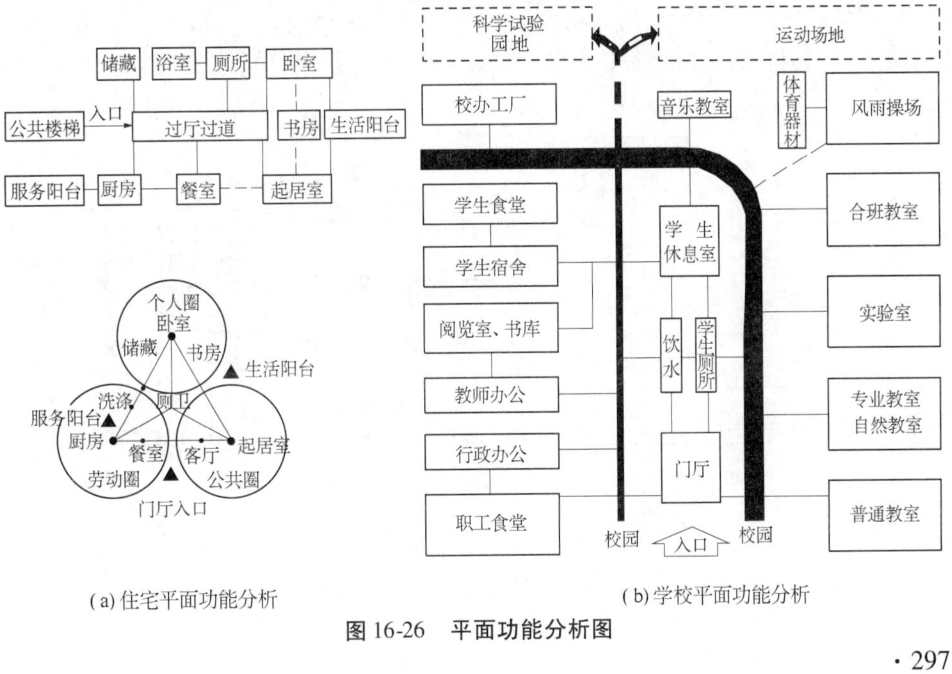

(a)住宅平面功能分析　　(b)学校平面功能分析

图16-26　平面功能分析图

中小学校教学楼是比较典型的功能分区明确的建筑。教学楼按照使用性质主要分成教学区、行政办公区和生活服务用房等三个功能区。教学区是教学楼的主体功能区，教室数量多、占地面积大、使用人数多，具有闹静结合的使用特点。行政办公区需要安静的工作环境。二者之间既要有方便的联系，又要避免教学区对行政办公区产生干扰。生活服务用房主要包括厕所、库房、卫生所等，需要与服务对象联系方便。属于教学区的音乐教室对周围房间影响较大，应相对独立，以布置在建筑的角落处为宜。图 16-27 是浙江省某小学教学楼平面举例。

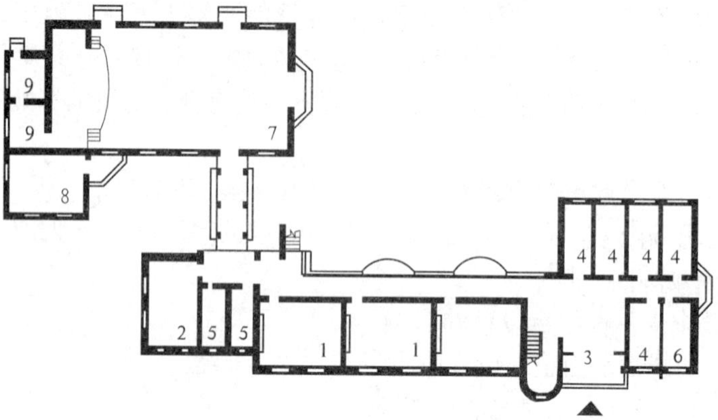

1—普通教室；2—音乐教室；3—门厅；4—办公室；5—学生厕所；
6—教工厕所；7—健身房兼礼堂；8—体育器材仓库；9—附房

图 16-27　浙江省某小学教学楼平面

2. 各类房间的主次及内外关系

在一幢建筑中，各类房间的地位和作用是不同的，有些属于主要房间，有些则属于次要房间。如银行、商场的营业厅、教学楼的教室、影剧院的观众厅等均属于主要房间，而库房、厕所、演员休息室等则属于次要房间。在进行平面组合设计时，应当首先满足主要房间的功能要求，其他房间要围绕主要房间的中心位置进行设计。图 16-28 是某银行分理处平面举例。

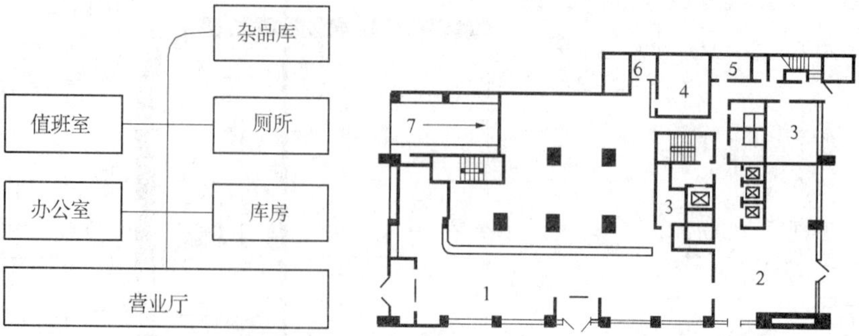

(a) 功能分析图　　(b) 平面图

1—营业厅；2—内部办公门厅；3—办公室；4—现金库；
5—守卫室；6—设备间；7—地下车库入口

图 16-28　某银行分理处平面

建筑中各类房间与建筑内外联系程度也不相同，有些房间以对外联系为主，如银行、商场的营业厅、餐馆的餐厅等。在进行平面组合设计时，应当把这类房间布置在邻近主要入口和临近街道的一侧，以便于吸引人流和对外联系。有些房间则以对内联系为主，如商场的库房、医院的中心供应室等，应当把这类房间布置在与其联系紧密的房间附近。如图 16-29所示是某商场平面举例。

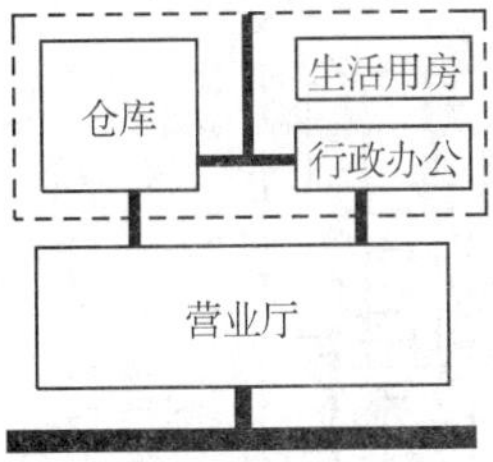

(a) 功能分析图

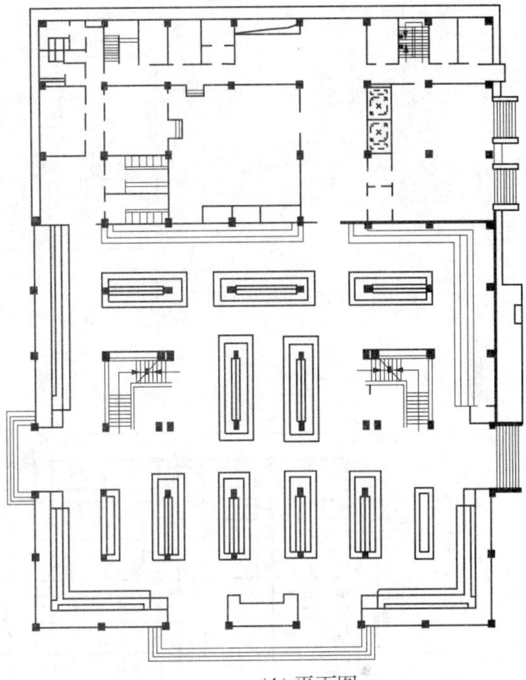

(b) 平面图

图 16-29　某商场平面

3. *房间的使用顺序和交通路线的组织*

有些建筑的房间在使用时有一定的先后顺序，事先对这类建筑的功能和活动特点进行分析，把相关房间按照人们的行为路线顺序排列，组织合理的交通路线，尽量减少不必要的往返交叉和相互干扰，是这类建筑平面组合设计应解决的关键问题。这类建筑主要有医院门诊部、火车站候车室、机场候机及出港大厅等。如患者去门诊部就医时，其顺序一般为挂号—候诊—诊疗(包括检验、化验)—划价收费—取药—离开。门诊部把挂号、划价收费、取药等房间设在入口大厅附近，这里是患者进入和离开门诊部的必经之地。患者进入门诊部首先在此挂号，看病之后离开门诊部之前在此取药，避免了患者在门诊部内无谓的往返交通。医院门诊部一般把门诊量大的科室布置在较低的楼层及交通方便的位置，把门诊量小的科室布置在较高楼层及走廊远端。在一般情况下，化验检验等医技部门为全医院各科室共用，应布置在门诊部居中位置，以便于各科患者使用。中小型医院常把儿科和急诊部单独设置出入口，这主要是为了避免儿童患者被成人患者传染以及管理方便。图 16-30 为某医院门诊部平面举例。

（二）建筑结构形式对平面组合设计的影响

安全可靠、经济合理的结构形式是使建筑使用功能和艺术形象得以实现的技术保障，应当根据建筑的平面及空间的组合形式选择不同的结构方案。建筑的结构形式主要有墙承重体系、框架体系和空间结构体系等三种。

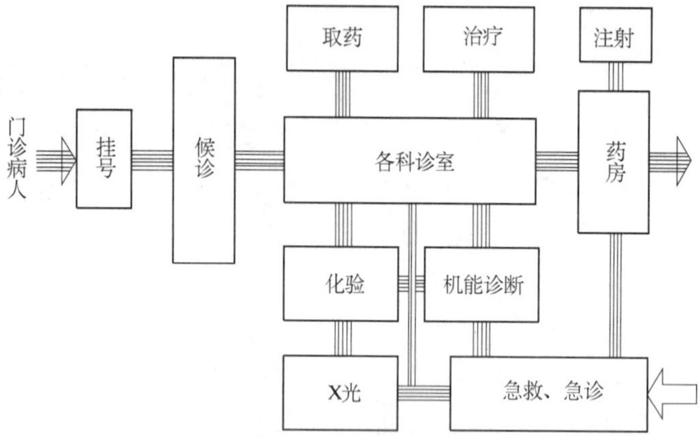

(a) 组成关系及患者交通路线示意图

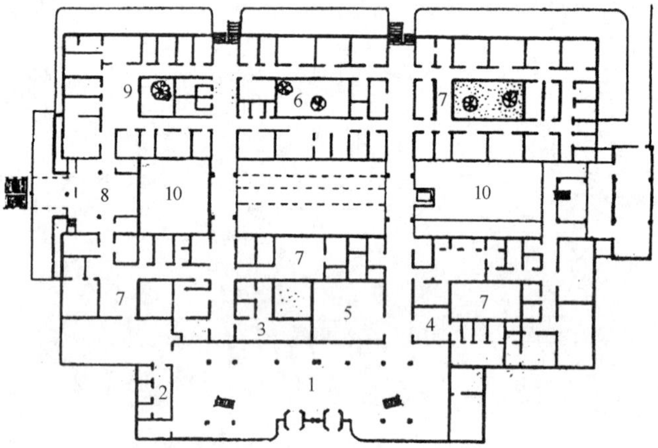

(b) 平面图

1—门诊大厅；2—挂号；3—收款；4—中药；5—西药；6—医技部；
7—诊室；8—急诊门厅；9—急诊室；10—天井

图 16-30　某医院门诊部平面

墙承重体系的结构形式以砖混结构为主，适用于建筑层数较少（一般在 7 层以下）、房间面积不大的建筑，如多层住宅、宿舍、办公楼、教学楼等。由于墙体是主要的承重构件，因此需要有足够的断面尺寸，而且应当自下而上连续布置，以满足传递荷载的要求。房间的开间和进深尺寸受到水平承重构件经济跨度的限制，不可能太大。砖混结构建筑在进行平面组合设计时，应尽量使平面规则、整齐，减少轴线参数，简化构件类型。由于砖混结构建筑自身的局限性，建筑空间的灵活性和可变性较差，而且结构构件所占的面积较多。图 16-31 是某砖混结构住宅单元平面的举例。

框架结构体系是由钢筋混凝土柱、梁、板（或钢框架）构成建筑的骨架，墙体只起围护

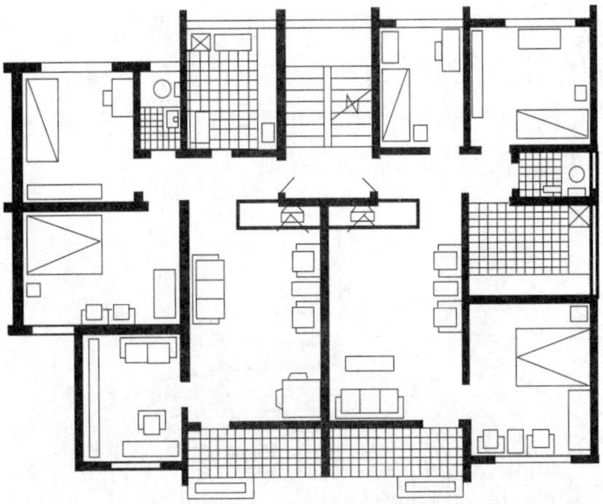

图 16-31　某砖混结构住宅单元平面

和分隔的作用。这种结构形式具有承载能力强、平面划分灵活性大的特性，适合层数较多、空间较大的建筑采用，如高层旅馆、高层住宅、高层办公楼、大型商场等。框架结构建筑在进行平面组合设计时，确定合适的柱网尺寸和柱网形式十分重要，将会对建筑的使用功能和经济性产生直接影响。钢筋混凝土框架结构的经济柱网尺寸一般为(6 ~ 8) m × (4 ~ 6) m。图 16-32 是框架结构柱网布置的几种方式。由于框架结构建筑墙体相对单薄，因此保证建筑的侧向刚度十分重要。当建筑的高厚比达到一定标准之后，应当在平面中设置刚性横墙(剪力墙)。为了使建筑的整体刚度均匀，刚性横墙在平面中宜对称布置。楼梯间和电梯井也会对建筑的整体刚度起有益的作用。由于框架结构墙体不承重，因此建筑的平面空间划分灵活，建筑外观轻巧、生动。图 16-33 是某高层旅馆标准层平面举例。

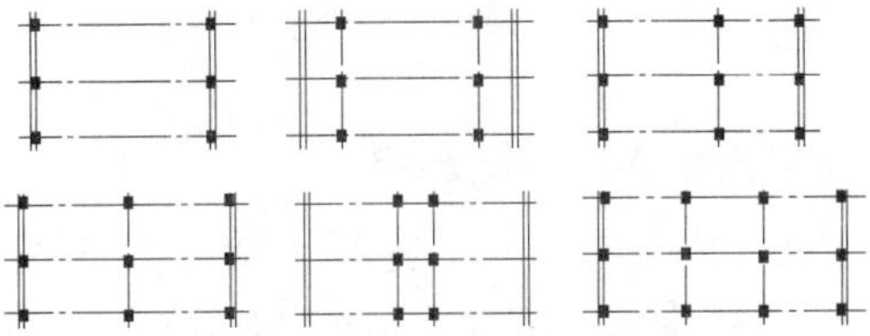

图 16-32　框架结构柱网布置

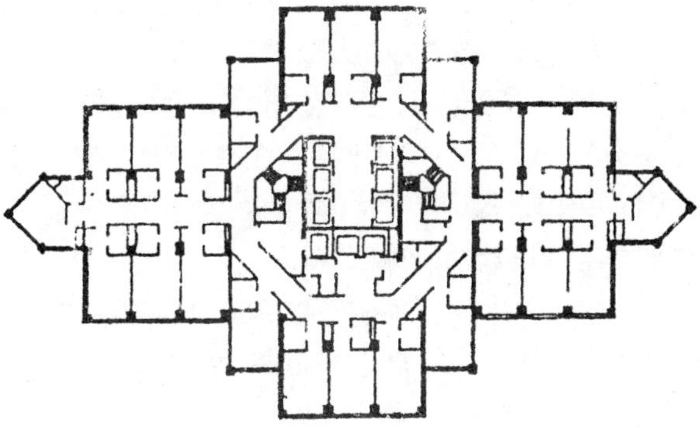

图 16-33　某高层旅馆标准层平面

空间结构采用网架、悬索、壳体、折板等空间结构形式覆盖大体量建筑屋顶的形式，适用于大空间的建筑，如体育馆、剧场、大型展览中心等。空间结构具有跨度大（可达 100 m 以上）、自重轻、平面灵活、建筑造型生动的特点，是一种科技含量较高的结构形式。图 16-34是采用悬索结构的体育馆平面的示例。

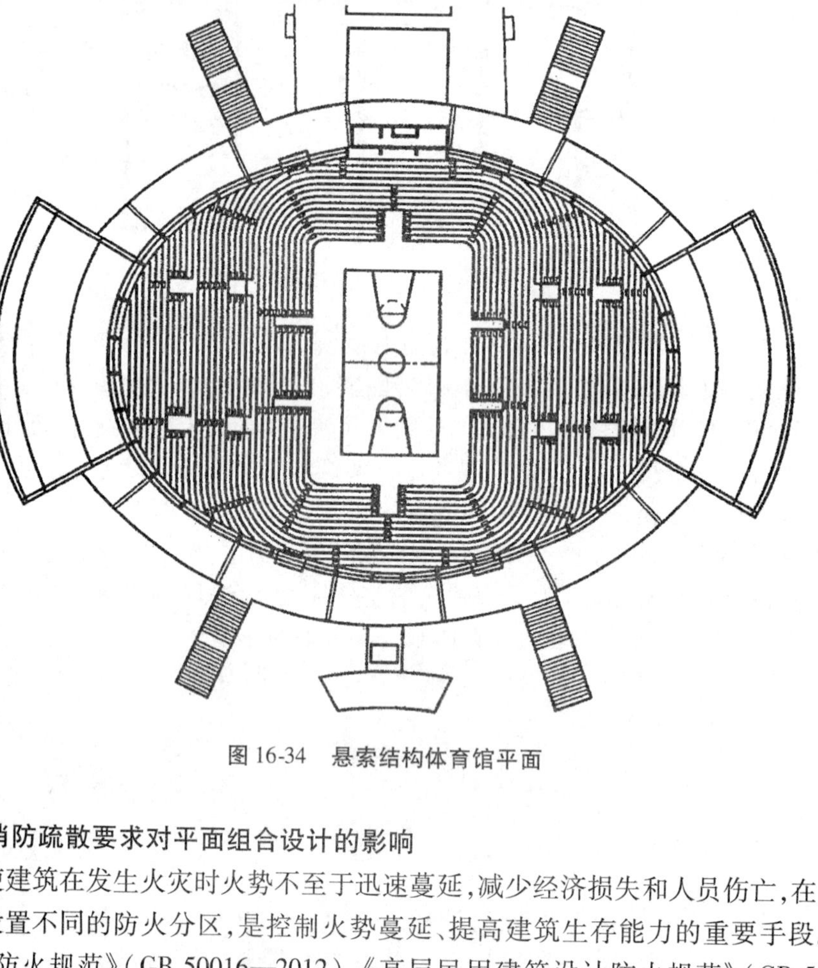

图 16-34　悬索结构体育馆平面

（三）消防疏散要求对平面组合设计的影响

为了使建筑在发生火灾时火势不至于迅速蔓延，减少经济损失和人员伤亡，在大型建筑平面中设置不同的防火分区，是控制火势蔓延、提高建筑生存能力的重要手段。我国《建筑设计防火规范》（GB 50016—2012）、《高层民用建筑设计防火规范》（GB 50045—2005）对建筑防火分区的最大面积均作出了明确的规定，如表 16-5 及表 16-6 所示。

防火分区之间应用防火墙（一般建筑耐火极限不小于 4 h，高层建筑耐火极限不小于 3 h）分隔。如果用防火墙分隔有困难，也可以采用防火卷帘或水幕进行分隔。大多数情况下，每个防火分区的对外安全出口不少于两个，在平面组合设计时应根据建筑的功能、类别和规模划分防火分区并按要求设置楼梯等对外出口。

（四）基地环境对平面组合设计的影响

建筑平面组合设计应当考虑建筑与基地环境相互协调的问题，要使建筑符合城市总体规划的要求、适应基地环境、与原有建筑相互协调、充分满足当地气象条件，使建筑与环境融合，成为城市景观的有机组成部分。

建筑设计往往受到地段条件的限制，如基地的面积、形状、平缓程度、道路走向及周边建筑等。也就是说,绝大多数建筑的设计工作实际并不是在一张无限的白纸上进行的,而是要受到地域条件及气候等边界条件的限制。建筑平面组合设计不仅仅是单体建筑的设计,还应包括环境设计的内容。优秀的建筑作品往往也是与基地环境有机结合的产物,特别是公共建筑更应当把对建筑的人流分析、背景、色彩、绿化、建筑文化及朝向、通风条件作为设计时考虑的重要外延因素。图 16-35 是不同基地条件下公共建筑平面布局的示例。

表 16-5　一般民用建筑的耐火等级、层数、长度和面积

耐火等级	最多允许层数	防火分区		备注
		最大允许长度(m)	每层最大允许建筑面积(m^2)	
一、二级	按本规范第 1.0.3 条的规定	150	2 500	1. 体育馆、剧院等的长度和面积可以放宽 2. 托儿所、幼儿园的儿童用房不应设在 4 层及 4 层以上
三级	5 层	100	1 200	1. 托儿所、幼儿园的儿童用房不应设在 3 层及 3 层以上 2. 电影院、剧院、礼堂、食堂不应超过两层 3. 医院、疗养院不应超过 3 层
四级	2 层	60	600	学校、食堂、菜市场、托儿所、幼儿园、医院等不应超过 1 层

注:1. 重要的公共建筑应采用一、二级耐火等级的建筑。商店、学校、食堂、菜市场如采用一、二级耐火等级的建筑有困难,可采用三级耐火等级的建筑。

2. 建筑物的长度是指建筑物各分段中线长度的总和。当遇有不规则的平面而有各种不同量法时,应采用较大值。

3. 建筑内设有自动灭火设备时,每层最大允许建筑面积可按本表增加一倍。局部设置时,增加面积可按该局部面积的一倍计算。

4. 防火分区间应采用防火墙分隔,当有困难时,可采用防火卷帘和水幕分隔。

5. 本表摘自《建筑设计防火规范》(GB 50016—2012)。

表 16-6　高层建筑每个防火分区允许最大建筑面积

建筑类别	每个防火分区建筑面积(m^2)
一类建筑	1 000
二类建筑	1 500
地下室	500

注:1. 设有自动灭火系统的防火分区,其允许最大建筑面积可按本表增加 1 倍;当局部设置启动灭火系统时,增加面积可按该局部面积的 1 倍计算。

2. 一类建筑的电信楼,其防火分区允许最大建筑面积可按本表增加 50%。

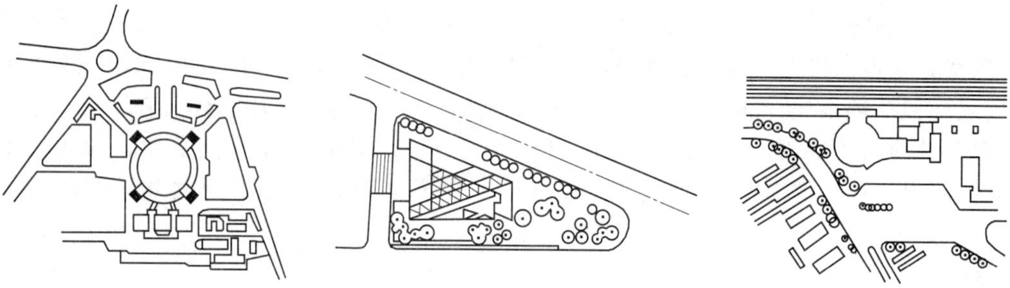

(a)体育馆　　(b)艺术馆　　(c)火车站

图 16-35　不同基地条件下公共建筑平面布局

(五)建筑平面组合的方式

建筑的平面组合是在综合考虑了建筑功能、内外关系、交通组织及基地条件等因素的基础上,反复推敲、认真研究所获得的结果。建筑的平面组合方式主要有以下几种。

1. 走廊式组合

走廊式组合是最常见的一种平面组合方式,适用于房间面积较小、相同功能房间较多、房间之间的活动相对独立的建筑,如宿舍、旅馆、办公楼、医院、教学楼等。房间沿走廊布置,并通过走廊解决内外交通及相互联系的问题,可以保证房间之间相对独立,不相互穿越。在走廊两侧布置房间的称为中间走廊;在走廊一侧布置房间的称为单面走廊,分为单内廊和单外廊两种;还有双走廊的组合方式,这种方式较为少见,有时在大型医院中采用。图 16-36 是走廊式组合建筑平面示例。

不同的组合方式具有不同的特点。中间走廊平面具有布局紧凑、交通面积小且线路短、建筑进深大、体型系数小、有利于节能和省地的优点,但有相当数量的房间朝向较差,走廊的采光和通风条件较差。单面走廊平面具有房间朝向好、走廊的采光和通风条件好、房间之间相互干扰小的优点,但走廊占地面积大,建筑内部交通路线长,建筑进深较小。外廊式平面对建筑节能不利,不宜在寒冷地区及设空调的建筑采用。

2. 套间式组合

有些建筑的房间之间可以相互穿越,采用套间式组合可以使房间之间的联系快捷方便,而且把房间的使用面积和交通面积结合在一起,对提高建筑空间的利用率十分有利。套间式组合平面适用于房间之间相互联系和顺序性较强、不需要单独分隔的建筑,如展览馆、纪念馆等。套间式组合平面应当重视建筑内部人流路线的组织,提高导向性,避免人流的交叉。图 16-37 是某纪念馆平面示例。

3. 大厅式组合

大厅式组合适用于以一个大厅为活动中心而且人流集中的建筑,如体育馆、影剧院、会议中心等。大厅一般具有空间大、人流集中、视听要求高、需人工创造声光环境的特点。大厅通常设在建筑的中心位置,其他房间环绕在四周。大厅式组合平面应当重点解决好交通路线的组织及结构选型的问题。图 16-38 是某剧场平面示例。

在一幢建筑中有时可能同时出现几种组合方式,应根据平面设计的需要灵活选择。建筑平面组合方式不局限于上述三种,随着科技的进步和技术的发展,组合方式也将不断发展。图 16-39 是某大空间灵活隔断办公楼平面示例。

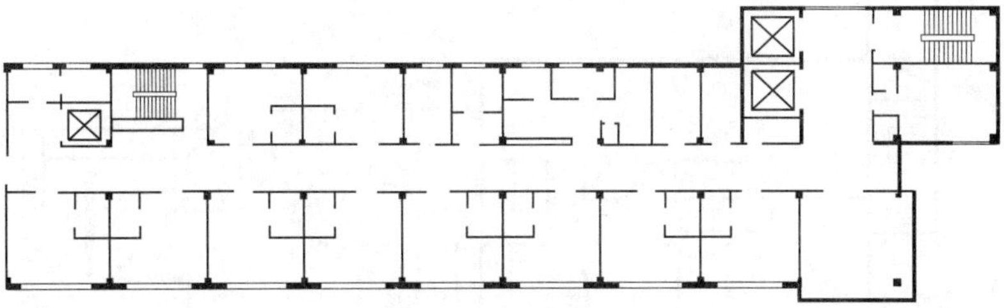

(a) 中间走廊

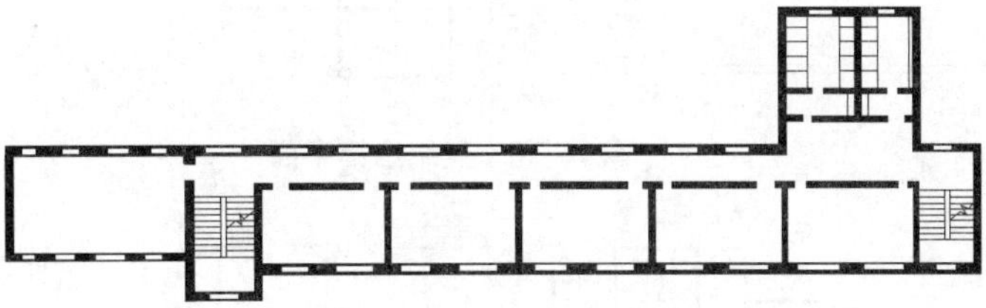

(b) 单内廊

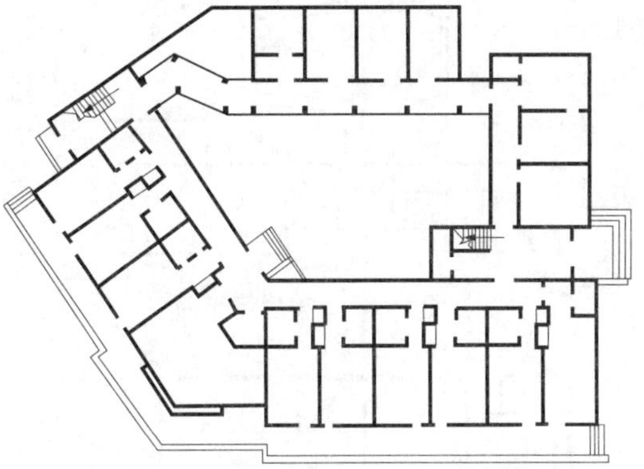

(c) 单外廊

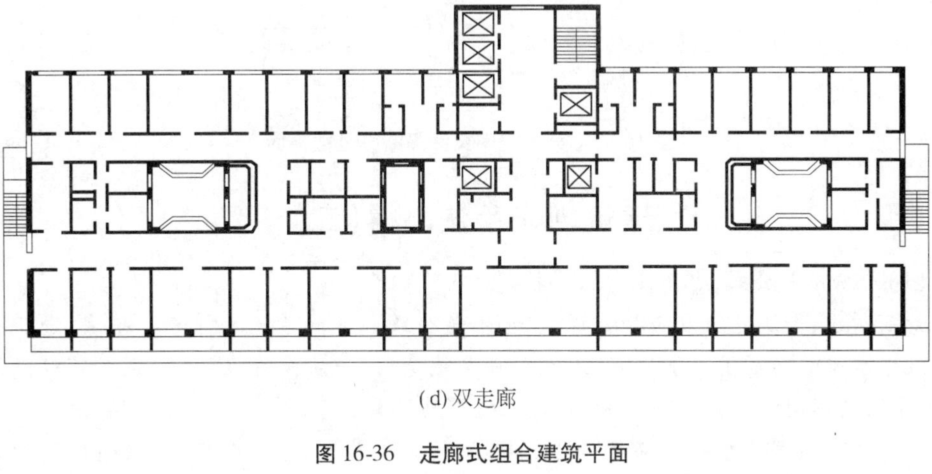

(d) 双走廊

图 16-36　走廊式组合建筑平面

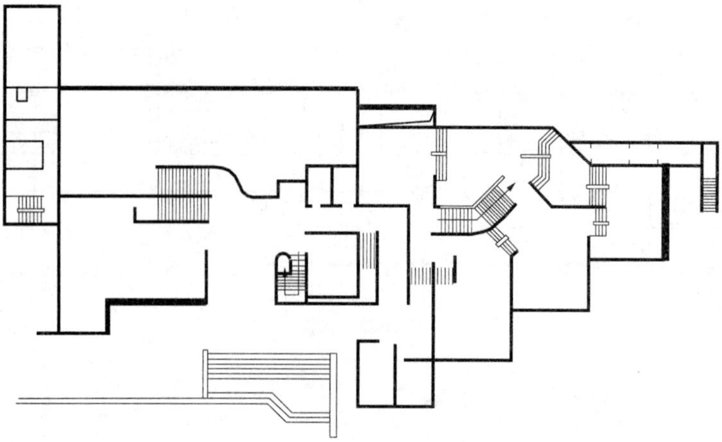

图 16-37　某纪念馆平面

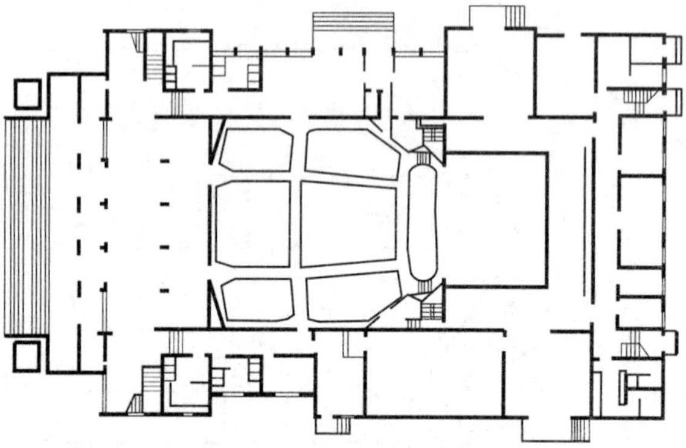

图 16-38　某剧场平面

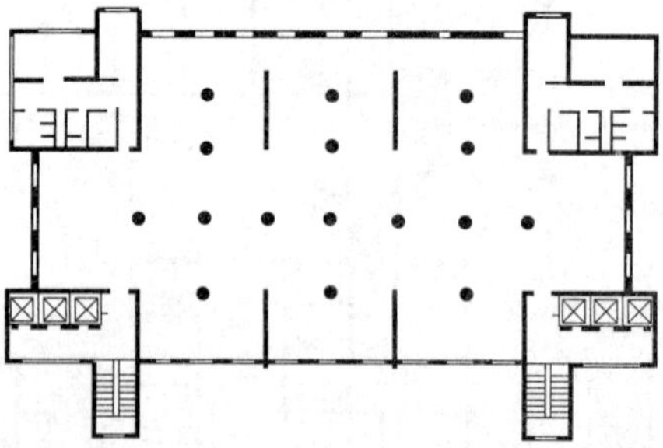

图 16-39　某大空间灵活隔断办公楼平面

建筑创作手法心得(二)

(1)手法不是公式,也不是雕虫小技。

如前所说,手法包括方法和过程,但它不是公式。这就涉及怎样学习手法,进而提高建筑设计水平的问题了。手法有,又无——这就是说,手法是存在的,而且也可以说得出来;但手法又不同于像计算钢筋混凝土中的钢筋那样,可以有一个公式去套用。手法的"法",不是个"是非"的问题,而是个"优劣"的问题。孰优孰劣,也可以说得出来,但又不是绝对的。

手法问题，可以讲几何分析，可以讲层次、虚实、韵律与节奏、均衡与稳定、尺度与比例，可以讲轴线，可以讲收头，可以讲意象构思，还可以讲运作方法等。但这一切，都要经过学习者在实际应用中融会贯通。手法不是公式，如轴线处理，要看建筑形体、基地情况和周围环境，是活的。但轴线又"有法"，建筑物如何处理，会产生怎样的轴线效果，都是把握得住的。我们处理轴线，就是要把握这种感觉上的规律。又如比例，黄金比是美的，但它又是纯抽象的"形"。在建筑上应用它，不见得都做成像巴黎圣母院那样的立面形态（见图 15）。至于建筑设计的运作的方法，上面说的，归纳起来，主要是两种方法：一种是从内容出发，另一种是从形式出发。孰优孰劣？这就要看建筑师的主观条件和设计对象及基地情况等的客观条件了。一般来说，初学者还是以前一种方法比较稳妥。至于从形式出发，也有两种：一种是这个"形"是"有形"的，即事先心目中有个"形"，方的、圆的、三角的等，然后去处理内容和其他。但这个"形"是怎么产生的？这就涉及"形式主义"问题：如果就形而形，则有可能滑向形式主义，如果事先把握内容和基地，再从诸形式中择取一种，就像上面所举的金字塔、电视台的例子，也未尝不可。另一种从形式出发，则是抽象的，即"形"可以理解为一个"形式"，抽象的，带有哲理性的。如上面所举的安滕忠雄的例子。这种设计方法是高境界的，高超的，也是建筑师所追求的。建筑师对自我应当有高目标，但必须从基本的方法做起。上面的叙述，就是按建筑师学习"方法"的顺序编排，由浅入深，由易到难，希望读者在阅读时注意到这一意义。

图 15

手法包括方法和过程，决不是雕虫小技。手法和手法主义之所以不同，前者是把手法当作方法、手段，后者则是把它作为目的。手法主义也有很多手段，如山墙上画一个带阳台的窗，又画出阳光和阴影，每当下雨天，弄得人们费解，类似于"幽默"；或者在室内的墙上画一个门,半开着,并可以隐约看到有一个人正在从里面走出来,画得很逼真。这种手法类似于“开玩笑”,这就有点雕虫小技的味道了。希望读者能分清手法和手法主义的关系。

也许有人要问,既然手法主义不好,那么为什么它能存在着,有人欣赏呢?手法主义作为一种主义能存在,总有一定的理论支承着它。这就是艺术,从文艺复兴直到现当代,也许始终有这么一种艺术流派存在着,如绘画中的表现主义,音乐中的即物主义等。但对初学建筑设计者来说,还是少学这种流派为好,特别是建筑,比其他艺术要多实用、技术这两方面,更要注意。至于你将来成了建筑大师,有了什么主义,那是另外一回事了。

(2)手法的层次。

手法并不都是大的方面,如建筑外轮廓、轴线,乃至设计方法和过程等;手法也有小的方面,如比例、细部、收头等。手法是有不同层次的。在此大体说两个层次。

建筑细部的手法处理,这是不容忽视的一个手法层次,在此举一些例子说明它的方法及重要性。

一是楼梯的细部,如图 16 所示,这是一座小楼梯,设计者却仍兢兢业业,一丝不苟。这里需注意一个原则:凡是能看得见的地方,都要考虑到视觉形象的美观。当然,首先是合理,以及做得出(画得出不一定做得出)。楼梯的视觉特点是,不但可以由上面往下看,正面平看,而且还可以由下面往上看,背面和各侧面都能看得到,所以其形象马虎不得。

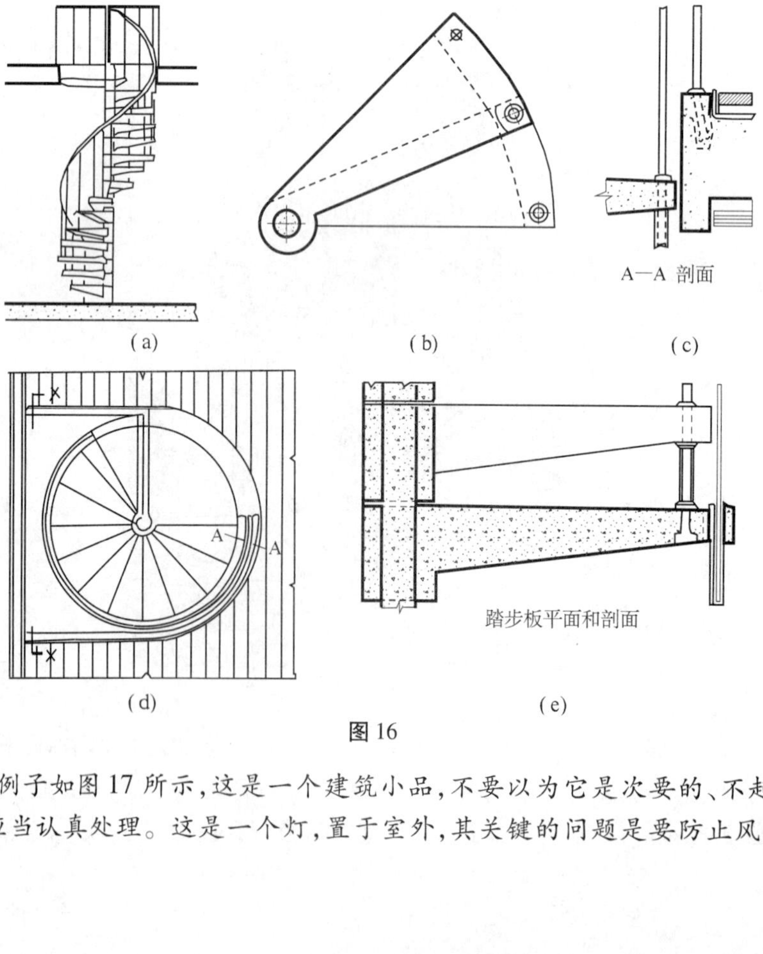

图 16

第二个例子如图 17 所示,这是一个建筑小品,不要以为它是次要的、不起眼的小东西,也同样应当认真处理。这是一个灯,置于室外,其关键的问题是要防止风吹雨打,同时,要求既有照明作用,又有美观作用。设计者的着眼点有两个:一是要不进水,二是要能方便地更换灯泡。

第三个例子如图 18 所示,这也是个建筑小品——小型喷水池。水池内有一个穿孔的筛板,防止任何漂浮物吸入溢水管和回水管内而损坏水泵。给水管和排水管都向供水箱方向以 1:80 的坡度倾斜。这些细部设计,要合理、好看,这些也都是手法问题。总之,手法问题要从细部做起,它不但能把建筑设计得完美,而且能真正理解手法的实质。

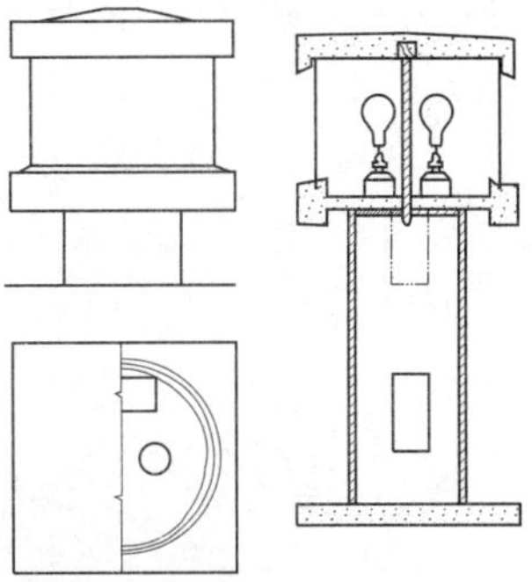

图 17

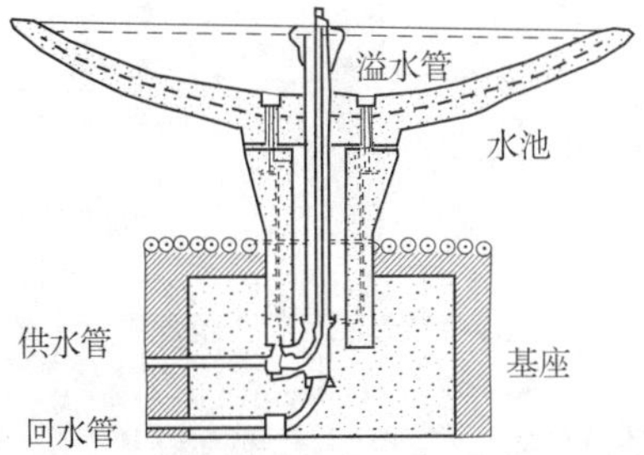

(a) 喷水池剖面

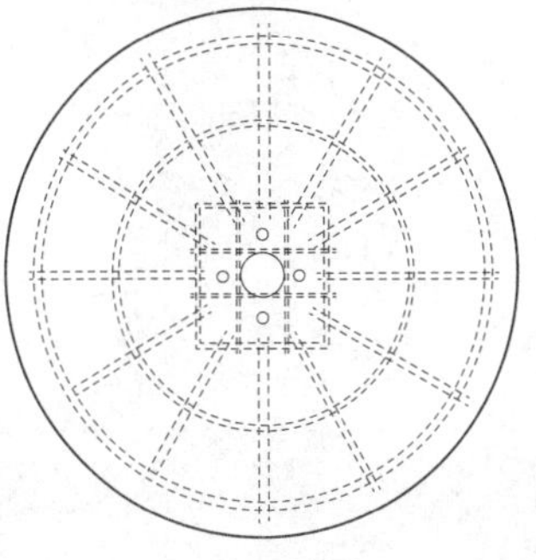

(b) 平面

图 18

二是建筑形态的手法问题,如图 19 所示,这是墨西哥花田市洛斯·马纳蒂科斯饭店。其屋顶由 8 个双曲线抛物面相交组成。这个形象很奇特,很有个性。从构思手法来说,首要的条件有二:一是结构形态要娴熟,二是要善于顺着这样的空间(功能)要求去发挥想象力。而如果继续深入地做下去,则还要善于调整,但又使原意(形态的)不变,不要由于技术上、功能上、经济上及基地上等要求而改变形式的初衷。

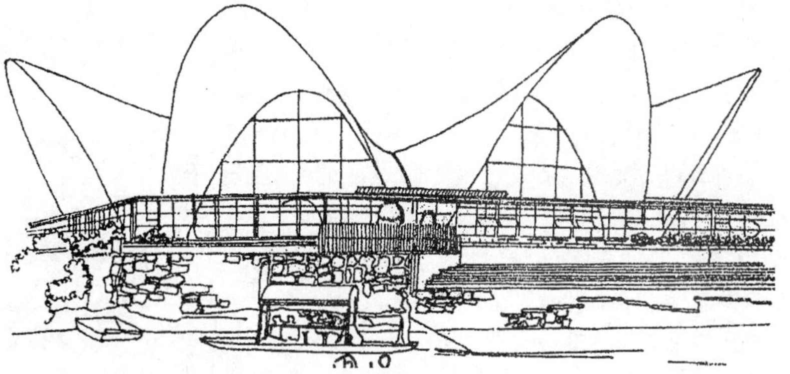

图 19

如图 20 所示,这是众所周知的巴西新都巴西利亚国会大厦。建筑在一个长 240 m、宽 80 m 的平台上,正反穹顶分别是参议院和众议院,中间是 27 层的 H 形行政办公楼。这个建筑的方案意图据说是用了意象手法:口向上的那个穹顶(大厅)是众议院,广开言路，采纳大众的意见；倒覆着的那个穹顶（大厅）是参议院，意味着集中意见，形成政府的决定。但这不过是好事者所言，不见得是设计者的主要意图。其实，设计者——著名建筑师尼迈耶尔的总的出发点（手法）是从“形”本身出发的，他利用纵向高高的建筑体型（行政办公楼）和水平向伸展的建筑体型（下部平台式建筑）的方向对比，以及平直体块与曲面形体块（两个穹顶）的线、面、体的对比，还有曲面的一正一反的对比，来显示建筑的形式美和个性化。从抽象的形出发来构思，这是现代派建筑创作的常用手法。

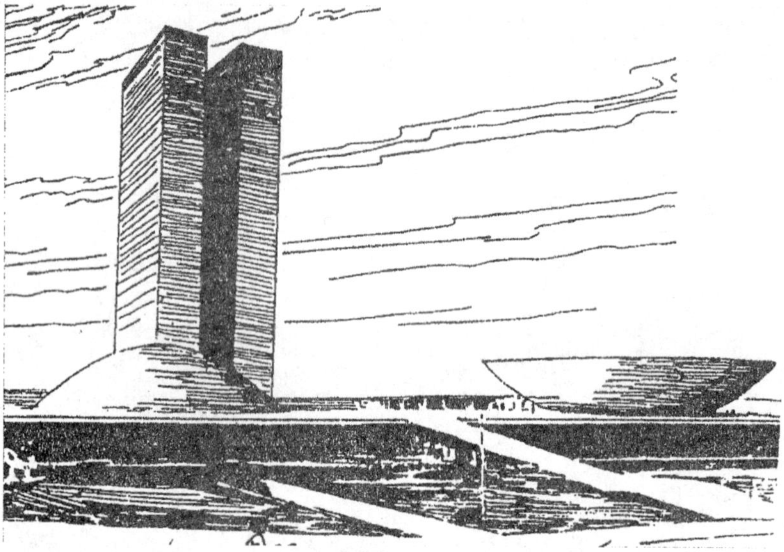

图20

要是说这个建筑有什么象征、意象的想法，从规划来说确实是有的，如在它前面的广场为三权广场，由行政、立法、司法三个建筑作等边三角形布置，象征着三权鼎立（这里的建筑即是立法的国会，行政的总统府，司法的高等法院）。但这种构思，当它们建成之后，人们不一定看得出这种关系，须“点破”，成为“文化”才有效。

再举一个构思手法的建筑实例：矶崎新的筑波中心大厦临街的音乐堂南入口南立面（见图21），一看即知是他的作品。为什么？这是他常用的“形”，如半圆形、正方形、正三角形、方格子等。但这已不是真正的现代主义手法的思考方法了，也不能算作“正宗”的“后现代”，而是似乎在表现一种“现当代”的或“日本式”的抽象含义，但却也不甚强调这些“概念”，而仍是追求“形”本身的“意义”。有些人认为他是“正宗”的先锋派。这些形暗示着种种的“现代文化”的建筑表述。这种独特的构思手法，不能只注意他的作品的表面形象，而是要理解他的哲学思想、文化观及其建筑表述。因此，初学者最好多学习、多了解，不要只学表面的“形”。

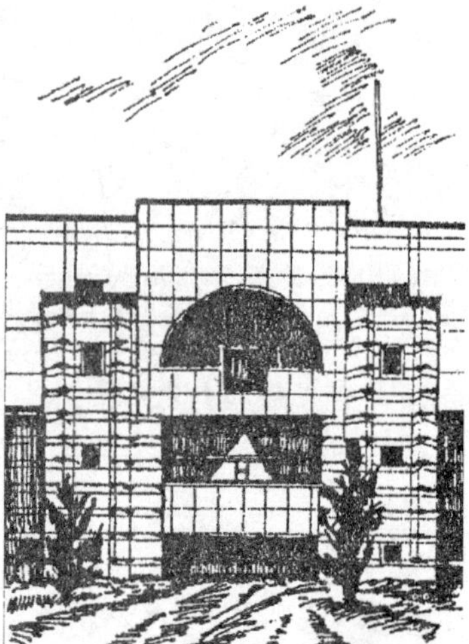

图21

矶崎新的作品大多数都是这样的，如美国洛杉矶现代艺术博物馆(见图22)是其中的一个立面局部),这种表述手法也同样是用各种几何的块面组合。但这决不是无“内涵”地随心所欲地乱来,而是有深邃内涵的,不像有些人认为的“玩体块”。在这里,我们引用《Werk,Banen + Wohnen》(1987年第4期MarcM·Angelil和Sarah R·Graham)的文章:洛杉矶当代艺术博物馆(《时代建筑》1991年第2期载有译文)中的一段话……按照他的观点,在洛杉矶,人们无法从都市结构中推导出建筑的意义和内容,因为这里根本就不存在都市结构,所以建筑一定具有自己的、独立的特征。在设计时,他试着融进了对这种非传统城市的理解,一方面,为了表达博物馆的独立性,他把它作为一个统一的形体组合进行设计;另一方面,为了与城市多元环境取得联系,他又把建筑分裂成完全不同的形体。于是,在这座建筑中,组合与分裂统一在一起,表达了建筑设计的主题。

图22

矶崎新画了很多角度不同的透视图,从而把他有关组合分裂的设想转换成富有表现力的图画。这些彩色透视图表现了没有周围城市环境的博物馆建筑,强调了组合的独立性。在透视图中,博物馆是一座由很多各不相同的柏拉图式形体组合而成的建筑,棱锥体、立方体和圆柱体构成了在视觉上极具识别性的造型元素。矶崎新借这种形体分裂了整个建筑体,从而与洛杉矶特有的、丰富多彩和变化无穷的市容协调起来。

由此可见,作者的构思手法是很独特的,其中有两点值得注意:一是他从更大的社会文化背景上去寻找主题,二是从建筑语言中去寻找表达这一主题的形态。这后一点就是必须通过大量的形象画出来,自我感觉,这是有效之法。

总之,手法不能视为《汤头歌诀》,一帖帖的药方,而重要的还是在方法,即手法的运作。

(3)手法与时代性。

手法是恒定的,古代西方和我国,许多建筑的手法都有共同性,现代建筑的手法也同样具有这种共同性。不能说古代西方建筑中的某种手法对于现代建筑设计来说是错了,或过时了。然而,手法也有时代性。例如,过去认为建筑部件(或部分)之间的连接是不许可或不美的方法,在现当代的建筑中却常常如此做,而且有的作品还被评为上品。这是否是说,原来的手法过时了呢?

应当说,手法是不会过时(过时,意味着不行了)的,但手法也确实有时代性。为什么?道理很简单,因为现当代有了许多新的手法也不足为奇。这些新东西,在传统的手法中难以找到相应的方法,并不是原来的手法错了,特别是室内设计,它的时代性的节奏更换得特别快,甚至于写设计手法的书籍还未出版,这种手法已不新颖了。所以,设计者应当时时注意新动向,在信息时代,不树立这个观念不行。但建筑的基本手法,我们应当相信还是存在的,而且是稳定的。

一个建筑师也并不是只有一种风格(手法),永不变更,改变风格不足为奇,如美国建筑师赖特,是一位多才多产而且长寿的建筑师(1859~1959),从他的许多作品中我们能看出他的前后两种作品风格之不同。前者,如罗伯茨住宅、罗比住宅、拉金公司办公楼、东京帝国饭店等,从手法上讲追求着一种“形式感”,表明着他的“草原”风格和“有机”观点;后者,如流水别墅、西塔里埃森冬季别墅、普赖斯塔大楼、古根海姆美术馆等,从手法上讲则追求的是“个性”,在个性中显现“有机”。可以说,后者的格调更高,语言更抽象。另外,如美国建筑师约翰逊也同样如此,在20世纪60年代之前,他是一位标准的现代主义建筑师,但20世纪60年代后则走向“后现代”,他的纽约电话电信大楼这一作品,则是典型的“后现代”派了。这其实是很正常的,不足为奇。

现代派建筑一代代地往下传,其建筑风格之变更是明显的,但这并不是人的问题,重要的还是时代在起作用。

(4)手法的把握——学习方法漫谈。

手法与方法不同,在于它的具体性和手工性,方法则是抽象的、逻辑性的。手法与技法不同,技法则是创作对象的做法。建筑师并不直接亲自完成建筑(作品),不像书法、绘画、雕塑等。所以,建筑(设计)不叫技法,而叫手法。另外,手法还有一个“术”的性质。什么叫“术”?就是说它有意想不到的结果,或者人们虽“懂”但却不“会”,如法术、医术等。以上三点对手法作了界定,同时也是学习手法所要认识的。

建筑手法的学习,固然可以阅读像本书一类的书籍来提高自己的设计能力,但正如前面所说,这些“手法”不能视为一帖帖的药方,而应当视为启迪和修养。说到修养,其实使自己有一个扎实稳固的建筑学专业基础还是比较重要的。作者认为以下这样一些水准是必要的:

①建筑设计的基本方法,这里指的是最基本的建筑方案设计方法。设计过程和方法不宜“大师化”。

②建筑设计的全部过程,从方案设计直到付诸施工。为的是把握建筑技术、经济、使用性等的全部内容及相互关系。而围绕这个过程,就必须牢固把握以上诸点,特别要强调把握建筑构造,因为大多数的问题都是要通过建筑构造来最终实现的。

③对古今中外建筑历史的掌握。有无建筑历史知识,就是个“文野”的问题。你要想达到建筑大师的水准,不把握建筑历史就是异想天开。但是,这里必须强调,建筑历史应当视为建筑文化史,而不能像建筑考古那样去对待。

④对建筑哲学、建筑美学及其他艺术文化的把握。建筑哲学和建筑美学不仅是一般的哲学和美学,而且应当进一步使这些学问建筑化,或者说以建筑(形象)来表述哲学思想,以建筑(形象)来表述美。对其他艺术文化也必须有所把握,如绘画、雕塑、书法、音乐、戏剧、电影、诗歌、小说等,都要有所了解,着重的不只是“能画”、“会唱”、“会写”,而是要从中领略它们之间的共同的东西——艺术。这才能对建筑有作用。

⑤对绘画的把握。这里说的绘画是广义的,不只是能画好一幅素描或水彩画。学画有两个目的:一是技法的,为的是建筑设计构思的表达;二是提高艺术修养。现在已进入电子计算机的时代,好多画渐渐被电脑绘画所取代;但是,如果你没有绘画艺术的修养,仍然出不了好图,也设计不出好看的建筑形象。

⑥随时关心,多看多思,要自我培养这样的头脑。灵感也就来自这种“关心”。

以上六点,是笔者的肤浅经验之谈,而且这六点也同样不能视为《汤头歌诀》,而应当根据自己的情况塑造自我，无论是正规的建筑学专业出身的，还是由别的专业改行而成的，甚至是自学的，我们都应相信，只要努力去探索和实践，必会有好的成果出现。到那时，你也可以写一本"手法"的书，而且相信它的水平必定能超过本书所讲的内容。

第三节　建筑剖面设计

建筑剖面设计是建筑设计的重要组成部分。它的主要目的是根据建筑功能要求、规模大小以及环境条件等因素确定建筑各组成部分在垂直方向上的布置。它与立面设计、平面设计有直接的联系，相互制约、相互影响。设计中的一些向题需要平、立、剖面结合在一起考虑才能具体解决，如平面设计中房间的面积大小、开间、进深、梁的尺寸等将直接影响建筑层高的确定。在单个房间平面与平面组合设计中，必须同时考虑房间的剖面形状及组合后竖向各部分空间的特点等。因此，在剖面设计中，必须同时考虑其他设计方面，才能使设计更加完善、合理。

剖面设计的主要内容有确定房间的剖面形状与各部分高度、建筑的层数、建筑剖面空间的组合设计以及室内空间的处理和利用等。

一、房间的剖面形状和建筑各部分高度的确定

(一)房间的剖面形状确定

房间的剖面形状主要是根据房间的功能要求来确定的，但是也要考虑具体的物质技术、经济条件和空间的艺术效果等方面的影响，既要适用又要美观。

影响房间剖面形状的因素有以下几个方面。

1. 房间的使用要求

不同用途的建筑，其房间的剖面形状有时相差甚远，如图 16-40 为常见的影剧院及学校剖面，这些差异是由建筑的使用要求决定的。绝大多数建筑的房间，如住宅的居室、学校的教室、旅馆中的客房等，剖面形状多采用矩形。而有些建筑中的房间，如影剧院的观众厅、体育馆的比赛大厅、教学楼中的阶梯教室等，对剖面形状则有特殊要求。如地面应有一定的坡度，以保证良好的视觉需要，顶棚常做成能反射声音的折面等。

1)地面坡度的确定

地面的升起坡度与设计视点的选择、座位排列方式、排距、视线升高值等因素有关。设计视点代表了可见与不可见的界限，以此作为视线设计的依据，在设计视点以上是观众视野所及的范围。设计视点定得越低，观众的视野范围越大，但观众厅地面升起也越陡；设计视点定得越高，观众视野范围越小，升起也就越平缓。可见，设计视点的选择在很大程度上影响着视觉质量的好坏及观众厅地面升起的坡度。

各类建筑由于功能不同，观看对象的性质不一样，设计视点的选择也不同。在电影院，通常选择银幕底边中点作为设计视点，可保证观众看见银幕的全部；在体育馆中，常以篮球场为准，通常设计视点定在篮球场边线或边线上空 300 ~ 500 mm 处；阶梯教室视点常选在教师的讲台桌面上方，大约距地 1 100 mm(见图 16-41)。以上房间的设计视点以体育馆为最低，因此其剖面具有较陡的阶梯形看台。

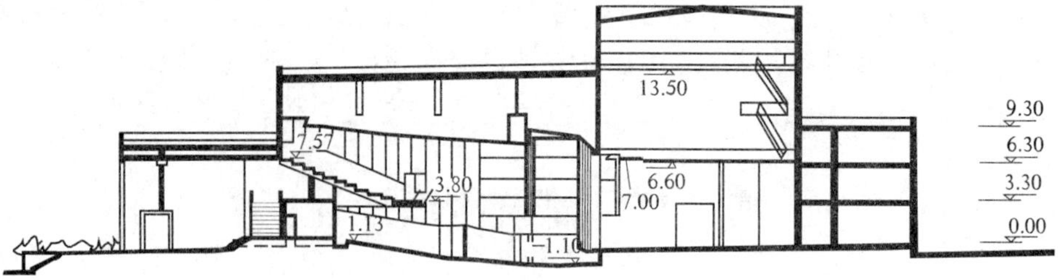

(a) 影剧院

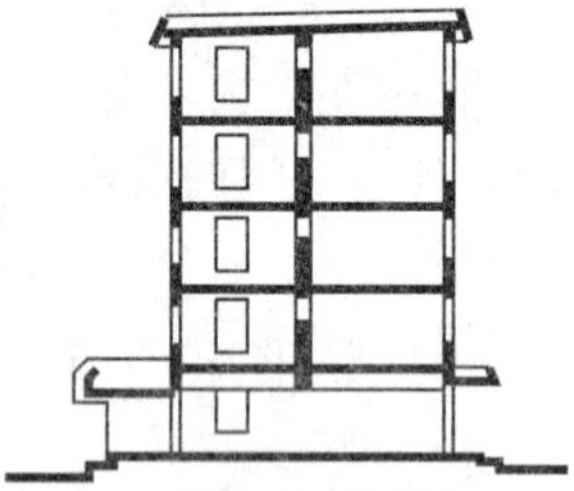

(b) 学校

图 16-40　不同建筑的房间剖面形状

(a) 电影院

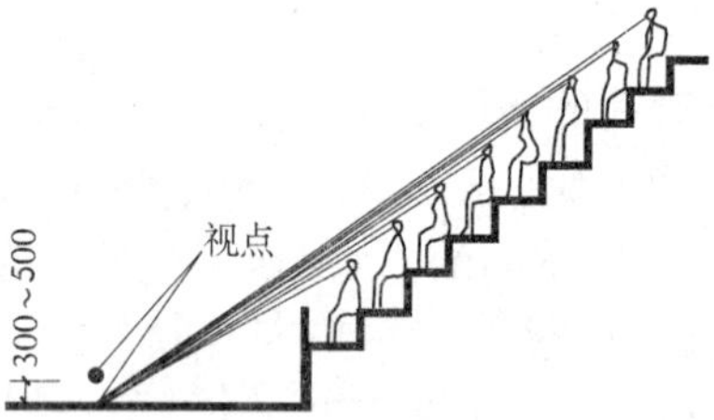

(b) 体育馆

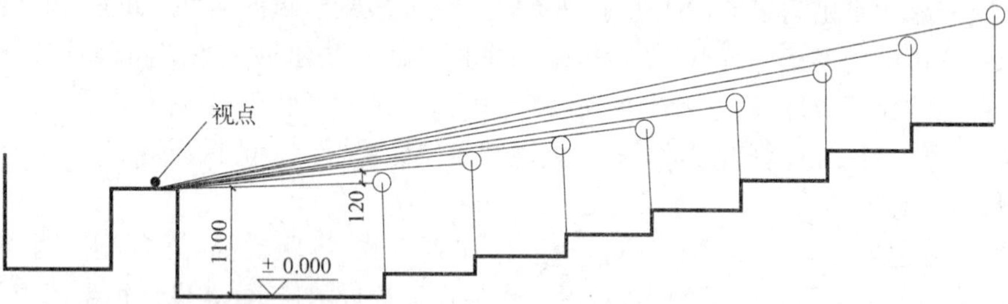

(c) 阶梯教室

图 16-41　设计视点与地面起坡的关系

设计视点确定以后，还要确定每排视线升高值 C 值。后排观众与前排观众的视线升高差称为 C 值，它的确定与人眼到头顶的高度及视觉标准有关，一般定为 120 mm，当座位错位排列时，C 值取 60 mm，可保证视线无遮挡的要求（见图 16-42）。错位排列的布置比对位排列布置地面起坡缓一些。总之，C 值越大，设计视点越低，则地面升起就越大；反之则越小。

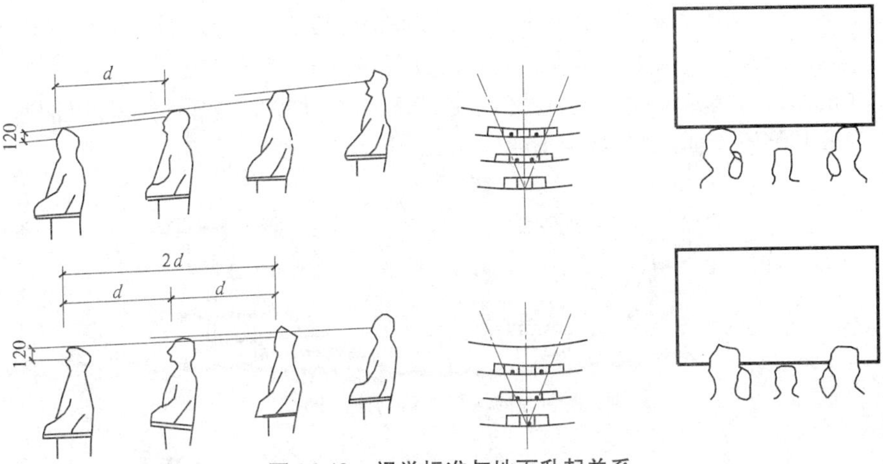

图 16-42　视觉标准与地面升起关系

2）顶棚形式的确定

影剧院、会堂等建筑，对大厅的音质要求较高，而房间的剖面形状对其有很大的影响。为了保证室内声场分布均匀，避免出现声音空白区、回声及聚焦等现象，在剖面设计中要选择好顶棚形状，这是一个非常重要的方面。顶棚的形状应根据声学设计的要求来确定，保证大厅各个座位都能获得均匀的反射声，并加强声压不足的部位。顶棚的形状应避免凹曲面及拱顶等形状，以免产生声音的聚焦及回声。建筑师在处理建筑造型时应对此有充分的考虑。图 16-43 为音质要求与剖面形状的关系。

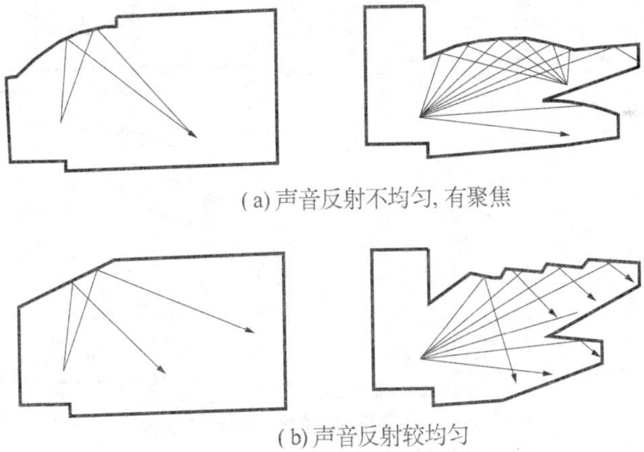

（a）声音反射不均匀，有聚焦

（b）声音反射较均匀

图 16-43　音质要求与剖面形状的关系

2. 结构、材料和施工因素的影响

矩形房间的剖面形式除较易满足一般房间的功能外，还具有结构布置简单、施工方便等特点，这也是矩形剖面形式之所以常被采纳的原因之一。但是，有些大跨度建筑的房间剖面形式常受结构形式影响，形成特有的剖面形状，如图 16-44 所示。

3. 采光、通风因素的影响

对一般使用要求、进深不太大的房间，采用侧窗进行采光与通风，已能满足室内卫生的要求。但当房间进深较大或功能上有特殊要求时，常在剖面设计中设置各种形式的天窗，形成了不同的剖面形状，如图 16-45 所示。如展览建筑中的陈列室，为使室内照度均匀、稳定、柔和，避免直射阳光损害展品，常设置各种形式的采光窗。对于厨房这一类房间，由于在操作过程中常散发出大量蒸汽、油烟等，一般在顶部设置排气窗，以加速排除有害气体，形成其特有剖面形状，如图 16-46 所示。

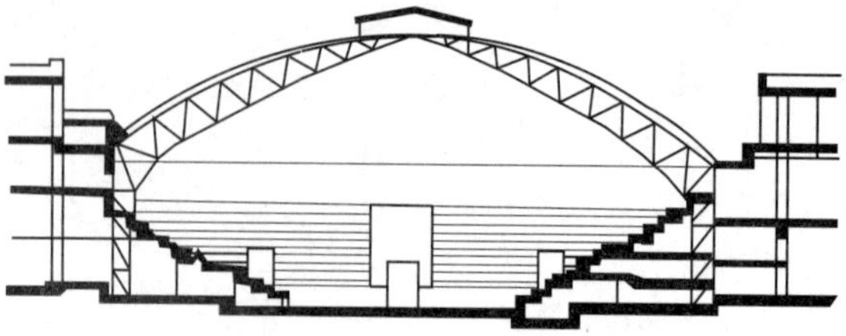

图 16-44 结构形式对剖面的影响

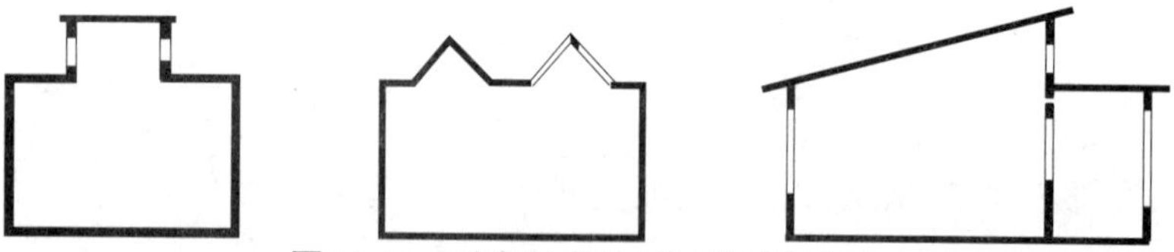

图 16-45 采光形式对剖面形状的影响

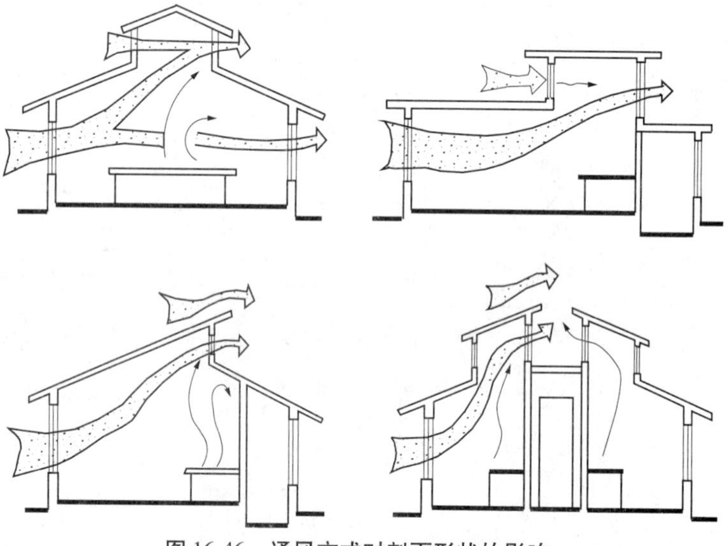

图 16-46 通风方式对剖面形状的影响

（二）建筑各部分高度的确定

建筑各部分高度主要指房间净高与层高、窗台高度和室内外地面高差等，如图 16-47 所示。

1. 房间净高与层高

房间的净高是指楼地面到结构层（梁、板）底面或悬吊顶棚下表面之间的垂直距离。层高是指该层楼地面到上一层楼面之间的垂直距离。由图 16-48 可见房间净高与层高的相互关系。

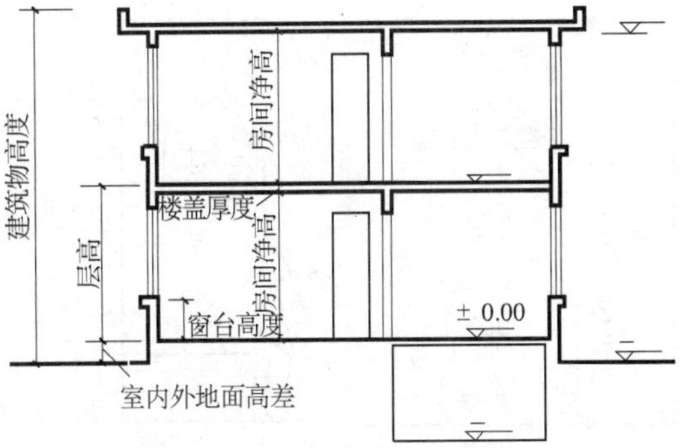

图 16-47　建筑各部分高度

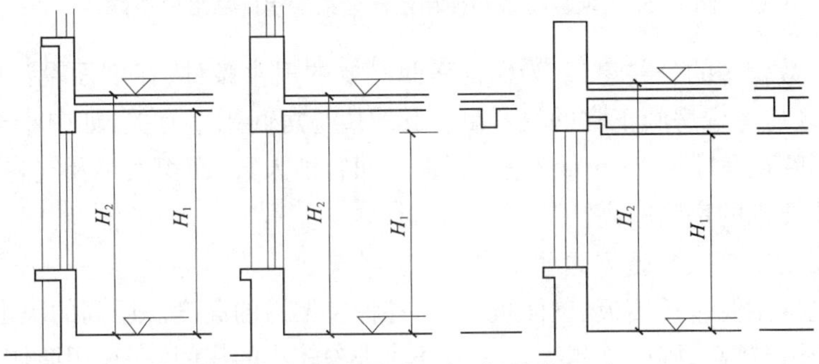

图 16-48　房间净高(H_1)与层高(H_2)

通常情况下,房间的高度是根据室内家具、设备、人体活动、采光通风、技术经济条件以及室内空间比例等因素要求综合考虑确定的。

1)室内使用性质和活动特点的要求

室内使用性质和活动特点随房间用途而异。首先,房间的净高与人体活动尺度有很大关系,一般情况下,室内最小净高以使人举手不接触到顶棚为宜,应不低于 2.20 m(见图 16-49)。其次,不同类型的房间由于使用人数不同,房间面积大小不同,其净高要求不同。对于住宅中的卧室、起居室,因使用人数少,房间面积小,净高可低一些,一般大于 2.40 m,层高在 2.8 m 左右;中学的教室,由于使用人数较多,面积较大,净高宜高一些,一般取 3.4 m 左右,层高在 3.6～3.9 m。再次,房间内的家具设备以及人使用时所需的必要空间也直接影响着房间高度。如医院手术室净高应考虑手术台、无影灯以及手术操作所必需的空间(见图 16-50(a))。学生宿舍,通常设双层床,为保证上、下床居住者的正常活动,室内净高应大于 3.0 m,层高一般取 3.3 m 左右(见图 16-50(b))。

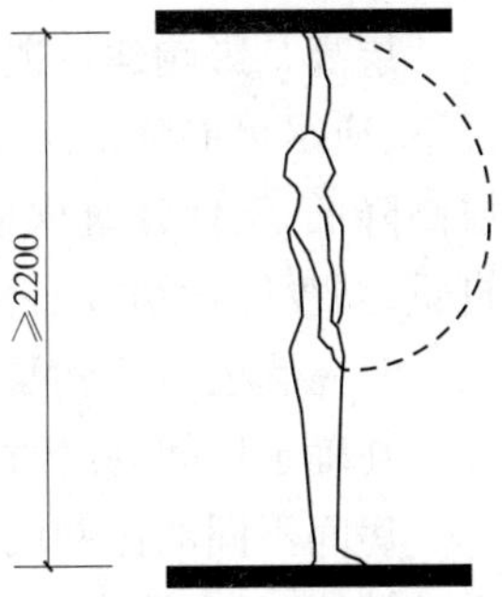

图 16-49　房间最小净高

2)采光、通风、气容量等卫生要求

房间里光线的照射深度,主要靠侧窗的高度来解决。侧窗上沿越高,光线照射深度越远;侧窗上沿越低,则光线照射深度越浅。为此,进深大的房间,为满足房间照度要求,常提高窗的高度,相应房间的高度亦应加大。

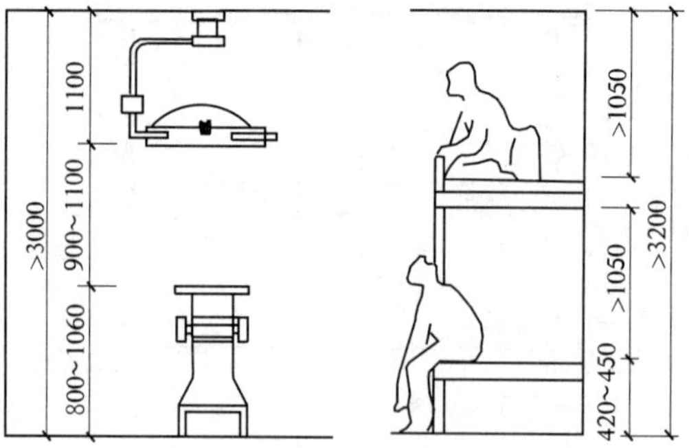

(a)手术室　　(b)宿舍

图 16-50　家具设备和使用活动要求对房间高度的影响

对容纳人数较多的公共建筑，为保证房间必要的卫生条件，在剖面设计中，除组织好通风换气外，还应考虑房间正常的气容量。其取值与房间用途有关，如中小学教室为 3 ~ 5 m^3/人，电影院观众厅为 4 ~ 5 m^3/座。根据房间容纳人数、面积大小及气容量标准，便可确定符合卫生要求的房间净高。

3）结构层的高度及构造方式的要求

结构层高度主要包括楼板、屋面板、梁和各种屋架占的高度。层高的决定要考虑结构层的高度，结构层越高，则层高越大。一般开间进深较小的房间，多采用墙体承重，在墙上直接搁板，结构层所占高度较小；开间进深较大的房间，多采用梁板布置方式，梁底下凸出较多，结构层高度较大。对于一些大跨建筑，多采用屋架、薄腹梁、空间网架等多种形式，其结构层高度更大。房间如果采用吊顶构造，层高则应再适当加高，以满足净高需要。

4）经济性要求

层高是影响建筑造价的一个重要因素，在满足使用要求、采光、通风、室内观感等的前提下，应尽可能降低层高。一般砖混结构的建筑，层高每减小 100 mm，可节省投资 1%。层高降低，又使建筑物总高度降低，从而缩小建筑间距，节约用地，同时还能减轻建筑物的自重，减少围护结构面积，节约材料，降低能耗。

5）室内空间比例要求

在确定房间高度时，还要考虑房间高与宽的合适比例，给人以正常的空间感。

房间不同的比例尺度，往往给人不同的感受，高而窄的空间易使人产生兴奋、激昂向上的情绪，具有严肃感，但过高，则会感到空荡、不亲切；宽而低的房间，使人感到宁静、开阔、亲切，但过低，则会使人感到压抑。

不同的建筑，需要不同的空间比例。纪念性建筑要求高大空间，以造成严肃、庄重的气氛；大型公共建筑的休息厅、门厅要求开阔、明朗的气氛。总之，要合理巧妙地运用空间比例的变化，使物质功能与精神要求结合起来（见图 16-51）。

2. 窗台高度

窗台高度主要根据室内的使用要求、人体尺度和靠窗家具或设备的高度来确定。一般民用建筑中，生活、学习或工作用房，窗台高度采用 900 ~ 1 000 mm，这样的尺寸和桌子的高度（约 800 mm）比较适宜，保证了桌面上光线充足（见图 16-52（a））。有些有特殊要求的房间,如展览建筑中的展室、陈列室,为沿墙布置展板,消除和减少眩光,常设高侧窗(见图16-52(b))。厕所、浴室窗台可提高到1 800 mm(见图16-52(c))。幼儿园建筑结合儿童尺度,窗台高常采用700 mm。有些公共建筑,如餐厅、休息厅为扩大视野,丰富室内空间,常将窗台做得很低,甚至采用落地窗。

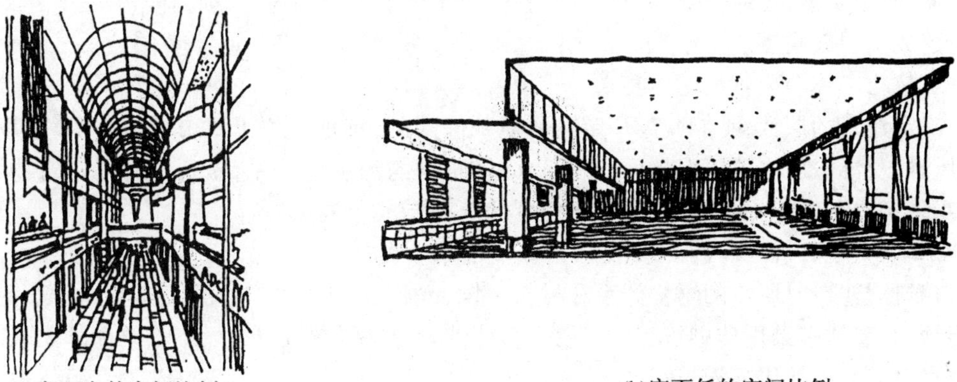

(a) 高而窄的空间比例　　(b)宽而低的空间比例

图16-51　空间比例不同给人以不同的感受

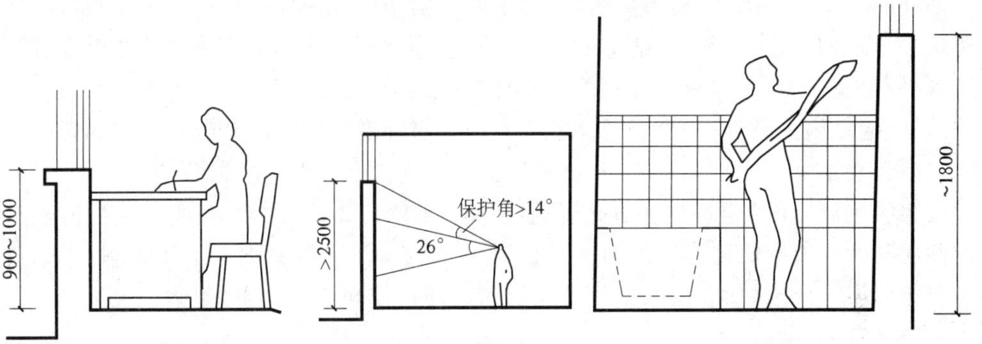

(a)一般民用建筑　　(b)展览建筑　　(c)卫生间

图16-52　窗台高度

3. 室内外地面高差

一般民用建筑为了防止室外雨水倒流入室内,并防止墙身受潮,底层室内地面应高于室外地面,至少不低于150 mm,常取450 mm。高差过大,不利于室内外联系,也会增加建筑造价。房屋建成后,总会有一定的沉降量,这也是考虑室内外地坪高差的因素。位于山地和坡地的建筑物,应结合地形的起伏变化和室外道路布置等因素,选定合适的室内地面标高。有的公共建筑,如纪念性建筑,常提高底层地面标高,采用高的台基和较多的踏步处理,以增强建筑严肃、宏伟、庄重的气氛。

二、建筑层数的确定和建筑剖面空间组合设计

(一)建筑层数的确定

影响建筑层数的因素很多,主要有建筑本身的使用要求、基地环境和城市规划的要求、选用的结构类型、施工材料的要求以及建筑防火和经济条件的要求等。

1. 建筑使用要求

由于建筑用途不同，使用对象不同，对建筑的层数有不同的要求。如幼儿园，为了使用安全和便于儿童与室外活动场地的联系，应建低层，其层数不应超过3层。医院、中小学校建筑也宜在3～4层之内，影剧院、体育馆、车站等建筑，由于使用中有大量人流，为便于迅速、安全疏散，也应以单层或低层为主。对于大量建设的住宅、办公楼、旅馆等建筑一般可建成多层或高层。

2. 基地环境和城市规划的要求

确定建筑的层数，不能脱离一定的环境条件限制，特别是位于城市街道两侧、广场周围、风景园林区、历史建筑保护区的建筑，必须重视与环境的关系，做到与周围建筑物、道路、绿化相协调，同时要符合城市总体规划的统一要求。

3. 结构、材料和施工的要求

建筑物建造时所用的结构体系和材料不同，允许建造的建筑物层数也不同。如一般砖混结构，墙体多采用砖砌筑，其自重大，整体性差，且随层数的增加，下部墙体越来越厚，既费材料又减少使用面积，故常用于建造6～7层以下的大量性民用建筑，如多层住宅、中小学教学楼、中小型办公楼等。

钢筋混凝土框架结构、剪力墙结构、框架剪力墙结构及筒体结构则可用于建多层或高层建筑（见图1-16、图1-17），如高层办公楼、宾馆、住宅等。空间结构体系（如折板、薄壳、网架等）则适用于低层、单层、大跨度建筑，如剧院、体育馆等。

此外，建筑施工条件、起重设备及施工方法等对确定房屋的层数也有一定的影响。

4. 防火要求

按照我国制定的《建筑设计防火规范》（GB 50016—2012）的规定，建筑层数应根据建筑的性质和耐火等级来确定。当耐火等级为一、二级时，层数原则上不作限制；当耐火等级为三级时，最多允许建5层；当耐火等级为四级时，仅允许建2层（见表16-5）。

5. 经济条件要求

建筑的造价与层数关系密切。对于砖混结构的住宅，在一定范围内，适当增加房屋层数可降低住宅的造价。一般情况下，5、6层砖混结构的多层住宅是比较经济的。住宅造价与层数关系的比值如图16-53所示。

此外，建筑层数与节约土地关系密切。在建筑群体组合设计中，个体建筑的层数越多，用地越经济（见图16-54）。把一幢5层住宅和五幢单层平房相比较，在保证日照间距的条件下，用地面积要相差2倍左右，同时，道路和室外管线设置也都相应减少。

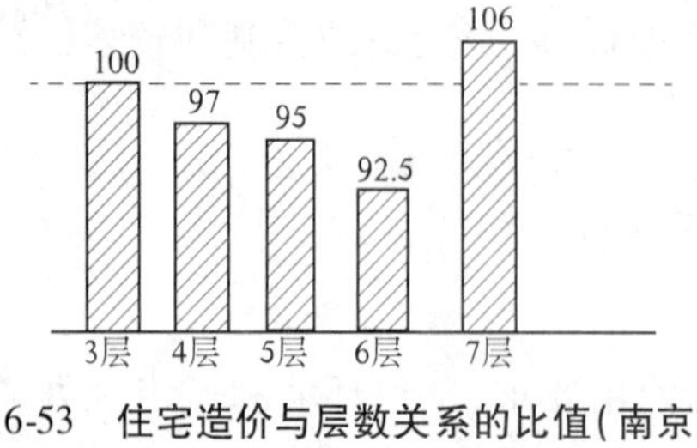

图16-53 住宅造价与层数关系的比值（南京市）

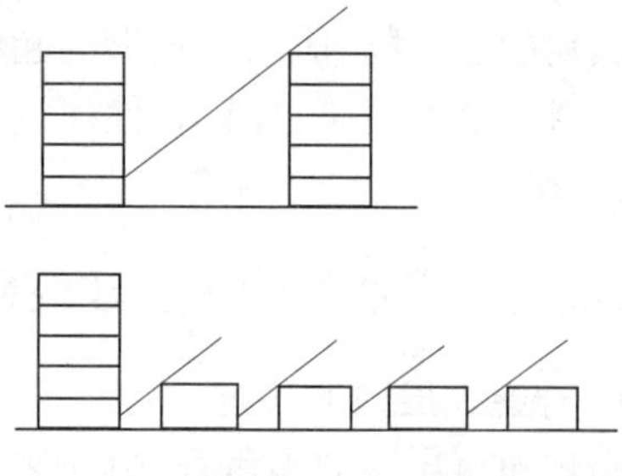

图16-54 单层与多层建筑用地比较

(二)建筑剖面空间的组合设计

建筑的空间组合包括水平方向和垂直方向的组合关系。在组合设计中,除考虑水平方向的功能外,还必须同时考虑在垂直方向上的功能关系。建筑剖面的空间组合设计是在平面组合的基础上进行的,它主要是根据建筑在功能上的需要与精神的要求,分析建筑物各部分应有的高度、层数及在垂直方向上的空间组合和利用等问题。

1. 建筑剖面空间组合设计的原则

1)根据功能和使用要求,考虑剖面的空间组合

一幢建筑物中,在垂直方向上,哪些房间位于上部,哪些房间位于下部,哪些房间可组合在同一层中,应根据建筑功能和使用要求来考虑。一般对外联系密切、人员出入较多以及室内有较重设备的房间应放在底层或下部;对外联系不多,人员出入较少,要求安静、隔离以及室内无重设备的房间,则可放在上部。如在医院建筑中,一般把病人较少或行动比较方便的病科(如五官科、口腔科等)放在楼上,而把病人行动不便的急诊或外科门诊设在底层,以方便使用。又如在旅馆建筑中,将人员出入较多、对外联系比较密切的公共活动房间(如餐厅、休息厅等)设在下部1、2层,把需要安静、隔离的客房放在上部。此外,还要考虑各使用房间之间的相互关系,如在办公楼中,可把各类性质相近的办公室及为之服务的、关系密切的辅助用房(如卫生间、开水房等)布置在同一层中。

2)根据房屋各部分高度,考虑剖面的空间组合

一座建筑物通常包括许多房间,由于使用性质的不同,空间特点也不一样,有高有低、有大有小。如果把这些高低、大小不同的房间按照使用要求或功能分区而简单地连起来,势必造成屋面和楼面高低错落过多,结构不合理,建筑体型复杂零乱。因此,必须合理调整和组织不同高度的空间,使建筑物的各个部分在垂直方向上取得协调统一。

(1)高度相同或相近的房间组合。在一幢建筑中,高度相同、使用性质相似、功能关系密切的房间,如教学楼中的普通教室和实验室,住宅中的起居室和卧室等,可组合在同一层上。高度相近,在使用上关系密切的房间,必须布置在一起时,在满足室内功能要求的前提下,可适当调整房间之间的高差,使高度统一,以利于结构布置与施工。图16-55是某中学教学楼,其中教室、实验室、厕所与储藏等房间,从使用要求上需要组合在一起,因此将它们调整为同一高度。行政办公部分从功能分区考虑,平面组合上与教学部分分隔开,两部分因不同层高而出现的高差,可通过走廊中的踏步来解决。这样的空间组合方式,使用上满足功能要求,结构合理,也比较经济。

(2)高度相差较大的房间组合。高度相差较大的房间,在单层剖面空间组合中,可根据各个房间实际需要的高度进行组合,形成不等高的剖面形式。图16-56所示为一单层食堂的平、剖面,因组成食堂的各部分功能要求不同,层高各不相同。餐厅部分因使用人数多、建筑面积大和室内通风采光的要求,需较大层高,备餐间因面积小,需要的高度不大,厨房因排气、通风需要,局部需加设气楼,这样就形成了高度不同的剖面形式。

在多层和高层建筑中,高差相差较大的房间剖面组合,常把层高较大的房间布置在底层或顶层,或以裙房的形式单独附建于主体建筑,与其相邻或完全脱开,如图16-57所示。

2. 建筑剖面空间组合设计的形式

建筑剖面垂向组合的形式主要由建筑中各类房间的高度和剖面形状、房屋的层数及

使用要求等因素决定，主要有以下几种。

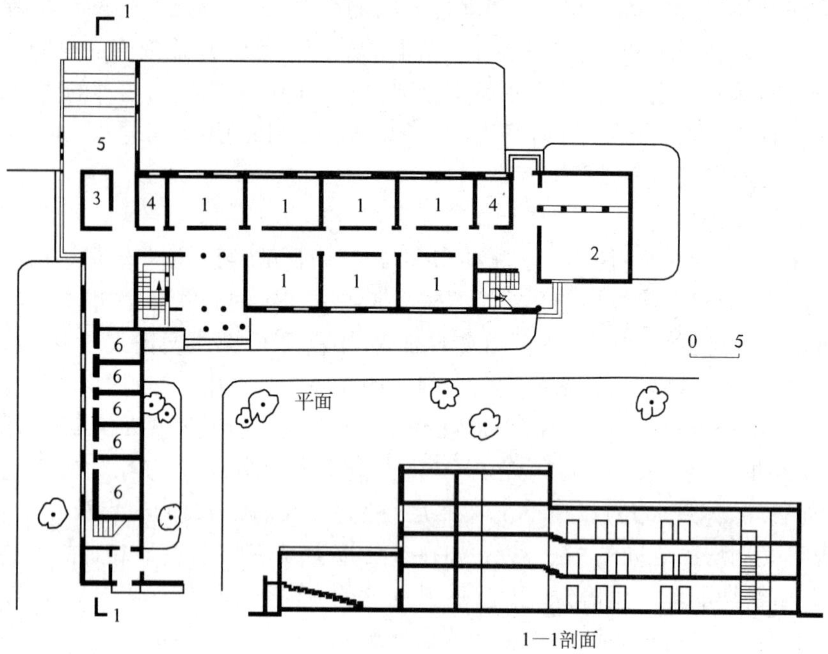

1—教室;2—阅览室;3—储藏室;4—厕所;5—阶梯教室;6—办公室

图 16-55 某中学教学楼的空间组合关系

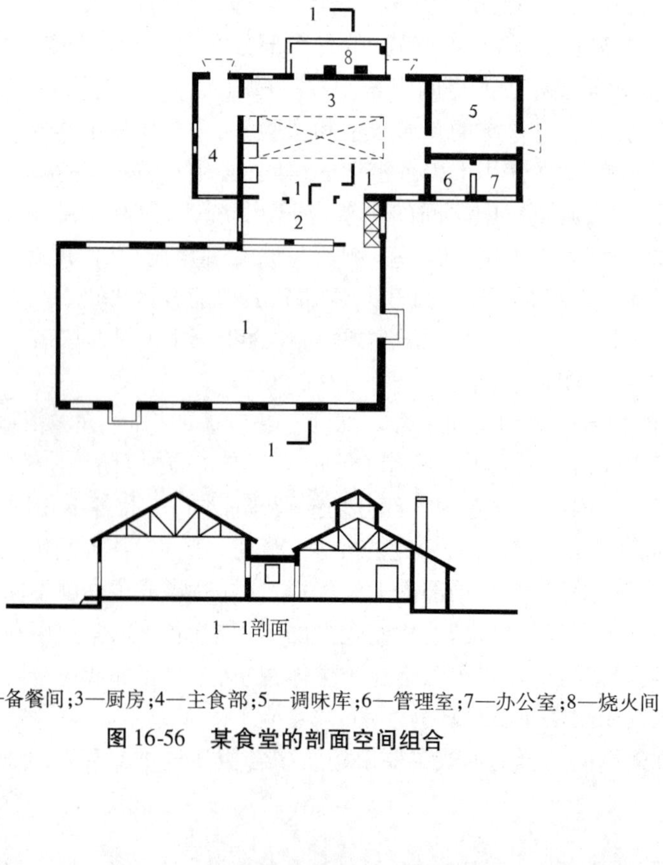

1—餐厅;2—备餐间;3—厨房;4—主食部;5—调味库;6—管理室;7—办公室;8—烧火间

图 16-56 某食堂的剖面空间组合

1) 单层组合形式

在一些建筑中，人流、货流进出较多，为便于和室外的直接联系，多采用单层组合形式，如车站、影剧院等。有一些建筑物，由于要求顶部自然采光或通风，往往也采用单层的组合形式，如展览馆大厅、食堂等；在农村、山区或用地不紧张的地方，住宅建筑也可采用单层的组合形式。图 16-58 为一些单层组合形式的实例。

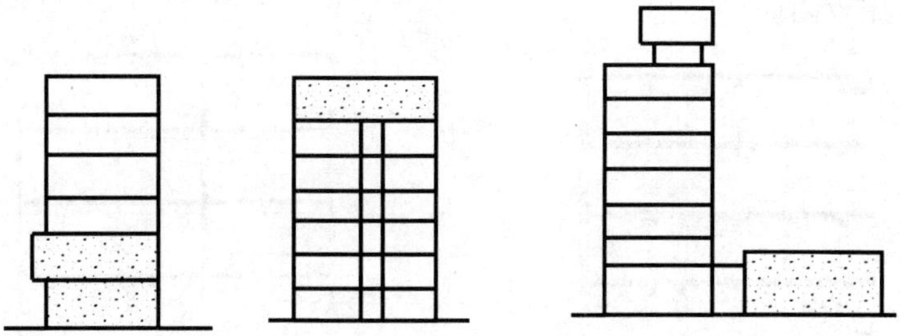

图 16-57　层高相差较大的房间的组合

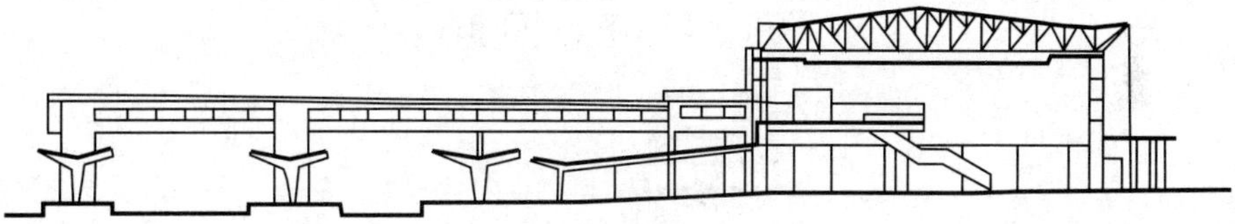

(a) 火车站

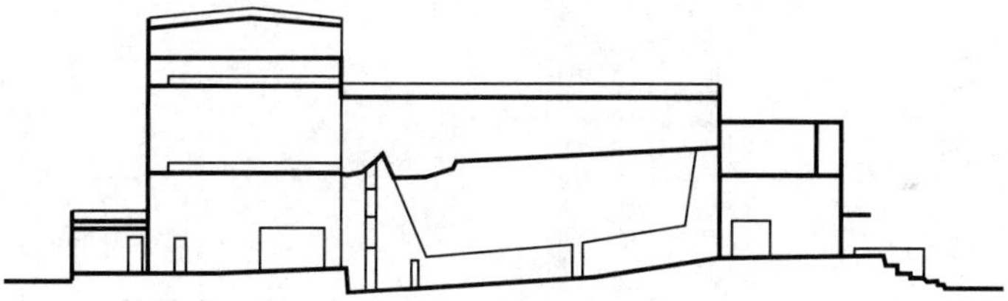

(b) 影剧院

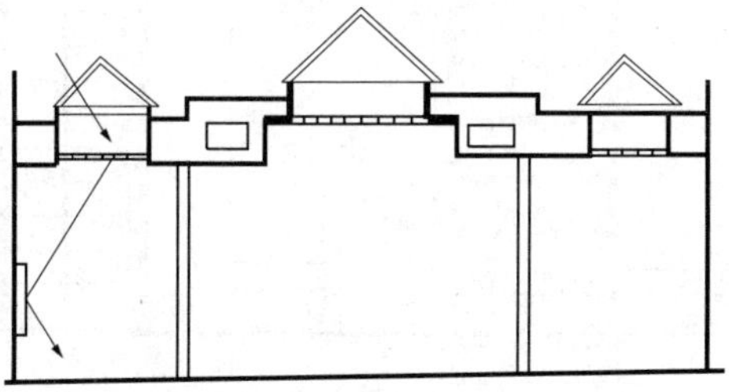

(c) 展览厅

图 16-58　单层的剖面组合形式

单层剖面组合形式，在剖面空间组合上比较简单灵活，各种房间可根据实际使用要求所需高度设置不同的屋顶，其主要缺点是用地不经济、不够紧凑。

2) 多层和高层组合形式

根据节约用地、规划布局和城市面貌及使用等方面要求，目前建筑多采用多层或高层的组合形式。多层剖面适用于有较多相同高度房间的组合，室内交通联系比较紧凑，垂直方向通过楼梯将各层连成一体。大量的单元式住宅及走道式平面组合的学校、办公楼、医院等建筑的剖面,较多采用多层的组合方式(见图 16-59)。一些大型建筑(如旅馆、写字楼等)也有采用高层的剖面组合形式的,大城市中有的居住区也建成了一些高层住宅(见图 16-60)。高层的组合形式能在占地面积较小的情况下,建造较多面积的房屋,这种组合形式有利于室外辅助设施和绿化等的布置,但高层建筑的结构形式及所需设备较复杂,建造与维护费用较高。

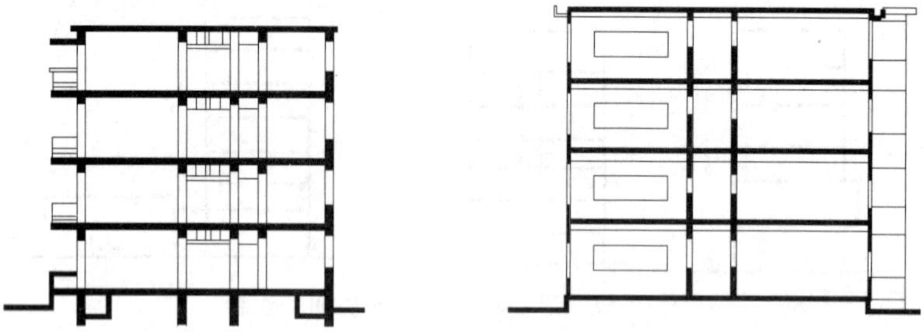

(a)单元式住宅　　(b)内廊式教学楼

图 16-59　多层剖面组合

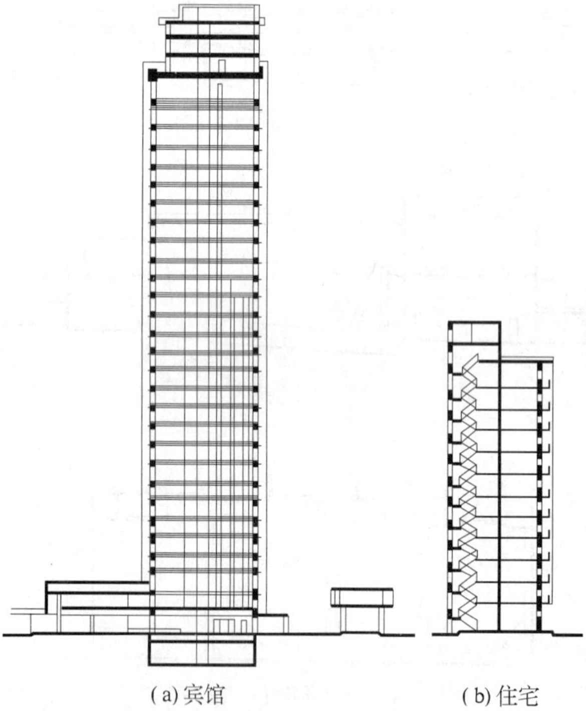

(a)宾馆　　(b)住宅

图 16-60　高层剖面组合

3)错层组合形式

当建筑物内部出现高低差,或由于地形条件的限制,使建筑几部分空间的楼地面出现高低错落现象时,可采用错层的方式进行组合。在衔接处设置的高差可采用以下方式处理:

(1)用踏步来解决错层高差。对于层间高差小、层数少的建筑,可采用在较低标高的走廊上设置少量踏步的方法来解决。如中学教学楼，当教室与办公部分相连时，因层高不一样，出现高差，多设踏步来连接，如图 16-61 所示。

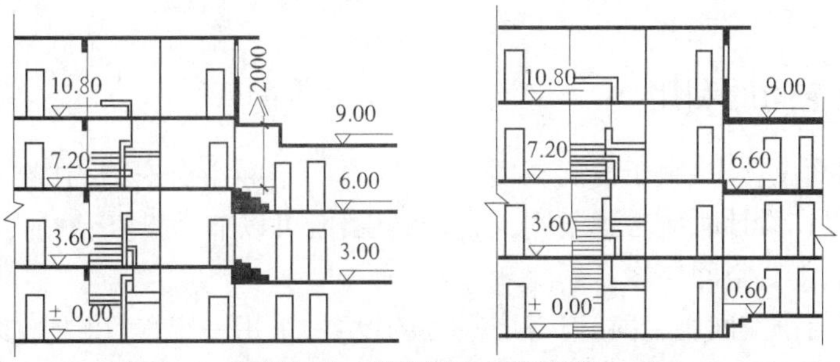

图 16-61　踏步解决层间高差

(2)用楼梯来解决错层高差。当组成建筑物的两部分空间高差较大时，可通过选用楼梯梯段的数量和调整梯段的踏步数量，使楼梯平台的标高与错层楼地面的标高一致，如图 16-62所示。

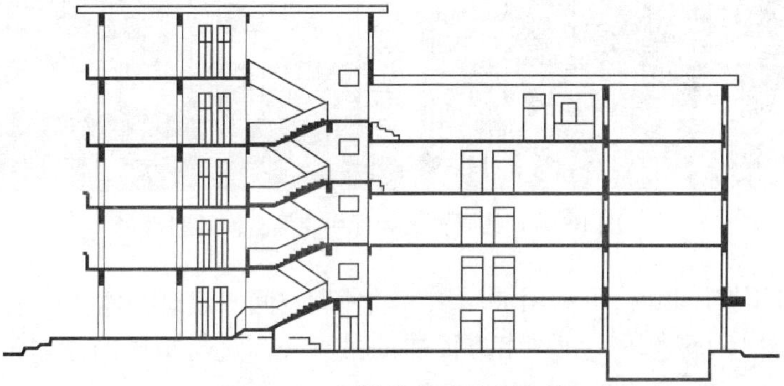

图 16-62　用楼梯解决层间高差

(3)用室外台阶来解决错层高差。这种错层方式较自由，可以依山就势，适应地形标高变化，比较灵活地进行错落布置。图 16-63 为垂直等高线布置，用室外台阶解决高差的住宅实例。

图 16-63　用室外台阶解决高差的住宅

第四节　建筑体型和立面设计

一、建筑空间的利用

在建筑剖面设计中，由于房间高度不同，在进行空间组合时，往往有些空间没有得到充分利用，所以在设计时应考虑空间的合理利用，既可以节约投资、增加建筑面积，又可以改善空间比例、丰富空间层次。

在大空间与小空间组合时，应考虑夹层的设置，采用一个大厅围绕多个夹层的方法，可充分利用空间，图 16-64 为某展览馆大厅中夹层空间的利用。

图 16-64　某展览馆大厅中夹层空间的利用

当建筑采用坡屋顶时，可利用坡屋顶有效使用空间。建筑物建在坡地上时，也可利用架空部分，如图 16-65 所示。我国南方民居的吊脚楼和过街骑楼均是建筑空间利用的典型例子。

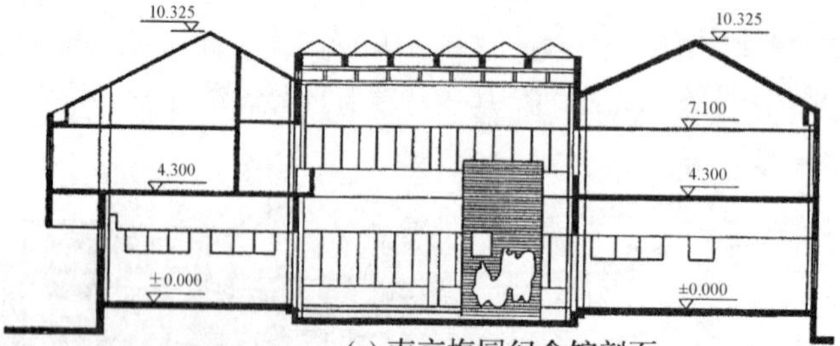

(a) 南京梅园纪念馆剖面

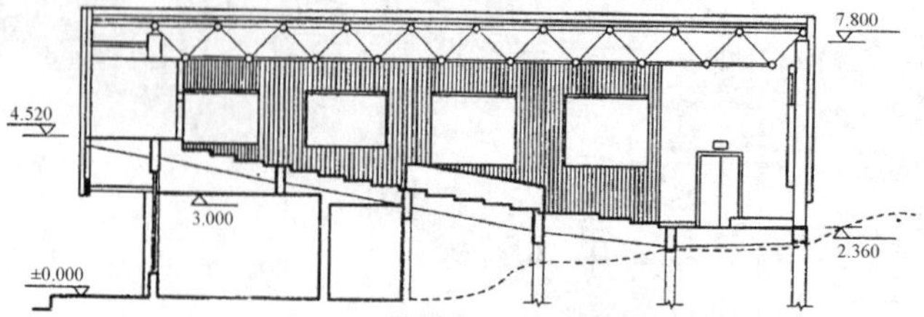

(b)无锡轻工业学院科学会堂剖面

图 16-65　利用坡屋顶和地下空间示例

楼梯间的底层和顶层也可以利用。将楼梯间底层封闭作为储藏室，将楼梯间顶层梯段向上延伸一个梯段，就可在楼梯间顶部做出一间房间。再如，宾馆走廊的空间净高不小于2.1 m就满足规范要求，正好可以将空调管道隐藏在吊顶中，还可利用墙体的厚度作壁龛和窗台柜，如图16-66所示。

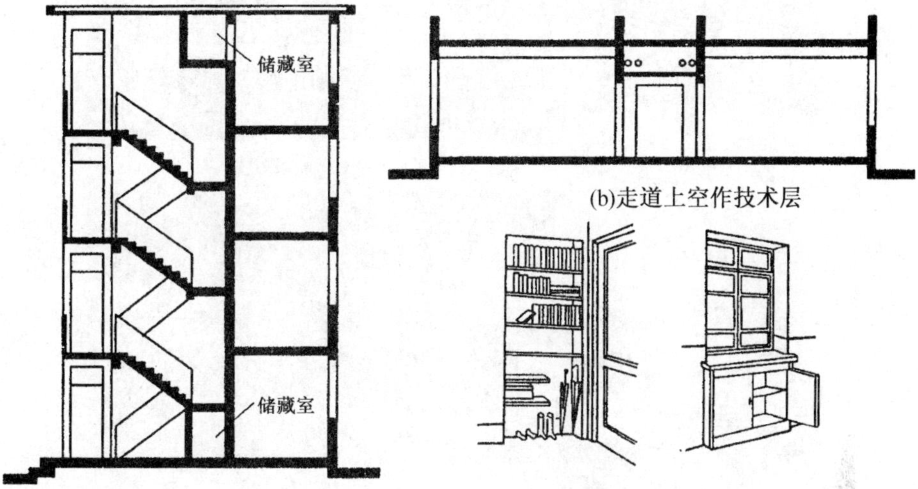

(a)楼梯间上下空间作储藏室

(b)走道上空作技术层

(c)利用墙体厚度作壁龛和窗台柜

图16-66　建筑空间利用示例

二、建筑体型和立面设计

人们对一幢建筑物的印象，首先来自它的外部形象，但建筑体型的设计不能只求外表好看，还有很多因素制约，在设计中应满足各种设计要求，才能设计出功能与形象协调一致的建筑来。

（一）外部形象应反映出建筑物的性格特征

不同功能要求的建筑类型具有不同的内部组合特点，房屋的外部形象也相应地表现出这些建筑类型的性格特征。如办公建筑，其内部功能是满足人们各种办公需求，因而是由许多重复元素组成的，外部形象一般较简洁大方；园林建筑一般使用功能单一，为了与自然环境相呼应，造型会比较活泼生动，往往还辅以通透的连廊及光影丰富的挑檐和门窗；而教育建筑，如教学楼一般以多层教室组成的长方体为主体，由于室内采光要求高，人流出入多，立面上往往形成高大、明快的窗户和宽敞的入口；体育建筑比赛大厅空间很大，在看台下布置其他房间，在外部形象上表现为一独立、巨大、简洁的几何体。不同类型的建筑的外形特征如图16-67所示。

这些外部体型是内部空间的反映，而内部空间又必须符合使用功能，因此建筑体型不仅是内部空间的反映，而且还间接地反映出建筑功能的特点。房屋外部形象反映建筑类型内部空间的组合特点，美观问题紧密结合功能要求，正是建筑艺术有别于其他艺术的特点之一。

(a) 某办公楼　　(b) 某教学楼

(c) 某熊猫馆　　(d) 某体育馆

图 16-67　建筑的外形特征示例

(二) 充分展示材料、结构、构造等特点

建筑不同于一般的艺术品,它必须运用各种建筑材料并通过一定的结构形式、施工技术条件等手段来完成。因此,建筑体型及立面设计必然在很大程度上受到建筑材料、建筑结构、施工手段等物质技术条件的制约,并反映出各种材料、结构和施工的特点。

建筑材料的不同造就了不同的建筑外观。如中国传统建筑(见图 16-68)多采用木材,具有使用灵活、搭建方便等特点;在山区多采用石材搭建房屋。而自工业革命后,现代建筑材料种类大大增加,如钢铁、玻璃、薄膜等,使建筑外观发生了很大变化。

(a)传统木结构房屋　　(b)石砌体房屋

图 16-68　传统建筑材料所建造的房屋

结构的差异也直接影响了建筑外部形象。一般小开间民用建筑多采用砌体结构,由于墙体既起承重作用又起围护作用,开窗面积受到限制;再加上梁板经济跨度的局限,室内空间小,层数多为低层和多层,外部表现为小面积且有规律的窗和大面积的实墙体。钢

筋混凝土框架结构的外墙体仅起围护作用,给空间处理赋予了较大的灵活性。它的立面开窗较自由,既可形成大面积独立窗,也可形成带形窗,甚至底层可以全部取消墙体而形成完全通透的架空层形式,具有简洁、明快、轻巧的外观形象。各种空间结构的大量运用,更加丰富了建筑物的外观形象,使建筑造型千姿百态,如图 16-69 所示。

(a) 香港汇丰银行大厦 (b)武汉首义红楼 (c)北京英东游泳馆 (d)北京检察院办公楼 (e)北京石景山体育馆

图 16-69　不同结构所产生的建筑物外观形象

(三)满足城市规划与环境条件的要求

建筑单体是基地建筑群体中的一个局部,其体型、立面、内外空间组合以至建筑风格等方面,都应认真考虑与基地中建筑群体的配合,如图 16-70 所示。即便是进行大规模的地块改造和建筑更新,也应该从系统的更高层次上去把握城市规划对该地块的功能和风貌方面的要求。

图 16-70　南方某中专学校校园鸟瞰图

建筑物所在地区的气候、地形、道路、原有建筑物以及绿化等基地环境,也是影响建筑体型和立面设计的重要因素。如自然环境中的建筑要因地制宜,结合地形起伏变化使建筑高低错落、层次分明,并与环境融为一体,如图 16-71 所示。

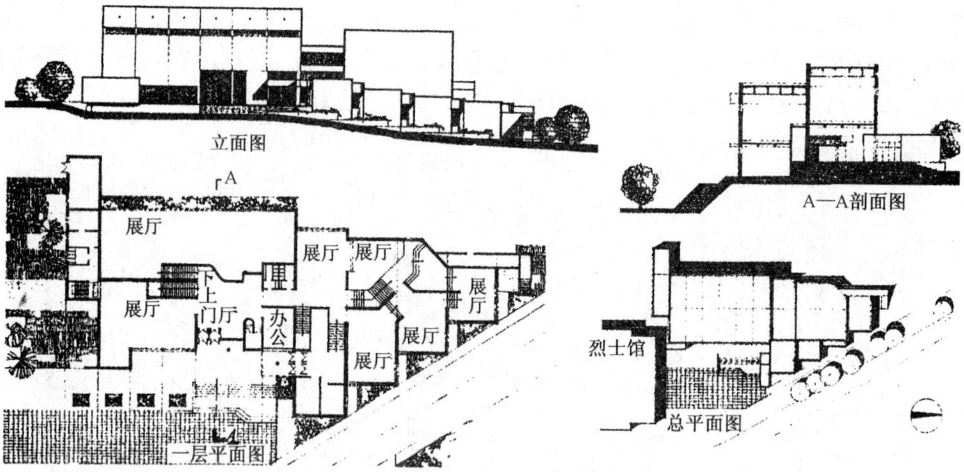

图 16-71　**黑龙江省革命博物馆规划示意**

位于城市中的建筑物，一般由于用地紧张，受城市规划约束较多，建筑造型设计要密切结合城市道路、基地环境、周围原有建筑物的风格及城市规划部门的要求。

(四)符合社会经济条件要求

建筑物从总体规划、建筑空间组合、材料选择、结构形式、施工组织直到维修管理等都包含着经济因素。各种不同类型的建筑物，根据其使用性质和规模，应严格执行国家规定的建筑标准和相应的经济指标。在建筑标准、所用材料、造型要求和装饰外观上加以区别，防止片面强调建筑的艺术性，忽略建筑设计的经济性，应在合理满足使用要求的前提下，用较少的投资建造美观、简洁、明朗、朴素、大方的建筑物。一般来说，对于国家级纪念性、历史性建筑和省市级建筑，标准可以高一些；而对于国家重点建造的某些大型公共建筑和一般城镇公共建筑，也应该区别对待。

(五)遵循建筑形式美的规律

人们要创造出美的建筑，就必须遵循美的法则来进行设计。建筑形式美的基本规律是多样统一的，即在统一中求变化、在变化中求统一。建筑物的各组成部分，由于功能和结构的不同，在形式上必定表现出不同，但它们之间又有着内在的联系。应在功能与结构合理的前提下，按照构图规律对建筑体型和立面进行组合，使其成为一个有机整体，达到和谐统一。

多样统一是形式美的基本规律，而主从分明、对比与微差、均衡与稳定、韵律与节奏、比例与尺度等构图规律则是形式美在某一个方面的具体体现。按照这些构图规律对建筑外部形式进行设计，从各部分的差别可以看出多样性与变化，从各部分的联系可以看出和谐与秩序，这样才能设计出能引起人的美感的建筑物来。

三、建筑体型的组合设计

(一)简单体型的组合设计

1. 以单一体型求得统一

所谓单一体型是指正方体、长方体、圆柱体、三角锥体、多边柱体等简单的几何形体。

由于这些构图要素之间具有严格的制约关系，从而给人以明确、肯定的感觉，古代的建筑师都曾借助这些简单的几何形体来达到高度统一，如埃及的金字塔、罗马的万神庙。采用这类形状的建筑，立面和体型都较为完整统一，常常给人以统一、纯粹、简洁大方、轮廓分明的效果。如正方体是一种明确肯定的几何形状，可以给人以庄重、稳定的感觉，一般纪念性建筑，通常借助这种形象的构图来达到完整统一。正三角形也是一种明确肯定的几何形状，但由于室内空间不好利用，一般建筑师不采用这种组合形式，但如果处理的巧妙，同样可以获得完整统一的效果，如香港中银大厦和法国罗浮宫广场入口。现代的一些超高层建筑和体育建筑也都是采用单一体型来求得统一的。

中国国家大剧院（见图16-72）由歌剧院、音乐厅、戏剧场和其他活动空间组成，功能复杂，如何达到建筑体型与内容的完美统一，一直是一个争论不休的问题。法国著名建筑师保罗·安德鲁的设计方案是用一个椭圆形钢结构壳体覆盖所有建筑，壳体东西方向长为212.20 m，南北方向长为143.64 m，地上高度为46.68 m，地下最深32.50 m。为了避免单调，在壳体中部设置玻璃幕墙，营造出舞台帷幕徐徐拉开的视觉效果。壳体周围是面积达3.55万m^2的人工湖及大片绿色植被组成的文化休闲广场，不仅美化了大剧院外部景观，也体现了人与自然和谐共融的理念。

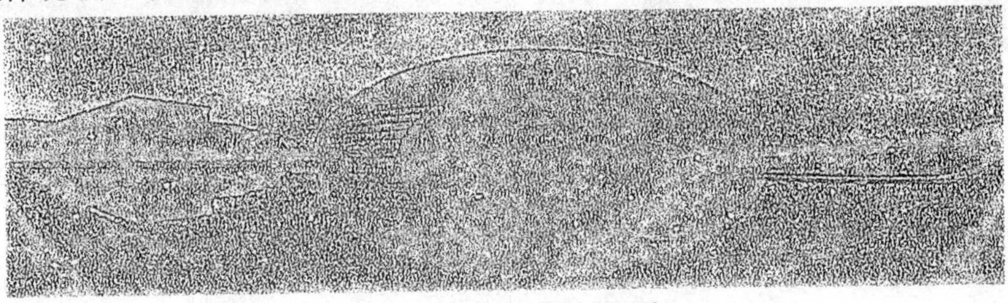

图16-72　中国国家大剧院

2. *以主从关系求得统一*

在一个有机的整体中，各组成部分是有差别的。当建筑物的功能关系较复杂时，往往会出现不同大小、高低、形状、方向的体量组合和空间穿插，在设计中可以依据建筑功能的不同将其分为主要部分、次要部分、交通联系部分，采取以小衬大、以低衬高，利用轴线变化、形状变化等手法突出重点，从而达到完整统一。

绝对单一几何形体的建筑通常并不是很多，往往由于建筑地段、功能、技术等要求或建筑美观上的考虑，在体量上作适当的变化或加以凹凸起伏的处理，以丰富建筑外型。

广州中山纪念堂（见图16-73(a)）是1931年为纪念孙中山先生而建成的。其主体是高49 m的八角形宫殿式建筑，前后左右由四个宫殿式重檐歇山抱厦建筑组成，就像四层卷叠的龙脊组成一个整体，烘托出中央巨大的八角形攒尖式屋顶。采用一主四从的方法突出主体，主从关系分明，体型组合完整统一。

北京民族文化宫（见图16-73(b)）建于1959年9月，是中华人民共和国成立十周年后首都著名的十大建筑之一。其主楼为13层，高67 m，东西副楼3层，中央展览大厅设在主楼北侧。屋顶采用飞檐宝顶冠以孔雀蓝琉璃瓦，楼体洁白，塔身高耸，具有独特的中华民族风格。设计中采用以低衬高的方法来衬托出主楼的高大，达到了体型组合上的主从分明、有机统一。

(a) 广州中山纪念堂

(b) 北京民族文化宫

(c)深圳地王大厦

图 16-73　主从组合分明的建筑示例

深圳地王大厦(见图 16-73(c))于 1996 年建成,位于深南东路、解放路、宝安南路交汇的三角地带,由商业大楼、商务公寓和购物中心三部分组成。69 层高的商业大楼为主体,楼高 383.95 m。商业大楼建筑体型的设计灵感来源于中世纪西方的教堂和中国古代文化中通、透、瘦的精髓,宽与高之比例为 1∶9,创造了世界超高层建筑最“扁”、最“瘦”的记录。33 层高的商务公寓朝向与商业大楼垂直,以体型的变化和高低的差异来突出主体。购物广场夹在商业大楼和商务公寓中间,起联系与分隔作用,使得三部分浑然一体但又主从分明。为了使建筑体型不太单调,在商务公寓内设计了空中游泳池,空间跨距约 25 m、高 20 m,上下延伸由 9 层至 16 层,达到了“通”和“透”设计理念的要求。

3. 以韵律美来加强统一性

韵律是某种事物有规律地出现或有秩序地变化来激发人们的美感。当建筑物为多个功能相同或相近的独立单元时,主从关系不明,常采用以韵律感的组合方式来强调统一。当许多单元呈条理性、重复性、连续性地反复出现与组合时,就形成了一种韵律美。这种组合方法灵活多变,对基地形状适应性较强,容易形成建筑体型的节奏感和韵律感。住宅楼、教学楼、幼儿园等宜采用单元式组合的建筑,常采用这种方式来达到和谐统一,还可通过阳台、凹廊和楼梯的处理,使简单的体型产生丰富的光影变化,形成一种韵律感,有时结合一定的地形条件也可按单元处理成前后或高低错落的体型。

图 16-74 为某风景区内旅游宾馆,由于规划部门限制建筑高度,其设计为多层单元式组合,以方形为母体的单元式客房楼反复出现,围绕庭院布置,较好地解决了建筑体型组合的问题。

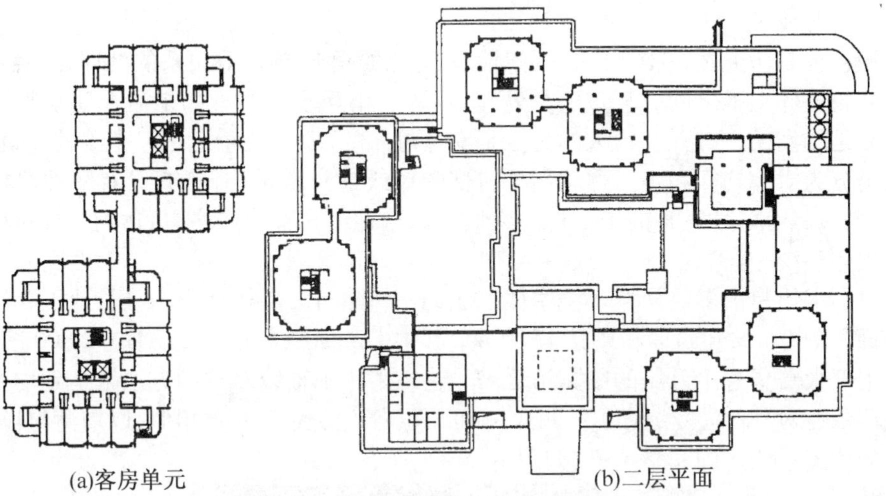

(a)客房单元　　(b)二层平面

图 16-74　某宾馆的单元式组合体型

图 16-75 为澳大利亚悉尼歌剧院，其采用三组贝壳状的钢筋混凝土薄壳组成，这些“贝壳”依次排列，前三个由小到大，一个盖着一个，面向海湾依抱，最后一个则背向海湾峙立，看上去很像是两组打开盖倒放着的蚌，最小一组贝壳由两对薄壳组成。三组贝壳形状相似，大小相近，以同样的造型重复出现，给人以强烈的节奏感和韵律感。那些濒临水面的巨大的白色壳片群像是海上的船帆，又如一簇簇盛开的花朵，在蓝天、碧海、绿树的映衬下，婀娜多姿，轻盈皎洁。由于其出色的外形，已被视为世界建筑的经典载入史册。

(a)总平面　　(b)外观

1—音乐厅；2—歌剧院；3—餐厅

图 16-75　澳大利亚悉尼歌剧院

(二) 复杂体型的组合设计

当建筑物的功能关系较复杂时，往往会出现不同大小、高低、形状、方向的体量组合和空间穿插，这种复杂体型至少是由两个以上的体量组成的。设计时，一般可以依据建筑功能的不同将其分为主要部分、次要部分和交通联系部分等，分别形成主体量、次体量和交通联系体量，然后进行组合。在处理复杂体型时，应避免杂乱、无序，几何形体不宜各自为政，应在总体上协调统一、主次分明。

1. 均衡与稳定

均衡主要是研究建筑构图中各要素前后、左右之间相对轻重关系的处理，而稳定则主要研究建筑整体上下之间的轻重关系处理，两者是相互联系的。如果一个建筑物从外观上看起来是均衡的、稳定的，给人的感觉是安全可靠的，那么就一定是一个美的建筑。

均衡分为对称均衡和不对称均衡。对称的形式本身就是均衡的，又有一种严格的制约关系，所以具有一种完整的统一性。人们常用这种形式来建造房屋，达到一种对称的均衡来实现完整统一。

北京图书馆是由多层楼群环绕主楼组成的一组建筑。主楼地上 16 层，地下 3 层。全馆占地面积 7 万 m^2，建筑面积则达 17 万 m^2，其中书库面积 6 万 m^2，藏书为 2 000 多万册，是世界上五大藏书过千万册的图书馆之一。建筑采用中轴线对称的方法来达到均衡与稳定。楼群中有对称的院落，屋顶为中国古典形式，各组成部分形式相似，以均衡与稳定、主从分明的构图手法达到完整统一，如图 16-76 所示。

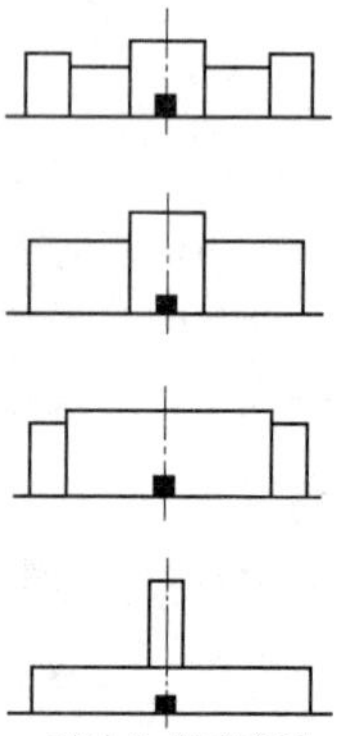

对称均衡示意图

图 16-76　北京图书馆

建筑物由于功能、地形、建筑物特征等条件限制，不可能都做到对称均衡，同时由于建筑技术的发展、人们审美观的变化，要求建筑形式更加自由灵活，因而不对称均衡得到了广泛的应用。不对称均衡同样强调建筑各组成部分在重量上的相互制约关系，一般来说，体量大的、实体的、材质粗糙及色彩暗的，感觉要重些；体量小的、通透的、材质光洁及色彩明快的，感觉要轻些。强调均衡中心（视觉上最突出的主要出入口）的主导作用，利用不同体量、虚实变化、色彩和材质变化来达到和谐统一，如图 16-77 所示。

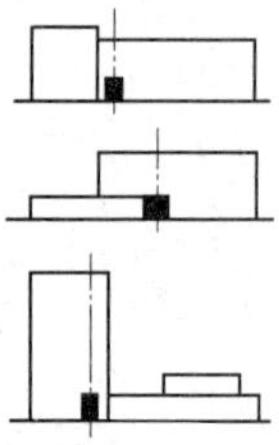

(a) 不对称均衡示意图

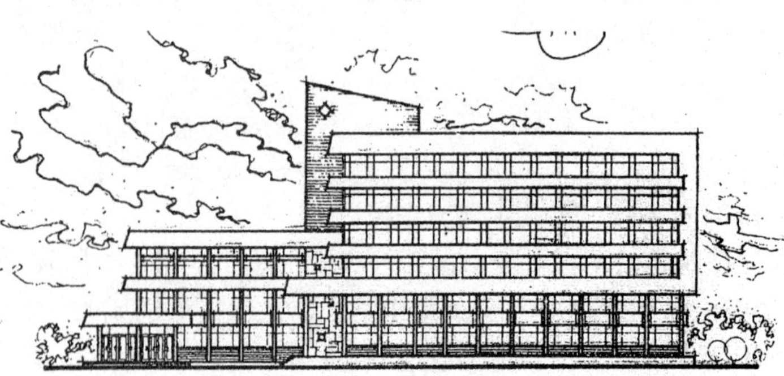

(b)某办公楼立面图

图 16-77　不对称均衡在建筑构图中运用的示例

稳定是人们从自然现象中获得的一种感觉，如上小下大、上轻下重的建筑给人以稳定、安全的感觉；反过来，头重脚轻给人以不稳定、不安全的感觉。所以，一般建筑物都做得基座较大、上部较小，如北京天坛的祈年殿、巴黎的埃菲尔铁塔。但随着新结构、新材料的发展，传统的稳定观也受到了挑战。许多底层架空、看似头重脚轻的建筑物稳稳地矗立在大地上，利用悬挑结构上大下小的建筑也出现在人们的视线之中。图 16-78 为美籍华人建筑大师贝聿铭设计的两个作品，即巴黎罗浮宫玻璃金字塔和美国达拉斯市政厅，两个外观截然不同的建筑，却都获得了稳定的感觉，达到了高度的完整统一。

(a) 巴黎罗浮宫玻璃金字塔

(b) 美国达拉斯市政厅

图 16-78　稳定构图的建筑示例

2. 对比与微差

对比是利用建筑体型之间显著的差异，使得相互之间的烘托、陪衬来突出各自的特点。微差是指不显著的差异。可采用形状的对比、体量的对比、高低的对比、虚与实的对比，以及色彩、质地、光影对比等来突出主体。对比能获得强烈变化，宜突出重点；微差能获得小的变化，宜取得相互呼应、协调的效果。

图 16-79 是北京建材经贸大厦，其采用了强烈对比的方法，展馆部分采用 155 m 跨度的弧形落地拱，与高耸的办公楼相互映衬，一高一低、一方一圆，有对比又有呼应，同样取得统一与变化的效果。

北京建材经贸大厦

图 16-79　用对比手法突出主体的建筑示例

图 16-80 为西安群众艺术馆，虽然体量不大，在设计中同样采取了对比与微差的手

法。弧形的阅览室、半圆形的楼梯间和矩形的报告厅形成形状的对比，突出屋顶的楼梯间与单层的报告厅形成高低的对比；大面积的墙面与带形窗形成虚实的对比，结合功能布局组合的建筑体型与空间，自然灵活、简洁大方；以小的对比，形成小的变化，取得了相互呼应、协调统一的效果。

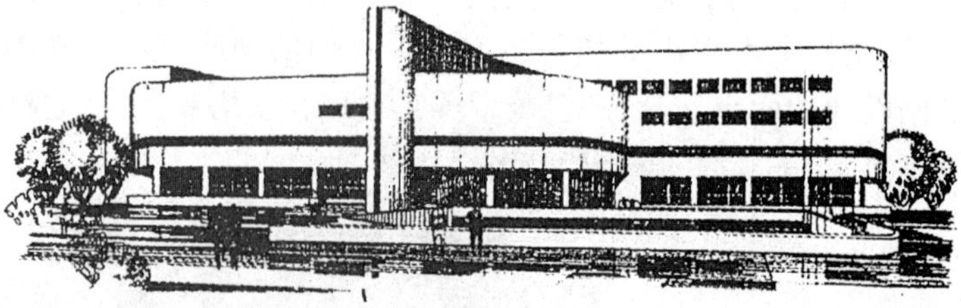

图 16-80　西安群众艺术馆

(三)建筑体型的转折与转角处理

建筑的体型转折和转角主要是指建筑物为适应基地的形状或道路的转弯变化而形成的弯折和角度。如在丁字路口、十字路口或任意角落的转角地带设计建筑物时，应巧妙地利用地形来对建筑进行恰当的转折和转角处理，以创造出既适合地形环境，又特点鲜明的建筑体型。图 16-81 为适应地形特征的建筑体型转折与转角处理示例。

若建筑体型单一，可以将单一的几何式建筑体型沿着道路、自然地形的变化，进行曲折变形和延伸，并保持着体型的等高特征，形成简洁流畅、自然大方、统一完整的建筑外观体型。

转角地带的建筑体型也可采用以小衬大、以低衬高、主次分明的手法，使主体更加醒目。对于较高的建筑物，常采用局部体量升高以形成塔楼的形式，使其在转角处显得非常突出、醒目，并形成建筑群布局的高潮，控制整个建筑物及周围道路和广场等。深圳地王大厦就是采用这种处理方法。

(四)体型的联系与交接

建筑体型组合时，如遇到复杂体型，就要合理、恰当地解决好各体量的联系与交接问题，这些交接既要满足建筑内部功能的要求，又要符合连接穿插的逻辑性和人们普遍的审美要求。常用的连接方式有直接连接、咬接、以走廊连接、以连接体相连等，如图 16-82所示。

直接连接即不同体量的面直接相连，这种方式具有体型简洁明快、整体性强，内部空间联系紧密的特点；咬接是指各体量之间相互穿插，体型较复杂，组合紧凑、整体性强，较易获得有机整体的效果；以走廊或连接体连接，这种方式的特点是各体量间相对独立而又互相联系，体型给人以轻快、舒展的感觉。

图 16-83 为某高校外国专家招待所，由单层的公共活动部分、2 层的专家公寓和 3 层的专家宿舍组成，采用了直接连接、咬接和走廊连接三种方式，形成一个围绕庭院布置的建筑整体。

四、建筑立面的设计

建筑立面是表示建筑物外表面的细部处理，它是由许多构件组成的，包括门窗、墙柱、阳台、遮阳板、雨篷、檐口、勒脚、花饰等。建筑立面设计就是恰当地确定这些构件的比例和尺度，运用节奏与韵律、虚实对比等构图规律，设计出体型完整、形式与内容统一的建筑立面。

(a)基地两侧道路斜交

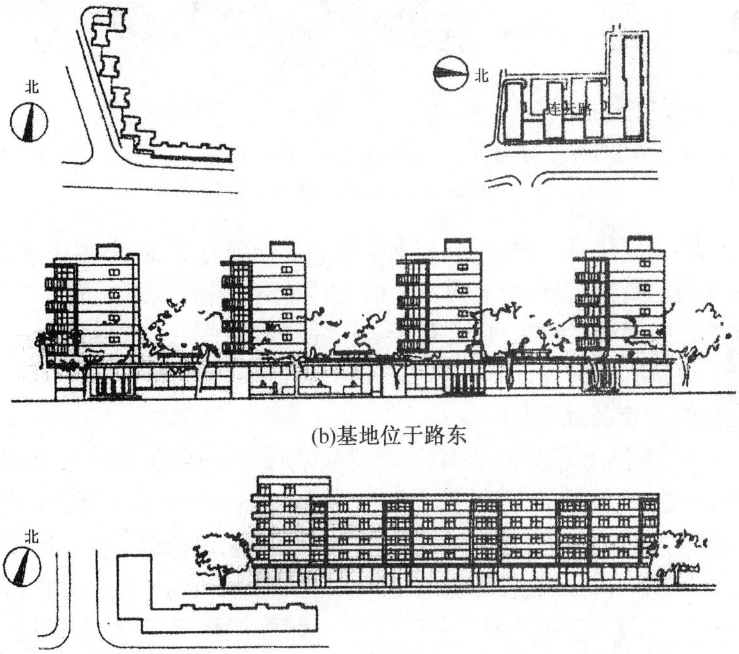

(b)基地位于路东

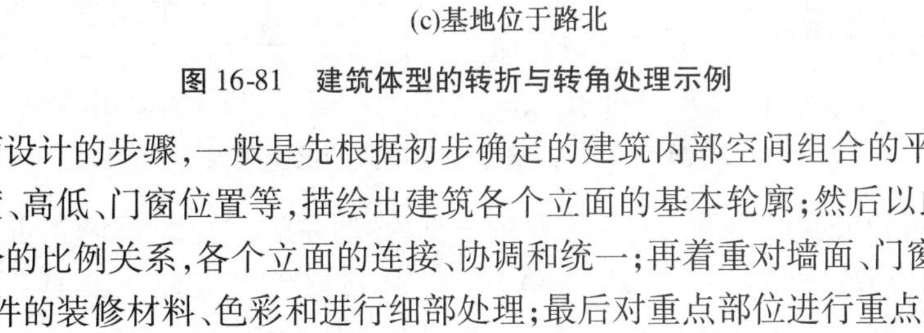

(c)基地位于路北

图 16-81　建筑体型的转折与转角处理示例

建筑立面设计的步骤，一般是先根据初步确定的建筑内部空间组合的平、剖面关系，如建筑的尺度、高低、门窗位置等，描绘出建筑各个立面的基本轮廓；然后以此为基础，推敲立面各部分的比例关系，各个立面的连接、协调和统一；再着重对墙面、门窗大小进行调整，确定各构件的装修材料、色彩和进行细部处理；最后对重点部位进行重点处理，从整体到局部、从大面到细节，反复推敲，逐步深入。

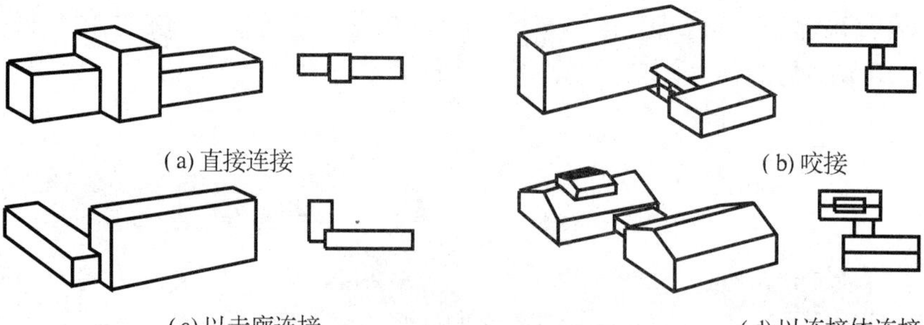

(a) 直接连接　(b) 咬接　(c) 以走廊连接　(d) 以连接体连接

图 16-82　房屋各组成部分的连接方式

(a)总平面图　(b)效果图

1—专家宿舍;2—图书馆;3—学生食堂;4—羽毛球场;5—绿化;6—主出入口

图 16-83　房屋组合方式示例

建筑立面设计应注意一些问题,如不能孤立地处理每个面,必须注意几个立面的相互协调和相邻立面的衔接,以形成有机统一的整体;不能只局限于立面的尺寸大小和形状,应考虑到建筑空间的透视效果;应立足于运用建筑构件的直接效果对入口进行重点处理和进行少量的建筑装饰,力求简洁明朗、朴素大方,避免烦琐装饰。

(一)比例与尺度的处理

立面各部分之间的比例以及墙面的划分都必须根据内部功能特点,在体型组合的基础上,考虑结构、构造、材料、施工等因素,仔细推敲,设计与建筑性格相适应的建筑立面比例效果。在不影响功能和结构的基础上对建筑构件进行调整,可使整个立面比较均匀、协调。建筑立面常借助于门窗、踏步、栏杆等的尺度,反映建筑物的正确尺度感,如图 16-84 所示。

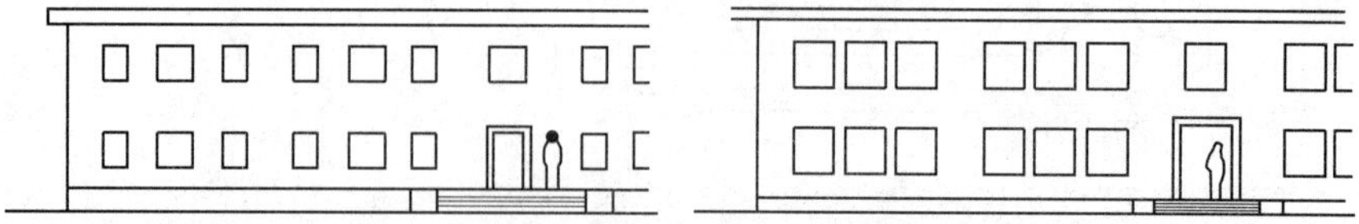

(a) 各部分比例不当　(b) 调整后比例较协调

图 16-84　建筑立面各部分的比例关系

比例适当和尺度正确是使立面完整统一的重要风貌。立面设计时,可以采用以相似的比例求得和谐统一的方法,如图 16-85 所示。用对角线相互重合、垂直及平行的方法使窗与窗、窗与墙面之间保持相同的比例关系,以相似比例求得和谐统一。

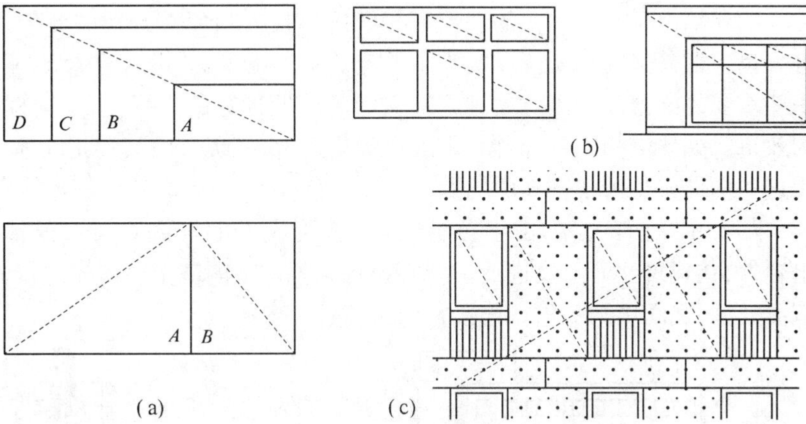

图 16-85　以相似比例求得和谐统一

图 16-86 为某大学宿舍楼的建筑立面，根据宿舍楼的内部特征，表现在外立面上是整齐划一的窗和墙体。墙体和窗户的大小比例协调，为避免单调，将楼梯间的窗做成扁窗，既符合楼梯间的采光要求，在立面上也有所变化。

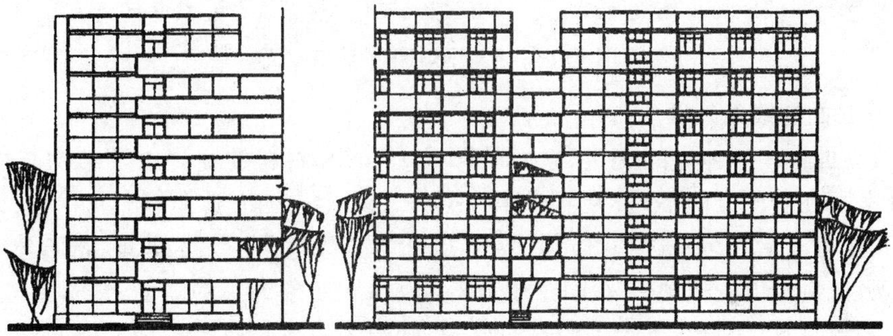

图 16-86　立面墙体与窗的比例协调一致

（二）虚实与凹凸的处理

建筑立面中虚是指立面上的玻璃、门窗洞口、门廊、柱廊等部分，能给人以轻巧、通透的感觉；实是指墙面、柱面、阳台、栏板等实体部分，给人以封闭、厚重、坚实的感觉。根据建筑的功能、结构特点，巧妙地处理好立面的虚实关系，可取得不同的外观形象。另外，通过对墙面、门窗、遮阳板及其他构件的不同处理方法，可以使立面产生虚实对比、光影生动的效果，如图 16-87 所示。

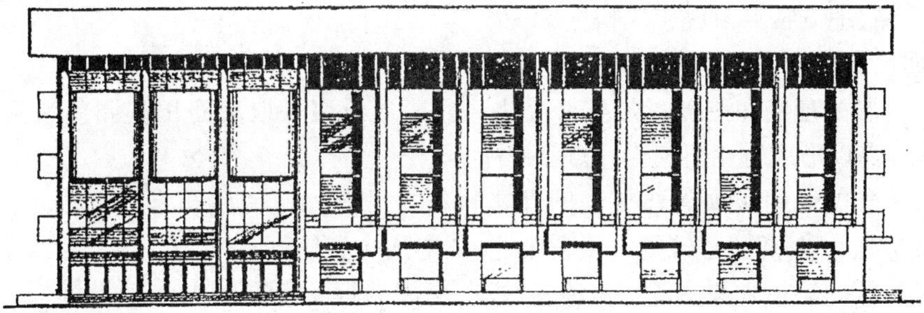

图 16-87　建筑立面的虚实对比

以虚为主的建筑由于有大面积的玻璃窗和凹廊，可获得轻巧、开敞的效果，常用于公共建筑等有大量人群聚集的场所。以实为主的建筑给人以厚实、封闭的感觉，常用于纪念性建筑和一些重要的办公建筑等。通过建筑立面的凸凹部分的光影变化，同样也能获得虚实对比的效果。如住宅的阳台、凸窗、出入口的雨篷、窗楣板、挑檐、女儿墙等，在设计中可充分利用这些构件以达到丰富立面的效果。

图 16-88 为某市图书馆主楼，由于功能要求不同形成了几个层次，除建筑体型按功能进行合理组合外，在建筑立面上也进行了精心设计。外墙上的窗按照房间进行分组排列，形成一种节奏，立面之间用圆弧进行连接，非常自然。

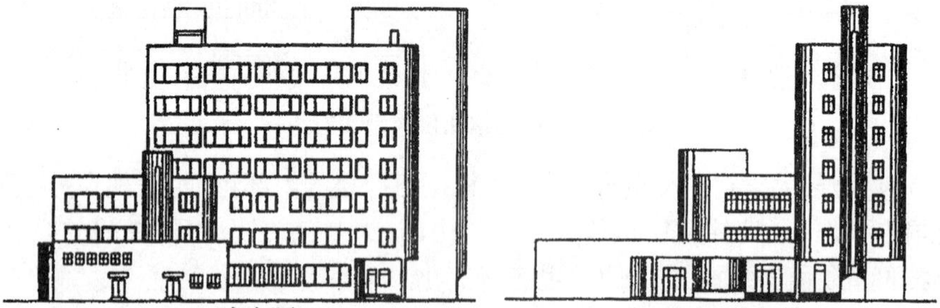

(a)南立面　(b)东立面

图 16-88　某市图书馆的建筑立面

(三)立面的线条处理

建筑立面上由于体量的交接、立面的凹凸、色彩和材料的变化以及结构与构造的需要，客观上存在若干方向不同、大小不等的线条，如阳台、凸窗、遮阳、檐口、立柱，以及带形窗和窗间墙等。恰当运用这些不同类型的线条，并加以适当的艺术处理，将给建筑立面韵律的组织、比例尺度的权衡带来不同的效果。以水平线条为主的立面，常给人以稳定、舒展、亲切的感觉；以垂直线条为主的立面形式，则给人以挺拔、庄重、向上的感觉。在设计中合理运用各种线条在位置、粗细、长短、方向、曲直、疏密、繁简、凹凸方面的变化，能使建筑立面更加丰富多彩，如图 16-89 所示。

(四)立面的色彩与质感处理

建筑立面的色彩与质感的处理也是极其重要的。色彩和质感都是材料表面的某种属性，通过材料色彩和质感的恰当选择和配置，可产生丰富、生动的立面效果。

不同的色彩给人以不同的感受，如使人感到热烈、兴奋的暖色，使人感到清晰、宁静的冷色，还有明快外向的浅色，沉稳内敛的深色等。运用不同的色彩处理还可以表现出不同的建筑性格、地方特点及民族风格。

立面色彩处理时应注意以下问题：

(1)色彩处理应和谐统一并富有变化。一般建筑可采取大面积基调色为主，重点部位有所变化，以形成对比而突出重点。

(2)色彩的运用必须与建筑物的性格特征一致。如医院建筑常采用白色或浅色基调，给人以安定感；商业建筑则常用暖色调，以增加热烈气氛。

(3)色彩的运用必须注意与环境的协调，与周围相邻建筑、环境气氛相适应。

(4)基调色的选择应结合当地的气候特征，并考虑民族文化传统和地方特色。

(a)北京昆仑饭店

(b)北京林业大学主楼

(c)武警总队办公楼

图 16-89　建筑立面线条的处理示例

质感是材料固有的特性,质感不同也会给人以不同的感觉。运用材料的不同质感可增加建筑的表现力,如粗糙的混凝土和毛石面显得厚重、坚实,光滑平整的面砖、金属及玻璃材料表面使人感觉轻巧、细腻。立面处理应充分利用材料质感的特性,灵活运用,加强和丰富建筑的表现力,如图 16-90 所示。

图 16-90　材料的质感给建筑不同的表现力

(五)立面的重点和细部处理

在建筑立面设计中,根据功能和造型需要,对需要引起人们注意的一些部位,如建筑物的主要出入口、商店橱窗、建筑檐口等进行重点处理,以吸引人们的视线,同时也能起到画龙点睛的作用,以增强和丰富建筑立面的艺术效果。

建筑主要出入口应进行重点处理，这是人们接触最多和观察最细的地方，应能反映出建筑物的性格特征，如炎黄艺术馆、中国美术剧院入口都恰到好处地反映了这一特征。

建筑细部是指檐口、踏步、雨篷、大门、花台、阳台、勒脚、窗套、花格等细部装饰，这些部位也是人们目光所及之处，应充分考虑到人们的审美习惯，发挥材料质感、纹路、色彩之美对丰富整个立面处理也有很好的作用。

整体和细部都是建筑整体中不可分割的组成部分，在造型设计上，要首先从大局着手，仔细推敲、精心设计，才能使整体和局部达到和谐统一的效果，如图 16-91 所示。

图 16-91　建筑立面的重点处理示例

五、注意重点部位和细部处理

对建筑某些部位进行重点和细部处理，可以突出主体，打破单调感。立面重点处理常通过对比手法取得。建筑的主要出入口和楼梯间是人流最多的部位，要求明显易找。为了吸引人们的视线，常在这个部位进行重点处理，如图 16-92 所示。

在立面设计中，对于体量较小或人们接近时才能看得清的部分，如墙面线脚、花格、漏窗、檐口细部、窗套、栏杆、遮阳、雨篷、花台及其他细部装饰等的处理称为细部处理，如图 16-93 所示。细部处理必须从整体出发，接近人体的细部应充分发挥材料色泽、纹理、质感和光泽度的美感作用。对于位置较高的细部，一般应着重于总体轮廓和注意色彩、线条等效果，而不宜刻画得过于细腻。

图 16-92　入口重点处理

图 16-93　细部处理

附　录

资料一　多层与高层钢筋混凝土结构房屋

一、多层与高层钢筋混凝土结构房屋布置原则

(1)进行建筑平面、剖面设计时,应尽可能减少开间、进深的类型,尽可能统一柱网和层高,尽量减少构件的种类和规格,以利于结构设计、构件制作和现场施工。这些要求对于装配结构尤为重要。

(2)选择结构体系时,应考虑房屋内部的空间要求和所受荷载的性质及其大小。竖向荷载要求结构有足够的抗压强度,水平荷载则要求结构有足够的抗弯、抗剪强度及刚度。

(3)高层建筑的设计应控制水平荷载下的侧向变形,防止变形过大,影响建筑物的正常使用(如损坏装修、影响美观和不舒适感等),以及造成人身与设备的安全事故,甚至引起主体结构开裂或损坏。

(4)建筑设计时,应特别重视高层建筑的体型。不良的体型在水平荷载作用下,会对建筑结构产生偏心扭矩,导致结构损坏。建筑物的平面与立面宜简单、规则,尽量不设缝、少设缝。凡设缝,就要分得彻底,将结构划分为独立的单元。凡不设缝,就得采取结构和施工措施,将结构牢固地连成整体。

常见的钢筋混凝土多层与高层结构体系有框架结构、框架－剪力墙结构、剪力墙结构和筒体结构。此外,尚有盒子结构、板柱体系、悬挂结构体系。不同性质的无抗震设防要求的建筑物宜按附表1的要求选择恰当的结构体系。无抗震设防要求的各种结构体系的最大高度见附表2。有抗震设防要求的,多层与高层建筑物的结构设计要求详见相关资料。

附表1　无抗震设防要求的多层与高层建筑宜采用的结构体系

建筑物性质	建筑物的高度	
	≤50 m	>50 m
住宅	剪力墙(框架－剪力墙)	剪力墙(框架－剪力墙)
旅馆	剪力墙(框架)、框架－剪力墙	剪力墙、框架－剪力墙、筒体
公共建筑	框架－剪力墙、框架	框架－剪力墙、筒体

注:(　)表示不常用。

附表 2　无抗震设防要求的各种结构体系的最大高度

结构体系	框架		框架 - 剪力墙		现浇剪力墙		筒体 - 框架	筒中筒成束筒
	现浇	装配整体	现浇	装配整体	有框支墙	部分框支墙		
高度限值(m)	60	50	130	100	140	120	130	180

注:房屋高度指室外地面至檐口的距离,不包括突出屋面的水箱间、电梯间等局部建筑的高度。

二、沉降缝与后浇带

房屋高层与低层部分之间,采取下列措施之一后,可将两部分连成整体而不设沉降缝。

(1)采用桩基,且桩支承在基岩上,或采取减少沉降的有效措施并经计算,沉降差控制在允许范围内。

(2)主楼与裙房采用不同的基础形式,调整基底压力使后期沉降量基本接近。

(3)地基承载力较高,沉降计算较为可靠时,预留沉降差,先施工主楼,后施工裙房,使最终沉降量接近。

在上述(2)、(3)情况下,均应在主楼与裙房之间预留施工后浇带,待沉降基本稳定后,再连成整体,设计应考虑后期沉降差的不利影响。

(4)伸缩缝的最大间距应符合附表 3 的规定。

附表 3　伸缩缝的最大间距

结构类型	施工方法		最大间距(m)
框架 - 剪力墙	装配		75
	现浇	外墙装配	65
		外墙现浇	55
剪力墙	外墙装配		60
	外墙现浇		45

注:1. 采取以下构造措施和施工措施,减少温度收缩应力时,可适当增大伸缩缝间距:①在顶层、底层、山墙和内纵墙开间等温度变化影响较大的部位提高配筋率(0.2% ~0.3%);②顶层加强保温隔热措施或采用架空通风屋面;③顶层楼层改用刚度较小的结构形式或顶层设置部分伸缩缝,将结构分隔成长度较短的区段;④每 30 ~40 m 间距留出施工后浇带,带宽 800 ~1 000 mm。

2. 在下列情况下,宜适当减小伸缩缝的间距:①当屋面无保温或隔热措施时,或位于气候干燥地区、夏季炎热且暴雨频繁地区的结构;②施工条件不利时,如材料的收缩较大或室内结构因施工外露的时间较长。

3. 当有充分依据或经验时,表中数值可以适当加大或减小。

三、悬挂结构体系

一些高层办公楼和居住建筑中采用了悬挂结构体系(见附图 1),该结构体系以筒体、刚架、拱或桁架等为主要承重结构,全部楼板均通过钢丝束吊索悬挂在上述承重结构上。其特点是:自重轻,基础集中在一个或多个承重筒体或者拱趾处,基础面积小;结构布置对称,抗震性能好。此类结构常采用钢筋混凝土结构与钢结构相结合的方案,以及运用预应力工艺。

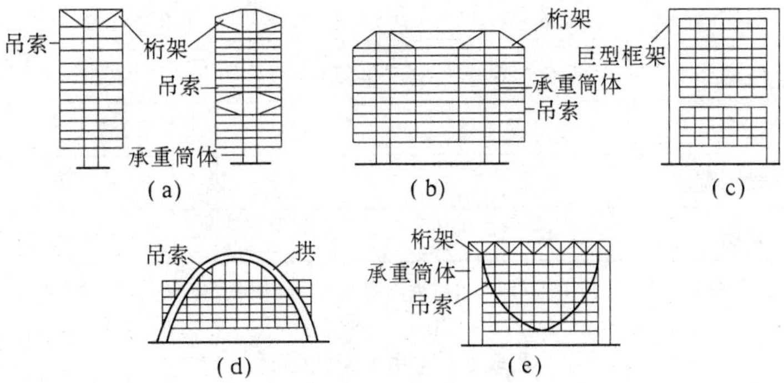

附图1　悬挂结构体系示例

四、框架结构

框架结构是由梁、柱等线形杆件组成的一种结构体系。各平面框架通过连系梁和板连成空间体系,以承受竖向荷载及水平荷载。框架结构布置灵活,使用方便,可获得较大的室内空间,广泛用于多层厂房、旅馆、科研楼、办公楼、医院、商场、学校等多层、高层建筑。框架结构承受水平荷载的能力较低,刚度较小,使用时受房屋高度限制;采用砌体填充墙时,墙体在地震中容易损坏。框架结构按施工方法的不同分为:全现浇、装配式、装配整体式、半现浇式等四种,其比较详见附表4。常用框架柱网及层高如附表5所示,常用框架柱截面如附表6所示,常用框架梁高跨比如附表7所示。

附表4　几种框架结构的比较

全现浇式	装配式	装配整体式	半现浇式
整体性好,省钢材,造价低,模板工程及施工现场工作量较大,但由于施工工艺的改进与发展,这种框架结构是目前应用最广的一种结构形式	工业化及机械化程度高,工期短,施工不受季节限制;节点构造复杂,整体性差,钢材用量多,造价高;有抗震设防要求的建筑及有振动设备、有侵蚀介质的厂房不宜采用	用现浇混凝土将预制构件及其节点连成整体,提高了框架的整体性,但施工工序增多,相应延长了工期,较适用于有抗震设防要求和有振动设备上楼的建筑	采用现浇柱和预制梁、板或现浇梁、柱和预制板组成的结构,简化了梁柱节点,增强了框架整体性,由于钢模板普遍使用,这种结构用得较为普遍,适用于地震区与非地震区

附表 5　常用框架柱网及层高

建筑物类别		L(m)	L_1(m)	L_2(m)	层高(m)
工业建筑	内廊式	6	6、6.6、6.9	2.4、2.7、3	3.9 ~ 6
	等跨式	6	6、7.5、9、12		
民用建筑	办公、科研、教学	6.6 ~ 7.2	4.8 ~ 6.9	1.8、2.1、2.4、3	3.3 ~ 3.9
	住宅	6、6.6、6.9	4.8 ~ 6.9	—	2.7 ~ 3
	旅馆	4、7.2、7.8、8		2.7	3 ~ 3.6
	一般医院				
	商场	6 ~ 8	6 ~ 8	—	4.2 ~ 6

注:内廊式可取消一根中柱,成为三柱不等跨式,可增大内廊及房间使用面积。L、L_1、L_2 含义见附图 2。

附表 6　常用框架柱截面

(单位:mm)

开间尺寸(mm)		3 900		6 000			7 200	
混凝土强度等级		C25	C30	C25	C30	C40	C30	C40
层次	8 层	300	300	300	300	300	300	300
	7 层	300	300	350	300	300	300	300
	6 层	300	300	350	300	300	350	350
	5 层	350	300	400	350	300	400	350
	4 层	400	350	450	400	350	450	400
	3 层	400	350	500	400	350	500	450
	2 层	450	400	550	450	400	550	500
	首层	450	400	550	500	450	550	500

注:1. 本表供初步设计时参考,准确尺寸应根据计算确定。

2. 柱子截面为正方形,具体工程中上下柱子截面变化不宜多于 2 种,可用混凝土强度等级及配筋量调整。

3. 设计依据:楼面活荷载≤2.5 kN/m²;基本风压(10 m 高处)≤0.7 kN/m²;房屋层高≤3.3 m,进深≤6.6 m,无抗震设防要求。

4. 预制柱截面边长不宜小于 400 mm。

附表 7　常用框架梁高跨比

框架梁		叠合梁		说明
全高	h	全高	h	梁宽为梁高的 1/3,h 为叠合梁预制部分高度
1/8 ~ 1/15	≥1/15	1/10 ~ 1/18	≥1/18	

框架结构类型如附图 2 所示。

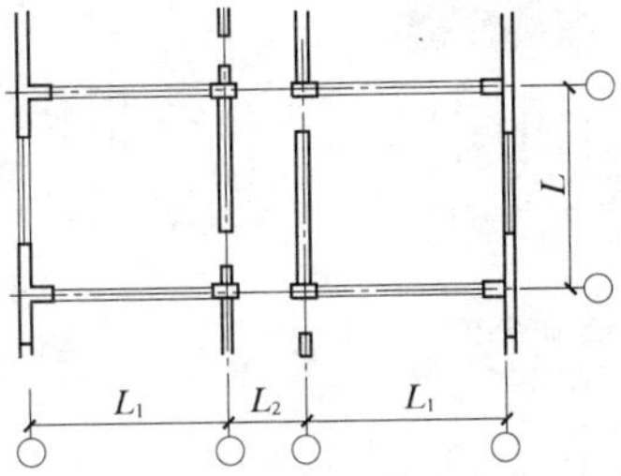

(a)内廊式框架

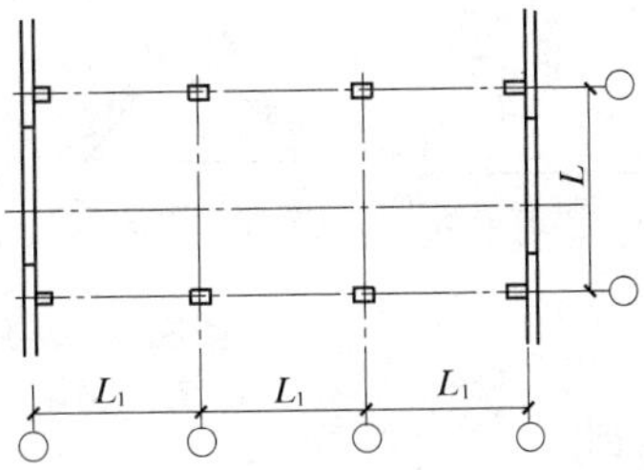

(b)等跨式框架

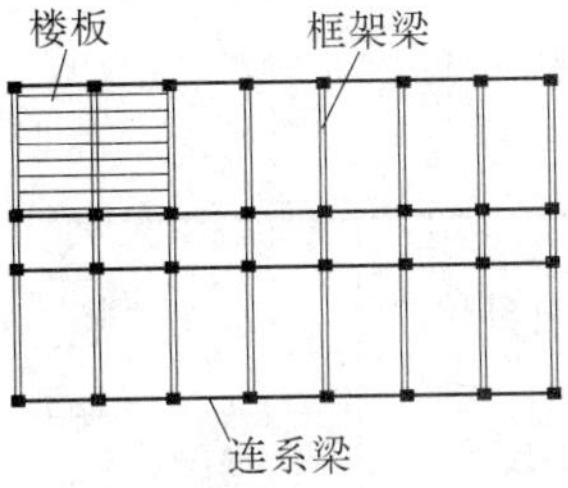

横向框架承重方案一般用于平面长宽比较大的建筑物。承重框架沿房屋的横向布置，可有效地提高整个建筑物的横向抵抗侧力的强度和刚度。房屋仍需布置连系梁，通过它可保证房屋具有必要的纵向刚度。

承重框架横向布置时，对在房屋纵向开窗的限制较小，有利于室内的采光，但不利于通风管道布置，适用于一般的工业及民用建筑

(c)横向框架承重方案

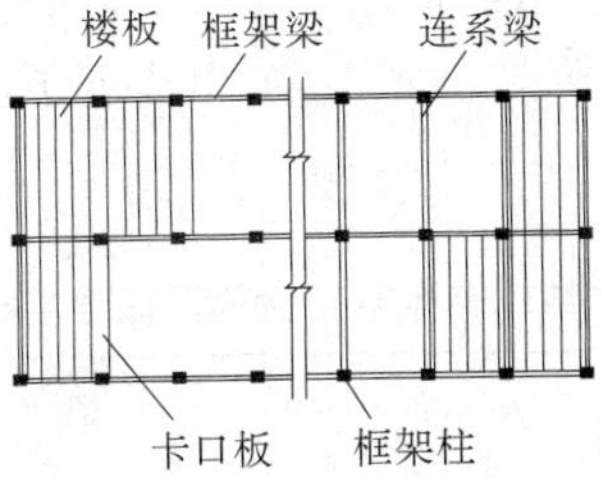

对于有集中通风要求的房屋，通风管往往需要较大的净空高度，为了降低层高以降低房屋造价，常常采用纵向框架承重方案，楼板沿房屋的横向布置，在柱子处用卡口板或截面高度较小的连系梁将纵向框架连系起来。

纵向框架承重方案，除便于通风管沿纵向通过外，房屋开间的布置也较灵活，但横向刚度差，一般用于层数不多的无抗震设防要求的房屋，民用建筑一般不采用此种结构布置方案

(d)纵向框架承重方案

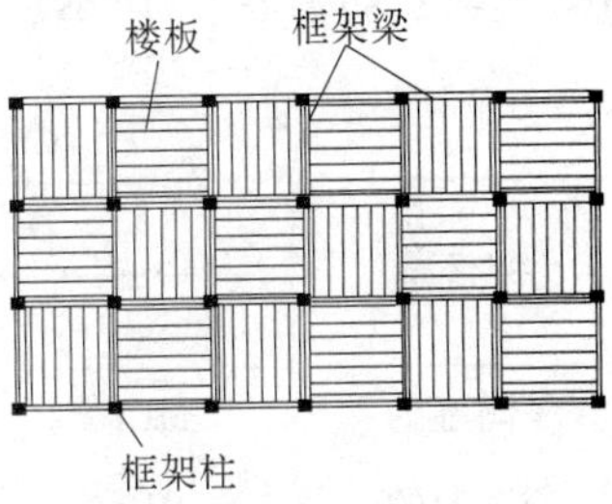

纵横向框架承重方案是一种沿房屋纵横两个方向都布置抗侧力的承重框架的结构方案，楼板亦是沿纵横两个方向交叉布置。

此种结构因两个方面均有足够的抗侧力强度和刚度，因而特别适用于有抗震设防要求，而平面长宽比又比较小的建筑。楼面有沉重设备或楼面有较大开洞的多层工业房屋，亦常常采用此种结构布置方案

(e)纵横向框架承重方案

附图 2　框架结构类型

资料二　地基基础

一、基础类型选择

应考虑地基的地质、水文、冰冻等条件，上部结构特点、材料及施工等因素，选择有足够强度和稳定性的结构，以保证建筑物或构筑物的安全和正常使用。常用基础类型如附图 3 所示。

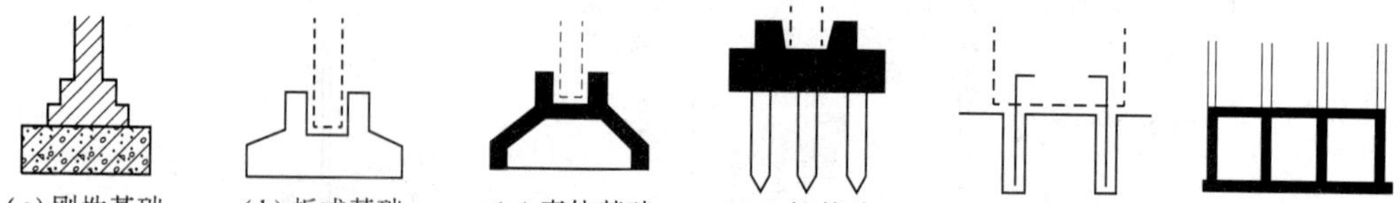

(a) 刚性基础　(b) 板式基础　(c) 壳体基础　(d) 桩基础　(e) 锚桩基础　(f) 整片基础

附图 3　常用基础类型

二、刚性基础

采用砖、灰土、三合土、毛石、毛石混凝土、混凝土等抗拉强度不高的材料。基础砌体所用材料最低强度等级如附表 8 所示。适用于 5 层及以下(三合土基础不宜超过 4 层)的一般民用建筑和墙承重的轻型厂房,一般不配筋,其 b/h 值应符合附表 9 要求。刚性基础简图及说明如附表 10 所示。

附表 8　基础砌体所用材料最低强度等级

状态	砖、砌块		石料	混合砂浆	水泥砂浆
	严寒地区	一般地区			
稍潮湿的	MU10	MU7.5	MU20	MU2.5	MU2.5
很潮湿的	MU15	MU10	MU20	MU50	MU5
含水饱和的	MU20	MU15	MU30	—	MU5

注:石料密度≥1 800 kg/m^3。

附表 9　刚性基础台阶宽高比(b/h)的容许值

名称	材料	台阶宽高比(b/h)容许值		
		$P\leqslant 100$	$100<P\leqslant 200$	$200<P\leqslant 300$
混凝土基础	C10 混凝土	1:1.00	1:1.00	1:1.25
	C7.5 混凝土	1:1.00	1:1.25	1:1.50
毛石混凝土基础	C7.5～C10 混凝土	1:1.00	1:1.25	1:1.50
砖基础	MU7.5 砖 M5 砂浆	1:1.50	1:1.50	1:1.50
	MU7.5 砖 M2.5 砂浆	1:1.50	1:1.50	—
毛石基础	M2.5～M5 砂浆	1:1.25	1:1.50	—
	M1 砂浆	1:1.50	—	—
灰土基础	3:7 灰土	1:1.25	1:1.50	—
	2:8 灰土	1:1.25	1:1.50	—
三合土基础	1:2:4 或 1:3:6 三合土	1:1.50	1:2.00	—

注:P 为基础底面的平均压力,kPa。

附表 10　刚性基础简图及说明

简图	说明	简图	说明
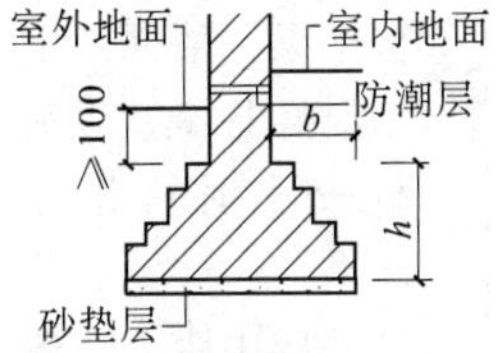 砖基础	1. 适用于地基土质较好且地下水位在基础底面以下的建筑 2. 基槽底面铺 20 mm 厚砂垫层 3. 砖基础大放脚按 b/h 容许值要求，采取 2 皮砖挑出 1/4 砖与 1 皮砖挑出 1/4 砖相间砌筑	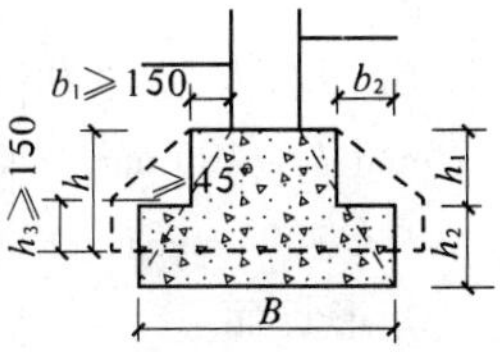 混凝土基础	1. 可用于有地下水和冰冻作用的基础 2. $B>2$ m 时做成锥形，$h_3 \geqslant h/4$ 3. 混凝土基础 h_1、$h_2 \geqslant$ 200 mm 4. 毛石混凝土基础 h_1、$h_2 \geqslant$300 mm，毛石占总体积的 30%
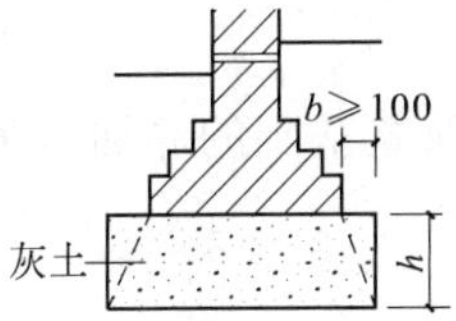 灰土基础	1. 灰土体积比为 3∶7 或 2∶8，干密度：轻亚黏土≥1.55 g/cm^3，亚黏土≥1.50 g/cm^3，黏土≥1.45 g/cm^3 2. 灰土每步厚 150 mm，三层及以下建筑用 2 步，三层以上用 3 步 3. 灰土基础宜埋置在地下水位以上，且顶面应在冰冻线以下	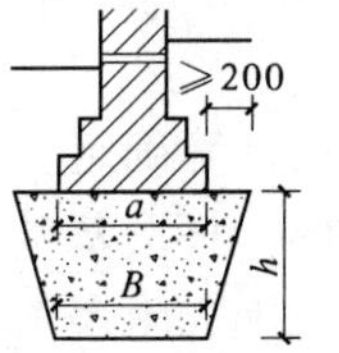 砂垫层砖基础	1. 垫层用粗砂、中砂或级配砾石，经机械振动加水分层夯实 2. 不适用于湿陷性黄土、流动性地下水位较高的地段及有振动建筑 3. 适用于软弱土层较厚且基础埋深及尺寸受限制的基础 4. h、a 应经计算并≥500 mm，$B \geqslant a$
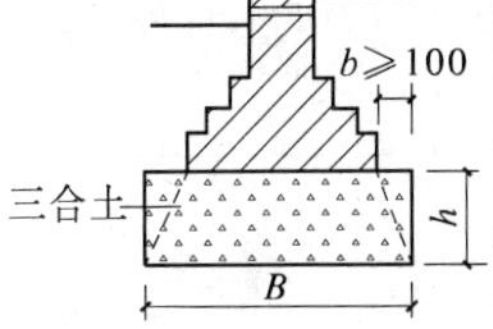 三合土基础	1. 适用于 4 层及以下建筑，基础应埋置在地下水位以上 2. 石灰∶砂∶骨料(体积比)一般采用 1∶2∶4 或 1∶3∶6 3. 三合土每层厚 150 mm，$h \geqslant$300 mm 4. $B \geqslant$600 mm	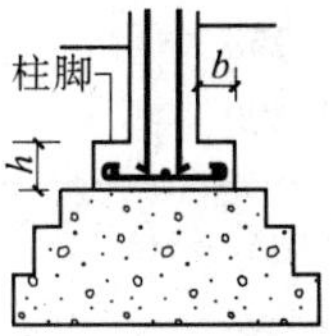 刚性无筋柱基础	1. 基础采用混凝土或毛石混凝土 2. 钢筋混凝土柱脚尺寸要求： $h \geqslant 300$ m，$h \geqslant b$，$h \geqslant 20d$ （d 为柱纵向受力筋直径） 3. 基础其他要求与混凝土、毛石混凝土基础相同

续附表 10

简图	说明	简图	说明
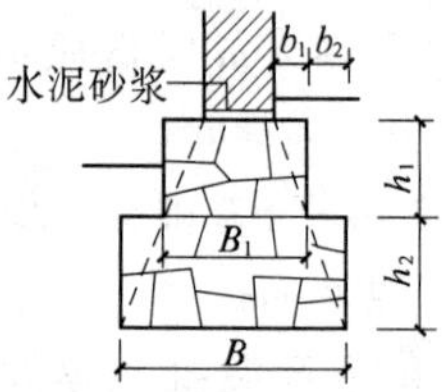 毛石基础	1. 有剧烈振动的建筑不宜采用 2. B_1、h_1、h_2 ≥ 400 mm，b_1≥100 mm、B≤700 mm 时做矩形断面 3. 毛石高度≥500 mm 4. 毛石顶面砌墙前应先铺一层水泥砂浆	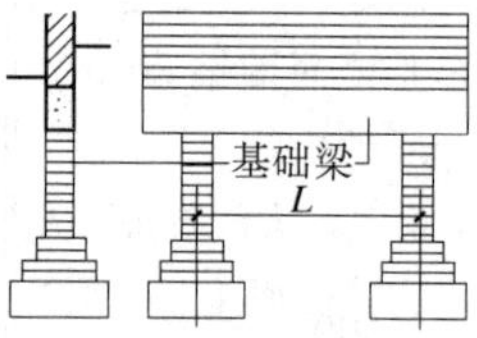 墙下墩式基础	1. 适用于良好土质的地基 2. 基础梁一般采用钢筋混凝土，跨度及荷载较小时可采用砖拱 3. 柱基础中距 L 一般应大于 3 000 mm 4. 柱基础尺寸应符合相应要求

三、板式基础

板式钢筋混凝土基础采用 C15 或 C20 混凝土及Ⅰ、Ⅱ级钢筋。垫层用 C7.5 ~ C10 混凝土或三合土、灰土。一般适用于基础上部荷载较小、地基容许承载力较大的独立基础和条形基础。

基础尺寸及配筋形式按计算确定。基础荷载的偏心距不大时，独立基础的底面常为方形；偏心距大时，则为矩形。杯形基础尺寸应符合附表 11 要求。

板式基础简图及适用范围如附表 12 所示。

附表 11　杯形基础尺寸

柱断面长边 h(mm)	杯形基础尺寸			说明
	杯底厚度 a_1(mm)	杯壁厚度 b(mm)	柱插入长度 H_1(mm)	
$h<500$	≥150	150 ~ 200	$H_1=(1\sim1.2)h$	单肢管柱 $H_1=1.5D\geq500$ mm （D 为管柱外径）
$500\leq h<800$	≥200	≥200	$H_1=h$	
$800\leq h<1\,000$	≥200	≥300	$H_1=0.9h\geq800$	
$1\,000\leq h<1\,500$	≥250	≥350	$H_1=0.8h\geq1\,000$	
$1\,500\leq h<2\,000$	≥300	≥400	$H_1=0.8h\geq1\,000$	

四、壳体基础

（1）适用于工业及民间建筑的柱基础和筒形构筑物基础。

（2）轴心受压及小偏心受压时采用圆形平面，大偏心受压时采用椭圆形平面。

（3）混凝土强度等级≥C20（构筑物基础≥C30）。非预应力配筋壳体采用Ⅰ、Ⅱ级钢筋。壳体厚度≥80 mm，杯底厚度≥200 mm。

壳体基础简图及适用范围如附表 13 所示。

附表 12 板式基础简图及适用范围

简图	说明	简图	说明
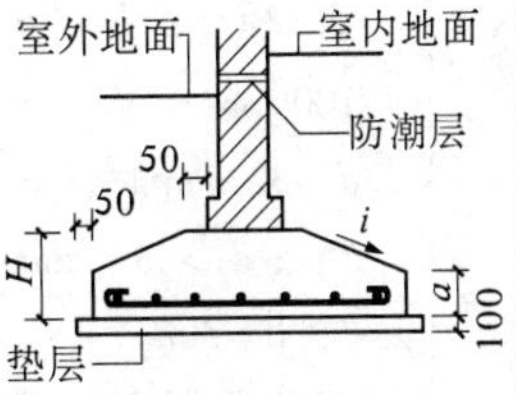 墙下条形基础	1. H 根据计算确定，$a \geqslant 150$ mm，$H \leqslant 250$ mm 时可做成等厚断面，$H > 250$ mm 时做成变断面 2. 墙厚 ≥ 370 mm 时，砖墙下部可不做放脚 3. $i \leqslant 1:3$ 时斜面可不支外模施工	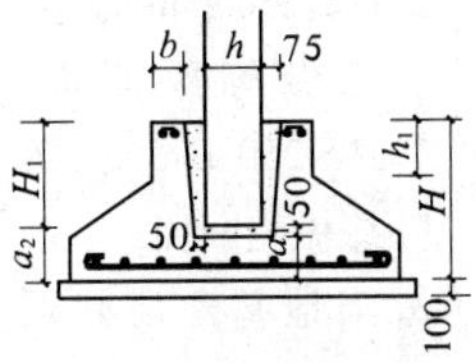 独立柱形基础	1. H_1 应满足附表 11 要求并 $\geqslant 20d$（d 为柱纵向受力筋直径），$H_1 \geqslant 0.05$ 倍吊装柱长 2. 安装时杯口底先浇 50 mm 厚 C20 细石混凝土，待校正后再浇满 3. $a_2 \geqslant a_1$
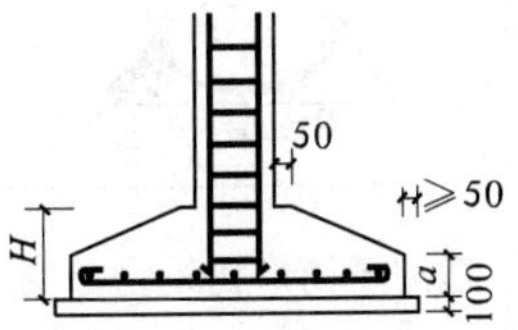 锥形独立基础	1. H 根据计算确定，并满足基础内柱纵向钢筋锚固长度要求 2. 中心受压时做方形平面，偏心受压时做长边与偏心方向一致的矩形 3. $a \geqslant H/4$，并 $\geqslant$ 150 mm	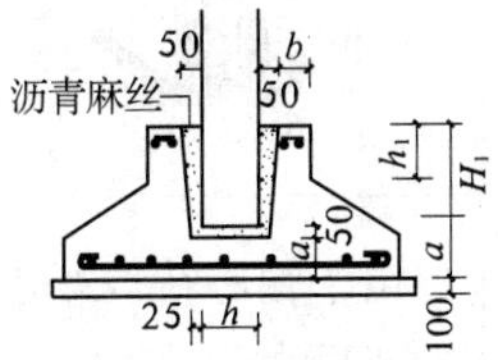 铰接杯形基础	1. $H_1 \geqslant h$ 2. $b \geqslant 0.65h_1$ 3. 安装时杯口底先浇 50 mm 厚 C20 细石混凝土 4. 柱插入杯口后浇 50 mm 高 C20 细石混凝土，上部填沥青麻丝
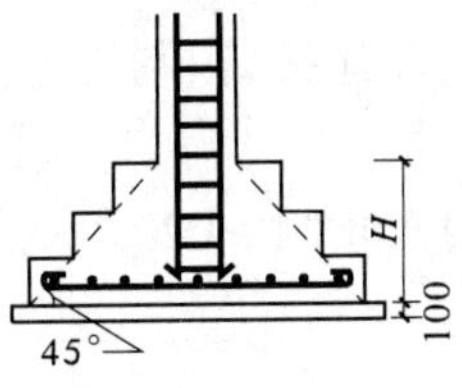 阶梯形独立基础	1. 基础外边线应在 45° 压力分布线以外 2. H 根据计算确定，并满足基础内柱纵向钢筋锚固长度要求 3. $H \leqslant 350$ mm 时做一阶，$H > 900$ mm 时做三阶 $H = 350 \sim 900$ mm 时做二阶	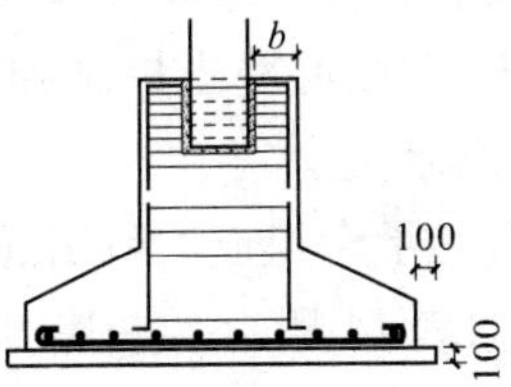 长颈杯形基础	1. $b \geqslant 200$ mm 2. 长颈（短柱）配筋根据轴向力弯矩、水平剪力按计算确定 3. 杯口构造要求，同独立柱杯形基础，详见表 11

续附表 12

简图	说明	简图	说明
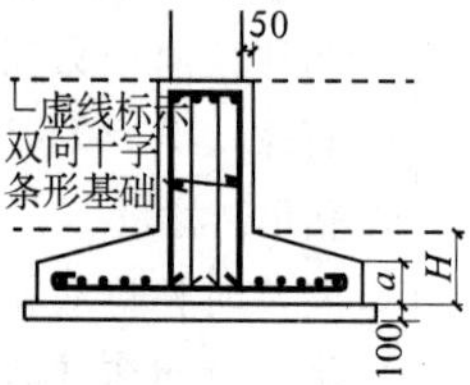 柱下条形基础	1. H 根据计算确定，$a\geqslant150$ mm 2. $H\leqslant250$ mm 时，翼缘做等厚断面；$H>250$ mm 时，翼缘做变断面 3. 当地基土质软弱且上部荷载较大时也可做成双向十字条形基础	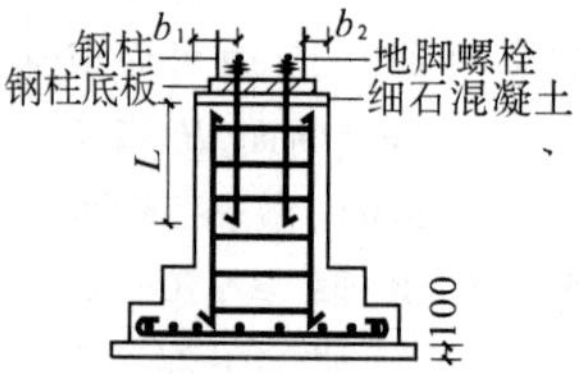 钢柱基础	1. $b_1\geqslant150$ mm 并 $\geqslant5d$（d 为地脚螺栓直径），$b_2\geqslant100$ mm 2. $d\leqslant32$ mm 时，$L=25d$；$d>32$ mm 时，$L=30d$ 3. 基础顶面应先用 50 mm 厚 C20 细石混凝土找平

附表 13　壳体基础简图及适用范围

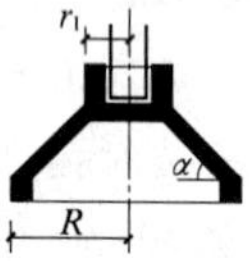	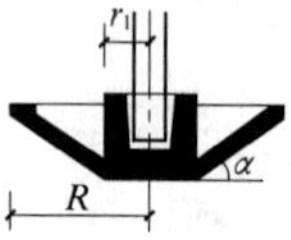	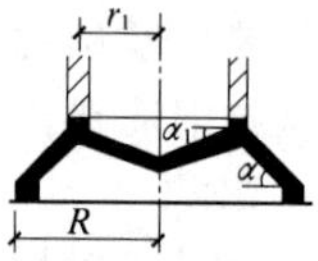	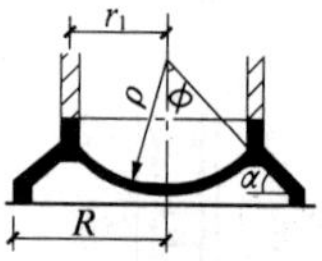
适用于偏心荷载较小的柱基础 $\alpha=30°\sim40°$ $r_1/R\geqslant0.40$	适用于偏心荷载较小的柱基础 $\alpha=30°\sim40°$ $r_1/R\geqslant0.40$	适用于筒形构筑物基础 $\alpha=30°\sim40°$ $\alpha_1=20°\sim30°$ $0.35\leqslant r_1/R\leqslant0.55$	适用于筒形构筑物基础 $\alpha=30°\sim40°$ $\phi\geqslant\alpha$ $0.50\leqslant r_1/R\leqslant0.65$
正圆锥壳	倒圆锥壳	M 形组合壳	球锥组合壳

五、桩基础

（1）适用于上部荷载较大或地基上部软弱土层较厚的基础。

（2）常用的混凝土、钢筋混凝土桩基础按施工方法分为爆扩桩、灌注桩、预制桩。按受力状态分为端承桩、摩擦桩。

（3）桩基础由桩柱和承台组成。所用混凝土强度等级：现浇≥C15，预制≥C20。

桩的基本尺寸如附表 14 所示。桩基础类型如附表 15 所示。

附表 14　桩的基本尺寸

桩的种类	爆扩桩	灌注桩	预制桩
桩直径或边长（mm）	一般≥200		
扩大端直径 D	$(2.5\sim3.5)d$		
桩身长度 L（m）	$2.5\sim7.0$	≥2.5	≥3.0
桩最小中心距 S	$(1.5\sim1.8)D$	$\geqslant3d$	

附表 15　桩基础类型　（单位：mm）

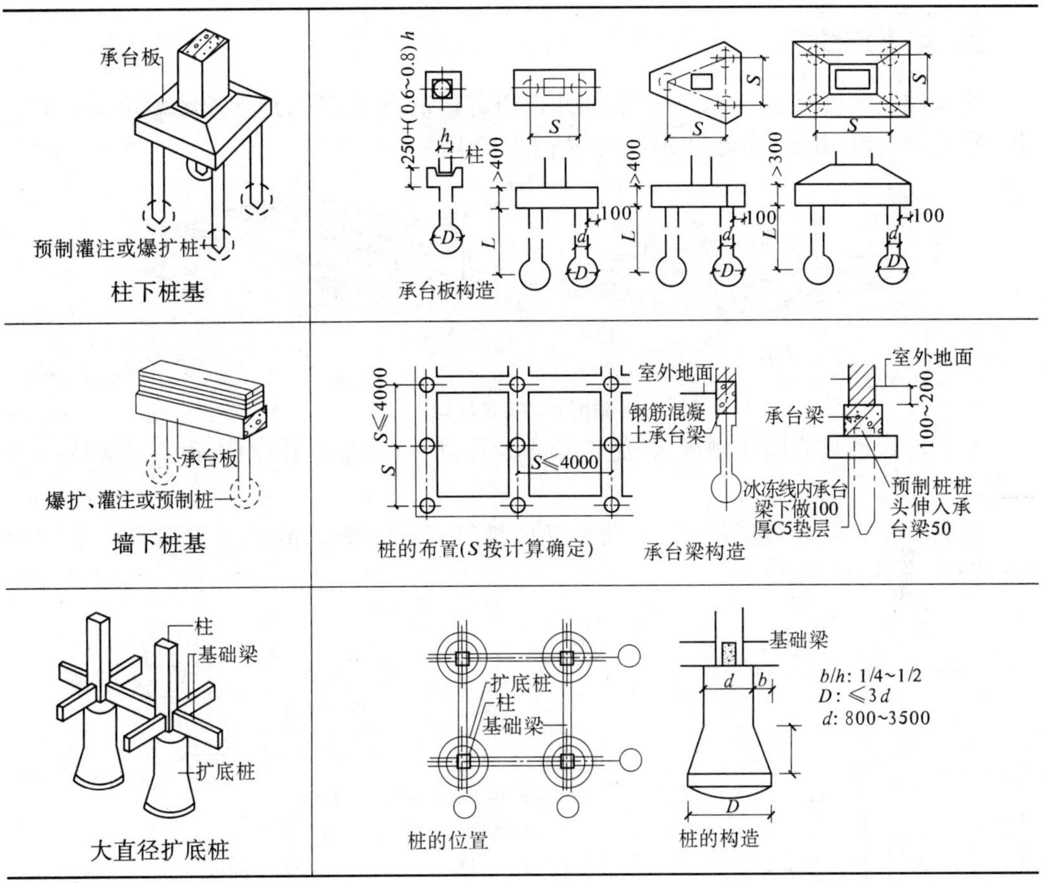

六、锚桩基础

锚桩基础直接建造在基岩上，且为轴心受压和小偏心受压柱基。锚孔用细石混凝土填实（≥C30），锚杆用螺纹钢筋，L 经过计算确定，并≥$40d$（d 为锚杆直径）；$D\geq 3d$ 且 $\geq d+50$。锚桩基础如附图 4 所示。

七、整片基础

整片基础分为筏式基础和箱形基础。其适用于层数较高、软弱地基、上部荷载大及不宜采用其他基础的建筑。箱形基础如附图 5 所示，筏式基础如附图 6 所示。

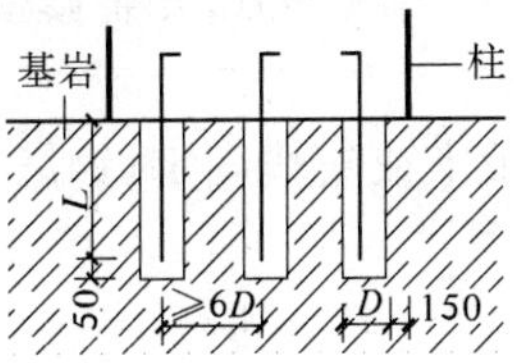

附图 4　锚桩基础

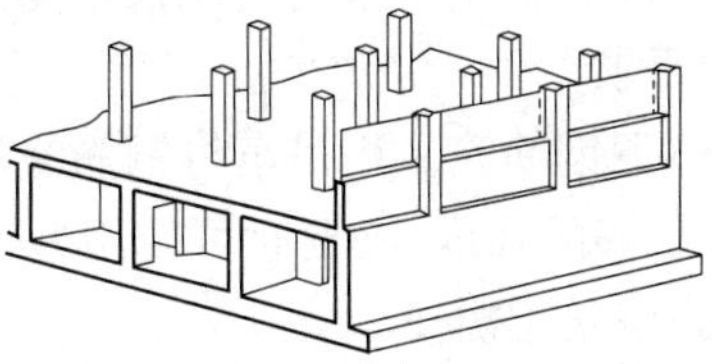

附图 5　箱形基础

八、地下连续墙

当基础埋置较深、地下水位较高,或邻近原有建筑物施工时,地下连续墙可作为新建建筑物的承重墙、基础,亦可起防渗墙及挡土墙作用。

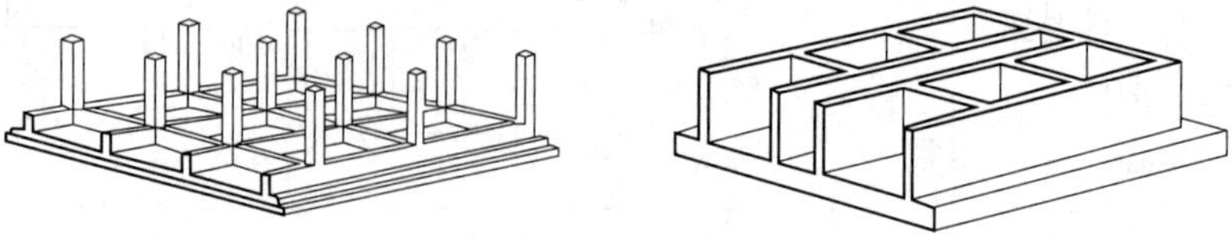

(a)　　　　　　　　　　(b)

附图6　筏式基础

地下连续墙具有墙体刚度大、施工噪声及振动小、防渗性好、对周边地基无扰动等优点。

按成墙方式可分为壁板式(见附图7)、桩排式(预制桩、灌注桩或钢管桩密排成墙)等。

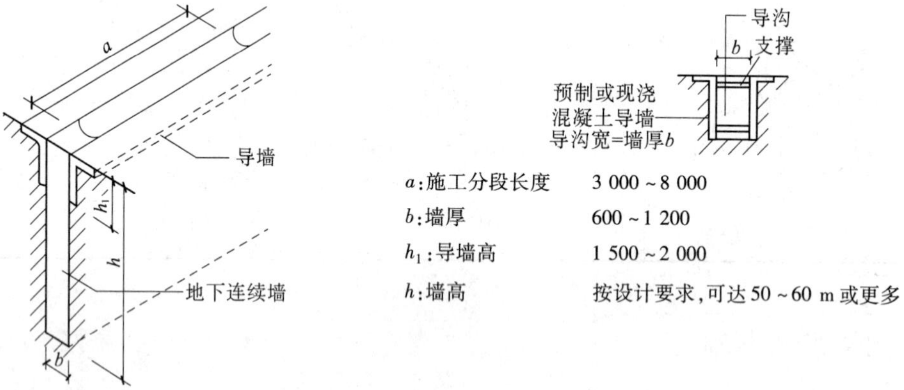

附图7　壁板式连续墙

地下连续墙施工程序为:

(1)筑导墙、挖导沟。

(2)泥浆制备及注入。膨润土泥浆或聚合物泥浆、盐水泥浆视地基情况而定,于开挖墙槽前注入导沟。

(3)挖墙槽。设导孔和不设导孔视地基情况而定。

(4)清底整壁。采用吸泥泵排泥法或泥浆置换法排除槽底沉渣,并整修槽壁,使之符合设计要求。

(5)下钢筋笼。用吊车将钢筋笼吊入槽内,并以钢板卡或垫块固定,钢筋笼应尺寸准确并有足够的强度,必要时可使用型钢加强。

(6)浇筑混凝土。

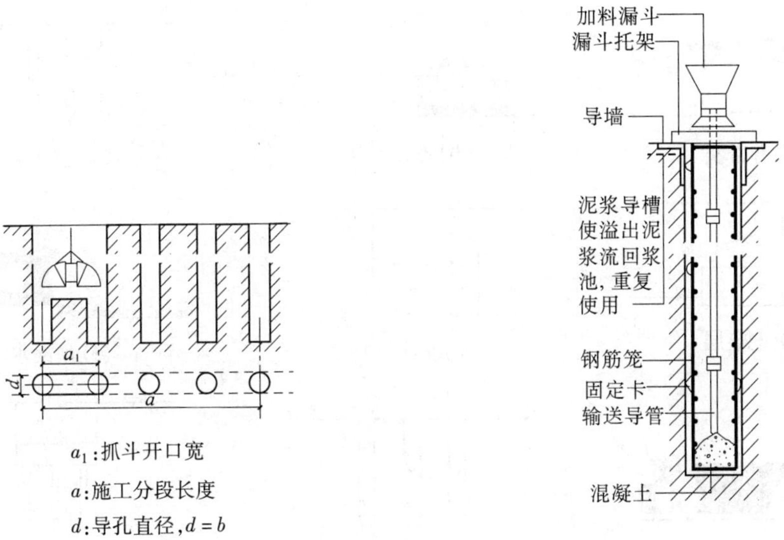

续附图 7

九、地基处理

设计地基时,应尽量利用天然地基的承载能力,采用天然地基方案。当上部结构刚度和选用最佳基础方案仍不能满足要求时,可采用人工地基方案。对于软弱地基(压缩层主要由淤泥、淤泥质土、填冲土、杂填土或其他高压缩性土层构成的地基)、湿陷性黄土地基、膨胀性土地基和冻土地基,设计时应对建筑体型、房屋等级、抗震设防裂度、结构类型和地质条件等进行综合分析。若地基容许承载力和变形、稳定性不能满足设计要求,可选用合理的方法进行地基处理,以满足设计要求。在选用地基处理方案时,应当结合经济条件、技术条件、机具设备和材料来源等情况合理选用。常用的方法如附图 8 所示。其中,强夯夯实法用于软弱地基的杂填土地基、湿陷性黄土地基。振动夯实法用于含少量黏性土的工业废料建筑垃圾和炉灰填土地基等。砂桩用于松散砂土及软弱黏性土地基。换土垫层用于软弱地基浅层处理、湿陷性黄土、膨胀性土地基。灰土井桩用于炉灰、垃圾等所形成的软弱地基。预浸水法用于强自重湿陷性黄土地基。机械压实法用于浅层换土处理地基。振冲桩法用于砂土、黏性土、杂填土等软弱地基。灰土桩挤密用于含水量不高的黏性土和湿陷性黄土等地基。石灰桩用于一般黏性土、素填土、杂填土等软弱地基。此外,处理湿陷性黄土地基,还可用硅化加固、热加固;处理软弱地基还可用喷洒"氰凝浆液"、深层搅拌注浆法;处理深层淤泥、淤泥质土形成的软弱地基可采用堆载预压法;处理膨胀性土地基,可在膨胀性土中掺加石灰等。

设计灰土井柱应注意以下问题:

(1)设计前必须掌握场地的水文和地质资料。

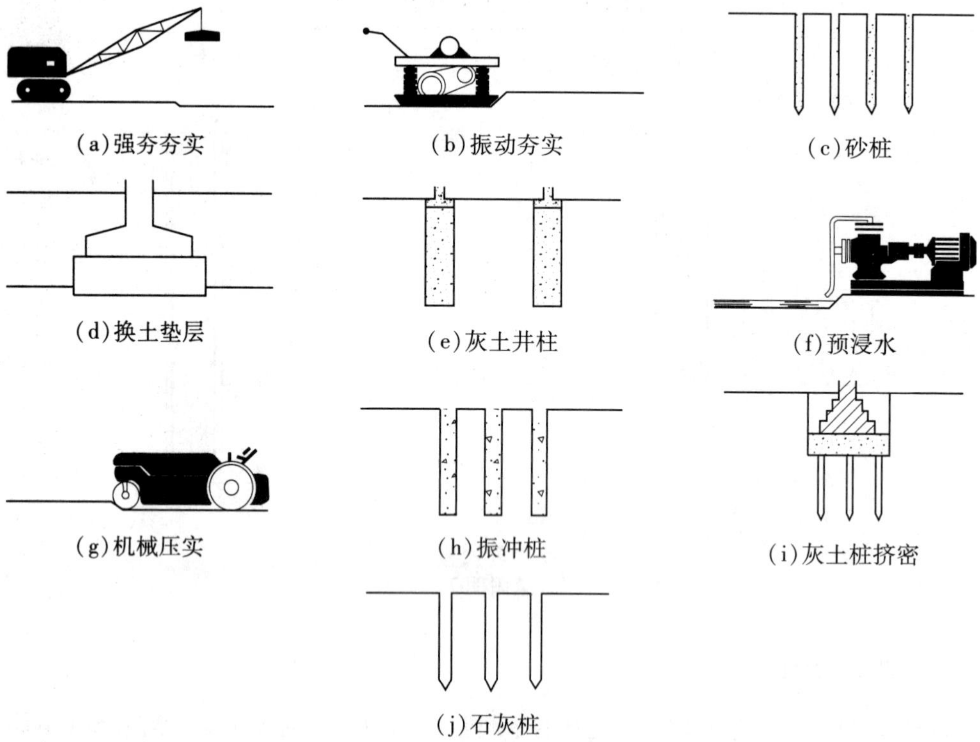

附图 8　地基处理类别

(2)井柱应布置于建筑物四角和纵横墙交叉点上，井柱直径 >1 m，承重墙较长时，中间可适当增设。

(3)灰土配合比可采用 2∶8，干密度要求达到 1.5 g/cm^3。

(4)灰土井柱的深度，一般常用 4 ~6 m，应支承在原土上。

(5)灰土井柱的底面应在地下水位以上。

灰土井柱示例如附图 9 所示。

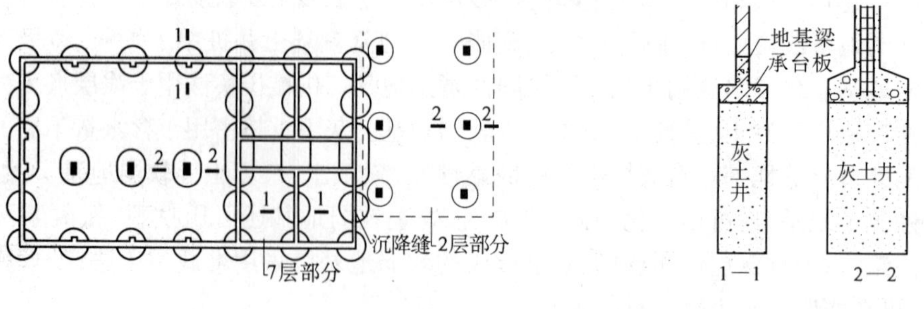

附图 9　灰土井柱示例(陕西)

使用灰土桩挤密应注意以下问题：

(1)灰土桩的平面布置，一般宜布置在基础下，且不得少于 2 排。灰土桩的最佳排列方式为等边三角形，也可根据地基土的性质和基础类型，采用梅花点式或其他方式布置。

(2)灰土桩桩心距 l_0，根据地基土壤性质，其有效挤密范围可参考附表 16 中的数值。

附表 16　灰土桩有效挤密范围

灰土桩直径 d (cm)	有效挤密范围 = 桩心距 $D_0 = l_0$ (cm)	承载力 R
28 ~ 30	70 ~ 80	根据 DBJ 24—2—85 确定
38 ~ 40	100 ~ 110	
57 ~ 60	140 ~ 150	

(3)灰土桩加密地基的宽度：宽度 D > 基础宽度 B，一般应大于基础宽度的 1/10，且≥30 cm。

(4)灰土桩的深度应根据地质情况配合试验确定。

(5)灰土桩的配合比和密实度。一般选用 3∶7 或 2∶8 灰土(体积比)，密实度可按干密度确定：黏土灰土为 1.40 ~ 1.45 g/cm^3，亚黏土灰土为 1.45 ~ 1.50 g/cm^3，亚砂土灰土为 1.50 ~ 1.55 g/cm^3。

(6)灰土桩加密地基的容许承载力，应视地基情况、桩径大小、桩身长度、桩心间距等配合试验确定。素土挤密桩最高为 200 kPa(20 t/m^2)，灰土挤密桩最高为 250 kPa(25 t/m^2)。

灰土桩挤密示例如附图 10 所示。

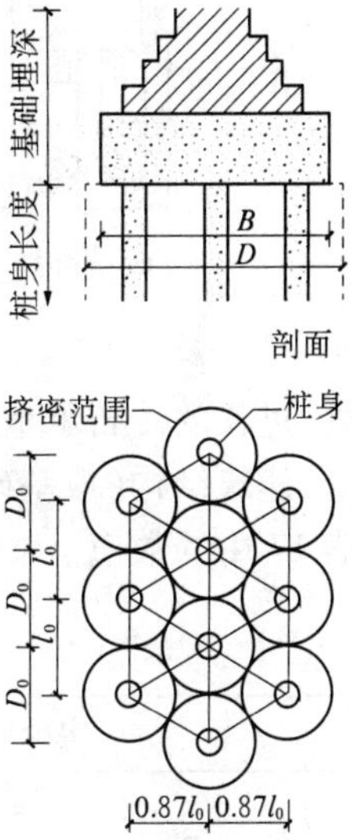

附图 10　灰土桩挤密示例(陕西)

十、特殊地基设计措施

(一)冻土地基

(1)在严寒地区，为防止基土冻胀力和冻切力对建筑物的破坏，须选择地势高、地下水位低的场地，上部结构宜选择对冻土变形适应性较好的结构类型，做好场地排水设计。

(2)合理选择基础的埋置深度，采用对克服冻切力较有利的基础形式(如有大放脚的带形基础、阶梯式柱基础、爆扩桩基础、筏式基础等)。

(3)下列情况应设变形缝：同一建筑内用不同的基础形式，且采用埋深大于计算冻深的深基础和小于计算冻深的浅基础，采暖与非采暖房间。

(4)埋入地下的基础表面应平整光滑，基础与冻土接触的四周填炉渣、砂等松散材料和炼油废渣等憎水材料。

(5)采用合理构造，如附图 11 所示。

(二)软弱地基

(1)建筑体型力求简单。当建筑体型比较复杂时，应根据其平面形状和高度差异及荷载差异，在适当部位用沉降缝将其划分成若干个单元，如附图 12(a)所示。

(2)当高度差异(或荷载差异)较大时，可将两者隔开一定距离或用自由沉降的连接体连接，如附图 12(b)所示，或采用简支、悬挑结构，如附图 12(c)所示。

(3)建筑物和构筑物的下列部位应设沉降缝：建筑平面的转折部位，高度(或荷载)差

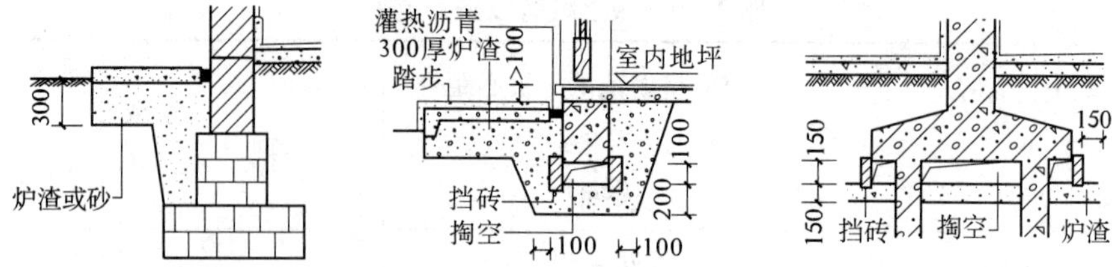

(a)条形基础　(b)室外踏步　(c)桩基承台

附图11　冻土地基

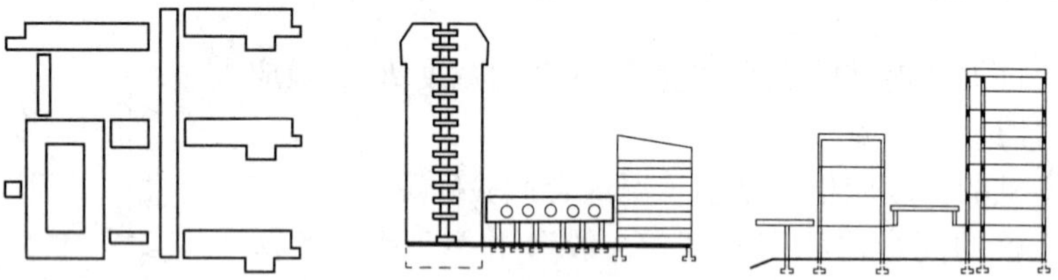

(a)沉降缝划分单元　(b)自由沉降连接　(c)简支或悬挑连接

附图12　软弱地基

异处，过长的砖石承重结构或钢筋混凝土框架结构的适当部位，地基土的压缩性有显著差异处，建筑结构(或基础)类型不同处，分期建造房屋的交界处。沉降缝设置宽度可参考附表17中的数值。

附表17　沉降缝设置宽度

房屋层数	沉降缝宽度(cm)
2~3	5~8
4~5	8~12
5层以上	>12

注：1. 沉降缝两侧层数不同时，缝宽按高者确定。

2. 表中规定不适用于高层建筑。

(三)湿陷性黄土地基

(1)建筑物应具有排水通畅的地形条件，并应与室外管道之间保持规范规定的距离。

(2)当屋面排水采用有组织的外排水时，雨水管宜采用铸铁或其他耐用材料，末端应加弯头。

(3)建筑物四周须做散水，其横向坡度不得小于0.05，外缘应略高于平整后的场地。当屋面为无组织排水时，檐高8 m以下，散水宽为1.5 m；檐高在8 m以上，每增高4 m，散水增宽0.25 m，但最宽不宜大于2.5 m。当屋面为有组织的外排水时，非自重湿陷性黄土场地，散水宽不得小于1 m，在自重湿陷性黄土场地，散水宽应为1.5 m，散水横向6~10 m设伸缩缝一道，但不得设于雨水管处，伸缩缝及散水与建筑物外墙连接处应用柔性防水材料填封。沿散水外缘不得设排水沟。

(4)经常受水浸湿或可能积水的室内地面，应做成不漏水的光滑面层，并以0.01的坡度坡向集水点，再用管道排至室外。

湿陷性黄土地基构造如附图 13 所示。

（四）膨胀土地基

（1）建筑物应尽量选择地形平坦地段，避免挖填方改变土层条件和引起湿度的过大变化。

（2）基础承载力的计算应取值接近地基容许承载力，以增加上部荷载，抵消其一定量的膨胀力。基础应适当深埋，砌置到含水量变化较小的深度内。民用建筑一般宜大于 1.2 m，工业建筑柱基宜大于 2 m，基础底可加 300 mm 厚混凝土垫层，底部加钢筋，如附图 14（a）所示。

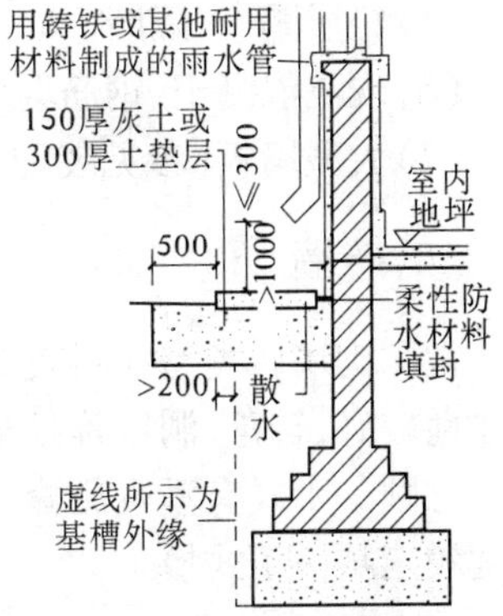

附图 13　湿陷性黄土地基构造

（3）组织好场地排水，使场地积水不流向建筑物或构筑物，以免雨水浸泡或渗透。散水宽度宜大于 1.5 m，高耸建筑物、构筑物的散水应超出基础外缘 0.5～1 m。散水外缘可设明沟，但应防止断裂。

（4）砖混建筑物的两端不宜设大开间。横墙基础宜隔段前后贯通。

（5）建筑物周围绿化或种树，应保持适当距离，如附图 14（b）所示。

（6）建筑物地面，一段宜做块料面层，采用砂、块石等做垫层。经常受水浸湿或可能积水的地面及排水沟，应采用不漏水的材料。

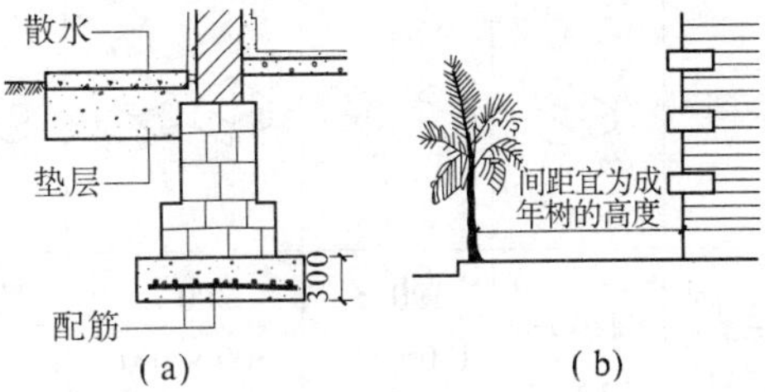

附图 14　膨胀土地基

资料三　墙体及地下室防水

一、墙体分类

（一）按其在建筑物中的位置和作用分

（1）外墙：建筑物外围的墙体。遮挡风雨和阻隔外界气温及噪声等对室内的影响。

（2）内墙：建筑物内部的墙体，墙下设基础。

（3）隔墙：分隔室内空间，减少相互干扰。

（二）按其受力状态分

（1）承重墙：承受楼面、屋面等上部结构传来的荷载及自重的墙体。

（2）承自重墙：只承担自重的墙体。

（3）非承重墙：不承重的墙体，如填充墙、幕墙等。

（三）按材料和构造方式分

（1）砖墙：实砌墙、空斗墙、复合墙。

（2）地方材料墙体：石墙、土墙、竹笆墙、拉合墙等。

（3）预制砌块墙。

（4）幕墙：悬挂墙、玻璃幕墙。

(5)轻质隔墙、隔断。

(6)现浇混凝土、钢筋混凝土墙。

(7)大型墙板(参见装配建筑)。

二、砖墙

常用砌墙砖类型如附表 18 所示。实砌墙砌筑方式如附图 15 所示,其中一顺一丁式整体性较好,转角、洞口等处砍砖较多。砂包式整体性较好,墙面较美观,但砌筑工效较低。三顺一丁式有垂直通缝,整体性较差,砌筑速度较快。三三一式整体性较好,但砌筑速度较三顺一丁式慢。

附表 18　常用砌墙砖类型

名称	普通黏土砖	承重黏土空心砖	非承重黏土空心砖	炉渣砖	炉渣空心砖	蒸养灰砂砖	粉煤灰砖	水泥砂空心大砖
简图		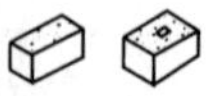	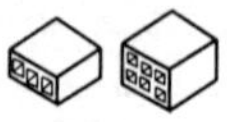	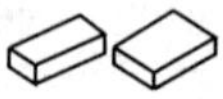	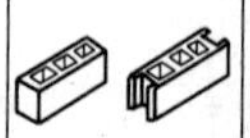			
主要规格(mm × mm × mm)	240 × 115 × 53、220 × 105 × 43(土青砖)	190 × 190 × 90、240 × 115 × 90、240 × 180 × 115	300 × 300 × 100、300 × 300 × 150、400 × 300 × 80	长度 300、240 宽度 180、115 厚度 92、53	400 × 195 × 180、400 × 115 × 180、400 × 90 × 180	240 × 115 × 53、240 × 180 × 53、400 × 115 × 53	240 × 115 × 53	390 × 190 × 190、190 × 190 × 190
强度等级	MU7.5 ~ MU20	MU7.5 ~ MU20	MU3.5 ~ MU5	MU7.5 ~ MU15	MU2.5	MU7.5 ~ MU20	MU7.5 ~ MU20	MU7.5 ~ MU15
重度(kN/m^3)	16.00 ~ 18.00	11.00 ~ 14.00	11.00 ~ 14.50	15.00 ~ 17.00	12.00	17.00 ~ 18.50	13.28 ~ 19.18	12.00
禁用部位			承重部位		承重部位	有流水冲刷的部位	长期受热高于 200 ℃,受冷热交替作用或有酸性侵蚀的部位	

如附图 16 所示为空斗墙砌筑方式。如附图 17 所示为承重黏土空心砖墙。如附图 18所示为复合墙。

(a) 一顺一丁式(满丁满条)　(b) 砂包式(梅花丁)　(c) 三顺一丁式

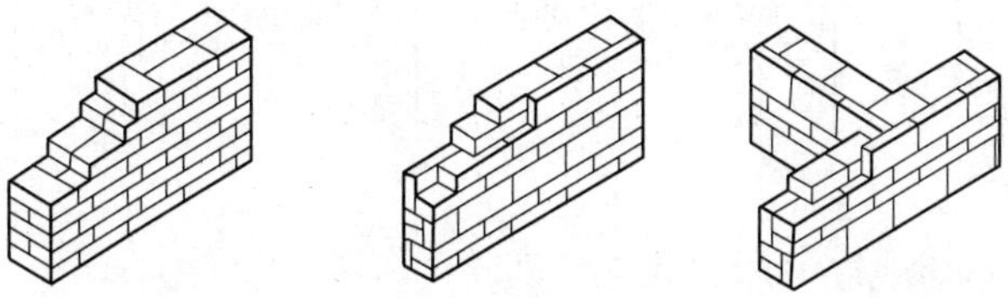

(d) 三三一式　(e) 平直墙砌法　(f) 内、外墙交接砌法

附图 15　实砌墙

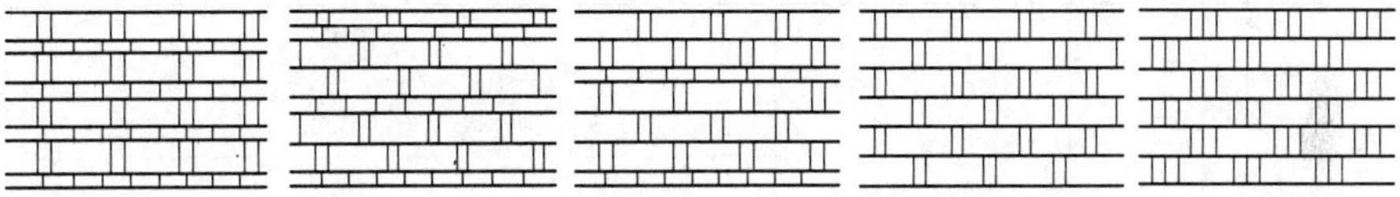

(a) 一斗一眠　(b) 二斗一眠　(c) 三斗一眠　(d) 无眠全斗　(e) 无眠全斗

注:可作为内、外承重墙,较 240 墙省砖,但斗、眠砖间砂浆不易饱满,砌筑速度也较慢。

附图 16　空斗墙(用于框架填充墙、3 层以下的承重墙)

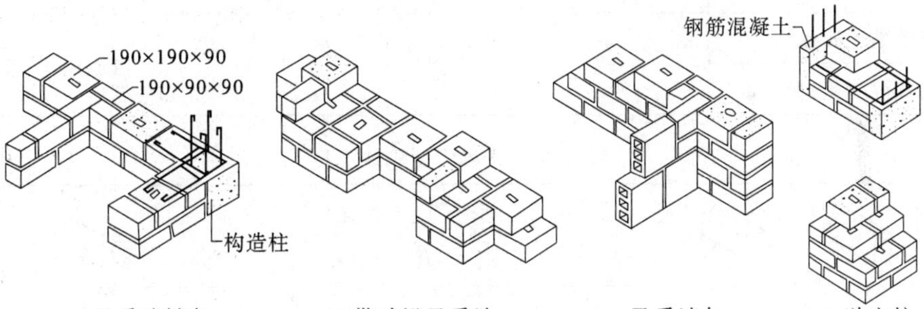

(a) 承重墙转角　(b) 带砖垛承重墙　(c) 承重墙与隔墙交接　(d) 独立柱

附图 17　承重黏土空心砖墙(地震区可采用配筋砖砌体)

三、砌块墙

砌块一般为天然石料或以水泥、硅酸盐、煤矸石、无熟料水泥以及煤灰、石灰、石膏等胶结料,与砂石、煤渣、天然轻骨料等骨料,经原料处理、加压或冲击、振动成型,再以干或湿热养护而制成的砌墙块料。由于不须进窑焙烧,故单块体积较砖大。其规格介于砖和大型墙板之间。施工时可采用简单机具吊装和砌筑,生产工艺简单,砌筑效率较高,具整体刚度,抗震性能较好。

设计时应综合解决材料、规格、排列、构造和施工等问题。

砌块分类如附表 19 所示,几种常用砌块类型如附表 20 所示。

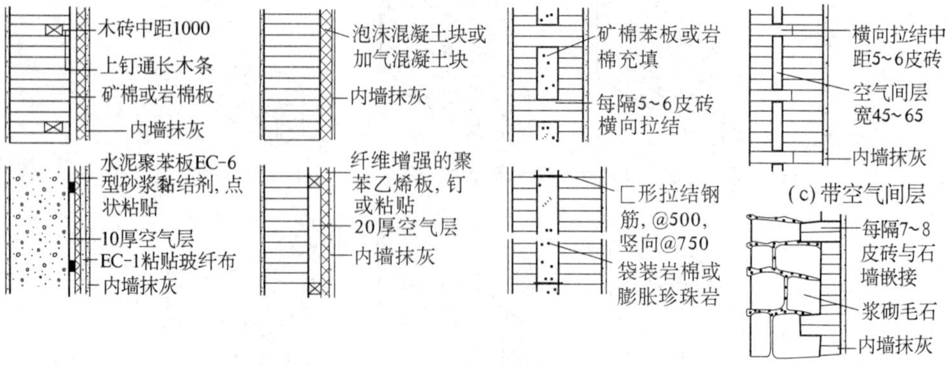

(a) 内保温复合外墙(可参见京93SJ8构造图集)　　(b) 中填保温材料　　(d) 砖石组合

附图 18　复合墙

附表 19　砌块分类

按材料分类	按品种分类	按重量分类		
		类型	砌块重量(N)	施工机具
混凝土砌块	微孔砌块	小型	<250	人工搬运、砌筑
	空心砌块			
轻骨料混凝土砌块	轻质砌块	中型	250～3 500	小型吊装、台灵架、扒杆
硅酸盐砌块	密实砌块			
烧结黏土砖砌块		大型	>3 500	红旗塔吊、履带吊
加气混凝土砌块				

附表 20　几种常用砌块类型

简图	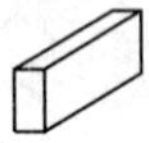	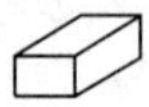	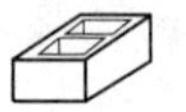	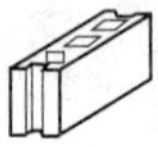	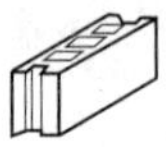	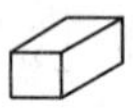	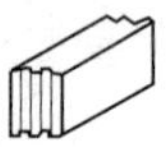	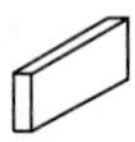
分类	条石砌块	连砂石砌块	小型混凝土空心砌块	中型混凝土空心砌块	煤矸石空心砌块	蒸压加气混凝土砌块	粉煤灰硅酸盐砌块	石膏砌块
材料	人工开采、加工天然花岗石	以水泥、石灰为胶结料，天然连砂石(含砂 40%左右)为骨料	C15 细石混凝土配合比经计算与试验确定	C20 细石混凝土配合比经计算与试验确定	以煤矸石无熟料水泥为胶结料，自然煤矸石为骨料	以水泥、矿渣、砂或水泥、石灰、粉煤灰为基本原料，以铝粉为发气剂	以粉煤灰、石膏、石灰和炉渣等骨料为主要原料	以熟石膏为主要原料

续附表 20

<table>
<tr><td>简图</td><td>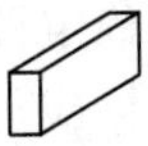</td><td>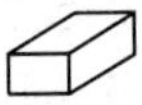</td><td>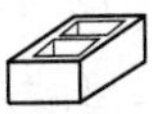</td><td>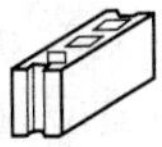</td><td>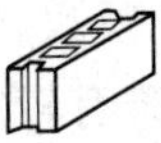</td><td>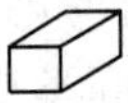</td><td>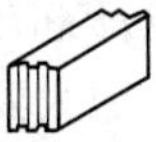</td><td>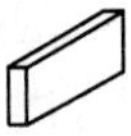</td></tr>
<tr><td>强度等级</td><td>MU100 ~ MU400</td><td>MU2.5 ~ MU10</td><td>MU3.5 ~ MU10</td><td>MU5 ~ MU10</td><td>MU7.5 ~ MU20</td><td>MU3.0 ~ MU5</td><td>MU10 ~ MU15</td><td>MU5</td></tr>
<tr><td>规格（mm × mm × mm）</td><td>180 × 280 × 180、180 × 280 × 380、180 × 280 × 580、180 × 280 × 780、180 × 280 × 980</td><td>175 × 185 × 91、175 × 185 × 184、175 × 185 × 280、175 × 185 × 380</td><td>190 × 190 × 90、190 × 190 × 190、190 × 190 × 290、190 × 190 × 390</td><td>180 × 845 × 590、180 × 845 × 780、180 × 845 × 990、180 × 845 × 1 880</td><td>200 × 880 × 485、200 × 880 × 570、200 × 880 × 770、200 × 880 × 970、200 × 880 × 1 170</td><td>厚:100、150、200、250
高:200、250、300
长:600
各种规格可订制</td><td>200 × 380 × 380
200 × 380 × 480
200 × 380 × 580
200 × 380 × 880
200 × 380 × 1 180</td><td>厚:60 ~ 100
高:500
长:666</td></tr>
<tr><td>最大块重量（N）</td><td>1 230</td><td>310</td><td>180</td><td>2 950</td><td>3 010</td><td>188</td><td>1 590</td><td>300</td></tr>
<tr><td>适用情况</td><td>适用于3层以下的民用建筑物和单层厂房</td><td>5层以下住宅</td><td colspan="2">国家《建筑抗震设计规范》（GB 50011—2010）规定砌体房屋总高度和层数限值如下：
<table>
<tr><td colspan="2">限值＼烈度</td><td>6</td><td>7</td><td>8</td><td>9</td></tr>
<tr><td rowspan="2">③</td><td>层数</td><td>7</td><td>6</td><td>5</td><td rowspan="4">不宜采用</td></tr>
<tr><td>总高(m)</td><td>21</td><td>18</td><td>15</td></tr>
<tr><td rowspan="2">④</td><td>层数</td><td>6</td><td>5</td><td>3</td></tr>
<tr><td>总高(m)</td><td>18</td><td>15</td><td>9</td></tr>
</table>
外墙应抹灰，以免缝隙渗水</td><td>地震烈度为7度及以下的地区，多层房屋的总高度应≤16 m；须做外饰面，但要注意防裂、防冻、防空鼓、防脱落</td><td>MU3砌块建筑总高≤10 m，MU5砌块建筑高度≤16 m；不得用于基础、长期浸水、高温高湿和化学侵蚀等环境，外墙抹灰宜用水刷石或1:4水泥砂浆，要注意防冻、防空鼓、防脱落</td><td>地震烈度7度地区多层房屋总高限值为15 m（5层）、6度区为18 m（6层）；不宜用于具有酸性侵蚀介质及经常处于高温影响下的建筑物。外墙饰面宜用水刷石等</td><td>非承重的隔墙。不得用于浴厕等用水房间及炉灶部位</td></tr>
</table>

下面重点说明中型硅酸盐砌块规格及组砌方式。

规格设计:应综合考虑建筑模数、生产工艺、吊装砌筑能力、墙体强度、稳定性、热工性能等因素。力求对不同类型建筑有较好的适应性并尽量减少规格,砌体规格应与门窗、楼板及构配件等尺度相协调,块体尺寸便于纵横互换砌筑。适当调整砌缝宽度或少量嵌入其他材料,以利于减少规格。砌块规格如附图 19 所示。

用料及配合比:粉煤灰为 5 300 ~ 5 800 N/m^3,石灰为 1 500 ~ 1 600 N/m^3,磷石膏为 350 N/m^3,煤渣为 9 600 N/m^3。

排列设计:要求整齐有规律性;尽量减少通缝,砌筑牢固;多用大规格的块体,使其中一两种大规格的主块占砌块总数的 70% 以上。各种宽度墙面错缝组砌如附图 20 所示。

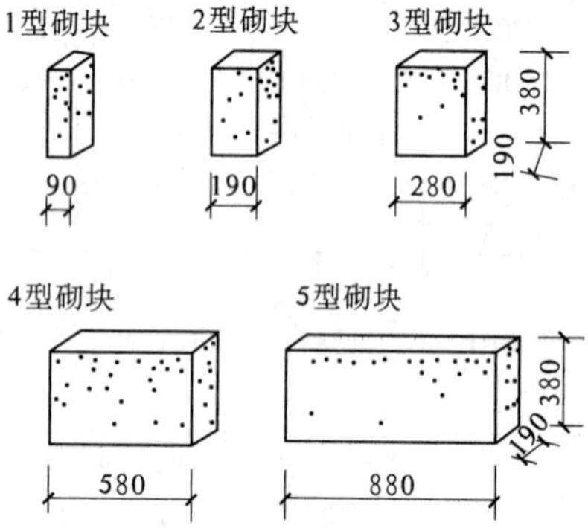

注:

①在工程使用中各类砌块占砌块总体积:

1 型　5%　2 型　8%

3 型　7%　4 型　15%

5 型　65%

②1 ~3 型横竖可砌,灰缝横砌时厚 10 mm。

③砌块排列考虑与现行构配件相适应。

④本图根据中国建筑西南设计院资料整理。

附图 19　砌块规格

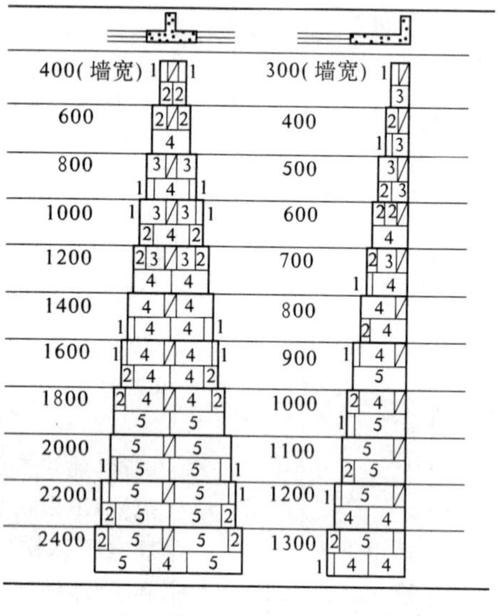

附图 20　各种宽度墙面错缝组砌示意

四、玻璃幕墙的类型及组成

幕墙是悬挂于主体结构上的轻质外围护墙。

(一)玻璃幕墙的类型

按幕面材料分有玻璃幕墙、金属幕墙、轻质混凝土幕墙等,按构造分有框格式幕墙和墙板式幕墙,按施工和安装方法又可分为元件式幕墙和单元式幕墙。

框格式幕墙由框格骨架和嵌板组成,按其外观又有竖框式、横框式、框格式和隐框式之分,如附图 21 所示。

墙板式幕墙即为单一板材构成墙板悬挂在主体结构上,其又可分压型板式和夹心板式两种,如附图 22 所示。

(二)玻璃幕墙的组成

玻璃幕墙一般由金属框格、玻璃、连接固定件、装修件、密缝材五部分组成,如附图23所示。金属框格有竖框、横框之分,起骨架和传递荷载作用。玻璃有单层、双层、双层中空和多层中空玻璃,起采光、通风、隔热、保温等围护作用。连接固定件有预埋件、转接件、连接件、支承用材等,在幕墙与主体结构之间以及幕墙元件与元件之间起连接固定作用。装修件包括后衬板(墙)、扣盖件以及窗台、楼地面、踢脚、顶棚等构部件,起密闭、装修、防护等作用。密缝材有密封膏、密封带、压缩密封件等,起密闭、防水、防火、保温、绝热等作用。此外,还有窗台板、压顶板、泛水、防结凝、变形缝等专用件。

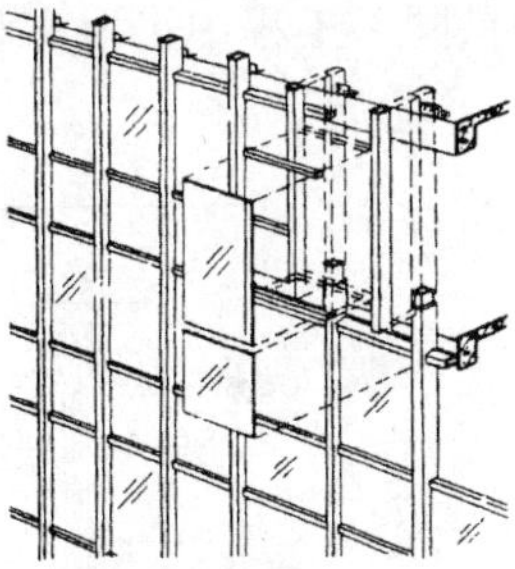

(a)竖框式(竖框主要受力,竖框外露)

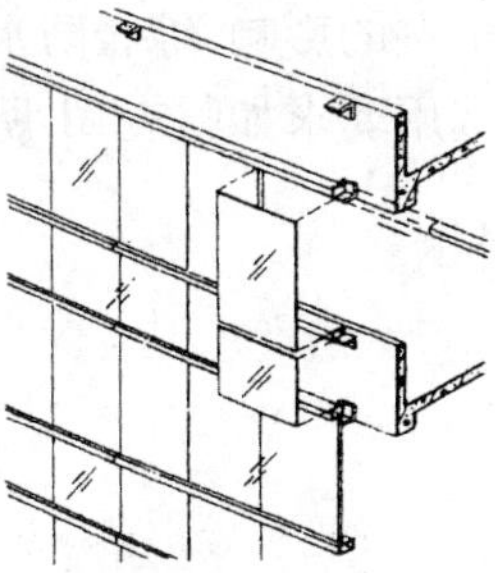

(b)横框式(横框主要受力,横框外露)

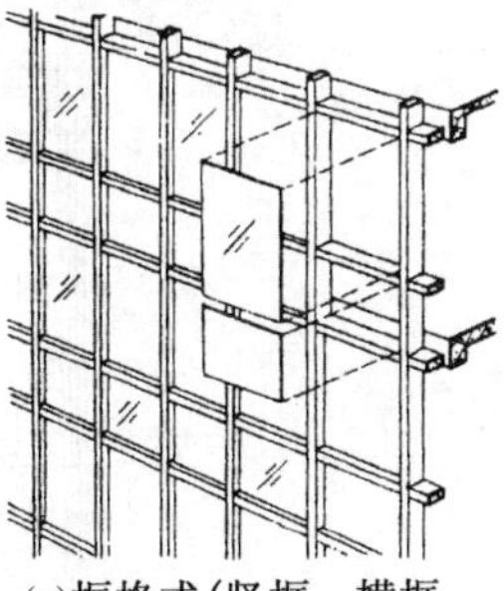

(c)框格式(竖框、横框外露成框格状态)

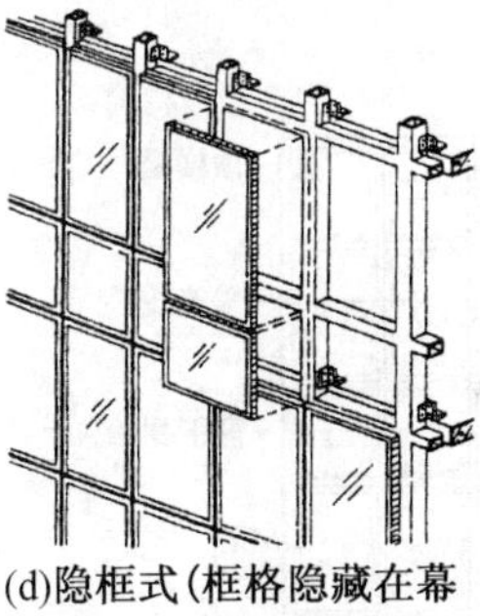

(d)隐框式(框格隐藏在幕面板后,又有包被式之称)

附图21 框格式幕墙

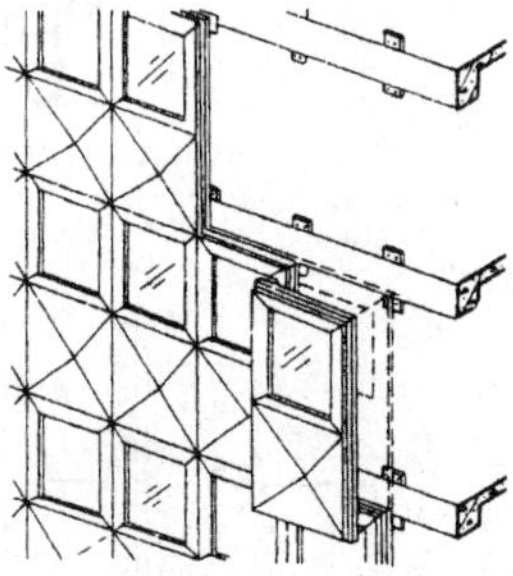

(a)压型板式

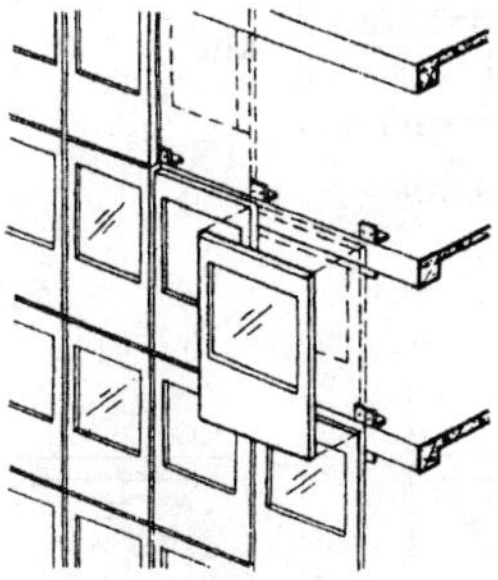

(b)夹心板式

附图22 墙板式幕墙

五、地下室防水

(一)基本概念

地下室的围护结构由于受到各种水的侵蚀,应采取有效的防水措施,以保证地下室防水效果,为此应做好地下室防水设计。地下室防水设计必须全面考虑各种自然因素及使用要求,选择合宜的结构形式,合理确定防水等级、材料条件,制订正确的防水设计方案。

防水设计方案的选择有隔水法、降排水法、综合防水法。隔水法利用各种材料的不透水性以隔绝地下室外围水及毛细管水的渗透,起到隔水作用;降排水法是用人工降低地下水位消除地下水对地下室的影响;综合防水法是同一工程中采取多种措施,以达到防水要求。各种防水措施的选用要求如附表21所示。

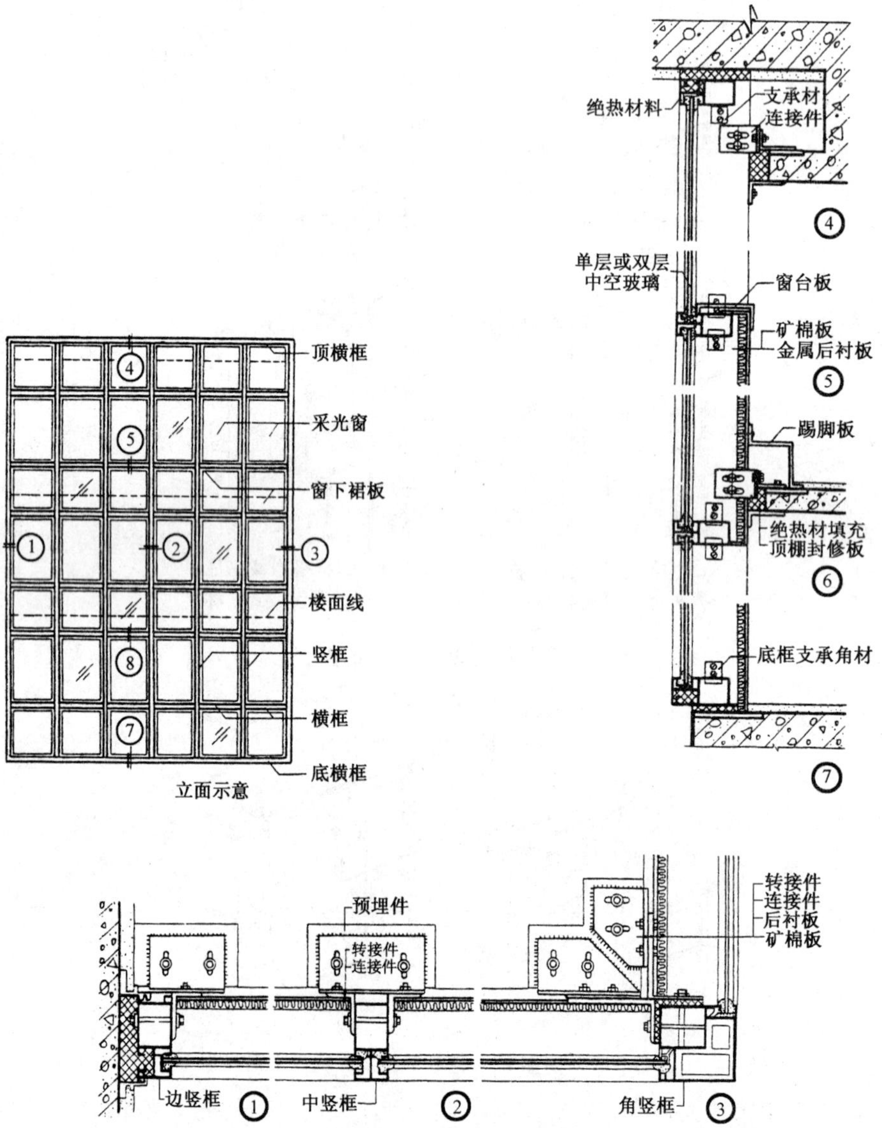

附图23　玻璃幕墙构造组成

附表 21　各种防水措施的选用要求

项目	隔水法	外排法	内排法	综合防水法
示意图	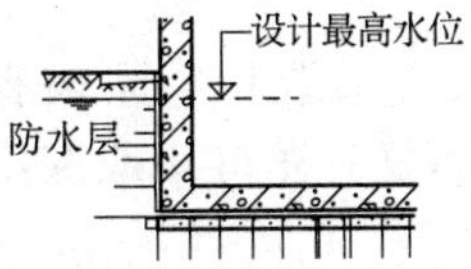	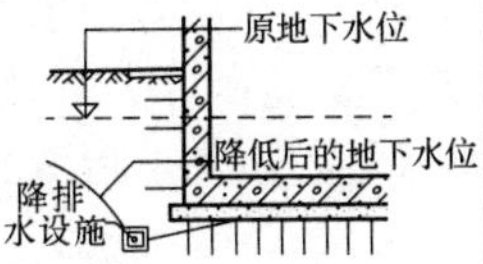	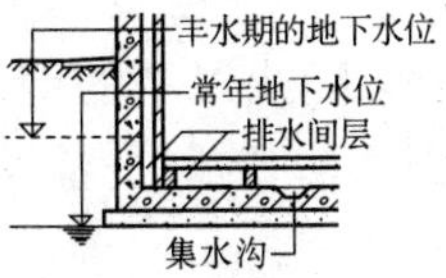	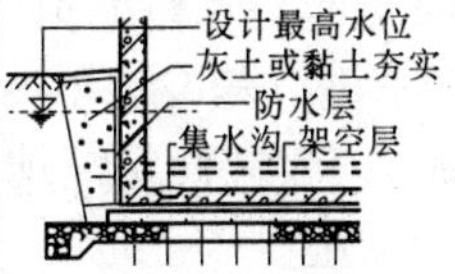
说明	地下室外围做防水层或地下室外墙做整体式混凝土自防水结构(可多道防水)	地下水位较高时，设置永久性排水措施，使水位降低至底板以下，减少或消除地下水影响	将渗入地下室的水通过永久性自流排水系统排至集水坑，再排至室外管道，并考虑动力中断引起水位回升	采用多种措施以提高防水可靠性，但应分清主次，以降排为主，隔水为辅；或以隔水为主，降排为辅
适用范围	设计最高水位高于地下室底板或设计最高水位低于底板	地下水位高于地下室底板，且不宜采用隔水层和地形、地质、经济、功能上有条件采用时	当地下水位高、水量大，难以采用外排法，或常年水位虽低于底板，但丰水期高于底板不大于500 mm时	当地下室的防水要求较高时，必须确保防水的可靠性，并在有效高度允许情况下

(二)一般规定

(1)地下室防水设计，应根据使用要求合理确定防水等级，应使防水措施可靠，选材适当，施工简便，经济合理。

(2)城市的地下室宜根据城市总体规划及排水体系进行合理布局并确定工程标高。

(3)地下室防水设计应考虑各种类型水作用下最不利情况，使地下室防水措施有足够保证，除考虑潜水和承压水等作用外，尚应考虑地表水、上层滞水和由于地下水而产生的毛细管水的影响，由于人为因素引起附近水文地质的改变影响也应充分估计，其往往在防水设计中被忽视而导致地下室渗漏，在确定工程标高(设计地下水位标高)时，应予充分全面考虑。

(4)地下室防水设计宜首先采用防水混凝土自防水结构，并根据对防水要求重要程度，可设附加防水层，或防、排兼施方案及其他防水方案。

(5)在设计前，应收集下列资料：

①防水设计时，在确定工程标高前，应根据勘察资料了解最高地下水位标高及出现年代，近几年实际水位标高和随季节变化情况。

②地下水类型、补给来源、水质、流量、流向、渗透系数、压力。

③工程地质类型，岩石走向、倾角、节理及缝隙，含水地层及不透水地层的特殊性及分布情况，溶洞、陷穴以及填土区和松软土情况。

④历年气温变化情况，降雨量、蒸发量及地层冻结深度，区域地形、地貌，天然水流、水库、水沟、废弃坑井以及地表水、洪水和给水排水系统资料。

⑤工程所在区域的地震、地热及含瓦斯等有害物质资料。

⑥施工技术水平和材料条件。

(6)变形缝、施工缝、出入口、窗井、埋件等是防水薄弱部位,应适当加强特殊处理,并应采取防止倒灌措施。

(7)寒冷地区冻结深度线以上的地下室,为防止冻胀挤裂,应采取相应防寒有效措施,一般应修筑高地、截水沟,同时平整场地,设置明沟或暗沟,必要时还可采取深层排水等措施。

(8)布置在山地斜坡上的地下室,应采用山坡截水沟防止地表水渗入,渗水沟的截面应保证能通过最大的计算雨量。

(9)地下室的外形应力求简单平整,避免平面凹凸或平面变化过多,以方便施工。

(10)应尽量避免管道穿越地下室外墙,若必须穿越地下室外墙,则应尽可能提高至最高地下水位以上,以减少地下水影响。

(11)抗水压结构重量及其锚固强度应比静水压力所造成的压力大10%,以防浮起。

(12)地下室防水设计钢筋混凝土结构应选用握裹力较大的钢筋,并配筋均匀,以增加其抗裂性,保证防水效果。

地下工程的防水等级,按围护结构允许渗漏水量划为四级,各级应符合附表22的规定。

附表22　地下工程防水等级

级别	标准	适宜工程项目
一级	不允许渗水,围护结构无湿渍	医院、餐厅、旅馆、影剧院、商场、冷库、粮库、档案库、金库、通信工程、计算机房、电站控制室、配电间及防水要求较高的生产车间、指挥工程、武器弹药库、防水要求较高的人员掩蔽部、铁路旅客站台、行李房、地下铁道车站、城市人行地道
二级	不允许漏水,围护结构有少量、偶见的湿渍	一般生产车间、空调机房、发电机房、燃料库、一般人员掩蔽工程、电气化铁路隧道、寒冷地区铁路隧道、铁路运行期间隧道、城市公路隧道、水泵房
三级	有少量漏水点,不得有线流和漏泥沙,每昼夜漏水量 $<0.5\ L/m^2$	电缆隧道、水下隧道、非电气化铁路隧道、一般公路隧道
四级	有漏水点,不得有线流和漏泥沙,每昼夜漏水量 $<2\ L/m^2$	取水隧道、污水排放隧道、人防疏散干道、涵洞

注:1. 地下工程的防水等级可按工程或组成单元划分。

2. 防潮要求较高的工程除应达到一级防水等级外,还应采取相应的防潮措施。

3. 表中适宜工程项目栏内,仅列举一般性工程,未列工程项目可参照相似工程防水要求确定防水等级。

4. 防水工程等级摘自中华人民共和国国家标准《地下工程防水技术规范》(GB 50108—2008)。

资料四　楼地面

一、楼地面构造做法

地面的基本构造层为面层、垫层和地基，楼面的基本构造屋为面层和楼板，根据使用和构造要求可增设相应的构造层（结合层、找平层、防水层、保温隔热层等），如附图 24 所示。

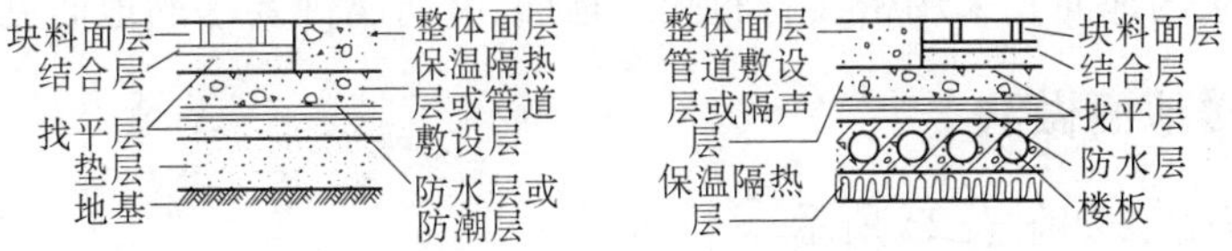

附图 24　楼地面构造做法

面层：直接承受各种物理和化学作用的表面层，分整体和块料两类。

结合层：面层与下层联结层，分胶凝材料和松散材料两类。

找平层：在垫层、楼板或轻质松散材料上起找平或找坡作用的构造层。

防水层：防止楼地面上液体透过面层的构造层。

防潮层：防止地基潮气透过地面的构造层，应与墙身防潮层相连接。

保温隔热层：改变楼地面热工性能的构造层，设在地面垫层上、楼板上或吊顶内。

隔声层：隔绝楼面撞击声的构造层。

管道敷设层：敷设设备暗管线的构造层（无防水层的地面也可敷设在垫层内）。

垫层：承受并传递楼地面荷载至地基或楼板的构造层，分刚性和柔性两类。

基层：楼板或地基（当土层不够密实时须做加强处理）。

二、楼地面的适用范围

（1）经常承受剧烈磨损的地面宜采用 C20 混凝土、铁屑水泥或块石及条石面层。

（2）经常受坚硬物体冲击的地面宜采用混凝土垫层兼面层或细石混凝土面层，有强烈冲击的地面宜采用混凝土板、块石或素土面层。

（3）承受剧烈振动作用或大面积储放重型材料的地面，宜选用粒料、灰土类柔性地面。同时，有平整和清洁要求时，宜采用有砂浆结合层的预制混凝土板面层。

（4）有高温影响的地面宜采用素土或矿渣面层。同时，有较高平整和清洁要求或同时有强烈磨损的地面宜采用金属面层。

（5）经常有大量水作用或冲洗的块料面层地面，结合层宜采用胶凝类材料。经常有大量水作用或冲洗的楼面等用装配式楼板时应加强楼面整体性，必要时设防水层。

（6）地面防潮要求较高者宜设卷材或涂料防水层。

（7）有食品或药物接触的地面，面层应避免采用含氟硅酸钠的材料和有毒的塑料或涂料。

（8）与火接触或使用温度 >60 ℃的地面，不宜用聚氯乙烯塑料板或过氯乙烯涂料面层。

(9)经常有机油作用的地面不宜采用沥青类材料做面层及嵌缝。楼面应有防油渗措施。

(10)火灾危险性属甲、乙类的厂房地面,如有坚硬物体冲击或摩擦并有可能产生火花引起爆炸,应采用不发火花地面。

(11)有较高清洁要求的地面宜采用光洁水泥面层、水磨石面层或块材面层。

(12)有一定弹性和清洁要求的地面可采用橡胶板、塑料或菱苦土地面,但有较大冲击、经常受潮或有热源影响时,不宜使用菱苦土地面。

(13)使用汞的地面宜采用密实材料无缝地面,有防腐蚀要求的地面见防腐蚀章节。

三、常用楼地面做法

常用楼地面做法如附表23所示。

附表23　常用楼地面做法

类型	序号	楼地面名称	面层特征											楼地面做法					
														面层		结合层		垫层	
			感热度	燃烧性	起尘性	耐磨性	消声度	光滑度	耐水性	透水性	耐油性	发火性	耐撞击	材料	厚度(mm)	材料	厚度(mm)	材料	厚度(mm)
简易	1	素土或灰土	●	○	●	●	○	○	●	●	○	○	○	素土夯实,3:7灰土也可掺加碎石或碎砖	100~150				
	2	矿渣或碎石	△	○	●	△	△	○	○	●	○	●	○	矿渣(或碎石)碎屑填缝	≥60				
	3	石灰炉渣	●	○	●	△	△	○	△	●	○	○	○	1:3石灰炉渣提浆抹光	60~100				
	4	石灰三合土	●	○	●	△	△	○	△	●	○	○	○	1:2:4或1:3:6石灰:砂:碎砖提浆	100~150				
	5	黏土砖	●	○	●	△	●	○	●	●	○	○		抹光见[2]					
水泥	6	水泥砂浆	●	○	△	△	●	○	○	△	○	●		1:2~1:3水泥砂浆	15~20			C10混凝土	≥60
	7	防滑水泥地面	●	○	△	△	●	○	○	△	○	●			15~20				
	8	光洁水泥	●	○	○	△	●	△	○	△	○	●		见[2]	15~20				
	9	铁屑水泥	●	○	△	○	●	○	○	△	○	●		C40铁屑水泥	15~20	1:3水泥砂浆	20	C10混凝土	≥60
混凝土	10	混凝土	●	○	△	○	●	○	○	△	○	●		C15~C20混凝土兼面层或C20细石混凝土	≥60、33~40				≥60
	11	混凝土板	●	○	△	○	●	○	○	△	○	●		C20预制混凝土板	40~60	砂或细炉渣	20~40	3:7灰土	≥150
水磨石	12	普通水磨石	●	○	○	○	●	△	○	△	○	●		1:(1.5~2.5)水泥石渣磨光	10~15	1:3水泥砂浆	15	C10混凝土	≥60
	13	美术水磨石	●	○	○	○	●	△	○	△	○	●		见[2]					
	14	水磨石板	●	○	○	○	●	△	○	△	○	●		预制水磨石板1:1水泥砂浆填缝	25	1:3水泥砂浆	15	C10混凝土	≥60

续附表 23

类型	序号	楼地面名称	面层特征											楼地面做法					
			感热度	燃烧性	起尘性	耐磨性	消声度	光滑度	耐水性	透水性	耐油性	发火性	耐撞击	面层		结合层		垫层	
														材料	厚度(mm)	材料	厚度(mm)	材料	厚度(mm)
块料	15	水泥花砖	●	○	○	△	●	△	○	△	○	●		水泥花砖 1:1 水泥砂浆填缝	20	1:3 水泥砂浆	10~15	C10 混凝土	≥60
	16	缸砖	●	○	○	○	●	△	○	△	○	●		缸砖 1:1 水泥砂浆填缝	10~15	1:3 水泥砂浆	10~15	C10 混凝土	≥60
	17	陶瓷地砖	●	○	○	○	●	△	○	△	○	●		见[3]					
	18	大理石	●	○	○	△	●	●	△	△	○	●		见[3]					
	19	磨光花岗石	●	○	○	○	●	●	○	△	○	●		见[3]					
	20	块石条石	●	○	○	○	●	○	○	△	○	●		见[3]					
木料	21	铺设木地面	○	●	○	△	△	○	●	●	●	○		见[5]					
	22	粘贴木地面	○	●	○	△	△	○	●	●	●	○		见[5]					
	23	弹簧木地板	○	●	○	△	△	○	●	●	●	○		见[6]					
	24	活动木地板	○	●	○	△	△	○	●	●	●	○							
	25	木砖	○	●	○	△	△	○	●	●	●	○		木砖、沥青玛琋脂填缝	40~80	沥青玛琋脂	5	C15 混凝土提浆找平	≥60
沥青	26	沥青砂浆	●	○	△	△	△	○	○	○	○	○		沥青砂浆	20~30	冷底子油一道		C10 混凝土	≥60
	27	沥青混凝土	●	○	△	△	△	○	○	○	○	○		沥青细石混凝土(分两次铺设)	30~50	冷底子油一道		C10 混凝土或碎石	≥60
其他	28	橡胶	△	△	○	△	○	○	○	○	○	○	○			XY401 胶粘剂		C10 混凝土	≥60
	29	塑料	△	△	○	△	○	○	○	○	●	○		见[4]					
	30	地毯	○	●	●	△	○	○	●	●	●	○	○	见[4]					
	31	菱苦土	○	△	○	△	○	△	●	●	○	○		见[2]					
	32	金属	●	○	○	○	○	○	○	○	○	●		见[4]					
	33	不发火花地面	●	○	△	○	●	○	○	△	○	○		见[3]					
	34	耐油混凝土	●	○	△	○	●	○	○	○	○	●		见[3]					
	35	防水防潮												见[3]					

注:1. 表中所列垫层厚度为最小厚度,适宜厚度应根据地面荷载按规范计算确定。

2. 表中所列地面的垫层下均应为密实地基。

3. 耐油性是指耐矿物油及石油制品。

4. 表中图例对应含义如下表所示。

图例对应含义

图例	感热度	燃烧性	起尘性	耐磨性	消声度	光滑度	耐水性	透水性	耐油性	发火性	耐撞击
○	暖	不燃	小	强	无噪声	不滑	耐水	不透水	耐油	不发火花	耐撞击
△	半暖	难燃	一般	中	稍有噪声	有水时滑	稍耐水	稍透水	稍耐油		
●	冷	燃烧	大	弱	有噪声	光滑	不耐水	透水	不耐油	发火花	

(一)黏土砖地面

黏土砖地面构造及类型如附图25所示。

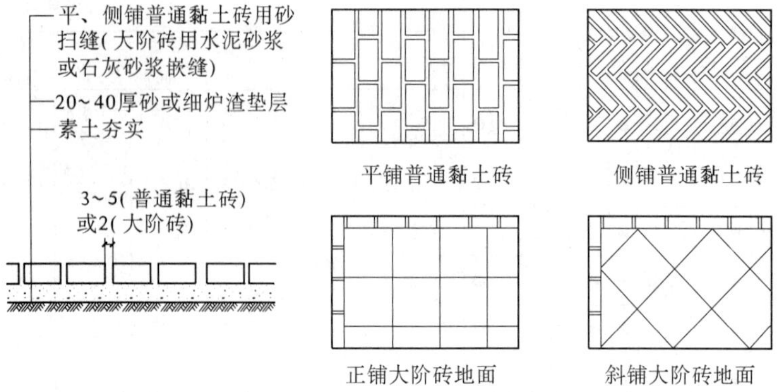

(a)黏土砖地面构造　　(b)黏土砖地面类型

附图25　黏土砖地面构造及类型

(二)光洁水泥楼地面

1. *磨光水泥面层*

以30 mm厚干硬性的富水泥砂浆做面层,用16#或24#砂轮磨光机磨光,配合比为52.5级水泥:中砂或粗砂=1:1.5或1:2,水灰比0.45。

2. *水泥石屑面层*

厚度为30 mm,配合比为52.5级水泥:粒径3~6 mm石屑=1:1.2或1:1.5,水灰比≤0.4,水泥石屑面层施工程序如附图26所示。

3. *干硬性水泥砂浆面层*

厚度为30 mm,配合比为强度等级52.5级的水泥:中砂或粗砂=1:2,水灰比≤0.35,以手握成团轻压即散为宜。干硬性水泥砂浆面层施工程序如附图27所示。

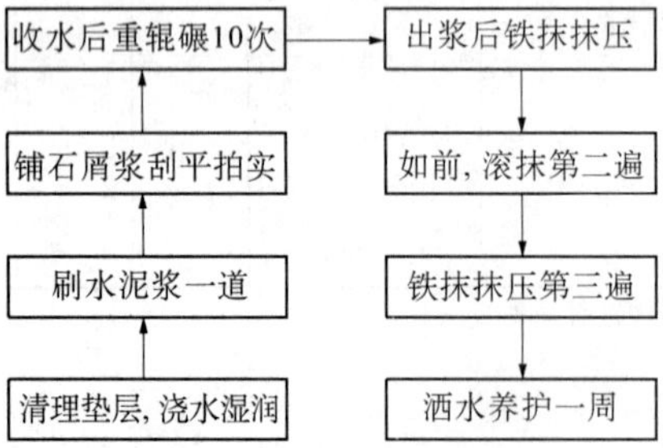

附图26　水泥石屑面层施工程序

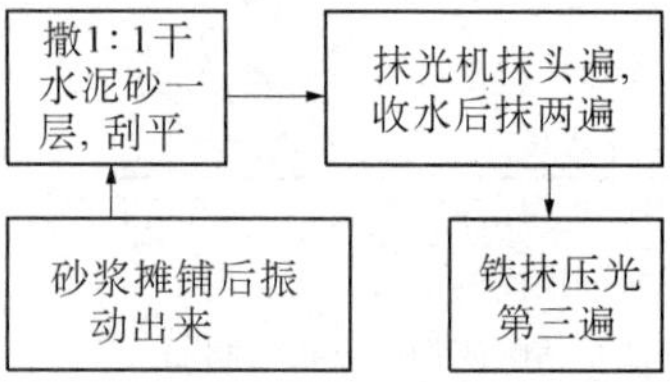

附图27　干硬性水泥砂浆面层施工程序

4. *氟化水泥面层*

在充分干燥且清洁的一般水泥地面上,涂抹氟硅酸或氟硅酸盐水溶液三次,其间间隔至少24 h,其浓度先后为3%、5%、7%。

5. *过氯乙烯涂料面层*

过氯乙烯涂料面层干燥快,附着力强,光滑,有一定的强度和耐磨性,无刺激性气味,但受炽热易软化,触火星易焦化,会出现痕迹。100 m^2 地面的涂料用量如附表 24 所示。过氯乙烯涂料面层施工程序如附图 28 所示。

附表 24　100 m^2 地面的涂料用量

（单位:kg）

底漆	腻子	面漆
10～12	25～33	50～66

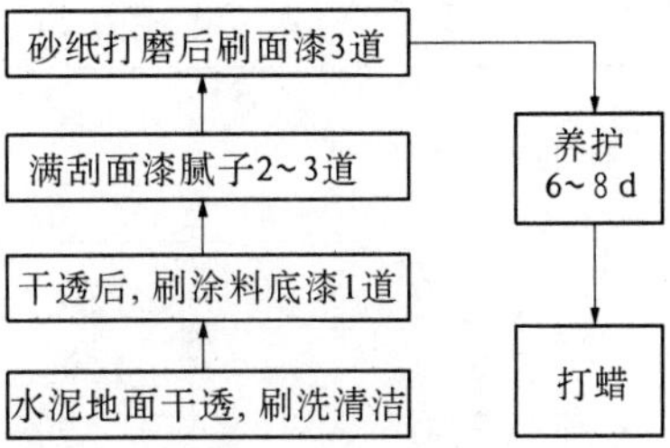

图 28　过氯乙烯涂料面层施工程序

（三）现制美术水磨石楼地面

现制美术水磨石楼地面构造如附图 29 所示。

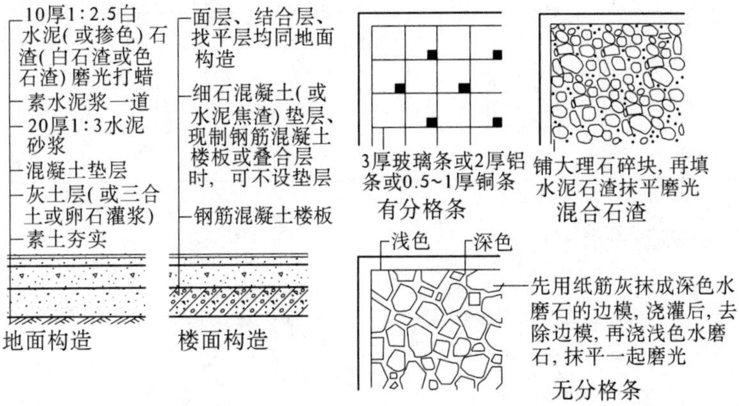

附图 29　现制美术水磨石楼地面构造

（四）菱苦土楼地面

菱苦土楼地面适用于有清洁、弹性或防爆要求的地段,磨损不多的地段用不掺砂的软性菱苦土。磨损较多的地段宜用掺砂的硬性菱苦土。菱苦土楼地面不适用于经常有水或各种液体存留及地面温度经常处在 35 ℃以上的地段。

菱苦土楼地面用料要求为:

（1）菱苦土:氯化镁含量≥80%,比重为 3.1～3.4。

（2）锯末:最好用松木或枞木锯末,粒径≤1.5 mm（面层用）,≤5 mm（底层用）。

（3）含水量≤20%。

（4）氯化镁:应用工业氯化镁或从盐卤中提炼的液态氯化镁或用菱苦土溶解于稀盐酸的氯化镁溶液。

（5）砂石:粒径≤5 mm。

菱苦土楼地面材料配合比如附表 25 所示。

菱苦土地面面层做法:菱苦土用孔径 0.3 mm 的筛子过筛后,加入锯末、滑石粉与矿物颜料干拌均匀,然后加入适当浓度的氯化镁溶液,调制成胶泥。根据需要掺入砂或石屑，铺抹压光。养护 4 d，硬化稳定后，用磨光机磨光打蜡。菱苦土地面底层做法：菱苦土底层的做法与顺序同面层，只是不掺加滑石粉与矿物颜料。铺抹压光 3 d 后方可做面层。

附表 25　菱苦土楼地面材料配合比

面层特征		富有弹性	较硬	较为坚硬	较为耐磨	坚硬耐磨	底层
适用地段		民用建筑	过道	门厅过道	车间	车间	
配合比（质量比）	菱苦土	1	1	1	1	1	1
	锯末	0.53	0.40	0.37	0.26	0.16	1.06
	砂	0	0	0.99	0.82	0.49	0
	滑石粉	0.57	0.48	0.57	0.60	0.38	0
	矿物颜料	适量	适量	适量	适量	适量	0
氯化镁溶液比重		1.18	1.20	1.18	1.20	1.24	1.14

菱苦土地面构造如附图 30 所示。

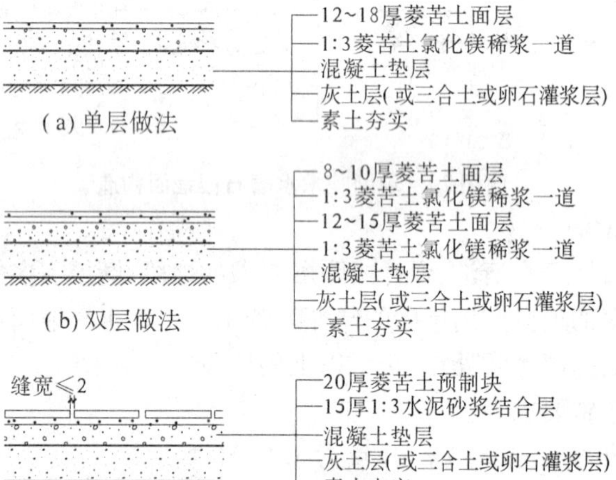

附图 30　菱苦土地面构造

菱苦土楼面做法：面层、结合层均同地面构造。水泥焦渣或细石混凝土垫层用于预制钢筋混凝土楼板，现浇钢筋混凝土楼板或叠合层时不设。菱苦土楼面构造如附图 31 所示。

（五）块料楼地面

块料楼地面类型如附图 32 所示。

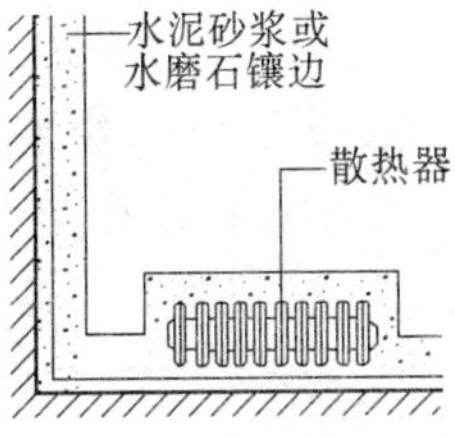

(a) 沿墙处理

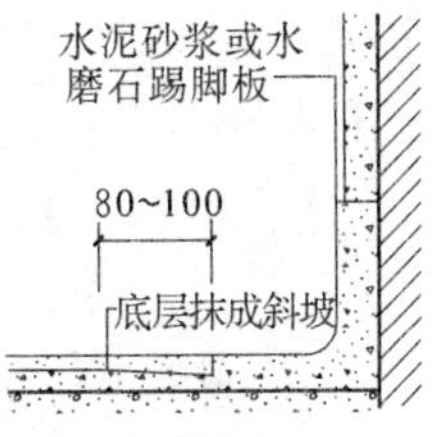

(b) 边缘收头处理

附图 31　菱苦土楼地面构造

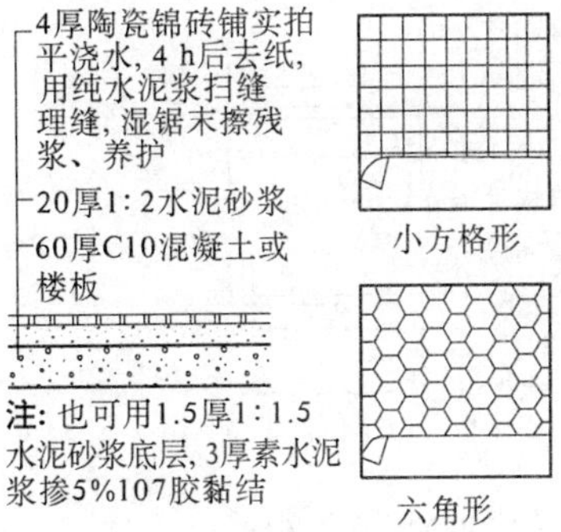

(a) 陶瓷锦砖

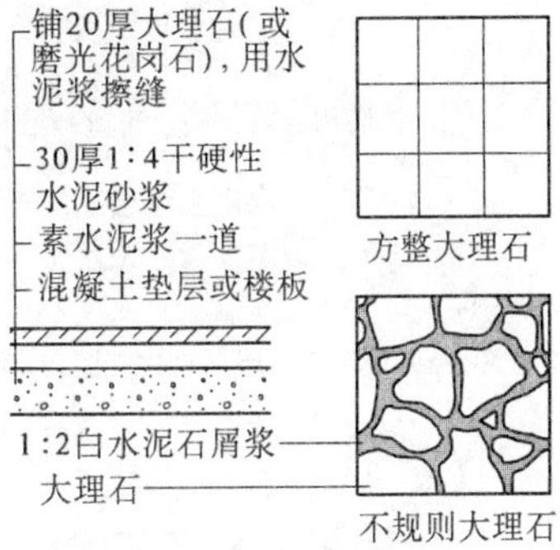

(b) 大理石、磨光花岗石

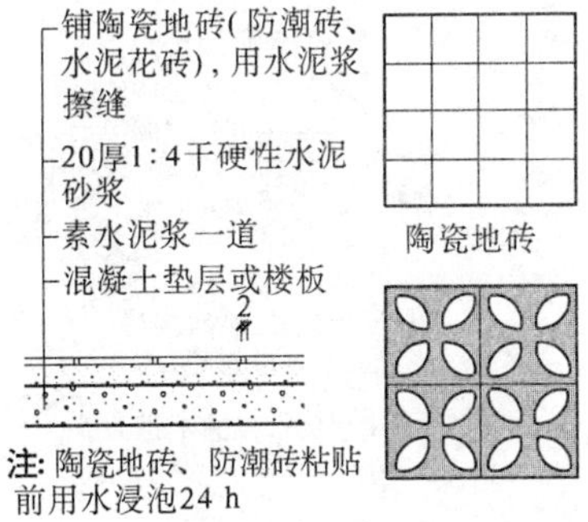

(c) 陶瓷地砖、防潮砖、水泥花砖

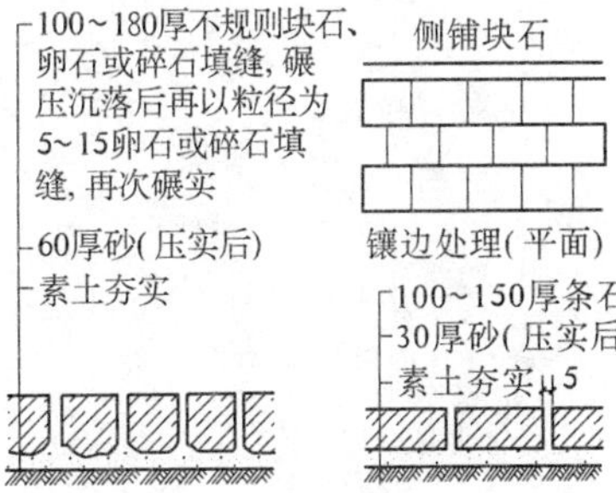

(d) 条石、块石（用于室外）

附图 32　块料楼地面类型

（六）防水楼地面

防水楼地面构造如附图 33 所示，防潮楼地面构造如附图 34 所示。

（七）耐油楼地面

耐油楼地面是在较密实的普通混凝土中，掺入三氯化铁混合剂，以提高混凝土的抗渗性。用作长期接触矿物油制品的楼地面材料要求：水泥用泌水性小的硅酸盐水泥；骨料用粒径 5～40 mm 的碎石，≤5 mm 的中砂；三氯化铁混合剂。

施工注意事项：

（1）不得在铁容器内配制三氯化铁混合剂。

（2）混凝土须用搅拌机搅拌，水灰比≤0.55。

耐油混凝土的制作程序如附图 35 所示。

(八)不发火花楼地面

面层做法:分不发火花屑料类(不发火花混凝土、砂浆、水磨石、沥青砂浆、沥青混凝土,其厚度一般为 30 mm)、木质类(所有钉子不得外露)、橡皮类、菱苦土类、塑料类。

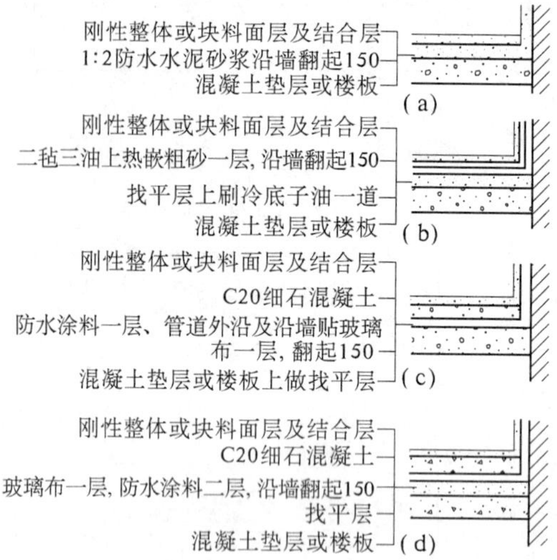

注:(c)、(d)项中常用防水涂料为聚酯、851、沥青橡胶等。

附图 33　防水楼地面构造

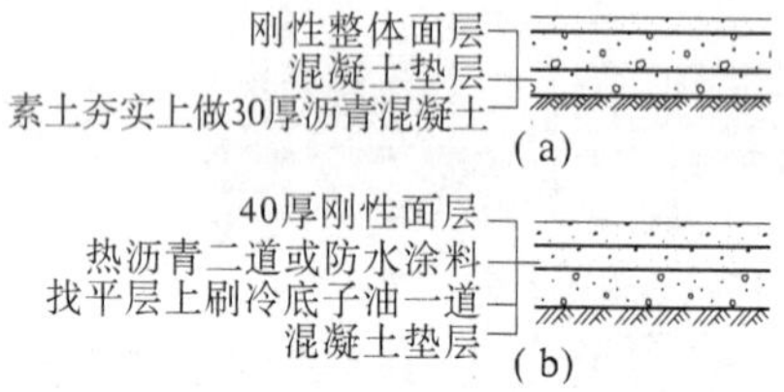

附图 34　防潮楼地面构造

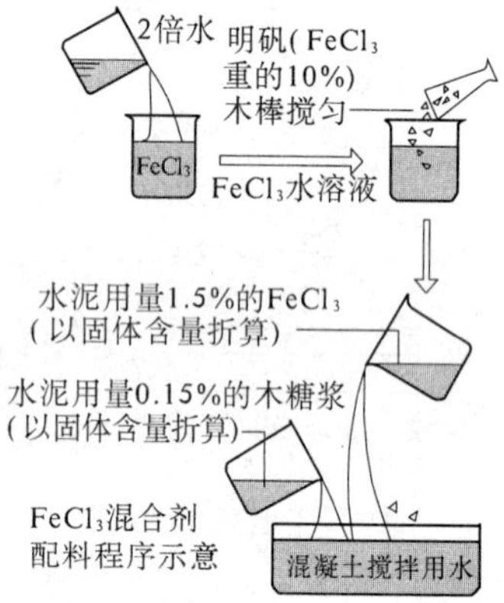

图 35　耐油混凝土的制作程序

材料要求:水泥为强度等级为 22.5、32.5、42.5、52.5 的普通硅酸盐水泥;粗细骨料为以硫酸钙为主要成分,具有不发光性能的大理石、白云石料或焙烧匀称的黏土砖块。由于纯净度不同,须经试验确证不发火花后,破碎分级成级配材料,不得混有其他石渣或杂质,并经吸铁石检查。石渣粒径≤20 mm,石砂粒径为 0.15 ~ 5 mm,粉料为与骨料相同的石料粉末,填充料为 6 ~ 7 级石棉纤维、石棉粉或木粉。

试验方法:试验工具为 φ150 转速 600 ~ 1 100 r/min 的电动砂轮机。先在暗室检查砂轮,用小块的工具钢、石英岩或含石英岩的混凝土试件,加 1 ~ 2 kN 压力和旋转的砂轮摩擦,如发出清晰的火花,则确定该砂轮为合格。骨料的试验如下:从 50 个中选出 10 个不同颜色、形状、硬度、结晶体的试件,每件质量为 50 ~ 250 g,准确度达 1 g。在暗室内,将每个试件的任意部分用加压和旋转的砂轮摩擦,至少须磨掉 20 g。如未发生任何微小的火花,即确定该材料为合格。粉料先着重试验其原料,再将粉料用水泥或沥青制成块做试验,其方法同粗骨料试验。沥青混凝土或砂浆试块进行试验时,如砂轮粘上了沥青,应刮净后再试验。

应注意的是,不发火花地面不能防止因物体坠落而引起的冲击爆炸。不发火花地面面层的施工须待各种设备管线辅设完毕及设备基础浇捣完毕或预留后方可进行。

不发火花混凝土及砂浆配合比如附表 26 所示。不发火花混凝土地面施工程序如附图 36 所示。不发火花沥青砂浆地面施工程序如附图 37 所示。

附表 26　不发火花混凝土及砂浆配合比(质量比)

材料名称	不发火花细石混凝土						不发火花水泥砂浆						材料名称	不发火花沥青砂浆		不发火花沥青混凝土
	C13 水泥强度等级			C18 水泥强度等级			MC8 水泥强度等级			MC18 水泥强度等级				高稠度	低稠度	
	22.5	32.5	42.5	32.5	42.5	52.5	22.5	32.5	42.5	22.5	32.5	42.5				
水泥	1	1	1	1	1	1	1	1	1	1	1	1	3 号石油沥青	8 ~ 10	13 ~ 15	7 ~ 11
砂	2.6	3.1	3.7	1.9	2.3	2.9	4.3	5.0	5.6	2.5	3.1	3.6	不发火花粉料	18 ~ 30	11 ~ 17	12 ~ 20
细石	4.6	5.5	6.5	3.4	4.0	3.9							不发火花石砂	60 ~ 72	70 ~ 75	30 ~ 40
水	0.65	0.82	0.92	0.53	0.62	0.71	0.49	0.55	0.55	0.42	0.46	0.51	不发火花碎石			40 ~ 50

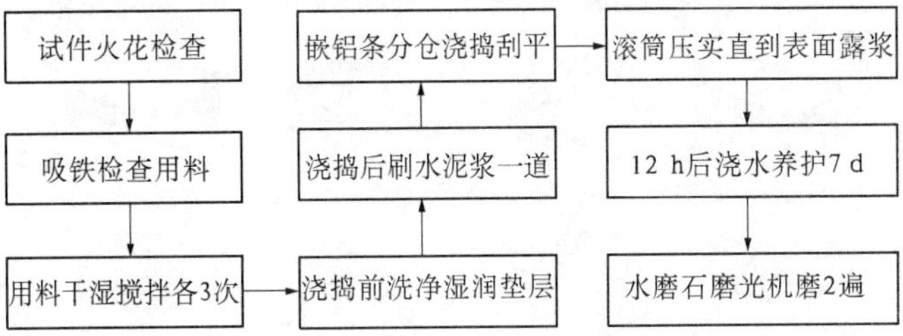

附图 36　不发火花混凝土地面施工程序

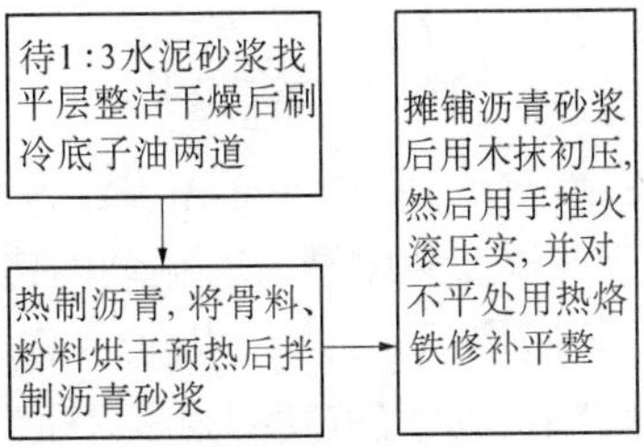

附图 37　不发火花沥青砂浆地面施工程序

资料五　屋　面

屋顶由承重结构及屋面组成。屋顶类型的选择应综合考虑承重结构、围护结构、施工、经济以及建筑外形等因素。屋顶类型如附图 38 所示。

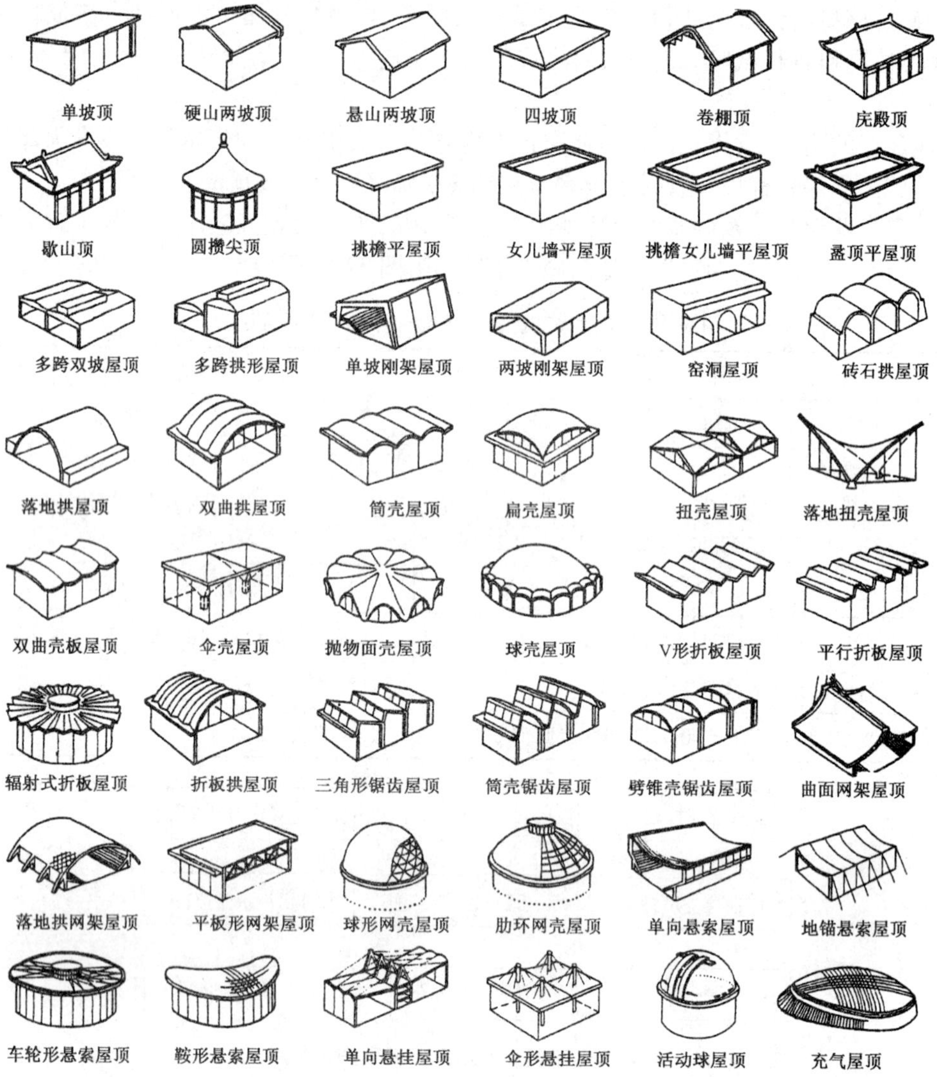

附图 38　屋顶类型

屋面类型选择应注意其适用范围。室内明露木基层屋面不宜用于表面温度 >50 ℃ 的建筑，刚性防水屋面不宜用于气温变化剧烈及有振动的建筑，砖拱屋面不宜用于有剧烈振动及不均匀沉陷的建筑，槽瓦、F 形板屋面不宜用于有密闭要求的建筑，波形瓦屋面不宜用于形状复杂的建筑。屋面类型及适宜坡度如附表 27 所示。

设封闭吊顶的屋面应设通风洞组织自然通风。吊顶内敷设管线时应设检修走道。吊顶应设≥600 mm×600 mm 的上人孔。吊顶内山墙上应设≥600 mm×900 mm 的过人孔。

檐口离地≥8 m 的屋面应设屋面上人孔或上屋面检修梯。高低屋面高差≥2 m 时应设检修梯。屋面上人孔应靠近屋脊处，避免近檐口设置。

附表 27　屋面类型及适宜坡度

屋面类型	屋面名称	适宜坡度(%)
坡屋面	黏土瓦屋面	≥40
	小青瓦屋面	≥30
	平瓦屋面	20~50
	卷材坡屋面	
	波形瓦屋面	10~50
	构件自防水屋面	≥25
平屋面	卷材涂膜平屋面	2~3
	刚性防水屋面	2~3
	建筑拒水粉屋面	
	架空板隔热屋面	≤5
	种植屋面	≤3
	蓄水屋面	≤0.5
拱屋面	砖拱屋面	
	双曲砖拱屋面	
	拱壳砖屋面	
其他屋面	折板屋面	
	薄壳屋面	
	网架结构金属薄板屋面	≥4
	悬索结构金属薄板屋面	≥4
	网架结构卷材屋面	≥3
	金属压型板屋面	5~17
	金属夹心板屋面	5~17
	玻璃屋顶	
	天文馆屋面	
	天文台观测室活动屋面	

金属薄板面层等光滑屋面应有检修安全设施,如设置屋面检修走道及防护栏杆。

烟囱、通风道出屋面高度如附图 39 所示。

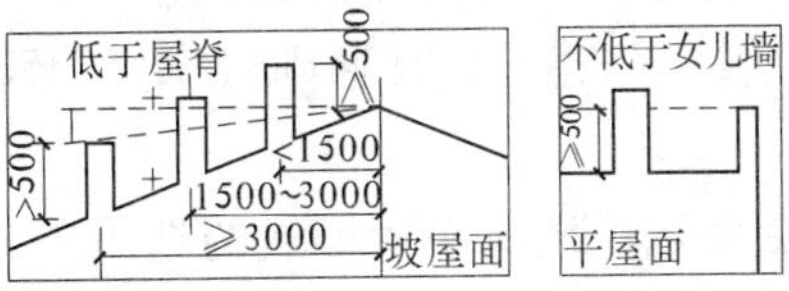

附图 39　烟囱、通风道出屋面高度

资料六　楼　梯

一、基本概念

楼梯、坡道和爬梯是建筑中常用的垂直交通设施。楼梯、坡道及爬梯的坡度如附图 40所示。楼梯各部位名称如附图 41 所示。

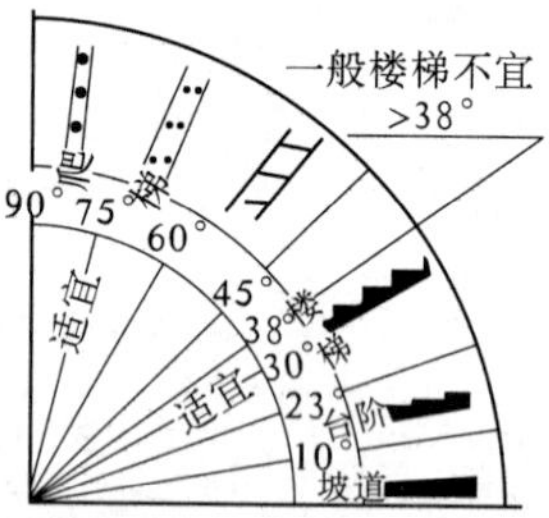

附图 40　楼梯、坡道及爬梯的坡度

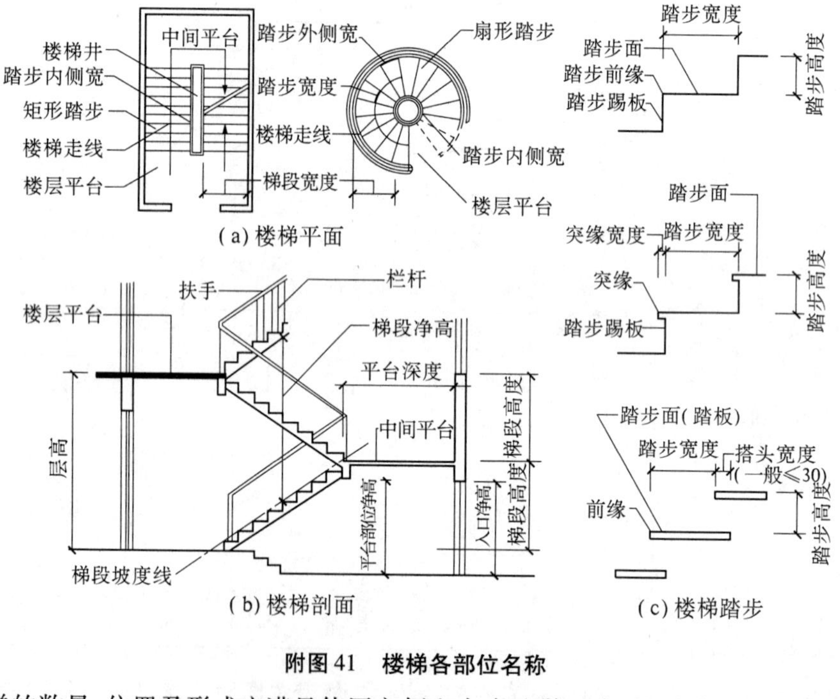

附图 41　楼梯各部位名称

楼梯的数量、位置及形式应满足使用方便和安全疏散要求，注重建筑环境空间的艺术效果。设计楼梯时，还应使其符合《建筑设计防火规范》(GB 50016—2012)、《建筑楼梯模数协调标准》(GBJ 101—87)、《民用建筑设计通则》(GB 50352—2005)和其他有关单项建筑设计规范的规定。

楼梯平面形式如附图 42 所示。楼梯平面形式的选用主要依据其使用性质和重要程度来决定。直跑楼梯具有方向单一、贯通空间的特点，双分平行楼梯和双分转角楼梯则是均衡对称的形式,典雅庄重。双跑楼梯、三跑楼梯一般用于不对称的平面布局,既可用于主要楼梯,也可布置在次要部位作辅助性楼梯。人流疏散量大的建筑常采用交叉楼梯和剪刀楼梯的形式,不仅有利于人流疏散,还可达到有效利用空间的效果。其他形式的楼梯,如弧形楼梯、螺旋楼梯的使用,可以增加建筑空间的轻松、活泼气氛,并起到装饰效果。

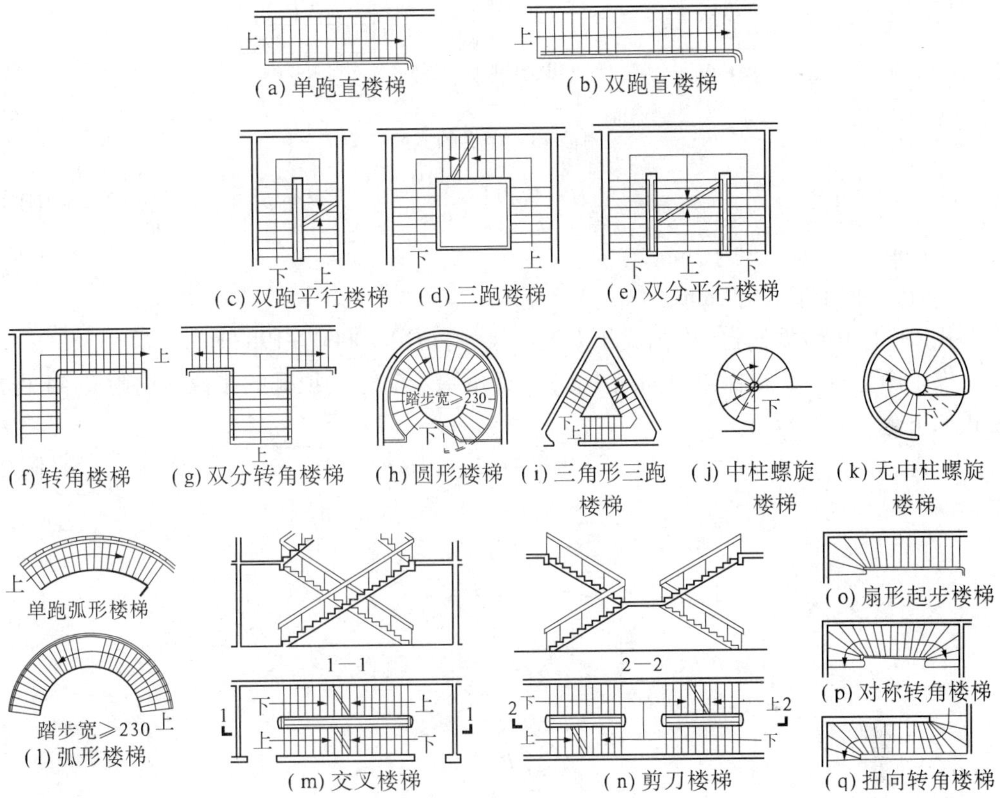

附图 42　楼梯平面形式

二、基本要求

(一) 楼梯宽度

(1) 楼梯间开间尺寸和楼梯梯段宽度应符合《建筑楼梯模数协调标准》(GBJ 101—87) 及防火规范等有关规定。

(2) 作为主要交通用的楼梯梯段净宽应根据楼梯使用过程中人流股数确定,一般按每股人流宽度为 0.55 m + (0 ~ 0.15) m (0 ~ 0.15 m 为人流在行进中人体的摆幅),公共建筑人流众多,应取上限值计算,并不应少于两股人流,如附图 43 所示。

(3) 仅供单人通行的楼梯,必须满足单人携带物品通过的需要,其梯段净宽应不小于 900 mm。

(二) 梯段净高及净空

梯段净高 (H) 一般应大于人体上肢伸直向上时手指触到顶棚的距离。

梯段净高 (H) 应当以踏步前缘处到顶棚垂直线净高度计算。由附图 44 得出公式

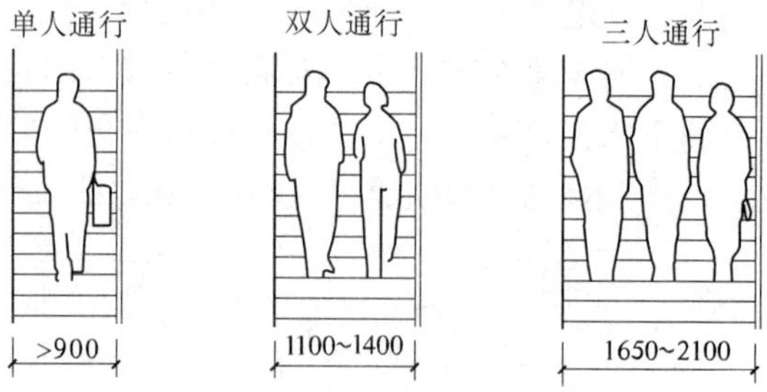

附图 43　楼梯的宽度

$$H = 1\ 494 + \frac{819}{\cos\theta} \qquad (附1)$$

式中　1 494——肩高尺寸，mm；

819——上肢尺寸，mm。

式(附 1)中数据摘自《中国成年人人体尺寸》(GB 10000—1988)。

梯段净空(C)是指梯段空间最小高度，即由踏步前缘至顶棚的距离。由附图 44 得出公式如下

$$C = (H - r/2) \cdot \cos\theta \qquad (附2)$$

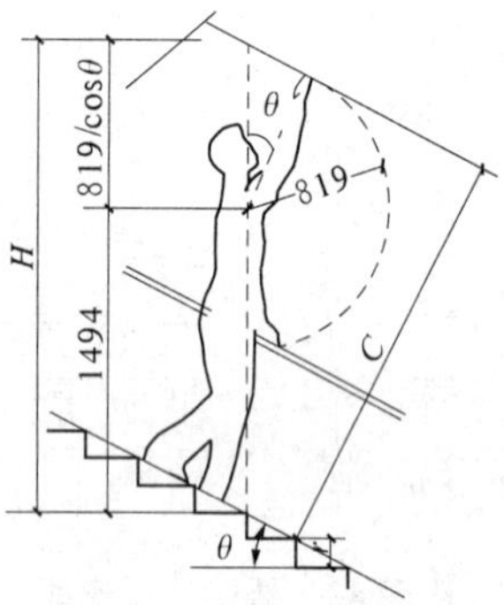

附图 44　梯段净高、净空尺寸关系

梯段净高及净空尺寸应满足附表 28 的要求。

附表 28　梯段净高及净空尺寸计算

踏步尺寸(mm × mm)	130 × 340	150 × 300	170 × 260	180 × 240
梯段坡度	20°54′	26°30′	33°12′	36°52′
梯段净高(mm)	2 360	2 400	2 470	2 510
梯段净空(mm)	2 150	2 080	1 990	1 940

考虑行人肩扛物品的实际需要，防止行进中碰头产生压抑感，楼梯梯段净高应不小于 2 200 mm，平台部分的净高应不小于 2 000 mm。梯段的起始、终了踏步的前缘与顶部凸出物内边缘线的水平距离应不小于 300 mm，如附图 45 所示。

(三)梯段踏步数

为了适用和安全，每个梯段踏步一般不应超过 18 步，也不应少于 3 步。

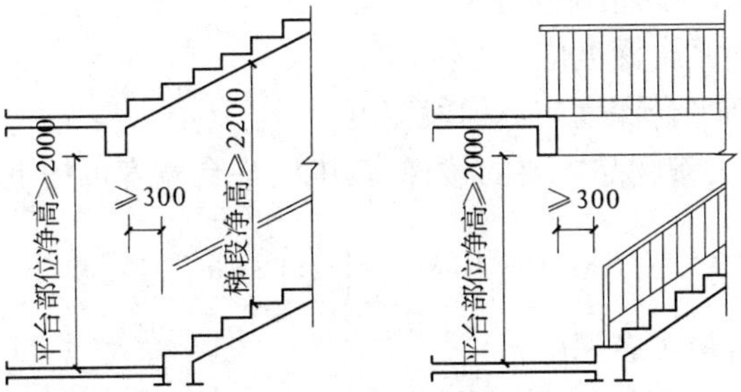

附图 45　梯段及平台部位净高要求

(四)楼梯坡度和踏步尺寸关系

楼梯坡度的选择要从攀登效率、节省空间、便于人流疏散等方面考虑。一般在人流量较大、安全标准较高或面积较充裕的场所,其坡度应较平缓(适宜坡度为30°左右)。仅供少数人使用或不经常使用的辅助楼梯则允许坡度较陡(不宜超过38°)。

计算踏步高度和宽度的一般公式

$$2r + g = s = 600\ \text{mm} \tag{附3}$$

式中　r——踏步高度,mm;

g——踏步宽度,mm;

600 mm——女子及儿童平均跨步长度。

楼梯坡度与踏步尺寸的关系如附图 46 所示,常用适宜踏步尺寸如附表 29 所示。

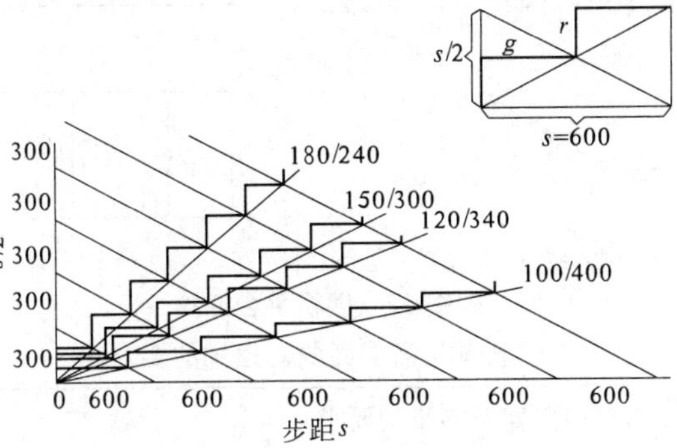

附图 46　楼梯坡度与踏步尺寸的关系

附表 29　常用适宜踏步尺寸　(单位:mm)

名称	住宅	学校、办公楼	剧院、会堂	医院(病人用)	幼儿园
踏步高(mm)	156~175	140~160	120~150	150	120~150
踏步宽(mm)	250~300	280~340	300~350	300	260~300

(五)楼梯平台

楼梯平台包括楼层平台和中间平台两部分。中间平台形状可变化多样,除满足楼梯间艺术需要外,还要适应不同功能及步伐规律所需尺度要求。

除开放楼梯外,封闭楼梯和防火楼梯的楼层平台深度应与中间平台深度一致。

中间平台的深度依下列情况确定：

(1)直跑楼梯中间平台深度应≥$2g+r$。

(2)双跑楼梯中间平台深度应≥梯段宽度。

(3)有搬运家具、大型物品需要的楼梯，其中间平台宽度可按下列公式验算

$$D=100+\sqrt{\left(\frac{b}{2}\right)^2+a^2} \tag{附4}$$

式中 D——中间平台最小净深度；

100——家具与建筑物之间的间隙距离，mm；

a——家具宽度；

b——家具长度。

楼梯平台深度如附图47所示，各类建筑对楼梯的要求如附表30所示。

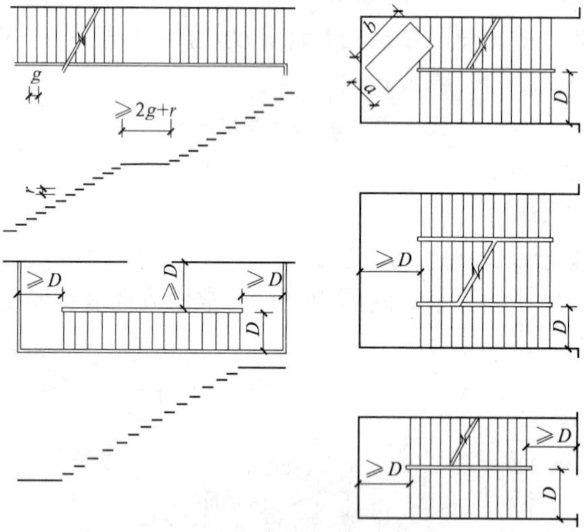

附图47　楼梯平台深度

附表30　各类建筑对楼梯的要求

建筑类别	在限定条件下对梯段净宽及踏步的要求				栏杆高度与要求	中间平台深度要求	其他
	限定条件	梯段净宽(mm)	踏步高度(mm)	踏步宽度(mm)			
住宅	共用楼梯： 7层以上 6层及6层以下 户内楼梯： 一边临空时 两边为墙面时	≥1 100 ≥1 000 ≥750 ≥900	≤180 ≤200	≥250 ≥220	不宜小于900 mm，栏杆垂直杆件间净空不应大于110 mm	深度≥梯段净宽，平台结构下缘至人行走道的垂直高度≥2 000 mm	楼梯井宽度大于200 mm时，必段采取防止儿童攀滑的措施

续附表 30

建筑类别	在限定条件下对梯段净宽及踏步的要求				栏杆高度与要求	中间平台深度要求	其他
	限定条件	梯段净宽（mm）	踏步高度（mm）	踏步宽度（mm）			
托儿所幼儿园	幼儿用楼梯		≤150	≥260	幼儿扶手不应高于600 mm，栏杆垂直线饰间净距≤110 mm		楼梯井宽度大于 200 mm时，必须采取安全措施，除设成人扶手外并应在靠墙一侧设幼儿扶手。严寒寒冷地区设室外安全疏散楼梯应有防滑措施
中小学	教学楼梯	梯段净宽≥3 000时宜设中间扶手	梯段坡度不应大于30°		室内栏杆≥900 mm，室外栏杆≥1 100 mm，不应采用易于攀登的花饰		楼梯井宽度大于 200 mm时，必须采取安全保护措施的楼梯间应有直接天然采光。楼梯不得采用螺旋梯或扇形踏步，每梯段踏步不得多于 18 级，并不得少于 3 级，梯段与梯段间不应设挡视线的隔墙
商店	营业部分的公用楼梯	≥1 400	≤160	≥280			商店营业部分楼梯应作疏散计算，大型百货商店、商场的营业层在 5 层以上时，宜设置直通屋顶平台的疏散楼梯间，且不少于两座
	室外阶梯		≤150	≥300			

续附表 30

建筑类别	在限定条件下对梯段净宽及踏步的要求				栏杆高度与要求	中间平台深度要求	其他
	限定条件	梯段净宽（mm）	踏步高度（mm）	踏步宽度（mm）			
疗养院	人流集中使用的楼梯	≥1 650					主体建筑的疏散楼梯不应少于两部，楼梯间应采取自然通风
综合医院	门诊、急诊、病房楼	≥1 650	≤160	≥280		主楼梯和疏散楼梯的平台深度不宜小于 2 000 mm	病人使用的疏散楼梯至少应有一座为天然采光和自然通风的楼梯 病房楼的疏散楼梯间，不论层数多少，均应为封闭式楼梯间，高层病房应为防烟楼梯间
公路汽车客运站	二楼设置候车厅时： 疏散楼梯通向地面候车厅 疏散楼梯直接通向室外	≥1 400 ≥3 000					
电影院	室内楼梯 室外疏散楼梯	≥1 400 ≥1 100					疏散楼梯的宽度应按观众的使用人数进行计算，有候场需要的门厅，厅内供入场使用的主楼梯不应作为疏散楼梯

续附表 30

<table>
<tr><th rowspan="2">建筑类别</th><th colspan="4">在限定条件下对梯段净宽及踏步的要求</th><th rowspan="2">栏杆高度与要求</th><th rowspan="2">中间平台深度要求</th><th rowspan="2">其他</th></tr>
<tr><th>限定条件</th><th>梯段净宽（mm）</th><th>踏步高度（mm）</th><th>踏步宽度（mm）</th></tr>
<tr><td rowspan="2">剧场</td><td>主要疏散楼梯</td><td>≥1 100</td><td>≤160</td><td>≥280</td><td rowspan="2">高度不应小于 900 mm，应设置坚固、连续的扶手</td><td rowspan="2">深度≥梯段宽度并不小于 1 100 mm</td><td rowspan="2">连续踏步不超过 18 步。超过 18 步时每增加一步，踏步放宽 10 mm，高度相应降低，但最多不超过 22 步。不得采用螺旋楼梯，采用弧形梯段时，离踏步窄端扶手 250 mm 处踏步宽不应小于 220 mm 宽，端扶手处踏步宽不应大于 500 mm</td></tr>
<tr><td>舞台至天桥、棚顶、光桥、灯光室的金属梯或钢筋混凝土楼梯</td><td>≥600</td><td colspan="2">坡度不应小于 60°，不应采用垂直爬梯</td></tr>
</table>

注：有关防火疏散方面的要求见相关资料。

资料七　电梯及无障碍设计

一、主参数及规格尺寸

（一）电梯的主参数及规格尺寸

我国电梯厂家较多，加之引进技术和产品，电梯主参数（额定载重量和额定速度）及其有关的特性与规格尺寸，目前尚未按国家标准《电梯主参数及轿厢、井道、机房的形式与尺寸》（GB/T 7025.2—2008）的规定统一。这里列出的几种电梯主参数数列与相应的乘客数（见附表 31、附表 32）仅作参考，施工图设计应以所选电梯厂的产品样本为准。

附表 31　乘客电梯主参数数列与相应的乘客数比较

标准（括号内数字为每位乘客平均质量(kg)）	额定载重量(kg)所相应的乘客数										速度数列(m/s)（低速≤1 m/s＜快速≤2 m/s＜高速≤5 m/s＜超高速）
	400	500	630	750	800	1 000	1 250	1 500	1 600	2 000	
现行国标 GB/T 7025.2—2008	5 人		8 人		10 人	13 人	16 人		21 人		0.63、1.00、1.60、2.50(3.15、4.0、5.0、6.3、7.0、8.0)
部颁标准 JB 1435—74(70)		7 人		10 人		14 人		21 人		28 人	0.50、1.00、1.50、1.75、2.00、2.5、3.0
日本现行标准相应乘客数(65)	6 人	7 人		11 人		15 人			24 人		0.5(中间按 0.25 进级)、2.0(中间按 0.5 进级)、4.0(以后按 1.0 进级)

注：乘客人数＝电梯额定载重量/每位乘客平均质量，舍去小数只取整数。

附表 32　住宅、病床及载货电梯的主参数比较

电梯种类	住宅电梯		病床电梯		载货电梯	
标准	GB/T 7025.2—2008	JB 1435—74	GB/T 7025.2—2008	JB 1435—74	GB/T 7025.2—2008	JB 1435—74
额定载重量(kg)	400、630、1 000	350、500、750	1 600、2 000、2 500	1 000、1 500	630、1 000、1 600、2 000	500、1 000、2 000、3 000、5 000
额定速度(m/s)	0.63、1.0、1.6、2.5	0.5	0.63、1.0、1.6、2.5	0.5、0.75、1.0	0.4、0.63、1.0	0.25、0.5、0.75、1.0

注：GB/T 7025.2—2008 为国家标准，JB 1435—74 为原建工部部颁标准。

(二)电梯的规格尺寸

电梯井道平面如附图 48 所示，电梯机房及井道关系如附图 49 所示，电梯机房隔声层位置如附图 50 所示，电梯井道及机房剖面如附图 51 所示。

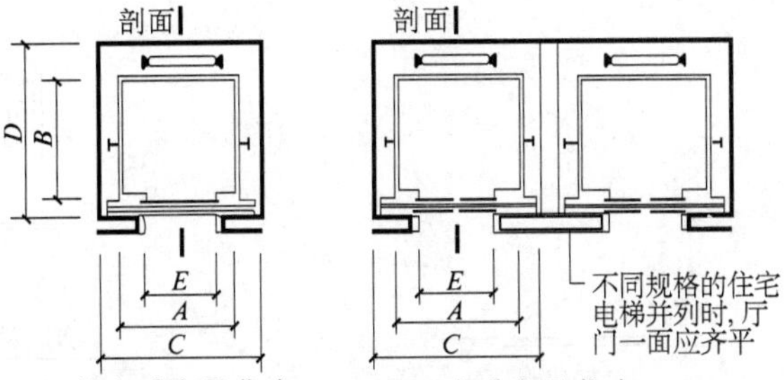

(a) 单台乘客及住宅电梯井道平面（住宅电梯有旁开门）

(b) 双台乘客及住宅电梯井道平面（住宅电梯有旁开门）

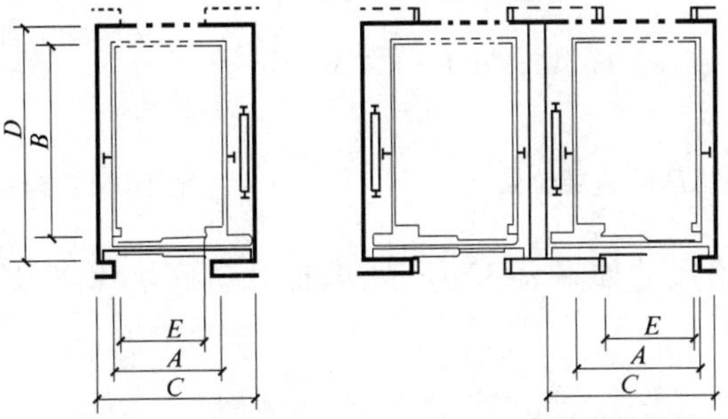

(c) 单台病床及载货电梯井道平面

(d) 双台病床及载货电梯井道平面

注：①病床及载货电梯有左开门、右开门，也可前后贯通开门（如图中虚线所示）。

②高速直流乘客电梯的井道上部应作隔声处理，隔声层应设 800 mm×800 mm 的进出口。

③电梯井道不凸出机房地面的顶层高度 *H* 及 *Q* 尺寸位置（见附图 51）。

附图 48　电梯井道平面

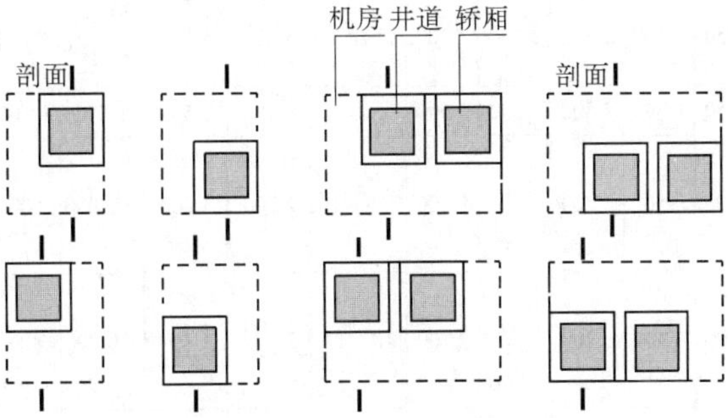

(a) 单台电梯机房及井道关系示意图

(b) 双台电梯机房及井道关系示意图

附图 49　电梯机房及井道关系

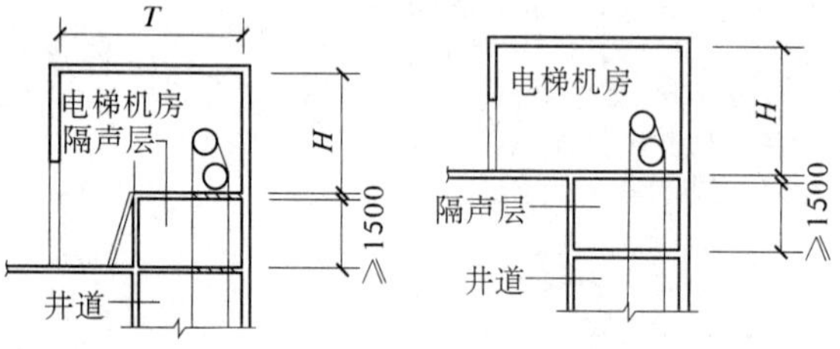

(a) 隔声层位置(一)　　(b) 隔声层位置(二)

附图 50　电梯机房隔声层位置

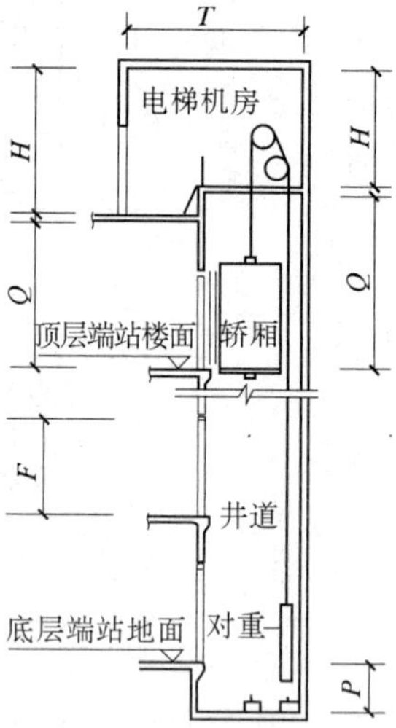

附图 51　电梯井道及机房剖面

电梯主要参数及规格尺寸如附表 33 所示,电梯井道底坑深度及顶层高度如附表 34 所示。

附表 33　电梯主参数及规格尺寸

电梯类型	载重量（kg）	载客量（人）	速度（m/s）	轿厢尺寸（mm）			井道尺寸（mm）		机房尺寸				厅门尺寸型式			说明
				宽 A	深 B	高 H	宽 C	深 D	面积 S（m²）	宽 R（mm）	深 T（mm）	高 H（mm）	净宽 E（mm）	净高 F（mm）	型式	
乘客电梯	630	8	0.63	1 100	1 400	2 200	1 800	2 100	* *15	* *2 500	* *3 700	* *2 200	800	2 000	中分	①载重量 630 kg,速度 2.5 m/s,属非标准电梯 ②*尺寸仅适用速度 2.5 m/s 的电梯 ③* *尺寸不适用于非标准电梯
	800	10	1.00	1 350	1 400	2 200	1 900	2 300	*18、15	2 500 *2 800	3 700 *4 900	2 200 *2 800	800	2 000		
	1 000	13	1.60	1 600	1 400	2 300	2 400	2 300	20	3 200	4 900	2 400 *2 800	1 100	2 100		
	1 250	16	2.50	1 950	1 400	2 300	2 600	2 300	22	3 200	4 900	2 400 *2 800	1 100	2 000		
	1 600	21		1 950	1 750	2 300	2 600	2 600	25	3 200	5 500	2 800	1 100	2 100		
住宅电梯	400	5	0.63	1 100	950	2 200	旁开门 1 600 中分门 1 800	1 600	7.5～10	2 200	3 200	*2 000	800	2 000	中分旁开	①载重量 400 kg,速度 2.5 m/s,属非标准电梯 ②*速度 0.63 m/s、1.00 m/s 为 2 000,速度 1.60 m/s、2.50 m/s 分别为 2 200、2 600
	630	8	1.00 1.60	1 100	1 400	2 200		2 100	10～14	2 200 2 800	3 700	*2 200	800	2 000		
	1 000	10	2.50	1 100	2 100	2 200		2 600	12～16	2 200 2 800	4 200	*2 600	800	2 000		

续附表 33

电梯类型	载重量(kg)	载客量(人)	速度(m/s)	轿厢尺寸(mm)			井道尺寸(mm)		机房尺寸(mm)				厅门尺寸(mm)、型式			说明
				宽 A	深 B	高 H	宽 C	深 D	面积 S (m^2)	宽 R (mm)	深 T (mm)	高 H (mm)	净宽 E (mm)	净高 F (mm)	型式	
病床电梯	1 600	21	0.63 1.00 1.60 2.50	1 400	2 400	2 300	2 400	3 000	25	3 200	5 500	2 800	1 300	2 100	旁开 *中分	*载重量 2 500 kg的病床电梯还有中分门型式,门净宽为 1 400 mm
	2 000	26		1 500	2 700	2 300	2 400	3 300	27	3 200	5 800	2 800	1 300	2 100		
	2 500	33		1 800	2 700	2 300	2 700	3 300	29	3 500	5 800	2 800	1 300 *1 400	2 100		
载货电梯	630	8	≤1.00	1 100	1 400	2 200	2 100	1 900	12	2 800	3 500	2 200	1 100	2 100		*3 000 kg、5 000 kg的电梯,虽未列入"GB/T 7025.2—2008"中,但这两种规格的电梯仍可继续采用
	1 000	13		1 300	1 750	2 200	2 400	2 300	14	3 100	3 800	2 200	1 300	2 100		
	1 600	21		1 500	2 250	2 200	2 700	2 800	18	3 400	4 500	2 400	1 500	2 100		
	2 000	26		1 500	2 750	2 200	2 700	3 200	20	3 400	4 900	2 400	1 500	2 100		
	*3 000 *5 000 kg															

注:1. 机房尺寸 R 和 T 系最小尺寸,实际尺寸应确保机房面积 $\geq S$(机房面积中未含直流发电机组面积)。

2. 服务于病残人的轿厢尺寸≥1 100 mm×1 400 mm。

3. 摘自国家标准 GB/T 7025.2—2008,该标准是等效采用国际标准化组织"ISO"制定的国际标准。

附表 34　电梯井道底坑深度及顶层高度

速度(m/s)	底坑深度 P 顶层高度 Q	乘客电梯 载重量(kg)					住宅电梯 载重量(kg)			病床电梯 载重量(kg)			载货电梯 载重量(kg)					
		630	800	1 000	1 250	1 600	400	630	1 000	1 600	2 000	2 500	630	1 000	1 600	2 000	*3 000	*5 000
0.63	P(mm)	1 500	1 500	1 700	1 900	1 900		1 400		1 600	1 600	1 800	1 500	1 500	1 700	1 700	1 400	1 400
	Q(mm)	3 800	3 800	4 200	4 400	4 400		3 700		4 400	4 400	4 600	4 100	4 100	4 300	4 300	4 500	4 500
1.00	P(mm)	1 500	1 500	1 700	1 900	1 900		1 500		1 700	1 700	1 900	1 500	1 500	1 700	1 700	1 400	1 400
	Q(mm)	3 800	3 800	4 200	4 400	4 400		3 800		4 400	4 400	4 600	4 100	4 100	4 300	4 300	4 500	4 500
1.60	P(mm)	1 700	1 700	1 700	1 900	1 900		1 700		1 900	1 900	2 100	*见附表 33"载货电梯"说明,其 P、Q 尺寸是根据前部颁标准 JB 1435—74《电梯及其井道、机房的型式基本参数与尺寸》列出,供设计参考 **属非标准电梯					
	Q(mm)	4 000	4 000	4 200	4 400	4 400		4 000		4 400	4 400	4 600						
2.50	P(mm)	**	2 800	2 800	2 800	2 800	**	2 800	2 800	2 800	2 800	3 000						
	Q(mm)	**	5 000	5 200	5 400	5 400	**	5 000	5 000	5 400	5 400	5 600						

注:摘自国家标准 GB 7025.2—2008,该标准是等效采用国际标准化组织"ISO"制定的国际标准。

(三)杂物电梯规格尺寸

杂物电梯井道平面如附图 52 所示,杂物电梯井道及机房剖面如附图 53 所示,杂物电梯规格尺寸如附表 35 所示。

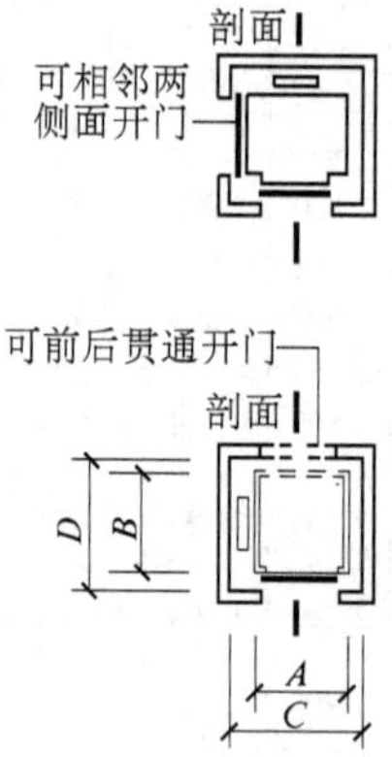

附图 52　杂物电梯井道平面

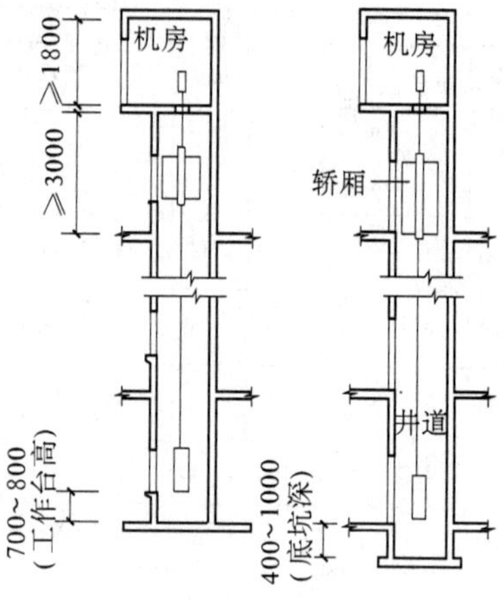

(杂物电梯落地时,井道需留底坑)

附图 53　杂物电梯井道及机房剖面

附表 35　杂物电梯规格尺寸

标准		GB/T 7025.2—2008			说明
额定载重量(kg)		40	100	250	目前,电梯厂保留部颁标准 JB 1435—74 的产品与引进技术的产品及进口产品并存,各规格尺寸不尽相同,应以各电梯厂的现行产品样本为准
额定速度(m/s)		0.25、0.40			
轿厢尺寸(mm)	A(宽)	600	800	1 000	
	B(深)	600	800	1 000	
	H(高)	800	800	1 200	
井道尺寸(mm)	C(宽)	900	1 100	1 500	
	D(深)	800	1 000	1 200	

注:1. 额定载重量 40 kg、100 kg 的杂物电梯在厅门口可设工作台(高 700 ~ 800 mm),250 kg 的一般无工作台,轿厢底及门与楼地面平。

2. 机房可在本层,亦可在上一层。平面尺寸约 2 000 mm × 2 000 mm,可向井道两相邻方向伸出。机房楼面荷载按 0.4 kN/m^2 计。

3. 机房门洞尺寸不小于 800 mm × 1 500 mm。

4. 我国迅达电梯有限公司的 AKN/AKF 型杂物电梯是钢架承重结构另加围护外壳,土建结构为底坑承重,楼板留出井道洞。它占用空间小,楼板不承重。

5. 摘自国家标准 CB/T 7025.2—2008,该标准是等效采用国际标准化组织“ISO”制定的国际标准。

二、无障碍设计

环境中的障碍及设计对策如附表 36 所示,建筑物无障碍设计内容如附表 37 所示,健全人与使用辅助器材者的比较如附表 38 所示。

附表 36　环境中的障碍及设计对策

人员类别		动作特点	环境中的障碍	设计对策
视力残疾者	盲	1. 不能利用视觉信息定向、定位地从事活动，而均需借助其他感官功能了解环境，定位、定向地从事活动 2. 需借助盲杖行进，步速慢，在生疏环境中易产生意外损伤	1. 复杂地形、地貌缺乏导向措施，人行空间内有意外突出物 2. 旋转门、弹簧门、手动推拉门 3. 只有单侧扶手或扶手不连贯的楼梯 4. 拉线式灯开关	1. 简化行动线，布局平直 2. 人行空间内无意外变动及突出物 3. 强化听觉、嗅觉和触觉信息环境，以利引导(如扶手、盲文标志、音响信号等) 4. 电气开关有安全措施，且易辨别，不得采用拉线开关 5. 已习惯的环境不轻易变动
	低视力	1. 形象大小、色彩反差及光照强弱直接影响视觉辨认 2. 借助其他感官功能有助于行为动作的安排	1. 视觉标志尺寸偏小 2. 光照弱、色彩反差小	1. 加大标志图形，加强光照，有效利用反差，强化视觉信息 2. 其余可参考盲人的设计对策
肢体残疾者	上肢残疾	1. 手活动范围小于普通人 2. 难以承担各种精巧动作，持续力差 3. 难以完成双手并用的动作	对球形门执手、对号锁、钥匙门锁、门窗插销、拉线开关以及密排按键等均难以操作	1. 设施选择应有利于减缓操作节奏，减少程序，缩小操作半径 2. 采用肘式开关、长柄执手、大号按键，以简化操作
	偏瘫	半侧身体功能不全，兼有上下肢残疾的特点，虽可拄杖独立跛行，或乘坐特种轮椅，但动作总有方向性，依靠"优势侧"	1. 只设单侧扶手或不易抓握扶手的楼梯 2. 卫生设备的安全抓扶与"优势侧"不对应 3. 地面滑而不平	1. 楼梯安装双侧扶手并连贯始终 2. 抓杆与"优势侧"相应，或双向设置 3. 采用平整不滑的地面做法
	下肢残疾独立乘轮椅者	1. 各项设施的高度均受轮椅尺寸约束 2. 轮椅行动快速灵活，但占用空间较大 3. 卫生间设施需设支持物，以利移位和安全、稳定	1. 台阶、楼梯、高于 500 mm 的门槛、路缘、过长的坡道 2. 旋转门、强力弹簧门，以及小于 800 mm 净宽的门洞 3. 非残疾人专用的卫生间及其他设施 4. 阻力较大的地面，如长绒地毯	1. 门、走道及所行动的空间均以轮椅通行为准 2. 上楼应有适当的升降设备 3. 按轮椅乘用者的需要设计残疾人专用卫生间设备及有关设施 4. 地面平整，尽可能不选用长绒地毯

续附表 36

人员类别		动作特点	环境中的障碍	设计对策
肢体残疾者	下肢残疾拄杖者	1. 攀登动作困难，水平推力差，行动缓慢，不适应常规运行节奏 2. 拄双杖者，只有坐姿时，才能使用双手 3. 拄双杖者行走时幅宽可达 950 mm 4. 使用卫生设备常需支持物	1. 级差大的台阶，有直角突缘的踏步，较高较陡的楼梯及坡道，宽度不足的楼梯及门洞 2. 旋转门、强力弹簧门 3. 光滑、积水的地面，宽度 > 20 mm 的地面缝隙和 > 20 mm × 20 mm 的孔洞 4. 扶手不完备，卫生设备缺支持物	1. 地面平坦、坚固、不滑、不积水、无缝隙及大孔洞 2. 尽量避免使用旋转门及弹簧门 3. 台阶、坡道平缓，设有适宜扶手 4. 卫生间设备安装支持物 5. 利用电梯解决垂直交通问题 6. 各项设施安装要考虑残疾人的行动特点和安全需要 7. 通行空间要满足拄双杖者所需宽度
听力及语言残疾		1. 一般无行动困难，单纯语言障碍者困难更少 2. 在与外界交往中，常借助增音设备 3. 重听及聋者需借助视觉及振动信号	1. 只有常规音响系统的环境，如一般影剧院及会堂 2. 安全报警设备的视觉信息不完善	1. 改善音响信息系统，如在各类观演厅、会议厅设增音环形天线，使配备助听器者改善收音效果 2. 在安全疏散方面，配备音响信号的同时，完善同步视觉和振动报警

附表 37　建筑物无障碍设计内容

建筑类型	无障碍设施																	
	室外通路	坡道	出入口	室内走道	电梯	楼梯	厕所	浴室	公用电话	饮水器	轮椅席	休息室	售物品	客房	框橱	安全出口	停车车位	标志
政府、会堂建筑	√	√	√	√	√	√	√		√		○					√	√	○
纪念、文化建筑	√	√	√	√	√	√	√		√	√			√			√		○
图书、展览建筑	√	√	√	○	√	√	√		√	○	○					√	○	○
交通、空港建筑	√	√	√	√	√	√	√		√	○		√	○			√	○	○
商业、服务建筑	√	√	√	○	○	○	√		√				○			√	○	○
影院、剧场建筑	√	√	√	○	○	○	√		√	○	○		√			√	○	○

续附表 37

建筑类型	无障碍设施																	
	室外通路	坡道	出入口	室内走道	电梯	楼梯	厕所	浴室	公用电话	饮水器	轮椅席	休息室	售物品	客房	框橱	安全出口	停车车位	标志
旅游、旅馆建筑	√	√	√	○	○	○	√	√	√					○	○	√	○	○
公园、游览建筑	○	○	○	○	○	○	○		○	○			○				○	○
体育、学校建筑	√	√	√	○	○	○	○	○	○	○	○	√	√			√	○	○
医疗、福利建筑	√	√	√	√	√	√	√	√	√	○			○		○	√	○	○
公厕、广场建筑	√	√	√	○														○
小区、居住建筑	○	○	○										○				○	○

注:"√"表示至少设置一处,"○"表示按实际需要的部位进行设置。

附表 38　健全人与使用辅助器材者的比较

类别	健全人	乘轮椅者	拄双杖者	拄盲杖者
身高(mm)	1 700	1 200	1 600	—
面宽(mm)	450	650 ~ 700 (1.5 倍)	900 ~ 1 200 (2 倍)	600 ~ 1 000 (2 倍)
侧宽(mm)	300	1 100 (4 倍)	700 ~ 1 000 (3 倍)	700 ~ 900 (2 倍)
眼高(mm)	1 600	1 100 (0.8 倍)	1 500 (0.9 倍)	—
水平移动(m/s)	1	1.5 ~ 2.0	0.7 ~ 1.0	0.7 ~ 1.0
180°	600 × 600	ϕ1 500 (6 倍)	ϕ1 200 (4 倍)	ϕ1 500 (6 倍)
垂直移动(m/s)	25 ~	2 ~ 2.5 (0.1 倍)	~ 15	25 ~ (容易跌倒)

资料八　常用门、常用窗

一、常用门

（一）门的类型

（1）按材料分类：木门、钢门、铝合金门、塑料门、玻璃钢门、其他材料门。

（2）按使用功能分类：一般工业及民用建筑门、特殊工业及民用建筑门、围墙大门、隔声门、防火门、防光门、通风门、防辐射门、密闭门、防盗门、抗冲击波门、卸爆门等。

（3）按开启方式分类：平开门、弹簧门、推拉门、提拉门、上提门、上翻门、下滑门、折叠门、卷帘门、旋转门。

（4）按控制方式分类：手动门、传感控制自动门。

几种常用门的特点如附表39所示，常用门的类型如附图54所示。

附表39　几种常用门的特点

类型	特点
平开门	大量用于人行及一般车辆通行。洞口尺寸不宜过大，五金简单，制作简便，开关灵活
弹簧门	适用于有自关要求的场所，门扇尺寸及重量必须与弹簧型号相适应，加工制作简便
推拉门	适应各种大小洞口，开关时所占空间少，门扇制作简便。但五金较复杂，安装要求较高
折叠门	适应各种大小洞口，特别是宽度很大的洞口。五金较复杂，安装要求高
转门	可减少汽、热量损失，适用于人流不集中出入的公共建筑，加工制作复杂，造价高
上翻门	适用于不经常开关的车行门，可利用上部空间，不占使用面积。五金及安装要求较高
升降门	适用于空间较高大的工业建筑，一般不经常开关。须设传动装置及导轨
卷帘门	适用于各种大小洞口，特别是高度大、不经常开关的洞口。加工制作复杂，造价高

（二）洞口尺寸的确定

（1）洞口尺寸须满足人流、疏散、运输等使用要求，并应符合《建筑模数协调统一标准》（GBJ 2—86）的规定。

（2）在确定洞口尺寸时，应注意各种开启形式的构造特点，以保证必需的净空尺寸。

（3）应尽量减少洞口规格，考虑门的标准化和互换性，为工厂制作创造条件。

一般洞口参考尺寸如附表40所示。

（三）开启方式的选择

不同开启方式的门都有其特点和一定的适用范围，应根据使用要求、洞口尺寸、技术经济、材料供应及加工制作条件妥善选择。各种开启方式一般适用范围如附表 41 所示。

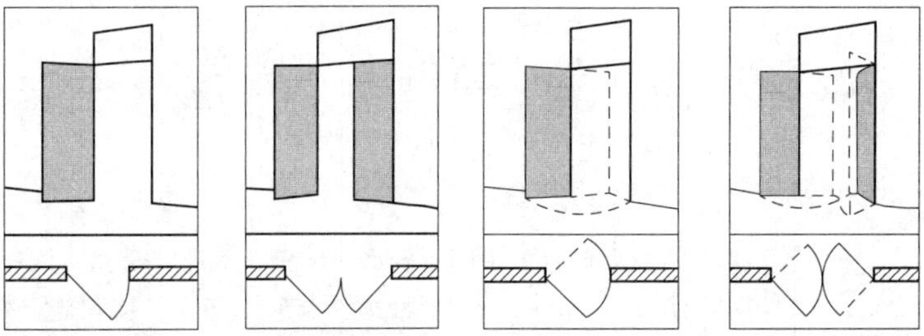

(a) 单扇平开门　(b) 双扇平开门　(c) 单扇弹簧门　(d) 双扇弹簧门

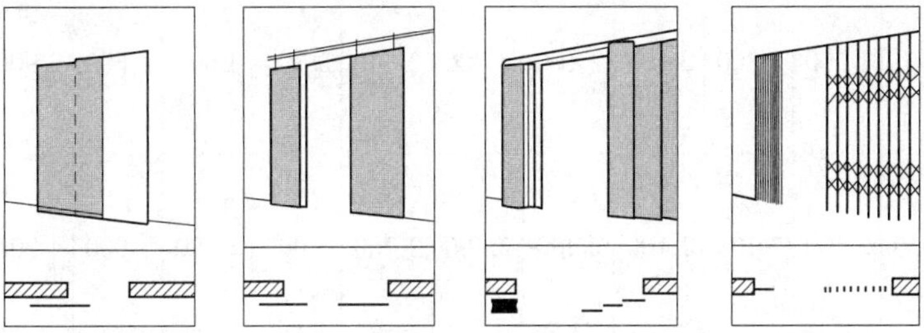

(e) 单扇推拉门　(f) 双扇推拉门　(g) 多扇推拉门　(h) 铁栅推拉门

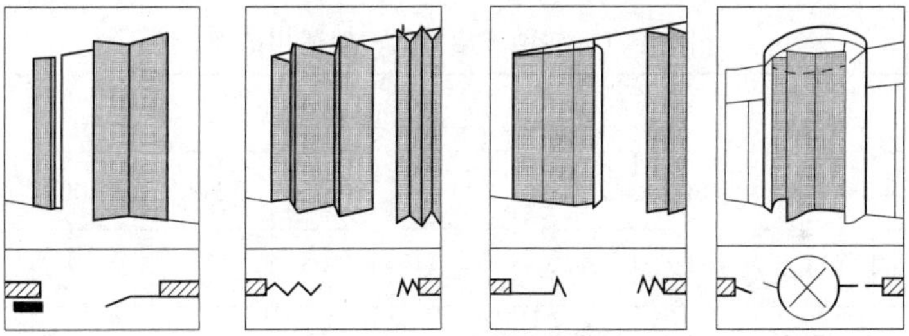

(i) 侧挂折叠门　(j) 中悬折叠门　(k) 侧悬折叠门　(l) 转门

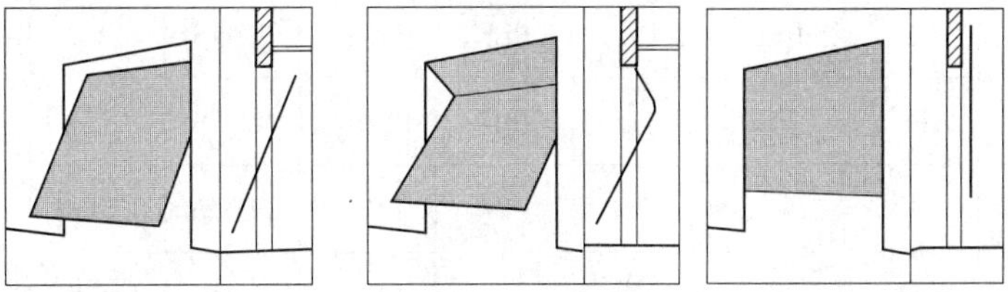

(m) 上翻门　(n) 折叠上翻门　(o) 单扇升降门

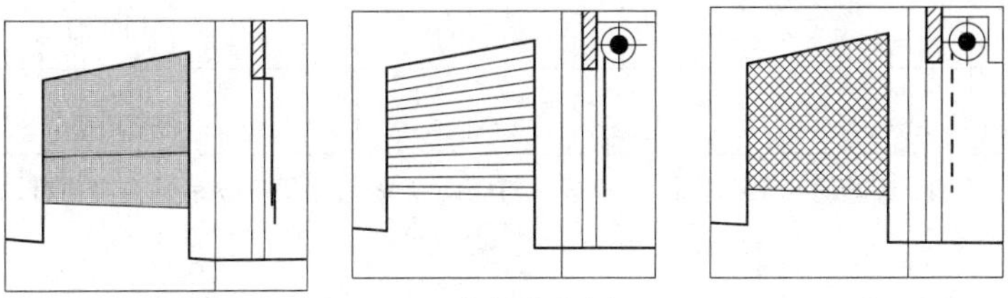

(p) 双扇升降门　(q) 帘板卷帘门　(r) 空格卷帘门

附图 54　常用门的类型

附表 40　一般洞口参考尺寸

图例											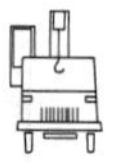		
通行要求	单人	双人	手推车	3 t 矿车	电瓶车	小座车	轻型卡车	中型卡车	大座车	重型卡车	汽车起重机	铁路机车	
洞口宽（mm）	900	1 500	1 800	2 100	2 100	2 700	3 000	3 300	3 600	3 600	3 900	4 200	4 500
洞口高（mm）	2 100	2 100	2 100	2 100	2 400	2 400	2 700	3 000	3 600	3 900	4 200	5 100	5 400

注：在设计中应根据通行车辆的具体尺寸确定洞口，洞口高度应≥车辆总高 +0.2 m，宽度应≥车辆总宽 +0.7 m。

附表 41　各种开启方式一般适用范围

高（mm）	宽（mm）									
	<1 000	1 500	1 800	2 100	2 400	3 000	3 300	3 600	3 900	4 200
2 100	PTL	PTLZ	PTLZ	PTLZ						
2 400	PTL	PTLZ	PTLZ	PTLZ	PLF					
2 700	PTL	PTL	PTL	PL	PLF	PLDFS	PLDFSJ			
3 000		PL	PL	PL	PLF	PLDFS	PLDFSJ			
3 300					PLF	LDFS	LDFSJ	LDFSJ		
3 600						LDFS	LDFSJ	LDFSJ	LDSJ	
4 200								LDFSJ	LDSJ	LDSJ
5 100										LDSJ

注：P 表示平开门；T 表示弹簧门；L 表示推拉门；D 表示折叠门；F 表示上翻门；S 表示升降门；J 表示卷帘门；Z 表示转门。

（四）门的式样

常用木门的式样如附图 55 所示，常用民用建筑门式样如附图 56 所示。

附图 55　常用木门式样

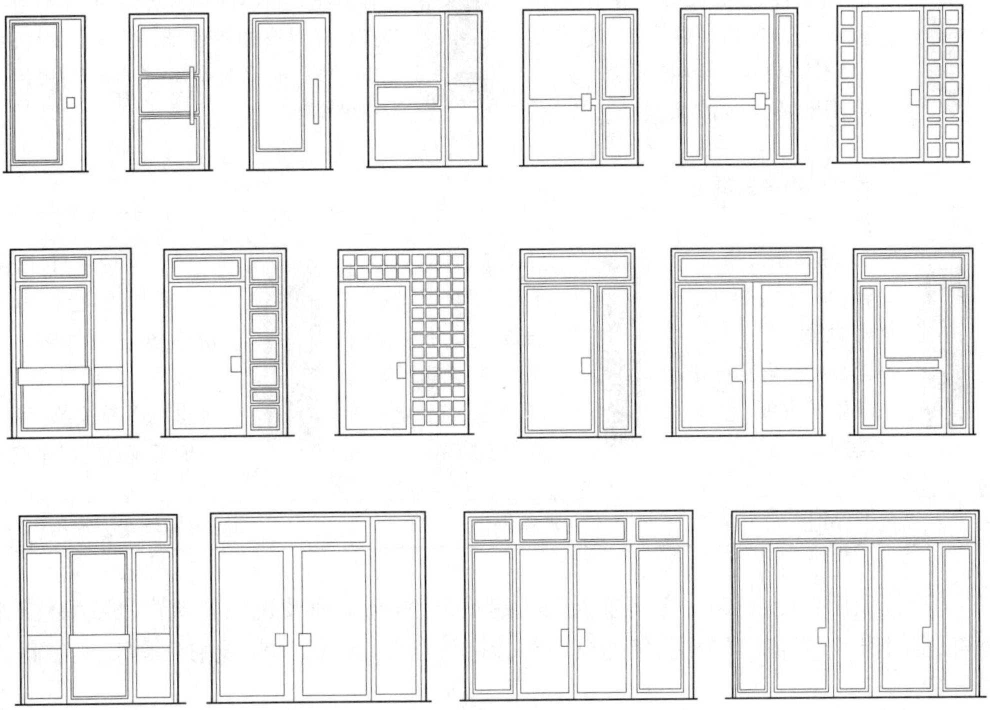

附图 56　常用民用建筑门式样

二、常用窗

(一)窗的类型

(1)按材料分类:木窗、钢窗、钢木窗、铝合金窗、不锈钢窗、塑料窗、玻璃钢窗、涂色镀锌钢板窗、预应力钢丝网水泥窗及其他材料窗。几种不同材料窗性能比较如附表42所示。

附表42　几种不同材料窗性能比较

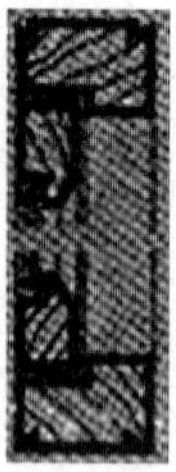 自重轻,加工制作简单,便于维修,造价较低。应充分利用本地资源,并注意节约用料	 坚固耐久,关闭紧密,防水耐潮,不易变形,透光率比木窗大	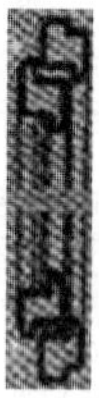 与实腹钢窗相比,节约钢材近50%;刚度大一倍,窗扇尺寸可适当加大。重量较实腹钢窗轻40%~50%。造价约为木窗的150%
木窗	实腹钢窗	空腹钢窗

 色泽美观,表面光洁,用料省,质量轻,密封性能好,气密性、水密性、隔声性、隔热性能都较钢、木窗有显著的提高。耐腐蚀、坚固耐用,不需要涂涂料和维修。强度高,刚性好,开闭轻便灵活	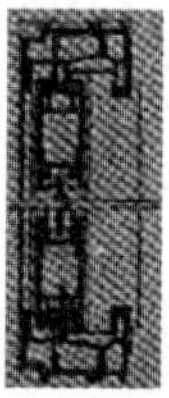 线条清晰、挺拔,造型美观,表面光洁、细腻,不但具有良好的装饰性,而且有良好的隔热性和密封性,同时塑料本身具有耐腐蚀等性能,不用涂涂料,可节约施工时间及费用,在工业与民用建筑中应用广泛
铝合金窗	塑料窗

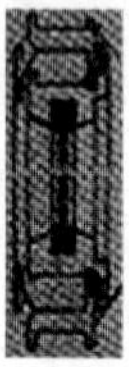 用料省,质量轻,采光面积大,密闭性好,耐腐蚀,坚固耐用,安装施工方便,色泽美观	 质量为空腹窗的1/7,常温下的强度大3倍。耐腐蚀,目前造价较高,主要用于电气及化工防腐	 节约大量木材,耐潮湿,成本低,造价为木窗的80%~90%。自重较大,密闭性差,五金材料尚需改革,用于一般工业及民用建筑
涂色镀锌钢板窗	玻璃钢窗	预应力钢丝水泥窗

(2)按使用功能分类:一般工业及民用建筑窗、特殊工业及民用建筑窗、玻璃幕窗、隔声窗、密闭窗、避光窗、屏蔽窗、传递窗、防火窗、防盗窗、橱窗、防爆窗、卸爆窗、观察窗、售货窗等。

(3)按开启方式分类:固定窗、平开窗、推拉窗、提拉窗、悬窗、折叠窗等。窗的各种开启方式如附表43所示。

附表 43　窗的开启方式

<table>
<tr>
<td colspan="2">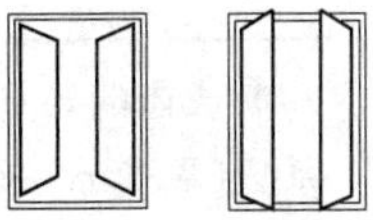
外平开　内平开
构造简单，应用最为普遍，使用普通五金，便于安装纱窗</td>
<td>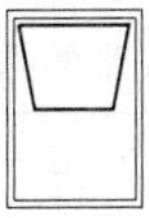
上悬
外开防雨好，受开启角度限制，通风效果较差</td>
<td>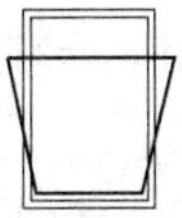
下悬
占室内空间，多用于特殊要求房间或室内高窗</td>
<td colspan="2">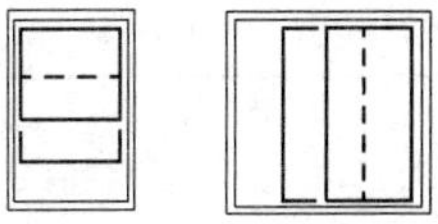
垂直推拉　水平推拉
不占室内空间，窗扇受力状态好，适宜安装较大玻璃。通风面积受限制，五金及安装较复杂</td>
</tr>
<tr>
<td>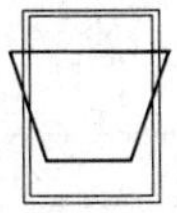
中悬
构造简单，通风效果好，多用于高侧窗</td>
<td>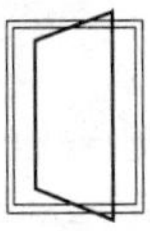
立转
引风效果好，防雨及密闭性差，多用于低侧窗</td>
<td>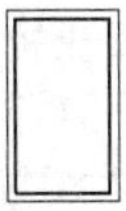
固定
构造简单，只起采光作用，密闭性好</td>
<td>
百叶
通风效果好，用于需要通风或遮阳地区</td>
<td>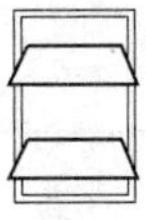
滑轴
安装磨砂玻璃可起遮阳作用，加工较复杂</td>
<td>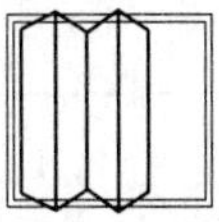
折叠
全开启时通风效果好，视野开阔，需用特殊五金</td>
</tr>
</table>

（二）窗的设计要求

（1）选定窗的形式，应根据使用要求、材料供应、加工条件、便于维修及经济合理等方面综合考虑，妥善选择。

（2）选材应因地制宜，充分利用本地资源，注意节约木材和贵重材料。尽量减少玻璃、窗纱裁割的浪费。

（3）构造应坚固耐久，开启灵活，关闭紧密。应尽量减少洞口规格，力求减少窗的类型并应符合《建筑模数协调统一标准》（GBJ 2—86）的规定。

四边固定时耐风压最大面积如附表 44 所示。

附表 44　四边固定时耐风压最大面积　　（单位：cm × cm）

玻璃厚度（mm）	风压（kg/m^2）		风压（kg/m^2）	
	100	200	100	200
2	67 × 67	48 × 48	52 × 52	37 × 37
3	81 × 81	57 × 57	62 × 62	43 × 43
5	123 × 123	87 × 87	95 × 95	68 × 68
6	143 × 143	101 × 101	111 × 111	78 × 78
7	160 × 160	113 × 113	124 × 124	88 × 88
8	182 × 182	128 × 128	141 × 141	100 × 100

几种窗材料及制成窗的隔热性能如附表 45 所示。

附表 45　几种窗材料及制成窗的隔热性能

材料的导热系数(W/(m·K))						制成窗的导热系数(W/(m·K))		
材料及窗的名称	铝	钢	松木	PVC	空气	铝窗	木窗	PVC 窗
导热系数	174.45	58.15	0.17～0.35	0.13～0.29	0.04	5.95	1.72	0.44

窗的透光率比较如附表 46 所示。

附表 46　窗的透光率比较

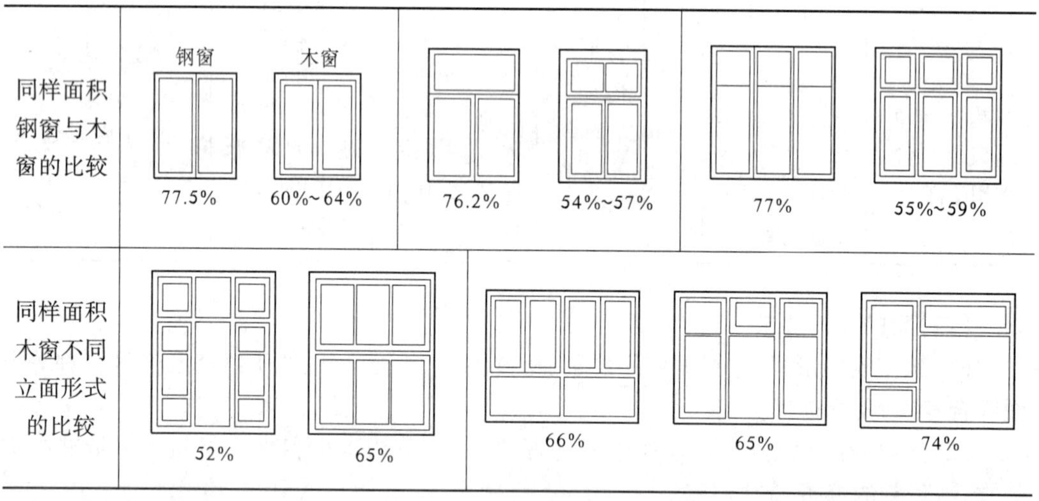

(三)窗的式样

什锦窗式样如附图 57 所示,常用窗式样如附图 58 所示。

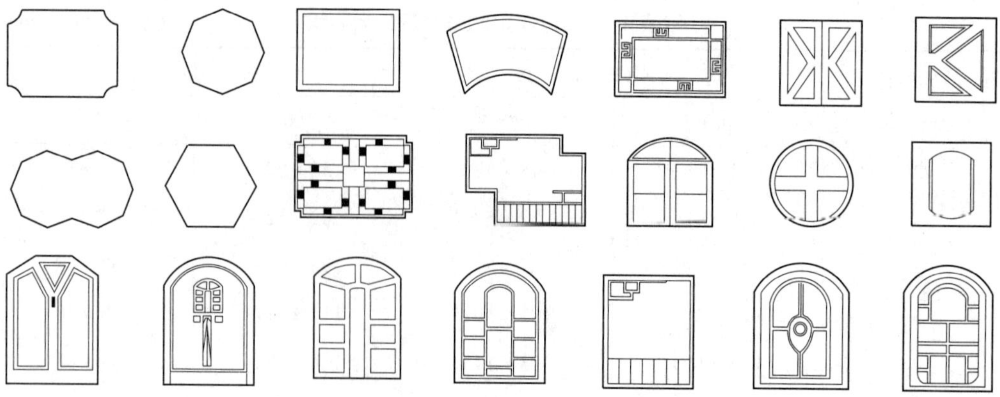

附图 57　什锦窗式样

附图 58　常用窗式样

资料九　单层厂房、多层厂房、天窗类型

一、单层厂房

(一)设计要点

单层厂房适应性强,适用于工艺过程为水平布置的、使用重型设备的高大厂房和连续生产的多跨大面积厂房。

(1)了解生产工艺特点和建设地区条件,符合生产要求,便于生产发展,技术先进适用、经济合理,方便施工。

(2)按生产特征、物流及人流,合理组织厂房平面和空间。

(3)按生产和运输设备布置、操作检修要求确定空间尺度,选择柱网和结构形式。力求厂房体型简单,构件种类少。

(4)按生产的火灾危险性进行厂房的防火安全设计。

(5)按生产要求、生产者心理和生理卫生要求，结合气候条件布置采光、通风口，选择天窗形式，防止过度日晒，避免厂房过热和眩光，使厂房有良好的采光通风条件。

(6)合理利用厂房内外空间布置生活辅助用房，安排各种管线、风口、操作平台、联系走道和各种安全措施。

(7)对生产环境有特殊要求或生产过程对环境有污染，危害人体、影响设备和建筑安全时，应采取有效处理措施。

(8)对厂区建筑群体、特殊构筑物、道路、绿化应有统一的景观设计，对厂房体型、立面、色彩等应根据使用功能、结构形式、建筑材料作必要的建筑艺术处理，使其具有特色，并与全厂的景观相协调，形成良好的工厂建筑环境。

单层厂房设计所需工艺及公用专业资料如附表47所示，单层厂房平面形式如附表48所示。

附表47　单层厂房设计所需工艺及公用专业资料

项目	内容
产品	技术特点、体积、重量、数量、储存和运输方式、与厂房布置的关系
设备	主要设备特性、外形尺寸、重量、操作方式、布置方式，需要的空间与其他设备的联系，对环境的要求和影响，相应的基础和特殊构筑物 起重运输设备类型、起重量、数量、使用范围、与厂房有关的尺寸和关系，吊车的工作制、上吊车梯的位置、是否设检修点、对设安全走道的要求
工艺	工艺布置及发展方案、车间物流、工序工段划分及相互关系、出入口及通道，生产特征、火灾危险性分类、采光等级、卫生级别分级、噪声级等
环境	生产对厂房温度、湿度、洁净度、振动控制、噪声控制、电磁屏蔽等的要求
有害因素	生产过程中振动、冲击、高噪声、电磁波、射线、易燃、易爆、高温、烟尘、粉尘、水及蒸汽、化学侵蚀介质、有毒液体或气体等各种有害因素的程度，对环境和厂房建筑结构的影响，需相应处理的要求
公用系统	动力、电、给水排水、采暖、通风、空调、三废治理等公用系统各种设施和管线在车间的位置，所需面积和标高(包括平台、支架、走道等)
人员	工人、技术人员、管理人员的数量、性别、班次、受生产污染的程度
总图	车间在总图上的位置、与其他部门的联系，车间发展或分期建设计划

附表48　单层厂房平面形式

厂房柱网示意	建筑特征	适用车间
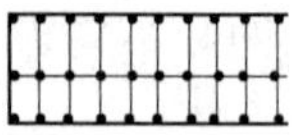	单跨、双跨或厅式厂房，便于利用自然通风和采光	冷加工车间、热加工车间

续附表 48

厂房柱网示意	建筑特征	适用车间
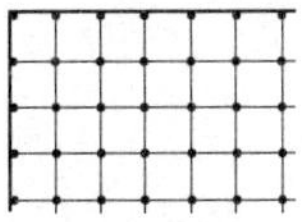	一般单向多跨柱网、大柱网或网格式柱网厂房,可用天窗解决采光和通风,设备布置和生产运输方便	冷加工车间联合厂房。当有局部发散余热或有害介质的工部时,这类工部应靠外墙布置,并与其他工部隔开
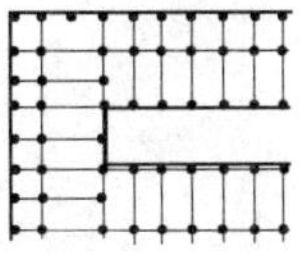	平行跨或纵横跨组成的厂房,当为解决自然通风和采光需要时,可在中部设露天吊车跨、空跨或天井	大型加工装配车间、生产过程中散发大量余热或各种有害介质的车间、需要利用自然通风的大面积厂房

(二)柱网及高度选定

(1)符合生产使用及生产发展灵活调整的要求。

(2)符合《厂房建筑模数协调标准》(GB/T 50006—2010)的规定。

(3)工艺有特殊要求的厂房,或按标准模数在技术、经济上显著不合理的厂房,可根据实际情况选择柱网。

(4)按照有关的规范规定,设置伸缩缝、沉降缝、防震缝。

(5)在技术、经济合理的基础上,避免设置纵横跨和高低跨。

(6)多跨厂房当高度差≤1.2 m 时,不宜设高低跨。不采暖多跨厂房当高跨侧仅有一个低跨,且高差≤1.8 m 时,也不宜设高低跨。若因取消高低跨而须增设天窗时可以例外。

单层厂房轮廓尺寸如附表 49 所示。柱网模数如附图 59 所示。

附表 49　单层厂房轮廓尺寸

厂房高度(m)	厂房跨度(m)							起重运输设备(t)
(地面至柱顶)	6	9	12	18	24	30	36	
3.0~3.9	○	○	○					无起重设备或有悬挂起重设备
4.2、4.5	○	○	○					其起重量在 5 t 以下的厂房
4.8、5.1	○	○	○	○	○			
5.4、5.7	○	○	○					
6.0、6.3	○	○	○	○	○	○		
6.6、6.9			○					
7.2	○	○	○	○	○	○	○	
7.8			○	○	○			
8.4			○	○	○	○	○	5、8、10、12.50
9.6			○	○	○	○	○	5、8、10、12.50、16、20
10.8				○	○	○	○	5、8、10、12.50、16、20、32
12.0				○	○	○	○	8、10、12.50、16、20、32、50
13.2~14.4					○	○	○	8、10、12.50、16、20、32、50
15.8~18.0						○	○	20、32、50

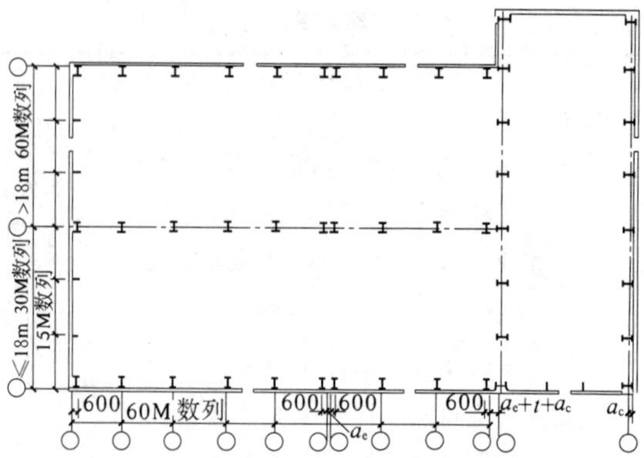

M—基本模数符号,1M = 100 mm;a_c—联系尺寸;

a_e—伸缩缝或防震缝宽度;t—墙体(或上部封墙)厚度

附图 59　柱网模数示意

吊车工作制如附表 50 所示,车辆行驶相应的宽度如附表 51 所示。

附表 50　吊车工作制

吊车运转时间率			
轻级	中级	重级	特重级
15%	25%	40%	60%

注:1. 重级、特重级吊车厂房须设双面安全走道,并在两端山墙处连通。

2. 中级吊车厂房可设单侧安全走道。

附表 51　车辆行驶相应的宽度

通行车辆	通道宽(m)	门洞宽(m)×高(m)
火车、重型汽车、卡车、标准轨平车、电瓶车、叉车、窄轨平车、0.5 t 叉车、双轮手推车、小型搬运车、人行	4.0~4.5 3.0~3.5 2.0~2.5 1.5~1.8 1.0~1.5	4.2×5.1~4.5×5.1 3.6×3.0~4.2×3.6 3.0×3.0~3.3×3.6 1.8×2.4~2.4×2.4 1.0×2.1~1.5×2.1

注:1. 通过特殊工件的门洞宽 = 工件宽 +2×300 mm。

2. 使用有轨运输的厂房通道布置须注意引出线处理。

二、多层厂房

(一)适用范围

(1)生产上需要垂直运输的企业;

(2)生产上要求在不同层高操作的企业;

(3)生产环境上有特殊要求的企业;

(4)生产上虽无特殊要求,但设备及产品均较轻,运输量亦不大的企业;

(5)生产工艺上虽无特殊要求,但建设地点在市区、厂区基地受到限制或改扩建的企业。

(二)一般设计原则

(1)应保证工艺流程的短捷,尽量避免不必要的往返,尤其是上下层间的往返。辅助工段应尽可能靠近服务对象分别布置。

(2)在生产工艺允许的情况下,应尽可能将运输量大、荷载重、用水量多的生产工段布置在底层。

(3)一些有特殊要求的工段,应尽可能分别集中布置,作竖向或水平向的分区布置。

(4)按通风和采光要求,合理布置各生产工段的具体位置。对环境有害或有危险的工段,更要予以特别注意。

(三)多层厂房特点

(1)生产在不同标高的楼层进行。各层间除水平间的联系外,要特别解决好竖向间的生产联系。

(2)厂房占地面积较小,能节约土地,降低基础工程量,缩短厂区道路、管线、围墙等的长度。

(3)当厂房采用两侧天然采光时,厂房宽度不宜过大,否则均需辅以人工照明设施。

(4)屋顶面积较小,一般不需设置天窗,故屋面构造简单,雨雪排除方便,有利于保温和隔热处理。

(5)厂房一般为梁、板、柱承重,柱网尺寸较小,生产工艺灵活性受到一定限制。对大荷载、大设备、大振动的适应性较差,须作特殊的结构构造处理。

(四)生产工艺流程的布置方式

生产工艺流程的布置方式如附图60所示。

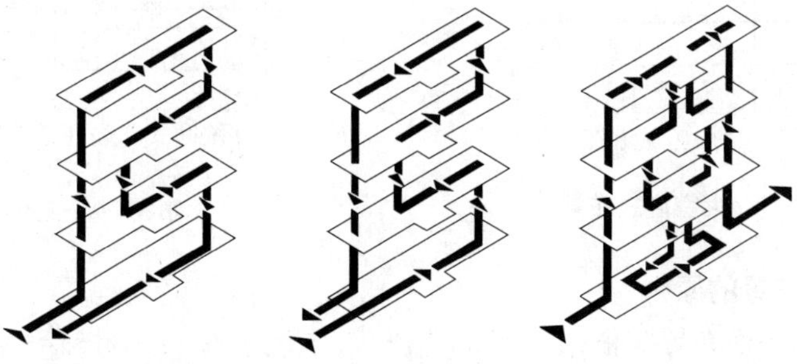

(a)自上而下式　(b)自下而上式　(c)上下往复式

附图60　生产工艺流程的布置方式

(五)生产工艺特点和平面布置

多层厂房的平面布置方式有统间式布置、内通道式布置、大宽度式布置和组合式布置。统间式布置各生产工段需较大面积,相互间联系密切,不宜用隔墙分开,如附图61所示。内通道式布置各生产工段所需面积不大,相互间有联系又需避免干扰,如附图62所示。大宽度式布置是加大建筑宽度，适应生产工段所需大面积、大空间或高精度的要求，如附图63所示。组合式布置是按生产工艺及使用面积的不同需要，采取多种平面形式的组合布置，如附图 64 所示。

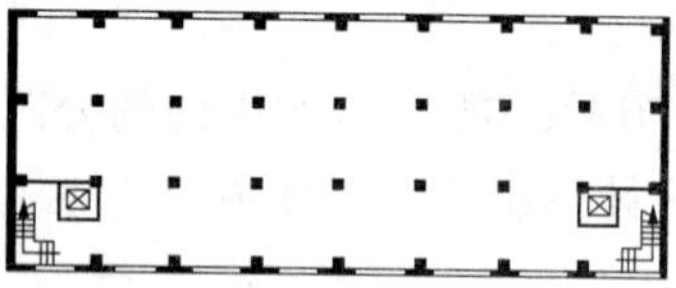

附图 61　统间式布置

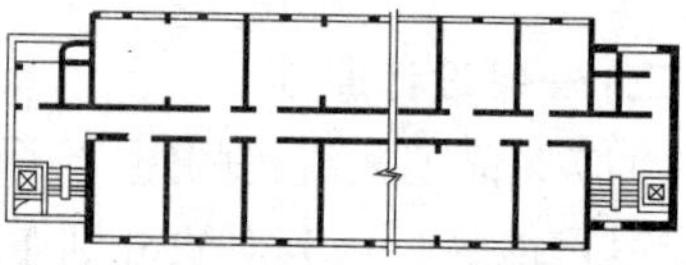

(a) 两侧房间相同进深

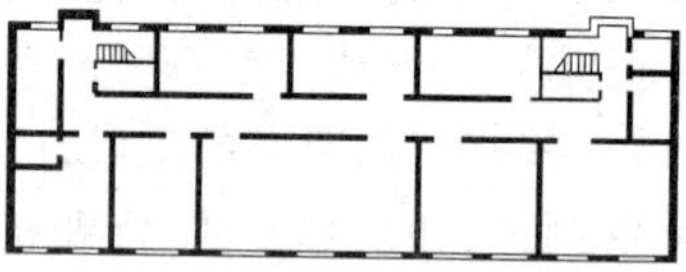

(b) 两侧房间不同进深

附图 62　内通道式布置

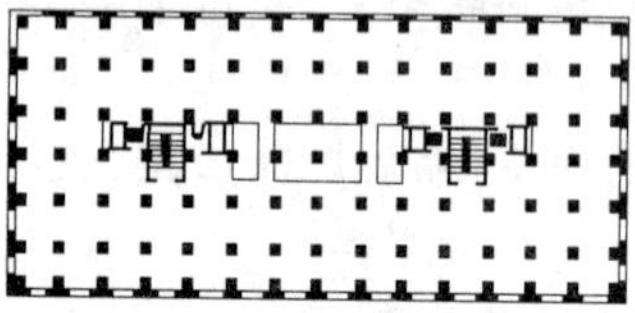

(a) 中间布置交通服务性用房

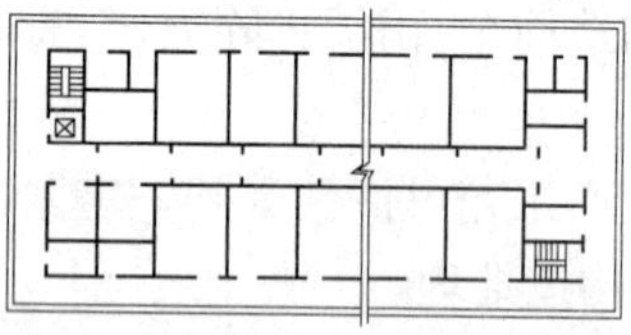

(b) 环状布置通道(通道在外围)

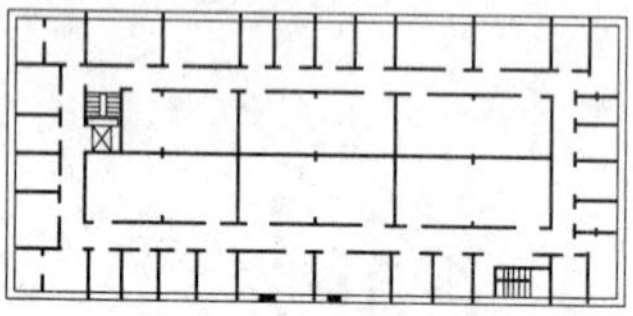

(c) 环状布置通道(通道在中间)

附图 63　大宽度式布置

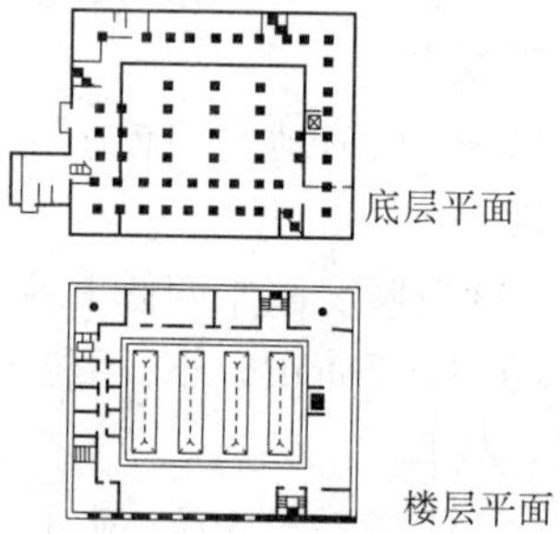

(a) 单层、多层大小面积组合布置

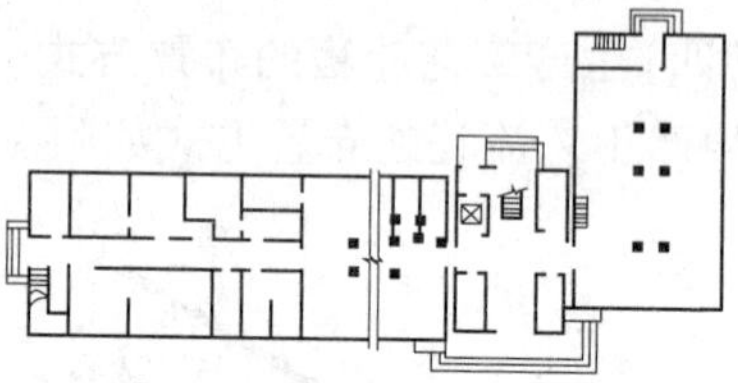

(b) 统间式和内通道式组合布置

附图 64　组合式布置

(六) 平面布置的原则

(1) 厂房的平面布置应根据生产工艺流程、工段组合、交通运输、采光和通风以及生产上的各种技术要求，经过综合研究后加以确定。

(2) 厂房的柱网尺寸除应满足生产使用的需要外，还应具有最大限度的灵活性，以适应生产工艺发展和变更的需要。

(3) 各工段间由于生产性质、生产环境要求等的不同，组合时应将具有共性的工段作水平和垂直的集中分区布置。

(4) 结合使用管理要求，合理布置楼电梯间、生活间、门厅和辅助用房等的位置。

(七)平面形式

多层厂房平面形式如附图 65 所示。

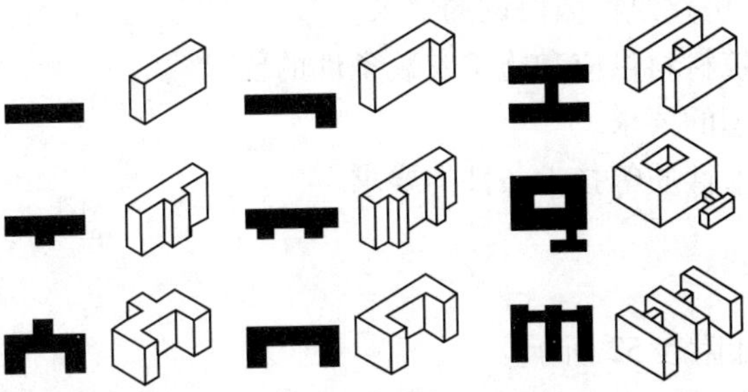

附图 65　多层厂房平面形式

(八)平面柱网及剖面

平面柱网有等跨柱网、大跨度柱网和不等跨柱网,其平面及剖面形式如附图 66 所示。

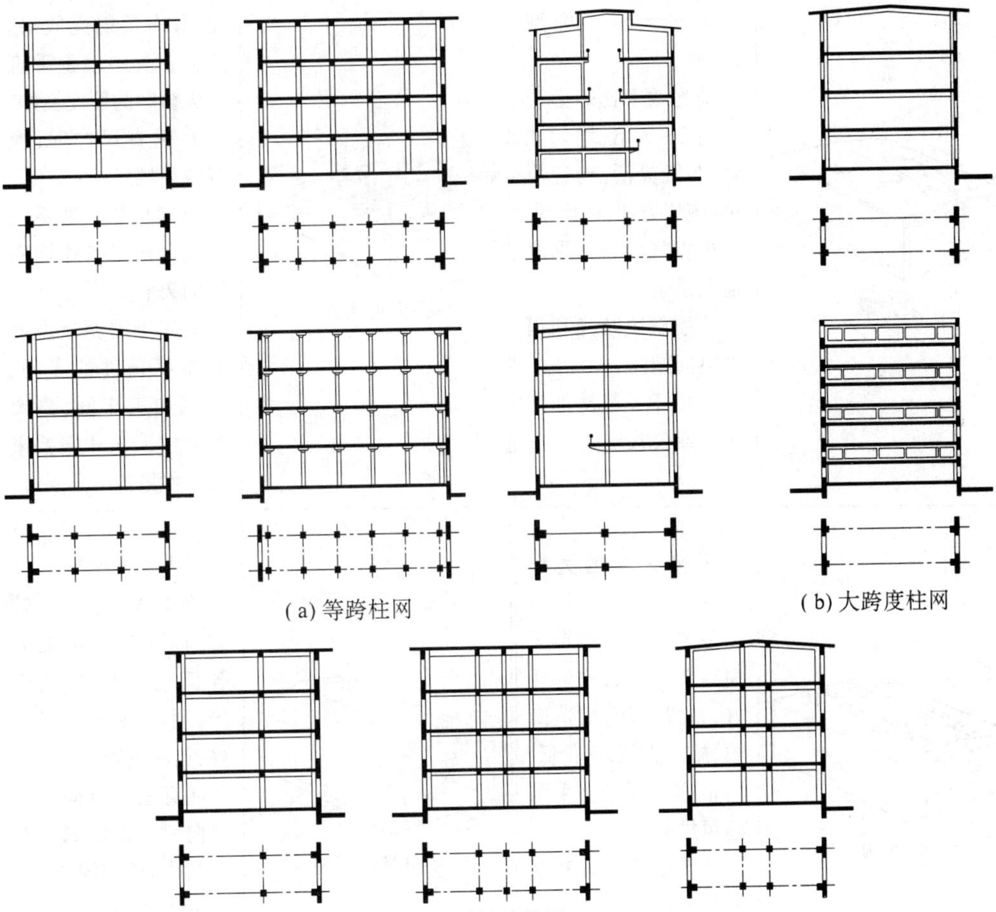

(a) 等跨柱网

(b) 大跨度柱网

(c) 不等跨柱网

附图 66　平面柱网及剖面

(九)柱网选择时应考虑的因素

(1)生产使用的要求。

(2)建筑模数及厂房建筑模数协调的要求。

(3)结构形式、建筑材料供应和施工安装条件的要求。

(4)技术、经济合理的要求。

(5)厂区大小、地形性质等技术条件的要求。

三、天窗类型

天窗类型及特点如附表52所示。

附表52 天窗类型及特点

类型	特点	类型	特点
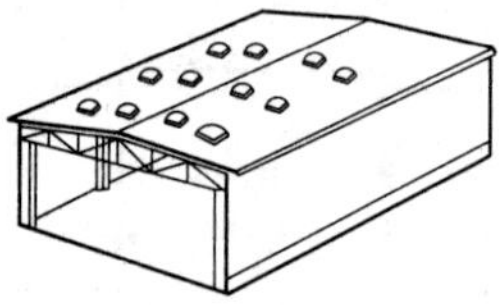 采光罩	为平天窗的类型之一 采光效率比矩形天窗高2~3倍,均匀性好,布置灵活,构造简单,施工方便,造价低 根据气候条件采取通风措施 注意解决眩光和辐射热问题 适用于一般冷加工车间或公共建筑	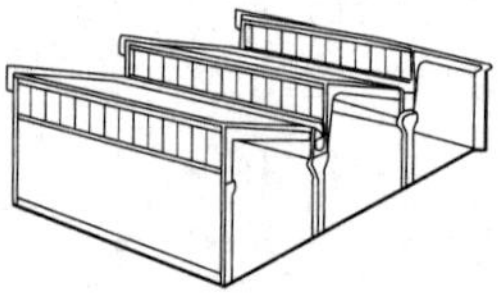 锯齿形天窗	采光比较均匀、稳定,具有反射光效果。平面布置中设备垂直于天窗时的照度良好 在垂直风向时,换气效果较好 天窗间距一般不大于窗台板至工作面间距的2倍 适用于需调节温度和湿度条件的车间、机械加工车间、需要方向性采光和需要采光条件稳定的车间
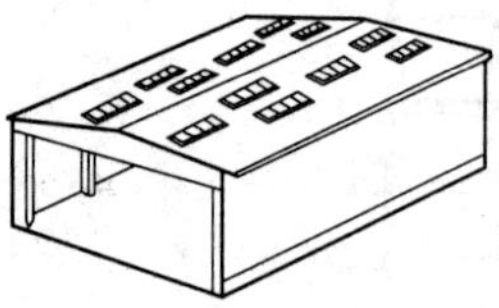 采光板	为平天窗的类型之一 采光效率比矩形天窗高2~3倍,均匀性好,布置灵活,构造简单,施工方便,造价低 根据气候条件采取通风措施 注意解决眩光和辐射热问题 适用于一般冷加工车间及民用建筑	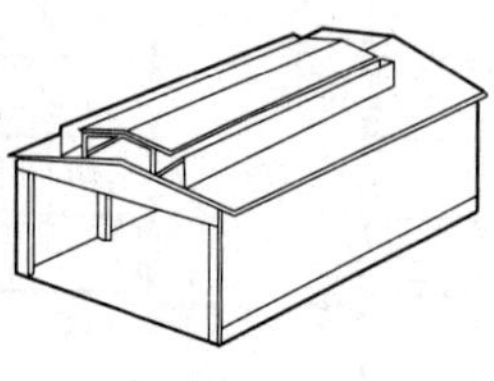 纵向避风天窗	采光效果较差 布置形式变化较多,局部阻力系数因各部位尺度变化而异,通风性能一般较好,热压差较大 注意避免纵向平行风向引起的倒灌以及开敞式的飘雨现象 适用于产生大量粉尘、烟气以及高温、高湿车间

续附表 52

类型	特点	类型	特点
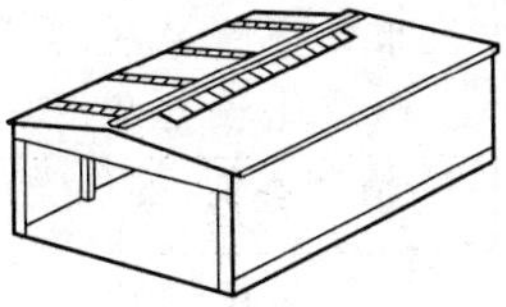 采光带	为平天窗的类型之一 采光效率比矩形天窗高 2 ~ 3 倍，布置灵活，构造简单，施工方便，造价低，均匀性比采光罩、采光板差 根据气候条件采取通风措施 注意解决眩光和辐射热问题 适用于一般冷加工车间及民用建筑	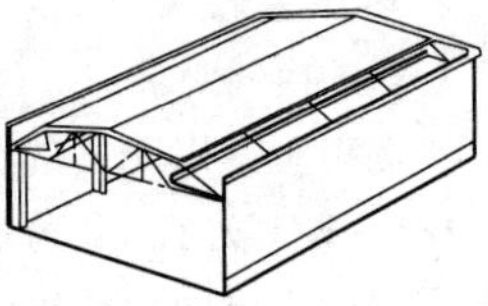 两侧下沉式天窗	照度系数平均值较大，采光效果较好 局部阻力系数较小，涡流少，排烟较快 注意挡风墙高度，避免倒灌，喉口宽度以跨度的 3/5 ~ 5/7 为宜 适用于热源集中在跨中区域的高温车间
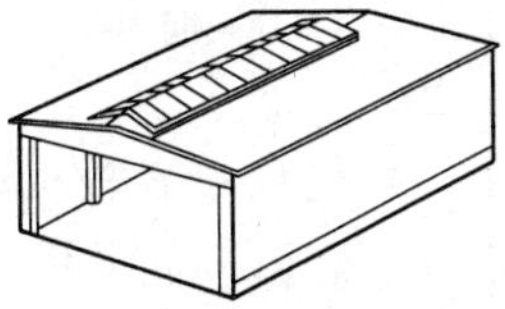 三角形天窗	为平天窗的类型之一 采光效率比矩形天窗高 2 ~ 3 倍，纵向布置采光口集中，均匀性差，横向布置比较灵活，均匀性亦较好 根据气候条件采取通风措施 注意解决眩光和辐射热问题 适用于一般冷加工车间及民用建筑	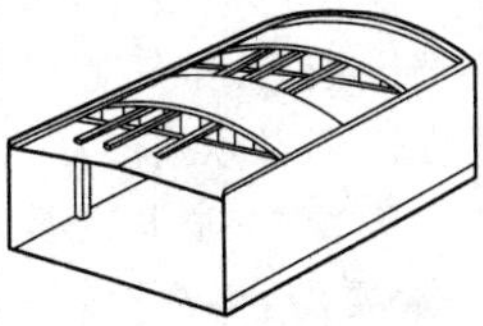 横向下沉式天窗	照度均匀，采光效果好 构造较简单，布置灵活 局部阻力系数较大，避风性能稍差。构件类型较多 天窗的屋面刚度较差。注意加强支撑系统 适用于散热量不大，采光要求较高的车间以及东西向布置的车间

续附表 52

类型	特点	类型	特点
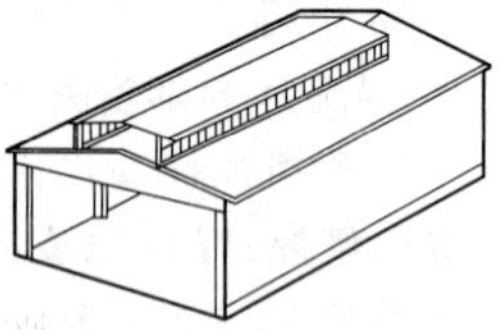 矩形天窗	采光效率较低，横向均匀性比较差，有少量直射阳光 热压差较大，满足一般的换气要求 喉口宽度以跨度的1/3～2/3为宜，多跨厂房的天窗间距≤窗台板至工作面间距的2.2倍 多用于冷加工车间，或用于民用建筑	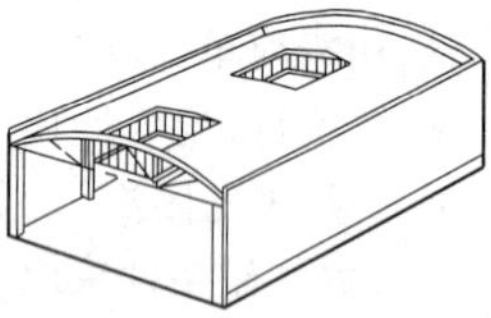 中井式天窗	有四面采光口，采光效果较好 局部阻力系数随井口比例而变，通风性能较好，但次于边井式天窗 布置不够灵活，排水构造比较复杂，扫雪、清灰不便，构件类型较多 可采用拱形、折线形、三角形等多种屋架形式 适用于采光、通风两用，车间较高和跨度>18 m、非保温的车间
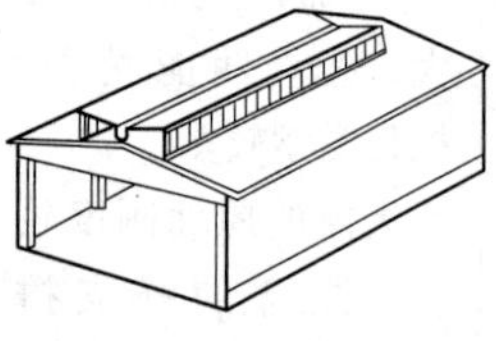 M形天窗	具有反射光效果，能提高照度 能作一般换气；加挡风板后，排气通风性较好，热压差较大 天窗内排水较复杂，要妥善解决 适用于一般要求的车间。用于有大量粉尘、烟气以及高温车间时，应加挡风板	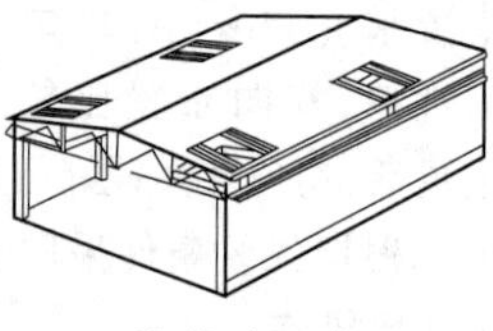 边井式天窗	有三面采光口，靠反射光引入光线，室内能避免眩光 局部阻力系数随井口比例而变，通风性能较好，排烟快，效率高 排气口布置较灵活。排水系统较多，连跨处扫雪、清灰比较麻烦。车间纵轴最好避免与夏季主导风向平行 适用于热源分散、柱距较大、跨度>18 m、非保温的车间

资料十　拱

拱的形式如附图 67 所示。平拱是具有水平腹线的拱,由下方拱中心引辐射线形成楔形砌块的边线,往往在施工时使拱稍稍上凸以容其沉降,也称为 jack arch。法国式拱是一种平拱,其拱中心两边的拱砌块均向中心方向倾斜同一角度。三角形拱是拱的原始形式,由两块对顶放置的石块构成,在一洞口上方相互支承。突拱是一种假拱,由洞口两侧依次伸出砌块直至在某中点会合,冠以拱顶石即告完工。其阶梯状侧壁也可做成平滑的,但不起拱的作用。圆拱是拱腹线为连续弧线的拱,尤指半圆形拱腹线。罗马拱是一种拱腹线为半圆的拱。高架拱是一种拱基作为门饰的延续部分向下方延伸的拱。跛拱是一个拱基高于另一个拱基的拱。马蹄形拱的起拱线以上部分的拱腹线逐渐加宽,随后逐渐变窄成圆形拱顶,也称为 Moorish arch。钟形拱是一种置于两个大型弧状托上的圆拱。扇形拱是一个或多个拱中心在起拱线以下的拱。扇形拱的斜块拱座具有倾斜表面的石块或砖石砌体,扇形拱的拱端置于该斜面上。三叶形拱的带尖角的拱腹线由三条圆形或尖形的叶状曲线所构成。三心拱的拱顶曲线的一个曲率半径远大于其外侧两条拱顶曲线的曲率半径,也称为 anse de panier。尖顶拱是具有尖形拱顶的拱。边二心桃尖拱是曲率半径等于拱跨的两心尖拱。外二心桃尖拱是曲率半径大于拱跨的两心尖拱。垂拱是曲率半径小于拱跨的两心尖拱。都铎式拱是四心圆拱,其一对圆弧的半径远大于另一对外侧圆弧的半径。葱形拱是一种尖拱,每个拱腰均由两条圆弧组成,其顶部弧线向上凹。矮矢拱是矢高小于其跨度一半的拱。

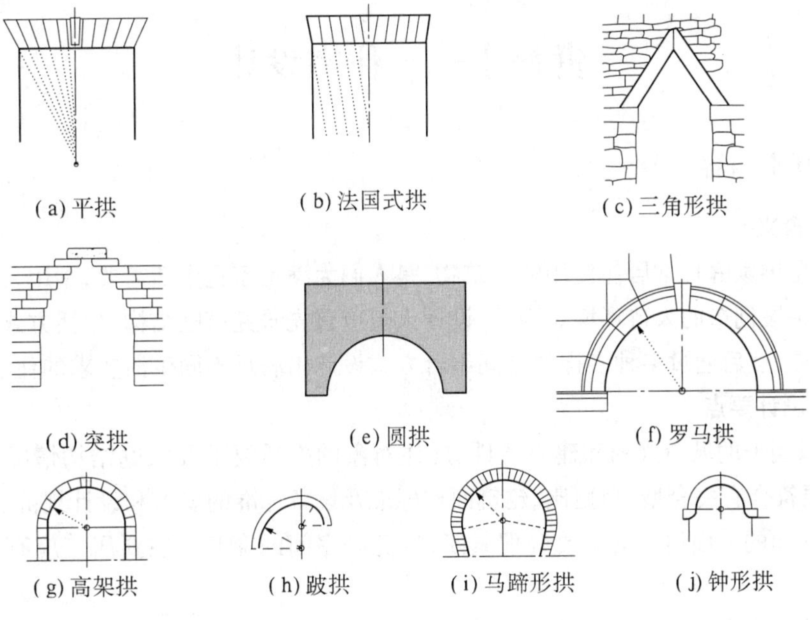

附图 67　拱的形式

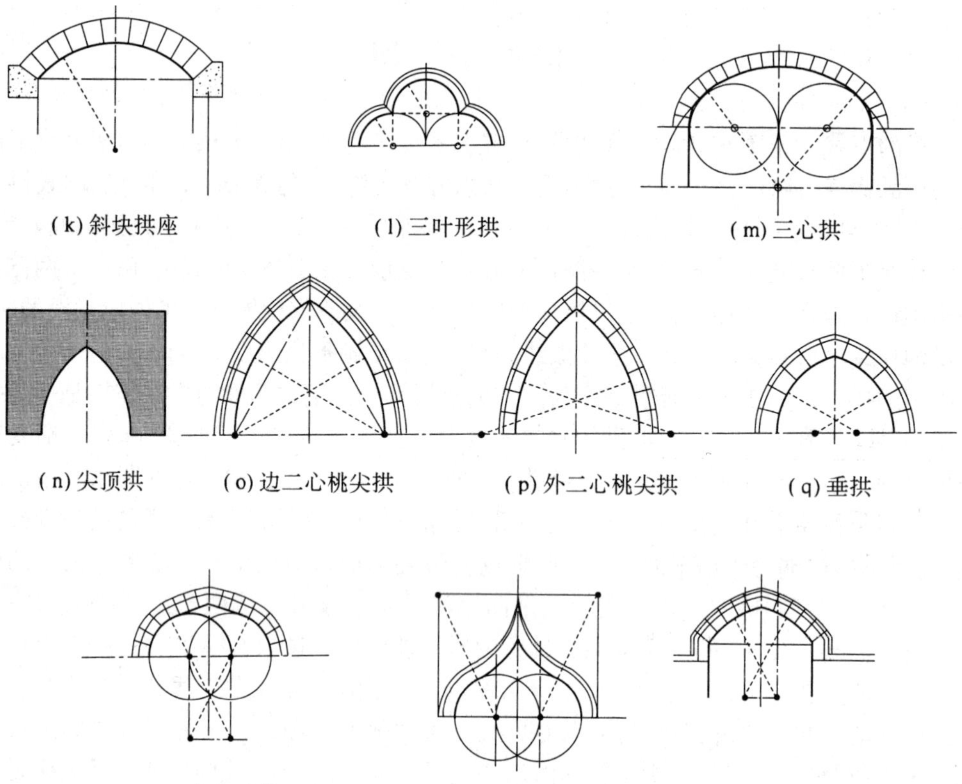

(k) 斜块拱座　(l) 三叶形拱　(m) 三心拱

(n) 尖顶拱　(o) 边二心桃尖拱　(p) 外二心桃尖拱　(q) 垂拱

(r) 都铎式拱　(s) 葱形拱　(t) 矮矢拱

续附图 67

资料十一　住宅设计

一、基本内容

(一) 含义

住宅是供家庭日常居住使用的建筑物，是人们为满足家庭生活需要，利用自己掌握的物质技术手段创造的人造环境。因此，设计人员应首先研究家庭结构、生活方式和习惯以及地方特点，然后通过多种多样的空间组合方式设计出满足不同生活要求的住宅。

(二) 设计要点

(1) 以当地的城市规划和建设条件、居住对象的生活要求及家庭结构情况作为设计依据，并要符合有关套型、套型比、建筑面积标准及设备标准的要求和设计规范。

(2) 房间的平面组合关系要合理紧凑，避免卧室间的穿套。主要居室应有良好的朝向和日照。

(3) 住宅应有良好的自然通风。温暖及炎热地区都应考虑有穿堂风。

(4)住宅设计既要多样化,又要做到标准化和通用化,以利于不断提高建筑工业化和施工机械化的水平。

(5)认真考虑细部处理,如入口信箱、电表、垃圾道位置,阳台晒衣、花盆放置,厨房设施安排及空间利用等,以满足居民的各种生活需要。

(三)分类

1. 按住宅套型组合关系分类

按住宅套型组合关系分类如附表 53 所示。

附表 53　按住宅套型组合关系分类

组合式住宅	非组合式住宅
通过公共交通空间将多套住宅组合在一起	不通过公共交通空间组合在一起

2. 按建筑层数分类

住宅按建筑层数分类如附图 68 所示。

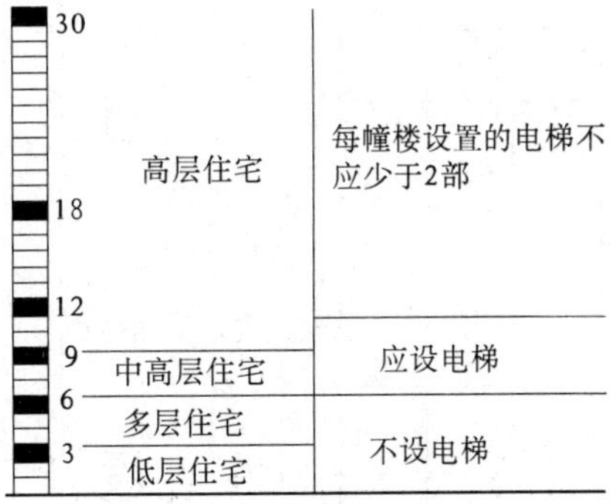

附图 68　住宅按建筑层数分类

(四)住宅功能空间的组合关系

住宅功能空间的组合关系如附图 69 所示,家庭生活活动分析如附表 54 所示。

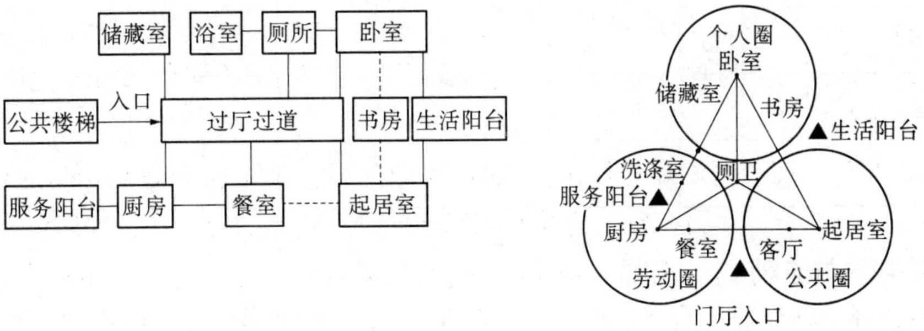

附图 69　住宅功能空间的组合关系

附表 54　家庭生活活动分析

家庭生活		活动特征						适宜活动空间		
分类	项目	集中	分散	活跃	安静	隐蔽	开放	分类	普通标准住宅	较高标准住宅
休息	睡眠		○		○	○			居室	卧室
	小憩		○		○	○			居室	卧室
	养病		○		○	○			居室	卧室
	更衣		○		○	○			居室	起居室
起居	团聚	○		○			○		大居室、过厅	起居室
	会客	○		○			○		大居室、过厅	起居室
	娱乐	○		○			○	居住部分	大居室、过厅	起居室、庭院
	运动		○	○			○		居室、过厅、阳台	起居室、庭院
学习	阅读		○		○	○			居室、过厅、阳台	书房
	工作		○		○	○			居室	书房
饮食	进餐	○		○			○		居室	餐室、起居室
	宴请	○		○			○		大居室、过厅	餐室、起居室
家务	育儿		○	○					大居室、过厅	起居室、儿童室
	缝纫		○	○					大居室、过厅	起居室、杂务室
	炊事		○	○					厨房	厨房
	洗晒		○	○				辅助部分	厨、卫、阳台	厨、卫、阳台
	修理		○	○					厨房、过厅	杂务室
	储藏		○	○					储藏室	储藏室
卫生	洗浴		○	○		○			厨房、卫生间	卫生间
	便溺		○	○		○			厕所、卫生间	厕所、卫生间
交通	通行		○	○			○	交通部分	过厅、过道	过厅、过道
	出入		○	○			○		过厅、过道	过厅、过道

(五)朝向与通风

朝向选择与通风组织直接影响着住宅的卫生条件和使用条件。附图 70 所示为不同朝向的套型,附图 71 所示为利用天井组织通风。

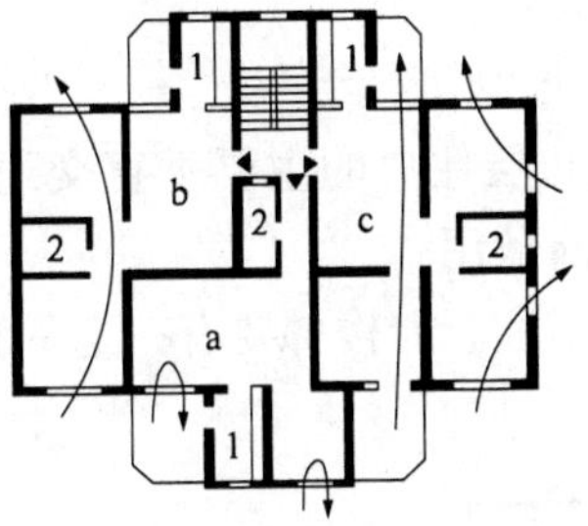

a 单朝向通风不良。要避免处于最不利朝向(如寒冷地区向北,炎热地区向西)。

b 双朝向通风良好。当厨房有独立通风系统时,更可避免油烟、煤气进入居室。

c 多朝向套型可组织对角通风。

1—厨房;2—卫生间

附图 70　不同朝向的套型

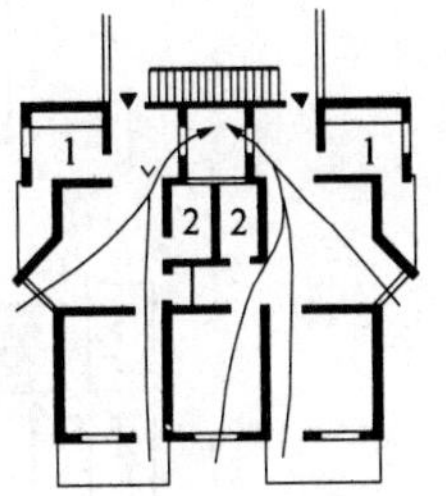

1—厨房;2—卫生间

附图 71　利用天井组织通风

二、SAR、楼梯和电梯、防火疏散、面积计算

(一)SAR

SAR (Stichting Archilecten Research)是荷兰的一个建筑研究协会,它提出了一整套关于住宅区规划和住宅设计与建设的理论和方法,其探索与实践已引起各国的重视。

SAR 认为,住宅从来就有共性与个性两个方面。有些问题取决于当地的统一规划和要求,另一些问题则应由居住者决定,体现了使用者的参与。住宅的设计与建造都可分成“支撑体”和“内部填充”两个范畴。前者大体是指建筑的基本结构。其使用寿命较长,由专业人员设计决定。后者即户内布局,由居住者在专业人员的咨询帮助下,自己作决定。其使用寿命较短,可根据功能需要的变化而更新改造,从而提高了住宅的灵活性和多样化水平。在内部空间组合方面,SAR 还提出了区、界、段的概念和设计方法。附图 72 所示为按照 SAR 的思路编制的一个实例。

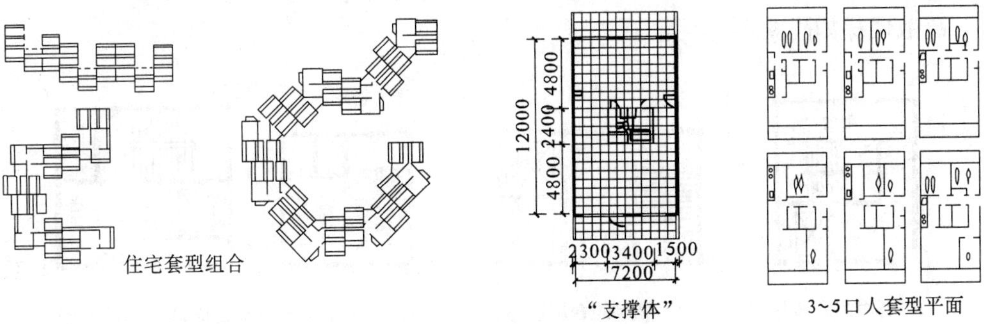

附图 72　“新家乡”住宅建筑体系(德国)

(二)高层住宅的楼梯、电梯布置

高层住宅的垂直交通按照以电梯为主、楼梯为辅的原则进行组织。

楼梯作为主要的安全疏散竖向通道和接近地面的几层住户的主要垂直交通,同时也作为相近层间垂直交通的主要手段。电梯不能作安全疏散用。

在平面上,楼梯和电梯一般均成组布置,二者相距不远。但楼梯要有一定的独立性。楼梯、电梯的平面布置如附图 73 所示。

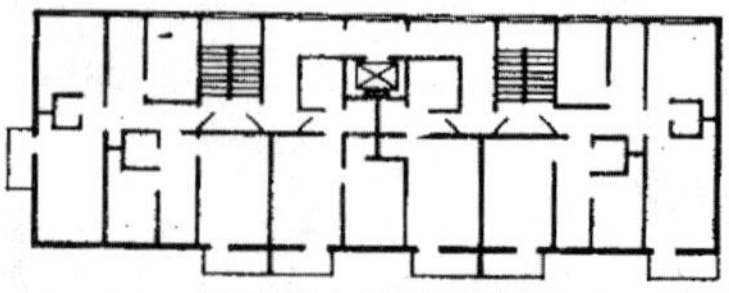

(a)一部电梯与两个楼梯配合

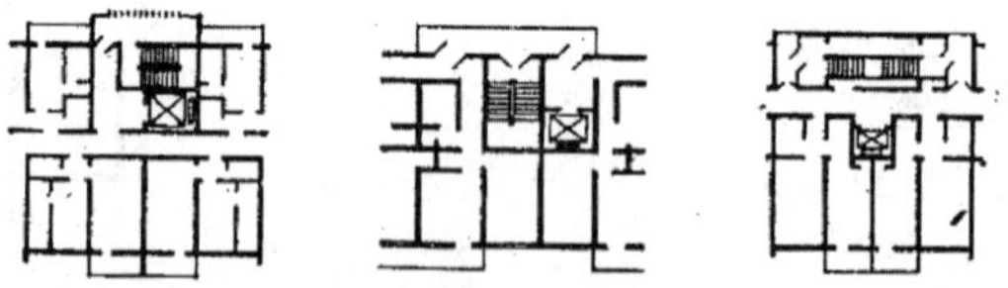

(b)一部电梯与一个楼梯配合

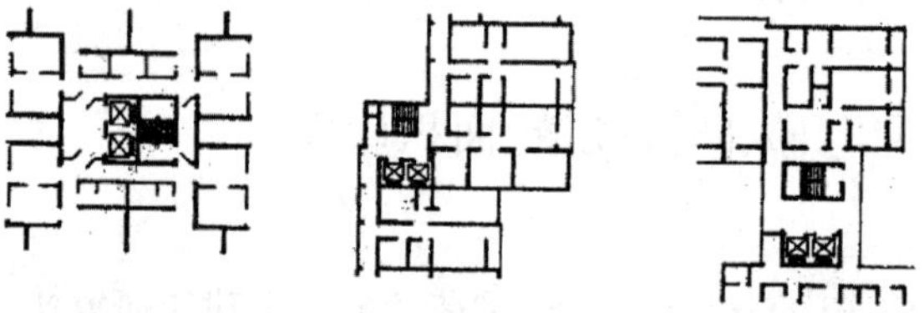

(c)设在塔式平面中央　(d)设在建筑物转折处　(e)设在建筑物的结合部

附图 73　楼梯、电梯的平面布置

(三)高层住宅的防火疏散

(1)11 层及以下单元式住宅可利用有直接采光的普通楼梯疏散,但开向楼梯间的户门须采用乙级防火门。

(2)12 ~ 18 层单元式、11 层以下通廊式住宅应设封闭楼梯间,采用乙级防火门。

(3)19 层及以上单元式、12 层以上通廊式和塔式住宅应设防烟楼梯,其楼梯间须设前室、阳台或凹廊以利排烟。前室及楼梯间均采用乙级防火门。

疏散楼梯如附图 74 所示。

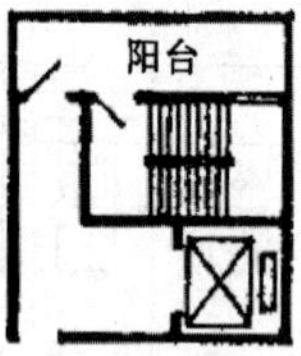

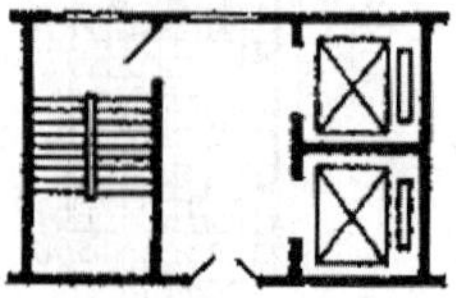

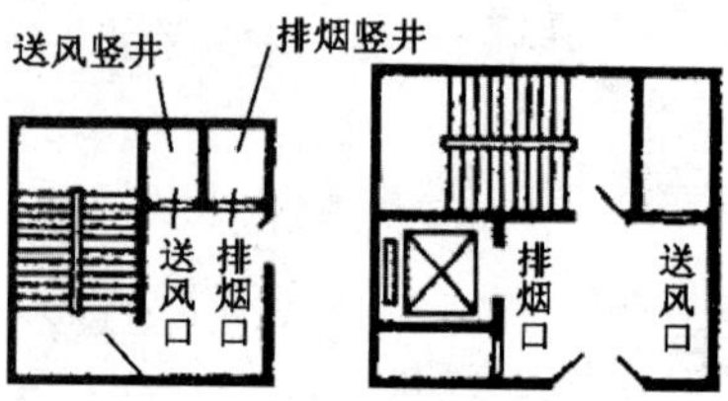

(a)利用阳台排烟　(b)靠墙的合用前室　(c)不靠外墙的前室设送风、排烟设施

附图 74　疏散楼梯

塔式住宅、12 层及以上的单元式住宅和通廊式住宅中应设消防电梯,并宜在每个防火区中设有一台载重不小于 1 000 kg 的消防电梯。消防电梯可与客梯合用。其独用防烟前室面积≥6 m^2,与防烟楼梯合用的前室面积≥10 m^2。消防电梯如附图 75 所示。

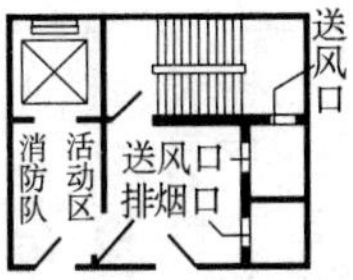

附图 75 消防电梯

(四)面积计算

$$平均每套建筑面积=\frac{总建筑面积}{总套数}$$

$$使用面积系数(\%)=\frac{总套内使用面积}{总建筑面积}$$

套内使用面积的计算范围:

(1)卧室、起居室、过厅、过道、厨房、卫生间、厕所、储藏室、壁柜等分户门内各项使用面积的总和;

(2)跃层住宅中户内楼梯按自然层数计算的面积总和;

(3)不包含在结构面积内的烟囱、通风道、管道井的面积;

(4)内墙面的装修厚度。

三、多层梯间式住宅

多层住宅一般指 4 ~6 层的住宅。多层住宅以公共楼梯解决垂直交通,有时还需设置公共走道解决水平交通,它的用地较低层住宅省,造价比高层住宅经济,适用于一般的生活水平,是城镇中大量建造的住宅类型。

多层住宅的平面类型较多,基本类型有梯间式、走廊式和独立单元式。这里重点介绍梯间式住宅。

每个单元以楼梯为中心布置住户,由楼梯平台直接进分户门。这类平面布置紧凑,公共交通面积少,户间干扰小,较安静,也能适应多种气候条件,因此它是一种比较普遍采用的类型。

对一梯一户、一梯二户、一梯三户和一梯四户依次列举实例,如附图 76 所示。

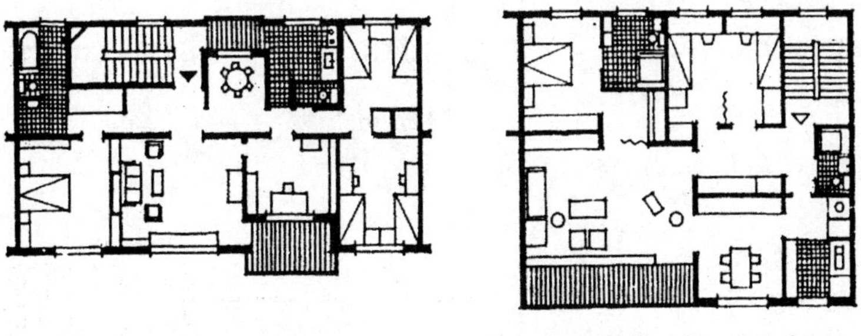

(a)北京南郊某一梯一户住宅　　(b)德国一梯一户住宅

附图 76 梯间式住宅平面

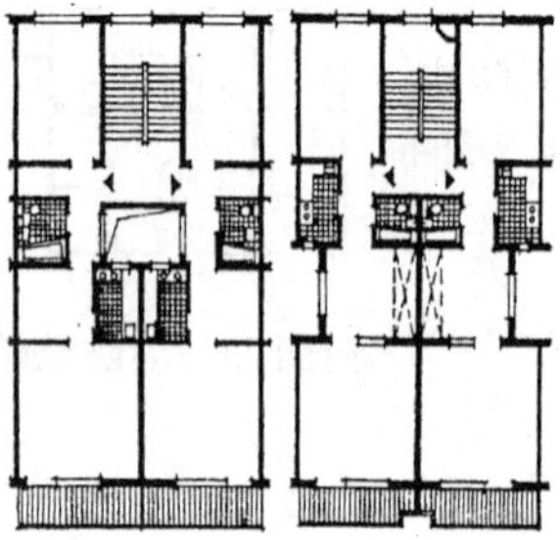

(c)北京小天井住宅

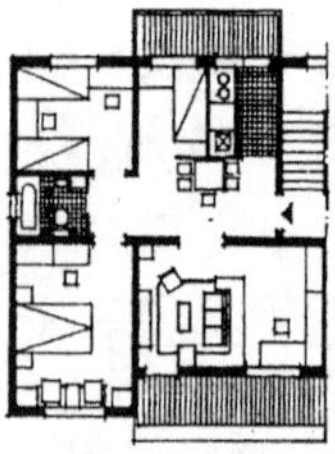

(d)陕西西安某住宅

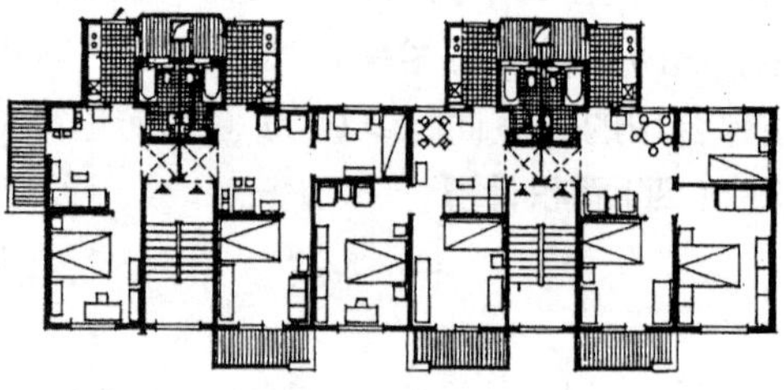

(e)江苏无锡“三明”住宅

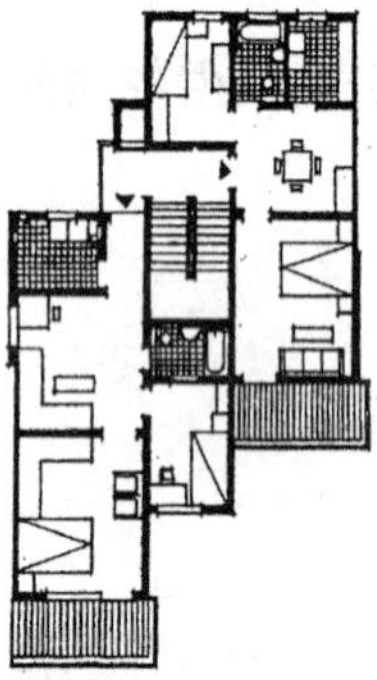

(f) 江苏常州红梅新村住宅

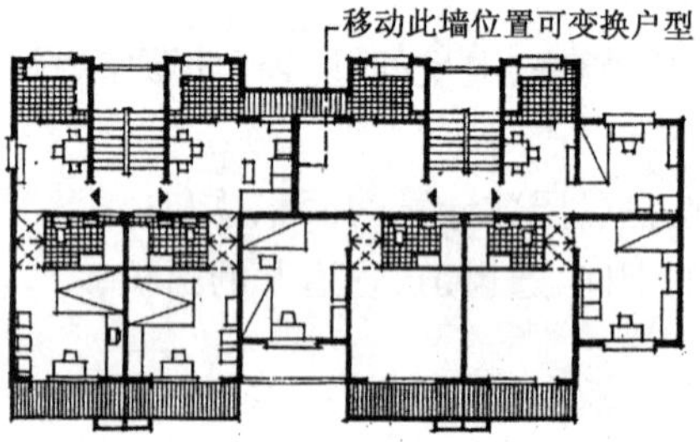

(g) 上海“动态型”住宅方案

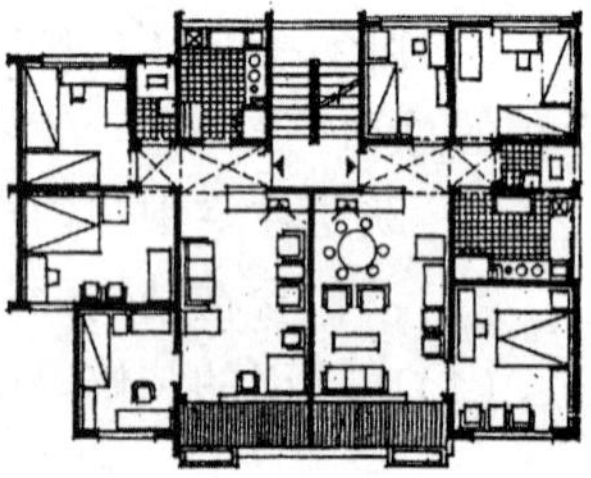

(h) 广东省通用住宅

(i) 天津斜接式住宅

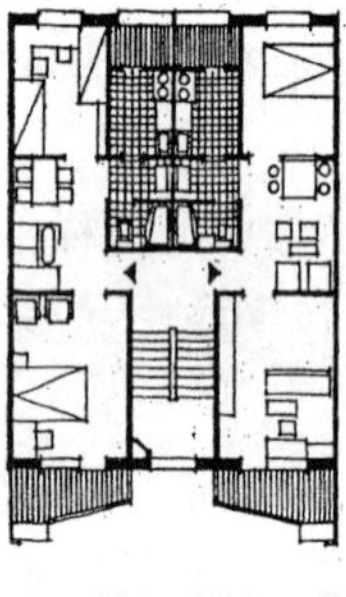

(j) 河北暗厅式住宅

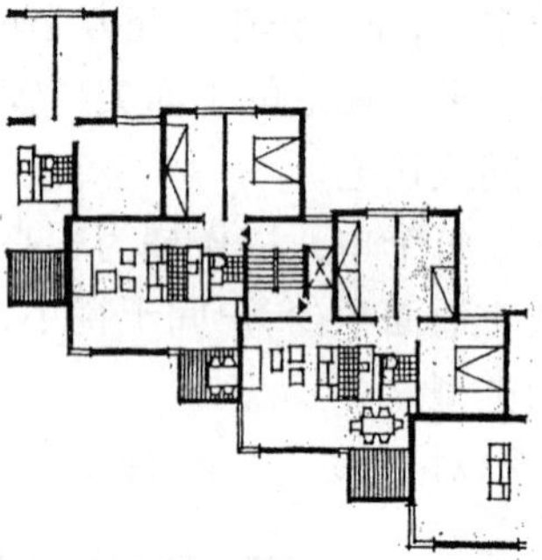

(k) 瑞士格策尔特-温特图尔住宅

续附图 76

参考文献

[1] 李必瑜,魏宏杨. 建筑构造(上册)[M]. 3 版. 北京:中国建筑工业出版社,2005.

[2] 刘建荣,翁季. 建筑构造(下册)[M]. 3 版. 北京:中国建筑工业出版社,2005.

[3] 王崇杰. 房屋建筑学[M]. 北京:中国建筑工业出版社,2005.

[4] 聂洪达,郗恩田. 房屋建筑学 [M]. 北京:北京大学出版社,2007.

[5] 建筑设计资料集编委会. 建筑设计资料集[M]. 北京:中国建筑工业出版社,1996.

[6] 赵西平. 房屋建筑学[M]. 北京:中国建筑工业出版社,2006.

[7] 冯美宇. 建筑与装饰构造[M]. 北京:中国电力出版社,2006.

[8] 罗布·W·索温斯基. 砖砌的景观[M]. 黄慧文,译. 北京:中国建筑工业出版社,2005.

[9] 南京工学院建筑构造编写小组. 建筑构造[M]. 北京:中国建筑工业出版社,1997.

[10] 袁雪峰,张海梅. 房屋建筑学[M]. 3 版. 北京:科学出版社,2005.

[11] 弗朗西斯·D·K·程. 建筑图像词典[M]. 高履泰,译. 北京:中国建筑工业出版社,1998.

[12] 孙礼军. 建筑的基本知识[M]. 天津:天津大学出版社,2001.

[13] 史春珊,孙清军. 建筑造型与装饰艺术[M]. 沈阳:辽宁科学技术出版社,1988.

[14] 闫培明. 建筑构造[M]. 北京:中国电力出版社,2009.

[15] 赵妍. 房屋建筑学[M]. 北京:高等教育出版社,2006.

[16] 沈福煦. 建筑设计手法[M]. 上海:同济大学出版社,1999.

[17] 董晓峰. 房屋建筑学[M]. 武汉:武汉理工大学出版社,2009.

[18] 朱昌廉. 住宅设计原理[M]. 2 版. 北京:中国建筑工业出版社,1999.

[19] 王万江,金少蓉,周振伦. 房屋建筑学[M]. 四川:重庆大学出版社,2003.